QUANTITY	ENGLISH SYSTEM	S.I. SYSTEM
force	1 lb	4.448 Newtons (N)
mass	$1\ \text{lb} \cdot \text{sec}^2/\text{ft}$ (slug)	14.59 kg (kilogram)
length	1 ft	0.3048 meters (m)
mass density	$1\ \text{lb}/\text{ft}^3$	$16.02\ \text{kg}/\text{m}^3$
torque or moment	$1\ \text{lb} \cdot \text{in.}$	$0.113\ \text{N} \cdot \text{m}$
acceleration	$1\ \text{ft}/\text{sec}^2$	$0.3048\ \text{m}/\text{s}^2$
accel. of gravity	$32.2\ \text{ft}/\text{s}^2 = 386\ \text{in.}/\text{sec}^2$	$9.81\ \text{m}/\text{s}^2$
spring constant k	1 lb/in.	175.1 N/m
spring constant K	$1\ \text{lb} \cdot \text{in.}/\text{rad}$	$0.113\ \text{N} \cdot \text{m}/\text{rad}$
damping constant c	$1\ \text{lb} \cdot \text{sec}/\text{in.}$	$175.1\ \text{N} \cdot \text{s}/\text{m}$
mass moment of inertia	$1\ \text{lb. in. sec}^2$	$0.1129\ \text{kg m}^2$
modulus of elasticity	$10^6\ \text{lb}/\text{in.}^2$	$6.895 \times 10^9\ \text{N}/\text{m}^2$
modulus of elasticity of steel	$29 \times 10^6\ \text{lb}/\text{in.}^2$	$200 \times 10^9\ \text{N}/\text{m}^2$
angle	1 degree	1/57.3 radian

기계진동 이론과 응용

Theory of Vibrations with Applications

제5판

STIFFNESS AND FUNDAMENTAL VIBRATION FREQUENCY

springs of series $\frac{1}{k} = \frac{1}{k_1} + \frac{1}{k_2} + \frac{1}{k_3} + \cdots$

springs in parallel $k = k_1 + k_2 + k_3 + \cdots$

Longitudinal (Rod, ℓ) $k = \frac{AE}{l}$ lb/in. $\omega_n = (2n-1)\frac{\pi}{2l}\sqrt{\frac{E}{\rho}}$ ρ = mass density, $n = 1,2,3\ldots$

Torsion (Rod, ℓ) $K = \frac{I_p G}{l}$ lb·in./rad $\omega_n = (2n-1)\frac{\pi}{2l}\sqrt{\frac{G}{\rho}}$ $n = 1,2,3\ldots$

Beam (ℓ) $k = \frac{3EI}{l^3}$ lb/in. $\omega_1 = 3.52\sqrt{\frac{EI}{ml^4}}$ m = mass/length

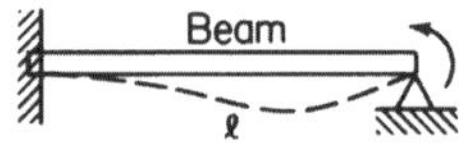

$K = \frac{4EI}{l}$ lb·in./rad $\omega_1 = 15.42\sqrt{\frac{EI}{ml^4}}$

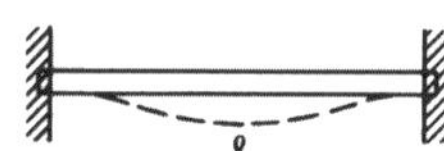

$\omega_1 = 22.37\sqrt{\frac{EI}{ml^4}}$

($\ell/2$, ℓ) $k = \frac{48EI}{l^3}$ lb/in. $\omega_1 = \pi^2\sqrt{\frac{EI}{ml^4}}$

기계진동 이론과 응용

Theory of Vibrations with Applications

제5판

William T. Thomson, Marie Dillon Dahleh 지음

이장무 · 이종원 · 윤종호 · 윤병옥 옮김

기계진동 이론과 응용 제5판

Theory of Vibrations with Applications, 5th Edition

저 자 | William T. Thomson / Marie Dillon Dahleh
역 자 | 이장무 이종원 윤종호 윤병옥
발행인 | 채희선
발행처 | 성진미디어
발행일 | 2017년 2월 23일
등 록 | 제311-2010-23호

전 화 | 02)374-4363(대표)
팩 스 | 02)375-4362
주 소 | 서울시 은평구 증산동 248 중앙하이츠상가 B101호

ISBN 978-89-98308-27-8

값 32,000원

저자 머리말

본 서는 *Theory of Vibration with Applications* 제5판이다. 진동같은 고전적인 주제에 대해서는 다른 판들에서와 같은 순서로 설명을 전개하였다.

진동의 주제는 크게 변하지 않았지만, 새롭고 정교한 디지털 기술의 개발에 힘입어 좀더 다양한 문제들이 수업시간에 설명되고 논의되는 것이 지속적으로 발전 및 증가되고 있다.

MATLAB®은 다목적 컴퓨터 소프트웨어이고 상업적으로 구입이 가능하며 많은 공대에서 채택되어 사용되고 있다. 이는 제4판의 계산방법들과 일치한다. 따라서, 제4판의 컴퓨터 응용을 제5판에서 MATLAB®을 보충함으로써 그 응용력을 높이고자 하였다. 이 교정을 위하여 편집자와 저자는 이 문제를 함께 해결할 저명하신 Marie D. Dahleh 박사를 공저자로 초빙하였다.

저자들은 문제풀이가 중요한 학습과정의 일부라는 것과 다목적의 새로운 컴퓨터 프로그램을 사용하는 것이 진동 분야에서뿐만이 아니라 다른 분야들에서도 학생들의 능력을 배양시키는 것이라 인식하고 있다. MATLAB®이나 다른 새로운 컴퓨터 방법을 사용하기 위해서는 소프트웨어 프로그램들의 기초 이론인 상세한 수학을 완전히 이해하지 않아도 된다. 이러한 점에서 저자는 20세기 초에 혁신적인 수학으로 비난을 받았던 영국의 유명한 수학자이자 공학자였던 Oliver Heavyside가 한 말이 생각난다. "내가 음식물의 소화과정을 모두 이해하지 못한다 하여 식사를 거절해야만 하는가?"

전판들에서와 마찬가지로, 처음 네 개의 장들에서는 1자유도계를 다루고 있으며 변화는 거의 이루어지지 않았다. 그러나 적절한 곳에서는 어디에나 MATLAB®을 도입함으로써 필요한 용어들에 독자들이 빨리 익숙해지도록 하였다. 제4장의 끝부분에서는 유한 차분법 및 룽에-쿠타 방법의 계산이 처음으로 깊이 있게 수행되고 있으며, 비교를 위하여 MATLAB® 방법을 일반 계산과 병행하여 소개하였다.

제5장에서 소개 되는 다자유도계들에서는 행렬 표기를 논리적으로 하는 기회를 갖게 된다. 여기서는 질량과 강성행렬들이 정의되고, FORTRAN을 이용한 디지털 계산이 완선히 MATLAB®으로 대체되었다. 본 장에서는 정규 모드 진동의 중요성이 강조되었으며 특수한

초기 조건들을 갖는 정규 모드들로 자유진동이 구성된다는 것을 예시하였다. 강제진동들은 가진 진동수의 고유 진동수에 대한 비로서 다시 나타내었으며, 흡진기와 감쇠기들의 중요한 응용은 변화 없이 수록하였다.

제6장 "진동계의 특성"은 근본적인 변화는 없다. 차후 제10장에서 소개될 유한 요소법의 기초를 소개하기 위하여 틀구조물(framed structure)의 강성을 다시 도입하였다. 고유 벡터들의 직교성, 모드 행렬 및 그 직정규 형태를 이용하면 고유 벡터 문제의 계산에 기초가 되는 고유값 대각행렬에 대한 기본 방정식이 간략하게 된다. 또한 이들은 정규 모드-합 방법에 대한 기초가 된다. 본 장은 모드 감쇠, 중근 및 퇴화(degenerate) 계들의 예제들로 끝맺게 된다.

제7장은 가상일과 일반 좌표계와 연관된 라그랑즈의 전통적인 방법을 기술한다. 본 장에는 이산계 방정식들을 좀더 작은 방정식들의 항으로 연속계의 고유값과 고유 벡터들의 계산을 가능하게 해주는 가상 모드 해법이 첨가되었다. 라그랑즈 방법을 이용하면, 동역학의 힘든 공부에 관심을 갖는 모든 독자들이 취득하게 되는 지식인 동역학의 전 영역을 포함하는 내용을 제공한다.

제8장 "수치 해석법"은 디지털 컴퓨터를 이용한 기본적인 계산방법을 다룬다. 오늘날 대부분의 이공학도들은 1학년 과정에서 컴퓨터와 프로그래밍에 대한 지식을 습득한다. 진동 계산에 대한 기본적인 배경을 갖추면, 고유값과 고유 벡터들의 계산에 대한 컴퓨터 프로그램들을 쉽게 소화할 수 있다. 본 장에서는 다음의 주제들이 소개되고 있다. 다항식, 가우스 소거법, 반복 행렬법, 동행렬, 컴퓨터 표준형, 촐레스키 분해법, 자코비 대각 행렬법 및 QR분해법. 앞에서 언급하였듯이 다소 난해한 수학에 흥미가 없는 독자들의 경우는 일부 절들이나 본 장 전체를 건너 뛰어도 무방하다. 그렇지만 새로운 컴퓨터 프로그램을 이용하는 기술은 요구된다. FORTRAN에 의한 예전의 계산들은 이제는 MATLAB®으로 대치되었으며 그림으로 나타내는 것도 가능하다.

제9장 "연속계의 진동"에서는 균일하게 분포된 질량과 강성을 갖는 봉 및 보들이 무한 자유도의 연속계임을 나타낸다. 이러한 계들의 진동을 해석하기 위해서는 본 장의 첫 부분에서 볼 수 있듯이 편미분 방정식의 이용이 요망된다. 이 해들이 좀더 복잡한 구조물들에 적용되는 방법을 보여주기 위한 예로서 타코마 해협(Tacoma Narrows) 현수교의 진동 예를 제시하였다. 연속계를 반복되는 동일 형태 구간들로 이산화시키고 차분 방정식을 이용하면, 고유 진동수와 모드 형상(mode shape)들의 계산이 간단한 해석식들로부터 얻어질 수 있다. 여기서 적절한 경계조건들을 적용하는 예도 제시된다.

제10장 "유한 요소법 입문"은 계산이 MATLAB®으로 완전히 이루어지는 것을 제외하고는 변화가 없다. 몇 가지의 유용한 힌트들이 몇몇 곳에 삽입되었으며, 변위에 비례하는 일반화된 힘들에 대한 절은 회전하는 헬리콥터 날개의 상세한 계산으로 크게 보강되었다. 이

예제의 풀이를 통하여 길이 $l = 1$(요소들의 길이가 같을 때, 모든 l들이 질량과 강성행렬들 내부에서 임의의 단위값이 될 수 있다)인 동일 요소구간들로 나누는 것이 질량 및 강성행렬들의 편집 및 최종 결과들을 계산이 완료된 직후에 원래 계의 해당값들로 전환시키는 데 있어서 장점을 갖는다.

제11 및 12장 이들 두 장은 "연속계의 모드-합 방법," "고전적인 해석방법"이 전판에서와 같이 수록되었다. 필수적인 계산내용들은 MATLAB®이 유용하게 사용되었다. 홀쩌와 마이클스태드 방법들이 사용하기 편리하도록 MATLAB® 파일들에 도입되었다.

제13장 "불규칙진동"은 항공기의 제트 엔진을 개발하는 기사들에게 중요하다. 이것은 확률적인 해를 필요로 하는 비확정적인(nondeterministic) 현상이다. 여기서 이 주제의 설명은 학생들에게 새로운 용어를 익숙해지게 만들기 위하여 수학적인 과정의 전개를 주로 다루었다. 이 영역에서의 발전은 공학 설계에 유용한 측정을 하기 위하여 개발된 측정기를 통해서 주로 이루어졌다.

제14장 "비선형진동"은 중첩법을 이용하여 수학적으로 풀 수 없는 거동으로 기술되는 것이다. 이 거동의 이해는 위상 평면을 통하여 가장 잘 이루어질 수 있다. 비선형진동, 그 안정성 및 리밋 사이클, 그리고 디지털 해석에 사용되는 룽에-쿠타의 컴퓨터 프로그램에서 사용되는 전문용어가 본 장에서 소개되고 있다.

마지막으로 저자는 나의 공저자와 제5판의 풀이집을 수정 및 편집해 주고 많은 새로운 문제들을 보완해 준 우리 기계공학과의 Igor Mezic 박사에게 감사를 드린다.

William T. Thomson

Marie Dillon Dahleh

역자 머리말

첨단기술의 발전으로 구조물과 기계/부품들이 정보화/정밀화되고 고속화됨에 따라서, 또한 인간의 쾌적성과 환경에 대한 관심이 높아짐으로 해서 산업계와 학계에서 진동공학의 중요성에 대한 인식이 더욱 증대되고 있다. 그러므로 진동 공학 분야에 대한 철저한 기본교육의 필요성이 요구되고 있다.

역자들은 대학생과 산업체 기술자의 진동공학 교육을 위한 교과서 중에서 세계적으로 널리 알려진 캘리포니아 대학의 명예교수인 William T. Thomson의 Theory of Vibration with Applications의 제3판을 1990년에, 그리고 제4판을 1998년에 번역 출간한 바 있다. 위의 원서는 역자들이 과거 오랜 기간 동안 진동교육과 연구에 참조하였던 것으로 국내외의 많은 대학에서 사용되고 있다. 이 번에 역자를 보강해서 원서의 신판을 다시 번역하여 재출간하게 되었다.

이 신판 번역서가 국내 진동공학의 교육과 연구에 도움이 되고, 나아가 우리나라의 산업기술 발전에 기여할 수 있기를 기원하면서, 이 책의 편집과 교정을 담당해 주신 출판사 관계자 여러분에게 감사를 드린다.

역자 일동

차례

05 CHAPTER 2자유도계와 다자유도계

06 CHAPTER 진동계의 특성

07 CHAPTER 라그랑즈 방정식

08 CHAPTER 수치 해석법

09 CHAPTER 연속계의 진동

10 CHAPTER 유한 요소법 입문

11 CHAPTER 연속계의 모드-합성 방법

12 CHAPTER 고전적인 해석방법

13 CHAPTER 불규칙 진동

SI 단위계

SI 단위계

역사 이래로 미국에서 애용되어 오고 있는 영국식 단위계가 이제는 SI 단위계로 대체되고 있다. 미국 전역의 주요 산업체들은 이미 단위 교체의 과도기를 벗어났거나 과도기에 있으며, 공학을 전공하는 학생과 교수들은 현 영국식 단위는 물론 새로운 SI 단위들을 다루어야 한다. 여기에서는 진동 분야에 적용되는 SI 단위를 간단히 다루고, 한 단위계에서 다른 단위계로 변환하는 간단한 방법을 소개한다.

SI 계의 기본 단위는

물리량	단위명칭	기호
길이	미터	m
질량	킬로그램	kg
시간	초	s

진동 분야와 관련있는 다음 양들은 이 기본 단위들로부터 유도된다.

힘	뉴턴	$N(= kg \cdot m/s^2)$
응력	파스칼	$Pa(= N/m^2)$
일	줄	$J(= N \cdot m)$
동력	와트	$W(= J/s)$
진동수	헤르츠	$Hz(= 1/s)$
모멘트		$N \cdot m(= kg \cdot m^2/s^2)$
가속도		m/s^2
속도		m/s
각속도		$1/s$
관성 모멘트(면적)		$m^4(mm^4 \times 10^{-12})$
관성 모멘트(질량)		$kg \cdot m^2(kg \cdot cm^2 \times 10^{-4})$

미터는 큰 길이 단위이므로 mm$\times 10^{-3}$으로 표현하는 것이 더 편리하다. 가속도계와 같은 진동 측정기는 보통 $g = 9.81\ m/s^2$ 단위로 보정되므로 무차원 단위로 표현된다. 가능하면 무차원 표기를 하는 것이 바람직하다.

영국식 단위계에서는 물체의 무게가 보통 명시되나 SI 단위계에서는 위치에 따라 변하지 않는 물질의 양인 질량을 통상 명시한다.

SI 단위계를 이용할 때는 직접 SI 단위로 생각하는 것이 바람직하다. 이렇게 하기 위해서는 시간이 필요하지만, 다음의 개략적 숫자들이 SI 단위를 사용할 때 자신감을 주는 데 도움이 된다.

뉴턴(newton)은 파운드보다 작은 힘 단위이다. 1파운드 힘은 4.4482 N 또는 대략 파운드의 4.5배이다(사과 한 개는 대략 1/4 lb 또는 1 N).

1 in는 2.54cm 또는 0.0254m이다. 따라서, 영국식으로 386 in/s^2인 중력 가속도는 $386 \times 0.0254 = 9.81\ m/s^2$ 또는 대략 10 m/s^2이다.

근사 등가표

1 lb	≅	4.5 N
중력 가속도 g	≅	10 m/s^2
1 slug의 질량	≅	15 kg
lft	≅	1/3 m

SI 환산 한 단위계에서 다른 단위계로 환산하는 간단한 방법은 다음과 같다. 원하는 SI 단위를 영국식 단위와 같게 쓰고 상쇄단위 계수들을 넣는다. 한 예로 영국식 단위인 토크를 SI 단위로 환산하려면 다음과 같이 한다.

예제 1

$$[\text{토크, SI}] = [\text{토크, 영국식}] \times [\text{계수}]$$

$$[\mathrm{N \cdot m}] = [\cancel{\mathrm{lb}} \cdot \cancel{\mathrm{in.}}]\left(\frac{\mathrm{N}}{\cancel{\mathrm{lb}}}\right)\left(\frac{\mathrm{m}}{\cancel{\mathrm{in.}}}\right)$$

$$= [\mathrm{lb \cdot in.}](4.448)(0.0254)$$

$$= [\mathrm{lb \cdot in.}](0.1129)$$

예제 2

$$[\text{관성 모멘트, SI}] = [\text{관성 모멘트, 영국식}] \times [\text{계수}]$$

$$[\mathrm{kg \cdot m^2 = n \cdot m \cdot s^2}] = [\cancel{\mathrm{lb}} \cdot \cancel{\mathrm{in.}} \cdot \mathrm{s^2}]\left(\frac{\mathrm{N}}{\cancel{\mathrm{lb}}} \cdot \frac{\mathrm{m}}{\cancel{\mathrm{in.}}}\right)$$

$$= [\mathrm{lb \cdot in. \cdot s^2}](4.448 \times 0.0254)$$

$$= [\mathrm{lb \cdot in. \cdot s^2}](0.1129)$$

예제 3

탄성계수, *E*

$$[\mathrm{N/m^2}] = \left[\frac{\cancel{\mathrm{lb}}}{\cancel{\mathrm{in.^2}}}\right]\left(\frac{\mathrm{N}}{\cancel{\mathrm{lb}}}\right)\left(\frac{\cancel{\mathrm{in.}}}{\mathrm{m}}\right)^2$$

$$= \left[\frac{\mathrm{lb}}{\mathrm{in.^2}}\right](4.448)\left(\frac{1}{0.0254}\right)^2$$

$$= \left[\frac{\mathrm{lb}}{\mathrm{in.^2}}\right](6{,}894.7)$$

강철의 탄성계수 $= (29 \times 106\ \mathrm{lb/in^2})(6894.7) = \underline{\underline{200 \times 10^9}}\ \mathrm{N/m^2}$

예제 4

스프링 강성, *k*

$$[\mathrm{N/m}] = [\mathrm{lb/in}] \times (175.13)$$

질량, *m*

$$[\mathrm{kg}] = [\mathrm{lb \cdot s^2/in}] \times (175.13)$$

미-영 단위에서 SI 단위로의 환산계수*

피환산량	환산량	환산계수
(가속도)		
foot/second^2 (ft/s^2)	meter/second^2 (m/s^2)	$3.048 \times 10^{-1*}$
inch/second^2 (in/s^2)	meter/second^2 (m/s^2)	$2.54 \times 10^{-2*}$
(면적)		
foot^2 (ft^2)	meter^2 (m^2)	9.2903×10^{-2}
inch^2 (in^2)	meter^2 (m^2)	$6.4516 \times 10^{-4*}$
yard^2 (yd^2)	meter^2 (m^2)	8.3613×10^{-1}
(밀도)		
pound mass/inch^3 (lbm/in^3)	kilogram/meter^3 (kg/m^3)	2.7680×10^4
pound mass/foot^3 (lbm/ft^3)	kilogram/meter^3 (kg/m^3)	1.6018×10
(에너지, 일)		
British thermal unit (Btu)	joule (J)	1.0551×10^3
foot-pound force (ft · lbf)	joule (J)	1.3558
kilowatt-hour (kw · h)	joule (J)	$3.60 \times 10^{6*}$
(힘)		
kip (1000 lbf)	newton (N)	4.4482×10^3
pound force (lbf)	newton (N)	4.4482
ounce force	newton (N)	2.7801×10^{-1}
(길이)		
foot (ft)	meter (m)	$3.048 \times 10^{-1*}$
inch (in.)	meter (m)	$2.54 \times 10^{-2*}$
mile (mi) (U.S. statute)	meter (m)	1.6093×10^3
mile (mi) (international nautical)	meter (m)	$1.852 \times 10^{3*}$
yard (yd)	meter (m)	$9.144 \times 10^{-1*}$
(질량)		
pound · mass (lbm)	kilogram (kg)	4.5359×10^{-1}
slug (lbf · s^2/ft)	kilogram (kg)	1.4594×10
ton (2000 lbm)	kilogram (kg)	9.0718×10^2
(동력)		
foot-pound/minute (ft · lbf/min)	watt (W)	2.2597×10^{-2}
horsepower (550 ft · /s)	watt (W)	7.4570×10^2
(압력, 응력)		
atmosphere (std) (14.7 lbf/in^2)	newton/meter^2 (N/m^2 또는 Pa)	1.0133×10^5
pound/foot^2 (lbf/ft^2)	newton/meter^2 (N/m^2 또는 Pa)	4.7880×10
pound/inch^2 (lbf/in^2 또는 psi)	newton/meter^2 (N/m^2 또는 Pa)	6.8948×10^3
(속도)		
foot/minute (ft/min)	meter/second (m/s)	$5.08 \times 10^{-3*}$
foot/second (ft/s)	meter/second (m/s)	$3.048 \times 10^{-1*}$
knot (nautical mi/h)	meter/second (m/s)	5.1444×10^{-1}
mile/hour (mi/h)	meter/second (m/s)	$4.4704 \times 10^{-1*}$
mile/hour(mi/h)	kilometer/hour(km/h)	1.6093
mile/second(mi/s)	kilometer/second(km/s)	1.6093
(부피)		
foot^3 (ft^3)	meter^3 (m^3)	2.8317×10^{-2}
inch^3 (in^3)	meter^3 (m^3)	1.6387×10^{-5}

* 엄밀값

출처: J. L., Meriam, Dynamics, 2nd Ed. (SI Version) (New York: John Wiley, 1975). *The International System of Units (SI)*, July 1974, National Bureau of Standards, Special Publication 330.

CHAPTER

01 진동운동

진동학은 물체에 작용하는 힘과 이로 인하여 발생되는 진동운동에 관하여 연구하는 학문이다. 질량과 탄성을 지니는 모든 물체는 진동할 수 있다. 따라서, 대부분의 기계와 구조물은 어느 정도 진동하게 되며, 이들에 대한 설계를 할 때는 진동 특성에 관한 연구가 필수적이다.

진동계는 **선형**(linear) 및 **비선형**(nonlinear)으로 크게 나눌 수 있다. 선형계에 대해서는 중첩의 원리를 적용할 수 있으며, 수학적 해석의 기법도 매우 많다. 반면에 비선형계에 대한 해석기법은 많이 알려져 있지 않으며, 적용하기에도 어렵다. 또한 모든 계는 진폭이 증가함에 따라 비선형화되는 경향이 있으므로, 진동 특성을 해석하기 위해서는 비선형계에 대한 다소간의 지식을 갖추고 있는 것이 바람직하다.

일반적으로 진동은 자유진동과 강제진동으로 구분한다. **자유진동**(free vibration)은 외력이 없는 경우에 계의 자체에 내재하는 힘에 의하여 발생한다. 자유 진동인 경우에 계는 하나 또는 그 이상의 **고유 진동수**(natural frequency)로 진동하며, 이 고유 진동수는 질량과 강성의 분포에 의하여 결정되는 동적 계 의 고유한 특성이다.

외력이 작용하여 발생하는 진동은 **강제진동**(forced vibration)이라고 하며, 외력이 주기적인 경우에는 계가 가진력 (exciting force, 加振力)과 동일한 진동수를 가지고 진동하게 된다. 외력 진동수가 계의 고유 진동수 중의 어느 하나와 일치하는 경우에는 **공진**(resonance)이 발생하며, 이 때에는 진폭이 매우 커져서 위험 상태에 도달하게 된다. 교량, 건물, 또는 비행기 날개와 같은 구조물의 파괴는 공진에 의한 경우가 상당히 많다. 따라서, 고유 진동수의 해석은 진동의 연구에서 매우 중요한 분야이다.

대부분의 진동계에서는 마찰과 그 밖의 저항에 의하여 에너지가 손실되므로 다소간의 **감쇠**(damping)가 존재한다. 감쇠가 적은 경우에는 계의 고유 진동수에 대한 영향이 미미하므로 감쇠가 없는 것으로 가정하여 고유 진동수를 계산한다. 반면에 공진의 상태에서 진폭을 제한하고자 하는 경우에는 감쇠가 매우 중요하다. 계의 운동을 나타내기 위하여 필요한 독립적인 좌표의 수를 그 계의 **자유도**(degree of freedom, DOF)라고 한다. 따라서, 공간에서 운동을 하는 자유로운 질점(particle, 質点)은 세 개의 자유도를 가지며, 강체는 여섯 개의 자유도, 즉 세 개의 위치 성분과 회전 방향을 정의하는 세 개의 각도 성분을 가진다. 그리고, 탄성이 있는 연속체는 그 운동을 나타내기 위하여 무한 개수의 좌표(물체의 각 점에 대하여 세 개)를 필요로 하며, 자유도의 수는 무한대이다. 그러나, 대부분의 경우에 있어서 이러한 물체의 일부분은 강체로 이상화시켜서 해석할 수 있다. 사실상 대부분의 진동문제는 계(system)를 몇 개의 자유도 만을 갖는 계로 축소시켜 해석해도 충분히 정확도를 얻을 수 있다.

1.1 조화운동

진동은 시계의 추와 같은 규칙적 운동이나 지진과 같은 불규칙적 운동으로 발생된다. 이 운동이 일정한 시간 τ에 따라 반복되는 경우, 이를 **주기운동**(periodic motion)이라고 한다. 이때에 반복시간 τ를 진동의 **주기**(period)라고 하며, 그 역수 $f = 1/\tau$를 **진동수**(frequency)라고 한다. 운동을 시간에 대한 함수 $x(t)$로 나타내면 모든 주기운동은 $x(t) = x(t+\tau)$의 관계를 만족해야 한다.

가장 간단한 주기운동은 **조화운동**(harmonic motion)이며, 이것은 그림 1.1.1과 같이 가벼운 스프링에 매달린 질량으로 설명할 수 있다. 질량을 정지위치로부터 이동시킨 후에 자유로이 놓아두면, 이 질량은 위아래로 진동하게 된다. 이 질량에 광원을 부착하고 감광용지를 이동시키면 이 운동을 기록할 수 있다.

감광용지에 기록된 운동은 다음 식으로 나타낼 수 있다.

$$x = A \sin 2\pi \frac{t}{\tau} \tag{1.1.1}$$

여기서 A와 τ는 각각 진폭과 주기를 나타내며, 이 운동은 $t = \tau$에서 반복된다.

조화운동은 그림 1.1.2와 같이 원주를 따라 등속으로 운동하는 점의 투영으로 표현할 수 있다. 여기서 선분 Op의 각속도를 ω라고 하면 x는 다음과 같다.

$$x = A \sin \omega t \tag{1.1.2}$$

ω의 크기를 보통 rad/s의 단위로 나타내며, 이것을 **각진동수**(circular frequency)[1]라고 한

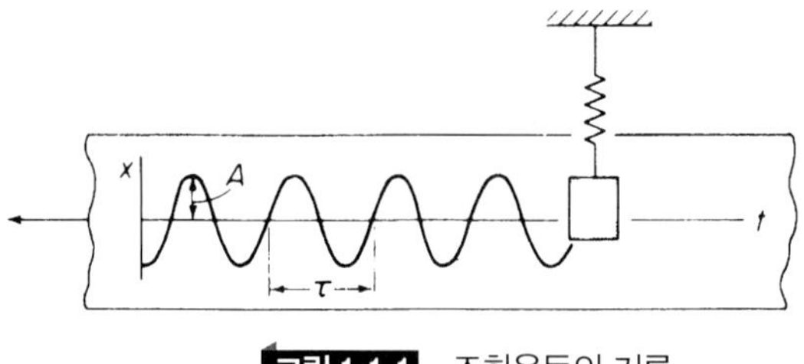

그림 1.1.1 조화운동의 기록

1) 각(circular)이라는 단어는 일반적으로 생략하고, ω와 f를 구분 없이 진동수로 사용한다.

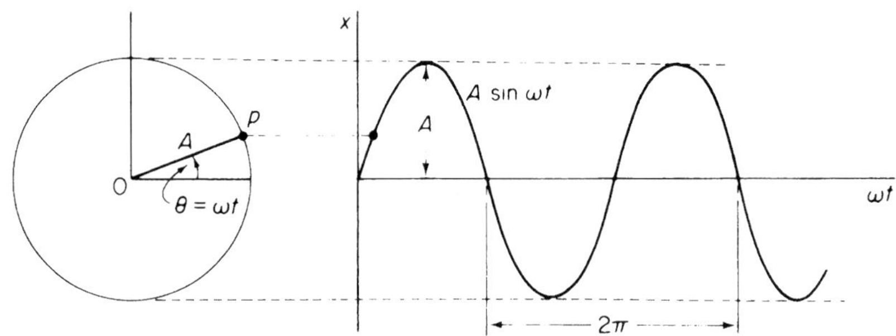

그림 1.1.2 원주상을 이동하는 질점운동의 투영은 조화운동이 된다

다. 이 운동은 2π rad마다 반복되므로 다음과 같은 관계식을 얻을 수 있다.

$$\omega = \frac{2\pi}{\tau} = 2\pi f \tag{1.1.3}$$

여기서 τ와 f는 조화운동의 주기와 진동수이며, 각각 단위는 초(s)와 초당 회전수(rps)로 나타낸다.

조화운동의 속도와 가속도는 식 (1.1.2)을 미분하여 간단히 구할 수 있다. 시간에 대한 미분을 점으로 나타내면 다음과 같은 식을 구할 수 있다.

$$\dot{x} = \omega A \cos \omega t = \omega A \sin(\omega t + \pi/2) \tag{1.1.4}$$

$$\ddot{x} = -\omega^2 A \sin \omega t = \omega^2 A \sin(\omega t + \pi) \tag{1.1.5}$$

이 식으로부터, 속도와 가속도는 변위와 동일한 진동수를 가진 조화운동이나 그 위상이 변

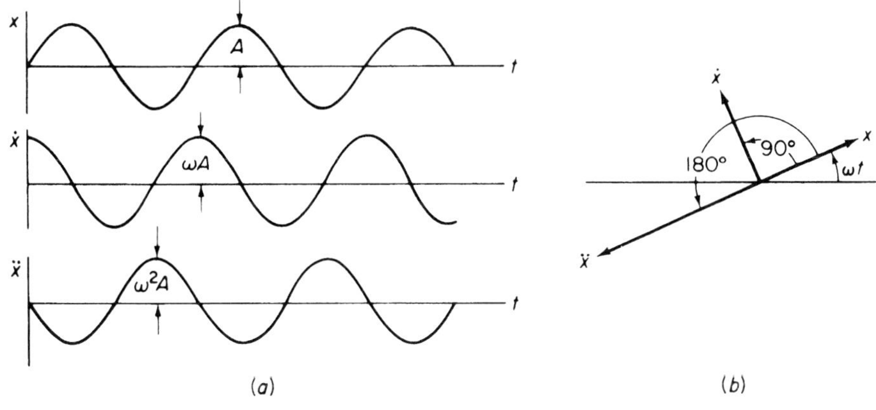

그림 1.1.3 조화운동의 속도와 가속도는 변위에 비하여 위상이 각각 $\pi/2$ 및 π 만큼 앞선다

위에 비하여 각각 $\pi/2$와 π rad만큼 앞선다는 것을 알 수 있다. 그림 1.1.3은 조화운동에 있어 변위와 속도 그리고 가속도 사이의 시간에 따른 변화와 벡터 위상의 관계를 보여주고 있다.

식 (1.1.2)와 (1.1.5)로부터 다음 식이 성립하게 된다.

$$\ddot{x} = -\omega^2 x \tag{1.1.6}$$

따라서, 조화운동에서 가속도는 변위에 비례하고 원의 중심을 향한다. 뉴턴의 운동 제2법칙에 의하면 가속도는 힘에 비례한다. 따라서, 힘이 kx에 따라 변하는 선형 스프링계는 조화운동을 하게 된다.

지수 형태 오일러(Euler) 공식에 의하면 정현파와 지수함수 사이에는 다음 식이 성립한다.

$$e^{i\theta} = \cos\theta + i\sin\theta \tag{1.1.7}$$

일정한 각속도 ω로 회전하는 진폭 A의 벡터는 그림 1.1.4에서와 같이 아르강(Argand) 선도에서 복소수 z로 표시할 수 있다.

$$\begin{aligned} z &= Ae^{i\omega t} \\ &= A\cos\omega t + iA\sin\omega t \\ &= x + iy \end{aligned} \tag{1.1.8}$$

z의 양은 x와 y를 실수와 허수 요소로 갖는 **복소 정현파**(complex sinusoid)라고 부른다. 또한, $Z = Ae^{i\omega t}$는 식(1.1.6)의 조화운동의 미분 방정식을 만족한다.

그림 1.1.5는 $-\omega$때의 가속도를 가지고 음의 방향으로 회전하는 공액 복소수 $z^* = Ae^{-i\omega t}$를 보여준다. 이 그림으로부터 z의 실수 부분 x를 다음 식에 의하여 z와 z^*의 항으로 나타낼 수 있다.

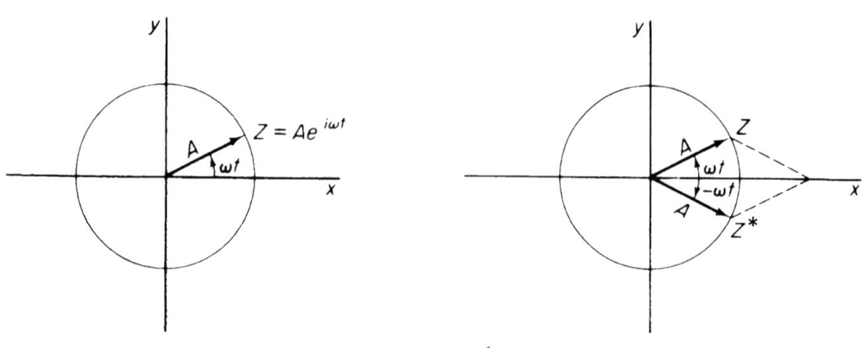

그림 1.1.4 회전 벡터로 나타낸 조화운동

그림 1.1.5 벡터 z와 그 공액 복소수 z^*

$$x = \frac{1}{2}(z + z^*) = A \cos \omega t = \text{Re } Ae^{i\omega t} \quad \textbf{(1.1.9)}$$

여기서 Re는 z의 실수 부분을 뜻한다. 조화운동을 수식으로 표현하는 데 있어서 지수함수가 삼각함수보다 수학적으로 편리함을 알 수 있다. $z_1 = A_1 e^{i\theta_1}$과 $z_2 = A_2 e^{i\theta_2}$ 사이의 지수함수 규칙은 다음과 같다.

곱하기 $\quad z_1 z_2 = A_1 A_2 e^{i(\theta_1 + \theta_2)}$

나누기 $\quad \dfrac{z_1}{z_2} = \left(\dfrac{A_1}{A_2}\right) e^{i(\theta_1 - \theta_2)}$ **(1.1.10)**

거듭제곱 $\quad z^n = A^n e^{in\theta}$

$$z^{1/n} = A^{1/n} e^{i\theta/n}$$

1.2 주기운동

대부분의 진동에서는 몇 개의 서로 다른 진동수가 동시에 존재하게 된다. 예를 들어, 바이올린 현의 진동은 진동수 f와 $2f$, $3f$ 등의 진동수를 갖는 모든 조화 성분들(harmonics)로 구성된다. 또 다른 하나의 예는 다자유도계에 의한 자유 진동이며, 이 경우는 각각의 고유 진동수가 모드 전체에 영향을 미치는 진동이다. 이러한 진동은 그림 1.2.1과 같이 주기적으로 반복되는 복합파의 형태로 된다. 프랑스 수학자인 J. Fourier(1768~1830)는 모든 주기운동을 정현파 및 여현파 함수의 급수로 나타낼 수 있다는 것을 밝혔다. 주기가 τ인 주기함수 $x(t)$는 푸리에(Fourier) 급수에 의하여 다음 식으로 전개 할 수 있다.

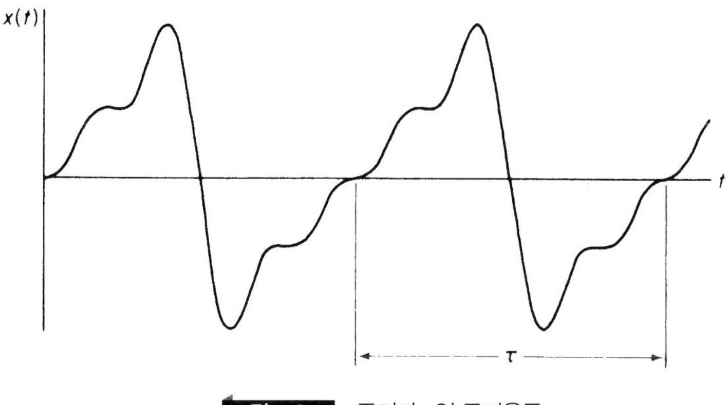

그림 1.2.1 주기가 τ인 주기운동

$$x(t) = \frac{a_0}{2} + a_1 \cos \omega_1 t + a_2 \cos \omega_2 t + \cdots$$
$$+ b_1 \sin \omega_1 t + b_2 \sin \omega_2 t + \cdots \tag{1.2.1}$$

여기서

$$\omega_1 = \frac{2\pi}{\tau}$$
$$\omega_n = n\omega_1$$

계수 a_n과 b_n을 구하기 위해 식(1.2.1)의 양변에 $\cos \omega_n t$나 또는 $\sin \omega_n t$를 곱하고, 각 항을 주기 τ에 대하여 적분한다. 다음의 관계식

$$\int_{-\tau/2}^{\tau/2} \cos \omega_n t \cos \omega_m t \, dt = \begin{cases} 0 & (m \neq n\text{인 경우}) \\ \tau/2 & (m = n\text{인 경우}) \end{cases}$$

$$\int_{-\tau/2}^{\tau/2} \sin \omega_n t \sin \omega_m t \, dt = \begin{cases} 0 & (m \neq n\text{인 경우}) \\ \tau/2 & (m = n\text{인 경우}) \end{cases} \tag{1.2.2}$$

$$\int_{-\tau/2}^{\tau/2} \cos \omega_n t \sin \omega_m t \, dt = \begin{cases} 0 & (m \neq n\text{인 경우}) \\ 0 & (m = n\text{인 경우}) \end{cases}$$

에 의하여 식의 우변에서 하나의 항을 제외한 모든 항이 0으로 되며, 다음 결과를 얻을 수 있다.

$$a_n = \frac{2}{\tau} \int_{-\tau/2}^{\tau/2} x(t) \cos \omega_n t \, dt$$
$$b_n = \frac{2}{\tau} \int_{-\tau/2}^{\tau/2} x(t) \sin \omega_n t \, dt \tag{1.2.3}$$

푸리에 급수는 또한 지수함수의 항으로 표현할 수 있다. 다음 식

$$\cos \omega_n t = \tfrac{1}{2}\left(e^{i\omega_n t} + e^{-i\omega_n t}\right)$$
$$\sin \omega_n t = -\tfrac{1}{2} i\left(e^{i\omega_n t} - e^{-i\omega_n t}\right)$$

을 이용하면 식 (1.2.1)을 다음 형태로 나타낼 수 있다.

$$x(t) = \frac{a_0}{2} + \sum_{n=1}^{\infty} \left[\tfrac{1}{2}(a_n - ib_n)e^{i\omega_n t} + \tfrac{1}{2}(a_n + ib_n)e^{-i\omega_n t}\right]$$
$$= \frac{a_0}{2} + \sum_{n=1}^{\infty} \left[c_n e^{i\omega_n t} + c_n^* e^{-i\omega_n t}\right]$$
$$= \sum_{n=-\infty}^{\infty} c_n e^{i\omega_n t} \tag{1.2.4}$$

여기서

$$c_0 = \tfrac{1}{2}a_0$$
$$c_n = \tfrac{1}{2}(a_n - ib_n) \tag{1.2.5}$$

식 (1.2.3)의 a_n과 b_n을 대입하면 c_n은 다음 식으로 유도된다.

$$c_n = \frac{1}{\tau}\int_{-\tau/2}^{\tau/2} x(t)(\cos \omega_n t - i \sin \omega_n t)\, dt$$
$$= \frac{1}{\tau}\int_{-\tau/2}^{\tau/2} x(t)e^{-i\omega_n t}\, dt \tag{1.2.6}$$

$x(t)$를 다음과 같이 우함수와 기함수의 항으로 나누어 표시하면 계산과정을 단순화시킬 수 있다.

$$x(t) = E(t) + O(t) \tag{1.2.7}$$

우함수 $E(t)$는 원점에 내하여 내칭이며, $E(t) = E(-t)$, 즉 $\cos \omega t = \cos(-\omega t)$가 성립한다. 기함수는 $O(t) = -O(-t)$의 관계, 즉 $\sin \omega t = -\sin(-\omega t)$를 만족한다. 따라서, 다음의 적분식이 성립한다는 것을 알 수 있다.

$$\int_{-\tau/2}^{\tau/2} E(t) \sin \omega_n t\, dt = 0$$
$$\int_{-\tau/2}^{\tau/2} O(t) \cos \omega_n t\, dt = 0 \tag{1.2.8}$$

푸리에 급수의 계수를 진동수 ω_n에 대하여 도시하면 그 결과는 **푸리에 스펙트럼**(Fourier spectrum)이라 불리는 일련의 이산선분들로 나타난다. 일반적으로 절대값 $|2c_n| = \sqrt{a_n^2 + b_n^2}$과 위상 $\phi_n = \tan^{-1}(b_n/a_n)$을 도시하며 그림 1.2.2는 그 예를 보여주고 있다.

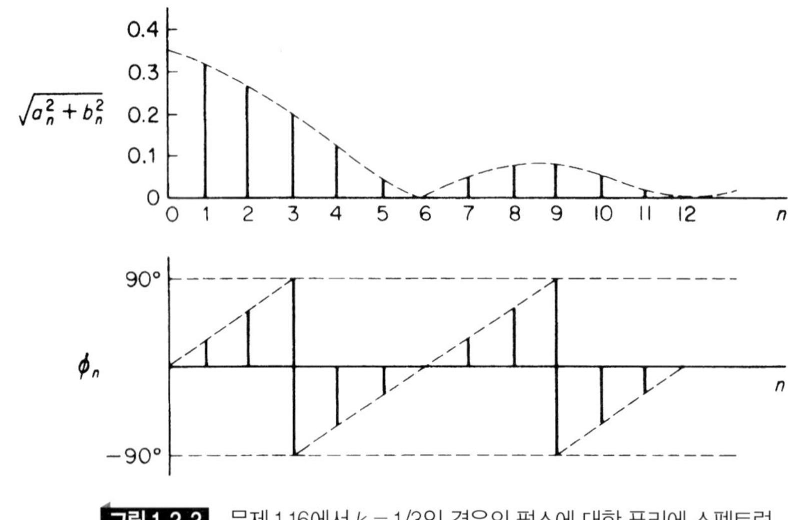

그림 1.2.2 문제 1.16에서 $k = 1/3$인 경우의 펄스에 대한 푸리에 스펙트럼

최근에는 디지털 컴퓨터에 의한 조화 해석(harmonic analysis)이 널리 이용되고 있다. **고속 푸리에 변환**(fast Fourier transform: FFT)[2)]으로 알려져 있는 컴퓨터 알고리즘을 이용하면 컴퓨터에 의한 계산시간을 최소화시킬 수 있다.

1.3 진동에 관한 용어

여기서는 진동에 사용되는 일반적인 용어에 관하여 설명하기로 하겠다. 이들 중에 가장 간단한 것은 **피크값**(peak value)과 **평균값**(average value)이다.

정적 또는 정상값을 나타내는 평균값은 전류의 DC 레벨과 다소 비슷하며, 다음과 같이 시간에 대한 적분으로 정의된다.

$$\bar{x} = \lim_{T \to \infty} \frac{1}{T} \int_0^T x(t)\, dt \tag{1.3.1}$$

$A \sin t$로 표현되는 정현파의 예를 들면, 한 주기에 대한 평균값은 0이며, 반주기에 대한 평균값은 다음과 같다.

$$\bar{x} = \frac{A}{\pi} \int_0^{\pi} \sin t\, dt = \frac{2A}{\pi} = 0.637A$$

2) J. S. Bendat, and A. G. Piersol, *Random Data* (New York: John Wiley, 1971), pp. 305–306.

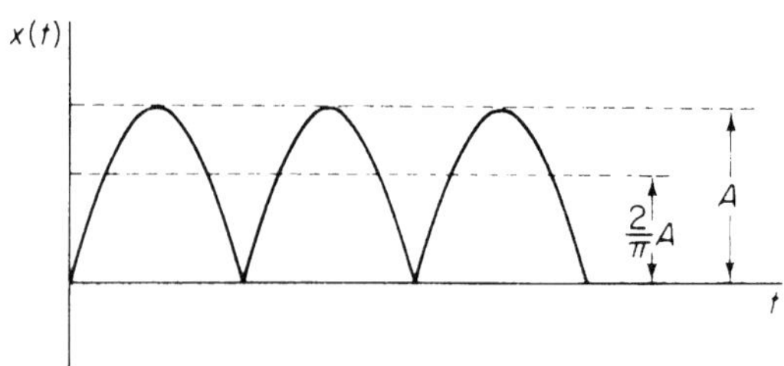

그림 1.3.1 정류된 정현파의 평균값

이 값은 그림 1.3.1에 보인 정류된 정현과의 평균값과 같음을 알 수 있다. 변위의 제곱은 일반적으로 제곱 평균값으로 표시되는 진동 에너지와 관련이 있다. 시간함수 $x(t)$의 **제곱 평균값**(mean square value)은 제곱값을 특정 시간 T동안 적분함으로써 구할 수 있다.

$$\overline{x^2} = \lim_{T \to \infty} \frac{1}{T} \int_0^T x^2(t)\, dt \tag{1.3.2}$$

예를 들어, $x(t) = A \sin \omega t$의 제곱 평균값은 다음과 같다.

$$\overline{x^2} = \lim_{T \to \infty} \frac{A^2}{T} \int_0^T \frac{1}{2}(1 - \cos 2\omega t)\, dt = \frac{1}{2} A^2$$

제곱 평균 평방근(root mean square: rms)은 제곱 평균값의 제곱근으로 정의된다. 위의 예로부터 진폭이 A인 정현파의 제곱 평균 평방근은 $A/\sqrt{2} = 0.707A$가 됨을 알 수 있다. 일반적으로, 진동의 크기는 rms 측정기(rms meter)로 측정한다.

데시벨(decibel: dB)은 진동 측정에서 빈번히 사용되는 측정 단위로서 다음과 같이 제곱값비의 상용대수로 정의한다.

$$\begin{aligned} \text{dB} &= 10 \log_{10}\left(\frac{p_1}{p_2}\right) \\ &= 10 \log_{10}\left(\frac{x_1}{x_2}\right)^2 \end{aligned} \tag{1.3.3}$$

두 번째 식은 제곱값이 진폭이나 전압의 제곱에 비례한다는 사실에 따른 결과이다. 데시벨을 다음과 같이 진폭이나 전압의 1차승으로 나타내는 경우도 있다.

$$\text{dB} = 20 \log_{10}\left(\frac{x_1}{x_2}\right) \tag{1.3.4}$$

따라서, 전압의 이득(gain)이 5인 증폭기의 출력값을 dB 단위로 나타내면 다음과 같다.

$$20\ \log_{10}(5)\ =\ +14$$

데시벨은 대수 단위이므로 광범위한 수치를 나타내는 데 매우 유용하다.

진동수 범위의 상한값이 하한값의 두 배가 되는 경우에는 이 진동수 범위를 **옥타브**(octave)라고 부른다. 예를 들어, 다음의 표에서 각 진동수 대역들은 한 옥타브 대역을 나타낸다.

대역	진동수 영역(Hz)	진동수 대역폭
1	10~20	10
2	20~40	20
3	40~80	40
4	200~400	200

연습문제

1.1 어느 조화운동의 진폭이 0.20 cm, 주기가 0.15 s라고 한다. 이 운동의 최대 속도와 최대 가속도를 구하라.

1.2 가속도계로 측정한 결과 어느 구조물의 최대 가속도가 50 g이며, 82 Hz로 조화진동하고 있다. 이 진동의 진폭을 구하라.

1.3 어느 조화운동의 진동수가 10 Hz이며, 최대 속도가 4.57 m/s라고 한다. 이 때 진폭, 주기, 최대 가속도를 구하라.

1.4 진폭은 동일하나 진동수가 미소하게 상이한 다른 조화운동의 합을 구하라. 이 결 과로부터 맥놀이(beating) 현상을 설명하라.

1.5 복소 벡터 $(4+3i)$를 $Ae^{i\theta}$의 지수 형태로 표현하라.

1.6 두 복소 벡터 $(2+3i)$와 $(4-i)$의 합을 구하고 그 결과를 $A\angle 0$ 형태로 나타내라.

1.7 복소 벡터 $z=Ae^{i\omega t}$에 i를 곱하면, 결과가 z를 90° 회전한 벡터로 됨을 보여라.

1.8 두 벡터 $5e^{i\pi/6}$과 $4e^{i\pi/3}$의 합을 구하고, 이 합 벡터와 $5e^{i\pi/6}$이 이루는 각도를 구하라.

1.9 그림 P1.9에 보인 직사각파의 푸리에 급수를 구하라.

1.10 문제 1.9에서 직사각파의 원점이 $\pi/2$ 만큼 이동된 경우에 대하여 푸리에 급수를 구하라.

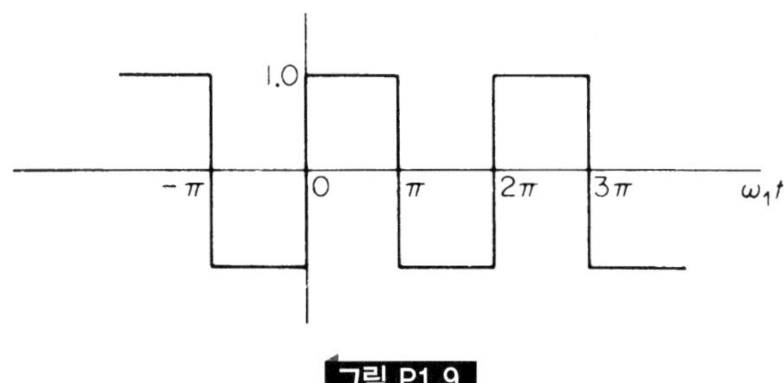

그림 P1.9

1.11 그림 P1.11에 보인 삼각파의 푸리에 급수를 구하라.

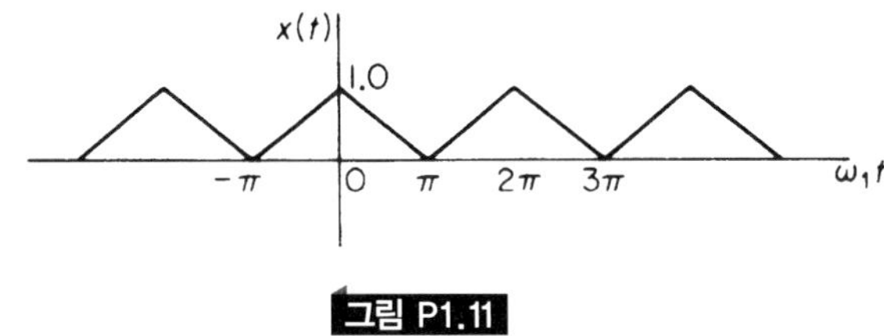

그림 P1.11

1.12 그림 P1.12에 보인 톱니파의 푸리에 급수를 구하라. 이 결과를 식 (1.2.4)의 지수 형태로 고쳐라.

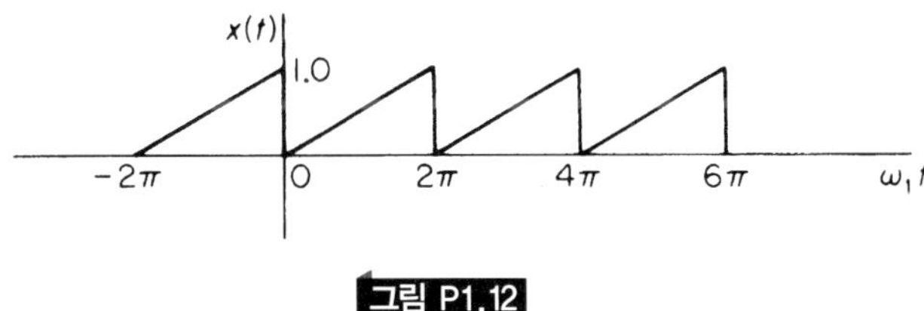

그림 P1.12

1.13 정현파의 양(+)의 부분만으로 구성된 파의 제곱 평균 평방근(rms) 값을 구하라.

1.14 문제 1.12의 톱니파에 대하여 제곱 평균값을 구하라. 두 가지 방법, 즉 제곱곡선 (squared curve) 및 푸리에 급수방법을 이용하라.

1.15 문제 1.11의 삼각파에 대한 진동수 스펙트럼을 도시하라.

1.16 그림 P1.16에 보인 직사각형 펄스 열의 푸리에 급수를 구하라. $k = 2/3$인 경우에, n에 대한 c_n 과 ϕ_n을 도시하라.

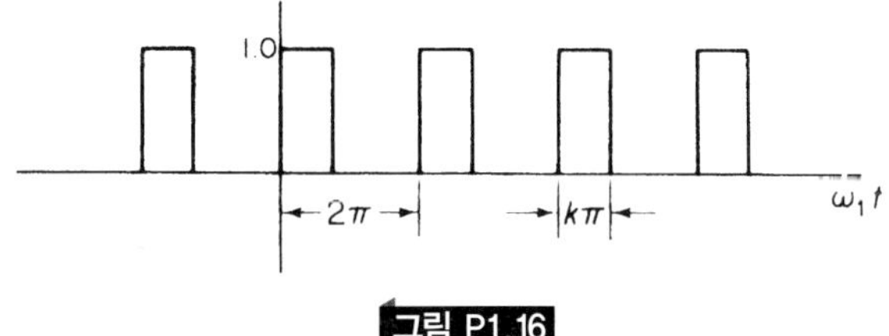

그림 P1.16

1.17 그림 P1.17의 크랭크-피스톤 장치에서 피스톤의 변위 s에 관한 식을 유도하고, 조화 성분(harmonic component)과 그들의 상대적 크기를 구하라. r/l = 1/3 인 경우에, 첫 번째 조화 성분에 대한 두 번째 조화 성분의 비를 구하라.

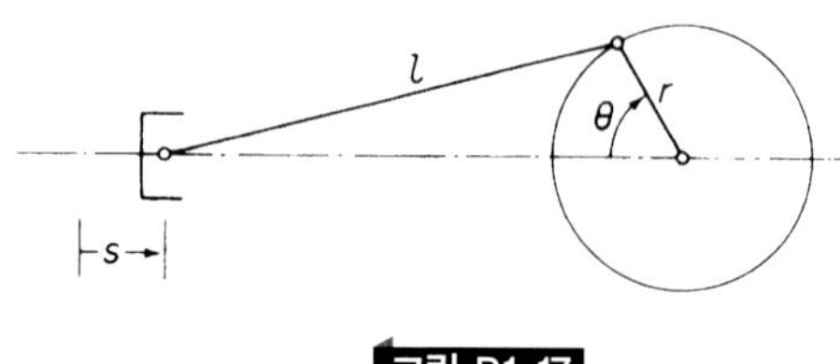

그림 P1.17

1.18 그림 P1.18에서 $k = 0.10$인 경우에, 직사각형 펄스의 제곱 평균값을 구하라. 진폭을 A라 하면, 전압계의 판독값(rms)은 얼마가 되겠는가?

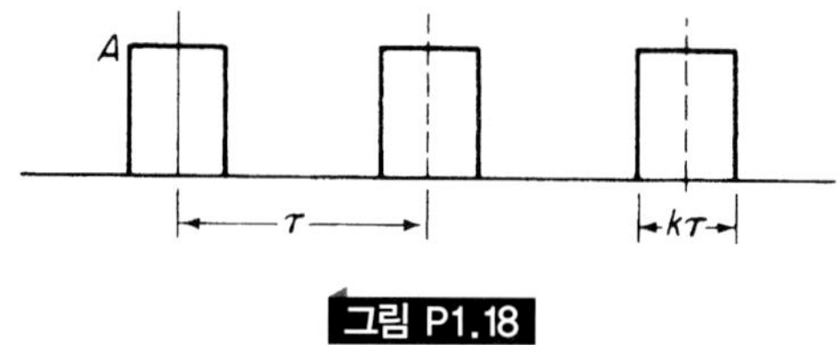

그림 P1.18

1.19 그림 P1.11의 삼각파에 대하여 제곱 평균값을 구하라.

1.20 오차 범위가 ±0.5 dB인 rms 전압계가 있다. 이 전압계로 측정한 어느 진동의 제곱 평균 평방근이 2.5 mm 라고 할 때, 전압계 판독값의 정도를 mm 단위로 나타내라.

1.21 가속도계의 출력신호를 증폭하기 위한 어느 전압 측정계의 증폭계수가 10, 50, 그리고 100으로 주어져 있다. 이 증폭계수의 데시벨 단계를 계산하라.

1.22 압전 가속도계의 교정곡선이 그림 P1.22와 같다. 여기서 세로축은 dB단위이며, 피크값은 32 dB로 측정되었다. 임의 저진동수 영역(예를 들면, 1000 Hz 부근)에서의 응답에 대한 공진응답의 비를 구하라.

1.23 부록 A에 수록한 것과 유사한 좌표용지를 이용하여 다음에 보인 진동의 범위를 개략적으로 나타내 보라. 최대 가속도는 2 g, 최대 변위는 2 mm, 그리고 최소 진동수와 최대 진동수는 각각 1 Hz와 200 Hz이다.

1.24 펄스는 정수의 횟수로 나타나며 1초 동안 지속된다고 가정하자. 진폭이 1 또는 −1이 될 확률이 $p(1) = p(-1) = 1/2$인 불규칙한 진폭을 갖는다고 할 때, 진폭의 평균값과 제곱 평균값은 얼마가 되겠는가?

1.25 모든 함수 $f(t)$는 기함수 $O(t)$와 $E(t)$의 함으로 나타낼 수 있음을 증명하라.

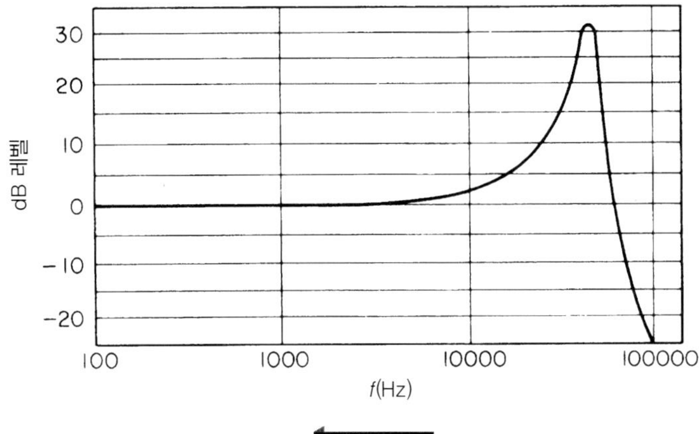

그림 P1.22

CHAPTER

02 자유진동

질량과 관성을 갖는 모든 계는 자유진동(즉, 외부의 가진력이 없어도 발생하는 진동)을 할 수 있다. 이러한 계에서의 기본적인 사항은 고유 진동수를 파악하는 것이다. 본 장에서는 운동 방정식을 세우고, 계의 질량 및 강성함수인 고유 진동수를 해석하는 과정에 대하여 설명하기로 한다.

적당한 크기의 감쇠는 고유 진동수에 거의 영향을 미치지 않으므로 고유 진동수를 계산하는 과정에서는 무시한다. 이와 같이 가정한 진동계는 계산할 수도 있다. 감쇠의 영향은 시간에 따른 진폭의 감소로 현저하게 나타난다. 감쇠에 대한 모델은 많이 알려져 있지만, 본 장에서는 해석과정이 비교적 간단한 모델에 대하여 설명하기로 한다.

2.1 진동 모델

진동계는 기본적으로 질량, 스프링 및 감쇠기(damper)로 구성 된다. 질량은 집중된 것으로 가정하고, SI계에는 kg단위로 측정된다. 영국 단위계에서 질량은 $m = w/g$ slug가 된다.

질량을 지지하고 있는 스프링의 자체 질량은 무시할 만하다고 가정한다. 스프링에서 힘과 변위와의 관계는 후크(Hooke)의 법칙, $F = kx$에 따라 선형적으로 변하는 것으로 고려한다. 여기에서 k는 N/m 또는 lb/in 단위로 측정된다.

일반적으로 감쇠기(dashpot)로 나타내는 점성 감쇠는 속도에 비례하는 힘, $f = c\dot{x}$로 표현한다. 여기서 c는 감쇠계수로서 그 기본 단위는 N/m/s 또는 lb/in/s이다.

2.2 운동 방정식: 고유 진동수

그림 2.2.1은 간단한 비감쇠 스프링–질량계를 나타내고 있으며, 여기서 질량은 수직방향으로만 움직인다고 가정한다. 이 계의 운동은 하나의 좌표 x로 표현할 수 있으므로 자유도(DOF)는 1이다.

질량의 위치를 변화시킨 후에 자유로이 놓아두면 고유 진동수가 f_n인 진동이 발생하며, 이 진동수는 계의 고유한 특성이다. 지금부터는 자유도가 1인 자유진동에 대하여 기본적인 개념을 설명하기로 한다.

계의 운동을 검토하는 가장 기본적인 법칙은 뉴턴(Newton)의 제2법칙이다. 그림 2.2.1에 보인 바와 같이, 정적 평형위치에서 스프링의 길이 변화량을 Δ라고 하면 스프링에 작용하는 힘 $k\Delta$는 질량 m에 작용하는 중력 w와 같게 된다.

$$k\Delta = w = mg \tag{2.2.1}$$

변위 x를 정적 평형위치로부터 측정하면 질량 m에 작용하는 힘은 $k(\Delta + x)$와 w이다. 아랫방향으로 움직인 경우에 변위 x가 양(+)의 값을 가진다고 가정하면, 모든 양(量)—힘, 속도, 가속도—은 마찬가지로 아랫방향에 대하여 양의 값을 가지게 된다.

이제 질량 m에 대하여 뉴턴의 제2법칙을 적용하면

$$m\ddot{x} = \sum F = w - k(\Delta + x)$$

이 성립하며, $k\Delta = w$이므로 다음 식이 성립함을 알 수 있다.

$$m\ddot{x} = -kx \tag{2.2.2}$$

정적 평형위치를 x의 기준점으로 선택하면, 운동 방정식에서 중력 w와 정적인 스프링 힘 $k\Delta$가 소거되며, 결과적으로 m에 작용하는 순수한 힘은 단순히 변위 x에 의한 스프링 힘이라는 것을 알 수 있다.

각 진동수 ω_n을 다음과 같이 정의하면

$$\omega_n^2 = \frac{k}{m} \tag{2.2.3}$$

식 (2.2.2)는 다음 식으로 표현할 수 있다.

$$\ddot{x} + \omega_n^2 x = 0 \tag{2.2.4}$$

그리고 식 (1.1.6)과 비교하면 이 운동은 조화운동임을 알 수 있다. 식 (2.2.4)는 2차 선형

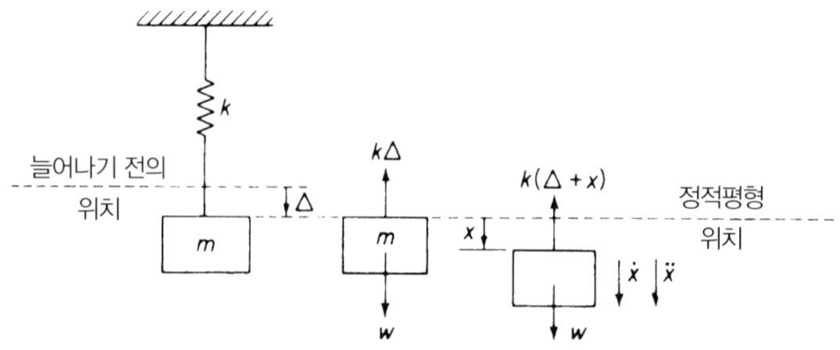

그림 2.2.1 스프링-질량계와 자유 물체도

미분 방정식이며, 일반해는 다음과 같다.

$$x = A \sin \omega_n t + B \cos \omega_n t \tag{2.2.5}$$

여기서 A와 B는 상수이다. 초기 조건 $x(0)$ 와 $\dot{x}(0)$로부터 이 상수를 구하여 식 (2.2.5)에 대입하면 다음 식을 유도할 수 있다.

$$x = \frac{\dot{x}(0)}{\omega_n} \sin \omega_n t + x(0) \cos \omega_n t \tag{2.2.6}$$

진동의 주기는 $\omega_n \tau = 2\pi$로부터

$$\tau = 2\pi \sqrt{\frac{m}{k}} \tag{2.2.7}$$

로 되며, 고유 진동수는 다음과 같다.

$$f_n = \frac{1}{\tau} = \frac{1}{2\pi} \sqrt{\frac{k}{m}} \tag{2.2.8}$$

이 식은 식 (2.2.1)의 $k\Delta = mg$인 관계를 이용하여 정적 변형량 Δ의 함수로 다음과 같이 표현할 수 있다.

$$f_n = \frac{1}{2\pi} \sqrt{\frac{g}{\Delta}} \tag{2.2.9}$$

지금까지의 식으로부터 τ, f_n, 그리고 ω_n은 계의 특성인 질량과 강성에 의해서만 결정된다는 것을 알 수 있다.

지금까지의 설명은 그림 2.2.1에 보인 스프링-질량계에 국한하였지만, 이 결과는 회전운동을 포함하는 모든 1 자유도계에 적용할 수 있다. 스프링은 막대 또는 비틀림 요소로 구성될 수 있으며, 질량은 관성 모멘트로 대치할 수 있다. 여러 가지 종류의 스프링에 대한 강성 k의 식은 본 장의 끝부분에 수록하였다.

예제 2.2.1

0.25 kg의 질량이 0.1533 N/mm의 강성을 갖는 스프링에 매달려 있다. 이 계의 고유 진동수를 Hz 단위로 구하고, 정적 처짐량을 구하라.

풀이 강성은 $k = 153.3$N/m가 되며, 이를 식 (2.2.8)에 대입하면, 고유 진동수는

$$f = \frac{1}{2\pi}\sqrt{\frac{k}{m}} = \frac{1}{2\pi}\sqrt{\frac{153.3}{0.25}} = 3.941 \text{ Hz}$$

가 된다. 0.25kg 질량이 매달린 스프링의 정적 처짐량은 $mg = \Delta k$의 관계식으로부터 얻어진다.

$$\Delta = \frac{mg}{k_{\mathrm{N/mm}}} = \frac{0.25 \times 9.81}{0.1533} = 16.0 \text{ mm}$$

예제 2.2.2

그림 2.2.2와 같이 질량을 무시할 수 있는 외팔보(cantilever beam)의 자유단에 고정된 질량 M의 고유 진동수를 구하라.

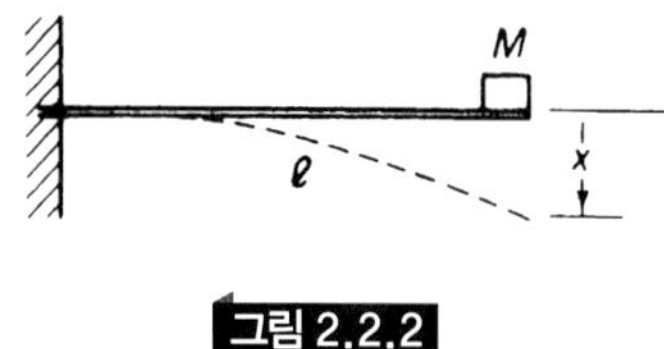

그림 2.2.2

풀이 집중하중 P가 외팔보의 자유단에 작용하는 경우에 자유단의 처짐량은

$$x = \frac{Pl^3}{3EI} = \frac{P}{k}$$

로 되며, 여기서 EI는 외팔보의 굽힘 강성을 나타낸다. 따라서, 외팔보의 강성계수 $k = 3EI/l^3$으로 구해지며, 고유 진동수는 다음과 같이 된다.

$$f_n = \frac{1}{2\pi}\sqrt{\frac{3EI}{Ml^3}}$$

예제 2.2.3

그림 2.2.3에 보인 바와 같이 직경 0.50 cm, 길이 2 m인 강철 막대에 자동차의 바퀴가 매달려 있다. 이 바퀴가 각변위 만큼 변형된 후 자유로이 놓아졌을 때, 30.2초 동안 10번 진동하였다. 이 바퀴의 극관성 모멘트를 구하라.

풀이 뉴턴의 식에 해당되는 회전운동 방정식은 다음과 같다.

$$J\ddot{\theta} = -K\theta$$

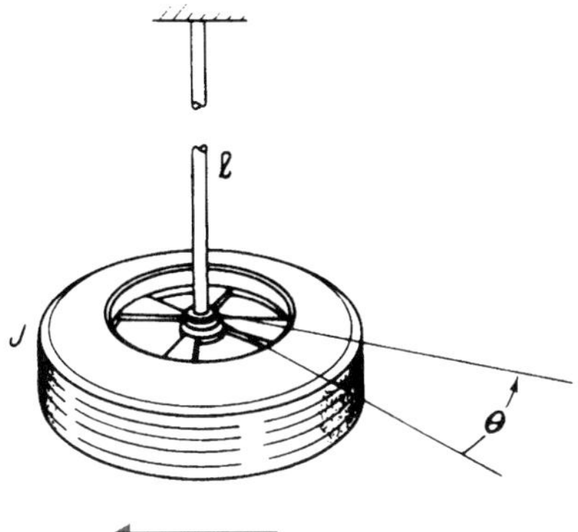

그림 2.2.3

여기서 J는 회전 질량 관성 모멘트, K는 비틀림 강성, 그리고 θ는 rad단위의 회전각을 나타낸다. 따라서, 고유 진동수는 다음과 같이 구해진다.

$$\omega_n = 2\pi\frac{10}{30.2} = 2.081 \text{ rad/s}$$

막대의 비틀림 강성은 $K = GI_p/l$되며, 여기서 $I_p = \pi d^4/32$는 단면이 원(circle)인 막대의 극관성 모멘트를, l은 막대의 길이를, $G = 80 \times 10^9 \text{ N/m}^2$는 강철의 횡탄성계수를 나타낸다.

$$I_p = \frac{\pi}{32}(0.5 \times 10^{-2})^4 = 0.006136 \times 10^{-8} \text{m}^4$$

$$K = \frac{80 \times 10^9 \times 0.006136 \times 10^{-8}}{2} = 2.455 \text{ N} \cdot \text{m/rad}$$

이것을 고유 진동수의 식에 대입하면, 바퀴의 극관성 모멘트를 다음과 같이 구할 수 있다.

$$J = \frac{K}{\omega_n^2} = \frac{2.455}{(2.081)^2} = 0.567 \text{kg} \cdot \text{m}^2$$

예제 2.2.4

그림 2.2.4는 점 O에서 핀으로 지지되어 있으며, 양단에 강성이 k인 동일한 스프링이 달려 있는 균일한 막대를 보여주고 있다. 이 막대는 수평의 위치에서 평형 상태를 유지 하며, 이 때 스프링에 작용하는 힘은 P_1과 P_2이다. 운동 방정식을 유도하고 고유 진동수를 구하라.

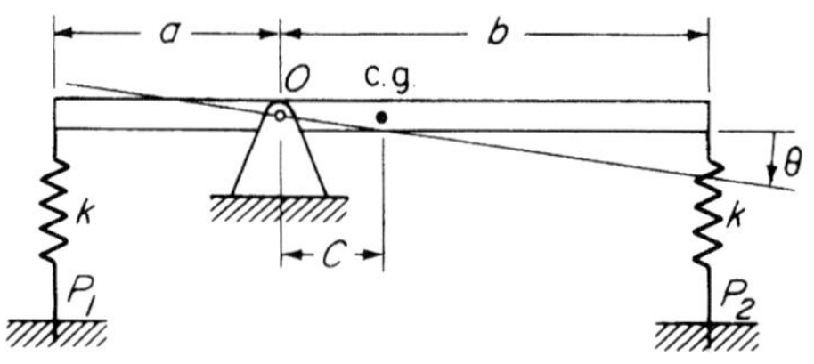

그림 2.2.4

풀이 회전각 θ에 대하여 좌측의 스프링에 작용하는 힘은 감소하며, 우측의 스프링에 작용하는 힘은 증가한다. 점 O에 대한 막대의 관성 모멘트를 J_O라고 하면 점 O에 대한 모멘트의 평형식은 다음과 같이 된다.

$$\sum M_O = (P_1 - ka\theta)a + mgc - (P_2 + kb\theta)b = J_O\ddot{\theta}$$

평형위치에서는

$$P_1a + mgc - P_2b = 0$$

의 식이 성립하므로, 각변위 θ에 의한 모멘트만을 고려하면 다음과 같이 된다.

$$\sum M_O = (-ka^2 - kb^2)\theta = J_O\ddot{\theta}$$

따라서, 운동 방정식은

$$\ddot{\theta} + \frac{k(a^2 + b^2)}{J_O}\theta = 0$$

으로 유도할 수 있으며, 직관적으로 고유 진동수는 다음 식으로 나타낼 수 있다.

$$\omega_n = \sqrt{\frac{k(a^2 + b^2)}{J_O}}$$

2.3 에너지 방법

보존계인 경우에는 모든 에너지의 합이 일정하므로 에너지 보존법칙을 이용하여 운동의 미분 방정식을 유도할 수 있다. 비감쇠계의 자유진동에서는 에너지가 운동 에너지와 포텐셜 에너지로 나누어진다. 운동 에너지 T는 속도에 의하여 질량에 저장되며, 포텐셜 에너지 U는 탄성 변형에 의한 탄성 에너지의 형태로 저장되거나 중력장 등에서 일어나는 일의 형태로 저장된다. 보존계에서는 모든 에너지의 합이 일정하므로 그 변화율은 다음과 같이 0으로 된다.

$$T + U = \text{상수} \tag{2.3.1}$$

$$\frac{d}{dt}(T + U) = 0 \tag{2.3.2}$$

계의 고유 진동수만을 고려하는 경우에는 다음과 같이 구할 수 있다. 서로 다른 두 순간을 하첨자 1 및 2로 나타내면, 에너지 보존법칙으로부터 다음 식을 쓸 수 있다.

$$T_1 + U_1 = T_2 + U_2 \tag{2.3.3}$$

질량이 정적 평형위치를 통과하는 시각을 하첨자 1로 두고, $U_1 = 0$을 포텐셜 에너지의 기준으로 정하자. 질량이 최대 변위에 이르는 시각을 하첨자 2로 두면, 이 위치에서 질량의 속도는 0이 되므로 $T_2 = 0$이 된다. 따라서, 에너지 보존법칙의 식은

$$T_1 + 0 = 0 + U_2 \tag{2.3.4}$$

로 되며, 만일 계가 조화운동을 한다면, T_1과 U_2는 최대값을 가지므로

$$T_{max} = U_{max} \tag{2.3.5}$$

가 성립한다. 이 식으로부터 고유 진동수를 간단히 구할 수 있다.

예제 2.3.1

그림 2.3.1에 보인 계의 고유 진동수를 구하라.

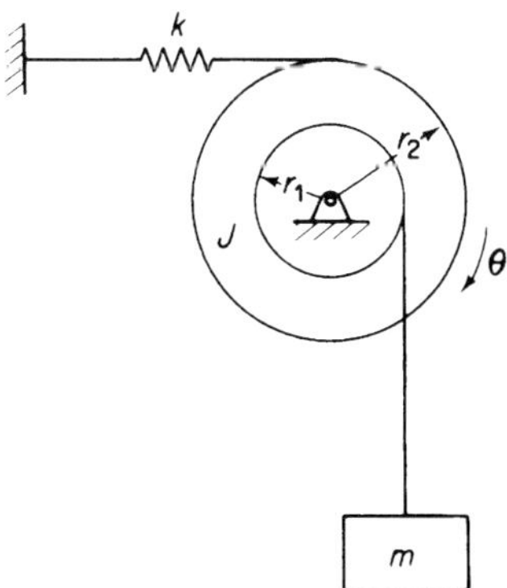

그림 2.3.1

풀이 이 계가 정적 평형위치로부터 변위가 θ인 조화진동을 한다고 가정하자. 최대 운동에너지는

$$T_{max} = \left[\tfrac{1}{2}J\dot{\theta}^2 + \tfrac{1}{2}m(r_1\dot{\theta})^2\right]_{max}$$

로 되며, 스프링에 저장되는 최대 포텐셜 에너지는

$$U_{max} = \tfrac{1}{2}k(r_2\theta)^2_{max}$$

로 구해진다. 이 두 에너지의 크기가 동일하다고 놓으면 다음과 같이 고유 진동수를 구할 수 있다.

$$\omega_n = \sqrt{\frac{kr_2^2}{J + mr_1^2}}$$

변위 $r_1\theta$에 기인되는 질량 m의 포텐셜 에너지 손실은 $\theta = 0$인 위치에서의 스프링 평형력에 의하여 행해진 일과 상쇄됨을 여러분들이 스스로 증명할 수 있을 것이다.

예제 2.3.2

그림 2.3.2에 보인 바와 같이 무게 w, 반경 r인 원통이 반경 R의 원통형 면을 미끄러짐 없이 구른다. 이 때 최저점 부근에서의 미소 진동에 대한 운동 방정식을 유도하라. 단, 미끄러짐이 없을 때 $r\phi = R\theta$의 관계가 성립한다

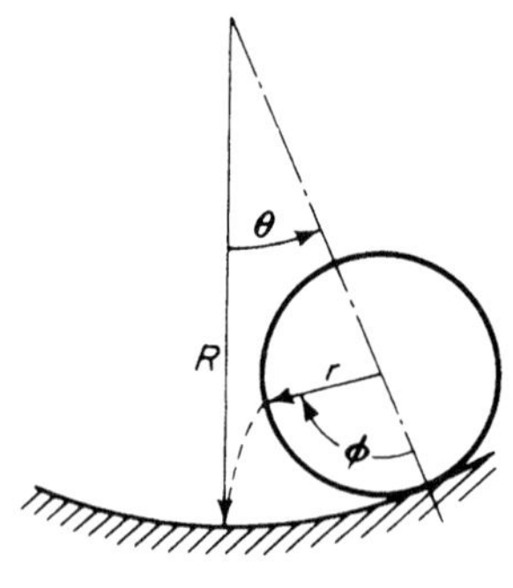

그림 2.3.2

풀이 원통의 운동 에너지를 결정하고자 할 때, 병진운동과 회전운동이 모두 일어나고 있다는 점을 고려해야 한다. 원통의 무게중심의 병진운동 속도는 $(R - r)\dot{\theta}$이고 회전운동의 각속도는 $(\dot{\phi} - \dot{\theta}) = (R/r - 1)\dot{\theta}$이다. 이 때 미끄러짐 없는 운동의 경우에 성립하는 $\dot{\phi} = (R/r)\dot{\theta}$라는 관계를 이용하였다. 결국 운동 에너지는 다음과 같이 표현할 수 있다.

$$T = \frac{1}{2}\frac{w}{g}\left[(R-r)\dot{\theta}\right]^2 + \frac{1}{2}\frac{w}{g}\frac{r^2}{2}\left[\left(\frac{R}{r}-1\right)\dot{\theta}\right]^2$$
$$= \frac{3}{4}\frac{w}{g}(R-r)^2\dot{\theta}^2$$

이 때 $(w/g)(r^2/2)$는 무게중심에 대한 원통의 관성 모멘트이다.

원통이 운동중에 갖는 최저점을 기준으로 한 포텐셜 에너지는 다음과 같으며,

$$U = w(R-r)(1-\cos\theta)$$

이 값은 원통을 수직높이$(R-r)(1-\cos\theta)$만큼 들어올리는 동안 중력이 한 일에 음(−)의 부호를 붙인 값과 같다.

위의 값들을 식 (2.3.2)에 대입하면

$$\left[\frac{3}{2}\frac{w}{g}(R-r)^2\ddot{\theta} + w(R-r)\sin\theta\right]\dot{\theta} = 0$$

으로 되며, 미소 각도에 대하여 $\sin\theta = \theta$로 놓으면 다음과 같은 조화운동 방정식을 얻을 수 있다.

$$\ddot{\theta} + \frac{2g}{3(R-r)}\theta = 0$$

따라서, 진동의 원진동수(circular frequency)는 다음과 같다.

$$\omega_n = \sqrt{\frac{2g}{3(R-r)}}$$

2.4 레일리(Rayleigh) 방법: 유효 질량

에너지 방법은 계의 모든 점에서 운동이 알려진 경우에 한하며, 다중 질량계 또는 분산 질량계에 적용될 수 있다. 질량들이 견고한(rigid) 링크, 레버, 또는 기어 등으로 연결되어 있는 계에서는 여러 질량들의 운동이 어떤 특정한 점의 운동 $\dot{x}$의 항으로 표현되며, 하나의 좌표(x)로 운동을 나타낼 수 있으므로 이 계의 자유도는 1이 된다. 따라서, 운동 에너지는 다음과 같이 나타낼 수 있다.

$$T = \tfrac{1}{2}m_{\text{eff}}\dot{x}^2 \tag{2.4.1}$$

여기서 m_{eff}는 **유효 질량**(effective mass), 또는 특정한 점에서의 **등가 집중질량**(equivalent lumped mass)이다. 그 점에서의 강성을 알고 있는 경우에는 다음과 같이 단순한 식으로 고

유 진동수를 계산할 수 있다.

$$\omega_n = \sqrt{\frac{k}{m_{\text{eff}}}} \tag{2.4.2}$$

스프링이나 보(beam)처럼 분포 질량계에서 운동 에너지를 계산하려면, 진동진폭의 분포를 알아야 한다. Rayleigh[1]는 진폭 분포의 형상을 합리적으로 가정하여, 이전까지 무시되었던 질량들까지 포함하여 고려함으로써 고유 진동수에 대한 보다 훌륭한 예측이 가능함을 보여주었다. 다음 예제들을 통해 두 가지 방법의 적용 예를 설명하기로 한다.

예제 2.4.1

그림 2.4.1의 계에서 스프링 자체의 질량이 계의 고유 진동수에 미치는 영향을 구하라.

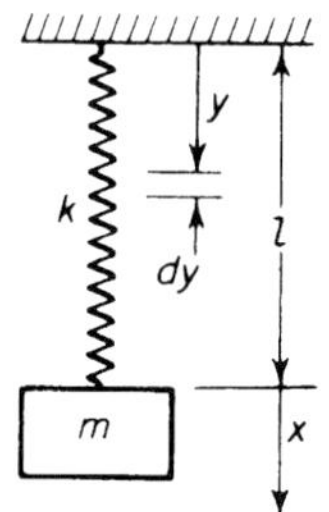

그림 2.4.1 스프링의 유효 질량

풀이 집중질량 m의 속도를 $\dot{x}$라 하고, 스프링의 고정단에서 y만큼 떨어진 곳의 스프링 요소의 속도가 다음 식에 따라 선형적으로 변한다고 가정하자.

$$\dot{x}\frac{y}{l}$$

스프링의 운동 에너지는 다음의 적분식으로 구할 수 있으며

$$T_{\text{add}} = \frac{1}{2}\int_0^l \left(\dot{x}\frac{y}{l}\right)^2 \frac{m_s}{l}\,dy = \frac{1}{2}\frac{m_s}{3}\dot{x}^2$$

이 결과로부터 유효 질량은 스프링 질량의 1/3이 됨을 알 수 있다. 이 값을 집중질량에 더하면 고유 진동수는 다음과 같이 교정된다.

$$\omega_n = \sqrt{\frac{k}{m + \frac{1}{3}m_s}}$$

1) John W. Strutt, Lord Rayleigh, *The Theory of Sound*, Vol. 1, 2nd rev. ed. (New York: Dover, 1937), pp.109–110.

예제 2.4.2

전체 질량이 m_b인 단순지지보의 중간지점에 집중질량 M이 놓여 있다. 보의 중간지점에서의 유효 질량을 구하고 고유 기본 진동수를 계산하라. 보의 중간지점에 가해진 집중력 P에 의한 중간지점의 처짐은 $Pl^3/48EI$이다(그림 2.4.2와 본 장 끝의 스프링 상수표 참조).

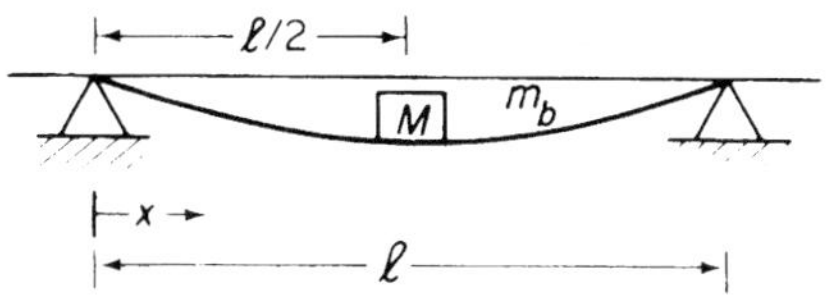

그림 2.4.2 보의 유효 질량

풀이 보의 처짐을 보의 중간 지점에 가해진 집중하중에 의한 것이라고 가정하자.

$$y = y_{\text{max}}\left[\frac{3x}{l} - 4\left(\frac{x}{l}\right)^3\right] \quad \left(\frac{x}{l} \leq \frac{1}{2}\right)$$

이 때 보 자체의 최대 운동 에너지는

$$T_{\text{max}} = \frac{1}{2}\int_0^{l/2} \frac{2m_b}{l}\left\{\dot{y}_{\text{max}}\left[\frac{3x}{l} - 4\left(\frac{x}{l}\right)^3\right]\right\}^2 dx = \frac{1}{2}(0.4857m_b)\dot{y}_{\text{max}}^2$$

이므로, 보 중간 지점에 집중되어 있는 유효 질량은

$$m_{\text{eff}} = M + 0.4857m_b$$

이며, 고유 진동수는 다음과 같이 구할 수 있다.

$$\omega_n = \sqrt{\frac{48EI}{l^3(M + 0.4857m_b)}}$$

2.5 가상일의 원리

에너지 방법 외에 가상일(virtual work)의 원리에 기초한 또 하나의 스칼라(scalar) 방법을 설명하기로 한다. 가상일의 원리는 Johann J. Bernoulli[2)]에 의하여 처음으로 공식화되었다. 이 방법은 특히 서로 연결된 여러 개의 물체들로 이루어진 다자유도계를 다루는 데 중요한 역할을 한다. 여기서는 이 방법의 개념에 대하여 간단한 소개만을 하고, 보다 자세한 논의

2) Johann J. Bemoulli(1667～1748), Basel, Switzerland.

는 뒷장에서 다루기로 한다.

가상일의 원리는 물체들의 평형에 관계되어 있으며 다음과 같이 설명할 수 있다. **일련의 힘들이 작용하는 가운데 평형을 이루고 있는 계에 가상변위가 가해진다면, 그 힘들에 의하여 행해진 가상일은 0이다.**

위의 설명에 쓰인 용어들은 다음과 같이 정의된다. (1) 가상변위 δr은 순간적으로 주어진 미소한 가상 좌표변환이며, 계의 제한조건을 만족해야 한다. (2) 가상일 δW는가상변위에 따라 모든 능동적인 힘들이 행한 일이다. 가상변위에 의하여 기하학적으로 큰 변화는 일어나지 않으므로, 가상일을 계산하는 과정에서 계에 작용하는 힘들은 일정하게 유지된다고 가정할 수 있다.

Bernoulli에 의하여 공식화된 가상일의 원리는 정역학적인 영역에 국한되었으나, D'Alembert[3)](1718~1783)가 관성력의 개념을 제안함으로써 동역학의 영역으로 확장되었다. 따라서, 동역학 문제를 다룰 때 관성력들은 작용력에 포함된다.

예제 2.5.1

가상일의 원리를 이용하여 그림 2.5.1에 보인 질량 M의 강체 막대에 대한 운동 방정식을 유도하라.

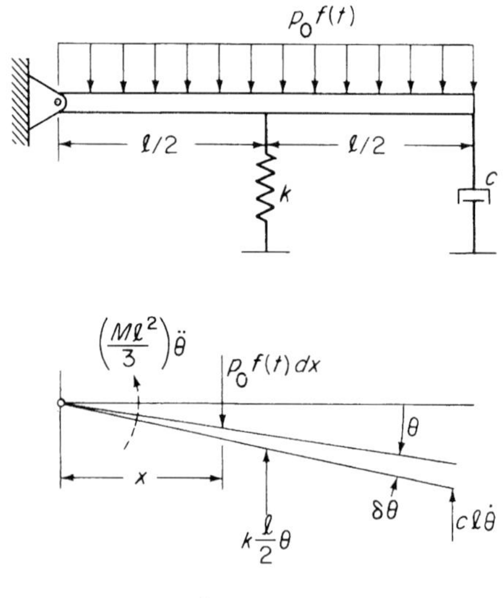

그림 2.5.1

3) D'Alembert, *Traite de dynamique*, 1743.

풀이 변위가 θ인 위치에 막대를 표시하고 관성력과 감쇠력들을 포함하여 막대에 가해지는 힘들을 표시한다. 막대를 가상변위만큼 이동시키고 각각의 힘에 의하여 행해진 일을 구한다.

$$\text{관성력 } \delta W = -\left(\frac{Ml^2}{3}\ddot{\theta}\right)\delta\theta$$

$$\text{스프링 힘 } \delta W = -\left(k\frac{l}{2}\theta\right)\frac{l}{2}\delta\theta$$

$$\text{감쇠력 } \delta W = -(cl\dot{\theta})l\,\delta\theta$$

$$\text{균일 분포하중 } \delta W = \int_0^l (p_0 f(t)\,dx)x\,\delta\theta = p_0 f(t)\frac{l^2}{2}\delta\theta$$

가상일들의 합을 0이라고 놓으면 다음과 같이 운동 방정식을 구할 수 있다.

$$\left(\frac{Ml^2}{3}\right)\ddot{\theta} + (cl^2)\dot{\theta} + k\frac{l^2}{4}\theta = p_0\frac{l^2}{2}f(t)$$

예제 2.5.2

그림 2.5.2에 보인 것처럼 두 개의 진자가 서로 연결되어 있으며, 두 번째 질량은 마찰 없는 유도로를 따라 수직운동만 하도록 제한된다. 좌표 θ만으로 운동을 나타낼 수 있으므로 이 계의 자유도는 1이다. 가상일의 원리를 적용하여 운동 방정식과 고유 진동수를 구하라.

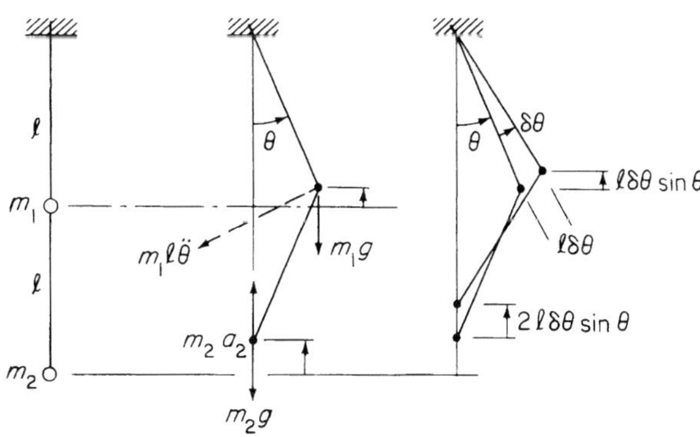

그림 2.5.2 m_2의 운동이 수직선을 따라 구속받는 이중 진자의 가상일

풀이 작은 각 θ만큼 이동된 계를 도시한 후에 이 계에 작용하는 힘들을 관성력과 함께 표시하고 $\delta\theta$만큼의 가상변위를 가한다. 이 가상변위에 의하여 m_1과 m_2는 각각 $l\,\delta\theta\,\sin\theta$와 $2l\,\delta\theta\,\sin\theta$만큼의 수직변위를 갖게 된다[$m_2$의 가속도가 $2l(\ddot{\theta}\sin\theta + \dot{\theta}^2\cos\theta)$가 되는 것을 쉽게 알 수 있고, 이에 의한 가상일은 중력에 의한 가상일에 비하여 매우 미소한 값이므로 무시할 수 있다]. 가상일을 0이라고 하면 다음과 같이 된다.

$$\begin{aligned}\delta W &= -(m_1 l\ddot{\theta})l\,\delta\theta - (m_1 g)l\,\delta\theta\sin\theta - (m_2 g)2l\,\delta\theta\sin\theta = 0\\ &= -[m_1 l\ddot{\theta} + (m_1 + 2m_2)g\sin\theta]l\,\delta\theta = 0\end{aligned}$$

$\delta\theta$는 임의의 값이므로 대괄호 안의 값은 0이어야 한다. 따라서, 운동 방정식은 다음과 같이 구해진다.

$$\ddot{\theta} + \left(1 + \frac{2m_2}{m_1}\right)\frac{g}{l}\theta = 0$$

여기서 $\sin\theta \cong \theta$라는 관계를 사용하였다. 위의 운동 방정식에 대한 고유 진동수는 다음과 같다.

$$\omega_n = \sqrt{\left(1 + \frac{2m_2}{m_1}\right)\frac{g}{l}}$$

2.6 점성감쇠 자유진동

점성 감쇠력은 다음 식으로 표현된다.

$$F_d = c\dot{x} \tag{2.6.1}$$

여기서 c는 비례상수이며, 그림 2.6.1에 보인 감쇠기로 기호화되었다. 자유 물체도로부터 운동 방정식이 다음과 같음을 보일 수 있다.

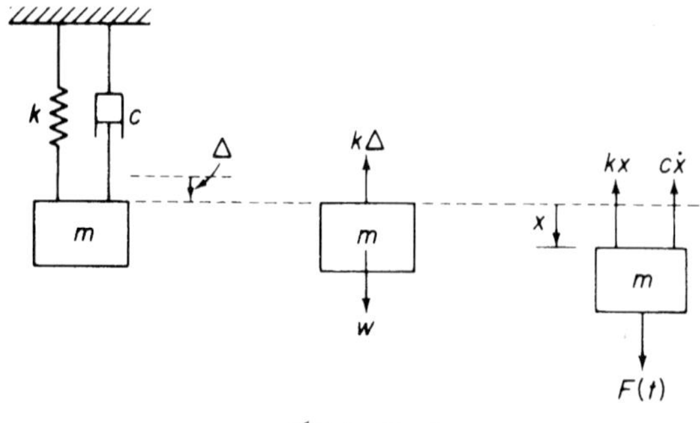

그림 2.6.1

$$m\ddot{x} + c\dot{x} + kx = F(t) \tag{2.6.2}$$

이 식의 해는 두 부분으로 구성된다. 만일 $F(t)=0$이면, 물리적으로 **감쇠 자유 진동**(free-damped vibration)의 해를 갖는 제차(homogeneous) 미분 방정식을 얻게 된다. $F(t) \neq 0$라면 제차해와는 무관한 가진(加振)에 의한 특수해를 얻게 된다. 우선 감쇠와 그 역할을 이해할 수 있도록 제차 방정식을 살펴보도록 하자.

제차 방정식

$$m\ddot{x} + c\dot{x} + kx = 0 \tag{2.6.3}$$

에서, 해는 일반적으로 다음의 식으로 가정한다

$$x = e^{st} \tag{2.6.4}$$

여기서 s는 상수이고, 이 식을 미분 방정식에 대입하면

$$(ms^2 + cs + k)e^{st} = 0$$

이 얻어지는데, 이 식은

$$s^2 + \frac{c}{m}s + \frac{k}{m} = 0 \tag{2.6.5}$$

이 성립될 때, 모든 t에 대하여 성립된다. 식 (2.6.5)은 **특성 방정식**(characteristic equation)이라고 불려지며, 두 개의 해를 갖는다.

$$s_{1,2} = -\frac{c}{2m} \pm \sqrt{\left(\frac{c}{2m}\right)^2 - \frac{k}{m}} \tag{2.6.6}$$

그러므로 다음과 같은 일반해를 얻는다.

$$x = Ae^{s_1 t} + Be^{s_2 t} \tag{2.6.7}$$

여기서 A와 B는 초기 조건 $x(0)$ 및 $\dot{x}(0)$에 의하여 결정되는 상수이다.

식 (2.6.6)을 식 (2.6.7)에 대입하면 점성감쇠 자유진동의 해를 구할 수 있다.

$$x = e^{-(c/2m)t}\left(Ae^{\left(\sqrt{(c/2m)^2 - k/m}\right)t} + Be^{-\left(\sqrt{(c/2m)^2 - k/m}\right)t}\right) \tag{2.6.8}$$

윗식의 첫 번째 항 $e^{-(c/2m)t}$는 단순히 시간에 따라 지수적으로 감소하는 함수이다. 그러나 괄호 안 항들의 거동은 근호 안의 값이 양수, 0, 음수 중 어느 값을 가지게 되는가에 따라 달라진다.

감쇠항 $(c/2m)^2$이 k/m보다 클 때, 윗식 괄호 안 항들의 지수는 실수가 되며, 진동은 일어

나지 않는다. 이 경우를 우리는 **과도감쇠**(overdamped)라고 한다.

감쇠항 $(c/2m)^2$이 k/m보다 작을 때, 괄호안 항들의 지수는 허수 $\pm i\sqrt{k/m-(c/2m)^2}t$로 된다.

$$e^{\pm i\left(\sqrt{k/m-(c/2m)^2}\right)t} = \cos\sqrt{\frac{k}{m}-\left(\frac{c}{2m}\right)^2}t \pm i\sin\sqrt{\frac{k}{m}-\left(\frac{c}{2m}\right)^2}t$$

이므로, 식 (2.6.8)의 괄호 안의 항들은 진동하는 경우가 되는데, 이러한 경우의 감쇠를 **부족감쇠**(underdamped)라고 한다.

$(c/2m)^2 = k/m$일 때, 즉 근호 안의 값이 0일 때는 진동과 비진동의 중간에 놓이는 임계의 경우가 되며, 이 때의 감쇠계수를 **임계 감쇠계수**(critical damping coefficient) c_c라 한다.

$$c_c = 2m\sqrt{\frac{k}{m}} = 2m\omega_n = 2\sqrt{km} \qquad \textbf{(2.6.9)}$$

$$\zeta = \frac{c}{c_c} \qquad \textbf{(2.6.10)}$$

이제 모든 감쇠는 **감쇠비**(damping ratio)라고 하는 무차원 양 ζ로 표현할 수 있다. $s_{1,2}$는 다음과 같이 ζ항으로 나타낼 수 있다

$$\frac{c}{2m} = \zeta\left(\frac{c_c}{2m}\right) = \zeta\omega_n$$

이 때 식 (2.6.6)은 다음과 같이 된다.

$$s_{1,2} = \left(-\zeta \pm \sqrt{\zeta^2-1}\right)\omega_n \qquad \textbf{(2.6.11)}$$

여기서 논의된 세 가지의 감쇠는 ζ가 1보다 큰지, 작은지, 또는 같은지에 따라 분류된다. 운동 방정식은 ζ와 ω_n을 이용하여 다음과 같이 표현될 수 있다.

$$\ddot{x} + 2\zeta\omega_n\dot{x} + \omega_n^2 x = \frac{1}{m}F(t) \qquad \textbf{(2.6.12)}$$

1 자유도계에 대한 이러한 형태의 운동 방정식은 계의 고유 진동수와 감쇠를 찾아내는 데 매우 유용할 것이다. 앞으로 설명할 다자유도계에서 모드 합성시에는 이러한 형태의 방정식을 자주 접하게 될 것이다.

그림 2.6.2는 ζ를 가로축으로 하여 식 (2.6.11)을 도시한 것이다 만일 $\zeta=0$이라면, 식 (2.6.11)은 $s_{1,2}/\omega_n = \pm i$로 되며, 비감쇠 경우에 해당하는 이 해들은 허수축에 놓인다.

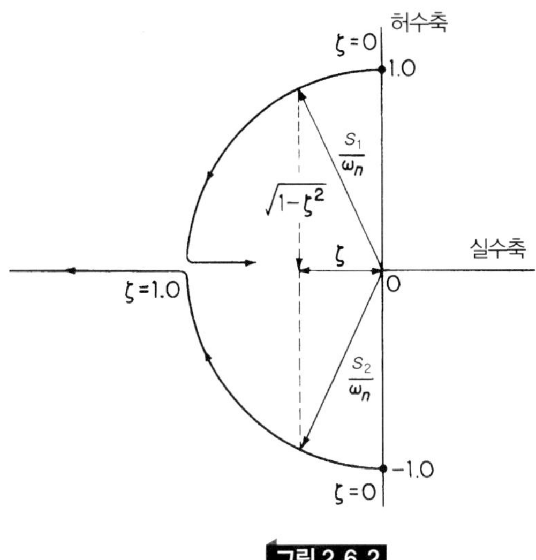

그림 2.6.2

$0 \le \zeta \le 1$인 경우, 식 (2.6.11)은 다음과 같이 된다.

$$\frac{s_{1,2}}{\omega_n} = -\zeta \pm i\sqrt{1-\zeta^2} \; (\zeta < 1\text{인 경우}) \tag{2.6.13}$$

이 때 근 s_2과 s_2는 공액 복소수이며, 원호 위에 놓이는 점들이다. 또한 이 점들은 $s_{1,2}/\omega_n = -1.0$ 점에 수렴된다. ζ가 1을 넘어 계속 커지면, 이 근들은 수평축을 따라 서로 멀어져 가며, 실수값을 유지한다. 이 그림을 염두에 두고 식 (2.6.8)로 주어진 해를 살펴보자.

주기운동 [$\zeta < 1.0$(부족감쇠의 경우)]
식 (2.6.11)을 식 (2.6.7)에 대입하여 일반해를 구하면 다음과 같다.

$$x = e^{-\zeta\omega_n t}\left(Ae^{i\sqrt{1-\zeta^2}\omega_n t} + Be^{-i\sqrt{1-\zeta^2}\omega_n t}\right) \tag{2.6.14}$$

윗식은 다음과 같은 두 가지 형식으로 쓸 수도 있다.

$$x = Xe^{-\zeta\omega_n t}\sin\left(\sqrt{1-\zeta^2}\,\omega_n t + \phi\right) \tag{2.6.15}$$

$$= e^{-\zeta\omega_n t}\left(C_1 \sin\sqrt{1-\zeta^2}\,\omega_n t + C_2 \cos\sqrt{1-\zeta^2}\,\omega_n t\right) \tag{2.6.16}$$

여기서 임의의 상수 X, ϕ 또는 C_1, C_2는 초기 조건에 의하여 구해진다. 초기 조건 $x(0)$ 및 $\dot{x}(0)$를 이용하면, 식 (2.6.16)으로부터 다음 식을 구할 수 있다.

$$x = e^{-\zeta\omega_n t}\left(\frac{\dot{x}(0) + \zeta\omega_n x(0)}{\omega_n\sqrt{1-\zeta^2}} \sin\sqrt{1-\zeta^2}\,\omega_n t + x(0)\cos\sqrt{1-\zeta^2}\,\omega_n t\right) \tag{2.6.17}$$

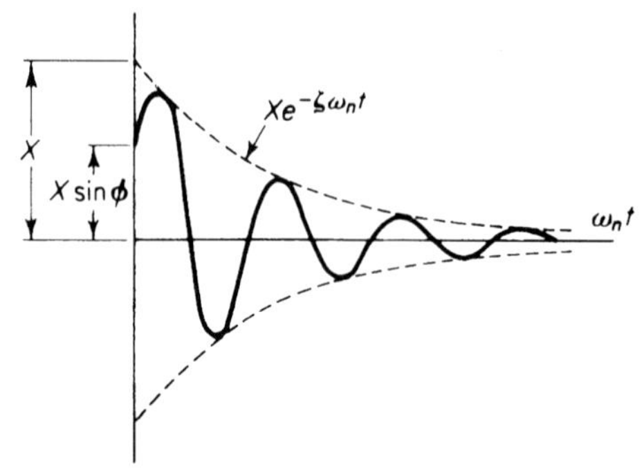

그림 2.6.3 감쇠진동, $\zeta < 1.0$

이 식으로부터 감쇠진동의 진동수는 다음과 같음을 알 수 있다.

$$\omega_d = \frac{2\pi}{\tau_d} = \omega_n\sqrt{1-\zeta^2} \tag{2.6.18}$$

그림 2.6.3은 주기운동의 일반적 특성을 보여준다.

비주기운동 [$\zeta > 1.0$(과도감쇠의 경우)]

ζ가 1보다 커지면, 두 개의 근은 그림 2.6.2의 실수축 위에 놓이며, 그 축을 따라 서로 멀어져 간다. 즉, 한 근은 점차 증가하고, 다른 한 근은 점차 감소한다. 일반해는 다음과 같다.

$$x = Ae^{\left(-\zeta+\sqrt{\zeta^2-1}\right)\omega_n t} + Be^{\left(-\zeta-\sqrt{\zeta^2-1}\right)\omega_n t} \tag{2.6.19}$$

여기서

$$A = \frac{\dot{x}(0) + \left(\zeta + \sqrt{\zeta^2-1}\right)\omega_n x(0)}{2\omega_n\sqrt{\zeta^2-1}} \tag{2.6.20}$$

그리고

$$B = \frac{-\dot{x}(0) - \left(\zeta - \sqrt{\zeta^2-1}\right)\omega_n x(0)}{2\omega_n\sqrt{\zeta^2-1}} \tag{2.6.21}$$

그림 2.6.4에서처럼, 이 운동은 지수적으로 감소하는 시간의 함수이며, 이를 **비주기운동**(aperiodic motion)이라 한다.

임계 감쇠운동 [$\zeta = 1.0$]

$\zeta = 1$이면, $s_1 = s_2 = -\omega_n$의 중근이 구해지며, 식 (2.6.7)의 두 항은 결국 한 개의 항으로 되

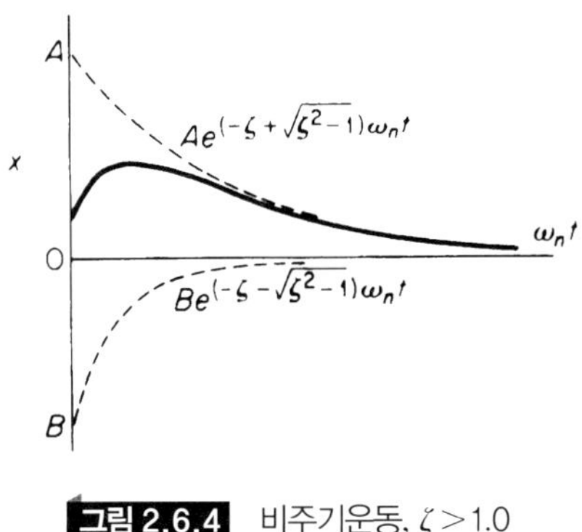

그림 2.6.4 비주기운동, $\zeta > 1.0$

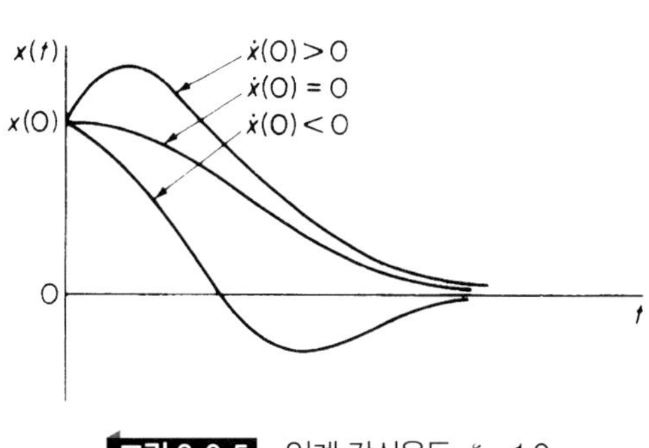

그림 2.6.5 임계 감쇠운동, $\zeta = 1.0$

어 두 개의 초기 조건을 만족시키기 위한 상수가 하나 부족하게 된다.

정확한 일반해는

$$x = (A + Bt)e^{-\omega_n t} \tag{2.6.22}$$

이며, 초기 조건 $x(0)$ 및 $\dot{x}(0)$를 적용하면, 다음과 같이 된다.

$$x = [x(0) + \{\dot{x}(0) + \omega_n x(0)\}t]e^{-\omega_n t} \tag{2.6.23}$$

이 식은 식 (2.6.17)에서 ζ를 1에 수렴시킨 결과와 일치한다. 그림 2.6.5는 초기 변위가 $x(0)$ 인 경우에 세 가지 유형의 응답을 보여주고 있다.

2.7 대수 감소

계의 감쇠를 결정하는 간편한 방법으로 자유진동에서 변위의 감소율을 측정하는 방법이 있다. 계의 감쇠가 크면, 그만큼 감소율도 크게 된다.

그림 2.7.1 에 도시된 일반해의 식 (2.6.15)

$$x = Xe^{-\zeta\omega_n t}\sin\left(\sqrt{1-\zeta^2}\,\omega_n t + \phi\right)$$

로 표현되는 감쇠진동에 대하여 생각해 보기로 한다. 이제 두 이웃하는 진폭비의 자연대수를 **대수 감소**(logarithmic decrement)라고 정의하면 대수 감소를 나타내는 식은

$$\delta = \ln\frac{x_1}{x_2} = \ln\frac{e^{-\zeta\omega_n t_1}\sin\left(\sqrt{1-\zeta^2}\,\omega_n t_1 + \phi\right)}{e^{-\zeta\omega_n(t_1+\tau_d)}\sin[\sqrt{1-\zeta^2}\,\omega_n(t_1+\tau_d) + \phi]} \tag{2.7.1}$$

로 되며, 시간이 감쇠주기 τ_d만큼 경과하였을 경우, 함수의 크기가 같게 되므로 대수 감소

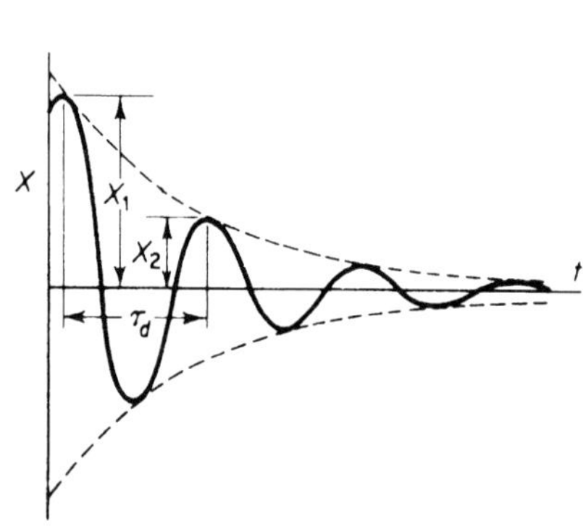

그림 2.7.1 대수 감소와 진동의 감소율

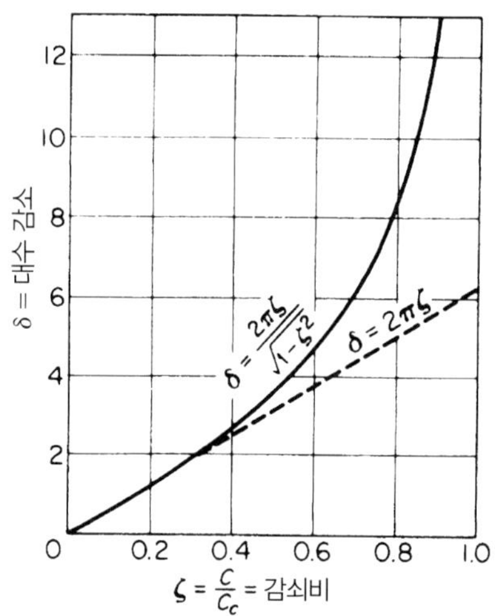

그림 2.7.2 ζ의 함수로 나타낸 대수 감소

는 다음과 같이 축소된다.

$$\delta = \ln \frac{e^{-\zeta\omega_n t_1}}{e^{-\zeta\omega_n(t_1+\tau_d)}} = \ln e^{\zeta\omega_n\tau_d} = \zeta\omega_n\tau_d \qquad \textbf{(2.7.2)}$$

감쇠주기 $\tau_d = 2\pi/\omega_n\sqrt{1-\zeta^2}$를 대입하면 대수 감소식은

$$\delta = \frac{2\pi\zeta}{\sqrt{1-\zeta^2}} \qquad \textbf{(2.7.3)}$$

가 되며, 이는 정확한 식이다.

ζ가 작을 경우에 $\sqrt{1-\zeta^2} \cong 1$이 되므로, 근사식은 다음과 같이 된다.

$$\delta \cong 2\pi\zeta \qquad \textbf{(2.7.4)}$$

그림 2.7.2는 ζ의 함수로써 δ의 정확한 값과 근사값들을 보여주고 있다.

예제 2.7.1

점성감쇠 진동계에 대하여 데이터: $w = 10$ lb, $k = 30$ lb/in 및 $c = 0.12$ lb/in/s가 주어져 있다. 대수 감소와 이웃하는 두 진폭의 비를 구하라.

풀이 초당 라디안으로 나타낸 계와 비감쇠 고유 진동수는

$$\omega_n = \sqrt{\frac{k}{m}} = \sqrt{\frac{30 \times 386}{10}} = 34.0 \text{ rad/s}$$

로 되며, 임계 감쇠 계수 c_c와 감쇠비 ζ는 다음 식으로 구할 수 있다.

$$c_c = 2m\omega_n = 2 \times \frac{10}{386} \times 34.0 = 1.76 \text{ lb/in./s}$$

$$\zeta = \frac{c}{c_c} = \frac{0.12}{1.76} = 0.0681$$

식 (2.7.3)으로부터 대수 감소는

$$\delta = \frac{2\pi\zeta}{\sqrt{1-\zeta^2}} = \frac{2\pi \times 0.0681}{\sqrt{1-(0.0681)^2}} = 0.429$$

로 구할 수 있으며, 두 연속하는 사이클의 진폭비는 다음과 같다.

$$\frac{x_1}{x_2} = e^{\delta} = e^{0.429} = 1.54$$

예제 2.7.2

대수 감소는 다음 식으로도 나타낼 수 있음을 보여라.

$$\delta = \frac{1}{n} \ln \frac{x_0}{x_n}$$

여기서 x_n은 n사이클 뒤의 진폭을 나타낸다. 진폭이 50% 감소하기까지 경과한 사이클 수를 ζ에 대한 곡선으로 나타내라.

풀이 두 연속하는 진폭들의 진폭비는

$$\frac{x_0}{x_1} = \frac{x_1}{x_2} = \frac{x_2}{x_3} = \cdots = \frac{x_{n-1}}{x_n} = e^{\delta}$$

이므로, 진폭비 x_0/x_n은 다음의 식

$$\frac{x_0}{x_n} = \left(\frac{x_0}{x_1}\right)\left(\frac{x_1}{x_2}\right)\left(\frac{x_2}{x_3}\right)\cdots\left(\frac{x_{n-1}}{x_n}\right) = (e^{\delta})^n = e^{n\delta}$$

으로 구할 수 있으며, 다음과 같이 된다.

$$\delta = \frac{1}{n} \ln \frac{x_0}{x_n}$$

진폭이 50% 감소하기까지 경과한 사이클 수를 계산하기 위하여, 앞의 식에서 다음의 관계식이 얻어진다.

$$\delta \cong 2\pi\zeta = \frac{1}{n}\ln 2 = \frac{0.693}{n}$$

$$n\zeta = \frac{0.693}{2\pi} = 0.110$$

마지막 식은 직각 쌍곡선을 나타내는 식으로서, 그림 2.7.3에 도시하였다.

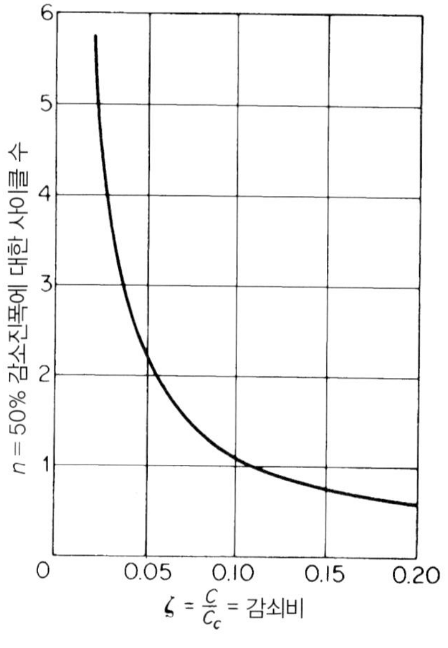

그림 2.7.3

2.8 쿨롱 감쇠

쿨롱(Coulomb) 감쇠는 건조한 두 표면의 미끄럼으로부터 발생한다. 일단 운동이 시작되면, 감쇠력은 수직반력과 마찰계수 μ와의 곱과 같으며, 속도와는 무관하다고 가정한다. 감쇠력의 방향은 속도의 방향과 항상 반대이므로, 각 방향에 대한 운동 방정식은 사이클 동안만 유효하다.

진폭의 감소를 결정하기 위해서는 행해진 일과 운동 에너지의 변화량이 같다는 일-에너지의 원리(work-energy principle)를 이용한다. 속도가 0이고, 최대 진폭 X_1인 정점에서 시작하는 반사이클(half-cycle)을 선택 고려하면 운동 에너지의 변화량이 0이 되므로, m에 행해진 일도 0이 된다.

$$\tfrac{1}{2}k(X_1^2 - X_{-1}^2) - F_d(X_1 + X_{-1}) = 0$$

즉,

$$\tfrac{1}{2}k(X_1 - X_{-1}) = F_d$$

여기서 X_{-1}은 그림 2.8.1에서 보는 바와 같이 반사이클 후의 진폭이다.

이 과정을 다음의 반사이클에 대하여 반복하면, 진폭이 $2F_d/k$만큼 추가로 감소하게 된다. 따라서, 1사이클당 진폭의 감소는 일정하고 다음과 같이 된다.

$$X_1 - X_2 = \frac{4F_d}{k} \tag{2.8.1}$$

그러나 이 운동은 스프링 힘이 동적 마찰력보다 큰 정적 마찰력을 능가할 수 없게 되는 진폭 Δ에서 멈추게 된다. 이 때 진동의 주파수는 $\omega_u = \sqrt{k/m}$이며 비감쇠계의 고유 진동수와 같다.

그림 2.8.1은 쿨롱 감쇠를 갖는 계의 자유진동을 보여주고 있다. 진폭은 시간에 따라 선형적으로 감소하는 것을 알 수 있다.

수치해석 기법 본 서의 전제에 걸쳐서 적절한 시점마다 수치해석 기법을 소개하고 있다. 유한 차분법은 4.7절 및 5.5절에서 소개한다. 룽에-쿠타(Runge-Kutta) 방법은 4.8절과 14.8에서 소개한다. 제8장은 수치 해석법을 전적으로 다루고 있다. 본 장의 8.1절에서는 다항식 근의 계산방법, 8.2, 8.3, 8.9 및 8.10절에서는 고유값과 고유 벡터 계산법, 그리고 8.8절에서는 촐레스키(Cholesky) 분해법을 소개한다. 유한 요소법은 제10장의 제목으로 하였다. 10.1절에는 봉에 대한 방정식을 소개하고, 보에 대한 방정식들은 10.5절에서 소개한

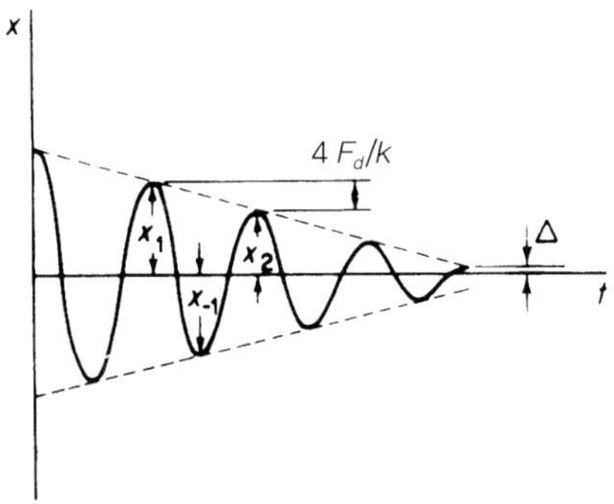

그림 2.8.1 쿨롱 감쇠를 하는 자유진동

등가 스프링 상수

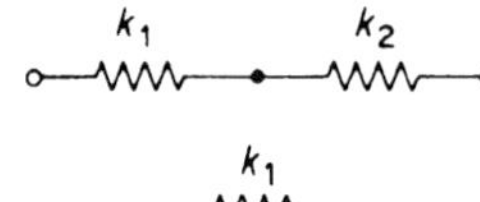

$$k = \frac{1}{1/k_1 + 1/k_2}$$

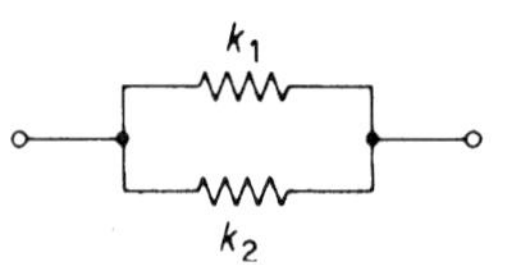

$$k = k_1 + k_2$$

$$k = \frac{EI}{l}$$

I = 단면 2차 모멘트

l = 총길이

$$k = \frac{EA}{l}$$

A = 단면적

$$k = \frac{GJ}{l}$$

J = 극단면 2차 모멘트

$$k = \frac{Gd^4}{64nR^3}$$

n = 감은 횟수

$$k = \frac{3EI}{l^3}$$

하중 작용점에서의 k

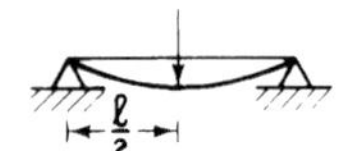

$$k = \frac{48EI}{l^3}$$

$$k = \frac{192EI}{l^3}$$

$$k = \frac{768EI}{7l^3}$$

$$k = \frac{3EIl}{a^2b^2}$$

$$y_x = \frac{Pbx}{6EIl}(l^2 - x^2 - b^2)$$

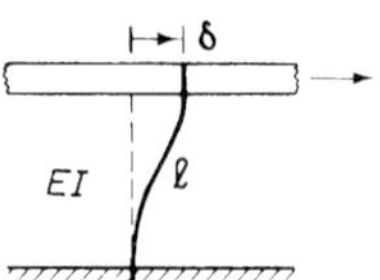

$$k = \frac{12EI}{l^3}$$

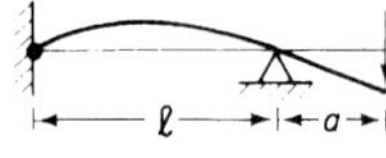

$$k = \frac{3EI}{(l+a)a^2}$$

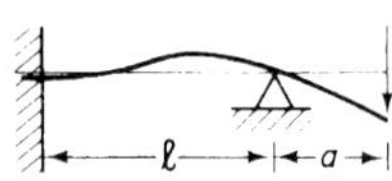

$$k = \frac{24EI}{a^2(3l+8a)}$$

다. 홀쩌(Holzer) 방법은 12.4절과 12.5절에, 그리고 마이클스테드(Myklested) 방법은 12.6절에서 설명한다. 이 프로그램들의 요약사항을 부록 F에 수록하였다. 모든 프로그램들은 MATLAB®으로 기술되었으며, MATLAB®은 부록 E에 소개하였다.

연습문제

2.1 어떤 스프링이 0.453 kg의 질량에 의하여 7.87 mm 늘어났다. 이 계의 고유 진동 수를 구하라.

2.2 k_1과 m으로 이루어진 스프링-질량의 고유 진동수가 f_1이다. 스프링 k_2가 k_1에 직렬로 연결되었을 경우에 고유 진동수가 $\frac{1}{2}f_1$이 되었다고 하면, k_2를 k_1의 항으로 나타내라.

2.3 스프링의 하단에는 4.53 kg의 질량이 붙어 있고, 상단에서는 고정되어 0.45 s의 주기로 진동하고 있다. 2.26 kg의 질량이 이 스프링의 중간 위치에 달려 있고, 스프링의 하단과 상단이 고정되어 있을 경우의 진동주기를 구하라.

2.4 질량이 m kg이며, 스프링 계수가 k인 계의 고유 진동수가 94 Hz이다. 0.453 kg의 질량이 m에 부가된 경우, 고유 진동수가 76.7 Hz으로 낮아졌다. 이 때 미지 질량 m과 스프링 상수 k(N/m)를 구하라.

2.5 질량 m_1이 스프링 k N/m에 매달려 정적 평형위치에 있다. 그림 P2.5와 같이 질량 m_2가 h의 높이로부터 떨어져 튀어 오르지 않고 m_1에 붙는다. 그 이후의 운동은 어떻게 되는가?

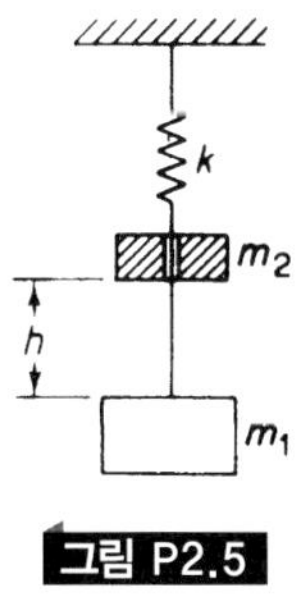

그림 P2.5

2.6 스프링–질량계의 비 k/m이 4.0으로 주어졌다. 질량이 평형위치로부터 2 cm 아래로 내려가 있는 상태에서 윗방향으로 8 cm/s의 속도를 가질 때, 진폭과 최대 가속도를 구하라.

2.7 무게가 70 lb인 플라이 휠(flywheel)이 그림 P2.7과 같이 바깥 휠의 안쪽에서 칼

날 끝에 지지되어 진자(pendulum)처럼 진동하게 되어 있다. 측정된 주기가 1.22 s 일 때, 플라이휠의 중심에 대한 질량 관성 모멘트를 구하라.

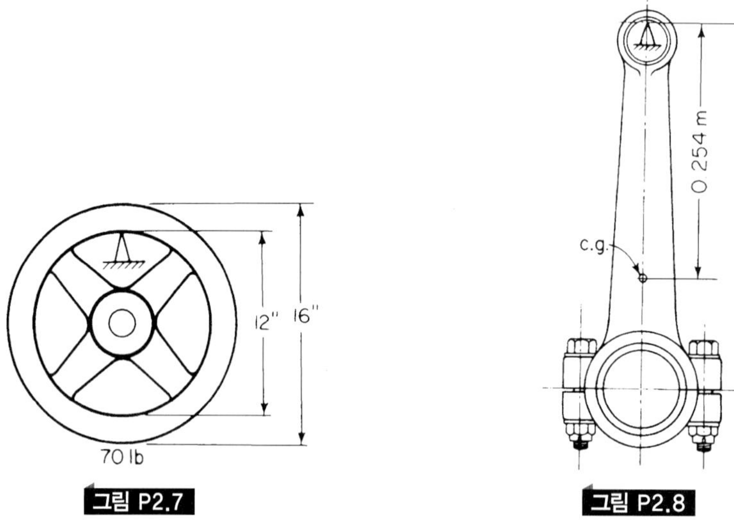

그림 P2.7

그림 P2.8

2.8 무게 21.35 N인 연결봉(connecting rod)이 그림 P2.8과 같이 매달려 1분에 53회 진동을 한다. 이 경우, 지지점으로부터 0.254 m 떨어진 무게중심에 대한 질량 관성 모멘트를 구하라.

2.9 질량 M의 플라이휠이 반경 0.254 m의 원주상에 등간격으로 위치한 1.829 m 길이의 세 선(wire)에 수평으로 매달려 있다. 휠의 중심을 지나는 수직축에 대한 진동주기가 2.17 s일 때, 회전반경을 구하라.

2.10 질량 관성 모멘트가 J인 축과 원판의 결합체가 그림 P2.10과 같이 수직으로부터 각 α 만큼 기울어져 있다. 회전축으로부터 a in 거리만큼 떨어진 w lb의 불평형 추에 의한 진동수를 구하라.

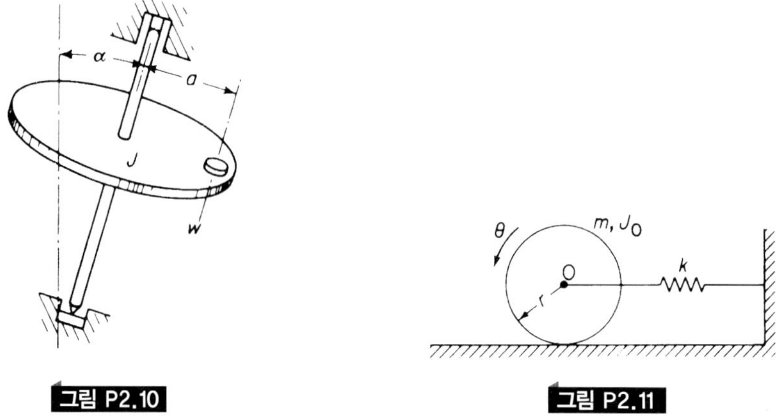

그림 P2.10

그림 P2.11

2.11 그림 P2.11에서 질량 m, 질량 관성 모멘트 J_0의 원통이 스프링 k에 구속되어 미끄러짐 없이 구르게 되어 있다. 이 때의 고유 진동수를 구하라.

2.12 크로노그래프가 그림 P2.12와 같이 길이 L의 2초 진자로 작동한다. 추에 붙어 있는 플라티늄선이 최저점에서 수은방울을 지남으로써 전기회로가 형성된다. (a) 진자의 길이 L은 얼마인가? (b) 만일 플라티늄선이 수은과 0.3175 cm의 흔들림(swing) 동안 접촉한다면 접촉시간을 0.01초로 제한하기 위한 진폭 θ는 얼마인가? (접촉중의 속도는 일정하고 진동의 진폭은 작다고 가정한다)

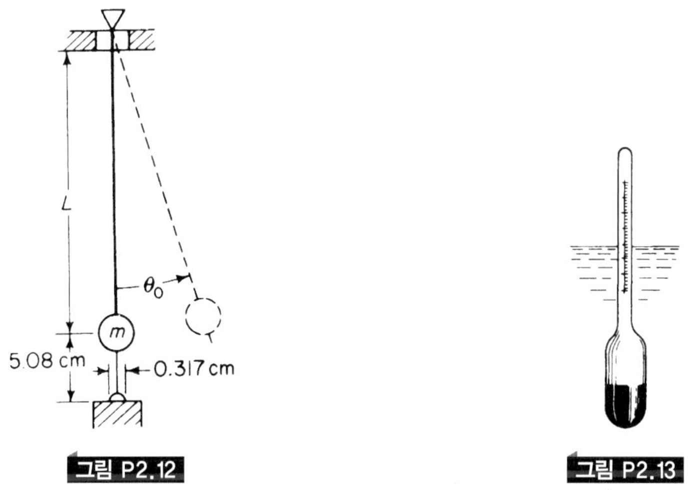

그림 P2.12

그림 P2.13

2.13 그림 P2.13의 비중계 부표(hydrometer float)는 액체의 비중을 측정할 때 이용된다. 부표의 질량은 0.0372 kg이고 표면 밖으로 나오는 원통 부분의 직경은 0.0064 m이다. 부표가 비중 1.20의 액체에서 부침하는 진동주기를 구하라.

2.14 그림 P2.14와 같이 직경 3 ft의 구형 부표의 반이 물 밖으로 뜰 정도의 무게를 지니고 있다. 부표의 무게중심은 기하학적 중심보다 8 in 아래에 있다. 그리고 롤링 운동의 주기는 1.3 s이다. 회전축에 대한 부표의 관성 모멘트를 구하라.

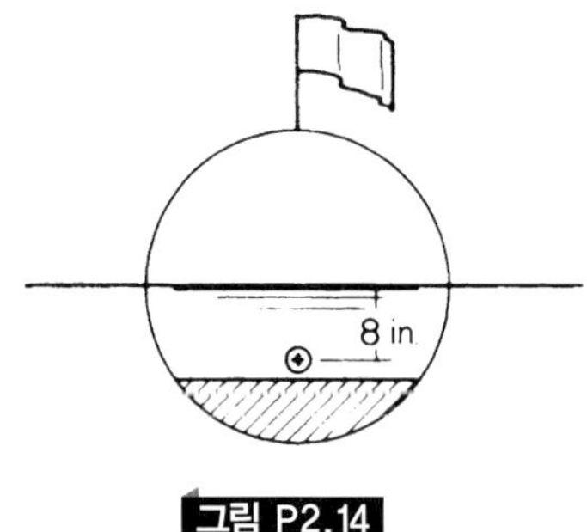

그림 P2.14

2.15 롤링 운동중에 있는 배의 요동 특성은 무게중심 G에 대한 경심(metacenter, 부력의 경사중심) M의 위치와 관련이 있다. 경심 M이란, 그림 P2.15에서 보인 바와 같이 부력의 작용선과 배의 중심선이 만나는 점을 말하며, 무게중심 G에서부터 잰 거리 h를 경심의 높이라고 한다. M의 위치는 선체의 모양과 관련이 있으며, 배가 기울어진 각도 θ가 작은 경우에는 이 각도와 무관하다. 롤링 운동의 주기는 다음 식과 같이 주어짐을 보여라.

$$\tau = 2\pi\sqrt{\frac{J}{Wh}}$$

여기서 J는 배의 롤링 축에 대한 질량 관성 모멘트이고, W는 배의 무게이다. 일반적으로 롤링 축의 위치는 알려져 있지 않으므로 J값은 모델 시험으로부터 계산된 요동주기로부터 얻어진다.

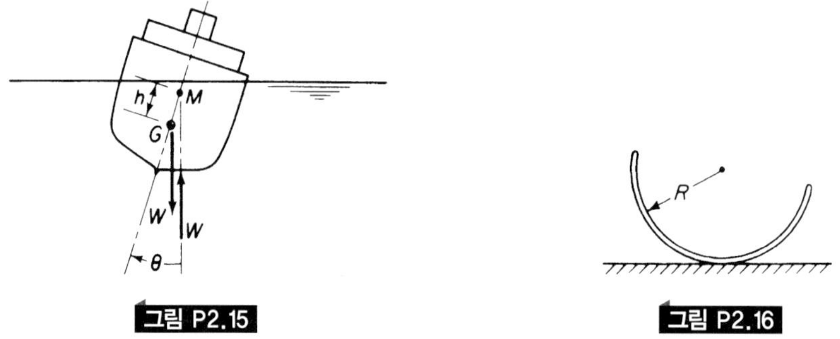

그림 P2.15

그림 P2.16

2.16 얇은 직사각형 판이 그림 P2.16과 같이 반원통 모양으로 구부러져 있다. 이 물체가 평면 위에서 움직일 때, 요동의 주기를 구하라.

2.17 길이가 L이고, 무게가 W인 균일한 막대가 그림 P2.17처럼 두 줄에 의하여 대칭으로 매달려 있다. 수직축 $O-O$에 대하여 막대가 작은 각도로 요동할 때의 미분방정식을 세우고, 그 때의 주기를 구하라.

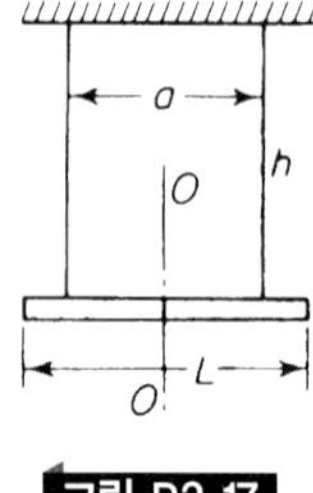

그림 P2.17

2.18 길이 L인 균일한 막대가 길이가 같은 두 줄에 의하여 양끝이 고정된 채로 수평으로 매달려 있다. 만일 막대와 두 줄이 이루는 평면상에서의 요동의 주기가 t_1, 무게중심을 통과하는 수직축에 대한 요동의 주기가 t_2일 때, 무게중심에 대한 회전반경은 다음과 같이 표현됨을 보여라.

$$k = \left(\frac{t_2}{t_1}\right)\frac{L}{2}$$

2.19 무게중심에 대한 회전반경이 k인 균일한 막대가 있다. 이 막대는 길이 h인 두 개의 줄에 의하여 매달려 있는데 각각의 질량중심에서부터의 거리는 a, b이다. 이 막대가 요동할 때, 요동축이 질량중심이 됨을 증명하고, 그 요동의 진동수를 구하라.

2.20 길이가 50 in이고, 직경이 1.5 in인 강철축이 그림 P2.20에서 보인 바와 같이 가벼운 자동차 바퀴에 대한 비틀림 스프링으로 사용된다. 휠과 타이어의 조립품의 무게가 38 lb이고, 그것의 축에 대한 회전반경이 9.0 in일 때, 계의 고유 진동수를 구하라. 바퀴가 암(arm)에 고정되어 있을 때와 그렇지 않을 때의 고유 진동수의 차이에 대하여 설명하라.

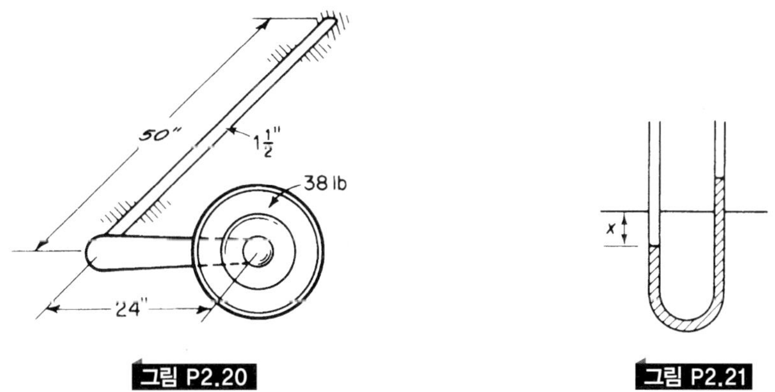

그림 P2.20

그림 P2.21

2.21 에너지 방법을 이용하여 그림 P2.21과 같이 U자 관에 들어 있는 유체의 요동 주기가

$$\tau = 2\pi\sqrt{\frac{l}{2g}}$$

됨을 보여라. 여기서 l은 유체가 채워져 있는 부분의 길이를 나타낸다.

2.22 그림 P2.22는 단순히 1층 건물을 보여 주고 있다. 기둥들은 그 끝부분에서 견고

하게 연결되어 있다고 가정한다. 이 건물의 고유 주기 τ를 구하라. 본 장의 끝(연습문제 앞)에 수록한 스프링 상수표를 참조하라.

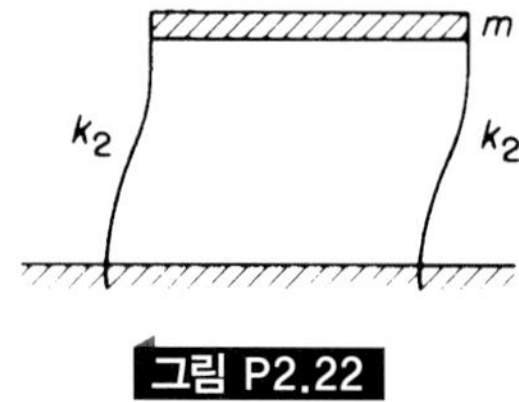

그림 P2.22

2.23 변형이 식

$$y = \frac{1}{2} y_{max}\left(1 - \cos \frac{\pi x}{l}\right)$$

로 나타낼 수 있을 때, 문제 2.22에서 기둥의 유효 질량을 구하라.

2.24 그림 P2.24에 보인 계에 대하여 점 n에서의 유효 질량과 계의 고유 진동수를 구하라.

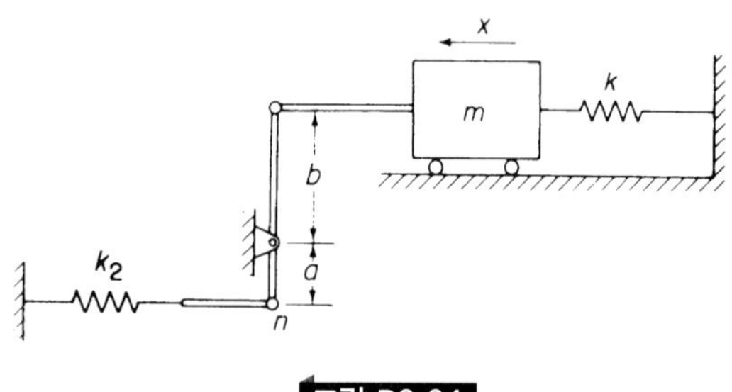

그림 P2.24

2.25 그림 P2.25에 보인 로켓 엔진에 액튜에이터(actuator)의 질량 m_1이 부가될 때, 로켓 엔진의 유효 질량을 구하라.

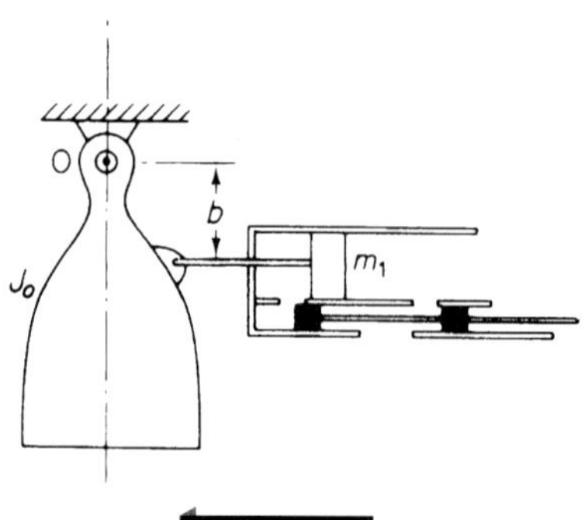

그림 P2.25

2.26 그림 P2.26의 엔진-밸브계는 관성 모멘트 J의 로커암(rocker arm), 질량 m_v의 밸브 및 질량 m_s의 스프링으로 이루어진다. A에서의 유효 질량을 계산하라.

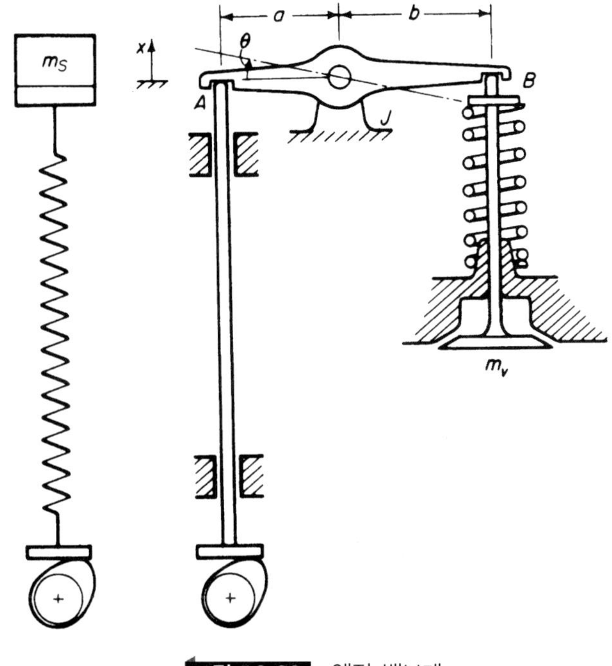

그림 P2.26 엔진-밸브계

2.27 전체 무게가 ml인 균일 외팔보의 자유단에 집중질량 M이 고정되어 있다. 외팔보의 자유단에 집중하중이 가해졌을 때의 처짐곡선으로 변위를 가정하여 M에 더할 유효 질량의 크기를 구하고, 그 고유 진동수를 구하라.

2.28 균일 분포하중을 받는 보에 대한 정적 처짐량 공식

$$y(x) = \frac{wl}{24}\frac{l^3}{EI}\left[\left(\frac{x}{l}\right)^4 - 4\left(\frac{x}{l}\right) + 3\right]$$

을 이용하여 문제 2.27을 반복하여 풀고, 앞의 결과와 비교하라.

2.29 그림 P2.29에 보인 축계의 유효 회전강성을 구하고, 고유 주기를 계산하라.

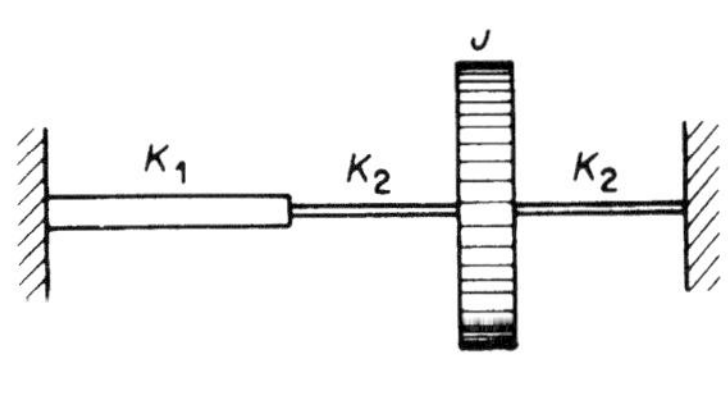

그림 P2.29

2.30 그림 P2.30의 계를 유효 강성과 유효 질량이 각각 k_{eff}와 m_{eff}인 선형 스프링-질량계로 단순화하여 해석하고자 한다. 이 때 k_{eff}와 m_{eff}를 그림에서 주어진 양으로 표현하라.

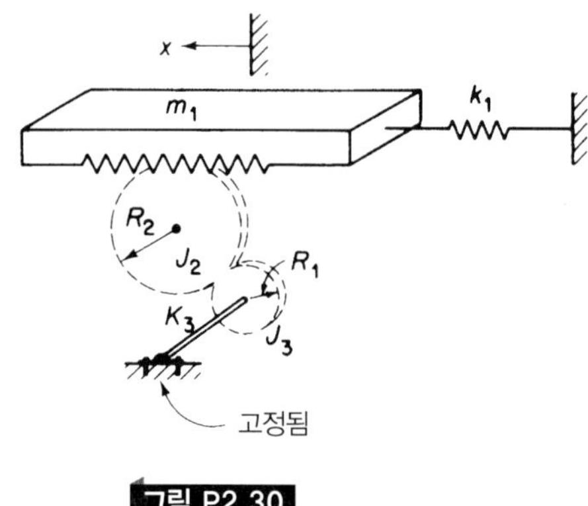

그림 P2.30

2.31 그림 P2.31에 보인 계에서 축 1에 대한 유효 질량 관성 모멘트를 구하라.

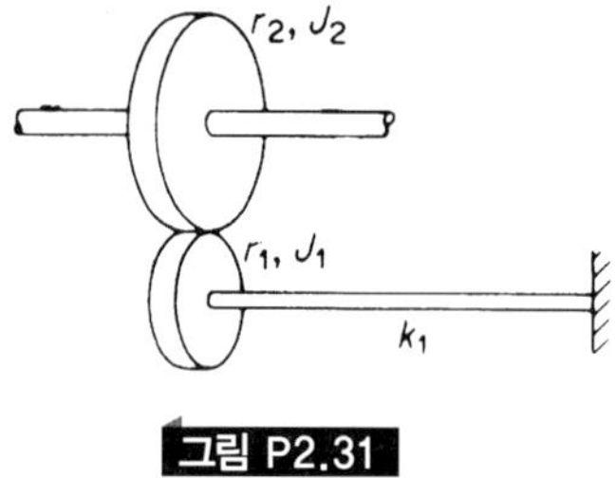

그림 P2.31

2.32 그림 P2.32에 보인 계에 대하여 운동 에너지를 $\dot{x}$항으로 나타내라. m_0에서의 강성을 구하고, 고유 진동에 대한 수식을 구하라.

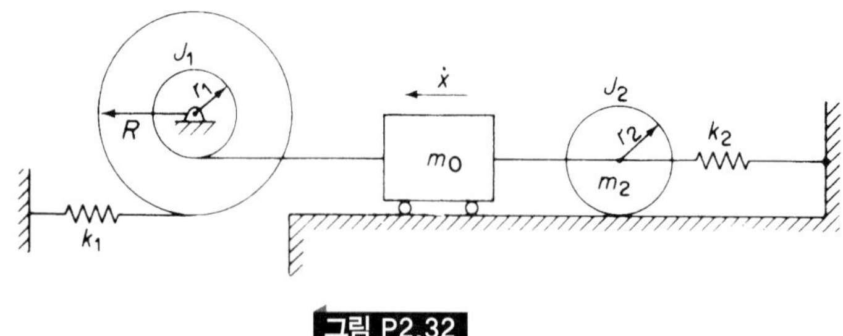

그림 P2.32

2.33 타코메타(tachometer)는 리드(reed)형의 진동 측정기로서 자유단에 질량이 부착된 작은 외팔보들로 구성되어 있다. 만일 가진 진동수가 어느 한 리드의 고유 진동수와 같으면, 그 리드가 진동을 함으로써 진동수를 알 수 있다. 고유 진동수 20

Hz를 내기 위하여 스프링 강으로 만들어진 두께 0.1016 cm, 폭 0.635 cm, 길이 8.890 cm인 리드 끝에 얼마의 무게가 부착되어야 하는지를 구하라.

2.34 0.907 kg의 질량이 강성 7.0 N/cm인 스프링의 끝에 붙어 있다. 임계 감쇠계수를 구하라.

2.35 감쇠기를 보정하기 위하여 어떤 주어진 힘이 가해졌을 때, 플런저(plunger)의 속도가 측정된다. 만일 0.5 lb의 추가 일정한 속도 1.20 in/s를 유지하면서 문제 2.34의 계와 함께 사용하였을 때의 감쇠비 ζ를 구하라.

2.36 진동계가 초기 조건, $x=0$ 및 $\dot{x}=v_0$로 운동을 시작하였다. (a) $\zeta=2.0$, (b) $\zeta=0.50$ 및 (c) $\zeta=1.0$일 때, 운동 방정식을 구하라. 이 세 가지 경우에 대하여 $\omega_n t$를 가로축, $x\omega_n/v_0$를 세로축으로 하는 무차원 곡선을 그려라.

2.37 문제 2.36에서 제시된 세 개의 감쇠값들에 대한 피크값들을 비교하라.

2.38 질량 2.267 kg, 스프링 강성 17.5 N/cm인 진동계가 점성 감쇠되어 임의의 두 연속적인 진폭비가 1.00:0.98로 나타났다. (a) 이 계의 고유 진동수, (b) 대수 감소, (c) 감쇠비 및 (d) 감쇠계수를 각각 구하라.

2.39 어느 진동계가 4.534 kg의 질량과 강성이 35.0 N/cm인 스프링, 감쇠계수가 0.1243 N/cm/s인 감쇠기로 구성되어 있다. (a) 감쇠계수, (b) 대수 감소, (c) 임의의 두 연속적인 진폭비를 각각 구하라.

2.40 어느 진동계가 $m=17.5$ kg, $k=70.0$ N/cm, $c=0.70$ N/cm/s의 상수를 갖고 있다. (a) 감쇠비, (b) 감쇠 고유 진동수, (c) 대수 감소, (d) 임의의 두 연속적인 진폭비를 각각 구하라.

2.41 그림 P2.41에 보인 계의 운동 방정식을 유도하라. (a) 임계 감쇠계수에 대한 수식과 (b) 감쇠진동의 고유 진동수를 구하라.

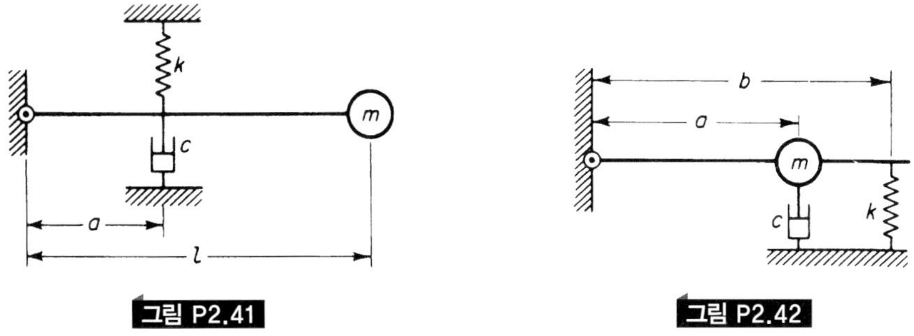

그림 P2.41

그림 P2.42

2.42 그림 P2.42에 보인 계의 운동 방정식을 유도하라. 그리고 감쇠진동의 고유 진동수와 임계 감쇠계수를 구하라

2.43 점성 감쇠를 하는 스프링-질량계가 평형 상태로부터 변위가 일어난 후에 놓여진

다. 진폭이 자유진동이 매주기 마다 5%씩 감소한다고 할 때, 이 계의 임계 감쇠비를 구하라.

2.44 질량 m, 길이 l인 균일 강체 막대가 그림 P2.44와 같이 점 O에서 핀으로 연결되고, 스프링과 점성 감쇠에 의하여 지지되고 있다. θ를 평형 상태로부터 잴 때 (a) 작은 값의 θ에 대한 방정식(막대의 O에 대한 관성 모멘트는 $ml^2/3$), (b) 감쇠가 없을 경우의 고유 진동수, (c) 임계 감쇠계수를 구하라. 가상일의 원리를 이용하라.

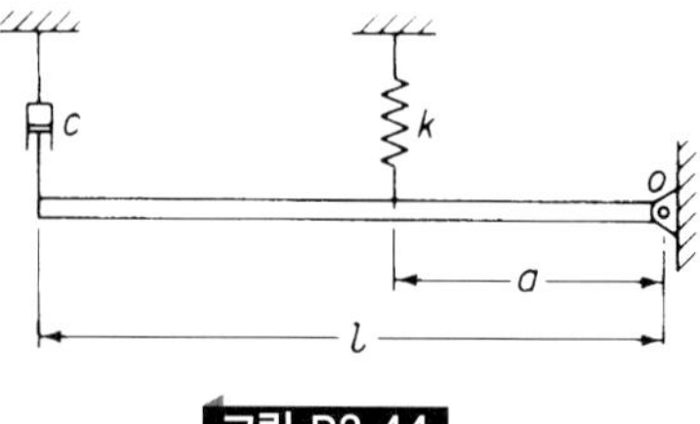

그림 P2.44

2.45 그림 P2.45와 같이 면적 A, 무게 W인 얇은 판이 스프링의 끝에 매달려서 점성이 있는 유체 속에서 진동한다. 만일 비감쇠진동의 고유 주기를 τ_1, 유체 속에서의 감쇠주기를 τ_2라고 할 때, 다음 식이 성립함을 보여라.

$$\mu = \frac{2\pi W}{gA\tau_1\tau_2}\sqrt{\tau_2^2 - \tau_1^2}$$

여기서 판에 작용하는 감쇠력은 $F_d = \mu 2\,Av$이다. $2A$는 판의 전체 면적이며 v는 판의 속도이다.

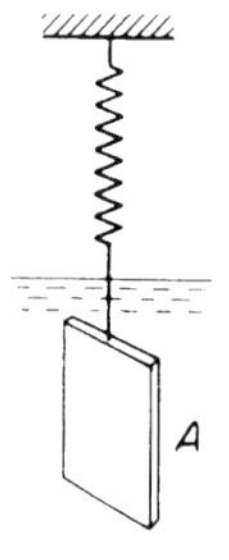

그림 P2.45

2.46 강성이 20,000 lb/ft인 반동 스프링을 가진 무게 1200 lb의 포신(barrel)이 있다. 만일 스프링이 발사 시에 4 ft 줄어든다면 (a) 포신의 초기 속도, (b) 반동 스프링의 끝에 연결된 감쇠기의 임계 감쇠계수, (c) 포신이 초기 위치로부터 2 in되는 위치로 돌아오기까지 걸리는 시간을 구하라.

2.47 그림 P2.47에서 보인 바와 같이 질량 4.53 kg의 피스톤이 15.24 m/s 속도로 관

속을 달려 스프링–감쇠기와 마주친 후의 최대 변위를 구하고, 그 때까지 소요된 시간을 계산하라.

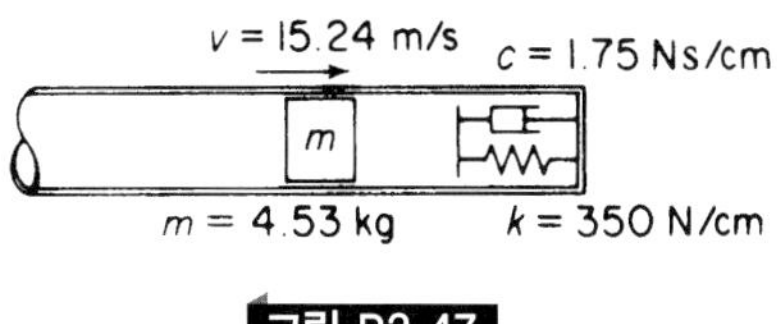

그림 P2.47

2.48 오버슈트(overshoot)가 초기 변위의 10%가 되도록 설계된 충격흡수 장치가 있다. ζ_1을 구하라. 만일 ζ가 0.5 ζ_1이 된다면, 오버슈트는 얼마인가?

2.49 가상일의 원리를 이용해서, 문제 2.41과 2.42의 운동 방정식을 유도하라.

2.50 그림 P2.50에 보인 계에서 등가 스프링 상수를 구하라.

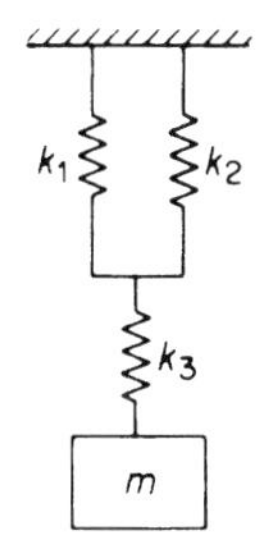

그림 P2.50

2.51 길이 L인 단순지지보의 끝으로부터 $\frac{1}{3}L$인 지점의 유연성(flexibility)을 구하라.

2.52 그림 P2.52에 보인 계에서 계의 등가 스프링 상수를 변위 x의 항으로 나타내라.

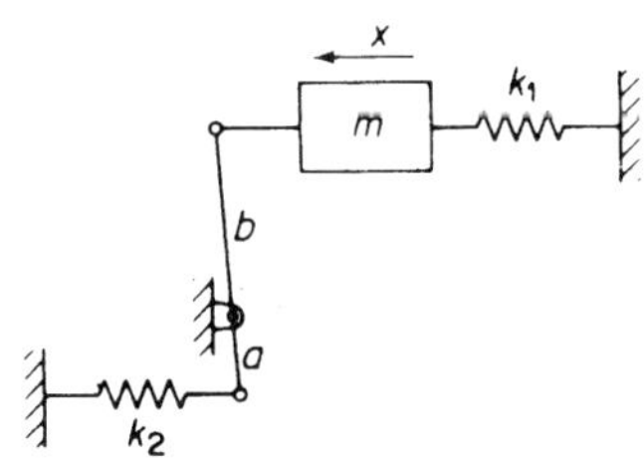

그림 P2.52

2.53 그림 P2.53에 보인 비틀림 진동계의 등가 스프링 상수를 구하라. 직렬 연결된 두 축의 비틀림 스프링 상수는 각각 k_1과 k_2이다.

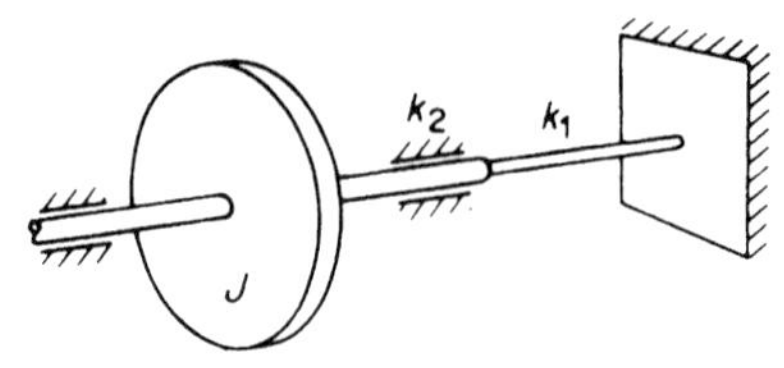

그림 P2.53

2.54 스프링-질량계에서 질량은 m, 강성은 k이다. 이 계의 초기 변위는 1이고, 초기 속도는 0이었다. n사이클에서의 진폭을 X라 할 때의 $\ln X$와 n의 관계를 (a) 점성 감쇠 $\zeta = 0.05$ 및 (b) 감쇠력 $F_d = 0.05k$의 쿨롱 감쇠를 하는 경우에 대하여 그림으로 나타내라. 두 진폭이 같아지는 때를 계산하라.

2.55 그림 P2.55에 보인 계에 대한 운동 방정식을 유도하고, 임계 감쇠를 구하라.

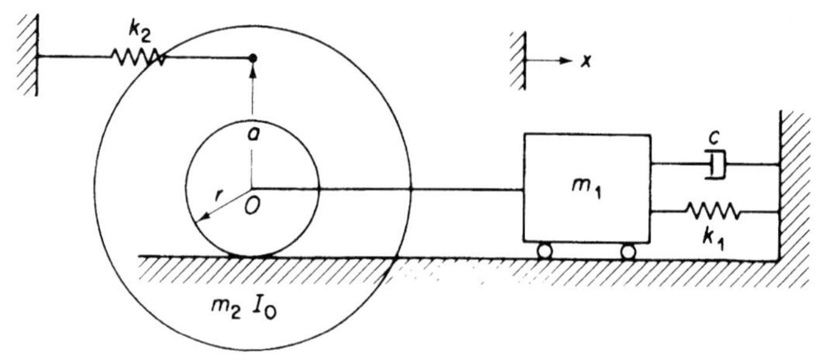

그림 P2.55

2.56 가상일의 원리를 이용하여 그림 P2.56에 보인 계의 자유진동에 대한 운동 방정식을 유도하라.

2.57 길이 l, 질량 m인 균일한 두 개의 막대가 그림 P2.57에 보인 것처럼 가운데가 힌지(hinge)로 연결되고, 시험대에서 롤러 위에 놓여 있다. 힌지는 비틀림 스프링 K로 회전 구속되어 있으며, 막대가 수평이 되는 위치에 다른 스프링 k로 지지되는 질량 M을 지지한다. 가상일의 원리를 이용하여 운동 방정식을 세워라.

2.58 그림 P2.58에 보인 바와 같이 강체 막대 두 개가 힌지로 연결된 채 스프링에 의하여 제한되어 있다. 가상일의 원리를 이용하여 자유진동에 대한 운동 방정식을 세워라.

2.59 쿨롱 감쇠를 하는 그림 P2.59의 계에 대한 운동 방정식은

$$m\ddot{x} + kx = \mu F\,\mathrm{sgn}(\dot{x})$$

으로 쓸 수 있으며, 여기서 $\mathrm{sgn}(\dot{x}) = \pm 1$(즉, $\dot{x}$가 음이면 $\mathrm{sgn}(\dot{x}) = +1$이고, $\dot{x}$가 양이면 -1). 이 방정식의 일반해는

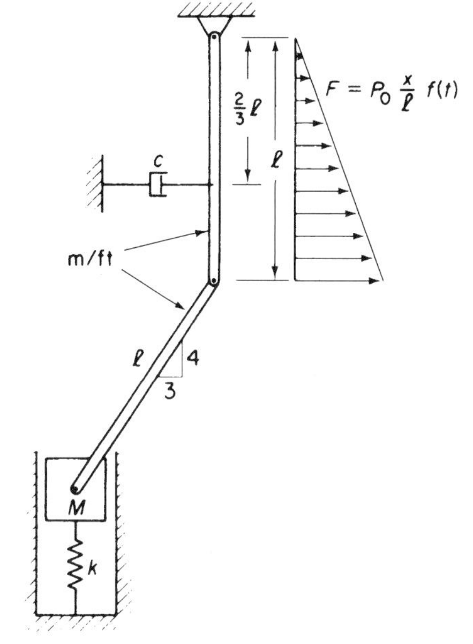

그림 P2.56

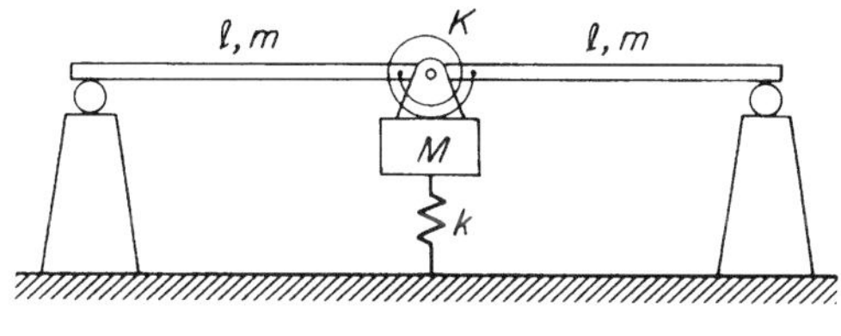

그림 P2.57

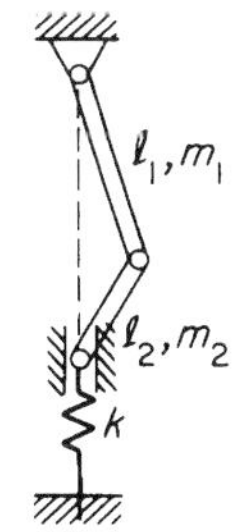

그림 P2.58

$$x(t) = A \sin \omega_m t + B \cos \omega_m t + \frac{\mu F}{k} \operatorname{sgn}(\dot{x})$$

가 된다. 운동의 초기 조건이 $x(0) = x_0$ 및 $\dot{x}(0) = 0$이라면, 상수 A와 B를 계산하라.

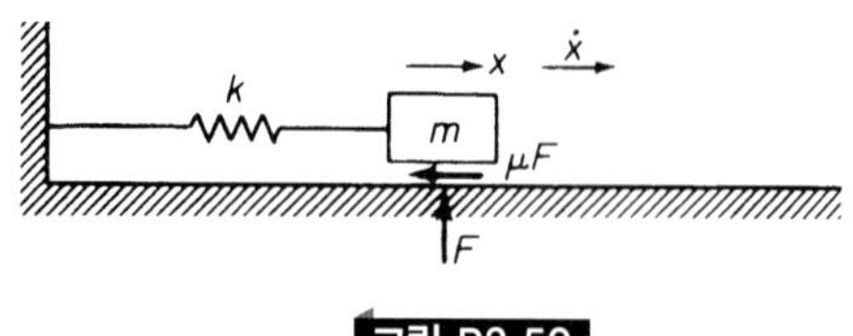

그림 P2.59

2.60 스프링 상수표의 첫 번째에서와 같이 만일 두 개의 스프링이 직렬로 연결되어 있다면, 등가 스프링 상수와 운동의 고유 진동수를 유도하라.

2.61 스프링 상수표의 두 번째에서와 같이 만일 두 개의 스프링이 병렬로 연결되어 있다면, 등가 스프링 상수와 운동의 고유 진동수를 유도하라.

2.62 그림 P2.62에 보인 진동계에 대하여 유효 스프링 상수를 계산하고 운동 방정식을 유도하라.

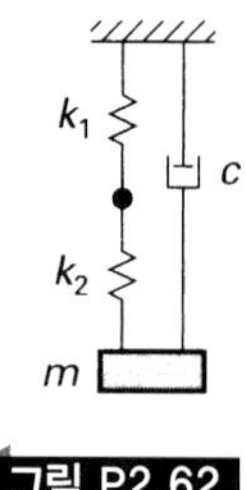

그림 P2.62

CHAPTER

03 조화 가진진동

조화 가진력(加振力)을 받는 계는 가진력과 동일한 진동수로 진동하게 된다. 조화 가진력의 일반적인 원인은 회전기계의 불평형, 왕복운동 기계에 의하여 발생하는 힘 또는 기계 자체의 운동 등이다. 진폭이 큰 진동이 발생하는 경우에는 장비가 제 기능을 발휘할 수 없거나 구조물의 안정성을 해치므로 이러한 가진은 바람직하지 못하다. 거의 모든 경우에 있어서 공진은 피해야 하며, 큰 진폭이 발생하는 것을 방지하기 위하여 감쇠기와 흡진기를 흔히 사용하고 있다. 따라서 이러한 진동제어 요소의 현명한 사용을 위하여 그 거동을 살펴보는 것이 중요하다. 끝으로 진동 해석의 도구가 되는 진동 측정기의 이론을 소개한다.

3.1 강제 조화진동

조화력에 의한 가진은 공학문제에서 흔히 나타나며, 보통 회전기계의 불평형에 의하여 발생한다. 주기적인 가진 또는 다른 종류의 가진에 비하여 순수한 조화 가진이 발생하는 빈도가 적다고 하더라도, 더욱 복잡한 형태의 가진력에 대한 계의 응답을 이해하기 위해서는 조화 가진력에 대한 계의 거동을 이해하지 않으면 안된다. 조화 가진은 힘의 형태로 또는 계의 어떤 점에 가해지는 변위의 형태로 주어진다.

우선 그림 3.1.1과 같이 $F_0 \sin \omega t$의 조화력에 의해 가진되는 점성 감쇠의 1자유도 계를

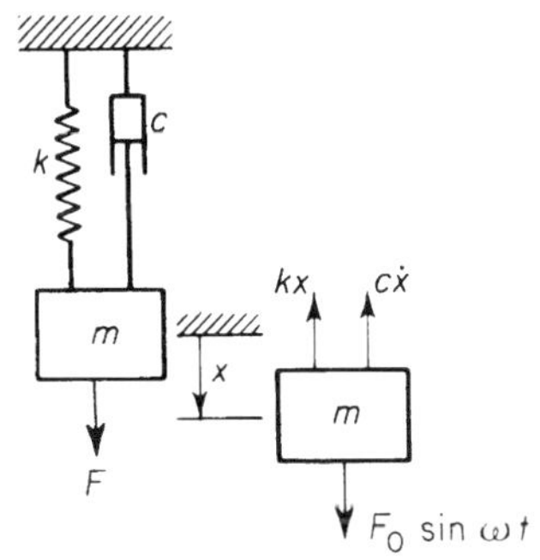

그림 3.1.1 조화 가진력을 받는 점성감쇠계

생각해 보자. 자유 물체도로부터 다음의 운동 방정식을 구할 수 있다.

$$m\ddot{x} + c\dot{x} + kx = F_0 \sin \omega t \tag{3.1.1}$$

이 방정식의 해는 두 부분으로 이루어진다. 하나는 제차 방정식의 일반해인 **보조해**(complementary function)이고, 또 하나는 **특수해**(particular integral)이다. 이 경우에 있어서 보조해는 제2장에서 논의된 감쇠 자유진동의 해에 해당된다.

특수해는 가진력과 동일한 진동수 ω로 진동하는 정상상태의 진동이며, 다음의 형태로 가정할 수 있다.

$$x = X \sin(\omega t - \phi) \tag{3.1.2}$$

여기서 X는 진동의 진폭이며, ϕ는 가진력에 대한 변위의 위상이다.

윗식의 위상과 진폭은 식 (3.1.1)에 식 (3.1.2)를 대입하여 구할 수 있다. 조화 운동에 있어서 속도와 가속도의 위상이 변위에 비하여 90°, 180° 선행함을 기억하면 미분 방정식의 각 항은 그림 3.1.2와 같이 도식적으로 나타낼 수 있다. 이 그림으로부터 다음 식이 성립함을 간단히 알 수 있다.

$$X = \frac{F_0}{\sqrt{(k - m\omega^2)^2 + (c\omega)^2}} \tag{3.1.3}$$

그리고

$$\phi = \tan^{-1} \frac{c\omega}{k - m\omega^2} \tag{3.1.4}$$

이제 이 결과의 도식적 표현을 위하여 식 (3.1,3)과 (3.1.4)를 무차원화하여 표현하자. 식 (3.1.3)과 (3.1.4)의 분자와 분모를 k로 나누면 다음 식과 같이 된다.

$$X = \frac{\frac{F_0}{k}}{\sqrt{\left(1 - \frac{m\omega^2}{k}\right)^2 + \left(\frac{c\omega}{k}\right)^2}} \tag{3.1.5}$$

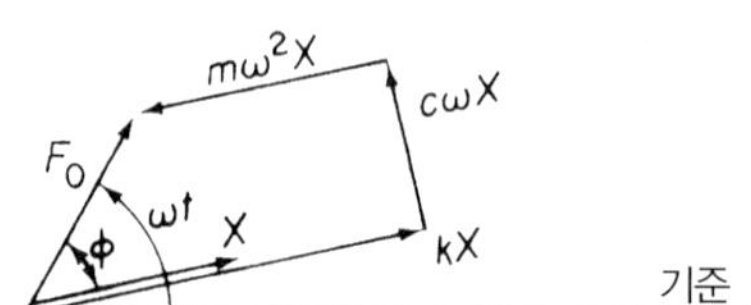

그림 3.1.2 감쇠 강제진동에 대한 벡터 관계도

그리고

$$\tan\phi = \frac{\dfrac{c\omega}{k}}{1 - \dfrac{m\omega^2}{k}} \tag{3.1.6}$$

이 식은 다시 다음의 각 항으로 표현할 수 있다.

$$\omega_n = \sqrt{\frac{k}{m}} = \text{비감쇠계의 고유 진동수}$$

$$c_c = 2m\omega_n = \text{임계 감쇠}$$

$$\zeta = \frac{c}{c_c} = \text{감쇠비}$$

$$\frac{c\omega}{k} = \frac{c}{c_c}\,\frac{c_c\omega}{k} = 2\zeta\frac{\omega}{\omega_n}$$

진폭과 위상을 무차원화한 식은 다음과 같다.

$$\frac{Xk}{F_0} = \frac{1}{\sqrt{\left[1 - \left(\dfrac{\omega}{\omega_n}\right)^2\right]^2 + \left[2\zeta\left(\dfrac{\omega}{\omega_n}\right)\right]^2}} \tag{3.1.7}$$

그리고

$$\tan\phi = \frac{2\zeta\left(\dfrac{\omega}{\omega_n}\right)}{1 - \left(\dfrac{\omega}{\omega_n}\right)^2} \tag{3.1.8}$$

이 식에서 무차원화된 진폭 Xk/F_0와 위상 ϕ는 단지 진동수비 ω/ω_n과 감쇠비 ζ만으로 이루어지는 함수들이며, 그림 3.1.3처럼 도시할 수 있다. 이 곡선들에서 감쇠비는 공진 진동수 부근에서의 진폭과 위상각에 영향이 매우 큰 것을 알 수 있다. ω/ω_n의 크기가 1보다 작은 경우, 1인 경우, 그리고 1보다 큰 경우에 대하여 그림 3.1.2에 보인 힘의 선도를 다시 고찰하면, 이 진동계의 특성을 더욱 상세히 파악할 수 있다.

$\omega/\omega_n \ll 1$일 때 관성력과 감쇠력은 작으며, 그 결과로 위상각 ϕ도 작게 된다. 또한 가해진 힘의 크기는 그림 3.1.4(a)에서 볼 수 있는 것처럼 스프링 힘과 거의 같다.

$\omega/\omega_n = 1.0$일 때 위상각은 90°이고, 힘의 선도는 그림 3.1.4(b)와 같다. 관성력은 이제 보

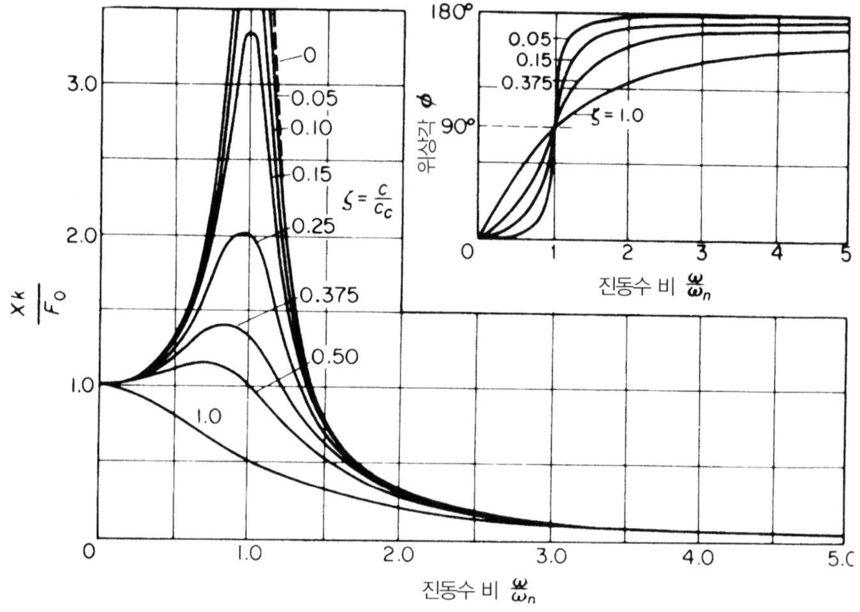

그림 3.1.3 식 (3.1.7)과 (3.1.8)의 그림

다 크게 되고 스프링 힘과 균형을 이루며, 가해진 힘은 감쇠력을 능가하게 된다. 공진일 때의 진폭은 식 (3.1.5) 또는 (3.1.7) 또는 그림 3.1.4(b)에서 구할 수 있다.

$$X = \frac{F_0}{c\omega_n} = \frac{F_0}{2\zeta k} \tag{3.1.9}$$

$\omega/\omega_n \gg 1$일 때는 그림 3.1.4(c)와 같이 ϕ는 180°에 접근하고, 가해진 힘은 대부분 관성력을 극복하는 데 소요된다.

미분 방정식과 과도적인(transient) 항을 포함한 일반해를 요약하여 나타내면 다음과 같다.

$$\ddot{x} + 2\zeta\omega_n\dot{x} + \omega_n^2 x = \frac{F_0}{m}\sin\omega t \tag{3.1.10}$$

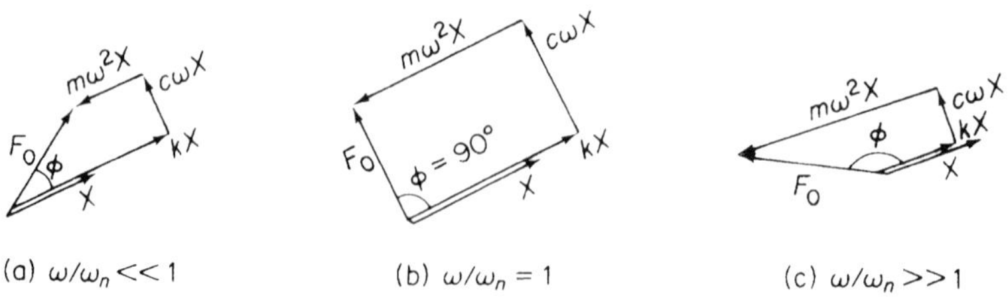

그림 3.1.4 강제진동에서 벡터 관계

$$x(t) = \frac{F_0}{k} \frac{\sin(\omega t - \phi)}{\sqrt{\left[1 - \left(\frac{\omega}{\omega_n}\right)^2\right]^2 + \left[2\zeta\frac{\omega}{\omega_n}\right]^2}}$$

$$+ X_1 e^{-\zeta\omega_n t}\sin\left(\sqrt{1 - \zeta^2}\omega_n t + \phi_1\right) \tag{3.1.11}$$

복소 진동수 응답 그림 3.1.2의 벡터힘 다각형으로부터, 식 (3.1.1)의 항들은 수직축에 대한 벡터의 투영이라는 것을 알 수 있다. 힘이 $F_0 \sin \omega t$대신, $F_0 \cos \omega t$인 경우에는 벡터힘 다각형은 변하지 않으며, 식의 항들은 수평축에 대한 벡터의 투영으로 바뀐다. 이 힘을 포함하여 일반적인 조화력을 표현하면 다음과 같다.

$$F_0(\cos \omega t + i \sin \omega t) = F_0 e^{i\omega t} \tag{3.1.12}$$

이것은 수직축에 대한 양에 $i = \sqrt{-1}$을 곱하고, 복소 벡터를 사용한 것과 같다.

이 때 변위는 다음과 같이 쓸 수 있다.

$$x = Xe^{i(\omega t - \phi)} = (Xe^{-i\phi})e^{i\omega t} = \bar{X}e^{i\omega t} \tag{3.1.13}$$

여기서 $\bar{X}$는 복소변위 벡터이다.

$$\bar{X} = Xe^{-i\phi} \tag{3.1.14}$$

이 변위를 미분 방정식에 대입하고, 식의 양변에서 같은 부분을 소거하면 다음과 같이 된다.

$$(-\omega^2 m + ic\omega + k)\bar{X} = F_0$$

그리고

$$\bar{X} = \frac{F_0}{(k - \omega^2 m) + i(c\omega)} = \frac{F_0/k}{1 - (\omega/\omega_n)^2 + i(2\zeta\omega/\omega_n)} \tag{3.1.15}$$

출력을 입력으로 나누는 것으로 정의되는 복소 진동수 응답함수 $H(\omega)$를 도입하면 편리하다.

$$H(\omega) = \frac{\bar{X}}{F_0} = \frac{1/k}{1 - (\omega/\omega_n)^2 + i2\zeta\omega/\omega_n} \tag{3.1.16}$$

인수 $1/k$는 종종 힘과 함께 고려되어, 진동수 응답을 무차원화시킨다. 따라서, $H(\omega)$는 오직 진동수비와 감쇠비에만 관계되는 함수이다.

$H(\omega)$의 실수부와 허수부는 식 (3.1.16)의 분모와 분자에 분모의 공액 복소수를 각각 곱

한 후 실수와 허수로 분리함으로써 얻을 수 있다. 그 결과는 다음과 같다.

$$H(\omega) = \frac{1 - (\omega/\omega_n)^2}{[1 - (\omega/\omega_n)^2]^2 + [2\zeta\omega/\omega_n]^2} - i\frac{2\zeta\omega/\omega_n}{[1 - (\omega/\omega_n)^2]^2 + [2\zeta\omega/\omega_n]^2} \quad \textbf{(3.1.17)}$$

이 식에 의하면 공진일 때 실수부는 0이며, 응답은 허수부에 의하여 주어진다는것을 알 수 있다.

$$H(\omega) = -i\frac{1}{2\zeta} \quad \textbf{(3.1.18)}$$

위상각은 다음과 같음을 쉽게 알 수 있다.

$$\tan\phi = \frac{2\zeta\omega/\omega_n}{1 - (\omega/\omega_n)^2}$$

3.2 불평형회전

회전기계의 불평형은 진동 가진의 일반적인 근원이다. 이제 그림 3.2.1과 같이 수직방향으로 움직이도록 구속되어 있으며, 불평형 회전기계에 의하여 가진되는 스프링-질량계를 생각해 보자. 불평형은 각속도 ω로 회전하는 편심반경이 e인 편심질량 m에 의하여 표현된다. x를 회전하지 않는 질량$(M - m)$의 정적 평형 점으로부터의 변위라고 하면, m의 변위는 다음과 같이 된다.

$$x + e\sin\omega t$$

이 때 운동 방정식은

$$(M - m)\ddot{x} + m\frac{d^2}{dt^2}(x + e\sin\omega t) = -kx - c\dot{x}$$

로 되며, 이것을 정리하면 다음과 같이 된다.

$$M\ddot{x} + c\dot{x} + kx = (me\omega^2)\sin\omega t \quad \textbf{(3.2.1)}$$

윗식은 F_0를 $me\omega^2$으로 바꾸면 식 (3.1.1)과 동일하다. 그리고 앞절에서의 결과를 이용하면 정상상태(steady-state)의 해는 다음과 같다.

$$X = \frac{me\omega^2}{\sqrt{(k - M\omega^2)^2 + (c\omega)^2}} \quad \textbf{(3.2.2)}$$

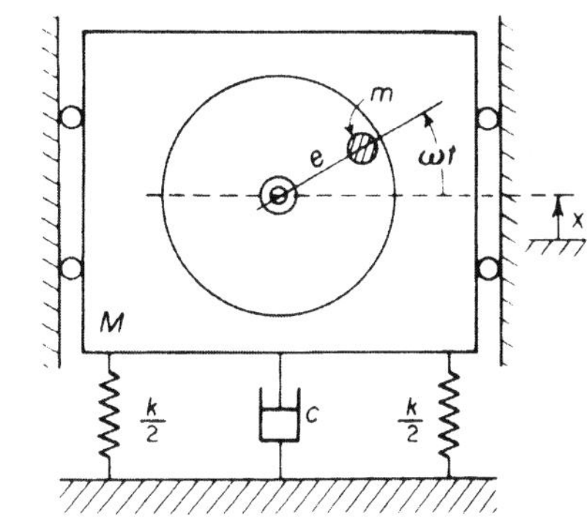

그림 3.2.1 불평형회전에 기인되는 조화 가진력

그리고

$$\tan\phi = \frac{c\omega}{k - M\omega^2} \tag{3.2.3}$$

이 식은 다음과 같이 무차원 양으로 나타낼 수 있다.

$$\frac{M}{m}\frac{X}{e} = \frac{\left(\frac{\omega}{\omega_n}\right)^2}{\sqrt{\left[1-\left(\frac{\omega}{\omega_n}\right)^2\right]^2 + \left[2\zeta\frac{\omega}{\omega_n}\right]^2}} \tag{3.2.4}$$

그리고

$$\tan\phi = \frac{2\zeta\left(\frac{\omega}{\omega_n}\right)}{1-\left(\frac{\omega}{\omega_n}\right)^2} \tag{3.2.5}$$

또한 그림 3.2.2와 같이 그래프로 표현되기도 한다. 일반해는 다음과 같이 된다.

$$x(t) = X_1 e^{-\zeta\omega_n t}\sin\left(\sqrt{1-\zeta^2}\,\omega_n t + \phi_1\right) + \frac{me\omega^2}{\sqrt{(k-M\omega^2)^2 + (c\omega)^2}}\sin(\omega t - \phi) \tag{3.2.6}$$

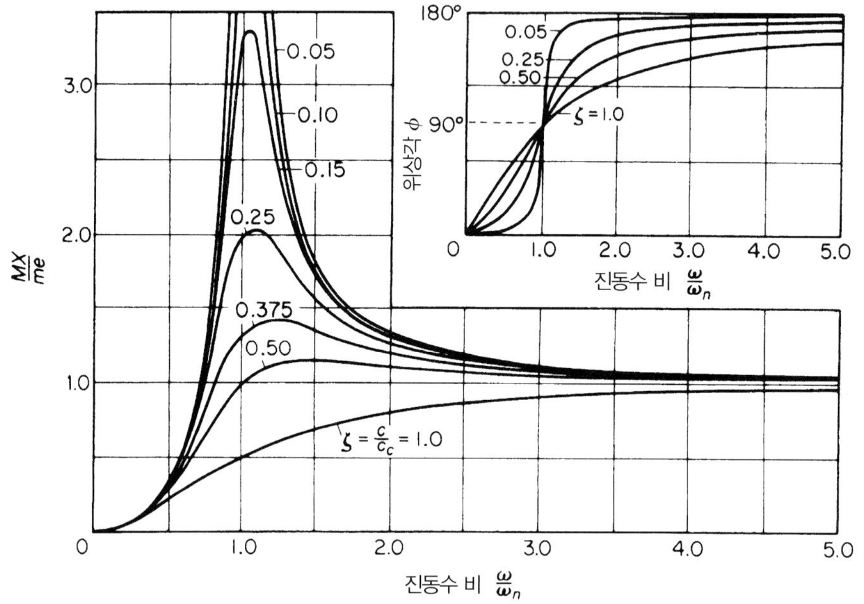

그림 3.2.2 불평형회전이 있는 강제진동에 대한 식 (3.2.4) 및 (3.2.5)의 그림

예제 3.2.1

그림 3.2.3과 같이 서로 반대로 회전하는 편심무게 가진기가 스프링으로 지지된 질량의 강제진동을 발생 시킨다. 회전속도가 변함에 따라 0.60 cm의 공진폭이 기록되었다. 회전속도가 공진 진동수를 넘어 상당히 커질 때, 진폭은 0.08 cm의 고정값에 접근하였다. 이 계의 감쇠비를 구하라.

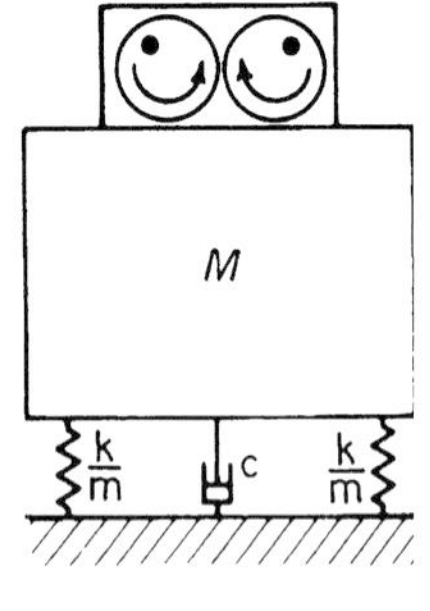

그림 3.2.3

풀이 식 (3.2.4)로부터 공진에서의 진폭을 구하면 다음과 같이 된다.

$$X = \frac{\frac{me}{M}}{2\zeta} = 0.60 \text{ cm}$$

ω가 ω_n보다 매우 클 경우에는 다음과 같이 된다.

$$X = \frac{me}{M} = 0.08 \text{ cm}$$

두 개의 식을 풀면, 이 계의 감쇠비를 구할 수 있다.

$$\zeta = \frac{0.08}{2 \times 0.60} = 0.0666$$

3.3 로터의 불평형

3.2절에서는, 계를 단일 평면에서 불평형 회전작용을 하는 스프링-질량-감쇠계로 이상화시켰다. 회전 휠이나 로터의 불평형은 여러 개의 면에서 분포되어 있을 가능성이 있다. 이제부터는 불평형회전을 두 가지 형태로 구분하고자 한다.

정적 불평형 얇은 회전판의 경우와 같이 불평형질량이 모두 하나의 면에 놓여 있을 때 총 불평형은 단일 반경방향의 힘이다. 그림 3.3.1과 같이 불평형은 차륜-축 조립체가 한 쌍의 수평 레일 위에 놓여진 정적인 시험에서 찾을 수 있다. 무거운 부분이 차축 바로 아래에 위치할 때까지 차륜은 구르게 된다. 이러한 불평형은 휠을 회전시키지 않고도 감지할 수 있으므로 이를 **정적 불평형**(static unbalance)이라 한다.

동적 불평형 불평형이 하나 이상의 평면에 분포되어 있는 경우에는 그 합력이 힘과 요동모멘트로 되며, 이것을 **동적 불평형**(dynamic unbalance)이라 한다. 앞에서 서술하였듯이 정적 시험으로 합력의 힘은 감지할 수 있지만, 요동 모멘트는 로터(rotor)의 회전 없이는 감

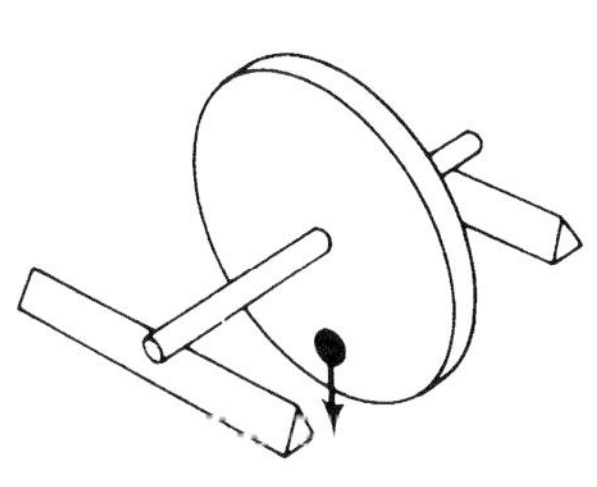

그림 3.3.1 정적 불평형계

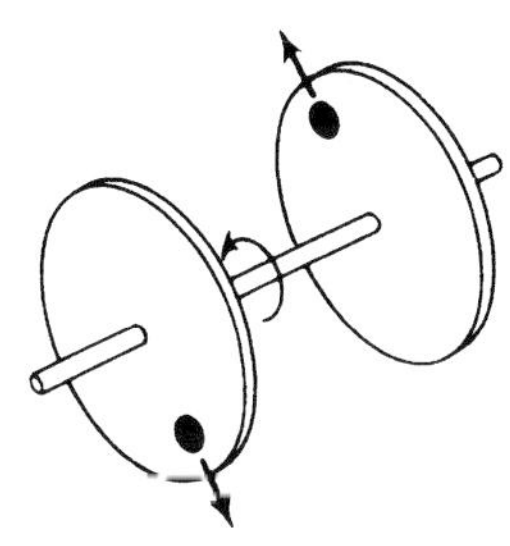

그림 3.3.2 동적 불평형계

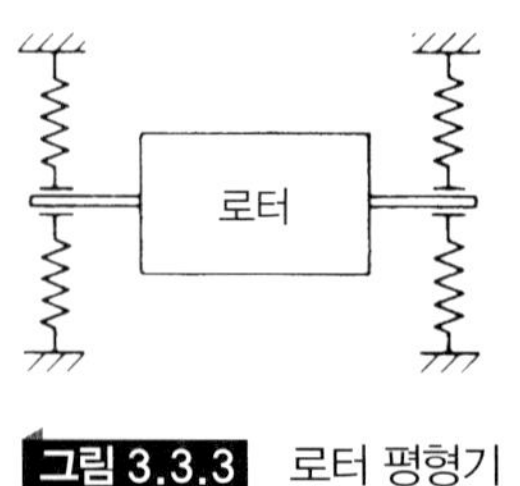

그림 3.3.3 로터 평형기

지할 수 없다. 예를 들어, 그림 3.3.2와 같이 두 개의 판을 가진 회전축을 생각하자. 만일 두 개의 불평형질량이 크기가 같고 180°로 떨어져 있다면, 로터는 회전축에 대하여 정적으로 평형을 이룬다. 그러나 로터가 회전할 때는 각각의 불평형판으로 인하여 베어링이 있는 회전축을 흔드는 원심력이 발생한다.

일반적으로 모터의 전기자(armature)나 자동차 엔진의 크랭크 축과 같이 긴 로터는 약간의 불평형을 가진 얇은 판의 연속으로 생각할 수 있다. 이와 같은 로터는 불평형을 조사하기 위해서는 회전시켜야 한다. 불평형회전을 감지하고 교정시키기 위한 기계를 **평형기**(balancing machine)라고 한다. 평형기는 기본적으로는 그림 3.3.3처럼 회전에 의한 불평형력을 감지할 수 있게 하기 위하여 스프링으로 지지된 베어링으로 이루어져 있다. 각 베어링의 진폭과 그들의 상대적 위상을 안다면 로터의 불평형을 결정하고 그들을 교정할 수 있다. 그러나 2자유도계에서는 축의 병진운동과 회전운동이 동시에 발생하므로 지금까지의 설명과 같이 간단하지는 않다.

예제 3.3.1

얇은 판이 정적으로 평형이 이루어진다면, 동적으로도 평형이 이루어질 수 있다. 여기서 쉽게 실시해 볼 수 있는 실험법을 기술한다.

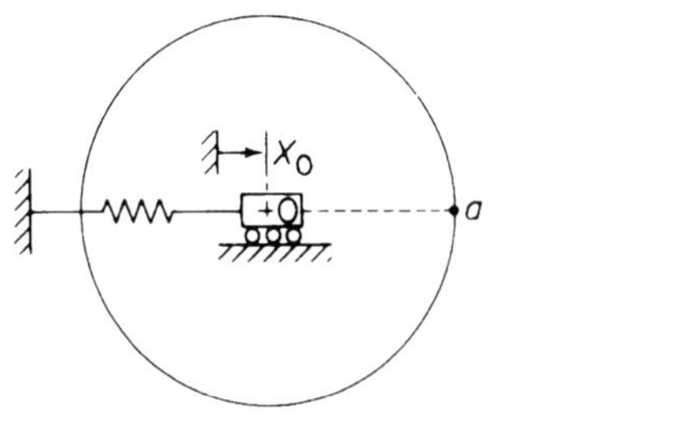

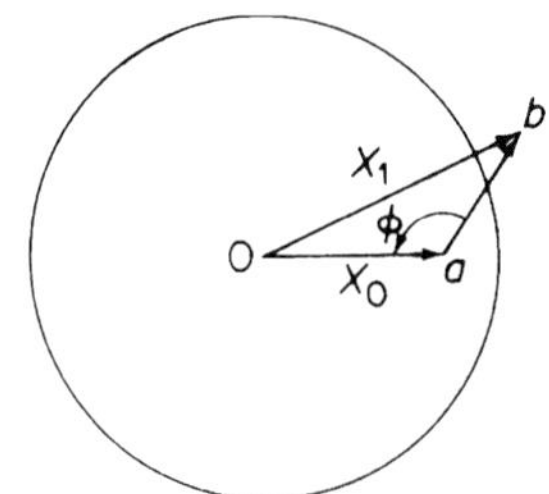

그림 3.3.4 얇은 원판의 평형실험

원판은 그림 3.3.4에서 보듯이 수평으로 이동이 가능한 스프링-구속 베어링으로 지지 된다. 미리 예정하였던 속력으로 원판을 회전시키면, 진폭 X_0와 최대 왕복위치 a를 알 수 있다. 이 관측은 베어링에 설치하는 가속도계와 스트로보스코프를 이용하면 가능하다. 초기 불평형질량 m_0에 따른 진폭 X_0는 0에서 a의 방향으로 원판의 크기에 맞추어 그려진다.

다음은 시험질량 m_1을 회전원판상의 임의의 점에 첨가시키고, 이 과정이 똑같은 속력으로 반복된다. 초기 불평형 질량 m_0와 시험질량 m_1에 기인되는 새로운 진폭 X_1과 원판위치 b는 벡터 Ob로 나타낸다. 이렇게 되면 차분 벡터 ab는 시험질량 m_1만의 효과가 된다. M_1의 위치가 벡터 선도에서 보는 것처럼 각도 ϕ만큼 앞서게 되면, m_1의 크기는 $m_1(Oa/ab)$로 증가되고, 벡터 ab는 벡터 Oa와 크기는 같고 방향은 반대가 된다. X_1이 0이므로 원판은 이제 평형이 된다.

예제 3.3.2

얇은 원판이 그림 3.3.5에서 보듯이 스프링으로 지지된 베어링에 지지되어 있다. 반시계방향으로 300 rpm으로 회전하면, 최초의 원판은 원판에 표시된 기준 표시에서 반시계방향으로 30°에 위치한 3.2 mm의 최대 진폭을 가리킨다. 그 다음에 무게 2.5 oz(ounce)의 시험추가 기준선으로부터 반시계방향으로 143°에 위치한 원테두리에 추가되고, 원판은 다시 반시계방향으로 300 rpm으로 회전한다. 이 때 7 mm의 새 진폭이 기준선에서 반시계방향으로 77°의 위치에 등장한다. 최초 원판의 평형을 위하여 원테두리에 설치해야 할 교정추의 크기를 계산하라.

풀이 그림 3.3.5의 선도들은 해를 도식적으로 나타내고 있다. 측정기로 측정된 벡터들과 시험추의 위치는 그림 3.3.5(b)에 나타내었다. 그림 3.3.5(c)에 있는 벡터 ab는 5.4 mm가 되는 것을 도식적으로 알 수 있으며, 각도 ϕ는 107°이다. 만일 벡터 ab가 반시계방향으로 107° 회전한다면, 벡터 Oa와 방향이 반대가 된다. Oa를 소거하기 위해서는 $Oa/ab = 3.2/5.4 = 0.593$으로 간략히 되어야만 한다. 따라서, 시험추 $W_t = 2.5$ oz가 반시계방향으로 107° 회전 및 $2.5 \times 0.593 = 1.48$ oz로 크기가 축소되어야 한다. 물론 ab 및 ϕ에 대한 도식적인 해는 여현법칙에 따라 수학적으로 계산될 수 있다.

그림 3.3.6에서는 두 베어링에 센서가 설치된 긴 로터를 시뮬레이션하는 모델을 보여준다. 두 개의 원판들은 처음에는 임의의 위치에 추를 추가함으로써 불평형이 될 수 있다. 원판들 중의 하나에 시험추를 첨가시키고 그 진폭과 위상을 기록한 후에 두 번째 시험추를 다른 원판에 실시하고 유사한 측정을 실행하면, 시뮬레이션된 회전축의 초기 불평형이 계산될 수 있다.

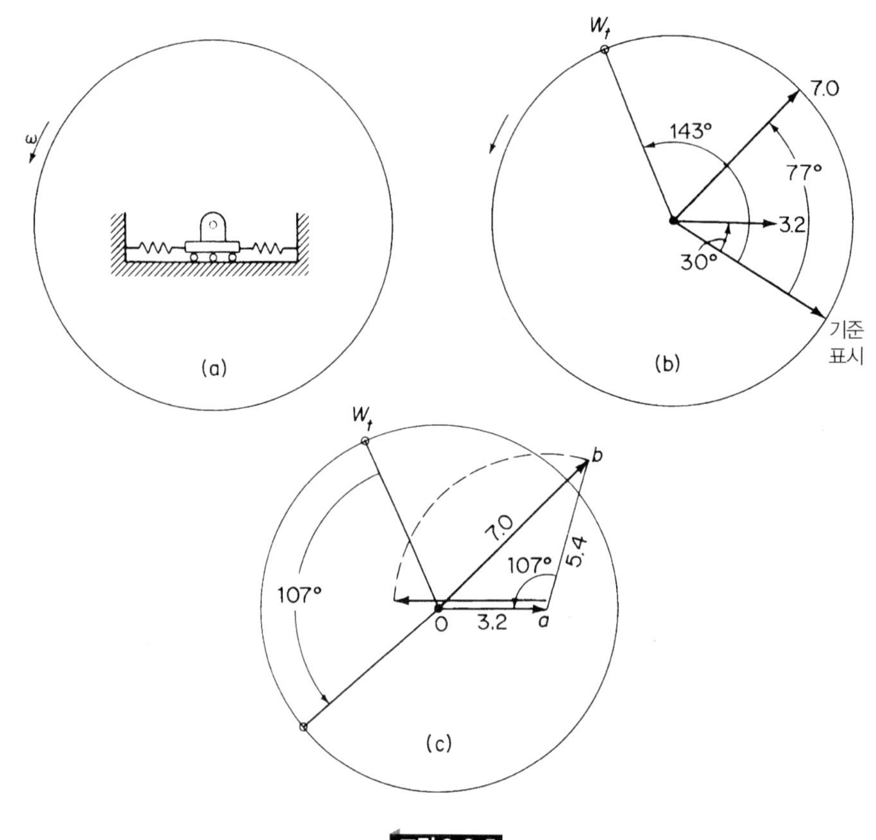

그림 3.3.5

그림 3.3.6 평면-평형 실험기(UCSB 기계공학과 학부실험실 제공)

3.4 회전축의 선회

회전하는 축은 어떤 일정한 속도가 되면 활과 같이 복잡한 모양으로 휘어져서 선회하려는 경향이 있다. **선회**(whirling)는 베어링 중심을 연결하는 선과 휘어진 축에 의하여 형성된 평면의 회전으로 정의된다. 이 현상은 불평형질량, 축의 이력현상, 감쇠, 자이로 힘, 그리고 베어링에서의 유체 마찰과 같은 여러 원인에 의하여 발생한다. 축의 선회는 축 자체의 회전 방향과 같을 수도, 정반대일 수도 있다. 그리고 선회속도는 회전속도와 일치할 수도, 안할 수도 있다.

이제 그림 3.4.1에서 보인 것처럼 두 개의 베어링에 의하여 지지된 축 위에 대칭적으로 놓여 있는 질량 m의 단일 원판을 고려해 보자. 원판의 질량중심 G는 원판의 기하학적 중심 S로부터 편심거리 e만큼 떨어져 있다. 베어링의 중심선은 점 O에서 원판의 평면을 지나고, 축의 중심은 거리 $r = OS$만큼 편심되어 있다.

이제부터 축은 (즉, 선 $e = SG$가) 항상 일정한 속도 ω로 회전하고 있으며, 일반적으로 선 $r = OS$의 선회 각속도 $\dot{\theta}$는 ω와 일치하지 않는다고 가정하자. 운동 방정식을 위하여 다음과 같이 질량중심의 가속도를 표시할 수 있다,

$$\mathbf{a}_G = \mathbf{a}_S + \mathbf{a}_{G/S} \tag{3.4.1}$$

여기서 $\mathbf{a}_S$는 점 S의 가속도이고, $\mathbf{a}_{G/S}$는 점 S에 대한 점 G의 가속도를 말한다. ω가 일정하기 때문에 뒤의 항은 점 G로부터 점 S를 향한다. $\mathbf{a}_G$를 접선방향과 그 반경방향으로 나누면

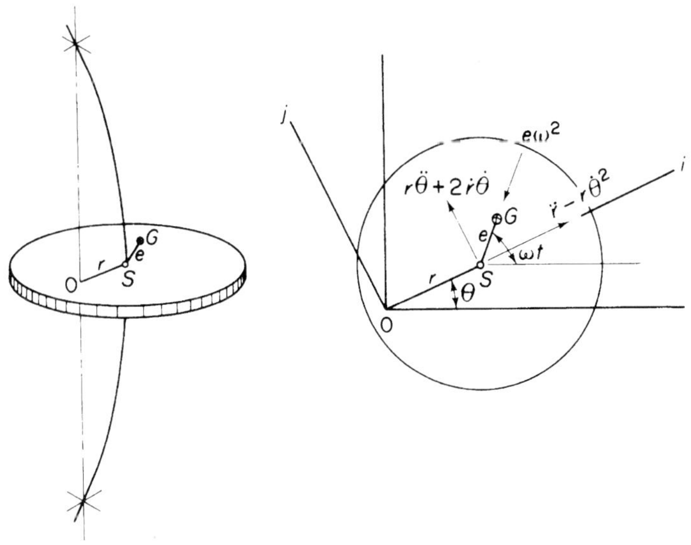

그림 3.4.1 축의 선회

다음 식이 얻어진다.

$$\mathbf{a}_G = [(\ddot{r} - r\dot{\theta}^2) - e\omega^2 \cos(\omega t - \theta)]\mathbf{i} + [(r\ddot{\theta} + 2\dot{r}\dot{\theta}) - e\omega^2 \sin(\omega t - \theta)]\mathbf{j} \quad \textbf{(3.4.2)}$$

축의 복원력과 더불어 점 S에 작용하는 점성 감쇠력을 가정하자. 반경방향과 접선방향으로 분해된 운동 방정식은 다음과 같다.

$$-kr - c\dot{r} = m[\ddot{r} - r\dot{\theta}^2 - e\omega^2 \cos(\omega t - \theta)]$$

$$-cr\dot{\theta} = m[r\ddot{\theta} + 2\dot{r}\dot{\theta} - e\omega^2 \sin(\omega t - \theta)]$$

재정리하면 다음과 같이 될 수 있다.

$$\ddot{r} + \frac{c}{m}\dot{r} + \left(\frac{k}{m} - \dot{\theta}^2\right)r = e\omega^2 \cos(\omega t - \theta) \quad \textbf{(3.4.3)}$$

$$r\ddot{\theta} + \left(\frac{c}{m}r + 2\dot{r}\right)\dot{\theta} = e\omega^2 \sin(\omega t - \theta) \quad \textbf{(3.4.4)}$$

윗 식들에서 기술된 것과 같은 선회의 일반적인 경우는 자려운동(self-excited motion)의 범주에 속하는데, 자려운동이란 운동을 유도하는 가진력이 운동 그 자체에 의하여 제어되는 운동을 말한다. 이 식에서 변수는 r과 θ이므로, 이 문제는 2자유도계의 문제이다. 그러나 $\dot{\theta} = \omega$ 및 $\ddot{\theta} = \ddot{r} = \dot{r} = 0$인 정상상태의 동기 선회에서는 1자유도계 문제로 압축된다.

동기 선회 동기 선회의 경우에, 선회속도 $\dot{\theta}$는 회전속도 ω와 일치한다. 여기서 ω는 상수로 가정한다. 따라서,

$$\dot{\theta} = \omega$$

이며, 양변을 적분하면

$$\theta = \omega t - \phi$$

로 된다. 여기서 ϕ는 e와 r사이의 위상각이다. $\ddot{\theta} = \ddot{r} = \dot{r} = 0$으로 놓음으로써 식 (3.4.3)과 (3.4.4)는 다음과 같이 된다.

$$\left(\frac{k}{m} - \omega^2\right)r = e\omega^2 \cos\phi$$

$$\frac{c}{m}\omega r = e\omega^2 \sin\phi \quad \textbf{(3.4.5)}$$

위의 두 식으로부터 위상각에 대한 식을 구하면 다음과 같이 된다.

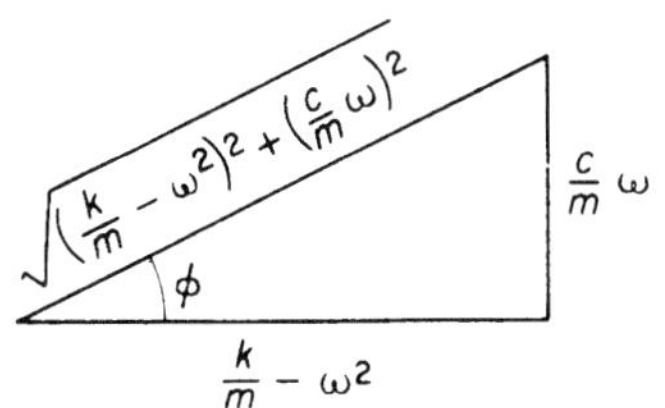

그림 3.4.2

$$\tan\phi = \frac{\dfrac{c}{m}\omega}{\dfrac{k}{m}-\omega^2} = \frac{2\zeta\dfrac{\omega}{\omega_n}}{1-\left(\dfrac{\omega}{\omega_n}\right)^2} \tag{3.4.6}$$

여기서 $\omega_n = \sqrt{k/m}$은 임계속도이며, $\zeta = c/c_c$이다. 그림 3.4.2의 벡터 삼각형을 고려하면

$$\cos\phi = \frac{\dfrac{k}{m}-\omega^2}{\sqrt{\left(\dfrac{k}{m}-\omega^2\right)^2+\left(\dfrac{c}{m}\omega\right)^2}}$$

로 되며, 식 (3.4.5)의 첫 번째 식에 대입하면 다음의 진폭 방정식이 얻어진다.

$$r = \frac{me\omega^2}{\sqrt{(k-m\omega^2)^2+(c\omega)^2}} = \frac{e\left(\dfrac{\omega}{\omega_n}\right)^2}{\sqrt{\left[1-\left(\dfrac{\omega}{\omega_n}\right)^2\right]^2+\left[2\zeta\left(\dfrac{\omega}{\omega_n}\right)\right]^2}} \tag{3.4.7}$$

이 방정식은 선 $e = SG$가 선 $r = OS$를 위상각 ϕ만큼 선행한다는 것을 보여준다. 그런데 이 ϕ는 감쇠의 양과 속도비 ω/ω_n에 의하여 결정된다. 회전속도가 임계속도 혹은 횡진동의 고유 진동수 $\omega_n = \sqrt{k/m}$과 일치할 때, 공진조건은 오직 감쇠에 의해서만 제한될 수 있다. 그림 3.4.3은 원판-축계(disk-shaft system)가 세 개의 다른 속도조건 아래에 있을 때를 표시한 것이다. ω가 ω_n보다 매우 클 때, 즉 $\omega \gg \omega_n$일 때 질량중심 G는 고정점 O에 가까이 가려고 하는 경향이 있으며, 축중심 S는 반경 e의 원 내부에서 고정점 주위를 회전하게 된다.

동기 선회에 대한 방정식은 3.2절의 방정식들과 같아 보인다. 이것은 놀라운 일이 아니다. 왜냐하면, 양쪽 다 가진력은 회전하고 있고 $me\omega^2$과 일치하기 때문이다. 그러나 3.2절에서는 불평형이 작은 불평형질량의 항으로 나타냈으나 본 절에서는 불평형이 전체 질량 m과 편심거리 e로 나타낸다는 차이점을 가지고 있다. 그러므로 그림 3.2.2는 세로축이 MX/me 대신 r/e로 치환시켜 이 문제에 적용할 수 있다.

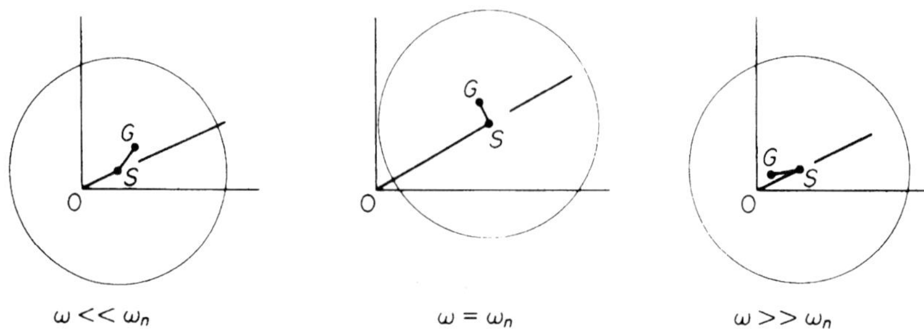

그림 3.4.3 서로 다른 회전속도를 갖는 위상

예제 3.4.1

임계속도 이상에서 작동되는 터빈은 시동 또는 정지시마다 반드시 공진이 발생하는 위험속도를 지나가야 한다. 임계속도 ω_n에 접근할 때 진폭이 r_0라고 가정하고, 시간이 지남에 따라 진폭이 커지는 데 대한 식을 유도하라. 감쇠는 없다고 가정한다.

풀이 앞에 설명한 동기 선회를 가정한다. 즉, $\dot{\theta} = \omega =$ 상수, 그리고 $\ddot{\theta} = 0$으로 가정한다. 그러나 $\ddot{r}$와 $\dot{r}$항은 0임이 확실하지 않으면 끝까지 없앨 수 없다. $c = 0$으로 놓으면, 즉 비감쇠 경우의 방정식은 다음과 같이 된다.

$$\ddot{r} + \left(\frac{k}{m} - \omega^2\right)r = e\omega^2 \cos\phi \qquad \text{(a)}$$
$$2\dot{r}\omega = e\omega^2 \sin\phi$$

초기 처짐 r_0를 사용하여 두 번째 식의 해를 구하면 다음과 같다.

$$r = \frac{e\omega}{2} t \sin\phi + r_0 \qquad \text{(b)}$$

이 식을 두번 미분하면 $\ddot{r} = 0$인 것을 알 수 있다. 그러므로 첫 번째 식과 r에 대한 위의 해로부터 다음의 식을 구할 수 있다.

$$\left(\frac{k}{m} - \omega^2\right)\left(\frac{e\omega}{2} t \sin\phi + r_0\right) = e\omega^2 \cos\phi \qquad \text{(c)}$$

식의 우변이 상수이므로, t의 계수가 0이기만 하면 만족된다. 즉,

$$\left(\frac{k}{m} - \omega^2\right)\sin\phi = 0 \qquad \text{(d)}$$

남아 있는 항들은

$$\left(\frac{k}{m} - \omega^2\right) r_0 = e\omega^2 \cos\phi \tag{e}$$

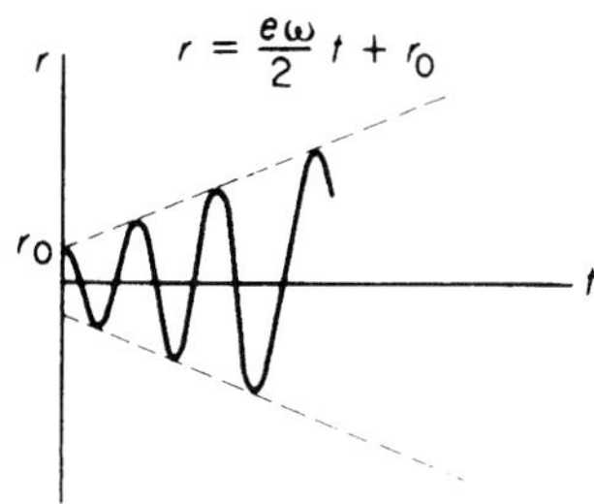

그림 3.4.4 점성 감쇠를 갖는 동기 선회의 진폭 및 위상관계

이며, $\omega = \sqrt{k/m}$으로 놓으면 첫 번째 식은 만족되어진다. 하지만 두 번째 식은 $\cos\phi = 0$ 즉 $\phi = \pi/2$일 때만 만족된다. 따라서 $\omega = \sqrt{k/m}$일 때, 즉 공진시 위상각은 $\pi/2$이고, 진폭은 그림 3.4.4에 보인 것처럼 선형적으로 커져 간다.

3.5 지지점의 운동

여러 경우에 있어서 동적계(dynamical system)는 그림 3.5.1에 보인 것처럼 지지점의 운동에 의하여 가진된다. 지지점의 단순 조화변위를 y로 잡고 관성 좌표계로부터 질량 m의 변위 x를 측정하기로 하자.

약간 움직이면 스프링과 감쇠기로부터 불평형력들이 발생하는데, 이로부터 다음의 운동 방정식이 유도된다.

$$m\ddot{x} = -k(x-y) - c(\dot{x} - \dot{y}) \tag{3.5.1}$$

다음 식을 대입하면,

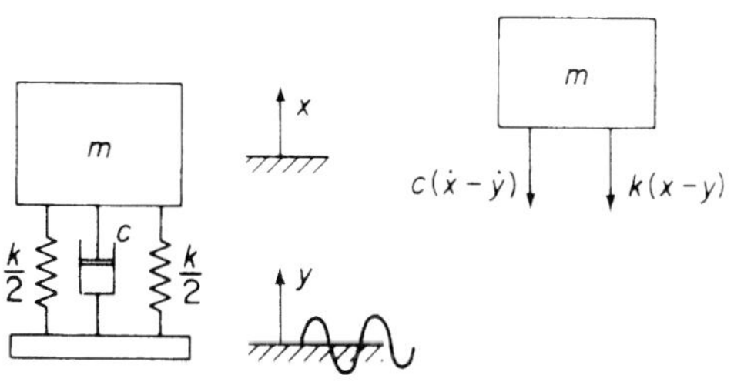

그림 3.5.1 지지점의 운동으로 가진된 계

$$z = x - y \tag{3.5.2}$$

식 (3.5.1)은 다음과 같이 된다.

$$\begin{aligned} m\ddot{z} + c\dot{z} + kz &= -m\ddot{y} \\ &= m\omega^2 Y \sin \omega t \end{aligned} \tag{3.5.3}$$

여기서 기초(base)의 운동은 $y = Y \sin \omega t$로 가정하였다. 이 방정식의 형식은 식 (3.2.1)과 동일하다. 여기서 z는 x대신에 넣었고, $m\omega^2 Y$는 $me\omega^2$ 대신 넣었다. 그러므로 그 해는 다음과 같이 구해진다.

$$z = Z \sin(\omega t - \phi)$$

$$Z = \frac{m\omega^2 Y}{\sqrt{(k - m\omega^2)^2 + (c\omega)^2}} \tag{3.5.4}$$

$$\tan \phi = \frac{c\omega}{k - m\omega^2} \tag{3.5.5}$$

그리고 세로축을 적절히 바꿔주면 그림 3.2.2의 곡선을 적용할 수 있다.

질량의 절대 변위응답 x를 구해야 한다면, $x = z + y$로 놓고 풀 수 있다. 조화 운동의 지수 형태를 사용하면 다음과 같다.

$$\begin{aligned} y &= Ye^{i\omega t} \\ z &= Ze^{i(\omega t - \phi)} = (Ze^{-i\phi})e^{i\omega t} \\ x &= Xe^{i(\omega t - \psi)} = (Xe^{-i\psi})e^{i\omega t} \end{aligned} \tag{3.5.6}$$

이 때 식 (3.5.3)에 대입하면 다음 식을 얻는다.

$$Ze^{-i\phi} = \frac{m\omega^2 Y}{k - m\omega^2 + i\omega c}$$

그리고

$$\begin{aligned} x &= (Ze^{-i\phi} + Y)e^{i\omega t} \\ &= \left(\frac{k + i\omega c}{k - m\omega^2 + i\omega c}\right)Ye^{i\omega t} \end{aligned} \tag{3.5.7}$$

이 식으로부터 정상상태 진폭과 위상은 다음과 같이 구해진다.

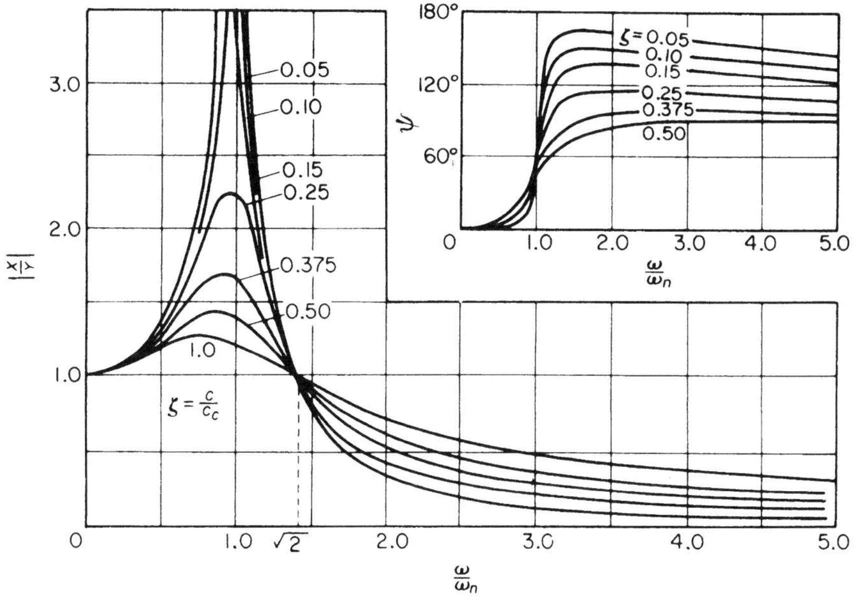

그림 3.5.2 식 (3.5.8)과 (3.5.9)의 그림

$$\left|\frac{X}{Y}\right| = \sqrt{\frac{k^2 + (\omega c)^2}{(k - m\omega^2)^2 + (c\omega)^2}} \tag{3.5.8}$$

그리고

$$\tan\psi = \frac{mc\omega^3}{k(k - m\omega^2) + (\omega c)^2} \tag{3.5.9}$$

이 함수들은 그림 3.5.2에 그려져 있다. 진동수비 $\omega/\omega_n = \sqrt{2}$가 되는 점에서는 감쇠 계수에 관계없이 모두가 $|X/Y| = 1.0$으로 같은 값을 갖는 것을 확인할 수 있다.

3.6 진동 절연

기계나 다른 원인들에 의하여 발생되는 진동력은 종종 피할 수 없는 경우가 있다. 그러나 동적 계에 미치는 그들의 영향은 적절한 진동 절연기 설계에 의하여 최소화될 수 있다. 이 절연계는 기계를 지지하는 구조물로부터 오는 지나친 진동을 방지해 주기도 하고, 기계가 그 주위에 미치는 진동을 방지해 주기도 한다. 기본적 문제는 이 두 경우에 있어서 같다. 그것은 결국 전달력을 감소시키는 일인 것이다.

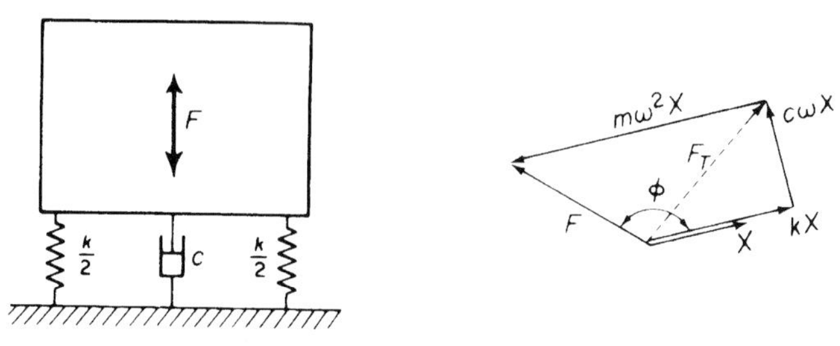

그림 3.6.1 스프링과 감쇠기로 전달되는 가진력

$|X/Y|$에 대한 그림 3.5.2에서는 지지 구조물로부터 질량 m에 전달되는 운동은 비 ω/ω_n이 $\sqrt{2}$보다 클 때 1보다 작게 된다는 것을 보여주고 있다. 이것은 지지계의 고유 진동수 ω_n이 외란(disturbance)의 진동수 ω보다 반드시 작아야 함을 나타내고 있다. 이것은 부드러운 스프링을 사용하면 된다.

기계에 의하여 지지 구조물에 전달되는 힘을 감소시키는 문제도 같은 요구조건을 만족시켜야 한다. 그림 3.6.1에 보인 것처럼 절연되어야 할 힘은 스프링과 감쇠기를 통하여 전달된다. 그 식은 다음과 같다.

$$F_T = \sqrt{(kX)^2 + (c\omega X)^2} = kX\sqrt{1 + \left(\frac{2\zeta\omega}{\omega_n}\right)^2} \tag{3.6.1}$$

가진력을 $F_0 \sin \omega t$라고 두면 앞식에서의 X의 값은 다음과 같이 된다.

$$X = \frac{F_0/k}{\sqrt{[1-(\omega/\omega_n)^2]^2 + [2\zeta\omega/\omega_n]^2}} \tag{3.6.1a}$$

전달계수 TR은 가진력에 대한 전달력의 비율로 정의되며, 그 식은 다음과 같다.

$$TR = \left|\frac{F_T}{F_0}\right| = \sqrt{\frac{1 + (2\zeta\omega/\omega_n)^2}{[1-(\omega/\omega_n)^2]^2 + [2\zeta\omega/\omega_n]^2}} \tag{3.6.2}$$

식 (3.5.8)과 비교하면,

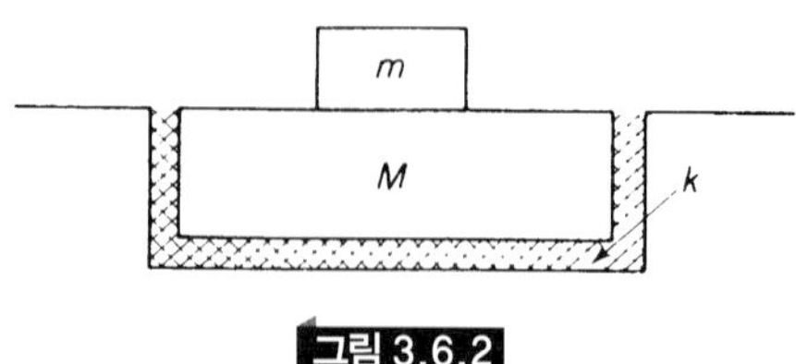

그림 3.6.2

$$TR = \left|\frac{F_T}{F_0}\right| = \left|\frac{X}{Y}\right|$$

임을 알 수 있다.

그리고 감쇠를 무시할 때, 전달계수는 다음과 같이 축소된다.

$$TR = \frac{1}{(\omega/\omega_n)^2 - 1} \tag{3.6.3}$$

여기서 ω/ω_n은 항상 $\sqrt{2}$보다 커야 한다는 것을 알 수 있다. 계속해서 ω_n을 Δ/g로 대치하면, g는 중력 가속도이고, Δ는 정적 처짐량을 나타내므로, 식 (3.6.3)은 다음과 같이 표현될 수 있다'

$$TR = \frac{1}{(2\pi f)^2 \Delta/g - 1}$$

*TR*을 변경하지 않고 절연된 질량 m이 진폭 X를 감소시키기 위해 그림 3.6.2와 같이 m이 큰 질량 M위에 올려지는 경우가 있다. 강성계수 k는 비 $k/(m+M)$이 같은 값이 되게 하기 위해서는 강성계수 k가 증가되어야 한다. 그러나 식 (3.6.1a)의 분모에 k가 있으므로 진폭 X는 줄어든다.

보통 문제에 있어서 절연되어야 할 질량은 6자유도를 가지고 있으므로(세 개의 병진운동과 세 개의 회전운동) 절연계의 설계자는 반드시 그의 영감과 재능을 활용해야 한다. 그러나 1자유도계의 해석 결과는 유용한 가이드가 될 것이다. 펄스 가진에 대한 충격 절연은 제4장 4.5절과 4.6절에서 논의 될 것이다.

예제 3.6.1

질량 100 kg의 기계가 전체 강성계수 700 kN/m의 스프링 위에 지지되어 있고 3000 rpm 속력에서 350 N의 가진력을 유발하는 불평형 회전부품을 갖는다. 감쇠비 $\zeta = 0.20$으로 가정하고, (a) 그 불평형 때문에 발생되는 운동의 진폭, (b) 전달계수 및 (c) 전달력을 구하라.

풀이 계의 정적 처짐은 다음과 같고,

$$\frac{100 \times 9.81}{700 \times 10^3} = 1.401 \times 10^{-3}\,\text{m} = 1.401\ \text{mm}$$

그리고 그 계의 고유 진동수는 다음과 같이 된다.

$$f_n = \frac{1}{2\pi}\sqrt{\frac{9.81}{1.401 \times 10^{-3}}} = 13.32 \text{ Hz}$$

(a) 식 (3.1.5) 에 윗식을 대입하면, 이 계의 진폭은 다음과 같이 된다.

$$X = \frac{\dfrac{350}{700 \times 10^3}}{\sqrt{\left[1 - \left(\dfrac{50}{13.32}\right)^2\right]^2 + \left[2 \times 0.20 \times \dfrac{50}{13.32}\right]^2}}$$

$$= 3.79 \times 10^{-5} \text{ m}$$

$$= 0.0379 \text{ mm}$$

(b) 식 (3.6.2)로부터 전달계수는 다음과 같다.

$$TR = \frac{\sqrt{1 + \left(2 \times 0.20 \times \dfrac{50}{13.32}\right)^2}}{\sqrt{\left[1 - \left(\dfrac{50}{13.32}\right)^2\right]^2 + \left(2 \times 0.20 \times \dfrac{50}{13.32}\right)^2}} = 0.137$$

(c) 전달력은 전달계수에 가진력을 곱해 주면 된다. 즉, 다음과 같다.

$$F_{TR} = 350 \times 0.137 = 47.89 \text{ N}$$

3.7 감쇠에 의하여 소산되는 에너지

모든 진동계에는 감쇠가 존재한다. 그것의 영향은 계로부터 에너지를 제거하는 것이다. 진동계에서 에너지는 열 혹은 복사 에너지로 소산되어진다. 열 에너지로의 소산은 금속재를 앞뒤로 몇 번 구부렸다 폈다 하는 실험을 통하여 알 수 있다. 그리고 우리는 소리가 어떤 물체를 날카롭게 타격할 때에 발생된다는 것도 안다. 또 부표가 물 속에서 떴다 가라앉았다 하는 운동을 할 때 파(wave)가 발생된다. 이것도 결국 에너지가 파의 형태로 손실되는 것이다.

진동 해석에 있어서 우리는 감쇠를 보통 계의 응답과 관련시켜 생각하였다. 진동계로부터 에너지 소산은 결국 자유진동의 진폭이 줄어드는 결과로 나타난다. 정상상태의 강제진동에서는 감쇠에 의하여 손실되는 에너지가 가진에 의하여 계에 공급되는 에너지와 일치하게 된다.

진동계에는 분자간의 마찰로부터 미끄럼 마찰과 유체 저항 같은 다양한 형태의 감쇠력이 존재할 수 있다. 일반적으로 감쇠의 수학적인 표현은 매우 복잡하며, 진동 해석에는 적합하지 않다. 이에 따라 단순화된 감쇠 모델이 개발되었으며, 많은 경우에 있어서 진동계의 응답을 구하는 데 적합한 것으로 판명되었다. 예를 들어, 우리는 이미 처리하기 쉬운 수학적 해를 가지고 있는 감쇠기로 표현된 점성감쇠 모델을 사용하였다.

에너지 소산은 일반적으로 주기적인 진동조건하에서 계산된다. 존재하는 감쇠의 형태에 따라 힘-변위 곡선은 매우 다양한 모습으로 나타난다. 그러나, 모든 경우에 **이력곡선** (hysteresis loop)이라 불리는 힘-변위 곡선들은 하나의 면적을 둘러싸고 있으며, 이 면적은 사이클당 손실 에너지량에 비례한다. 감쇠력 F_d에 의하여 손실된 사이클당 에너지량은 다음의 일반식에 의하여 계산된다.

$$W_d = \oint F_d \, dx \tag{3.7.1}$$

일반적으로 W_d는 온도, 진동수, 또는 진폭 같은 여러 인자에 따라 값이 변한다.

본 장에서는 에너지 소산의 가장 단순한 경우, 즉 점성 감쇠를 갖고 있는 스프링-질량계의 에너지 소산만을 고려하기로 한다. 이 경우의 감쇠력은 $F_d = c\dot{x}$이다. 정상상태의 변위와 속도를

$$x = X\sin(\omega t - \phi)$$
$$\dot{x} = \omega X\cos(\omega t - \phi)$$

라고 가정하면, 한 사이클에서의 에너지 소산은 식 (3.7.1)로부터 다음과 같이 된다.

$$\begin{aligned} W_d &= \oint c\dot{x}\,dx = \oint c\dot{x}^2\,dt \\ &= c\omega^2 X^2 \int_0^{2\pi/\omega} \cos^2(\omega t - \phi)\,dt = \pi c\omega X^2 \end{aligned} \tag{3.7.2}$$

특별히 관심을 기울일 것은 공진 상태에서 강제진동의 에너지 소산이다. $\omega_n = \sqrt{k/m}$와 $c = 2\zeta\sqrt{km}$를 위의 식에 대입하면 공진 상태에서는 다음과 같이 된다.

$$W_d = 2\zeta\pi k X^2 \tag{3.7.3}$$

감쇠력에 의한 사이클당 에너지 소산은 다음과 같이 그림으로 나타낼 수 있다.

속도를 다음 형태로 표시하면,

$$\begin{aligned} \dot{x} &= \omega X\cos(\omega t - \phi) = \pm\,\omega X\sqrt{1 - \sin^2(\omega t - \phi)} \\ &= \pm\,\omega\sqrt{X^2 - x^2} \end{aligned}$$

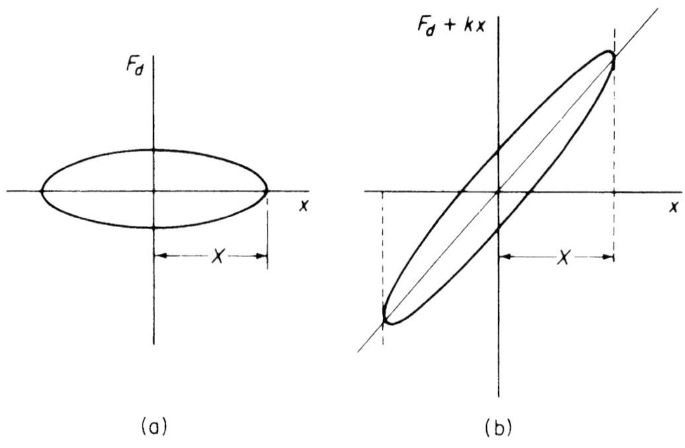

그림 3.7.1 점성 감쇠로 소산되는 에너지

감쇠력은 다음과 같이 된다.

$$F_d = c\dot{x} = \pm c\omega\sqrt{X^2 - x^2} \tag{3.7.4}$$

윗식을 다시 정리하면 다음과 같다.

$$\left(\frac{F_d}{c\omega X}\right)^2 + \left(\frac{x}{X}\right)^2 = 1 \tag{3.7.5}$$

그림 3.7.1(a)에 보인 것처럼 각각 수직축과 수평축을 따라서 그려지는 F_d와 x를 갖는 타원 방정식임을 알 수 있다. 이 때 사이클당 소산되는 에너지는 타원으로 둘러싸인 면적이다. 만일 F_d에 에너지 소산이 없는 스프링의 힘 kx를 더하면 이력곡선은 그림 3.7.1(b)와 같이 루프를 그리게 된다. 이와 같은 표현은 스프링과 병렬인 감쇠기(dashpot)로 구성되는 **보이트 모델**(Voigt model)과 일치한다.

재료의 감쇠 특성은 작용되는 기술 분야에 따라 다른 방법으로 표현된다. 이 들중에 널리 사용되는 두 개의 상대적인 에너지 단위를 고찰하자. 첫 번째의 것은 사이클당 에너지 손실인 W_d를 최대 포텐셜 에너지 U로 나눈 값으로 정의되는 **비감쇠용량**(specific damping capacity)이다.

$$\frac{W_d}{U} \tag{3.7.6}$$

두 번째 양은 라디안당 감쇠 에너지 손실량 $W_d/2\pi$를 최대 포텐셜 혹은 변형 에너지 U로 나누어준 비율로 정의된 **손실계수**(loss coefficient)이다.

$$\eta = \frac{W_d}{2\pi U} \tag{3.7.7}$$

에너지 손실량이 변형률이나 진폭의 제곱에 비례하는 선형 감쇠의 경우에는 이력곡선은 타원이다. 감쇠가 변형률이나 진폭의 2차 함수가 아닌 경우에는 이력 곡선은 더 이상 타원이 아니다.

예제 3.7.1

변위 $x = X_0 \sin \omega t$에 작용하는 힘 $F = F_0 \sin(\omega t + \phi)$으로 발생되는 일률을 구하라.

풀이 일률은 일하는 속도이며, 힘과 속도의 곱으로 나타내어진다.

$$\begin{aligned} P = F\frac{dx}{dt} &= (\omega X_0 F_0) \sin(\omega t + \phi) \cos \omega t \\ &= (\omega X_0 F_0)\left[\cos\phi \cdot \sin\omega t \cos\omega t + \sin\phi \cdot \cos^2 \omega t\right] \\ &= \tfrac{1}{2}\omega X_0 F_0 \left[\sin\phi + \sin(2\omega t + \phi)\right] \end{aligned}$$

첫 번째 항은 상수이며, 단위시간당 정적 에너지 흐름을 나타낸다. 두 번째 항은 일률의 변동을 나타내는 부분으로 두 배의 진동수를 갖는 정현곡선이며, 주기의 정수배인 모든 구간에서 평균값은 0이 된다.

예제 3.7.2

힘 $F = 10 \sin \pi t$ N이 변위 $x = 2\sin(\pi t - \pi/6)$m에 작용하고 있다. (a) 처음 6초 동안에 행해진 일의 양, (b) 처음 1/2초 동안에 행해진 일의 양을 구하라.

풀이 식 (3.7.1)을, $W = \int F\dot{x}\, dt$로 다시 쓰고, $F = F_0 \sin \omega t$ 및 $x = X \sin(\omega t - \phi)$를 대입하면 사이클당 행해진 일의 양은

$$W = \pi F_0 X \sin \phi$$

로 된다. 이 문제에서 주어진 힘과 변위의 경우 $F_0 = 10$ N, $X = 2$ m, $\phi = \pi/6$이며, 주기는 $\tau = 2$ s이다. 따라서, (a)의 6초 동안에는 세 개의 완전한 사이클이 발생한다. 그리고 일의 양은

$$W = 3(\pi F_0 X \sin\phi) = 3\pi \times 10 \times 2 \times \sin 30^\circ = 94.2 \text{ N} \cdot \text{m}$$

이다. (b) 부분에서의 일의 양은 일에 관한 식을 0과 1/2초 사이에서 적분함으로써 구해진다.

$$W = \omega F_0 X_0 \left[\cos 30° \int_0^{1/2} \sin \pi t \cos \pi t \, dt + \sin 30° \int_0^{1/2} \sin^2 \pi t \, dt \right]$$

$$= \pi \times 10 \times 2 \left[-\frac{0.866}{4\pi} \cos 2\pi t + 0.50 \left(\frac{t}{2} - \frac{\sin 2\pi t}{4\pi} \right) \right]_0^{1/2}$$

$$= 16.51 \text{ N} \cdot \text{m}$$

3.8 등가 점성감쇠

진동계에 미치는 감쇠의 주영향은 공진에서 응답의 진폭을 제한하는 것이다. 그림 3.1.3의 응답함수에서 알 수 있듯이 감쇠는 공진점에서 멀리 떨어진 진동수 영역에서는 응답에 거의 영향을 미치지 않는다.

점성 감쇠의 경우, 공진점에서의 진폭은 식 (3.1.9)에 의하여 다음과 같이 된다.

$$X = \frac{F_0}{c\omega_n} \tag{3.8.1}$$

다른 형태의 감쇠의 경우에는 이와 같이 단순한 표현은 존재하지 않는다. 그러나 윗식에 등가 감쇠 c_{eq}를 대입함으로써 공진의 진폭을 근사화시키는 것이 가능하다.

등가 감쇠 c_{eq}는 점성 감쇠에 의하여 소산된 에너지량과 조화운동으로 가정된 비점성 감쇠에 의한 에너지량을 같게 함으로써 구해진다. 식 (3.7.2)로부터

$$\pi c_{eq} \omega X^2 = W_d \tag{3.8.2}$$

여기서 W_d는 특정한 형태의 감쇠력에 대하여 계산된 값이다.

예제 3.8.1

물이나 공기 등의 유체에서 적절한 속도(3～20m/s)로 움직이는 물체들은 속도의 제곱에 비례하는 감쇠력에 의하여 저항을 받는다. 진동계에 작용하는 이러한 힘에 대한 등가 감쇠를 구하고 공진에서의 진폭을 구하라.

풀이 감쇠력이 다음의 식에 의하여 표시된다고 하자.

$$F_d = \pm a\dot{x}^2$$

여기서 음(−)의 부호는 $\dot{x}$가 양일 때 사용해야 한다. 그리고 반대의 경우도 마찬가지이다. 최대 음 변위의 위치로부터 측정된 시간으로 조화운동을 가정하면, 다음과 같다.

$$x = -X\cos\omega t$$

사이클당 에너지 소산은

$$W_d = 2\int_{-x}^{x} a\dot{x}^2\, dx = 2a\omega^2 X^3 \int_0^{\pi} \sin^3 \omega t\, d(\omega t)$$
$$= \frac{8}{3} a\omega^2 X^3$$

이다. 따라서, 식 (3.8.2) 로부터 등가 점성감쇠는

$$c_{eq} = \frac{8}{3\pi} a\omega X$$

이다. 공진에서의 진폭은 $c = c_{eq}$와 $\omega = \omega_n$을 식 (3.8.1) 에 대입하여 얻어진다.

$$X = \sqrt{\frac{3\pi F_0}{8a\omega_n^2}}$$

예제 3.8.2

쿨롱 감쇠에 대한 등가 점성감쇠를 구하라.

풀이 정현파 강제진동에서는 쿨롱 감쇠를 가지는 계의 변위를 $x = X \sin \omega t$로 가정하자. 그리고 등가 점성감쇠는 쿨롱 힘 F_d에 의하여 사이클당 행해진 일이 $W_d = F_d \times 4X$라는 것을 인식하면 식 (3.8.2)에 의하여 구할 수 있다. 이러한 값을 식 (3.8.2)에 대입할 때 결과는 다음과 같이 된다.

$$\pi c_{eq}\omega X^2 = 4F_d X$$
$$c_{eq} = \frac{4F_d}{\pi\omega X}$$

강제진동의 진폭은 c_{eq}를 식 (3.1.3)에 대입함으로써 구할 수 있다.

$$X = \frac{F_0}{\sqrt{(k - m\omega^2)^2 + \left(\frac{4F_d\omega}{\pi\omega X}\right)^2}}$$

X에 대하여 풀면 다음과 같다.

$$X = \frac{F_0}{\sqrt{(k - m\omega^2)^2 + \left(\frac{4F_d\omega}{\pi\omega X}\right)^2}}$$

여기서 점성 감쇠와는 다르게 X/δ_{st}는 $\omega = \omega_n$일 때, ∞로 수렴함에 주의하자. 분자가 실수가 되기 위해서는 $4F_d/\pi F_0$는 1.0보다 작아야 한다.

3.9 구조 감쇠

물체가 주기적인 응력을 받으면 에너지는 물체내에서 소산된다. 여러 연구자들이[1] 수행한 실험 결과에 의하면 철이나 알루미늄 같은 대부분의 구조금속인 경우 사이클당 에너지 소산량은 넓은 범위에서 진동수에 무관하고 진폭의 제곱에 비례 한다. 이와 같은 유형의 내부 감쇠는 **고체 감쇠**(solid damping) 혹은 **구조 감쇠**(structural damping)라고 한다. 사이클당 에너지 소산이 진폭의 제곱에 비례하는 것과 함께 손실계수의 값은 일정하고 이력곡선의 모양은 진폭의 크기에 따라 변하지 않고 변형률에 대하여 독립적이다.

구조 감쇠에 의한 에너지 소산은 다음과 같이 표현할 수 있다.

$$W_d = \alpha X^2 \tag{3.9.1}$$

여기서 α는 상수이며, 단위는 force/displacement이다. 식 (3.8.2)로 나타낸 등가 점성감쇠의 개념을 사용하면

$$\pi c_{eq}\omega X^2 = \alpha X^2$$

즉,

$$c_{eq} = \frac{\alpha}{\pi\omega} \tag{3.9.2}$$

로 된다. c_{eq}를 c에 대입하면 구조 감쇠계의 미분 방정식을 다음과 같이 쓸 수 있다.

$$m\ddot{x} + \left(\frac{\alpha}{\pi\omega}\right)\dot{x} + kx = F_0 \sin \omega t \tag{3.9.3}$$

1) A. L. Kimball, "Vibration Damping, Including the Case of Solid Damping" *Trans. ASME*, APM 51– 52(1929). Also BJ. Lazan, *Damping of Materials and Members in Structural Mechanics* (Elmsford, NY: Pergamon Press, 1968).

복소 강성 비행기 날개와 꼬리 표면의 떨림속도를 계산하는 과정에서 **복소 강성**(complex stiffness)의 개념이 사용되었다. 이와 같은 개념의 조화진동을 가정함으로써 유도되었다. 이와 같은 가정하에서는 식 (3.9.3)을 다음과 같이 쓸 수 있다.

$$m\ddot{x} + \left(k + i\frac{\alpha}{\pi}\right)x = F_0 e^{i\omega t}$$

$\gamma = \alpha/\pi k$로 치환하여 강성 k를 공통인수로 만들어 인수분해하면, 앞식은

$$m\ddot{x} + k(1 + i\gamma)x = F_0 e^{i\omega t} \tag{3.9.4}$$

가 된다. 여기서 $k(1 + i\gamma)$를 **복소 강성**이라 하며, γ는 **구조 감쇠계수**(structural damping factor)라 한다.

구조진동 문제에서 복소 강성의 개념을 사용하는 것은 계의 강성에 단지 $(1 + i\gamma)$를 곱하기만 하면 된다는 점에서 매우 유용하다. 그러나 이 방법은 조화진동에서만 성립한다. 해를 $x \equiv \overline{X}e^{i\omega t}$로 가정하면, 식 (3.9.4) 로부터 정상상태 진폭은 다음과 같이 구할 수 있다.

$$\overline{X} = \frac{F_0}{(k - m\omega^2) + i\gamma k} \tag{3.9.5}$$

따라서, 공진에서의 변위는

$$|X| = \frac{F_0}{\gamma k} \tag{3.9.6}$$

이며, 점성 감쇠계의 공진응답과 비교하면 다음과 같다.

$$|X| = \frac{F_0}{2\zeta k}$$

즉, 공진에서 진폭이 동일한 경우, 구조 감쇠비는 점성 감쇠비의 두 배와 같다는 결론을 내릴 수 있다.

구조 감쇠계의 진동수 응답 식 (3.9.5)로 시작하면 구조 감쇠의 복소 응답함수는 원이 됨을 보일 수 있다. $\omega/\omega_n = r$로 치환하고 분모의 공액 복소수로 곱하고 실수와 허수로 나누면, 복소 진동수 응답함수가 다음과 같이 구해진다.

$$H(r) = \frac{1}{(1 \quad r^2) + i\gamma} = \frac{1 - r^2}{(1 - r^2)^2 + \gamma^2} + i\frac{-\gamma}{(1 - r^2)^2 + \gamma^2} = x + iy$$

여기서

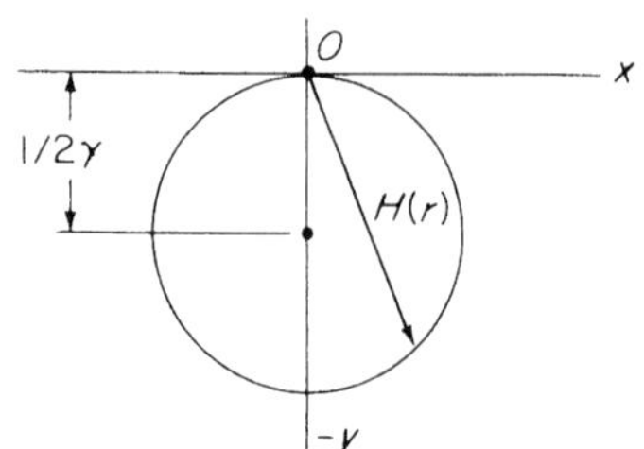

그림 3.9.1 구조 감쇠계의 진동수 응답

$$x = \frac{1 - r^2}{(1 - r^2)^2 + \gamma^2} \quad \text{그리고} \quad y = \frac{-\gamma}{(1 - r^2)^2 + \gamma^2}$$

대수 방정식은 다음과 같다.

$$y + \frac{1}{2\gamma} = \frac{(1 - r^2)^2 - \gamma^2}{2\gamma[(1 - r^2)^2 + \gamma^2]}$$

$$x^2 + \left(y + \frac{1}{2\gamma}\right)^2 = \frac{4\gamma^2(1 - r^2)^2 + (1 - r^2)^4 - 2\gamma^2(1 - r^2)^2 + \gamma^4}{4\gamma^2[(1 - r^2)^2 + \gamma^2]^2}$$

$$= \left(\frac{1}{2\gamma}\right)^2$$

이 식은 그림 3.9.1과 같이 반경이 $1/2\gamma$이고, 중심이 $-1/2\gamma$인 원이다.

원 위의 모든 점은 다른 진동수비인 r을 나타낸다. 공진에서 $r = 1$, $x = 0$, $y = -1/\gamma$이며, $H(r) = -i/\gamma$이다.

3.10 공진 첨예도

강제진동에서는 공진 첨예도를 나타내는 감쇠와 관련하여 Q로 나타내는 양을 흔히 사용한다. 이 양의 크기는 점성 감쇠의 가정하에 식 (3.1.7)을 이용하여 계산한다.

$\omega/\omega_n = 1$일 때, 공진 변위의 진폭은 $X_{res} = (F_0/k)/2\zeta$이다. 이제 진폭 X의 크기가 $0.707X_{res}$인 공진의 양측(종종 측대역이라 불림)에 대한 두 개의 진동수를 계산해 보자. 이 점들은 **반동력점**(half-power point)이라고도 불리며, 그림 3.10.1에서 보여주고 있다.

$X = 0.707X_{res}$라 두고 식 (3.1.7)을 제곱하면, 다음의 식이 구해진다.

$$\frac{1}{2}\left(\frac{1}{2\zeta}\right)^2 = \frac{1}{\left[1 - \left(\frac{\omega}{\omega_n}\right)^2\right]^2 + \left[2\zeta\left(\frac{\omega}{\omega_n}\right)\right]^2}$$

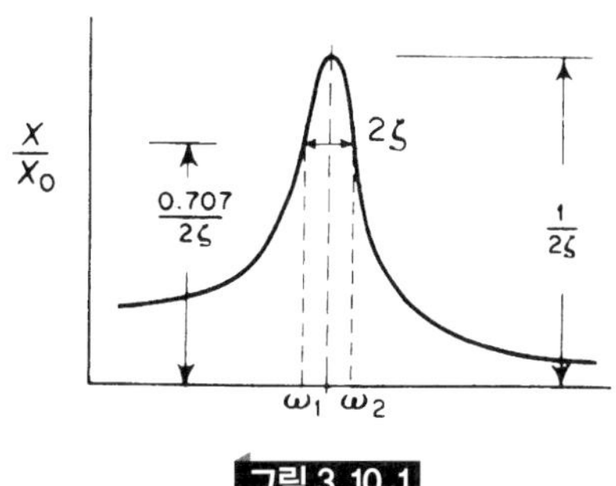

그림 3.10.1

즉,

$$\left(\frac{\omega}{\omega_n}\right)^4 - 2(1 - 2\zeta^2)\left(\frac{\omega}{\omega_n}\right)^2 + (1 - 8\zeta^2) = 0 \tag{3.10.1}$$

으로 되며, $(\omega/\omega_n)^2$에 대하여 풀면 다음과 같이 된다.

$$\left(\frac{\omega}{\omega_n}\right)^2 = (1 - 2\zeta^2) \pm 2\zeta\sqrt{1 - \zeta^2} \tag{3.10.2}$$

$\zeta \ll 1$이라 가정하고, ζ의 고차항을 무시하면 다음 식이 얻어진다.

$$\left(\frac{\omega}{\omega_n}\right)^2 = 1 \pm 2\zeta \tag{3.10.3}$$

식 (3.10.3) 의 두 근에 해당하는 두 개의 진동수들을 ω_1과 ω_2라 하면, 다음 식이 성립한다.

$$4\zeta - \frac{\omega_2^2 - \omega_1^2}{\omega_n^2} \cong 2\left(\frac{\omega_2 - \omega_1}{\omega_n}\right)$$

따라서, 기호 Q로 표현한 양은 다음과 같이 구해진다.

$$Q = \frac{\omega_n}{\omega_2 - \omega_1} = \frac{f_n}{f_2 - f_1} = \frac{1}{2\zeta} \tag{3.10.4}$$

또한 다른 형태의 감쇠를 갖고 있는 계의 Q를 결정하기 위하여 등가 감쇠를 사용할 수 있다. 따라서, 구조 감쇠의 경우 Q는 다음과 같이 된다.

$$Q = \frac{1}{\gamma} \tag{3.10.5}$$

3.11 진동 측정기

다양한 진동 측정기들의 핵심 요소는 그림 3.11.1에 보인 지진계이다. 진동수 범위에 따라서 변위, 속도 또는 가속도는 케이스(case)에 매달린 질량의 상대운동으로 나타낼 수 있다.

이 같은 측정기의 거동을 파악하기 위하여, 질량 m의 운동 방정식을 고려하기로 하자.

$$m\ddot{x} = -c(\dot{x} - \dot{y}) - k(x - y) \tag{3.11.1}$$

여기서 x와 y는 질량과 진동체의 변위이며, 내부 기준점으로부터 측정되었다. 질량 m과 진동체에 부착된 케이스와의 상대변위를

$$z = x - y \tag{3.11.2}$$

라 하고, 진동체의 조화운동을 $y = Y\sin\omega t$라 가정하면, 다음의 결과를 얻게 된다.

$$m\ddot{z} + c\dot{z} + kz = m\omega^2 Y\sin\omega t \tag{3.11.3}$$

이 식은 x와 $me\omega^2$을 z와 $m\omega^2 Y$로 치환시킨 식 (3.2.1)과 형태에서 똑같다. 이때 정상상태해 $z = Z\sin(\omega t - \phi)$는 직관적으로 다음의 식으로 이용될 수 있다.

$$Z = \frac{m\omega^2 Y}{\sqrt{(k - m\omega^2)^2 + (c\omega)^2}} = \frac{Y\left(\dfrac{\omega}{\omega_n}\right)^2}{\sqrt{\left[1 - \left(\dfrac{\omega}{\omega_n}\right)^2\right]^2 + \left[2\zeta\dfrac{\omega}{\omega_n}\right]^2}} \tag{3.11.4}$$

그리고

$$\tan\phi = \frac{\omega c}{k - m\omega^2} = \frac{2\zeta\dfrac{\omega}{\omega_n}}{1 - \left(\dfrac{\omega}{\omega_n}\right)^2} \tag{3.11.5}$$

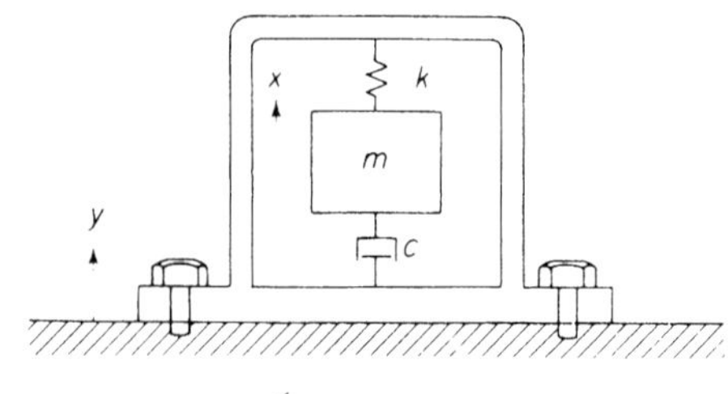

그림 3.11.1

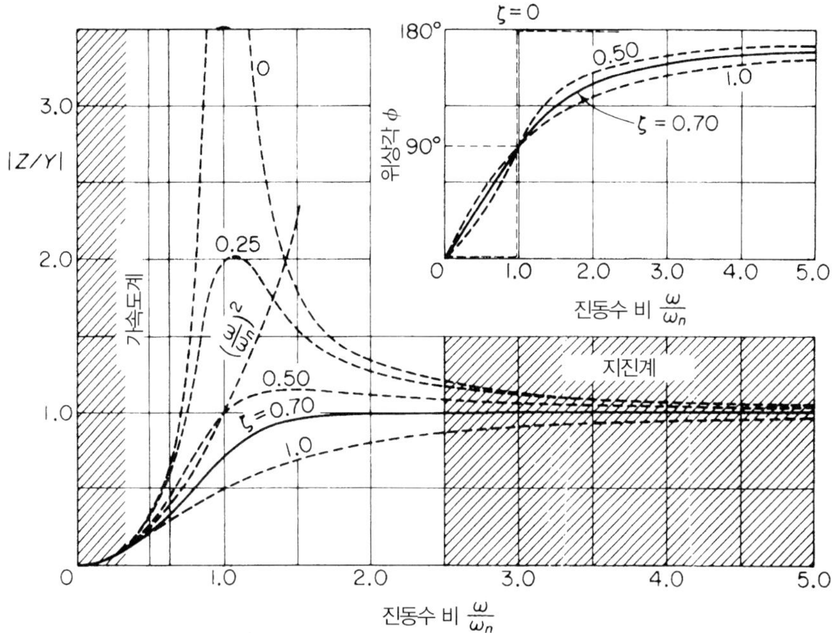

그림 3.11.2 진동 측정기의 응답

포함된 매개변수는 진동수비 ω/ω_n과 감쇠비 ζ라는 점이 자명하다. 그림 3.11.2는 이 식들의 그림이며, Z/Y가 MX/me로 바뀐 것 이외에는 그림 3.3.2와 동일 하다. 측정기의 유형은 측정기의 고유 진동수 ω_n에 대하여 유용한 진동수 영역으로 결정된다.

지진계: 고유 진동수가 낮은 측정기 측정기의 고유 진동수 ω_n이 측정하고자 하는 진동수 ω에 비하여 낮은 경우는 ω/ω_n의 값이 크게 된다. 그리고 상내변위 Z는 그림 3.11.2에서 알 수 있듯이 감쇠비 ζ에 관계없이 Y에 접근한다. 이 때 질량 m은 지지 케이스가 진동체와 같이 움직이는 동안은 안정하다. 이와 같은 측정기를 **지진계**(seismometers)라 한다.

지진계의 단점 중의 하나는 그 크기가 크다는 점이다. $Z = Y$이므로 지진계 질량의 상대운동은 측정하고자 하는 진동의 상대운동과 같은 차수를 가져야만 한다.

그림 3.11.3에 보인 것처럼 이 지진계 질량을 케이스에 고정된 코일에 대하여 상대적으로 운동하는 자석으로 만듦으로써 상대운동 z를 전기적 전압으로 변환할 수 있다. 이 때 발생하는 전압은 자장을 전달하는 비율에 비례하므로 측정기의 출력은 진동체의 속도에 비례한다. 이와 같은 기구를 **속도계**(velometers)라 한다. 이러한 종류의 전형적인 기구는 1 Hz에서 5 Hz 사이의 고유 진동수를 가지며, 사용가능한 진동수 영역은 10 Hz에서 2000 Hz이다. 이러한 측정기의 감지 범위는 20 mV/cm/s에서 350 mV/cm/s 사이이며, 최대 변위차는 약 0.5 cm로 제한되어 있다.

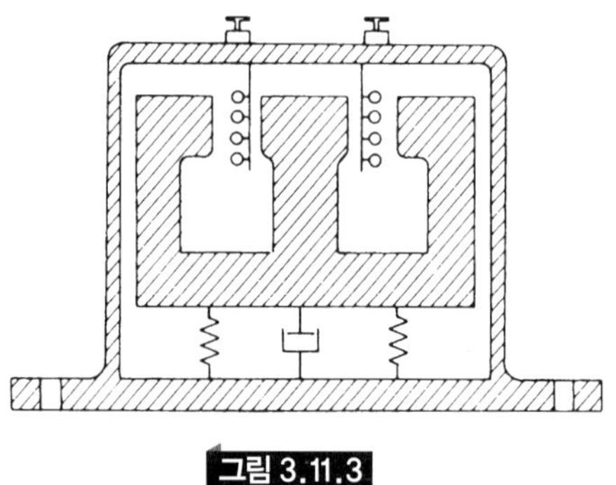

그림 3.11.3

대부분의 신호처리 장비에 쓰이는 적분기나 미분기를 이용하면 속도형 변환기로 변위와 가속도를 구할 수 있다.

그림 3.11.4는 그 고감도 때문에 미국의 달탐사 프로그램에 이용된 Ranger 지진계의 사진이다. Ranger 지진계는 지진계 질량으로서 잔류자기에 대하여 속도형 변환기를 내포한

그림 3.11.4 Ranger 지진계(캘리포니아, Kinemetrics사 제공)

다. 그 고유 진동수는 공식적으로는 질량운동 ±1 mm에 대하여 1 Hz이며, 직경은 15 cm, 무게는 11 lb 이다.

가속도계: 고유 진동수가 높은 측정기 측정기의 고유 진동수가 측정하고자 하는 진동수에 비하여 높은 경우일 때 측정기는 가속도를 표시한다. 식 (3.11.4)를 조사하면, 인수

$$\sqrt{\left[1-\left(\frac{\omega}{\omega_n}\right)^2\right]^2+\left(2\zeta\frac{\omega}{\omega_n}\right)^2}$$

는 $\omega/\omega_n \to 0$이면, 1로 접근한다. 그러므로

$$Z=\frac{\omega^2 Y}{\omega_n^2}=\frac{\text{가속도}}{\omega_n^2} \tag{3.11.6}$$

이며, Z는 $1/\omega_n^2$의 인수를 가지며, 측정하고자 하는 운동의 가속도에 비례한다. 가속도계의 사용가능 영역은 그림 3.11.5와 같이 나타낼 수 있다. 이것은 서로 다른 감쇠비 ζ에 대하여 확대한 그림이다.

$$\frac{1}{\sqrt{\left[1-\left(\frac{\omega}{\omega_n}\right)^2\right]^2+\left(2\zeta\frac{\omega}{\omega_n}\right)^2}}$$

이 그림은 비감쇠 가속도계의 사용가능한 진동수 영역이 어느 정도 제한되어 있음을 보여준다. 그러나 $\zeta=0.7$인 경우 사용가능한 진동수 영역은 $0 \le \omega/\omega_n \le 0.20$ 이며, 최대 오차는

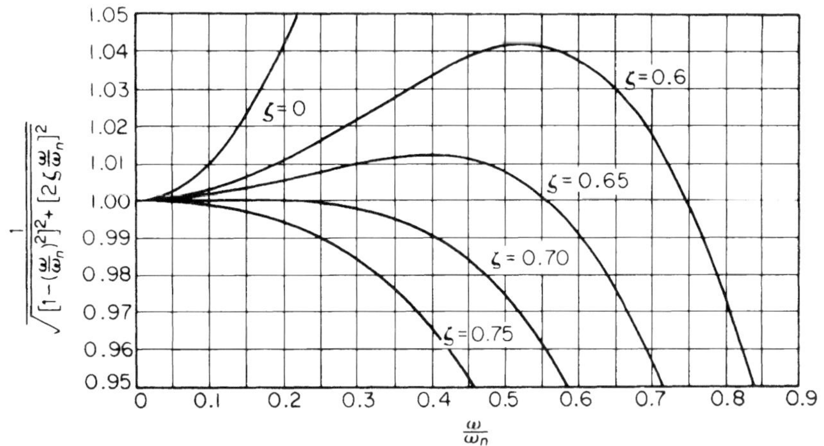

그림 3.11.5 가속도 오차와 매개변수 ζ로 나타낸 진동수

0.01% 미만이다. 따라서, 고유 진동수가 100 Hz인 측정기를 거의 오차 없이 사용할 수 있는 진동수 범위는 대략 0~20 Hz이다. 전자기형 가속도계는 $\zeta = 0.7$ 근처의 감쇠를 보통 사용하며, 이것은 사용가능한 진동수 영역을 넓힐 수 있을 뿐 아니라 다음에서 나타낸 것처럼 위상의 왜곡을 방지한다. 한편으로, 매우 높은 고유 진동수를 가진 측정기, 예를 들어 압전소자를 이용한 가속도계는 감쇠가 거의 없으며, 0.06 f_n의 진동수까지 왜곡없이 작동된다.

오늘날 다양한 가속도계가 사용되고 있는데, 지진질량 가속도계는 저진동수 측정에 종종 사용된다. 그리고 지지 스프링의 변위는 브리지 회로에 연결된 네 개의 전기응력 게이지에 의하여 측정할 수 있다. 이 가속도계의 형태 중에서 보다 정확하게 발전시킨 것에는 지진질량이 0의 상대변위를 가지도록 서보조정(servo-controlled)하는 것이 있다. 상대변위가 0이 되게하는 데 필요한 힘은 가속도의 척도가 된다. 이 기구는 모두 외부의 전원을 필요로 한다.

수정 또는 바륨 티탄산염 같은 결정의 압전 특성은 고진동수 측정용 가속도계에 사용된다. 크리스탈은 가속하에서 전하를 발생시키도록 압축되거나 휘어지도록 고정된다. 그림 3.11.6은 이와 같은 배열을 보여준다. 이와 같은 가속도계의 고유 진동수는 매우 높게 만들 수 있다. 이와 같은 배열은 50,000 Hz 영역에서 가속도 측정을 3000 Hz까지 가능하게 해준다. 압전을 이용한 가속도계의 크기는 약 1 cm의 직경과 높이를 가질 정도로 매우 작으며, 10,000 g의 충격에도 견딜 정도로 단단하다. 여기서 1 g는 9.81 m/s^{2}을 의미한다.

크리스탈 가속도계의 감도는 가속도 1 g당 전하 또는 전압으로 주어진다. 전압은 식 $E = Q/C$에 의하여 전하와 관계되며, 크리스탈의 용량과 연결 케이블의 분로(shunt) 용량을 포함하여 상술되어야 한다. 압전 가속도계의 전형적 감도는 결정용량 500pF(picofarads)에 대하여 25 pC/g 이다. 식 $E = Q/C$에 의하여 감도는 25/500 = 0.050 V/g = 50 mV/g의 전압으로 나타낼 수 있다. 만일 가속도계가 용량 300 pF와 3 m길이의 케이블을 통하여 진공관과 연결되었다면, 가속도계의 개방회로의 출력전압은 다음과 같이 줄어든다.

$$50 \times \frac{500}{500 + 300} = 31.3 \text{ mV/g}$$

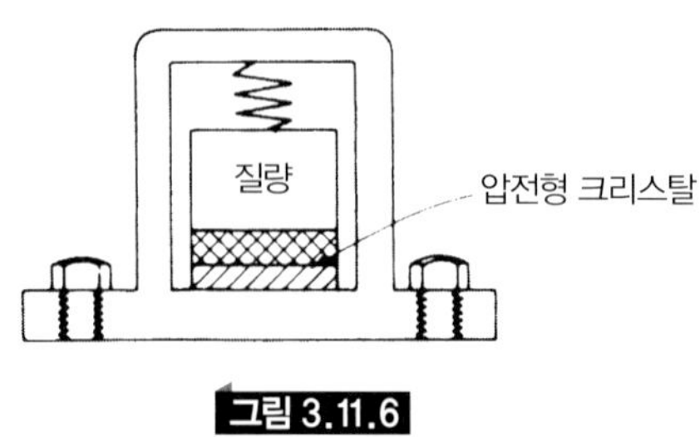

그림 3.11.6

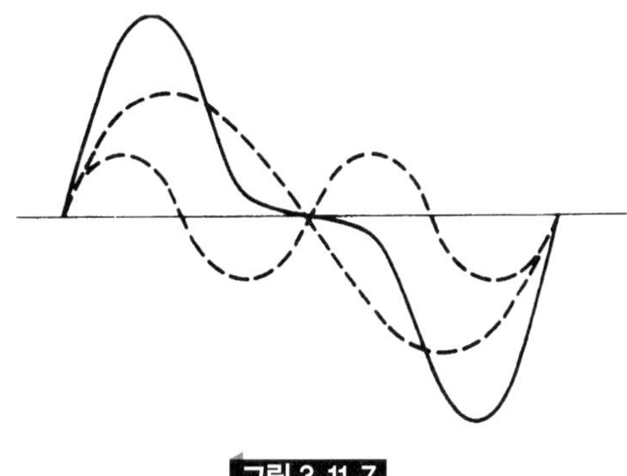

그림 3.11.7

전하 증폭기를 이용하면 위와 같은 신호의 손실을 보충할 수 있으며, 이 때 연결 케이블의 용량은 어떠한 영향도 미치지 않는다.

위상 왜곡 그림 3.11.7과 같은 복합파를 형태 없이 재현시키기 위해서는, 모든 조화 성분들의 위상이 기본 조화 성분에 대하여 이 조건을 만족시키기 위해서는 위상각 0이거나 모든 조화 성분들이 동일하게 이동되어야 한다. 첫 번째 경우의 위상이 0인 경우는 $\zeta = 0$, $\omega/\omega_n < 1$인 경우이다. 두 번째 경우인 모든 조화 성분들의 동일한 시간적 이동은 $\zeta = 0.70$, $\omega/\omega_n < 1$인 경우에 거의 만족된다. 그림 3.11.2의 경우에서 볼 수 있는 바와 같이 $\zeta = 0.70$인 경우, 즉 $\omega/\omega_n < 1$에서 위상은 다음 식으로 주어진다.

$$\phi \simeq \frac{\pi}{2} \frac{\omega}{\omega_n}$$

따라서 $\zeta = 0$이거나 0.70인 경우, 위상 왜곡이 소기된다.

예제 3.11.1

다음 식과 같이 변위가 주어지는 주기운동을 측정할 때, 감쇠비 $\zeta = 0.70$인 경우에 대하여 가속도계의 출력을 조사하라.

$$y = Y_1 \sin \omega_1 t + Y_2 \sin \omega_2 t$$

풀이 $\zeta = 0.70$이면 $\phi \cong \pi/2 \times \omega/\omega_n$ 이므로, $\phi_1 = \pi/2 \times \omega_1/\omega_n$, $\phi_2 = \pi/2 \times \omega_2/\omega_n$이며, 이 때 가속도계의 출력은 다음과 같다.

$$z = Z_1 \sin(\omega_1 t - \phi_1) + Z_2 \sin(\omega_2 t - \phi_2)$$

식 (3.11.6)으로부터 Z_1과 Z_2를 바꿔 쓰면

$$z = \frac{1}{\omega_n^2}\left[\omega_1^2 Y_1 \sin \omega_1\left(t - \frac{\pi}{2\omega_n}\right) + \omega_2^2 Y_2 \sin \omega_2\left(t - \frac{\pi}{2\omega_n}\right)\right]$$

시간함수 $(t - \pi/2\omega_n)$이 두 항 모두 같으므로 두 성분의 시간축을 따른 이동은 같다. 따라서, 가속도계는 y를 뒤틀림 없이 재생할 수 있다. 여기서 ϕ_1과 ϕ_2가 모두 0인 경우에는 위상 왜곡이 없게 된다는 것을 쉽게 알 수 있다.

연습문제

3.1 질량이 1.95 kg인 기계부품이 점성 매질내에서 진동하고 있다. 24.46 N의 조화 가진력에 의하여 공진진폭이 1.27 cm이고, 주거가 0.20 s인 진동이 발생한다고 한다. 감쇠계수를 구하라.

3.2 만일 문제 3.1의 계가 진동수 4 Hz인 조화력에 의하여 가진되고 감쇠기가 소거된 경우에 강제진동의 진폭 증가량은 몇 %가 되겠는가?

3.3 스프링 계수 525 N/m인 스프링에 달려 있는 중량물이 점성감쇠 장치를 가지고 있다. 추가 제거되었을 때, 진동주기는 1.80 s, 진폭비는 4.2에서 1.0으로 되었다. 힘 $F = 2 \cos 3t$가 계에 가해졌을 때 진폭과 위상을 구하라.

3.4 감쇠 스프링-질량계에서 피크 진폭은 다음과 같은 진동수비에서 나타남을 보여라.

$$\left(\frac{\omega}{\omega_n}\right)_p = \sqrt{1 - 2\zeta^2}$$

3.5 스프링-질량이 힘 $F_0 \sin \omega t$에 의하여 가진되었다. 공진에서의 진폭은 0.58 cm였다. 공진 진동수 0.80에서 진폭은 046 cm였다. 계의 감쇠비 ζ를 구하라.

3.6 $\zeta = 0.01$과 0.02인 경우, 식 (3.1.17)의 실수부와 허수부를 도시하라(MATLAB®에 대한 정보는 부록 E를 참조하라).

3.7 그림 P3.7의 계에 대하여, 운동 방정식을 세우고 복소수를 이용하여 정상상태의 진폭과 위상각을 구하라.

3.8 그림 P3.8은 $y = A \sin \omega t$로 움직이는 피스톤의 점성 마찰력 c에 의하여 가진되고, 스프링 상수가 k인 스프링에 연결된 질량 m의 실린더를 보여주고 있다. 피스톤에 대한 실린더 운동의 진폭과 위상을 구하라.

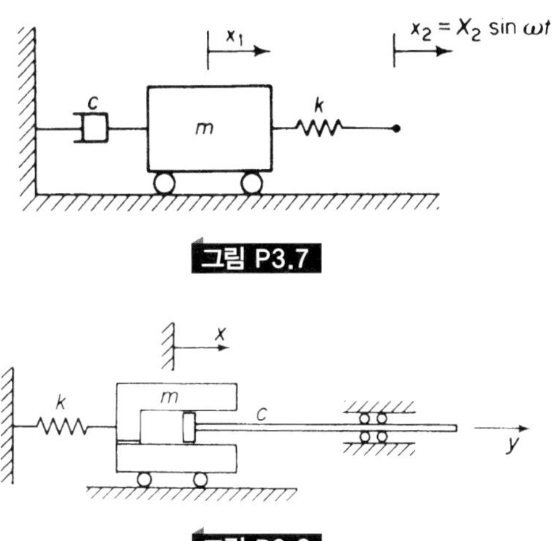

그림 P3.7

그림 P3.8

3.9 얇은 원판이 그림 P3.9에서 보듯이 스프링으로 지지되고 진동 센서와 스트로보 회전속도계가 설치된 베어링으로 지지되어 있다. 600 rpm(ccw)으로 회전할 때, 처음 원판은 원판상의 기준 표시선으로부터 45°(cw)에서 최대 진폭이 2.80 mm가 되었다. 그 다음에 2.0 oz의 시험추를 기준 표시선으로부터 91.5°(cw)에서 원테두리에 첨가하고 똑같은 속력으로 회전한다. 만일 기준 표시선으로부터 80°(cw)에서 6.0 mm의 새로운 불평형이 나타난다면, 본래의 원판이 평형을 이루는 데 필요한 위치 및 추의 무게를 계산하라.

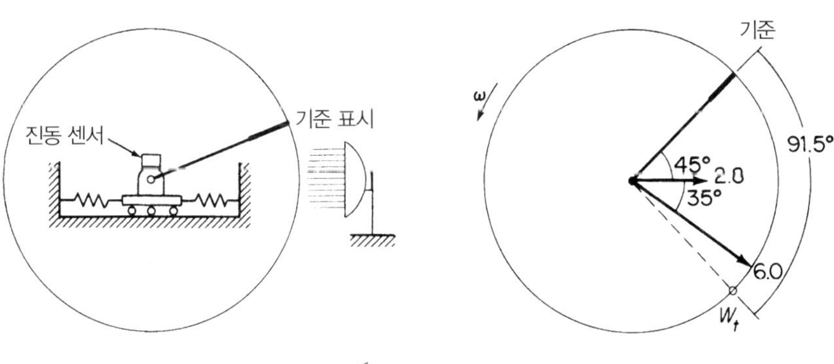

그림 P3.9

3.10 만일 문제 3.9의 원판에 대하여 2 oz의 시험추가 기준 표시선으로부터 135°(cw)에 위치한다면, 111°(cw)에서 4.3 mm의 새로운 불평형이 나타나게 된다. 정확한 평형추는 변하지 않음을 보여라.

3.11 문제 3.9의 원판이 감쇠비 $\zeta = 0.10$을 갖고 900 rpm에서 공진을 보인다면, 초기 불평형의 위상 지연을 계산하고, 문제 3.9 및 3.10의 벡터 선도들을 검토하라.

3.12 긴 로터가 임의의 두 평행 평면에 추를 추가 또는 제거함으로써 평형이 유지될 수 있음을 증명하고, 긴 로터의 평형을 잡기 위한 단일 원판법(single disk method)을 수정하라.

3.13 그림 P3.13에 보인 서로 반대 방향으로 회전하는 편심질량 가진기를 이용하여 질량이 181.4 kg인 구조물의 진동 특성을 측정하고자 한다. 900 rpm에서 스트로보스코프는 구조물이 정적 평형위치를 지나 위쪽으로 움직이는 순간에 편심질량들이 정상에 있음을 보여주며, 이에 상응하는 진폭은 21.6 mm이다. 만일 가진기의 각 휠에서 불평형이 각각 0.0921 kg · m인 경우, (a) 구조물의 고유 진동수, (b) 구조물의 감쇠비, (c) 1200 rpm에서의 진폭 및 (d) 구조물이 평형위치를 지나서 위쪽으로 움직이고 있는 순간에 편심자의 각 위치를 구하라.

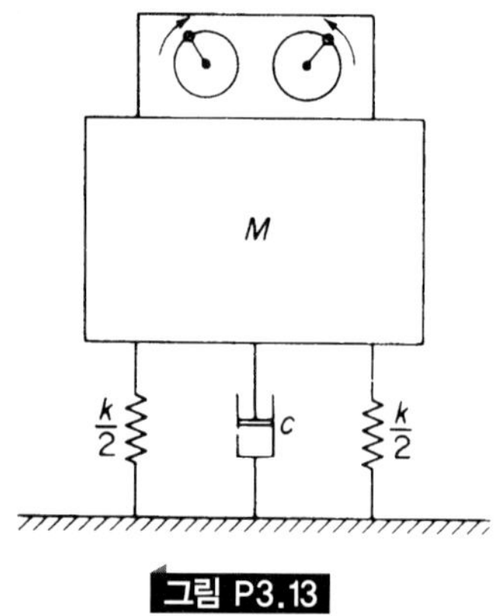

그림 P3.13

3.14 $(me\omega^2)\sin\omega t = \bar{F}e^{i\omega t}$ 및 $x = Xe^{i(\omega t-\phi)} = (Xe^{-i\phi})e^{i\omega t} = \bar{X}e^{i\omega t}$로 치환하여 식 (3.2.1)의 해를 복소 진폭으로 구하라.

3.15 평형 휠이 그림 P3.15에서와 같이 스프링에 의하여 지지되어 있으며, 1200 rpm으로 회전하고 있다. 만일 무게가 15 g이고 중심에서 5 cm에 위치한 연결나사가 갑자기 빠져버렸을 때에 계의 감쇠비 $\zeta = 0.10$인 계의 고유 진동수가 18 Hz이라

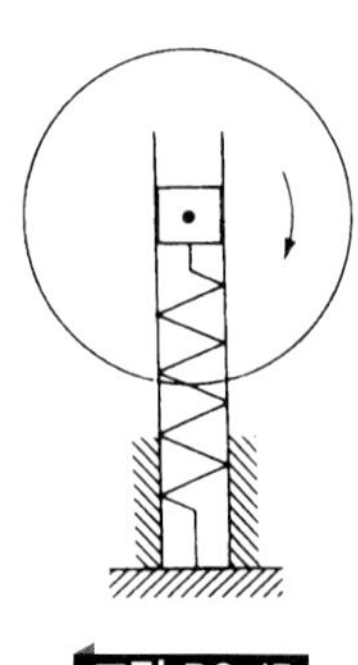

그림 P3.15

면, 이 계의 진동응답을 구하라.

3.16 10 lb의 고체 원판이 길이가 2 ft, 직경이 0.5 in인 강철축의 중앙에 키로 고정되어 있다. 최저 임계속도를 구하라(축은 베어링에 의하여 단순지지된 것으로 가정한다).

3.17 문제 3.16의 모든 단위를 SI 단위로 바꾸고, 최저 임계속도를 다시 계산하라.

3.18 그림 P3.18에서 질량 13.6 kg의 터빈 로터가 0.4064 m 떨어진 베어링에 의하여 지지되는 축의 가운데에 위치하고 있다. 로터는 0.2879 kg · cm의 불평형량을 가지고 있다. 강철축의 직경이 2.54 cm인 경우 6000 rpm에서 베어링에 가해지는 힘을 구하고, 그 결과를 직경 1.905 cm인 강철축에 고정된 로터에 대하여 계산한 결과와 비교하라(축은 베어링에 의하여 단순지지된 것으로 가정한다).

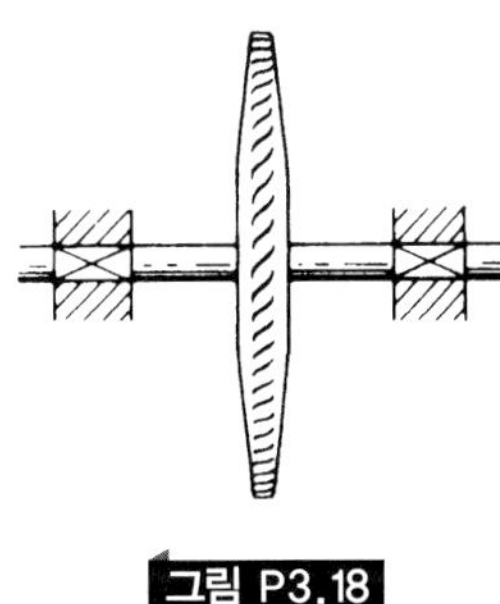

그림 P3.18

3.19 임계속도 이상으로 운전되는 터빈에서 멈추개(stop)는 임계속도를 지나면서 운전하는 동안 진폭을 제한하기 위하여 만들어진 것이다. 문제 3.18의 터빈에서 2.54 cm의 축과 멈추개의 틈새가 0.0508 cm라 하고, 편심량이 0.0212 cm라 할 때, 축이 멈추개와 접촉하는 데 필요한 시간을 구하라. 임계속도는 진폭이 0인 상태에서 도달된다고 가정한다.

3.20 그림 P3.20은 거친 길을 달리기 위하여 스프링으로 지지한 차량의 개략도이다. W의 진폭에 대한 방정식을 속도의 함수로 구하고, 운전에 가장 부적합한 속력을 구하라.

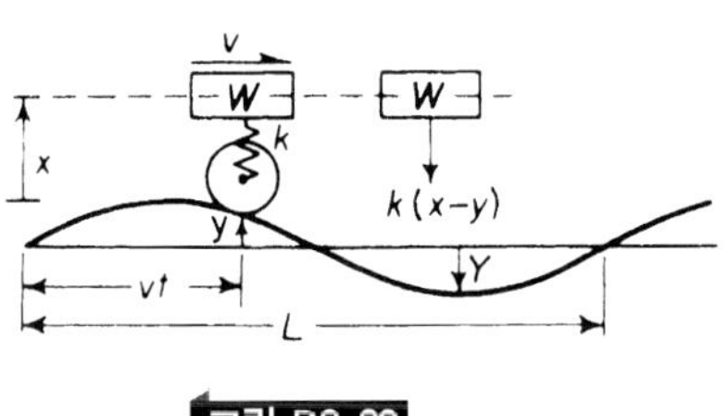

그림 P3.20

3.21 자동차 트레일러의 스프링이 자중에 위하여 10.16 cm 압축되었다. 트레일러가 진폭 7.62 cm, 파장 14.63 m의 정현파형으로 근사화된 길을 이동할 때 임계속도를 구하라. 64.4 km/h 일 때, 진동진폭은 얼마가 되겠는가? (감쇠는 무시한다)

3.22 단진자가 그림 P3.22에서처럼 수평면을 따라 $x_0 = X_0 \sin \omega t$의 조화운동을 한다. 미소 진폭의 진자운동에 대하여 그림에 주어진 좌표를 이용하여 미분 방정식을 구하라. x/x_0에 대한 답을 구하고, $\omega = \sqrt{2}\omega_n$에서 절점이 l의 중심점에 있음을 보여라. 질량으로부터 절점까지의 거리는 $h = l(\omega_n/\omega)^2$임을 보여라. 단, $\omega_n = \sqrt{g/l}$.

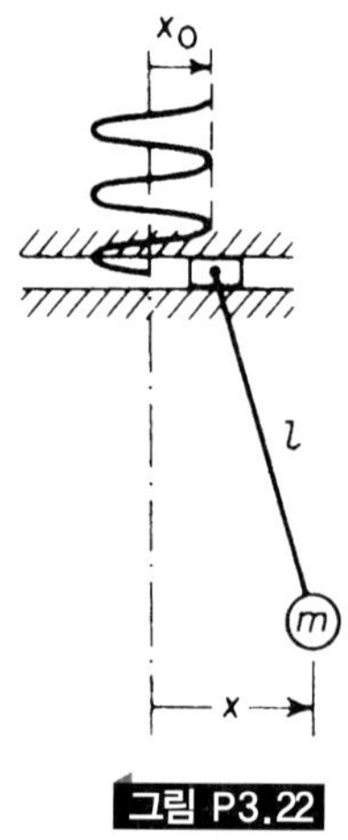

그림 P3.22

3.23 미분 방정식 (3.5.1)에서 $y = Y \sin \omega t$ 그리고 $x = X \sin(\omega t - \phi)$로 치환하여 진폭과 위상에 대한 식 (3.5.8)과 (3.5.9)를 유도하라.

3.24 무게가 106.75 N인 비행기 무전기는 진동수 영역이 1600 cpm부터 2.200 cpm까지인 엔진의 진동과 절연되어야 한다. 진동 절연이 85%로 되기 위한 절연기의 정적 처짐량을 구하라.

3.25 무게 65 lb인 냉장고 부품이 스프링 상수 k lb/in인 세 개의 스프링에 의하여 지지 된다. 만일 부품이 580 rpm에서 동작된다면 부품의 흔들림에 의한 힘의 10%만 지지물에 전달되기 위해서는 스프링 상수 k는 어떠한 값을 가져야 하는가?

3.26 질량 453.4 kg의 산업기계가 정적 처짐 0.508 cm의 스프링으로 지지된다. 만일 기계가 0.2303 kg · m의 회전 불평형량을 가진다면 (a) 1200 rpm에서 바닥에 전달 되는 힘, (b) 이 속도에서 동적 진폭을 구하라(감쇠는 무시될 수 있다고 가정한다).

3.27 만일 문제 3.26의 기계가 질량 1,136 kg의 대형 콘크리트 블록에 설치되어 있고, 블록 아래의 스프링 정적 처짐량이 0.508 cm가 될 때까지 증가되면, 동적 진폭은 얼마가 되겠는가?

3.28 질량 68 kg의 전기 모터가 1,200 kg의 절연 블록에 설치되어 있고, 전체의 고유 진동수는 $\zeta = 0.10$에서 160 cpm이다(그림 P3.28 참조). 만일 모터에 불평형력이 존재하여 조화력 $F = 100 \sin 31.4t$가 유발된다면, 블록의 진동진폭과 바닥에 전달되는 힘을 구하라.

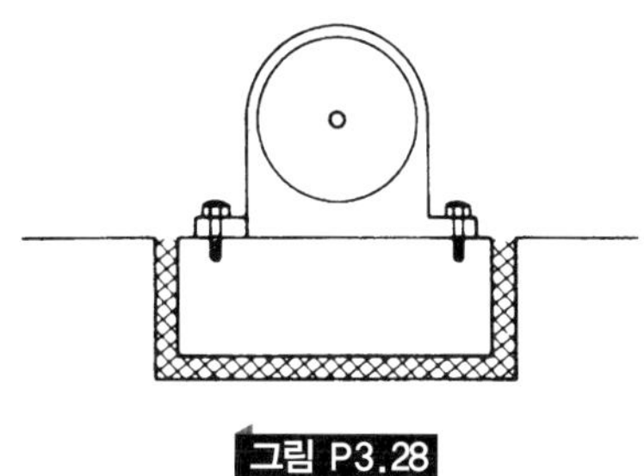

그림 P3.28

3.29 질량 113 kg의 진동에 민감한 측정기를 진동수 20 Hz에서 가속도 15.24 cm/s^{2}인 위치에 설치하고자 한다. $k = 2802$ N/cm, $\zeta = 0.10$의 특성을 갖는 고무 패드 위에 측정기를 설치할 경우, 측정기에 전달되는 가속도를 구하라.

3.30 문제 3.29의 측정기가 겨우 2.03 cm/s^{2}의 가속도에 견딜 수 있다고 할 때, 같은 종류의 고무 패드만이 사용가능한 절연물이라 가정하고 해결방법을 제시하라. 구한 해를 실증할 수 있는 수치들을 제시하라.

3.31 그림 P3.31의 계에 대하여 전달률 $TR = |x/y|$은 힘에 대한 것과 같음을 보여라. $\zeta = 0.02, 0.04, \cdots, 0.10$일 때, $\omega/\omega_n = 1.50$에서 10 사이에서의 ω/ω_n에 따른 20 log $|TR|$의 데시벨 선도를 그려라.

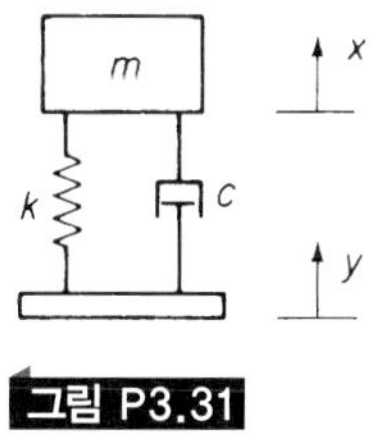

그림 P3.31

3.32 점성 감쇠의 경우 매사이클당 소산되는 에너지가 다음과 같음을 보여라.

$$W_d = \frac{\pi F_0^2}{k} \frac{2\zeta(\omega/\omega_n)}{[1-(\omega/\omega_n)^2]^2 + [2\zeta(\omega/\omega_n)]^2}$$

3.33 점성 감쇠에 있어서 손실인자 η는 진폭엔 무관하며, 진동수에 비례함을 보여라.

3.34 1자유도계의 자유진동 방정식을 공진에 있어서의 손실인자 η함수로 표현하라.

3.35 ζ에 대하여 그려진 τ_n/τ_d가 4분원임을 보여라. 여기서 τ_d는 감쇠 고유주기이며, τ_n은 비감쇠 고유주기이다.

3.36 미소 감쇠의 경우에 피크 포텐셜 에너지로 나누어진 매사이클당 소산된 에너지는 2δ 또는 $1/Q$와 일치한다[식 (3.7.6) 참조]. 점성 감쇠의 경우에 δ는 다음 식으로 표기할 수 있음을 보여라.

$$\delta = \frac{\pi c \omega_n}{k}$$

3.37 일반적으로 매사이클당 에너지 손실은 진폭과 진동수의 함수이다. 어떠한 조건에서 대수 감소 δ가 진폭에 무관한지 설명하라.

3.38 마른 표면들 사이의 쿨롱 감쇠는 상수 D이며, 언제나 운동과 반대 방향이다. 등가 점성감쇠를 구하라.

3.39 문제 3.38의 결과를 이용하여 조화력 $F_0 \sin \omega t$에 의하여 가진된 쿨롱 감쇠를 가지는 스프링-질량계의 운동진폭을 구하고, 어떠한 조건하에서 이 운동이 유지되는지를 설명하라.

3.40 문제 3.39의 결과를 허용되는 범위내에서 도시하라.

3.41 그림 P3.41과 같이 비틀림계의 축이 조화 비틀림 진동 $\theta_0 \sin \omega t$를 받고 있다. 바깥 휠의 (a) 축에 대한, (b) 고정된 좌표에 대한 상대적인 진폭을 구하라.

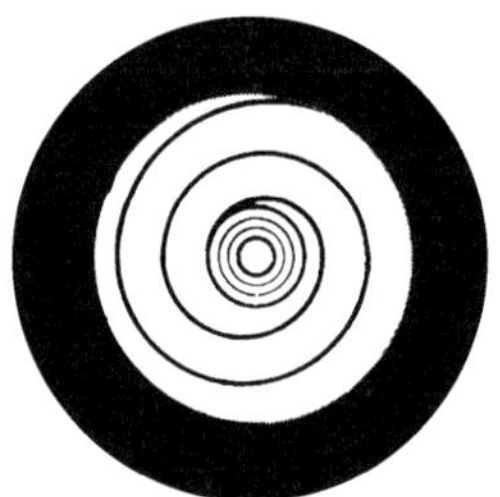

그림 P3.41

3.42 한 상업용 진동 픽업이 고유 진동수 4.75 Hz와 감쇠비 $\zeta = 0.65$를 가지고 있다. (a) 1%오차 및 (b) 2% 오차로 측정될 수 있는 최저 진동수를 구하라.

3.43 고유 진동수 1 Hz를 가진 어떤 비감쇠진동 픽업이 4 Hz의 조화진동을 측정하기 위하여 이용된다. 만일 픽업에 의하여 지지된 진폭(픽업 질량과 프레임 사이의 상대적인 진폭)이 0.052 cm라면 실제의 진폭은 얼마인가?

3.44 진동 측정기 생산자가 임의 진동 픽업에 대하여 다음과 같은 사양을 요구하였다.

진동수 영역: 10 Hz에서 1000 Hz까지의 균일한 속도응답

감도: 0.096 V/cm/s(전압과 속도는 둘 다 rms 값)

진폭 영역: 하한은 없으며 상한은 양단 행정인 0.60 in

(a) 이 측정기가 30 Hz의 진동수를 갖는 기계의 진동 측정에 이용되었다. 측정기의 눈금이 0.024 V를 나타낼 때 rms 진폭을 구하라.

(b) 이 측정기를 12 Hz의 진동수와 두 배한 진폭이 0.80 cm인 기계의 진동 측정에 이용할 수 있는지의 여부를 결정하고 그 이유를 설명하라.

3.45 어떤 진동 픽업이 $f = 10$ Hz부터 2000 Hz 사이에서 40 mV/cm/s의 감도를 갖는다. 만일 이 진동수 영역에서 1 g의 가속도가 유지된다면, 다음 각각의 경우에 출력 전압은?

(a) 10 Hz

(b) 2000 Hz

3.46 조화운동 방정식을 이용하여 속도 픽업에 적용시킬 수 있는 진동수에 대한 속도의 관계를 구하라.

3.47 어떤 진동 픽업이 20 mV/cm/s의 감도를 가지고 있다. 3 mV(rms)가 측정기의 정확도 한계라 가정하고, 1 g가진에 의한 진동수 측정의 상한을 구하라. 200 Hz에서 몇 볼트가 발생되겠는가?

3.48 어떤 수정 가속도계의 감도는 18 pC/g이며, 정전용량 450 pF이다. 이 가속도계는 정전용량 50 pF/m를 가지는 5 m길이의 케이블과 연결된 진공관 전압계와 함께 쓰인다. 1 g당 출력전압을 구하라.

3.49 비감쇠용량 W_d/U는 피크 포텐셜 에너지 $U = \frac{1}{2}kx^2$에 의하여 나누어진 매사이클 당 에너지 손실 W_d로 정의한다. 이 양이 다음과 같음을 보여라.

$$\frac{W_d}{U} = 4\pi\zeta\left(\frac{\omega}{\omega_n}\right)$$

여기서 $\zeta = c/c_c$이다.

3.50 작은 감쇠에 있어서 대수 감소 $\delta \cong 2\pi\zeta$이다. δ가 비감쇠용량과 다음과 같은 관계를 가짐을 보여라.

$$\frac{W_d}{U} = 2\delta\left(\frac{\omega}{\omega_n}\right)$$

3.51 이력 감쇠를 가지는 계에 있어서, 구조 감쇠인자 γ가 공진에서의 손실인자와 같음을 보여라.

3.52 점성 감쇠에 있어서 복소 진동수 응답은 다음과 같다.

$$H(r) = \frac{1}{(1 - r^2) + i(2\zeta r)}$$

여기서 $r = \omega/\omega_n$ 및 $\zeta = c/c_c$이다. $H = x + iy$를 그려보면, 다음과 같은 식에 도달함을 보여라.

$$x^2 + \left(y + \frac{1}{4\zeta r}\right)^2 = \left(\frac{1}{4\zeta r}\right)^2$$

윗식은 중심과 반경이 진동수비의 함수이므로 원이 될 수 없다.

3.53 다음의 문제는 프로그램 **runga.m** 및 **f.m**을 사용한다. 여기서 **f.m**은 힘의 함수, [force] = sin(t)를 포함한다. 모든 문제들에 대하여 다음의 변수들을 활용한다: 스프링 상수, $k = 1$; 초기 위치, $x(0) = 0$; 시간 간격, $\delta t = 0.2$; 최초 시각, $t_0 = 0$. 다음에 주어진 각각의 경우들에 대한 그림을 그려라.

(a) $m = 1$, $c = 1$이고 $t_{\text{final}} = 20$인 두 경우

i. 초기 속도 $\dot{x}(0) = 1$

ii. 초기 속도 $\dot{x}(0) = 10$

iii. 초기 속도는 계의 응답에 어떤 영향을 미치는지 알아보라.

(b) 초기 속도가 $\dot{x}(0) = 10$으로 고정된 세 경우

i. $m = 1$, $c = 10$이고 $t_{\text{final}} = 40$

ii. $m = 10$, $c = 1$이고 $t_{\text{final}} = 40$

iii. $m = 10$, $c = 1$이고 $t_{\text{final}} = 100$

iv. 왜 두 진동계에서 정상상태에 도달하는 데 필요한 시간이 상이한지를 설명하라.

3.54 다음 식과 같이 두 개의 가진 진동수로 가진되는 계를 생각해 보자.

$$m\ddot{x} + c\dot{x} + kx = F_1 \sin(\omega_1 t) + F_2 \sin(\omega_2 t)$$

운동 방정식을 풀어라. 운동의 진폭과 진동수비 ω_1/ω, ω_2/ω 사이의 관계식을 유도하라. 또한 그 결과를 MATLAB®을 이용하여 그려보라.

3.55 점성 감쇠계수 c와 스프링 상수 k를 갖는 그림 P3.55의 계에 대하여 질문에 대답하라. 이 계가 조화 가진력 $F_0 \sin(\omega t)$로 가진된다고 할 때, 운동 방정식을 유도하라. 이 진동계에 대한 등가 감쇠는 무엇인가? 1사이클당 소비되는 에너지는 무엇인가? 이 진동계를 스프링과 감쇠기가 병렬로 연결된 계와 비교해 보라.

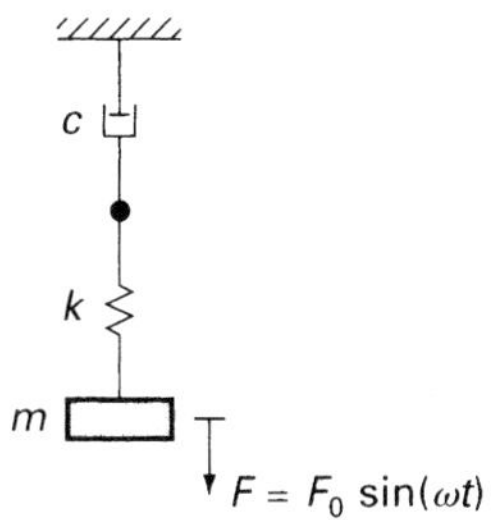

그림 P3.55

3.56 예제 3.8.1의 문제를 고려해 보자. 운동 방정식을 MATLAB®에서 수치적으로 풀어 보고 진동수비에 대한 평균 진폭을 그림으로 나타내라. 등가 점성감쇠를 활용하였던 예제 3.8.1에서 얻어진 결과와 비교해 보라.

3.57 탁구공이 주기적으로 진자운동하는 탁자 위에서 튀어 오르고 있다. 탁자의 위치는 $y(t) = A \sin(\omega t)$로 주어진다. 반발계수는 1로 가정하면, 공이 탁자를 떠날 때의 속도 V는

$$V = 2W - U$$

로 된다. 여기서 W는 충돌순간에 탁자의 속도이며 U는 충돌순간의 공속도이다. MATLAB®으로 이 운동을 시뮬레이션하고 그 결과를 다음의 형태로 그림출력하라: 탁자와 충돌시마다 그 시각 t_j와 공의 속도 v_j를 기록하라. 이 작업을 상이한 초기 조건들 및 다양한 가진 진동수들에 대하여 수행하라. 시간에 따른 공의 평균 진폭과 가진 진동수의 관계를 도시하라.

CHAPTER

04 과도 진동

동적인 계에 비주기적인 가진력 $F(t)$가 갑자기 가해지면, 그 가진에 대한 응답에서 정상상태 진동은 일반적으로 발생하지 않기 때문에 **과도 응답**(transient response)이라 한다. 이러한 진동응답의 진폭은 가진력의 형태에 따라 변화되고, 응답은 계의 고유 진동수에서 발생된다.

먼저 좀더 보편적인 과도 진동(transient vibration) 문제의 이해에 중요한 스프링–질량계의 임펄스(impulse) 가진에 대한 응답을 살펴보기로 한다.

4.1 임펄스 가진

임펄스는 힘의 시간에 대한 적분이며, $\hat{F}$으로 표시하고, 다음과 같이 나타낸다.

$$\hat{F} = \int F(t)\, dt \tag{4.1.1}$$

시간에 대한 적분이 유한한 값을 가지지만, 아주 큰 크기로 매우 짧은 시간 동안 작용하는 힘을 종종 대하게 된다. 이러한 힘들을 **임펄스 힘**이라 한다.

그림 4.1.1은 시간 ϵ 동안 작용된 크기 $\hat{F}/\epsilon$의 임펄스 힘을 보여준다. ϵ이 0으로 접근하면, 이 힘은 무한대가 된다. 그러나 시간에 대한 적분으로 정의된 임펄스 $\hat{F}$은 유한하다. $\hat{F}$이 1일 때, $\epsilon \to 0$인 극한적인 경우의 힘을 **단위 임펄스**(unit impulse) 또는 **델타 함수**(delta

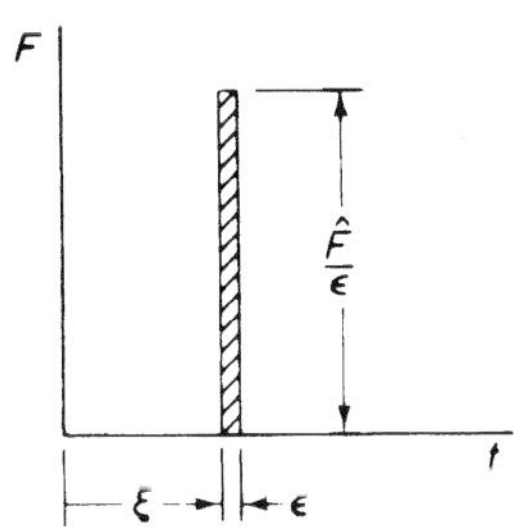

그림 4.1.1 조화 가진력을 받는 점성감쇠계

function)라 한다. $t=\xi$에서의 델타 함수는

$\delta(t-\xi)$로 표기되며, 다음과 같은 성질을 가지고 있다.

$$\delta(t-\xi) = 0 \quad (t \neq \xi \text{인 경우})$$
$$= \infty \quad (t = \xi \text{인 경우}) \tag{4.1.2}$$
$$\int_0^\infty \delta(t-\xi)dt = 1.0 \quad (0<\xi<\infty)$$

만일 그림 4.1.2에서와 같이 $\delta(t-\xi)$에 시간함수 $f(t)$를 곱하면, 그 곱은 $t=\xi$인 곳을 제외하고는 어디에서나 0일 것이다. 그리고 이 곱의 시간에 대한 적분은 다음과 같이 된다.

$$\int_0^\infty f(t)\,\delta(t-\xi)\,dt = f(\xi) \quad (0<\xi<\infty) \tag{4.1.3}$$

$Fdt = m\,dv$이므로, 질량에 가해진 임펄스 $\hat{F}$ 때문에 변위에서는 느끼지 못하는 $\hat{F}/m$이 되는 속도에서 급격한 변화를 가져오게 된다. 자유진동하에서 초기 조건 $x(0)$와 $\dot{x}(0)$를 갖는 비감쇠 스프링-질량계는 다음 식에 따른 운동을 한다.

$$x = \frac{\dot{x}(0)}{\omega_n}\sin\omega_n t + x(0)cos\,\omega_n t$$

따라서, 초기에 정지되어 있다가 임펄스 $\hat{F}$으로 가진된 스프링-질량계의 응답은

$$x = \frac{\hat{F}}{m\omega_n}\sin\omega_n t = \hat{F}h(t) \tag{4.1.4}$$

여기서

$$h(t) = \frac{1}{m\omega_n}\sin\omega_n t \tag{4.1.5}$$

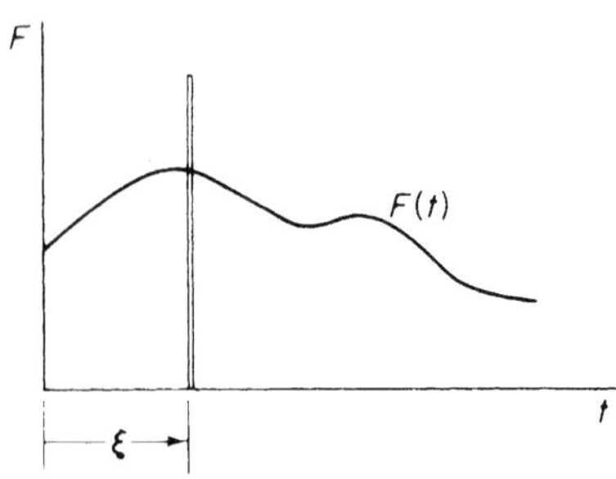

그림 4.1.2

는 단위 임펄스에 대한 응답이다.

감쇠가 있는 경우, 자유진동 방정식 (2.6.17)에서 초기 조건을 $x(0)=0$으로 두고 시작하자.

$$x = \frac{\dot{x}(0)e^{-\zeta\omega_n t}}{\omega_n\sqrt{1-\zeta^2}}\sin\sqrt{1-\zeta^2}\,\omega_n t$$

초기 조건 $\dot{x}(0)=\hat{F}/m$을 대입하면, 다음 식이 얻어진다.

$$x = \frac{\hat{F}}{m\omega_n\sqrt{1-\zeta^2}}e^{-\zeta\omega_n t}\sin\sqrt{1-\zeta^2}\,\omega_n t \qquad \textbf{(4.1.6)}$$

단위 임펄스에 대한 응답은 과도문제에 있어서 중요하며, 특별히 $h(t)$로 표현된다. 그러므로 감쇠의 유무에 상관없이 임펄스 응답은 다음과 같은 형식으로 표현될 수 있다.

$$x = \hat{F}h(t) \qquad \textbf{(4.1.7)}$$

여기서 식의 우변은 식 (4.1.4) 또는 (4.1.6)에 의하여 주어진다.

4.2 임의 가진

단위 임펄스 가진에 의한 응답 $h(t)$를 알고 있는 경우에는, 임의의 힘 $f(t)$에 의하여 가진된 계의 응답에 대한 식을 구할 수 있다. 이 이론 전개를 위하여, 그림 4.2.1과 같이 임의의 힘을 일련의 임펄스들로 나누어 생각하기로 한다. $t=\xi$에서의 임펄스(사선으로 표시된 면적)

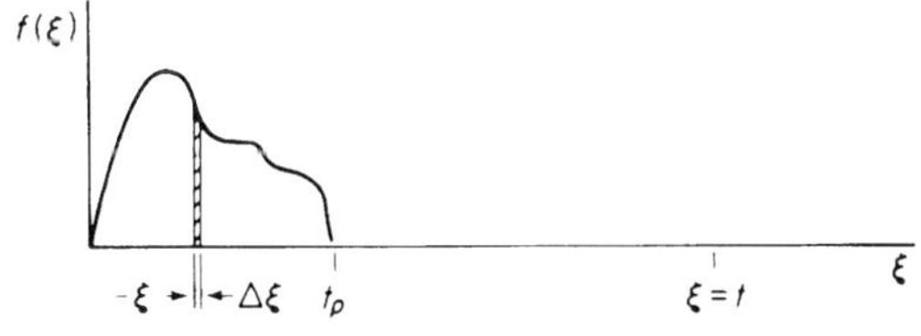

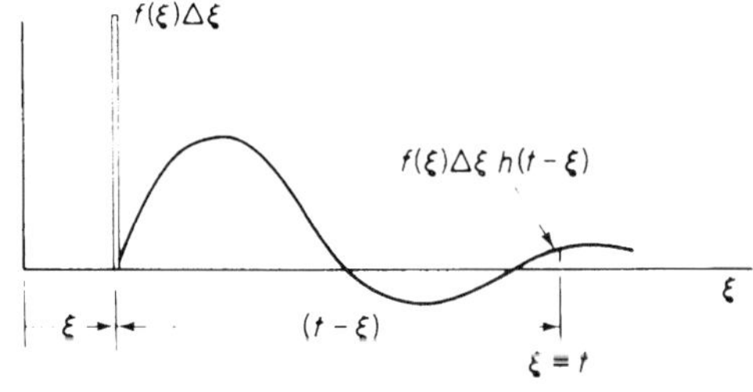

그림 4.2.1

을 살펴보면, 그 크기는

$$\hat{F} = f(\xi)\,\Delta\xi$$

이며, 그의 시간 t에서의 응답에 대한 기여도는 경과시간 $(t-\xi)$에 관계된다. 즉

$$f(\xi)\,\Delta\xi\,h(t - \xi)$$

여기서 $h(t-\xi)$는 시간 $t=\xi$에 시작되는 단위 임펄스 응답이다. 그리고, 여기서 설명하는 계는 선형계이므로 중첩의 원리를 적용할 수 있다. 따라서 이러한 모든 기여도들을 합하면, 임의의 가진력 $f(t)$에 대한 응답은 다음의 적분식으로 구할 수 있다.

$$x(t) = \int_0^t f(\xi)h(t - \xi)\,d\xi \tag{4.2.1}$$

위의 적분은 **컨벌루션 적분**(convolution integral)이라고 하며, **중첩 적분**(superposition integral)이라고도 한다.

예제 4.2.1

그림 4.2.2의 계단 가진력에 의한 1자유도 진동계의 응답을 구하라.

그림 4.2.2 계단함수 가진

풀이 비감쇠계를 생각하면, 다음의 결과를 얻을 수 있다.

$$h(t) = \frac{1}{m\omega_n}\sin\omega_n t$$

식 (4.2.1)에 대입하면, 감쇠가 없는 계의 응답은 다음과 같다.

$$\begin{aligned} x(t) &= \frac{F_0}{m\omega_n}\int_0^t \sin\omega_n(t - \xi)\,d\xi \\ &= \frac{F_0}{k}(1 - \cos\omega_n t) \end{aligned} \tag{4.2.2}$$

이 결과는 크기 F_0의 계단 가진에 대한 피크 응답이 정적 변형의 두 배임을 나타낸다.

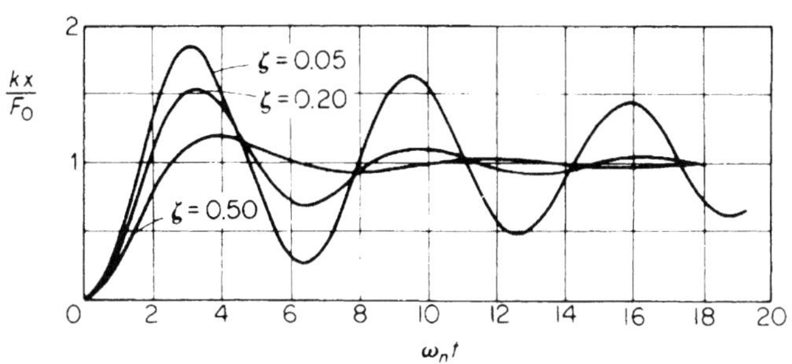

그림 4.2.3 단위 계단함수에 대한 응답

감쇠계의 경우에는 다음의 함수를 이용하여 앞의 과정을 반복할 수 있다.

$$h(t) = \frac{e^{-\zeta\omega_n t}}{m\omega_n\sqrt{1-\zeta^2}}\sin\sqrt{1-\zeta_2}\,\omega_n t$$

또는 단순히 다음과 같은 미분 방정식을 고려해 보자.

$$\ddot{x} + 2\zeta\omega_n\dot{x} + \omega_n^2 x = \frac{F}{m}$$

윗식의 해는 제차 방정식의 해와 특수해의 합이다. 이 문제의 경우, 특수해는 $F_0/m\omega_n^2$이다. 따라시, 방정식

$$x(t) = Xe^{-\zeta\omega_n t}\sin\left(\sqrt{1-\zeta^2}\,\omega_n t - \phi\right) + \frac{F_0}{m\omega_n^2}$$

에 초기 조건들 $x(0) = \dot{x}(0) = 0$을 대입하면 다음 식으로 해가 얻어진다.

$$x = \frac{F_0}{k}\left[1 - \frac{e^{-\zeta\omega_n t}}{\sqrt{1-\zeta^2}}\cos\left(\sqrt{1-\zeta^2}\,\omega_n t - \psi\right)\right] \tag{4.2.3}$$

여기서

$$\tan\psi = \frac{\zeta}{\sqrt{1-\zeta^2}}$$

그림 4.2.3은 ξ를 매개변수로 했을 때 $\omega_n t$에 따른 xk/F_0의 변화되는 모습을 보여준다. 이 그림으로부터 감쇠가 존재할 때, 피크 응답이 $2F_0/k$보다 작음을 확인할 수 있다.

지지부 가진 동적 계의 지지물이 갑작스러운 변위, 속도, 또는 가속도 운동을 받는 경우가 있다. 이 때의 운동 방정식은 상대변위 $z = x - y$를 이용하여 다음과 같이 나타낼 수 있다.

$$\ddot{z} + 2\zeta\omega_n\dot{z} + \omega_n^2 z = -\ddot{y} \tag{4.2.4}$$

그리고 F/m을 $-\ddot{y}$ 또는 지지부 가속도의 음수로 대체하면, 힘에 의하여 가진된 계의 모든 결과들이 z에 대한 지지부 가진계에 적용될 수 있다.

초기에 정지되어 있는 비감쇠계의 경우, 상대변위에 대한 해는 다음과 같다.

$$z = -\frac{1}{\omega_n}\int_0^t \ddot{y}(\xi)\sin\omega_n(t-\xi)\,d\xi \tag{4.2.5}$$

예제 4.2.2

지지부의 운동이 다음과 같이 속도 펄스의 형태로 나타나는 비감쇠 스프링-질량계의 상대변위를 구하라.

$$\dot{y}(t) = v_0 e^{-t/t_0} u(t)$$

여기서 $u(t)$는 단위 계단함수이다. 속도와 가속도는 그림 4.2.4와 같다.

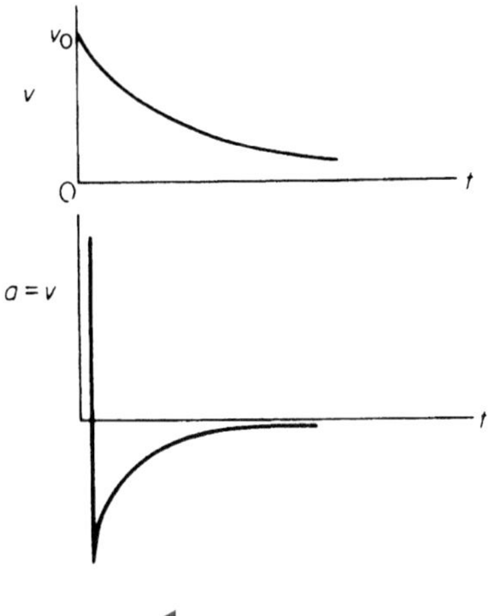

그림 4.2.4

풀이 $t = 0$에서의 속도 펄스는 0에서 v_0로 갑작스런 점프를 한다. 그리고 이의 변화율(즉, 가속도)은 무한대이다. $(d/dt)u(t) = \delta(t)$[$\delta(t)$는 원점에서의 델타 함수]라는 것을 알고 $\dot{y}(t)$를 미분하면, 다음의 관계식을 얻는다.

$$\ddot{y} = v_0 e^{-t/t_0}\delta(t) - \frac{v_0}{t_0} e^{-t/t_0} u(t)$$

식 (4.2.5)에 $\ddot{y}$를 대입하면, 다음과 같이 된다.

$$\begin{aligned} z(t) &= -\frac{v_0}{\omega_n}\int_0^t \left[e^{-\xi/t_0}\delta(\xi) - \frac{1}{t_0} e^{-\xi/t_0} u(\xi) \right] \sin \omega_n (t - \xi)\, d\xi \\ &= -\frac{v_0}{\omega_n}\int_0^t \delta(\xi) e^{-\xi/t_0} \sin \omega_n (t - \xi)\, d\xi + \frac{v_0}{\omega_n t_0}\int_0^t e^{-\xi/t_0} \sin \omega_n (t - \xi)\, d\xi \qquad \textbf{(4.2.6)} \\ &= \frac{v_0 t_0}{1 + (\omega_n t_0)^2}\left(e^{-t/t_0} - \omega_n t_0 \sin \omega_n t - \cos \omega_n t\right) \end{aligned}$$

4.3 라플라스 변환공식

라플라스 변환(Laplace transfom)방법에 의한 미분 방정식의 풀이는 과도 진동과 강제진동 모두에 있어서 완전한 해를 제공한다. 이 방법에 익숙하지 못한 사람들을 위하여 부록에 라플라스 변환을 간략하게 소개하였다. 본 절에서는 간단한 예를 통하여 그 응용을 보인다.

예제 4.3.1

초기 조건 $x(0)$ 및 $\dot{x}(0)$을 갖는 점성감쇠 스프링-질량계의 라플라스 변환해를 구하는 과정을 설명하라.

풀이 임의의 $F(t)$에 의하여 가진된 계의 운동 방정식은 다음과 같이 된다.

$$m\ddot{x} + c\dot{x} + kx = F(t)$$

이 식의 라플라스 변환을 취하면 다음과 같다.

$$m[s^2\bar{x}(s) - x(0)s - \dot{x}(0)] + c[s\bar{x}(s) - x(0)] + k\bar{x}(s) = \bar{F}(s)$$

$\bar{x}(s)$에 대하여 풀면, 보조식(subsidiary equation)을 얻을 수 있다.

$$\bar{x}(s) = \frac{\bar{F}(s)}{ms^2 + cs + k} + \frac{(ms + c)x(0) + m\dot{x}(0)}{ms^2 + cs + k} \qquad \textbf{(a)}$$

응답 $x(t)$는 식 (a)의 역변환으로부터 얻어진다. 첫 번째 항은 강제진동을 나타내며, 두 번째 항은 초기 조건에 의한 과도해를 나타낸다.

좀더 일반적인 경우에 있어서, 보조식은 다음 형식으로 나타낼 수 있다.

$$\bar{x}(s) = \frac{A(s)}{B(s)} \tag{b}$$

여기서 $A(s)$와 $B(s)$는 다항식이며, $B(s)$는 일반적으로 $A(s)$보다 고차이다.

만일 강제진동의 해 만이 고려된다면, **임피던스 변환**(impedance transform)을 다음의 식으로 정의할 수 있다.

$$\frac{\bar{F}(s)}{\bar{x}(s)} = z(s) = ms^2 + cs + k \tag{c}$$

이것의 역수는 어드미턴스 변환(admittance transform)이다.

$$H(s) = \frac{1}{z(s)} \tag{d}$$

입력과 출력을 나타내기 위하여 흔히 그림 4.3.1과 같이 블록 선도를 이용한다. 어드미턴스 변환 $H(s)$는 계의 전달함수로도 간주될 수 있다. **계의 전달함수**(system transfer function)는 모든 초기 조건을 0으로 하고, 입력에 대한 출력의 비를 보조 평면에서 나타낸 식으로 정의된다.

Input $\bar{F}(s)$ → $H(s)$ → Output $\bar{x}(s)$

그림 4.3.1 블록 선도

예제 4.3.2 낙하실험

한 물체가 손상 없이 떨어질 수 있는 높이에 대한 의문은 늘 관심의 대상이 되어 왔다. 이러한 고찰은 비행기의 착륙이나 상품 포장의 쿠션에 있어서 매우 중요하다. 본 예제에서는 역학계를 선형 스프링-질량 요소들로 이상화시켜서 이 문제의 기본적인 측면들을 설명하기로 한다.

그림 4.3.2와 같이 높이 h에서 떨어뜨려진 스프링-질량계를 살펴보자. 만일 스프링이 바닥에 접촉되는 $t = 0$인 순간에서의 m의 위치에서부터 x가 측정된다면, 스프링이 바닥과 접촉하고 있는 동안에만 m에 적용될 수 있는 미분 방정식은 다음과 같다.

$$m\ddot{x} + kx = mg \tag{a}$$

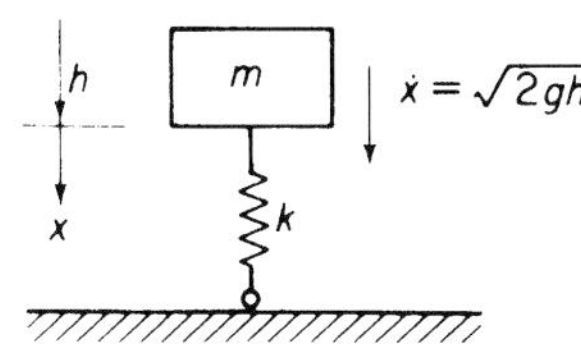

그림 4.3.2

초기 조건을 $x(0)=0$, $\dot{x}(0)=\sqrt{2gh}$하고, 윗식의 라플라스 변환을 취하면 보조식을 다음과 같이 쓸 수 있다.

$$\bar{x}(s) = \frac{\sqrt{2gh}}{s^2+\omega_n^2} + \frac{g}{s(s^2+\omega_n^2)} \tag{b}$$

여기서 $\omega_n = \sqrt{k/m}$은 계의 고유 진동수이다. $\bar{x}(s)$의 역변환으로부터 변위식은 다음과 같이 된다.

$$\begin{aligned} x(t) &= \frac{\sqrt{2gh}}{\omega_n}\sin\omega_n t + \frac{g}{\omega_n^2}(1-\cos\omega_n t) \\ &= \sqrt{\frac{2gh}{\omega_n^2} + \left(\frac{g}{\omega_n^2}\right)^2}\sin(\omega_n t - \phi) + \frac{g}{\omega_n^2} \qquad x(t) > 0 \end{aligned} \tag{c}$$

그리고 이 관계는 그림 4.3.3에 나타내었다. 속도와 가속도는 미분에 의하여 다음과 같이 구해진다.

$$\dot{x}(t) = \omega_n\sqrt{\frac{2gh}{\omega_n^2} + \left(\frac{g}{\omega_n^2}\right)^2}\cos(\omega_n t - \phi)$$

$$\ddot{x}(t) = -\omega_n^2\sqrt{\frac{2gh}{\omega_n^2} + \left(\frac{g}{\omega_n^2}\right)^2}\sin(\omega_n t - \phi)$$

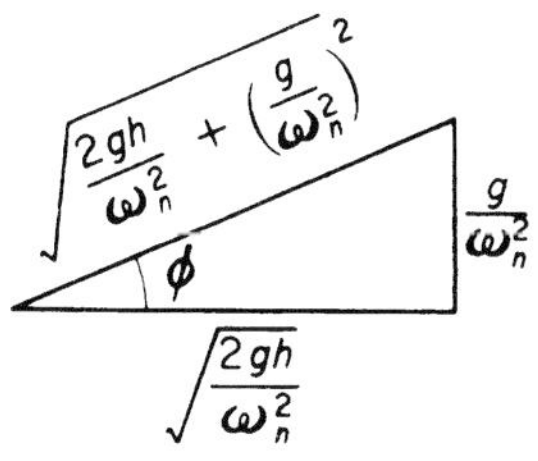

그림 4.3.3

여기서 $g/\omega^2 = \delta_{st}$이며, 최대 변위와 가속도는 $\sin(\omega_n t - \phi) = 1.0$일 때 나타남을 알 수 있다. 따라서, 중력에 대한 최대 가속도는 다음 식

$$\frac{\ddot{x}}{g} = -\sqrt{\frac{2h}{\delta_{st}} + 1} \tag{d}$$

에서 보는 바와 같이 낙하거리와 정적 처짐의 비에만 관계되는 것을 알 수 있다. 이 식을 그림 4.3.4에 나타내었다.

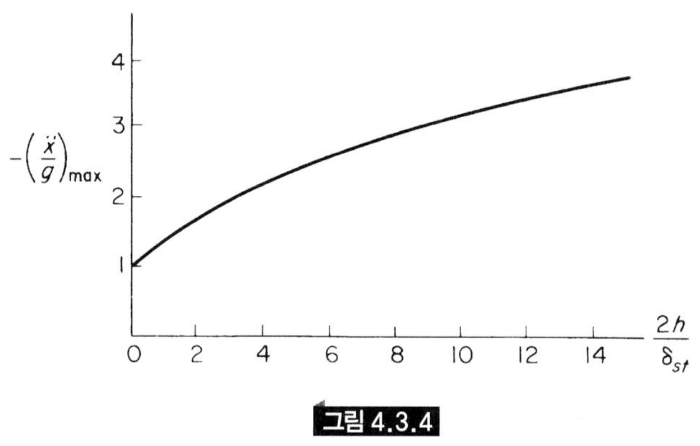

그림 4.3.4

예제 4.3.3

자동차 운전할 때처럼 앉아 있는 사람에 대하여, 법의학 연구에서는 그림 4.3.5의 1 자유도 모델로 종종 가정하고 있다. 많은 생체역학 실험으로부터, 척추의 강성으로 81,000 N/m = 458 lb/in[1)]이 신체질량 W/g를 떠받치는 강성으로 가정되고 있다. 이 결과 몸무게를 $mg = 160$ lb라고 가정하면, 정적 처짐량은 $\delta_{st} = 160/458 = 0.35$ in가 된다. 장애물과 충돌시에, 안전벨트를 매지 않은 운전자는 3.0 in만큼 위로 떴다가 좌석에 자유낙하된다. 척추선을 따라 전달되는 가속도 g를 계산하라.

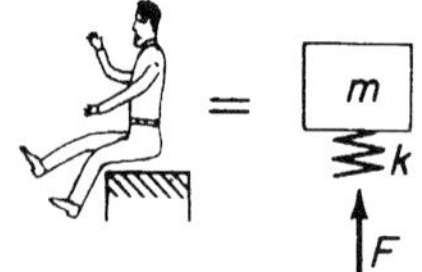

그림 4.3.5

풀이 이 문제에 대한 결과는 예제 4.3.2의 식 (d)로부터 다음과 같이 간단히 계산된다.

$$\frac{\ddot{x}}{g} = -\sqrt{\frac{2h}{\delta_{st}} + 1} = -\sqrt{\frac{2 \times 3}{0.35} + 1} = -4.26$$

1) 참고문헌 [5] 참조

4.4 펄스 가진 및 상승시간

본 절에서는 비감쇠 스프링-질량계가 그림 4.4.1에 보인 세 가지 상이한 가진에 대한 응답을 생각해 보자. 이 힘들의 가진은 제각기 두 구간, $t < t_1$ 및 $t > t_1$으로 고려되어야 한다.

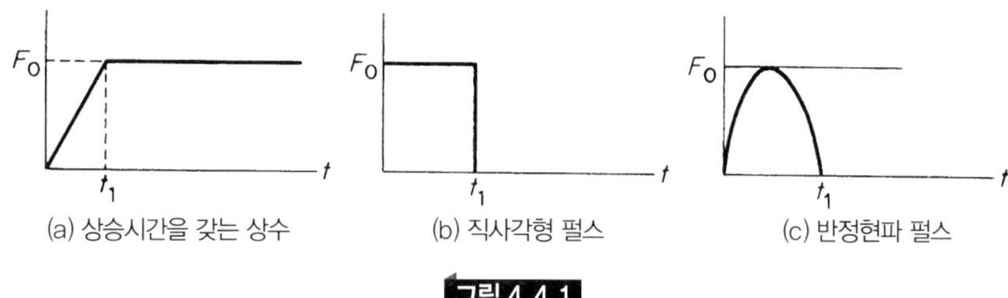

그림 4.4.1

상승시간 입력은 그림 4.4.2에서 보듯이 두 램프(ramp)함수들의 합이 되는 것으로 생각할 수 있다.

첫 번째 램프 함수에 대한 컨벌루션(convolution)적분의 항은 다음과 같다.

$$f(t) = F_0\left(\frac{t}{t_1}\right)$$

$$h(t) = \frac{1}{m\omega_n}\sin\omega_n t = \frac{\omega_n}{k}\sin\omega_n t \tag{4.4.1}$$

그리고 응답은 다음과 같다

$$\begin{aligned} x(t) &= \frac{\omega_n}{k}\int_0^t F_0\frac{\xi}{t_1}\sin\omega_n(t-\xi)\,d\xi \\ &= \frac{F_0}{k}\left(\frac{t}{t_1} - \frac{\sin\omega_n t}{\omega_n t_1}\right) \qquad t < t_1 \end{aligned} \tag{4.4.2}$$

t_1에서 시작되는 두 번째 램프 함수에 대한 해는 윗식으로부터 구할 수 있다.

$$x(t) = -\frac{F_0}{k}\left[\frac{t-t_1}{t_1} - \frac{\sin\omega_n(t-t_1)}{\omega_n t_1}\right]$$

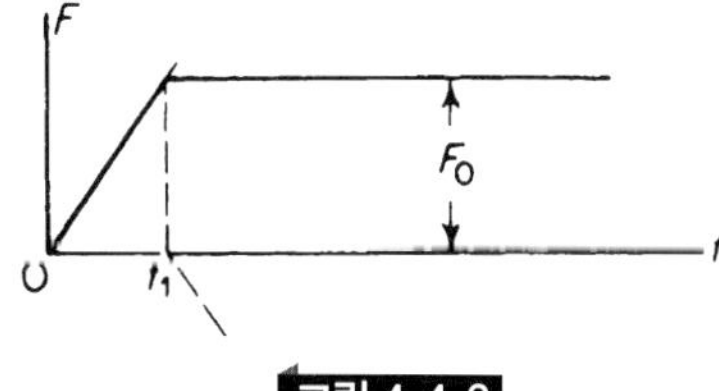

그림 4.4.2

$t>t_1$에 대한 응답은 두 식을 더하여 다음과 같이 된다

$$x(t) = \frac{F_0}{k}\left[1 - \frac{\sin \omega_n t}{\omega_n t_1} + \frac{1}{\omega_n t_1}\sin \omega_n (t - t_1)\right] \quad t > t_1 \tag{4.4.3}$$

직사각형 펄스 여기서의 입력 펄스는 그림 4.4.3에 보인 두 계단함수들의 합으로 생각할 수 있다.

이미 계단함수에 대한 응답은

$$\frac{kx}{F_0} = [1 - \cos \omega_n t] \quad t < t_1 \tag{4.4.4}$$

로써 구한 바 있으며, 여기서 피크 응답은 $t=(1/2)\tau$에서 2.0이 되는 것을 분명하게 확인할 수 있다.

$t=t_1$에서 시작되는 제2계단함수에 대한 응답은

$$\frac{kx}{F_0} = -[1 - \cos \omega_n (t - t_1)] \tag{4.4.5}$$

이고, 제 2구간 $t>t_1$에서의 응답은 다음과 같이 된다.

$$\begin{aligned}\frac{kx}{F_0} &= \{[1 - \cos \omega_n t] - [1 - \cos \omega_n (t - t_1)]\}\\ &= -\cos \omega_n t + \cos \omega_n (t - t_1) \quad t > t_1\end{aligned} \tag{4.4.6}$$

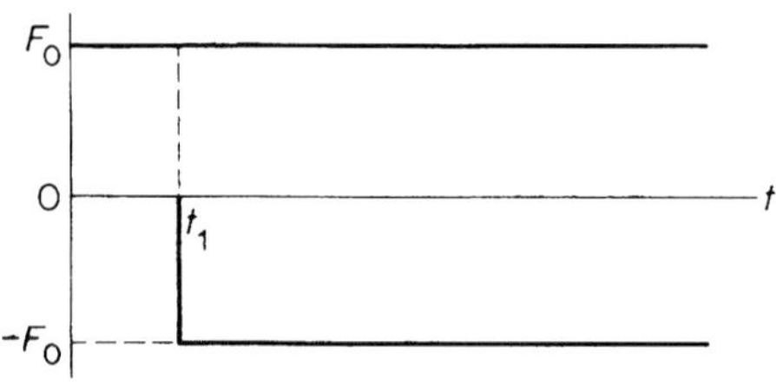

그림 4.4.3

반정현파 펄스 t_1시간 지속되는 펄스에 대하여, 가진력은

$$\begin{aligned}F(t) &= F_0 \sin \frac{\pi t}{t_1} \quad (t<t_1\text{인 경우})\\ &= 0 \qquad\qquad (t>t_1\text{인 경우})\end{aligned} \tag{4.4.7}$$

이 되고, 운동의 미분 방정식은

$$\ddot{x} + \omega_n^2 x = \frac{F_0}{m} \sin \pi t/t_1 \qquad t < t_1 \tag{4.4.8}$$

이 된다. 일반해는 자유진동과 특수해의 합이 된다.

$$x(t) = A \sin \omega_n t + B \cos \omega_n t + \frac{F_0}{m} \frac{\sin pt}{\omega_n^2 - p^2} \tag{4.4.9}$$

여기서 $p = \pi/t_1$이다. 초기 조건 $x(0) = \dot{x}(0) = 0$을 만족시키기 위해서는

$$B = 0 \text{ 그리고 } A = -\frac{F_0}{k} \frac{\dfrac{p}{\omega_n}}{1 - \left(\dfrac{p}{\omega_n}\right)^2}$$

이어야 하며, 이 때 앞의 해는 다음의 식으로 축소된다.

$$\left(\frac{xk}{F_0}\right) = \frac{-\dfrac{p}{\omega_n}}{1 - \left(\dfrac{p}{\omega_n}\right)^2} \sin \omega_n t + \frac{1}{1 - \left(\dfrac{p}{\omega_n}\right)^2} \sin pt$$

$$= \frac{1}{\dfrac{\tau}{2t_1} - \dfrac{2t_1}{\tau}} \left[\sin \frac{2\pi t}{\tau} - \left(\frac{2t_1}{\tau}\right) \sin \frac{\pi t}{t_1} \right] \qquad t < t_1 \tag{4.4.10}$$

영역 $t > t_1$에 대한 해를 계산하려면, 식 (4.4.10)에서 t를 $(t - t_1)$으로 대치시킨 후에 이용한다. 그러나 여기서는 다른 방법을 선택하자. $t > t_1$의 경우 가진력은 0 이라는 사실을 알고 있으므로, $t' = (t - t_1)$인 자유진동[식 (2.6.17) 참조]으로 그 해를 구할 수 있다.

$$x(t) = \frac{\dot{x}(t_1)}{\omega_n} \sin \omega_n t + x(t_1) \cos \omega_n t \tag{4.4.11}$$

$Pt_1 = \pi$이므로, 초기값 $x(t_1)$과 $\dot{x}(t_1)$은 식 (4.4.10)으로부터 얻어질 수 있다.

$$\frac{kx(t_1)}{F_0} = \frac{1}{1 - \left(\dfrac{p}{\omega_n}\right)^2} \left[\sin pt_1 - \left(\frac{p}{\omega_n}\right) \sin \omega_n t_1 \right] = \frac{1}{1 - \left(\dfrac{p}{\omega_n}\right)^2} \left[-\frac{p}{\omega_n} \sin \omega_n t_1 \right]$$

$$\frac{k\dot{x}(t_1)}{F_0} = \frac{1}{1 - \left(\dfrac{p}{\omega_n}\right)^2} [p \cos pt_1 - p \cos \omega_n t_1] = \frac{-p}{1 - \left(\dfrac{p}{\omega_n}\right)^2} [1 + \cos \omega_n t_1]$$

이 결과들을 식 (4.4.11)에 대입하면, 다음과 같이 된다.

$$\frac{xk}{F_0} = \frac{-\dfrac{p}{\omega_n}}{1 - \left(\dfrac{p}{\omega_n}\right)^2}[(1 + \cos\omega_n t_1)\sin\omega_n t' + \sin\omega_n t_1 \cos\omega_n t']$$

$$= \frac{-\dfrac{p}{\omega_n}}{1 - \left(\dfrac{p}{\omega_n}\right)^2}[\sin\omega_n t' + \sin\omega_n(t' + t_1)]$$

$$= \frac{1}{\dfrac{\tau}{2t_1} - \dfrac{2t_1}{\tau}}\left[\sin\frac{2\pi t}{\tau} + \sin 2\pi\left(\frac{t}{\tau} - \frac{t_1}{\tau}\right)\right] \quad t > t_1 \qquad \textbf{(4.4.12)}$$

4.5 충격응답 스펙트럼

앞절에서 비감쇠 스프링-질량계의 지속시간 t_1인 펄스 가진에 대한 시간응답에 대하여 풀었다. 지속시간 t_1이 스프링-질량계의 고유 주기 τ와 비교하여 작다면, 가진력은 **충격**(shock)으로 불린다. 이러한 가진은 안전설계의 보증을 받기 위하여 충격-진동 시험을 받아야만 하는 공학기기들에서 자주 나타난다. 충격 심각성의 척도인 최대 피크 응답들이 특히 중요하다. 모든 충격가진 유형들을 분류하기 위해서 1자유도 비감쇠 진동계(스프링–질량계)를 표준으로 선정하였다.

기계설계기사들은 **충격응답 스펙트럼**(shock response spectrum: SRS)의 개념이 설계에서 유용하다는 것을 알고 있다. 충격응답 스펙트럼(SRS)은 진동계의 고유 주기함수로 1자유도 진동계의 최대 피크 응답의 그림을 나타낸다. 종종 **maximax**로 불리는 피크들의 최대값은 시간응답 곡선상에 하나의 점만을 나타낸다. 두 개의 상이한 충격 펄스들이 동일한 최대 피크 응답을 갖는 것이 가능하기 때문에 충격 입력은 특정하게 정의되지 못한다. 이 제약에도 불구하고, SRS는 폭넓게 사용되며, 특히 초기 설계에 대해서는 유용한 개념이다.

식 (4.2.1)에서 임의의 가진 $f(t)$에 대한 계의 응답은 임펄스 응답 $h(t)$의 항들로 표현된다. 비감쇠 1자유도 진동계와 경우에 임펄스 응답은 다음과 같이 된다.

$$h(t) = \frac{1}{m\omega_n}\sin\omega_n t$$

따라서, 응답 스펙트럼에 사용되는 피크 응답은 다음과 같이 된다.

$$x(t)_{\max} = \left|\frac{1}{m\omega_n}\int_0^t f(\xi)\sin\omega_n(t - \xi)\,d\xi\right|_{\max} \qquad \textbf{(4.5.1)}$$

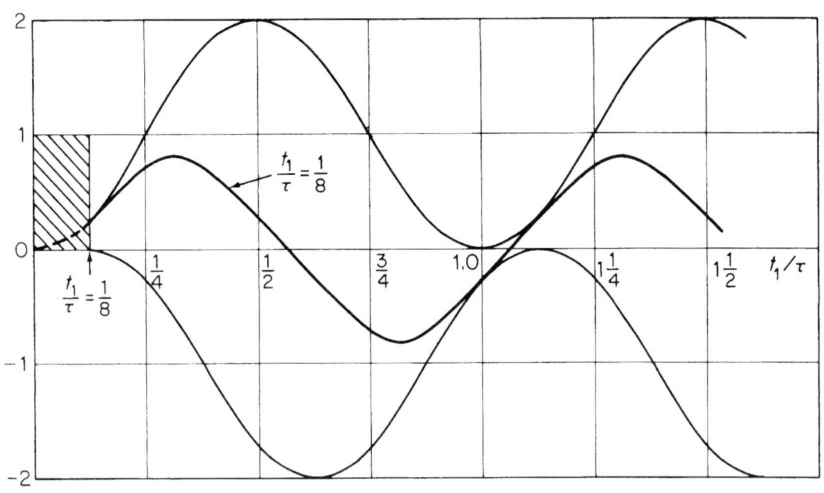

그림 4.5.1 $t_m \fallingdotseq 0.32\tau$에서 $(xk/F_0)_{max} \fallingdotseq 0.80$이 되는 $t_1/\tau = 1/8$에 대한 응답

지지점의 갑작스런 운동에 의한 충격의 경우에, $f(t)$를 식 (4.2.5)에서처럼, 지지점의 가속도인 $-\ddot{y}(t)$로 대치하면, 다음의 결과를 얻을 수 있다.

$$z(t)_{\max} = \left| \frac{-1}{\omega_n} \int_0^t \ddot{y}(\xi) \sin \omega_n (t - \xi)\, d\xi \right|_{\max} \tag{4.5.2}$$

진동계의 고유 주기를 τ로 나타내면, $x(t)$의 최대값, 즉 $z(t)$는 t_1/τ의 함수로 그릴 수 있다. 여기서 t_1은 펄스의 지속시간을 나타낸다.

SRS의 개념을 도식적으로 나타내기 위하여 4.4절에서 이미 나타낸 직사각형 펄스에 대한 시간응답을 취한다. $t > t_1$에 대한 응답은 식 (4.4.6)으로 주어지는데, 이 식은 $t=0$ 및 $t=t_1$에서 두 개의 계단함수들이 시작되는 것을 분명하게 나타낸다. $t_1/\tau = 1/8$인 경우에 대해서는 그림 4.5.1에 나타내었다. $t > t_1$인 경우에 진동계의 응답인 두 곡선의 차이는 굵은 실선으로 나타내었으며, 피크 응답은 $t_m \fallingdotseq 0.32\tau$에서, $(xk/F_0)_{max} \fallingdotseq 0.80$이 된다. 따라서, $(xk/F_0)_{max}$과 t_1/τ의 SRS 선도에서 하나의 점 0.80이 얻어진다.

펄스의 지속시간을 $t_1/\tau = 0.40$으로 변화시키면, 그림 4.5.2에서 보는 유사한 그림은 피크 응답이 시간 $t_m \fallingdotseq 0.45\tau$에서 $(xk/F_0)_{max} = 1.82$와 같아짐을 의미한다. 그리고 이 그림은 SRS 선도 등에서 제2의 점을 나타낸다.

앞에서 기술한 힘든 방법을 피하기 위하여, 식 (4.4.6)부터 시작하여 다음과 같이 피크 응답을 얻기 위해 시간에 대하여 미분하면 다음과 같다.

$$\left(\frac{xk}{F_0}\right) = \{[1 - \cos \omega_n t] - [1 - \cos \omega_n (t - t_1)]\}$$

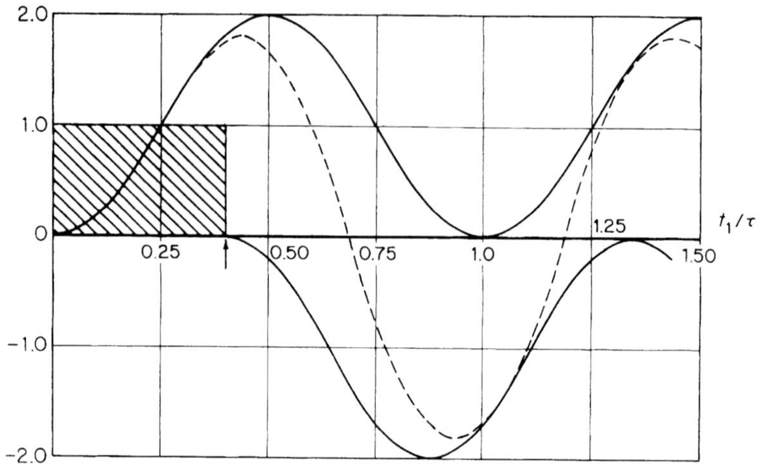

그림 4.5.2 $t_m \cong 0.45\tau$에서 $(xk/F_0)_{max} \cong 1.82$이 되는 $t_1/\tau = 0.40$에 대한 응답

여기서 t_p는 피크 응답에 해당하는 시간이다. 따라서, 그림 4.5.3에 보인 식

$$\tan \omega_n t_p = \frac{\sin \omega_n t_1}{-(1 - \cos \omega_n t_1)}$$

이 얻어진다. 이 그림에서 두 개의 다른 관계식은 다음과 같다.

$$\sin \omega_n t_p = \frac{\sin \omega_n t_1}{\sqrt{2(1 - \cos \omega_n t_1)}}$$

$$\cos \omega_n t_p = \frac{-(1 - \cos \omega_n t_1)}{\sqrt{2(1 - \cos \omega_n t_1)}} = \frac{1}{\sqrt{2}}\sqrt{(1 - \cos \omega_n t_1)}$$

이 결과들을 (xk/F_0)의 식에 대입하면, 피크 응답에 대한 식은 다음과 같이 된다.

$$\begin{aligned}\left(\frac{xk}{F_0}\right)_{max} &= \sqrt{2(1 - \cos \omega_n t_1)} \\ &= 2\left|\sin \tfrac{1}{2}\omega_n t_1\right| = 2\left|\sin \frac{\pi t_1}{\tau}\right| \quad t > t_1\end{aligned} \tag{4.5.3}$$

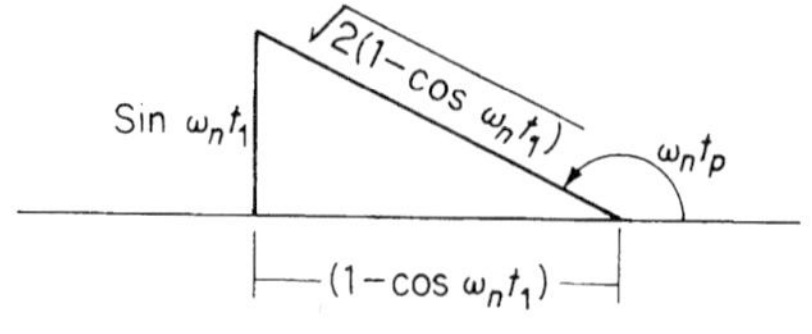

그림 4.5.3

이 방정식으로 주어진 직사각형 펄스에 대한 SRS는 그림 4.5.4의 선도로 나타낼 수 있다. 시간응답 선도에서 볼 수 있는 두 개의 점 x를 주시하자. 점선 곡선들은 **잔류 스펙트럼**(residual spectrum)으로 불리며, $t_1/\tau > 0.50$의 경우에 2.0이 되는 상부 곡선은 모든 피크들의 포락선(envelope)을 나타낸다. 식 (4.2.2)로부터 쉽게 찾아볼 수 있는 $t < t_1$인 구간의 시간응답 곡선의 피크들을 포함한다.

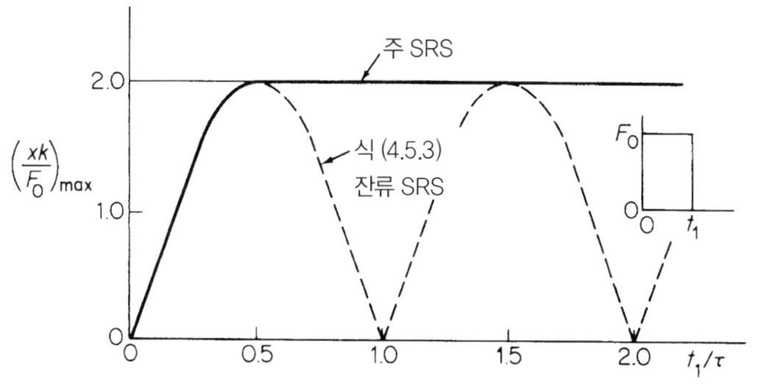

그림 4.5.4 직사각형 펄스에 대한 충격응답 스펙트럼

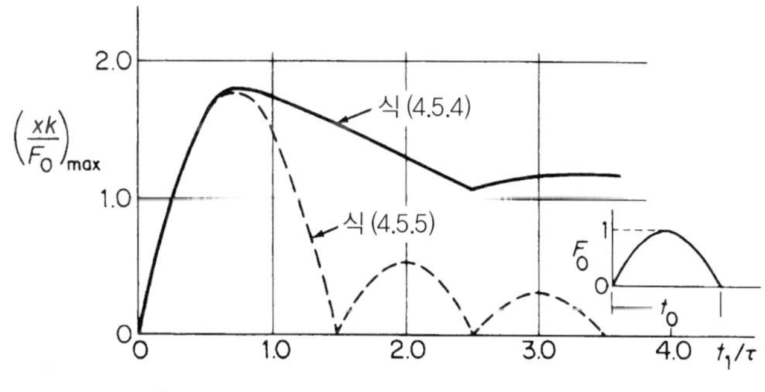

그림 4.5.5 반정현파에 대한 충격응답 스펙트럼

그림 4.5.5와 4.5.6은 종종 실제의 펄스 모양에 좋은 근사값이 되는 반정현파 및 삼각형 펄스에 대한 SRS를 보여준다.

반정현파(half-sine) 펄스의 경우, 주충격 스펙트럼($t < t_1$)에 대한 방정식은 식 (4.4.10)의 최대값

$$\left(\frac{xk}{F_0}\right)_{\max} = \frac{1}{1-\dfrac{\tau}{2t_1}}\left|\sin\frac{2\pi n\left(\dfrac{\tau}{2t_1}\right)}{1+\dfrac{\tau}{2t_1}}\right| \tag{4.5.4}$$

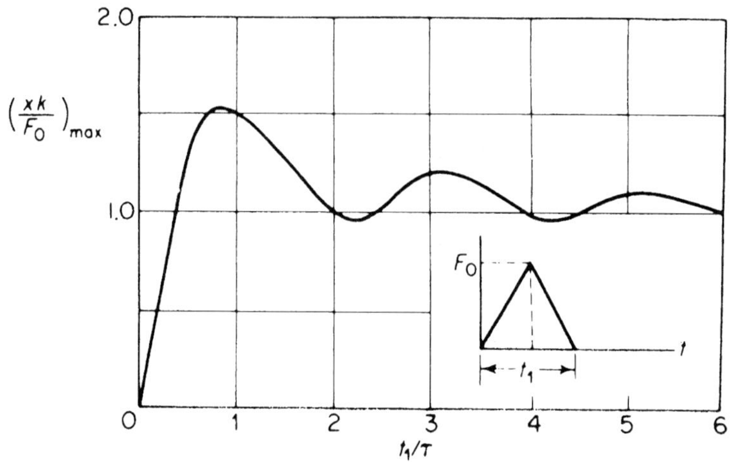

그림 4.5.6 삼각형 펄스에 대한 충격응답 스펙트럼

로부터 얻어진다. 반면에 잔류충격 스펙트럼($t > t_1$)에 대한 식 (4.4.12)의 최대값들은 다음과 같다

$$\left(\frac{xk}{F_0}\right)_{max} = \left(\frac{2}{\frac{\tau}{2t_1} - \frac{2t_1}{\tau}}\right)\left|\cos\frac{\pi t_1}{\tau}\right| \tag{4.5.5}$$

4.6 충격 절연

충격 절연(shock isolation)의 경우에 최대 피크 응답, 즉 전달률은 1보다 작아야 된다. 따라서, 직사각형 펄스의 경우, 요구되는 점들은 [식 (4.5.3) 참조]

$$2\sin\frac{\pi t_1}{\tau} < 1.0$$

$$\frac{\pi t_1}{\tau} < 30° = \frac{\pi}{6}$$

이며, 이 때 진동 절연은 다음 구간

$$\frac{t_1}{\tau} < \frac{1}{6}$$

$$\omega_n < \frac{\pi}{3t_1}$$

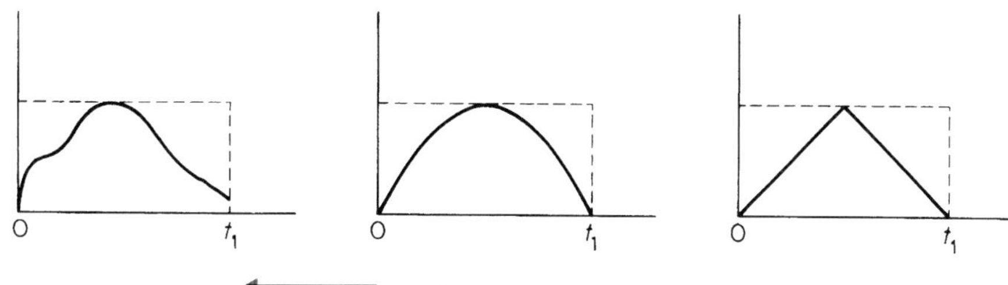

그림 4.6.1 직사각형 펄스로 제한된 충격 펄스들

에 대하여 가능하다. 그리고 절연계의 고유 주기는 펄스 시간의 6배 이상이 되어야 한다.

다음은 그림 4.6.1에 보인 것처럼, 직사각형 펄스로 둘러싸인 좀더 일반적인 펄스를 고려해 보자. 이 힘 펄스들의 임펄스는 직사각형 펄스들의 임펄스보다 분명하게 작다. 임펄스는 운동량의 변화와 같다는 점을 상기하면, 직사각형 펄스의 최대 피크 응답은 내포된 일반형 펄스의 최대 피크 응답의 상한계가 되어야 한다고 가정하는 것이 타당하다. 또한 t_1/τ가 적은 경우는 $t > t_1$인 영역내에서 피크 응답이 나타나는 것을 볼 수 있다. t_1/τ의 미소값들에 대하여, 응답은 임펄스로 가진된 계의 응답이 되며, 펄스의 모형은 임펄스의 크기를 계산하는 것보다 덜 중요하다. 물론, 이러한 정보는 일부 난해한 수학적인 계산들을 피하려고 하는 설계자들에게 매우 중요한 가치가 있다.

4.7 유한 차분법에 의한 수치 계산

미분 방정식이 엄밀한 형태(closed form)로 적분이 되지 않을 때는 수치해석 방법이 적용되어야 한다. 이 방법은 계가 비선형이거나 혹은 간단한 해석함수로서 표시될 수 없는 힘으로 가신되는 경우에 적용된다.

유한 차분법(finite difference method)은 연속변수 t를 불연속변수 t_i로 대치하고, 미분 방정식을 알려진 초기 조건으로부터 시작하여 시간 증분 $h = \Delta t$로 점진적으로 풀게 된다. 근사적으로 해를 얻게 되지만, 시간 증분을 충분히 작게 하여 원하는 정확도의 해를 구할 수 있다.

다양한 유한 차분법들이 이용될 수 있지만, 본 장에서는 간단한 두 가지 방법에 대해서만 생각하기로 한다. 여러 가지 방법에 대한 각각의 장점은 주로 정확도, 안정성, 그리고 계산시간과 관련이 있으며, 자세한 내용은 본 장 끝부분에 열거된 수치해석 교재들을 참고로 하기 바란다.

동적 계에 대한 운동의 미분 방정식은 선형, 비선형에 관계없이 다음과 같은 일반적인 형태로 표현할 수 있다.

$$\begin{aligned} \ddot{x} &= f(x, \dot{x}, t) \\ x_1 &= x(0) \\ \dot{x}_1 &= \dot{x}(0) \end{aligned} \tag{4.7.1}$$

여기서 초기 조건 x_1과 $\dot{x}_1$는 알고 있다고 가정한다(하첨자 1은 대부분의 컴퓨터 언어들이 0 미만을 허용하지 않기 때문에, $t=0$에 해당한다).

첫 번째 방법은 2차식을 형태의 변함 없이 적분을 하는 것이고, 두 번째 방법은 2차식을 두 개의 1차식으로 차수를 줄여서 적분하는 것이다. 이 경우에 두 식은 다음과 같은 형태를 가진다.

$$\begin{aligned} \dot{x} &= y \\ \dot{y} &= f(x, y, t) \end{aligned} \tag{4.7.2}$$

방법 1 우선 1차식을 직접 푸는 방법에 대하여 알아보자. 먼저 식이 다음과 같은 비감쇠계에 대한 논의만으로 제한한다.

$$\begin{aligned} \ddot{x} &= f(x, t) \\ x_1 &= x(0) \\ \dot{x}_1 &= \dot{x}(0) \end{aligned} \tag{4.7.3}$$

다음의 방법은 **중앙 차분법**(central difference method)으로 알려져 있으며, 피벗점(pivotal point) i에 대한 x_{i+1}과 x_{i-1}의 테일러(Taylor) 전개식이 기초가 된다.

$$\begin{aligned} x_{i+1} &= x_i + h\dot{x}_i + \frac{h^2}{2}\ddot{x}_i + \frac{h^3}{6}\dddot{x}_i + \ldots \\ x_{i-1} &= x_i - h\dot{x}_i + \frac{h^2}{2}\ddot{x}_i - \frac{h^3}{6}\dddot{x}_i + \ldots \end{aligned} \tag{4.7.4}$$

여기서 시간 간격은 $h=\Delta t$이다. 두 식의 차를 계산한 후에, 고차항들을 무시하면, 다음의 식

$$\dot{x}_i = \frac{1}{2h}(x_{i+1} - x_{i-1}) \tag{4.7.5}$$

가 얻어지고, 덧셈을 통하여 다음의 식을 찾을 수 있다.

$$\ddot{x}_i = \frac{1}{h^2}(x_{i-1} - 2x_i + x_{i+1}) \tag{4.7.6}$$

두 식 (4.7.5)와 (4.7.6)에서 무시 된 항의 차수는 h^2이다. 미분 방정식 (4.7.3)을 식 (4.7.6)에 대입 하여 정리하면 **순환식**(recurrence formula)인 다음 식을 얻는다.

$$x_{i+1} = 2x_i - x_{i-1} + h^2 f(x_i, t_i) \qquad i \geq 2 \tag{4.7.7}$$

계산 시작 만일 순환식에서 $i=2$로 두면, x_3를 구하기 위해서는 x_2가 필요하다. 계산을 시작하기 위하여 x_2에 대한 다른 식이 필요하다. 테일러 전개식 (4.7.4)의 고차항을 무시하면 다음과 같다.

$$x_2 = x_1 + h\dot{x}_1 + \frac{h^2}{2}\ddot{x}_1 = x_1 + h\dot{x}_1 + \frac{h^2}{2}f(x_1, t) \tag{4.7.8}$$

따라서, 식 (4.7.8)에서 초기 조건들의 항으로 x_2를 구할 수 있고 식 (4.7.7)로써 x_3, x_4,⋯를 구할 수 있다.

이 과정에서 고차항을 무시하였으므로 **절단 오차**(truncation error)가 발생한다. 사사오입 오차(round-off error)같은 다른 오차는 유효 숫자의 손실에서 발생된다. 이런 모든 것들은 시간 증분 $h=\Delta t$에 관련이 있으며, 본서의 수준을 넘는 다소 복잡한 것으로서, 대체적으로 좀더 나은 정확도는 Δt를 작게 함으로써 얻을 수 있지만, 계산횟수와 계산과정에서 발생되는 오차는 증가하게 된다. 방법 1에 사용되는 안정된 기준은 $h \leq \tau/10$이며 τ는 계의 고유 주기이다.

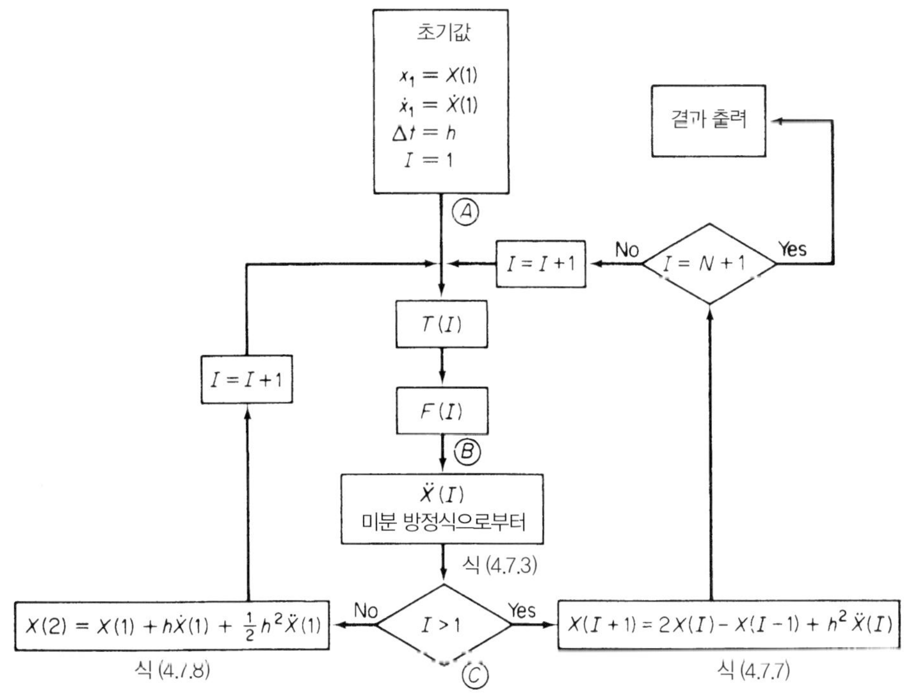

그림 4.7.1 (비감쇠계의) 흐름 선도

계산과정을 나타내는 흐름도는 그림 4.7.1에 보이고 있다. 주어진 자료 Ⓐ로 부터 미분 방정식인 Ⓑ까지 수행한다. 처음으로 Ⓒ로 가서 I는 1보다 크지 않으므로 좌측 방향의 계산을 수행하여 x_2를 계산한다. I에 1을 더하여 Ⓑ와 Ⓒ를 수행하면 I는 2가 되어 우측 방향의 계산을 수행하여 x_3를 계산한다. N개의 Δt간격이 있을 때, No 방향으로 진행하여 우측의 루프를 $I = N + 1$이 될 때까지 N번 반복한 후에 결과를 출력한다.

예제 4.7.1

다음 미분 방정식의 해를 수치해석적으로 구하라.

$$4\ddot{x} + 2000x = F(t)$$

초기 조건은

$$x_1 = \dot{x}_1 = 0$$

이며, 가진력 함수는 그림 4.7.2에 나타내었다.

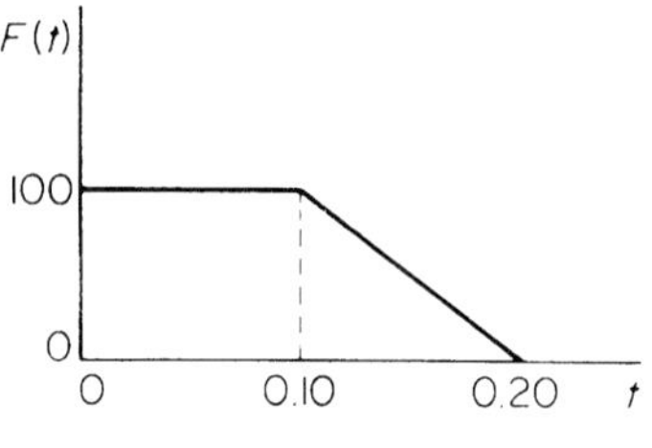

그림 4.7.2

풀이 먼저 계의 고유 주기를 계산하면 다음과 같다.

$$\omega = \frac{2\pi}{\tau} = \sqrt{\frac{2000}{4}} = 22.36 \text{ rad/s}$$

$$\tau = \frac{2\pi}{22.36} = 0.281 \text{ s}$$

$h \leq \tau/10$의 조건에 따르고 $F(t)$표기의 편의상, $h = 0.020$ s로 취한다.

미분 방정식에서 다음의 식을 얻는다.

$$\ddot{x} = f(x, t) = \tfrac{1}{4}F(t) - 500x$$

식 (4.7.8)에서 $x_2 = 1/2(25)(0.02)^2 = 0.005$가 구해지며, 그 다음 x_3는 식 (4.7.7)로부터 다음과 같이 구해진다.

$$x_3 = 0.005 - 0 + (0.02)^2(25 - 500 \times 0.005) = 0.0190$$

같은 방법으로 x_4, x_5등도 식 (4.7.7)에서 얻어진다.

엄밀해는 계단함수와 램프함수에 대한 해를 다음과 같은 방법으로 중첩시켜 얻어진 것이다. 그림 4.7.3은 힘을 중첩시키는 것을 나타낸다.

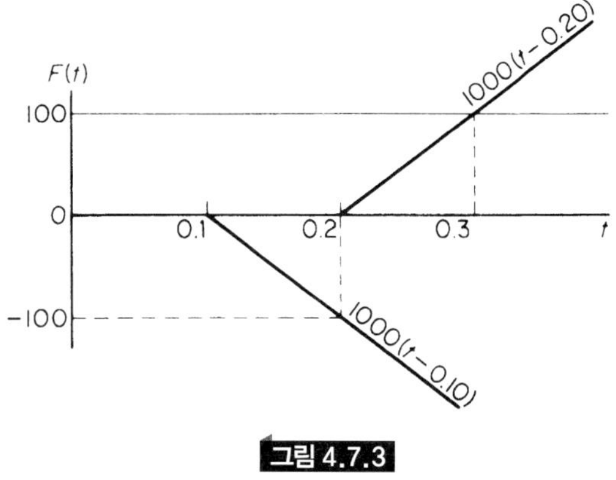

그림 4.7.3

엄밀해의 계산을 위한 중첩식은 다음과 같다.

$$x_1 = 0.05(1 - \cos 22.36t) \quad (0 \le t \le 0.1) \tag{4.7.9}$$

$$x_2 = -\left[\tfrac{1}{2}(t - 0.1) - 0.02236 \sin 22.36(t - 0.10)\right] \quad (t = 0.1\text{s에 중첩함}) \tag{4.7.10}$$

$$x_3 = +\left[\tfrac{1}{2}(t - 0.2) - 0.02236 \sin 22.36(t - 0.2)\right] \quad (t = 0.2\text{s에 중첩함}) \tag{4.7.11}$$

계산은 모두 MATLAB®으로 이루어졌으며 그림 4.7.4는 엄밀해와 비교하기 위하여 계산값들을 나타내었다.

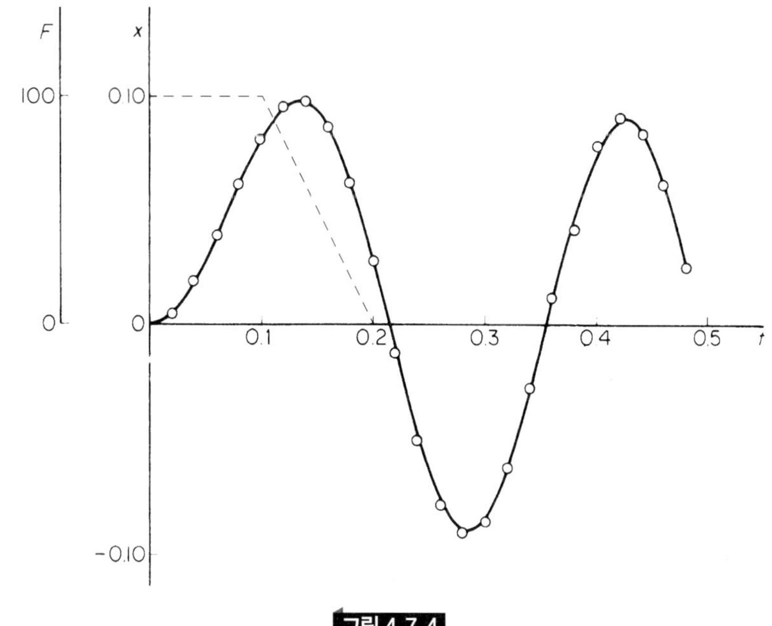

그림 4.7.4

초기 가속도와 초기 조건들이 0인 경우 만일 $t=0$에서 가진력과 초기 조건들이 0이라면 $\ddot{x}_1=0$이며, 식 (4.7.8)에서 $x_2=0$이 되기 때문에 계산이 불가능하다. 이 경우에는 처음 적분구간에서의 가속도가 선형적으로 변화한다는 가정하에서 새로운 초기 방정식을 이용하면 해결될 수 있다. 이 때 $\ddot{x}_1=0$에서 $\ddot{x}_2$까지의 가속도는 다음과 같다.

$$\ddot{x} = 0 + \alpha t$$

이를 적분하면, 다음의 결과를 얻는다.

$$\dot{x} = \frac{\alpha}{2}t^2$$

$$x = \frac{\alpha}{6}t^3$$

첫 번째 식으로부터 $\ddot{x}_2=\alpha h$이고, $h=\Delta t$이므로 두 번째와 세 번째 식은 다음과 같다.

$$\dot{x}_2 = \frac{h}{2}\ddot{x}_2 \tag{4.7.12}$$

$$x_2 = \frac{h^2}{6}\ddot{x}_2 \tag{4.7.13}$$

$t_2=h$인 경우, 이 식들을 미분 방정식에 대입하면, $\ddot{x}_2$ 및 x_2를 구할 수 있다. 예제 4.7.2는 이러한 경우의 예이다.

예제 4.7.2

삼각형 펄스에 의하여 가진되는 스프링-질량계의 문제를 디지털 컴퓨터를 이용하여 풀어라. 운동 방정식과 초기 조건들은 다음과 같다.

$$0.5\ddot{x} + 8\pi^2 x = F(t)$$

$$x_1 = \dot{x}_1 = 0$$

삼각형의 힘은 그림 4.7.5에 나타내었다.

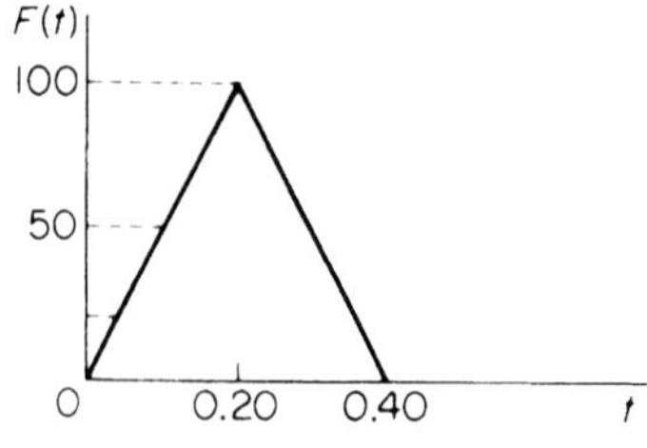

그림 4.7.5

풀이 계의 고유 주기는

$$\tau = \frac{2\pi}{\omega} = \frac{2\pi}{4\pi} = 0.50$$

이다. 시간 증분을 $h = 0.05$로 선택하고, 미분 방정식을 다음과 같이 나타내었다.

$$\ddot{x} = f(x, t) = 2F(t) - 16\pi^2 x$$

이 식은 식 (4.7.7)의 순환식과 함께 푼다.

$$x_{i+1} = 2x_i - x_{i-1} + h^2 f(x, t)$$

그런데 $t = 0$에서의 힘과 가속도는 0이기 때문에 식 (4.7.12)와 (4.7.13) 및 다음의 미분식을 이용하여 계산을 시작하여야 한다.

$$x_2 = \tfrac{1}{6}\ddot{x}_2(0.05)^2 = 0.000417\ddot{x}_2$$
$$\ddot{x}_2 = 2F(0.05) - 16\pi^2 x_2 = 50 - 158x_2$$

동시에 얻어지는 해는 다음과 같이 된다.

$$x_2 = \frac{(0.05)^2 F(0.05)}{3 + 8\pi^2(0.05)^2} = 0.0195$$
$$\ddot{x}_2 = 46.91$$

수치 계산의 흐름도는 그림 4.7.6에 보이고 있다. $h = 0.05$로 선택하였으므로, 힘에 대한 시간 간격을 $I = 1$에서 5, $I = 6$에서 9, $I > 9$인 영역으로 나누어야 한다. 지수 I는 선도에서 계산경로를 제어한다.

그림 4.7.7은 계산된 결과를 나타낸다. Δt가 작을수록 부드러운 곡선이 얻어진다.

감쇠계 감쇠가 있는 경우에는 미분 방정식이 $\dot{x}_i$항을 포함하며, 식 (4.7.7)은 다음 식으로 대치된다

$$x_{i+1} = 2x_i - x_{i-1} + h^2 f(x_i, \dot{x}_i, t_i) \qquad i \geq 2 \tag{4.7.7'}$$

따라서, 각 단계마다 변위뿐 아니라 속도도 계산해야 한다.

식 (4.7.4)의 테일러 급수의 처음 세 항을 고려하면 x_{i+1}의 식에서 $i = 1$을 대입하여 x_2를 구할 수 있다.

$$x_2 = x_1 + \dot{x}_1 h + \frac{h^2}{2} f(x_1, \dot{x}_1, t_1)$$

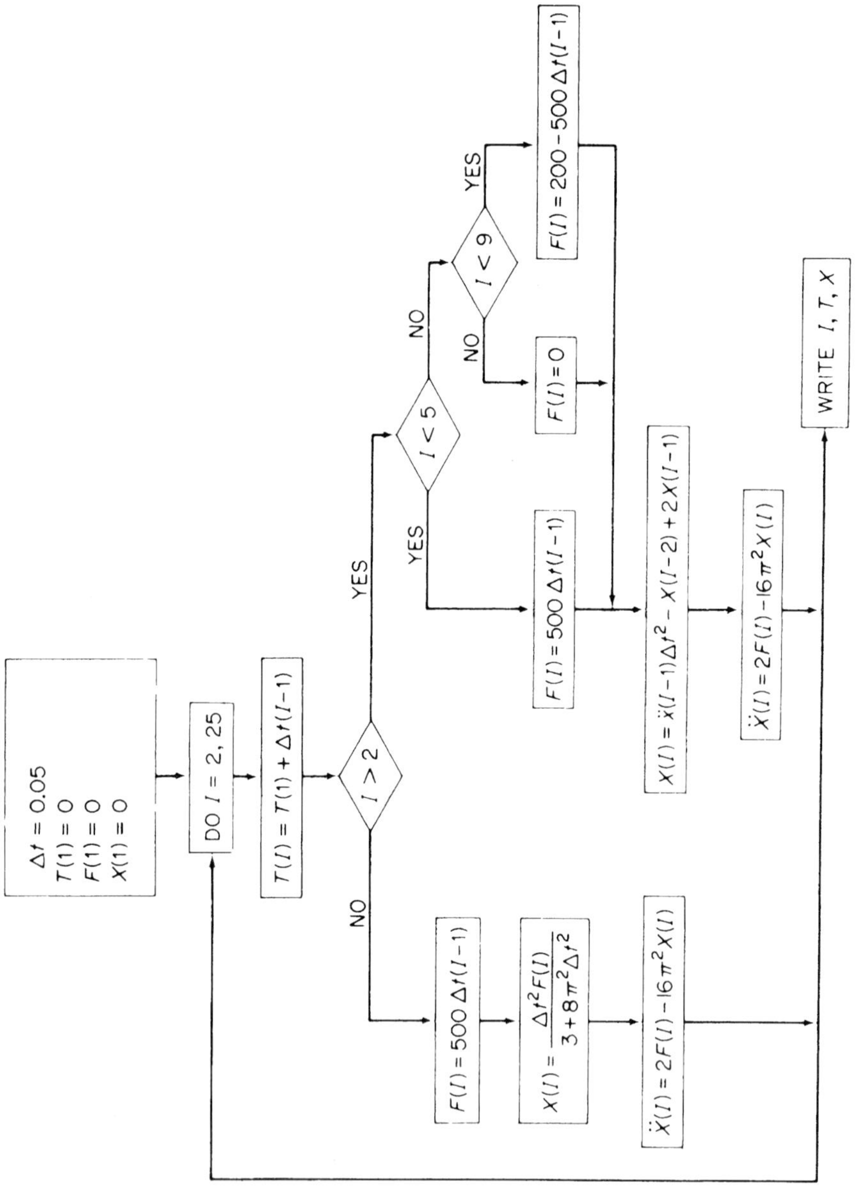

$\Delta t = 0.05$
$T(1) = 0$
$F(1) = 0$
$X(1) = 0$

DO $I = 2, 25$

$T(I) = T(1) + \Delta t(I-1)$

$I > 2$

NO

$F(I) = 500\,\Delta t(I-1)$

$X(I) = \dfrac{\Delta t^2 F(I)}{3 + 8\pi^2 \Delta t^2}$

$\ddot{X}(I) = 2F(I) - 16\pi^2 X(I)$

YES

$I < 5$

YES

$F(I) = 500\,\Delta t(I-1)$

NO

$I < 9$

NO

$F(I) = 0$

YES

$F(I) = 200 - 500\,\Delta t(I-1)$

$X(I) = \ddot{x}(I-1)\Delta t^2 - X(I-2) + 2X(I-1)$

$\ddot{X}(I) = 2F(I) - 16\pi^2 X(I)$

WRITE I, T, X

그림 4.7.6

번호	시간	변위	가속도	가진력
1	0.0	0.0	0.0	0.0
2	0.0500	0.020	46.91	25.00
3	0.1000	0.156	75.31	50.00
4	0.1500	0.481	73.97	75.00
5	0.2000	0.992	43.44	100.00
6	0.2500	1.610	-104.25	75.00
7	0.3000	1.968	-210.78	50.00
8	0.3500	1.799	-234.10	25.00
9	0.4000	1.045	-165.01	0.00
10	0.4500	-0.122	19.22	0.0
11	0.5000	-1.240	195.86	0.0
12	0.5500	-1.869	295.19	0.0
13	0.6000	-1.760	277.98	0.0
14	0.6500	-0.957	151.04	0.0
15	0.7000	0.225	-35.52	0.0
16	0.7500	1.318	-208.06	0.0
17	0.8000	1.890	-298.47	0.0
18	0.8500	1.717	-271.05	0.0
19	0.9000	0.865	-136.64	0.0
20	0.9500	-0.328	51.72	0.0
21	1.0000	-1.391	219.66	0.0
22	1.0500	-1.906	300.89	0.0
23	1.1000	-1.668	263.33	0.0
24	1.1500	-0.772	121.83	0.0
25	1.2000	0.429	-67.77	0.0

그림 4.7.7

$\dot{x}_2$는 x_{i-1}의 식에 $i=2$를 대입하여 얻어진다.

$$x_1 = x_2 - \dot{x}_2 h + \frac{h^2}{2} f(x_1, \dot{x}_2, t_2)$$

그리고 이 결과를 식 (4.7.7′)에 대입하면 x_3가 계산된다. 이 과정은 테일러 급수를 이용하여 다른 x_i와 $\dot{x}_i$를 구하는 데에도 적용된다.

4.8 룽에–쿠타 방법

룽에–쿠타(Runge-Kutta)계산법은 처음 구간에서의 적분이 저절로 이루어지며, 그 결과가 매우 정확하므로 많이 이용되고 있다. 그 방법은 대략 다음과 같다.

룽에–쿠타 방법에서는 먼저 2차 미분 방정식을 두 개의 1차 미분 방정식으로 만든다. 실례로 다음과 같은 1자유도계의 미분 방정식을 고려해 보자.

$$\ddot{x} = \frac{1}{m}[f(t) - kx - c\dot{x}] = F(x, \dot{x}, t) \tag{4.8.1}$$

$\dot{x}=y$로 치환하면, 윗식은 다음과 같은 두 개의 1 차식으로 나타내어진다.

$$\begin{aligned} \dot{x} &- y \\ \dot{y} &= F(x, y, t) \end{aligned} \tag{4.8.2}$$

x_i와 y_i의 주변에서 x와 y는 모두 테일러 급수로 표시된다. 시간 증분을 $h=\Delta t$라 하면 다음과 같다.

$$x = x_i + \left(\frac{dx}{dt}\right)_i h + \left(\frac{d^2x}{dt^2}\right)_i \frac{h^2}{2} + \ldots$$
$$y = y_i + \left(\frac{dy}{dt}\right)_i h + \left(\frac{d^2y}{dt^2}\right)_i \frac{h^2}{2} + \ldots \qquad \textbf{(4.8.3)}$$

윗식에서 첫 번째 미분항을 평균 기울기로 대치시키고, 고차 미분항을 무시하면, 다음과 같이 된다.

$$x = x_i + \left(\frac{dx}{dt}\right)_{iav} h$$
$$y = y_i + \left(\frac{dy}{dt}\right)_{iav} h \qquad \textbf{(4.8.4)}$$

그리고 심프슨(Simpson)의 법칙을 이용하면 h에서의 평균 기울기는 다음과 같이 된다.

$$\left(\frac{dy}{dt}\right)_{iav} = \frac{1}{6}\left[\left(\frac{dy}{dt}\right)_{t_i} + 4\left(\frac{dy}{dt}\right)_{t_i+h/2} + \left(\frac{dy}{dt}\right)_{t_i+h}\right]$$

룽에-쿠타 방법은 앞의 계산법과 거의 비슷하다. 단지 주어진 식의 가운데 항이 두 개의 항으로 나누어지고 t, x, y 및 f의 네 개 값이 각각의 i에 대하여 다음과 같이 구해진다.

t	x	$y=\dot{x}$	$f=\dot{y}=\ddot{x}$
$T_1 = t_i$	$X_1 = x_i$	$Y_1 = y_i$	$F_1 = f(T_1, X_1\ Y_1)$
$T_2 = t_i + \frac{h}{2}$	$X_2 = x_i + Y_1\frac{h}{2}$	$Y_2 = y_i + F_1\frac{h}{2}$	$F_2 = f(T_2, X_2, Y_2)$
$T_3 = t_i + \frac{h}{2}$	$X_3 = x_i + Y_2\frac{h}{2}$	$Y_3 = y_i + F_2\frac{h}{2}$	$F_3 = f(T_3, X_3, Y_3)$
$T_4 = t_i + h$	$X_4 = x_i + Y_3 h$	$Y_4 = y_i + F_3 h$	$F_4 = f(T_4, X_4, Y_4)$

이렇게 계산된 값들은 다음의 순환식에 사용된다.

$$x_{i+1} = x_i + \frac{h}{6}(Y_1 + 2Y_2 + 2Y_3 + Y_4) \qquad \textbf{(4.8.5)}$$

$$y_{i+1} = y_i + \frac{h}{6}(F_1 + 2F_2 + 2F_3 + F_4) \qquad \textbf{(4.8.6)}$$

식 (4.8.4)에서 정의된 바와 같이 위에서 6으로 나누어진 네 개의 Y값은 평균 기울기 dx/dt를 나타내며, 6으로 나누어진 네 개의 F값은 dy/dt의 평균을 나타낸다.

예제 4.8.1

예제 4.7.1을 룽에–쿠타 방법을 이용하여 풀어라.

풀이 운동 방정식은 다음과 같다.

$$\ddot{x} = \tfrac{1}{4} f(t) - 500x$$

$y = \dot{x}$라 두면, 다음과 같이 된다.

$$\dot{y} = F(x, t) = \tfrac{1}{4} f(t) - 500x$$

$h = 0.02$로 두면, 다음의 표를 얻을 수 있다.

	t	x	$y=\dot{x}$	f
$t_1 =$	0	0	0	25
	0.01	0	0.25	25
	0.01	0.0025	0.25	23.75
$t_2 =$	0.02	0.0050	0.475	22.50

x_2와 y_2는 다음과 같이 계산된다.

$$x_2 = 0 + \frac{0.02}{6}(0 + 0.50 + 0.50 + 0.475) = 0.00491667$$

$$y_2 = 0 + \frac{0.02}{6}(25 + 50 + 47.50 + 22.50) = 0.4833333$$

점 3까지 계속 계산하면, 앞의 표는 다음과 같이 된다.

	t	x	$y=\dot{x}$	f
$t_2 =$	0.02	0.00491667	0.4833333	22.541665
	0.03	0.0097500	0.70874997	20.12500
	0.03	0.01200417	0.6845833	18.997915
$t_3 =$	0.04	0.01860834	0.8632913	15.695830

여기서 x_3와 y_3가 계산된다.

$$\begin{aligned} x_3 &= 0.00491667 \\ &\quad + \frac{0.02}{6}(0.483333 + 1.4174999 + 1.3691666 + 0.8632913) \\ &= 0.00491667 + 0.01377764 = 0.01869431 \end{aligned}$$

$$y_3 = 0.483333 + 0.38827775 = 0.87161075$$

완전한 계산을 위하여 예제들은 MATLAB®으로 풀이되었으며, 그 결과는 매우 정확하였다. 표 4.8.1은 예제 4.7.1에서 다루었던 중앙 차분법과 룽에–쿠타 방법에 의한 계산 결과를 엄밀해 [식 (4.7.9)~4.7.11) 참조]의 수치들과 비교한 것이다.

표 4.8.1 예제 4.8.1에 대한 방법들의 비교

시간 t	엄밀해	중앙 차분법	룽에–쿠타 방법
0	0	0	0
0.02	0.00492	0.00500	0.00492
0.04	0.01870	0.01900	0.01869
0.06	0.03864	0.03920	0.03862
0.08	0.06082	0.06159	0.06076
0.10	0.08086	0.08167	0.08083
0.12	0.09451	0.09541	0.09447
0.14	0.09743	0.09807	0.09741
0.16	0.08710	0.08712	0.08709
0.18	0.06356	0.06274	0.06359
0.20	0.02949	0.02782	0.02956
0.22	−0.01005	−0.01267	−0.00955
0.24	−0.04761	−0.05063	−0.04750
0.26	−0.07581	−0.07846	−0.07571
0.28	−0.08910	−0.09059	−0.08903
0.30	−0.08486	−0.08461	−0.08485
0.32	−0.06393	−0.06171	−0.06400
0.34	−0.03043	−0.02646	−0.03056
0.36	0.00906	0.01407	0.00887
0.38	0.04677	0.05180	0.04656
0.40	0.07528	0.07916	0.07509
0.42	0.08898	0.09069	0.08886
0.44	0.08518	0.08409	0.08516
0.46	0.06436	0.06066	0.06473
0.48	0.03136	0.02511	0.03157

비록 룽에–쿠타 방법이 첫 번째 항 이상의 미분 계산을 필요로 하지는 않지만, h^4의 항으로 테일러 급수해와 잘 일치하도록 하기 위하여 1차 도함수를 네 번 계산함으로써 그것의 높은 정확도가 달성된다.

그 뿐만 아니라, 룽에–쿠타방법의 다양성이 단일 또는 다중 변수들에 대해서도 사용될 수 있다는 것이 명백해진다.

이 예제에서처럼 두 개의 변수 x 및 y에 대하여 $z = \begin{Bmatrix} x \\ y \end{Bmatrix}$라 놓을 수 있고, 두 개의 1차 미분방정식은 다음과 같이 쓸 수 있다

$$z = \begin{Bmatrix} \dot{x} \\ \dot{y} \end{Bmatrix} = \begin{Bmatrix} y \\ f(x, y, t) \end{Bmatrix} = F(x, y, t)$$

즉,

$$\dot{z} = F(x, y, t)$$

따라서, 위의 벡터식은 하나의 변수로 나타낸 식과 형태가 동일하고 똑같은 방법으로 취급할 수 있다.

예제 4.8.2

RUNGA를 이용하여 방정식 $2\ddot{x} = 8\dot{x} + 100x = f(t)$를 풀어라. 이 때 $f(t)$ 선도는 그림 4.8.1과 같다.

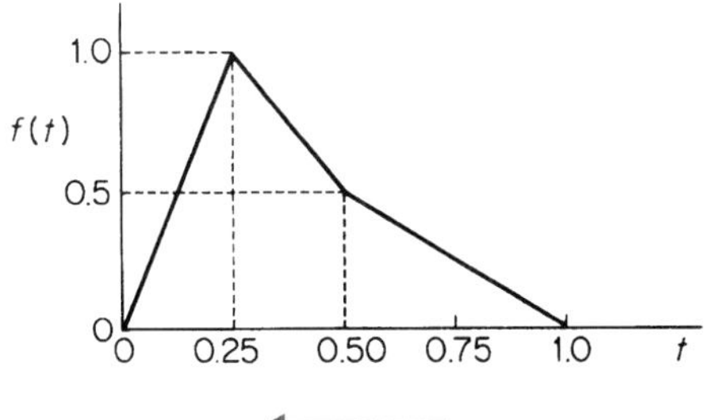

그림 4.8.1

풀이 컴퓨터 프로그램 RUNGA는 4.8절에 제시한 것과 본질적으로는 똑같다. 감쇠가 포함되어 있다.

여기서 프로그램 RUNGA의 응용을 예제 4.8.2에 적용하는 것을 보여주고자 한다. 이 프로그램으로 다음 미분 방정식을 풀어보도록 하자.

$$m\frac{d^2x}{dt^2} + c\frac{dx}{dt} + kx = f(t)$$

프로그램 RUNGA 는 힘함수에 대한 수식을 포함하는 F.M으로 불리는 하나의 함수파일을 필요로 한다. 다음은 그림 4.8.1의 함수에 대한 리스트이다.

```
function [force] = f(t)
if t < 0.25
force = 4 * t;
elseif t < 0.5
force = −2 * (t − 0.25) + 1.0;
elseif t < 1
force = −1 * (t − 0.5) + 0.5;
else
force − 0;
end
```

컴퓨터 프로그램은 본 예제의 경우에 $m=2$, $c=8$, $k=100$ 및 $x(0)=\dot{x}(0)=0$ 인 m, c 및 k 수치들과 초기 위치 및 속도를 필요로 한다. 이 입력을 활용하여 본 프로그램 은 고유 주기 $\tau=2\pi\sqrt{m/k}$를 계산한다. 그 다음에 사용자에게 시간 간격 h의 입력을 요구한다. 일반적으로 이 방법은 시간 간격 $\tau/10$이면 좋은 결과를 보여준다. 그 다음에 프로그램은 해의 계산을 진행하게 된다. 제시된 결과들은 변위 $x(t)$ 및 속도 $\dot{x}(t)$ 그리고 변위의 그림을 보여준다.

시간	변위	속도
0	0	0
0.0700	0.0001	0.0044
0.1400	0.0008	0.0151
0.2100	0.0023	0.0285
0.2800	0.0047	0.0399
0.3500	0.0075	0.0377
0.4200	0.0097	0.0239
0.4900	0.0107	0.0043
0.5600	0.0104	−0.0147
0.6300	0.0088	−0.0282
0.7000	0.0066	−0.0346
0.7700	0.0041	−0.0343
0.8400	0.0001	−0.0289
0.9100	0.0001	−0.0210
0.9800	−0.0010	−0.0126
1.0500	−0.0017	−0.0052
1.1200	−0.0018	0.0014
1.1900	−0.0015	0.0061
1.2600	−0.0010	0.0084
1.3300	−0.0004	0.0084
1.4000	0.0002	0.0066
1.4700	0.0005	0.0039
1.5400	0.0007	0.0010
1.6100	0.0007	−0.0014
1.6800	0.0005	−0.0029
1.7500	0.0003	−0.0034
1.8200	0.0001	−0.0031
1.8900	−0.0001	−0.0022
1.9600	−0.0002	−0.0011
2.0300	−0.0003	−0.0000
2.1000	−0.0003	0.0008
2.1700	−0.0002	0.0013
2.2400	−0.0001	0.0013
2.3100	0.0000	0.0011
2.3800	0.0001	0.0007
2.4500	0.0001	0.0003
2.5200	0.0001	−0.0001
2.5900	0.0001	−0.0004
2.6600	0.0001	−0.0005
2.7300	0.0000	−0.0005
2.8000	−0.0000	−0.0004
2.8700	−0.0000	−0.0002
2.9400	−0.0000	−0.0000
3.0100	−0.0000	0.0001

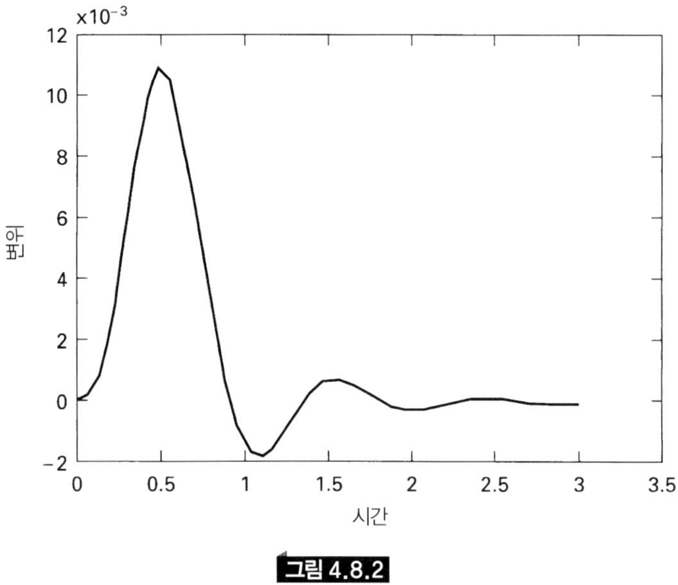

그림 4.8.2

참고문헌

[1] CREDE, C. E., *Vibration & Shock Isolation*, New York: John Wiley & Sons, 1951.

[2] HARRIS, C.M., AND CREDE, C.E., *Shock & Vibration Handbook* Vol. 1, New York: McGraw- Hill, 1961, Chapter 8.

[3] JACOBSEN, L. S., AND AYRE, R. S., *Engineering Vibrations*, New York: McGraw-Hill, 1958.

[4] NELSON, F. C., Shock & *Vibration Isolation: Breaking the Academic Paradigm, Proceedings of the 61st Shock d Vibration Symposium*, Vol. 1, October 1990.

[5] SACZALSKI, K. J., *Vibration Analysis Methods Applied to Forensic Engineering Problems, ASME Conference Proceedings on Structural Vibrations and Acoustics, Design Engineering Division*, Vol. 34, pp. 197–206.

연습문제

4.1 시간 t_p가 다음 식에 의하여 주어진 스프링-질량계의 출력에 의한 피크 응답점의 시간과 같음을 보여라.

$$\tan\sqrt{1-\zeta^2}\omega_n t_p = \sqrt{1-\zeta^2}/\zeta$$

4.2 임펄스에 의하여 가진된 스프링-질량계의 피크 변위를 구하고, 그 값이 다음의 형태로 표현될 수 있음을 보여라.

$$\frac{x_{\text{peak}}\sqrt{km}}{\hat{F}} = \exp\left(-\frac{\zeta}{\sqrt{1-\zeta^2}}\tan^{-1}\frac{\sqrt{1-\zeta^2}}{\zeta}\right)$$

그 결과를 ζ의 함수로 도시하라.

4.3 감쇠를 가진 스프링-질량계가 계단력 F_0에 의하여 가진될 때, 피크 응답은 시간 t_p가 $\omega_n t_p = \pi/\sqrt{1-\zeta^2}$을 만족함을 보여라.

4.4 문제 4.3의 계인 피크 응답이 다음과 같음을 보여라.

$$\left(\frac{xk}{F_0}\right)_{\max} = 1 + \exp\left(-\frac{\zeta\pi}{\sqrt{1-\zeta^2}}\right)$$

4.5 지속시간이 t_0인 직사각형 펄스에 대하여, 초기 조건 $x(t_1)$와 $\dot{x}(t_1)$을 갖는 자유진동 방정식을 이용하여 $t > t_1$에 대한 응답식을 유도하라. 식 (4.4.6)과 비교하라.

4.6 임의의 힘 $f(t)$가 초기 조건이 0이 아닌 감쇠가 없는 진동계에 작용할 때, 그 해가 다음과 같음을 보여라.

$$x(t) = x_0\cos\omega_n t + \frac{v_0}{\omega_n}\sin\omega_n t + \frac{1}{m\omega_n}\int_0^t f(\xi)\sin\omega_n(t-\xi)\,d\xi$$

4.7 단위 계단함수 $g(t)$로 표시됨에 의한 응답이 임펄스에 의한 응답 $h(t)$와 $h(t) = \dot{g}(t)$의 식에 의해 관련됨을 보여라.

4.8 컨벌루션 적분이 $g(t)$에 의하여 다음과 같이 쓰일 수 있음을 보여라.

$$x(t) = f(0)g(t) + \int_0^t \dot{f}(\xi)g(t-\xi)\,d\xi$$

여기서 $g(t)$는 단위 계단함수의 응답이다.

4.9 4.3절에서 점성 감쇠를 갖는 스프링-질량계의 부가적인 식이 식 (4.3.1a)에 나타나 있다. 역변환을 이용하여 초기 조건에 의한 두 번째 항을 구하라.

4.10 비감쇠 스프링-질량계의 지지부 가진이 $\dot{y}(t) = 20(1-5t)$이다. 만일 이 계의 고유 진동수가 $\omega_n = 10\text{s}^{-1}$일 때, 최대 상대변위를 구하라.

4.11 반정현파 펄스는 그림 P4.11에서 보는 두 개의 정현파를 합성한 것이다. 식 (4.4.10)으로부터 $t>t_1$에 대한 식 (4.4.12)와 그 이동된 방정식을 유도하라.

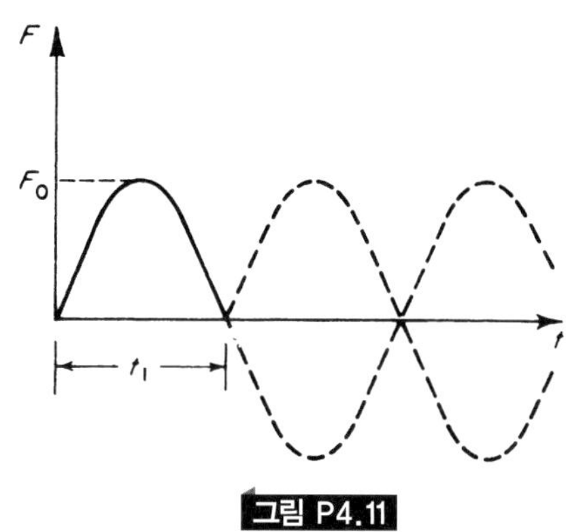

그림 P4.11

4.12 그림 P4.12에 보인 삼각형 펄스에 대한 응답이 다음과 같음을 보여라.

$$x=\frac{2F_0}{k}\left(\frac{t}{t_1}-\frac{\tau}{2\pi t_1}\sin 2\pi\frac{t}{\tau}\right),\quad 0<t<\tfrac{1}{2}t_1$$

$$x=\frac{2F_0}{k}\left\{1-\frac{t}{t_1}+\frac{\tau}{2\pi t_1}\left[2\sin\frac{2\pi}{\tau}\left(t-\frac{1}{2}t_1\right)-\sin 2\pi\frac{t}{\tau}\right]\right\},\quad \tfrac{1}{2}t_1<t<t_1$$

$$x=\frac{2F_0}{k}\left\{\frac{\tau}{2\pi t_1}\left[2\sin\frac{2\pi}{\tau}\left(t-\frac{1}{2}t_1\right)-\sin\frac{2\pi}{\tau}(t-t_1)-\sin 2\pi\frac{t}{\tau}\right]\right\},\quad t>t_1$$

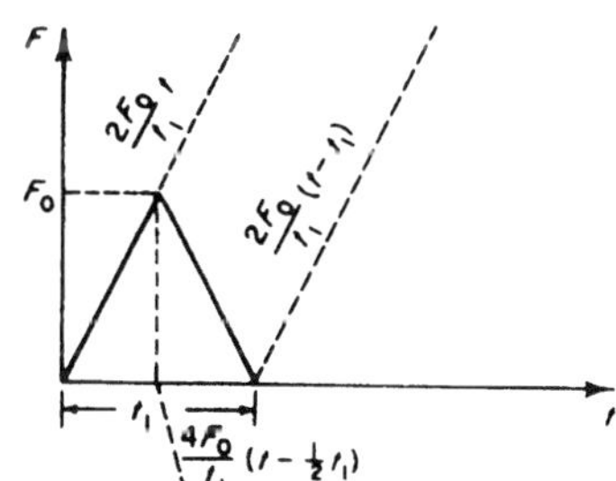

그림 P4.12

4.13 그림 P4.13과 같은 스프링-질량계가 마찰이 없는 30°와 경사면을 따라 내려간다. 스프링 이 벽면에 접촉한 후 다시 만날 때의 경과시간을 구하라.

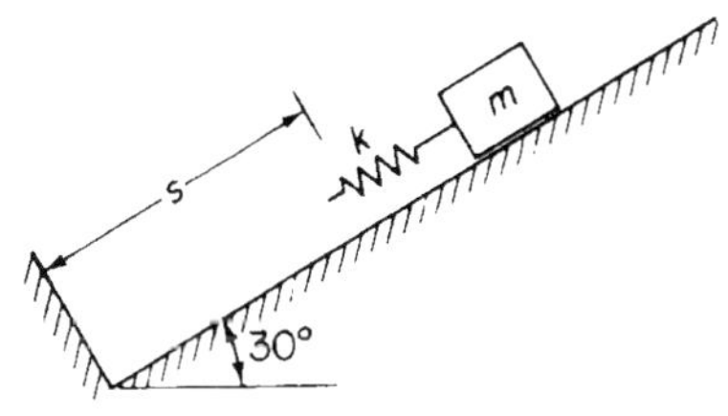

그림 P4.13

4.14 무게가 38.6 lb인 물체가 전체 강성이 6.40 lb/in인 몇 개의 스프링들에 지지되어 있다. 스프링들의 아랫부분이 떨어지도록 살짝 들었다 놓았을 때의 질량 m의 최대 변위와 최대 압축시간을 구하라.

4.15 그림 P4.15의 스프링-질량계는 일정한 마찰력 f로 작용하는 쿨롱 감쇠기를 포함하고 있다. 지지부 가진에 대한 해가 다음과 같음을 보여라.

$$\frac{\omega_{n}z}{v_0} = \frac{1}{\omega_n t_1}\left(1 - \frac{ft_1}{mv_0}\right)(1 - \cos\omega_n t) - \sin\omega_n t$$

여기서 바닥의 속도는 그림처럼 변하는 것으로 가정한다.

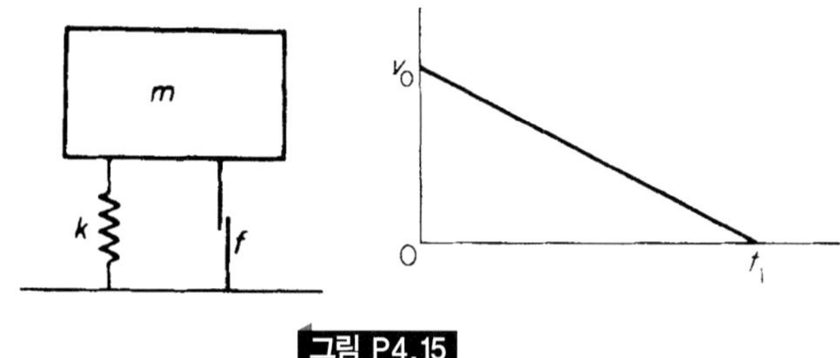

그림 P4.15

4.16 문제 4.15에서 피크 응답이 다음과 같이 됨을 보여라.

$$\frac{\omega_n z_{\max}}{v_0} = \frac{1}{\omega_n t_1}\left(1 - \frac{ft_1}{mv_0}\right)\left\{1 - \frac{\frac{1}{\omega_n t_1}\left(1 - \frac{ft_1}{mv_0}\right)}{\sqrt{1 + \left[\frac{1}{\omega_n t_1}\left(1 - \frac{ft_1}{mv_0}\right)\right]^2}}\right\} - \frac{1}{\sqrt{1 + \left[\frac{1}{\omega_n t_1}\left(1 - \frac{ft_1}{mv_0}\right)\right]^2}}$$

양변을 $\omega_n t_1$으로 나누면, $z_{\max}/v_0 t_1$은 ft_1/mv_0를 매개변수로 한 $\omega_n t_1$의 함수로 그릴 수 있다.

4.17 문제 4.16에서 m에 전달되는 최대의 힘은

$$F_{\max} = f + |kz_{\max}|$$

이다. 이 양을 무차원 형태로 그리기 위하여, t_1/mv_0를 곱하면 다음과 같다.

$$\frac{F_{\max} t_1}{mv_0} = \frac{ft_1}{mv_0} + (\omega_n t_1)^2\left(\frac{z_{\max}}{v_0 t_1}\right)$$

윗식은 다시 ft_1/mv_0를 매개변수로 하는 ωt_1의 함수로 그려질 수 있다. ft_1/mv_0가

0, 0.20, 1.0인 경우, $|\omega_n z_{max}/v_0|$와 $|z_{max}/v_0 t_1|$을 $\omega_n t_1$의 함수로 그려라.

4.18 $t > t_1$의 경우에 대한 그림 4.4.2의 램프 함수의 최대 응답은

$$\left(\frac{xk}{F_0}\right)_{max} = 1 + \frac{1}{\omega_n t_1}\sqrt{2(1-\cos\omega_n t_1)}$$

가 됨을 증명하고, 이를 그림으로 나타내면 그림 P4.18과 같다.

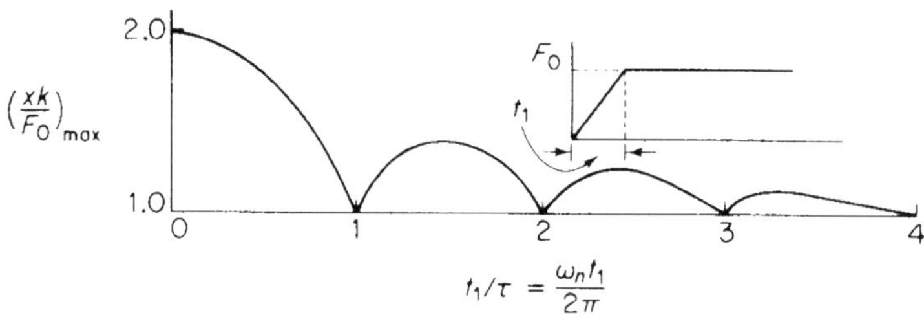

그림 P4.18

4.19 정현파 펄스에 대한 응답 스펙트럼이 그림 4.5.5와 같다. t_1/τ의 미소값들에 대한 피크 응답은 $t > t_1$인 범위에서 나타남을 보이고, $t_1/\tau = 0.5$일 때 t_p/t_1을 구하라.

4.20 $w = 16.1$ lb인 비감쇠 스프링-질량계가 0.5초의 고유 주기를 가진다. 여기에 0.40초의 지속시간을 갖는 삼각형의 임펄스 2.0 lb · s가 가해진다. 질량의 최대 변위를 구하라.

4.21 지속시간이 t_1인 삼각형 펄스에 대하여 $t_1/\tau = 0.5$일 때, 피크 응답이 $t = t_1$에서 발생함을 보여라. 이것은 $t > t_1$에 대한 변위식을 미분해서 얻어지는 다음 식으로부

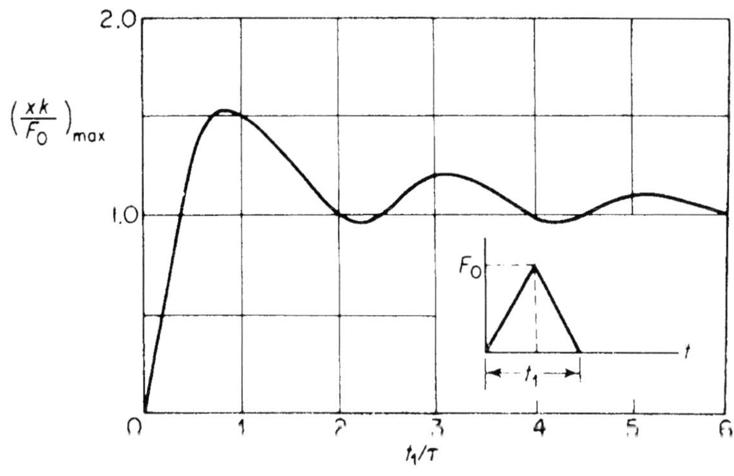

그림 P4.21

터 구할 수 있다.

$$2\cos\frac{2\pi t_1}{\tau}\left(\frac{t_p}{t_1}-0.5\right)-\cos 2\pi\frac{t_1}{\tau}\left(\frac{t_p}{t_1}-1\right)-\cos\frac{2\pi t_1}{\tau}\frac{t_p}{t_1}=0$$

삼각형 펄스에 대한 응답 스펙트럼은 그림 P4.21과 같다.

4.22 진동계의 고유 주기 τ가 펄스의 지속시간 t_1에 비하여 크면, 최대 피크 응답은 $t>t_1$인 범위에서 나타날 것이다. 비감쇠 진동계의 경우, 다음 식으로 쓸 수 있는 적분

$$x=\frac{\omega_n}{k}\left[\sin\omega_n t\int_0^t f(\xi)\cos\omega_n\xi\,d\xi-\cos\omega_n t\int_0^t f(\xi)\sin\omega_n\xi\,d\xi\right]$$

은 $f(t)=0$인 영역 $t>t_1$에서는 변하지 않는다. 따라서, 다음의 식들

$$A\cos\phi=\omega_n\int_0^{t_1} f(\xi)\cos\omega_n\xi\,d\xi$$

$$A\sin\phi=\omega_n\int_0^{t_1} f(\xi)\sin\omega_n\xi\,d\xi$$

을 대입하면, $t>t_1$에 대한 응답은 진폭이 A인 단순 조화운동이다. 이 경우에 대한 응답 스펙트럼의 특성을 설명하라.

4.23 반정현파 펄스에 대하여 식 (4.5.4) 및 (4.5.5)를 유도하고, 그림 4.5.5의 주 및 잔류 SRS 곡선을 증명하라(주: SRS식에서 $t_1/\tau>1.5$인 경우에는 $n=2$가 됨을 주시하라).

4.24 비감쇠 스프링-질량계 m, k의 지지부에 그림 P4.24와 같은 속도 펄스가 가해진다. 피크값이 $t<t_1$에서 일어날 때, 응답 스펙트럼이 다음 식으로 주어짐을 보이고,

$$\frac{\omega_n z_{\max}}{v_0}=\frac{1}{\omega_n t_1}-\frac{1}{\omega_n t_1\sqrt{1+(\omega_n t_1)^2}}-\frac{\omega_n t_1}{\sqrt{1+(\omega_n t_1)^2}}$$

이 결과를 도시하라.

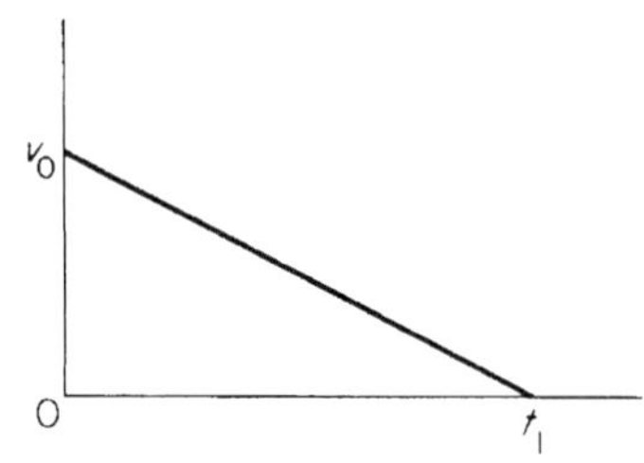

그림 P4.24

4.25 문제 4.24에서 $t > t_1$이면, 해가 다음과 같이 됨을 보여라.

$$\frac{\omega_n z}{v_0} = -\sin \omega_n t + \frac{1}{\omega_n t_1}[\cos \omega_n(t - t_1) - \cos \omega_n t]$$

4.26 수치 적분을 이용해서 문제 4.10에 대한 시간응답을 구하라.

4.27 수치 적분을 이용해서 문제 4.20에 대한 시간응답을 구하라.

4.28 그림 P4.28은 상이한 두 가지의 속도로 가진되는 비감쇠 스프링-질량계에 대한 응답 스펙트럼들을 나타낸다. $\dot{y}(t) = 60e^{-0.10t}$의 지지부(base) 속도 가진에 대한 문제를 풀고, 스펙트럼상에 있는 몇 개의 점에 대하여 확인하라.

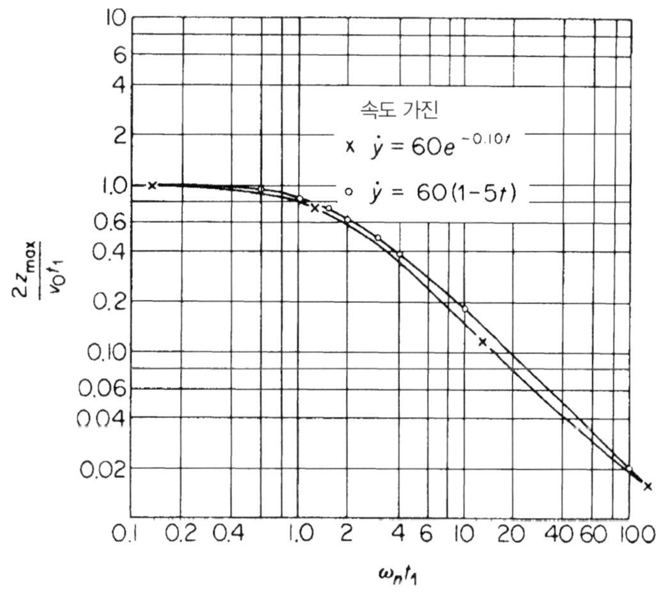

그림 P4.28

4.29 예제 4.3.3의 운전자가 강성 $k = 51$ lb/in인 완충장치에 앉아 있다면, 똑같은 낙하거리라 가정할 때, 얼마의 가속도를 느낄 수 있겠는가?

4.30 전투기로부터 조종사가 사출(ejection, 射出)되는 동안, 부상을 피하기 위하여 가속도는 16 g 이상이 되면 안된다(참고문헌[5] 참조). 사출 펄스를 삼각형으로 가정하면, 조종사에게 작용하는 사출 펄스의 최대 피크 가속도는 얼마가 되겠는가? 예제 4.3.3에서와 같이 160 lb의 착석해 있는 조종사는 척추 스프링 상수 $k = 450$ lb/in로 모델링될 수 있다.

4.31 점성 감쇠를 갖는 스프링-질량계가 초기에는 변위 없이 정지되어 있다. 만일 진

동수 $\omega = \omega_n = \sqrt{k/m}$의 조화 가진력으로 작동된다면, 그 운동에 대한 방정식을 구하라.

4.32 문제 4.31에서 미소 감쇠를 받는 경우, 진폭은 시간 $t = 1/f_1\delta$(δ는 대수 감소)에서의 정상상태 값에 $(1 - e^{-1})$를 곱해서 이루어진다는 점을 증명하라.

4.33 경감쇠계가 힘 $F_0 \sin \omega_n t$(여기서 ω_n은 계의 고유 진동수)로 구동된다고 가정할 때, 힘이 갑자기 제거되었을 때의 운동 방정식을 계산하라. 진폭이 시간 $t = 1/f_n\delta$에서의 초기값에 e^{-1}배로 감소된다는 점을 증명하라.

4.34 예제 4.7.1에 대한 컴퓨터 프로그램을 작성하라.

4.35 초기 조건이 $x(0) = X_1$ 및 $\dot{x}(0) = V_1$이고 지지부의 운동 $y(t)$로 가진되는 감쇠계에 대하여 MATLAB® 프로그램을 작성하라. 지지부의 운동은 반정현파이다.

4.36 계단함수에 대한 해를 중첩하고 각각의 전환시간에서 변위와 속도를 배합함으로써, 그림 P4.36과 같은 음양이 반복되는 정사각형 힘에 대한 비감쇠 스프링-질량계의 응답을 구하라. 그 결과를 도시하고, 응답의 피크값들이 원점으로부터 직선들을 따라 증가함을 보여라.

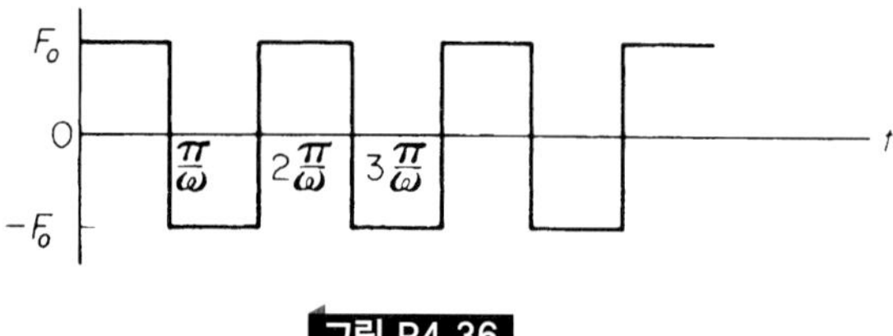

그림 P4.36

4.37 중앙 차분법에 대하여, $\ddot{x}_i$에 대한 순환식에 생략된 첫 번째 고차항을 보완하고, 그 오차가 $0(/h^2)$임을 증명하라.

4.38 $x = t^3$의 곡선에 대하여, $x = 0.8, 0.9, 1.0, 1.1$ 및 1.2 일 때 x_i를 구하라. $h = 0.20$ 및 $h = 0.10$으로 하는 $\dot{x}_i = 1/2/h(x_{i+1} - x_{i-1})$을 이용하여 $\dot{x}_{1.0}$을 계산하고, 그 오차가 대략 $0(h^2)$임을 보여라.

4.39 $\dot{x}_i = 1/h(x_i - x_{i-1})$로 하여 문제 4.38을 반복하여 풀어보고, 오차가 대략 $0(h)$임을 보여라.

4.40 예제 4.7.1의 그림 4.7.4에서 중첩된 엄밀해의 정확도를 검증하라.

4.41 예제 4.7.2에 있는 문제를 룽에-쿠타 컴퓨터 프로그램 RUNGA(부록 F 참조)를 이용하여 계산하라.

4.42 RUNGA를 이용하여, 그림 P4.42에 보인 힘 펄스들에 대한 다음의 방정식을 풀어라.

$$\ddot{x} + 1.26\dot{x} + 9.87x = f(t)$$

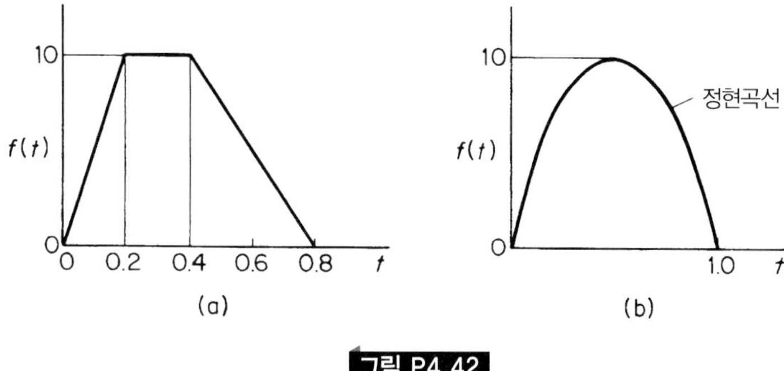

그림 P4.42

4.43 거룻배 위에 놓여진 무게 W의 큰 상자가 그림 P4.43과 같이 기중기에 의해 끌어 올려진다. 기중기의 줄의 강성을 k_c로 하여 줄의 늘어난 점의 변위가 $x = Vt$로 주어질 때 운동 방정식을 구하라. 라플라스 변환방법을 이용하라.

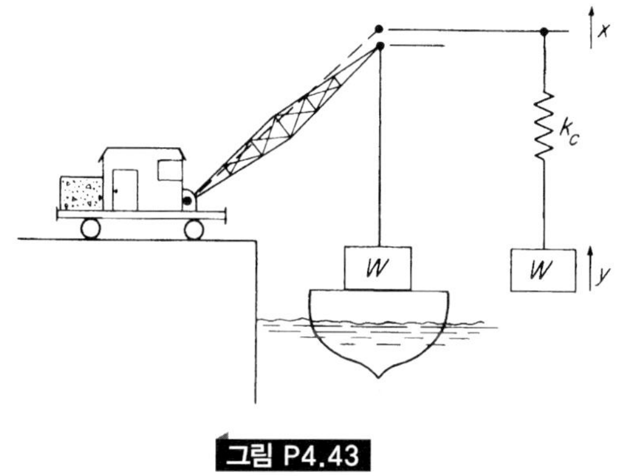

그림 P4.43

4.44 예제 4.8.1에서 $c = 0.2c_c$인 감쇠를 첨부하고, 컴퓨터 프로그램 RUNGA를 이용하여 풀어라. 예제 4.8.1과 그 응답을 비교하라.

4.45 세 개의 상이한 가진력 함수조건들이 주어진 예제 4.7.1의 방정식을 풀기 위하여 프로그램 **runga.m**을 이용하라. 이 가진력 함수들은 프로그램으로 찾아 쓸 수 있다. 이 가진력 함수들이 예제와 어떻게 다른지 알아보기 위하여, 이들을 각각 그려보라. 응답을 그림으로 나타내고, 가진력의 변화에 따라 응답이 어떻게 변화되는지를 논하라.

(a) MATLAB® 코드가 **forcel.m**

(b) MATLAB® 코드가 **force2.m**

(c) MATLAB® 코드가 **force3.m**

4.46 예제 3.8.1의 문제를 생각해 보자. 임펄스 가진 및 램프 가진(그림 4.4.4 참조)하에서 계와 천이응답을 수치적으로 풀어라. 응답 스펙트럼을 수치적으로 풀어라.

4.47 다음의 미분 방정식으로 주어진 경화(hardening) 스프링을 갖는 감쇠계의 강제 진동에 대한 운동 방정식을 풀어보라.

$$m\ddot{x} + c\dot{x} + kx + \mu x^3 = F(t)$$

(문제 14.27과 비교). $F(t)$가 계단함수 가진 및 램프 가진을 받고, $m = 1$, $c = 0.5$, $k = 1$ 및 $\mu = 0.01$, 0.1, 1이라 할 때, MATLAB®을 이용하여 이 식을 수치적으로 풀어라. $\mu = 0$일 때, 얻어진 결과들과 비교해 보라.

4.48 반데어폴(Van der Pol)의 강제진자는 방정식

$$\ddot{x} - \mu\dot{x}(1 - x^2) + x = F(t)$$

로 기술된다(예제 14.4.2 참조). 등가 감쇠를 계산하라. $F(t)$가 계단함수 가진 및 램프 가진을 받고, $\mu = 0.01$, 0.1, 1인 경우에 MATLAB®을 이용하여 이 방정식을 수치적으로 풀어라.

CHAPTER 05

2자유도계와 다자유도계

만일 어떤 계의 운동을 기술하는 데 한 개 이상의 좌표를 필요로 한다면, 다자유도계, 즉 N자유도계라 불리며, 여기서 N은 필요한 좌표수를 의미한다. 따라서, 2자유도계는 두 개의 독립좌표가 요구되며, N자유도계의 가장 간단한 형태가 된다.

N자유도계는 N개의 고유 진동수를 갖고, 각 고유 진동수에 상응되는 **정규 모드**(normal mode)라 불리는 변위 형상을 하는 고유 모드형상을 갖는다는 점에서 1자유도계와 다르다. 이 양들과 관계되는 수학적인 용어들은 **고유값**(eigenvalue)과 **고유 벡터**(eigenvector)로 알려져 있다. 이들은 N개의 연립운동 방정식으로부터 구해지며, 계와 관련된 동적인 특성을 갖는다.

정규 모드 진동(normal mode vibration)은 계의 질량과 강성에만 종속되는 자유 비감쇠 진동이며, 이 진동이 어떻게 분포되는가를 보여주는 것이다. 이 정규 모드로 진동시 계의 모든 점들은 그들의 평형위치를 동시에 통과하게 되는 단순 조화운동을 하게 된다. 정규 모드 진동을 시작하기 위해서는 정규 모드에 상응되는 특수한 초기 조건들이 주어져야 된다. 돌풍과 같은 일반적인 초기 조건들의 경우에 유발되는 자유진동은 모든 정규 모드를 동시에 포함할 수도 있다.

1자유도계에서와 마찬가지로 N자유도계의 강제 조화진동은 가진 진동수에서 발생된다. 가진 진동수가 계의 고유 진동수와 일치하여 감쇠에 의해서만 제한이 가능한 큰 진폭의 공진조건을 만나게 된다. 다시 말하여, 감쇠는 진동의 진폭을 제한하는 것이 중요한 관심사항이거나 자유진동의 감소율을 측정하는 경우를 제외하고는 일반적으로 생략된다.

본 장에서는 2자유도계의 고유 진동수와 정규 모드들의 계산부터 시작하고자 한다. 다자유도계의 모든 기본 개념들은 다자유도계들의 대수적인 어려움 없이 2자유도계들의 항들로 기술할 수 있다. 2자유도계들에 대한 수치해는 쉽게 얻어지며, 이 결과들은 다자유도계들의 거동에 대하여 간단한 소개가 된다.

다자유도계의 경우에 행렬방법은 필수적이지만, 2자유도계에서는 반드시 필요한 것은 아니다. 여기서는 다음 장 내용의 입문과정으로서 이 방법을 소개한다. 이 방법에는 간단명료한 표기법과 해석 및 풀이를 위한 조직적인 과정이 이용된다. 2이상의 자유도계에 대해서는 컴퓨터가 필요하다. 본 장의 끝부분에 다자유도계의 몇 가지 예를 통하여 계산상의 몇 가지 난점들을 예시 한다.

5.1 정규 모드 해석

특수한 예제들을 통하여 임의 진동계에 대한 정규 모드를 계산하는 기본적인 방법을 기술한다. 다자유도계들의 경우에는 뒤에 나올 장들에서 설명되는 좀더 효율적인 방법이 있지만, 이 방법은 모든 다자유도계들에 대한 응용이 가능하다.

예제 5.1.1 병진계

그림 5.1.1과 같은 변수들을 갖는 비감쇠 2자유도 진동계가 있다. 관성 좌표계로부터 측정된 좌표를 x_1과 x_2로 취하면, 두 질량들의 자유 물체도에서 운동 방정식이 얻어진다.

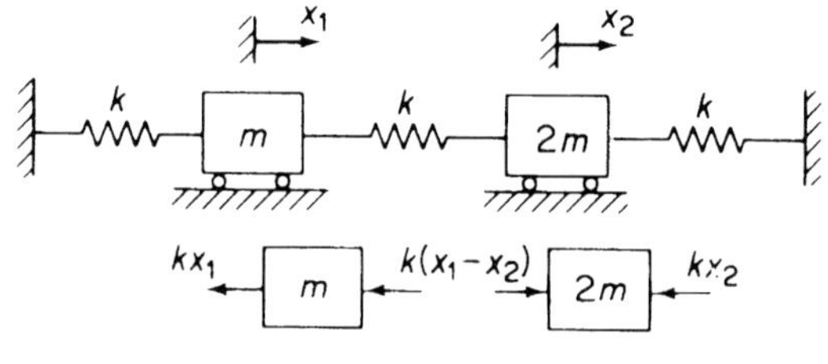

그림 5.1.1

$$
\begin{aligned}
m\ddot{x}_1 &= -kx_1 + k(x_2 - x_1) \\
2m\ddot{x}_2 &= -k(x_2 - x_1) - kx_2
\end{aligned}
\tag{5.1.1}
$$

정규 진동 모드의 경우에 각 질량들은 동시에 평형위치를 통과하는 동일 진동수의 조화운동을 하게 된다. 이런 운동의 경우에

$$
\begin{aligned}
x_1 &= A_1 \sin \omega t \ \text{또는}\ A_1 e^{i\omega t} \\
x_2 &= A_2 \sin \omega t \ \text{또는}\ A_2 e^{i\omega t}
\end{aligned}
\tag{5.1.2}
$$

로 가정하여 운동 방정식들에 대입하면, 다음의 식들이 구해진다.

$$
\begin{aligned}
(2k - \omega^2 m)A_1 - kA_2 &= 0 \\
-kA_1 + (2k - 2\omega^2 m)A_2 &= 0
\end{aligned}
\tag{5.1.3}
$$

$$
\begin{bmatrix} (2k - \omega^2 m) & -k \\ -k & (2k - 2\omega^2 m) \end{bmatrix} \begin{bmatrix} A_1 \\ A_2 \end{bmatrix} = \begin{bmatrix} 0 \\ 0 \end{bmatrix}
\tag{5.1.4}
$$

앞의 연립식이 임의의 A_1과 A_2에 대하여 만족되기 위한 조건은 다음 식과 같다.

$$\begin{vmatrix} (2k - \omega^2 m) & -k \\ -k & (2k - 2\omega^2 m) \end{vmatrix} = 0 \tag{5.1.5}$$

$\omega^2 = \lambda$라고 하면, 앞의 행렬식에서 **특성 방정식**(characteristic equation)이 유도된다.

$$\lambda^2 - \left(3\frac{k}{m}\right)\lambda + \frac{3}{2}\left(\frac{k}{m}\right)^2 = 0 \tag{5.1.6}$$

이 방정식의 두 근 λ_1과 λ_2는 계의 고유값들이다.

$$\begin{aligned} \lambda_1 &= \left(\frac{3}{2} - \frac{1}{2}\sqrt{3}\right)\frac{k}{m} = 0.634\frac{k}{m} \\ \lambda_2 &= \left(\frac{3}{2} + \frac{1}{2}\sqrt{3}\right)\frac{k}{m} = 2.366\frac{k}{m} \end{aligned} \tag{5.1.7}$$

그리고 이 계의 **고유 진동수**(natural frequency)는 다음과 같다.

$$\omega_1 = \lambda_1^{1/2} = \sqrt{0.634\frac{k}{m}}$$

$$\omega_2 = \lambda_2^{1/2} = \sqrt{2.366\frac{k}{m}}$$

식 (5.1.3)으로부터 진폭비에 대한 두 개의 수식이 얻어진다.

$$\frac{A_1}{A_2} = \frac{k}{2k - \omega^2 m} = \frac{2k - 2\omega^2 m}{k} \tag{5.1.8}$$

각각의 이 식들에 고유 진동수를 대입하면 원하는 진폭비들이 얻어진다. $\omega_1^2 = 0.634k/m$에 대하여

$$\left(\frac{A_1}{A_2}\right)^{(1)} = \frac{k}{2k - \omega_1^2 m} = \frac{1}{2 - 0.634} = 0.731$$

을 얻을 수 있고, 이것은 1차 고유 진동수에 해당하는 진폭비이다. 마찬가지로, $\omega_2^2 = 2.366k/m$을 이용하여 2차 고유 진동수에 대한 진폭비를 얻을 수 있다.

$$\left(\frac{A_1}{A_2}\right)^{(2)} = \frac{k}{2k - \omega_2^2 m} = \frac{1}{2 - 2.366} = -2.73$$

위의 식 (5.1.8)에서는 임의 진폭의 절대값이 계산되는 것이 아니라 단지 진폭들의 비가 계산된다.

만일 진폭들 중의 하나를 1 또는 다른 숫자로 택한다면, 진폭비는 그 숫자에 대하여 **정규화**(normalized)되었다고 한다. 정규화된 진폭비를 **정규 모드**(normal mode)라고 하며, $\phi_i(x)$로 나타낸다.

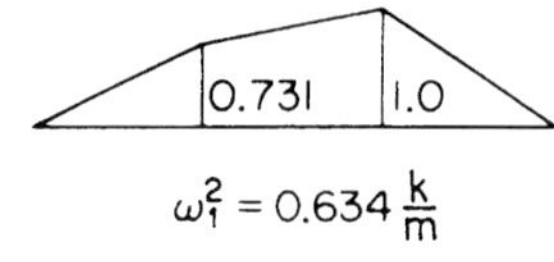

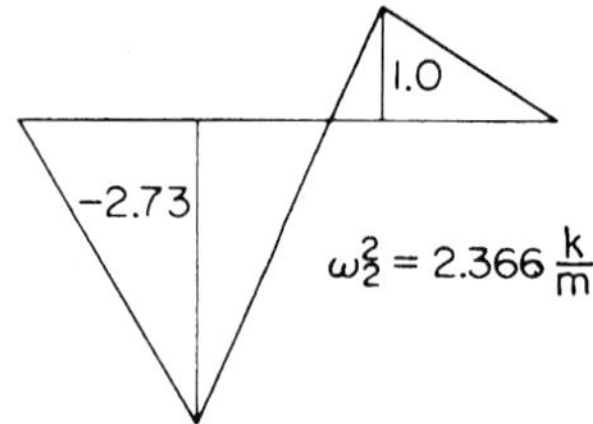

그림 5.1.2 그림 5.1.1에 보인 계의 정규 모드

본 예제의 두 가지 정규 모드들은 고유 벡터로서 나타내어진다.

$$\phi_1(x) = \begin{Bmatrix} 0.731 \\ 1.00 \end{Bmatrix} \quad \phi_2(x) = \begin{Bmatrix} -2.73 \\ 1.00 \end{Bmatrix}$$

각 정규 모드 진동은 다음과 같이 나타낼 수 있다.

$$\begin{Bmatrix} x_1 \\ x_2 \end{Bmatrix}^{(1)} = A_1 \begin{Bmatrix} 0.731 \\ 1.00 \end{Bmatrix} \sin(\omega_1 t + \psi_1)$$

$$\begin{Bmatrix} x_1 \\ x_2 \end{Bmatrix}^{(2)} = A_2 \begin{Bmatrix} -2.73 \\ 1.00 \end{Bmatrix} \sin(\omega_2 t + \psi_2)$$

이들 정규 모드들은 그림 5.1.2에 도시되어 나타나 있다. 1차 정규 모드에서 두 개의 질량은 같은 방향의 위상을 가지며, 2차 정규 모드에서는 두 개의 질량이 반대 방향의 위상을 가진다.

예제 5.1.2 회전 진동계

그림 5.1.3과 같이 관성계에서 좌표 θ_1과 θ_2를 갖는 회전계를 고려해 보자. 두 원판의 자유 물체도로부터 비틀림 진동 방정식은 다음과 같이 유도된다.

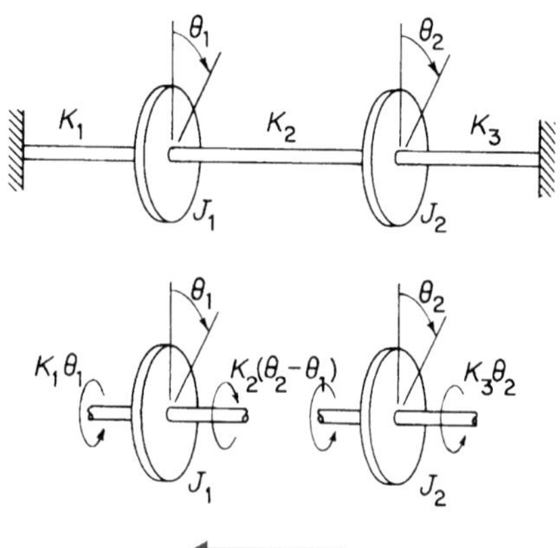

그림 5.1.3

$$J_1\ddot{\theta}_1 = -K_1\theta_1 + K_2(\theta_2 - \theta_1)$$
$$J_2\ddot{\theta}_2 = -K_2(\theta_2 - \theta_1) - K_3\theta_2 \quad \textbf{(5.1.9)}$$

식 (5.1.9)는 식 (5.1.1)의 형태와 유사하고 기호만이 상이한 것을 알 수 있다. 질량 m 대신에 질량 관성 모멘트 J로 대치시켰고, 병진 강성계수 k대신에 회전 강성계수 K로 되어 있다.

여기서 식 (5.1.9)를 간결한 행렬 표기로 나타내면 다음과 같다.

$$\begin{bmatrix} J_1 & 0 \\ 0 & J_2 \end{bmatrix}\begin{Bmatrix} \ddot{\theta}_1 \\ \ddot{\theta}_2 \end{Bmatrix} + \begin{bmatrix} (K_1 + K_2) & -K_2 \\ -K_2 & (K_2 + K_3) \end{bmatrix}\begin{Bmatrix} \theta_1 \\ \theta_2 \end{Bmatrix} = \begin{Bmatrix} 0 \\ 0 \end{Bmatrix} \quad \textbf{(5.1.10)}$$

부록 C에 있는 행렬연산에 대한 법칙에 따르면, 두 식들의 등치(equivalence)는 쉽게 증명될 수 있다. 행렬

$$\begin{bmatrix} J_1 & 0 \\ 0 & J_2 \end{bmatrix}$$

는 질량행렬로 알려져 있으며, 행렬

$$\begin{bmatrix} (K_1 + K_2) & -K_2 \\ -K_2 & (K_2 + K_3) \end{bmatrix}$$

는 강성행렬이다. 이 두 개의 행렬들은 제 6장에서 상세히 설명될 것이다.

몇 가지 중요한 점을 검토해 보자. 강성행렬 및 질량행렬은 대각행렬이므로 전치행렬과 같다. 즉, $[k]^T = [k]$이고 $[m]^T = [m]$이 된다. 그 밖에 각 질량들에서 채택된 좌표들을 갖는 이산계에서 질량행렬이 대각행렬이고 그 역도 각 대각요소들의 역수가 된다. 즉, $[m]^{-1} = [1/m]$이다.

예제 5.1.3 연성진자(Coupled Pendulum)

그림 5.1.4에서 두 개의 진자가 약한 스프링 k에 의하여 연성되어 있다. 이 스프링은 두 개의 진자봉이 수직하게 있을 때는 변형되지 않는다. 정규 모드 진동을 구하라.

풀이 반시계방향의 각변위를 양(+)으로 하고, 매달린 지점에 대한 모멘트를 취하면 미소한 요동에 대하여 다음과 같은 운동 방정식을 얻을 수 있다.

$$ml^2\ddot{\theta}_1 = -mgl\theta_1 - ka^2(\theta_1 - \theta_2)$$
$$ml^2\ddot{\theta}_2 = -mgl\theta_2 + ka^2(\theta_1 - \theta_2)$$

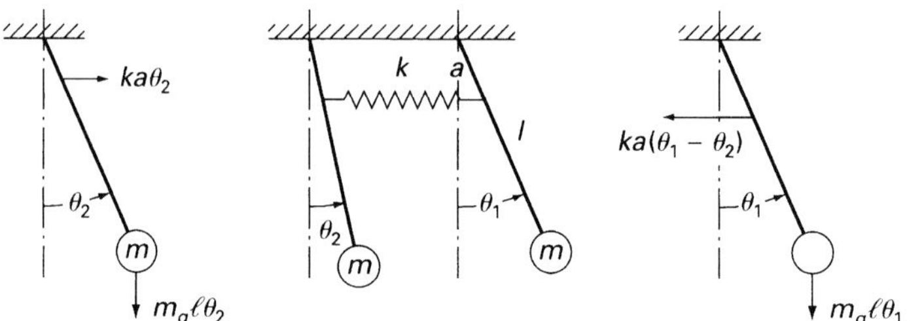

그림 5.1.4 연성진자

윗식을 행렬로 나타내면 다음과 같다.

$$ml^2\begin{bmatrix}1 & 0\\ 0 & 1\end{bmatrix}\begin{Bmatrix}\ddot{\theta}_1\\ \ddot{\theta}_2\end{Bmatrix} + \begin{bmatrix}(ka^2 + mgl) & -ka^2\\ -ka^2 & (ka + mgl)\end{bmatrix}\begin{Bmatrix}\theta_1\\ \theta_2\end{Bmatrix} = \begin{Bmatrix}0\\ 0\end{Bmatrix} \quad \textbf{(5.1.11)}$$

정규 모드의 해가 다음과 같다고 가정하면,

$$\theta_1 = A_1 \cos \omega t \quad \text{또는} \quad A_1 e^{i\omega t}$$

$$\theta_2 = A_2 \cos \omega t \quad \text{또는} \quad A_2 e^{i\omega t}$$

고유 진동수와 모드 형상(진폭비)은 다음과 같이 구할 수 있다.

$$\omega_1 = \sqrt{\frac{g}{l}} \qquad \omega_2 = \sqrt{\frac{g}{l} + 2\frac{k}{m}\frac{a^2}{l^2}}$$

$$\left(\frac{A_1}{A_2}\right)^{(1)} = 1.0 \qquad \left(\frac{A_1}{A_2}\right)^{(2)} = -1.0$$

따라서, 1차 모드에서 두 개의 진자는 동일 방향의 위상으로 움직이며, 스프링은 늘어나지 않은 채로 있게 된다. 2차 모드에서 두 개의 진자는 반대 방향으로 움직이며, 연성된 스프링은 그 중심을 절점으로 하여 활발하게 움직인다. 결국 2차 모드의 고유 진동수는 1차 모드에 비하여 크다.

5.2 초기 조건

정규 모드 진동수들과 모드 형상들이 파악되면, 정규 모드들의 적절한 조합으로 임의의 초기 조건들에 대한 계의 자유진동을 계산하는 것이 가능하다. 예를 들면, 그림 5.1.1진동계의 정규 모드들은 다음 식들이 되는 것을 알고 있다.

$$\omega_1 = \sqrt{0.654k/m} \qquad \phi_1 = \begin{Bmatrix}0.732\\ 1.000\end{Bmatrix}$$

$$\omega_2 = \sqrt{2.366k/m} \qquad \phi_2 = \begin{Bmatrix} -2.732 \\ 1.000 \end{Bmatrix}$$

임의의 초기 조건들에 대하여 정규 모드들 중의 하나로 발생하는 자유진동의 경우에 모드 i에 대한 운동 방정식은 다음의 형태가 되어야 한다.

$$\begin{Bmatrix} x_1 \\ x_2 \end{Bmatrix}^{(i)} = c_i \phi_i \sin(\omega_i t + \psi_i) \qquad i = 1, 2 \tag{5.2.1}$$

상수 c_i와 ψ_i는 초기 조건들을 만족시킬 필요가 있으며, ϕ_i에서 자유진동에 대한 진폭비가 모드 i의 진폭비에 비례한다는 것이 확인된다.

일반적으로 초기 조건들의 경우에 자유진동은 두 모드를 동시에 포함하므로 운동 방정식은 다음의 형태로 나타낼 수 있다.

$$\begin{Bmatrix} x_1 \\ x_2 \end{Bmatrix} = c_1 \begin{Bmatrix} 0.732 \\ 1.000 \end{Bmatrix} \sin(\omega_1 t + \psi_1) + c_2 \begin{Bmatrix} -2.732 \\ 1.000 \end{Bmatrix} \sin(\omega_2 t + \psi_2) \tag{5.2.2}$$

여기서 c_1, c_2, ψ_1 및 ψ_2는 2계의 두 미분 방정식들에 대하여 필요한 네 개의 상수들을 나타낸다. 상수 c_1과 c_2는 각 모드의 양과 위상각 ψ_1과 ψ_2가 각 모드에 대한 시간원점 자유도를 허용한다. 네 개의 임의 상수들에 대하여 풀기 위해서는 속도 계산을 위해 식 (5.2.2)를 미분함으로써 얻어지는 두 개의 식을 추가할 필요성이 있다:

$$\begin{Bmatrix} \dot{x}_1 \\ \dot{x}_2 \end{Bmatrix} = \omega_1 c_1 \begin{Bmatrix} 0.732 \\ 1.000 \end{Bmatrix} \cos(\omega_1 t + \psi_1) + \omega_2 c_2 \begin{Bmatrix} -2.732 \\ 1.000 \end{Bmatrix} \cos(\omega_2 t + \psi_2) \tag{5.2.3}$$

$t = 0$이라 두고 초기 조건들을 정의하면, 네 개의 상수들이 계산될 수 있다.

예제 5.2.1

다음의 초기 조건들에 대하여 그림 5.1.1의 계에 대한 자유진동을 계산하라.

$$\begin{Bmatrix} x_1(0) \\ x_2(0) \end{Bmatrix} = \begin{Bmatrix} 2.0 \\ 4.0 \end{Bmatrix} \quad \text{그리고} \quad \begin{Bmatrix} \dot{x}_1(0) \\ \dot{x}_2(0) \end{Bmatrix} = \begin{Bmatrix} 0 \\ 0 \end{Bmatrix}$$

이 초기 조건들을 식 (5.2.2) 및 (5.2.3)에 대입하면, 다음의 식들이 얻어진다.

$$\begin{Bmatrix} 2.0 \\ 4.0 \end{Bmatrix} = c_1 \begin{Bmatrix} 0.732 \\ 1.000 \end{Bmatrix} \sin \psi_1 + c_2 \begin{Bmatrix} -2.732 \\ 1.000 \end{Bmatrix} \sin \psi_2 \tag{5.2.2a}$$

$$\begin{Bmatrix} 0 \\ 0 \end{Bmatrix} = \omega_1 c_1 \begin{Bmatrix} 0.732 \\ 1.000 \end{Bmatrix} \cos \psi_1 + \omega_2 c_2 \begin{Bmatrix} 2.732 \\ 1.000 \end{Bmatrix} \cos \psi_2 \tag{5.2.3a}$$

$c_1 \sin \psi_1$을 계산하기 위해서는 식 (5.2.2a)의 두 번째 식에 2.732를 곱한 후, 그 결과를 첫 번째 식에 더해 준다. $c_2 \sin \psi_2$를 계산하기 위해서는 식 (5.2.2a)의 두 번째 식에 -0.732를 곱한 후, 그 결과를 첫 번째 식에 더해 주면 된다. 유사한 방법으로 $\omega_1 c_1 \cos \psi_1$ 및 $\omega_2 c_2 \cos \psi_2$에 대해서도 다음의 네 가지 식들이 얻어진다 :

$$
\begin{aligned}
12.928 &= 3.464 c_1 \sin \psi_1 \\
-0.928 &= -3.464 c_2 \sin \psi_2 \\
0 &= 3.464 \omega_1 c_1 \cos \psi_1 \\
0 &= -3.464 \omega_2 c_2 \cos \psi_2
\end{aligned}
$$

앞의 방정식들 중 뒤의 두 식에서 $\cos \psi_1 = \cos \psi_2 = 0$, 즉 $\psi_1 = \psi_2 = 90°$이다. 따라서, 상수 c_1과 c_2는 앞의 두 식에서 계산할 수 있다.

$$
\begin{aligned}
c_1 &= 3.732 \\
c_2 &= 0.268
\end{aligned}
$$

그리고 예제에 대하여 언급한 초기 조건들에 대한 계의 자유진동에 대한 방정식들은 다음과 같다.

$$
\begin{aligned}
\begin{Bmatrix} x_1 \\ x_2 \end{Bmatrix} &= 3.732 \begin{Bmatrix} 0.732 \\ 1.000 \end{Bmatrix} \cos \omega_1 t + 0.268 \begin{Bmatrix} -2.732 \\ 1.000 \end{Bmatrix} \cos \omega_2 t \\
&= \begin{Bmatrix} 2.732 \\ 3.732 \end{Bmatrix} \cos \omega_1 t + \begin{Bmatrix} -0.732 \\ 0.268 \end{Bmatrix} \cos \omega_2 t
\end{aligned}
$$

따라서, 이 방정식들에서 초기 조건들에 대한 대부분의 응답들은 ϕ_1에 의존된다. 이렇게 함으로써 초기 변위비

$$
\begin{Bmatrix} 2 \\ 4 \end{Bmatrix} = \begin{Bmatrix} 0.50 \\ 1.00 \end{Bmatrix}
$$

는 다소 1차 정규 모드 비와 일치하므로 2차 정규 모드 비와는 아주 상이한 것으로 기대된다.

예제 5.2.2 맥놀이(Beating)

그림 5.1.3의 연성진자가 정규 모드와 다른 초기 조건으로 운동이 시작된 경우에 요동은 두 개의 정규 모드를 동시에 포함한다. 예를 들어, 초기 조건이 $\theta_1(0) = A$, $\theta_2(0) = 0$ 및 $\dot{\theta}_1(0) = \dot{\theta}_2(0) = 0$이면 운동 방정식은 다음과 같다.

$$\theta_1(t) = \tfrac{1}{2}A\cos\omega_1 t + \tfrac{1}{2}A\cos\omega_2 t$$
$$\theta_2(t) = \tfrac{1}{2}A\cos\omega_1 t - \tfrac{1}{2}A\cos\omega_2 t$$

연성 스프링이 매우 약한 경우를 고려하여 두 진자 사이에서 맥놀이 현상이 일어남을 보여라.

풀이 앞의 식들은 다음과 같이 다시 쓸 수 있다.

$$\theta_1(t) = A\cos\left(\frac{\omega_1 - \omega_2}{2}\right)t\cos\left(\frac{\omega_1 + \omega_2}{2}\right)t$$
$$\theta_2(t) = -A\sin\left(\frac{\omega_1 - \omega_2}{2}\right)t\sin\left(\frac{\omega_1 + \omega_2}{2}\right)t$$

$(\omega_1 - \omega_2)$가 매우 작으므로 $\theta_1(t)$와 $\theta_2(t)$는 그림 5.2.1에 보인 바와 같이 천천히 변하는 진폭을 가지고, $\cos(\omega_1 + \omega_2)t/2$와 $\sin(\omega_1 + \omega_2)t/2$로 움직이게 된다. 이 진동계는 보존계이므로, 에너지는 한 진자에서 다른 진자로 전달된다,

자주 들을 수 있는 맥놀이 음은 π rad으로 반복되는 피크 진폭들의 음이다. 따라서,

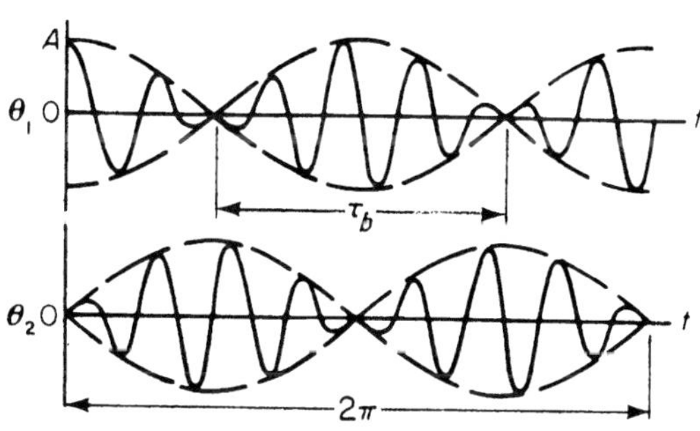

그림 5.2.1 진자 사이의 에너지 교환

$$\left(\frac{\omega_1 - \omega_2}{2}\right)\tau_b = \pi \quad 즉, \quad \tau_b = \frac{2\pi}{\omega_1 - \omega_2}$$

이 때 맥놀이 진동수는 다음 식으로 주어진다.

$$\omega_b = \frac{2\pi}{\tau_b} = \omega_1 - \omega_2$$

간단한 실험 모델을 그림 5.2.2에 보이고 있다.

그림 5.2.2 맥놀이에 의한 에너지의 교환실험용 모델(UCSB 기계공학과 학부실험실 제공)

5.3 좌표계의 연성

2자유도계에 있어서 운동의 미분 방정식은 일반적으로 **연성**(coupled, 連成)되어 있으며, 각 방정식에서 양쪽의 좌표계가 모두 나타난다. 비감쇠계에 대한 가장 일반적인 두 방정식은 다음의 형태를 가진다.

$$
\begin{aligned}
m_{11}\ddot{x}_1 + m_{12}\ddot{x}_2 + k_{11}x_1 + k_{12}x_2 &= 0 \\
m_{21}\ddot{x}_1 + m_{22}\ddot{x}_2 + k_{21}x_1 + k_{22}x_2 &= 0
\end{aligned}
\tag{5.3.1}
$$

이들 방정식은 행렬 형태(부록 C 참조)로 나타낼 수 있으며, 여기에서 연성이 존재하는 유형을 바로 알아볼 수 있다.

$$
\begin{bmatrix} m_{11} & m_{12} \\ m_{21} & m_{22} \end{bmatrix}\begin{Bmatrix} \ddot{x}_1 \\ \ddot{x}_2 \end{Bmatrix} + \begin{bmatrix} k_{11} & k_{12} \\ k_{21} & k_{22} \end{bmatrix}\begin{Bmatrix} x_1 \\ x_2 \end{Bmatrix} = \begin{Bmatrix} 0 \\ 0 \end{Bmatrix}
\tag{5.3.2}
$$

질량 혹은 **동적 연성**(dynamical coupling)은 질량행렬이 대각행렬이 아닌 경우에 존재하며, 반면에 강성 혹은 **정적 연성**(static coupling)은 강성행렬이 대각행렬이 아닌 경우에 존재한다.

운동 에너지와 포텐셜 에너지의 식으로부터 연성의 유형을 확인할 수 있다. 각 식에서 좌표계의 외적(cross product)은 연성을 표시하며, 동적 혹은 정적 연성은 외적 항이 T나 U에 있는지의 여부에 달려 있다. 좌표계의 선택은 연성의 유형을 확정하며, 동적 · 정적 연성 모두가 존재할 수 있다.

연성의 형태가 나타나지 않는 좌표계를 찾아내는 것은 가능하다. 그러면 두 방정식은 연성되지 않고 각각의 방정식은 서로 독립적으로 풀어질 수 있다. 그러한 좌표계를 **주좌표계**(principal coordinates) 또는 **정규 좌표계**(normal coordinates)라고 한다.

비감쇠계에 대하여 운동 방정식의 연성을 분리할 수 있으나, 감쇠계에 대해서는 항상 그렇지는 않다. 아래의 행렬 방정식은 동적 및 정적 연성이 0인 계를 표시한다. 그러나 좌표계는 감쇠행렬에 의하여 연성되어 있다.

$$\begin{bmatrix} m_{11} & 0 \\ 0 & m_{22} \end{bmatrix} \begin{Bmatrix} \ddot{x}_1 \\ \ddot{x}_2 \end{Bmatrix} + \begin{bmatrix} c_{11} & c_{12} \\ c_{21} & c_{22} \end{bmatrix} \begin{Bmatrix} \dot{x}_1 \\ \dot{x}_2 \end{Bmatrix} + \begin{bmatrix} k_{11} & 0 \\ 0 & k_{22} \end{bmatrix} \begin{Bmatrix} x_1 \\ x_2 \end{Bmatrix} = \begin{Bmatrix} 0 \\ 0 \end{Bmatrix} \tag{5.3.3}$$

만일 앞의 방정식에서 $c_{12} = c_{21} = 0$이면, 감쇠는 **비례적**이라고 하며(강성 혹은 질량행렬에 비례), 계의 방정식은 비연성이 된다.

예제 5.3.1

그림 5.3.1은 질량중심과 기하학적 중심이 일치하지 않는 막대를 나타낸다($l_1 \neq l_2$). 이 막대는 두 개의 스프링 k_1, k_2에 의하여 지지되어 있다. 이 계의 운동을 기술하기 위해서는 두 개의 좌표계가 필요하므로 이것은 2 자유도계이다. 좌표계의 선택이 질량과 강성행렬로부터 즉시 결정될 수 있는 연성의 유형을 결정한다. 질량 혹은 동적 연성(dynamical coupling)은 질량행렬이 아닌 경우에 존재하며, 반면에 강성 혹은 정적 연성(static coupling)은 질량행렬이 대각행렬이 아닌 경우에 존재한다. 두 연성의 형태를 모두 가지는 것도 가능하다.

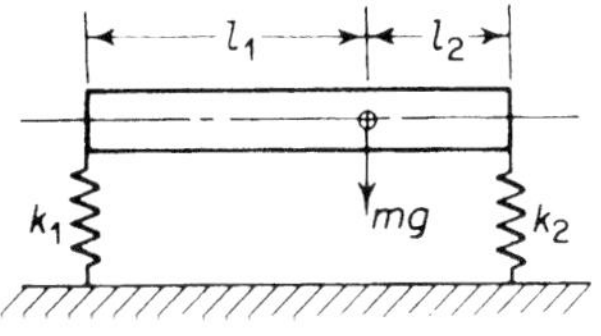

그림 5.3.1

정적 연성 그림 5.3.2에 보인 바와 같이 x와 θ 좌표계를 택하면 계는 아래의 행렬 방정식에 나타낸 바와 같이 정적 연성을 가지게 된다. 여기서 x는 질량중심의 선형 변위이다.

$$\begin{bmatrix} m & 0 \\ 0 & J \end{bmatrix}\begin{Bmatrix} \ddot{x} \\ \ddot{\theta} \end{Bmatrix} + \begin{bmatrix} (k_1 + k_2) & (k_2 l_2 - k_1 l_1) \\ (k_2 l_2 - k_1 l_1) & (k_1 l_1^2 + k_2 l_2^2) \end{bmatrix}\begin{Bmatrix} x \\ \theta \end{Bmatrix} = \begin{Bmatrix} 0 \\ 0 \end{Bmatrix}$$

만일 $k_1 l_1 = k_2 l_2$이면, 연성은 없어지고 비연성화되어 x와 θ로 표현되는 진동을 얻을 수 있다.

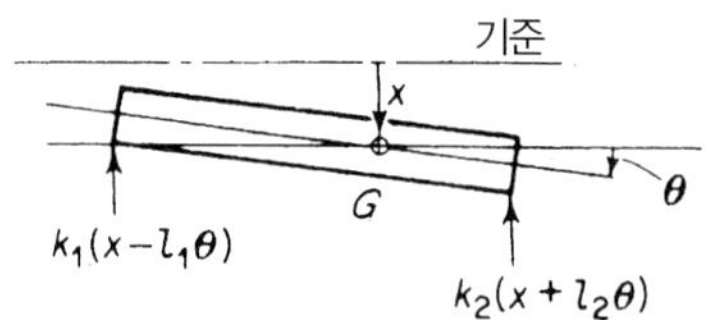

그림 5.3.2 정적 연성으로 되는 좌표계

동적 연성 막대에 수직으로 작용하는 힘에 의하여 순수한 병진운동을 하는 막대상에 한 점 C가 존재한다. 즉, $k_1 l_3 = k_2 l_4$이다(그림 5.3.3 참조). x_c와 θ에 의한 운동 방정식은 다음과 같이 나타낼 수 있다.

$$\begin{bmatrix} m & me \\ me & J_c \end{bmatrix}\begin{Bmatrix} \ddot{x}_c \\ \ddot{\theta} \end{Bmatrix} + \begin{bmatrix} (k_1 + k_2) & 0 \\ 0 & (k_1 l_3^2 + k_2 l_4^2) \end{bmatrix}\begin{Bmatrix} x_c \\ \theta \end{Bmatrix} = \begin{Bmatrix} 0 \\ 0 \end{Bmatrix}$$

이 식은 좌표계가 정적 연성을 제거하고, 동적 연성을 도입하였음을 보여준다.

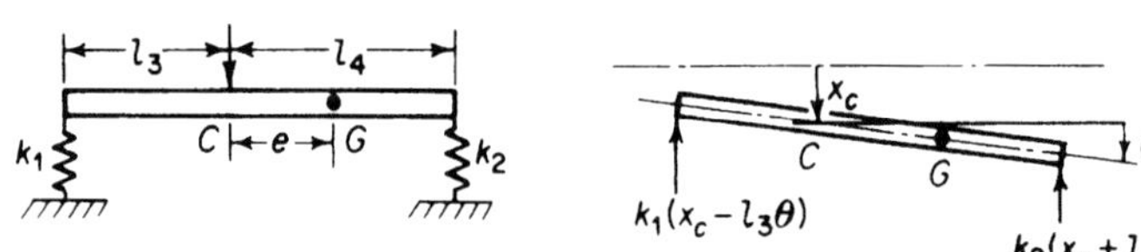

그림 5.3.3 동적 연성으로 되는 좌표계

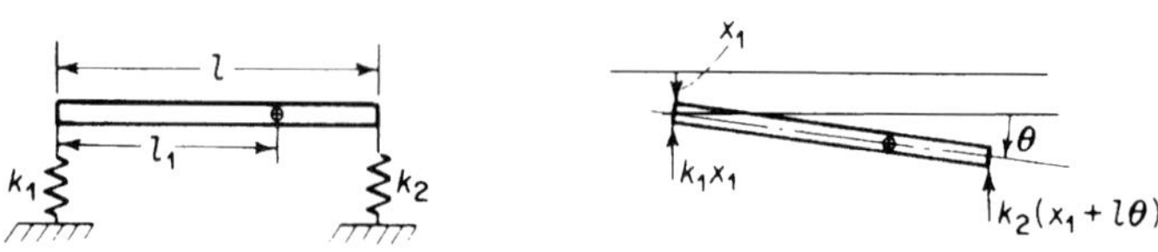

그림 5.3.4 정적 및 동적 연성으로 되는 좌표계

정적 및 동적 연성 만일 그림 5.3.4에 보인 것처럼 막대의 끝점을 $x = x_1$으로 선택하면, 운동 방정식은 다음과 같다.

$$\begin{bmatrix} m & ml_1 \\ ml_1 & J_1 \end{bmatrix} \begin{Bmatrix} \ddot{x}_1 \\ \ddot{\theta} \end{Bmatrix} + \begin{bmatrix} (k_1 + k_2) & k_2 l \\ k_2 l & k_2 l^2 \end{bmatrix} \begin{Bmatrix} x_1 \\ \theta \end{Bmatrix} = \begin{Bmatrix} 0 \\ 0 \end{Bmatrix}$$

이 식에는 정적 및 동적 연성이 모두 존재한다.

예제 5.3.2

아래와 같은 수치를 가지는 단순화된 2자유도계로 표시하는 자동차 진동의 정규 모드를 구하라(그림 5.3.5 참조)

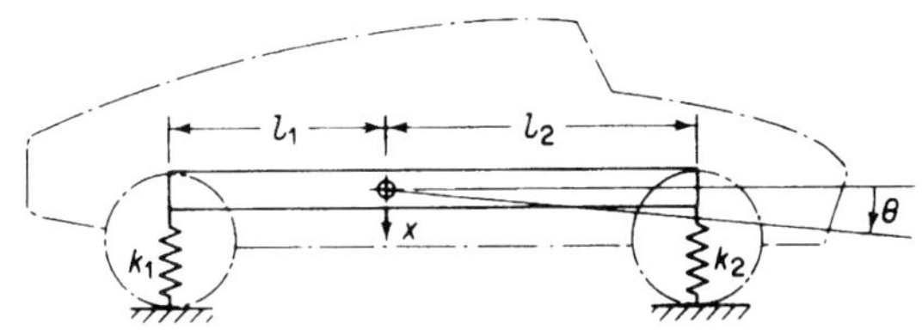

그림 5.3.5

$$W = 3220\ \text{lb} \qquad l_1 = 4.5\ \text{ft} \qquad k_1 = 2400\ \text{lb/ft}$$
$$J_c = \frac{W}{g} r^2 \qquad l_2 = 5.5\ \text{ft} \qquad k_2 = 2600\ \text{lb/ft}$$
$$r = 4\ \text{ft} \qquad l = 10\ \text{ft}$$

운동 방정식에서 정적 연성을 알 수 있다.

$$m\ddot{x} + k_1(x - l_1\theta) + k_2(x + l_2\theta) = 0$$
$$J_c\ddot{\theta} - k_1(x - l_1\theta)l_1 + k_2(x + l_2\theta)l_2 = 0$$

조화운동을 가정하면, 다음 식을 얻는다.

$$\begin{bmatrix} (k_1 + k_2 - \omega^2 m) & -(k_1 l_1 - k_2 l_2) \\ -(k_1 l_1 - k_2 l_2) & (k_1 l_1^2 + k_2 l_2^2 - \omega^2 J_c) \end{bmatrix} \begin{Bmatrix} x \\ \theta \end{Bmatrix} = \begin{Bmatrix} 0 \\ 0 \end{Bmatrix}$$

행렬 방정식으로부터 구해지는 두 개의 고유 진동수는 다음과 같다.

$$\omega_1 = 6.90\ \text{rad/s} = 1.10\ \text{Hz}$$
$$\omega_2 = 9.06\ \text{rad/s} = 1.44\ \text{Hz}$$

두 개의 진동수에 대한 진폭비는 다음과 같다.

$$\left(\frac{x}{\theta}\right)_{\omega_1} = -14.6\ \text{ft/rad} = -3.06\ \text{in./deg}$$

$$\left(\frac{x}{\theta}\right)_{\omega_2} = 1.09\ \text{ft/rad} = 0.288\ \text{in./deg}$$

이 모드 형상을 그림 5.3.6의 선도에 도시하였다.

이 결과들을 설명하면, 1차 모드 $\omega_1 = 6.9$ rad/s는 아주 미소한 회전을 동반하는 큰 수직방향의 병진운동이고 2차 모드 $\omega_2 = 9.06$ rad/s는 주로 회전운동하는 것을 의미한다. 여기서 이 모드들에 대한 개략적인 근사값을 다음과 같은 두 개의 1자유도 진동계로 만들 수 있음을 제시한다.

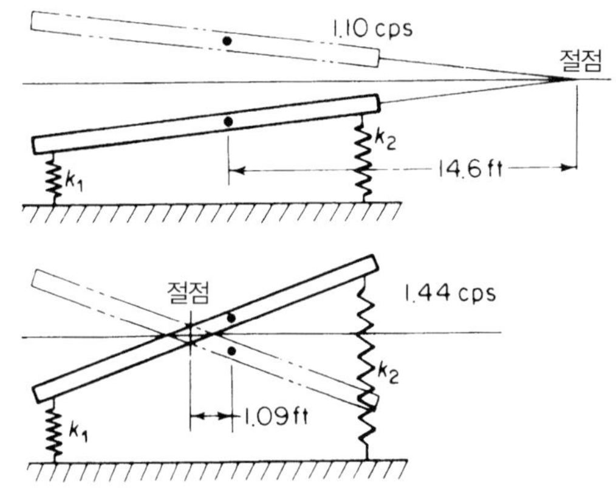

그림 5.3.6 그림 5.3.5에 보인 계의 정규 모드

$$\omega_1 \cong \sqrt{\frac{\text{수직방향 전체강성}}{\text{병진질량}}} = \sqrt{\frac{5000}{100}} = 7.07\ \text{rad/s}$$

$$\omega_2 \cong \sqrt{\frac{\text{회전강성}}{\text{회전관성 모멘트}}} = \sqrt{\frac{127{,}250}{1600}} = 8.92\ \text{rad/s}$$

여기서 이 비연성 진동수들은 연성된 고유 진동수들보다 그림 5.3.7에서 보듯이 약간 적게 나타나는 것을 알 수 있다.

또 한 가지 중요한 관측사항은 모델링시 간략화된 모델의 경우에 휠과 타이어가 생략되었다는 점이다. 이의 정확한 해석은 휠의 무게 및 타이어의 강성자료가 주어진 문제 5.27에서 다루기로 한다.

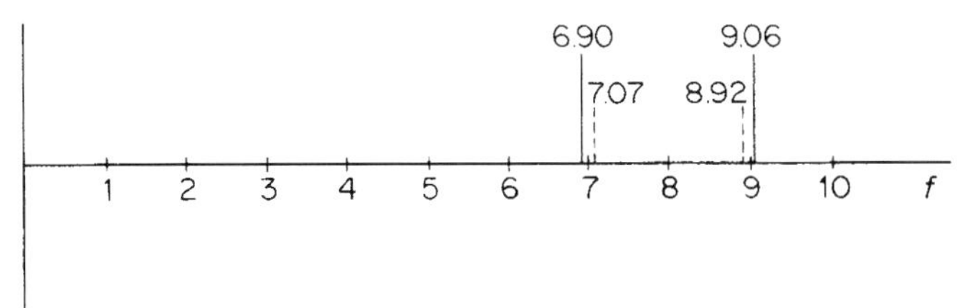

그림 5.3.7 연성 진동수와 비연성 진동수

그림 5.3.8 은 자동차의 역실험 모델(inverted laboratory model)을 보이고 있다.

그림 5.3.8 자동차의 2자유도계 모델. 차체는 조절용 추가 설치된 눈금봉(meter stick)으로 나타내었다. 모델은 스프링으로 전도되어 물체의 위가 땅을 나타낸다. 가진기는 노면을 시뮬레이션하도록 개별적으로 작동될 수 있다(UCSB 기계공학과 학부실험실 제공).

5.4 강제 조화진동

다음과 같은 조화력 $F_1 \sin \omega_t$에 의하여 가진되는 계에 대한 행렬 방정식을 생각해 보자.

$$\begin{bmatrix} m_1 & 0 \\ 0 & m_2 \end{bmatrix} \begin{Bmatrix} \ddot{x}_1 \\ \ddot{x}_2 \end{Bmatrix} + \begin{bmatrix} k_{11} & k_{12} \\ k_{21} & k_{22} \end{bmatrix} \begin{Bmatrix} x_2 \\ x_2 \end{Bmatrix} = \begin{Bmatrix} F_1 \\ 0 \end{Bmatrix} \sin \omega t \tag{5.4.1}$$

비감쇠계이므로 해를 다음과 같이 가정할 수 있다.

$$\begin{Bmatrix} x_1 \\ x_2 \end{Bmatrix} = \begin{Bmatrix} X_1 \\ X_2 \end{Bmatrix} \sin \omega t$$

이것을 미분 방정식에 대입하면 다음을 얻는다.

$$\begin{bmatrix} (k_{11} - m_1\omega^2) & k_{12} \\ k_{21} & (k_{22} - m_2\omega^2) \end{bmatrix} \begin{Bmatrix} X_1 \\ X_2 \end{Bmatrix} = \begin{Bmatrix} F_1 \\ 0 \end{Bmatrix} \tag{5.4.2}$$

즉, 간단히 나타내면

$$[Z(\omega)] \begin{Bmatrix} X_1 \\ X_2 \end{Bmatrix} = \begin{Bmatrix} F_1 \\ 0 \end{Bmatrix}$$

으로 되며, $[Z(\omega)]^{-1}$을 양변의 앞에 곱하면 다음 식을 얻는다(부록 C 참조).

$$\begin{Bmatrix} X_1 \\ X_2 \end{Bmatrix} = [Z(\omega)]^{-1} \begin{Bmatrix} F_1 \\ 0 \end{Bmatrix} = \frac{\text{adj}\,[Z(\omega)] \begin{Bmatrix} F_1 \\ 0 \end{Bmatrix}}{|Z(\omega)|} \tag{5.4.3}$$

식 (5.4.2)에 의하여 행렬값 $|Z(\omega)|$는 다음과 같이 표현된다.

$$|Z(\omega)| = m_1 m_2 (\omega_1^2 - \omega^2)(\omega_2^2 - \omega^2) \tag{5.4.4}$$

여기서 ω_1과 ω_2는 정규 모드의 진동수이다. 따라서, 식 (5.4.3)은

$$\begin{Bmatrix} X_1 \\ X_2 \end{Bmatrix} = \frac{1}{|Z(\omega)|} \begin{bmatrix} (k_{22} - m_2\omega^2) & -k_{12} \\ -k_{21} & (k_{11} - m_1\omega^2) \end{bmatrix} \begin{Bmatrix} F_1 \\ 0 \end{Bmatrix} \tag{5.4.5}$$

즉,

$$\begin{aligned} X_1 &= \frac{(k_{22} - m_2\omega^2)F_1}{m_1 m_2 (\omega_1^2 - \omega^2)(\omega_2^2 - \omega^2)} \\ X_2 &= \frac{-k_{21}F_1}{m_1 m_2 (\omega_1^2 - \omega^2)(\omega_2^2 - \omega^2)} \end{aligned} \tag{5.4.6}$$

예제 5.4.1

식 (5.4.6)을 그림 5.4.1에 도시한 계에 대하여 적용하라. 여기서 m_1은 힘 $F_1 \sin \omega t$로 가진된다고 가정한다. 진동수 응답곡선을 그려라.

풀이 계에 대한 방정식은 다음과 같다.

$$\begin{bmatrix} m & 0 \\ 0 & m \end{bmatrix} \begin{Bmatrix} \ddot{x}_1 \\ \ddot{x}_2 \end{Bmatrix} + \begin{bmatrix} 2k & -k \\ -k & 2k \end{bmatrix} \begin{Bmatrix} x_1 \\ x_2 \end{Bmatrix} = \begin{Bmatrix} F_1 \\ 0 \end{Bmatrix} \sin \omega t$$

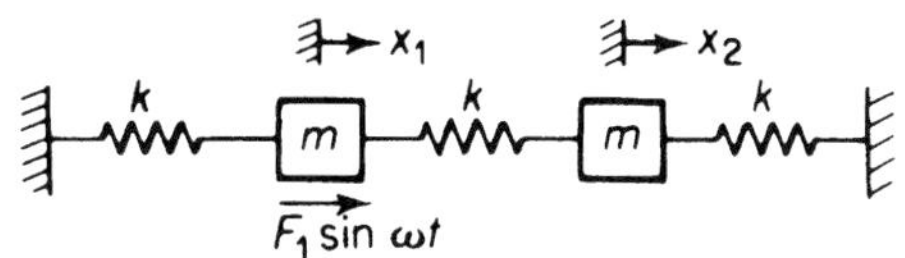

그림 5.4.1 2자유도계의 강제진동

여기서 $k_{11} = k_{22} = 2k$이고 $k_{12} = k_{21} = -k$이다. 따라서, 식 (5.4.6)은 다음과 같이 된다.

$$X_1 = \frac{(2k - m\omega^2)F_1}{m^2(\omega_1^2 - \omega^2)(\omega_2^2 - \omega^2)}$$

$$X_2 = \frac{kF_1}{m^2(\omega_1^2 - \omega^2)(\omega_2^2 - \omega^2)}$$

여기서 $\omega_1^2 = k/m$ 및 $\omega_2^2 = 3k/m$은 행렬 방정식의 행렬식으로부터 구할 수 있다. 이 결과를 도시하면 그림 5.4.2와 같다.

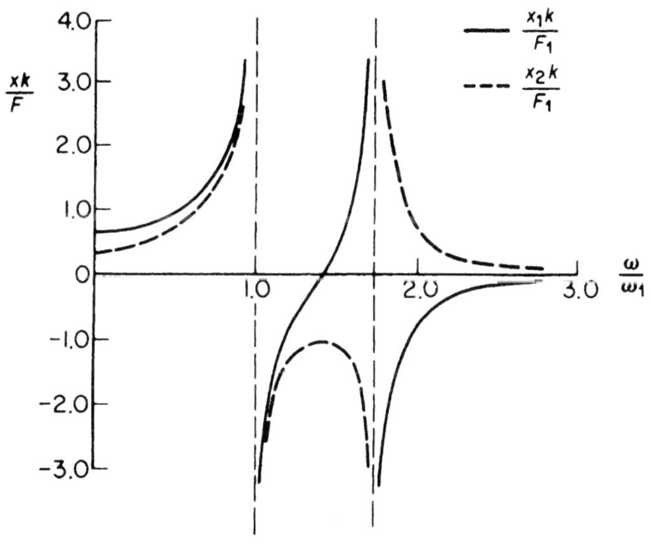

그림 5.4.2 2자유도계의 강제 응답

예제 5.4.2 정규 모드 합으로 나타낸 강제진동

예제 5.4.1에서의 X_1과 X_2를 정규 모드의 합으로 표현하라.

풀이 X_1을 고려하여 이 식을 부분 분수식으로 전개하면 다음과 같다.

$$\frac{(2k - m\omega^2)F_1}{m^2(\omega_1^2 - \omega^2)(\omega_2^2 - \omega^2)} = \frac{C_1}{\omega_1^2 - \omega^2} + \frac{C_2}{\omega_2^2 - \omega^2}$$

C_1을 풀기 위하여, $(\omega_1^2 - \omega^2)$을 곱하고, $\omega = \omega_1$으로 두면

$$C_1 = \frac{(2k - m\omega_1^2)F_1}{m^2(\omega_2^2 - \omega_1^2)} = \frac{F_1}{2m}$$

으로 되며, 마찬가지 방법으로 C_2는 $(\omega_2^2 - \omega^2)$을 곱하고, $\omega = \omega_2$로 치환함으로써 계산된다.

$$C_2 = \frac{(2k - m\omega_2^2)F_1}{m^2(\omega_1^2 - \omega_2^2)} = \frac{F_1}{2m}$$

X_1의 다른 형태는 다음과 같다.

$$X_1 = \frac{F_1}{m}\left[\frac{1}{\omega_1^2 - \omega^2} + \frac{1}{\omega_2^2 - \omega^2}\right]$$
$$= \frac{F_1}{2k}\left[\frac{1}{1 - (\omega/\omega_1)^2} + \frac{1}{3 - (\omega/\omega_1)^2}\right]$$

X_2도 같은 방법으로 구하면 다음과 같다.

$$X_2 = \frac{F_1}{2k}\left[\frac{1}{1 - (\omega/\omega_1)^2} - \frac{1}{3 - (\omega/\omega_1)^2}\right]$$

여기서 진폭 X_1과 X_2는 정규 모드들의 합으로 표기되며, 시간해는 다음과 같이 된다.

$$x_1 = X_1 \sin \omega t$$
$$x_2 = X_2 \sin \omega t$$

5.5 유한 차분법을 이용한 운동방정식 풀이

4.7절에서의 유한 차분법은 2자유도계의 해석에도 쉽게 적용할 수 있다. 그 과정은 디지털 컴퓨터에서 프로그램되고 계산되는 다음의 문제에 예시되어 있다.

그림 5.5.1에 있는 계를 해석하고자 할 때, 첨자들의 혼동을 피하기 위하여 변위들은 x, y로 놓는다.

$$k_1 = 36\ \text{kN/m}$$
$$k_2 = 36\ \text{kN/m}$$

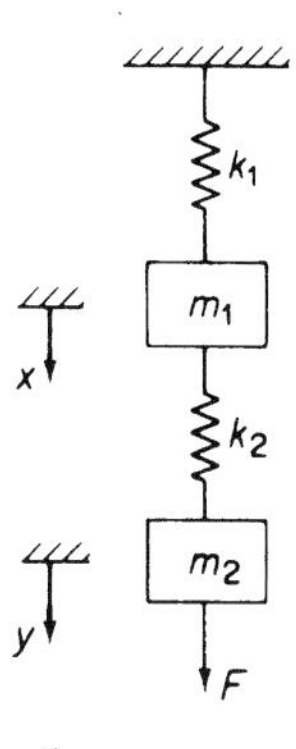

그림 5.5.1

$$m_1 = 100 \text{ kg}$$

$$m_2 = 25 \text{ kg}$$

$$F = \begin{cases} 4000 \text{ N}, & t > 0 \\ 0, & t < 0 \end{cases}$$

초기 조건은 다음과 같다.

$$x = \dot{x} = y = \dot{y} = 0$$

운동 방정식은

$$100\ddot{x} = -36{,}000x + 36{,}000(y - x)$$

$$25\ddot{y} = -36{,}000(y - x) + F$$

이며, 정리하면 다음과 같다.

$$\ddot{x} = -720x + 360y$$

$$\ddot{y} = 1440(x - y) + 160$$

이 식 들은 4.7절의 순환식과 함께 풀어져야 한다.

$$x_{i+1} = \ddot{x}_i \Delta t^2 + 2x_i - x_{i-1}$$

$$y_{i+1} = \ddot{y}_i \Delta t^2 + 2y_i - y_{i-1}$$

계의 주기를 계산함으로써 그들이 크게 다르지 않다는 사실을 알 수 있다. 주기 들은 $\tau_1 = 0.3803$, $\tau_2 = 0.1462$ s이다. 따라서, $\tau_2/10$ 보다 작은 임의의 증분 $\Delta t = 0.01$s를 선택하기로 한다.

계산하기 위하여 초기 가속도 $\ddot{x}_1 = 0$, $\ddot{y}_1 = 160$으로 가정하면 식 (4.7.8)을 y에 관해서만 표기할 수 있다.

$$y_2 = \tfrac{1}{2}\ddot{y}_1 \Delta t^2$$

x_2를 계산하기 위하여, 특수 초기식 (4.7.13)을 미분식과 같이 이용해야 한다.

$$x_2 = \tfrac{1}{6}\ddot{x}_2 \Delta t^2$$
$$\ddot{x}_2 = -720x_2 + 360y_2$$

$\ddot{x}_2$를 제거하면 x_2에 관한 다음 식을 얻을 수 있다.

$$x_2 = \frac{60y_2 \Delta t^2}{1 + 120\Delta t^2}$$

계산을 위한 흐름도는 그림 5.5.2에 나타내었다. 그람 5.5.3은 이 결과를 도식적으로 보여준다.

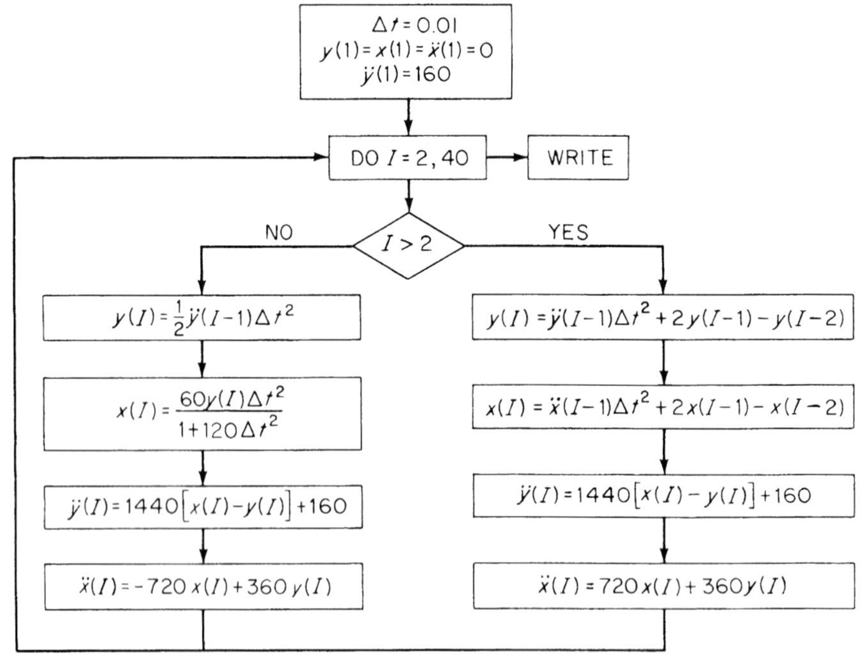

그림 5.5.2 계산 흐름도

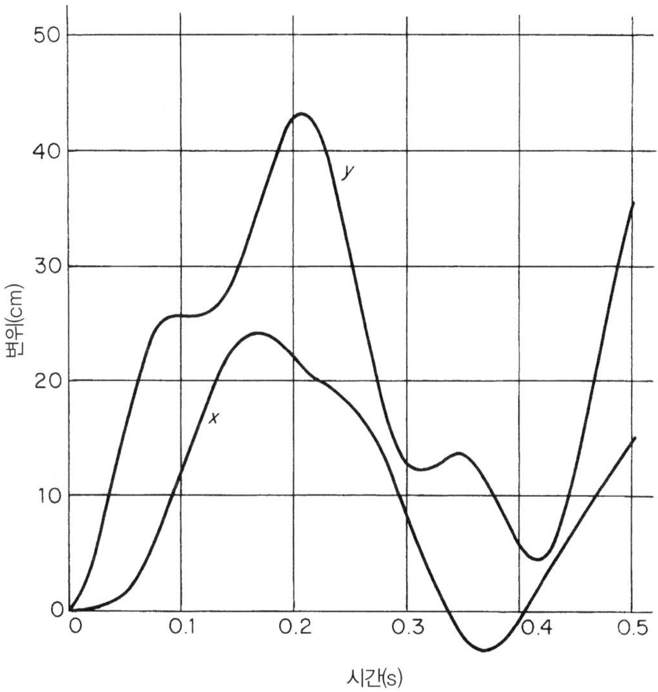

그림 5.5.3

5.6 진동 흡진기

그림 5.6.1의 스프링-질량계에서 k_2, m_2를 가진력의 진동수 ω에 맞추어서 $\omega^2 = k_2/m_2$가 되게 조율하면, 이 계는 진동 흡진기(vibration absorber)역할을 하며, 주질량 m_1의 운동을 0이 되게 한다.

$$\omega_{11}^2 = \frac{k_1}{m_1} \qquad \omega_{22}^2 = \frac{k_2}{m_2}$$

운동이 조화적 이라 가정하면, 진폭 X_1에 관한 식은 다음과 같이 된다.

$$\frac{X_1 k_1}{F_0} = \frac{\left[1 - \left(\frac{\omega}{\omega_{22}}\right)^2\right]}{\left[1 + \frac{k_2}{k_1} - \left(\frac{\omega}{\omega_{11}}\right)^2\right]\left[1 - \left(\frac{\omega}{\omega_{22}}\right)^2\right] - \frac{k_2}{k_1}} \tag{5.6.1}$$

그림 5.6.2는 $\mu = m_2/m_1$을 변수로 하여 이 식을 도시한 결과를 보여주고 있다. 그리고 $k_2/k_1 = \mu(\omega_{22}/\omega_{11})^2$임을 주시하라. 따라서, 이 계는 두 개의 고유 진동수를 가지는 2자유도계

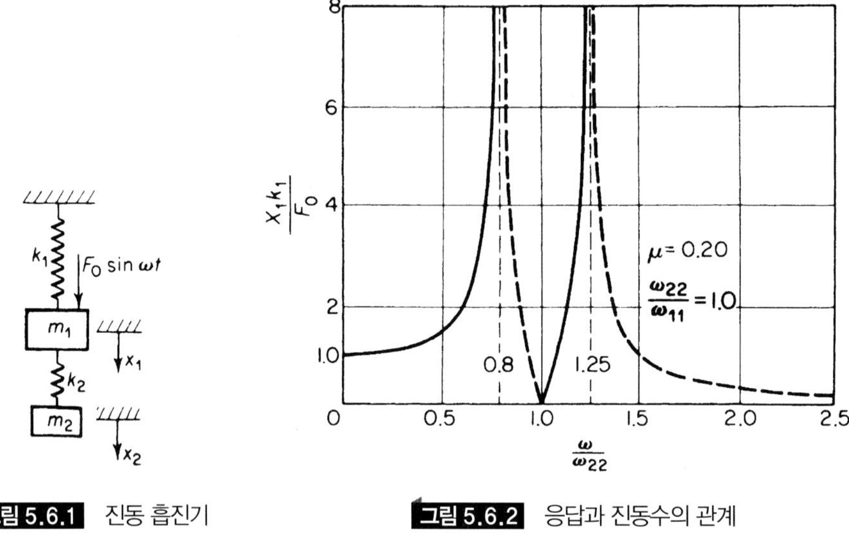

그림 5.6.1 진동 흡진기

그림 5.6.2 응답과 진동수의 관계

의 일부분이다. 이들은 그림 5.6.3에서 μ의 함수로 나타나있다.

앞에서 흡진기 질량의 크기에 관해서는 언급을 하지 않았다. $\omega = \omega_{22}$에서 진폭 $X_1 = 0$이 되나, 흡진기 질량은 다음의 진폭으로 운동을 하게 된다.

$$X_2 = -\frac{F_0}{k_2} \tag{5.6.2}$$

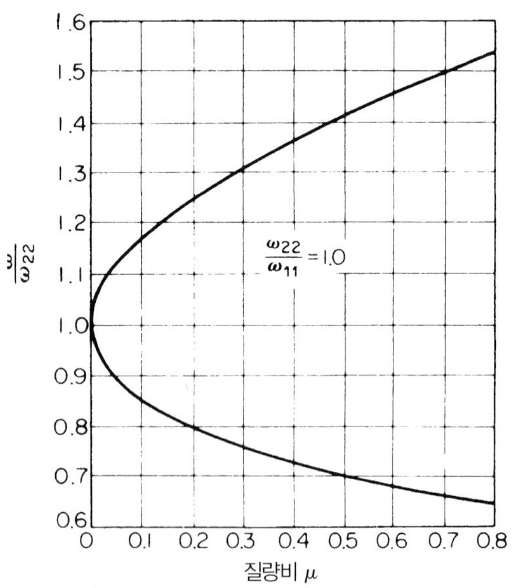

그림 5.6.3 고유 진동수와 μ의 상호관계 곡선

그러므로 m_2에 작용하는 힘은

$$k_2X_2 = \omega^2 m_2 X_2 = -F_0$$

이므로, 흡진장치에서 k_2와 m_2는 외란력에 크기가 같고 방향이 반대인 힘을 유발한다. 따라서, k_2 및 m_2의 크기는 X_2의 허용값에 좌우된다.

5.7 원심진자 흡진기

5.6절에서 흡진기는 $\omega = \omega_{22}$인 고유 진동수에서 효과가 있었다. 그러나 ω_{22} 양측의 공진 진동수에서는 스프링-질량 흡진기의 유용성이 제한된다.

자동차 엔진과 같은 회전계에서 가진 토크는 회전속도에 비례한다. 이 속도는 넓은 범위에 비례해야 한다. 원심진자의 특성은 이상적으로 이 목적에 적합하다.

그림 5.7.1은 원심진자의 중요부를 보여준다. 이것은 2자유도 비선형계이다. 그러나 우리는 진동을 매우 작은 각도로 제한하여 복잡성을 줄일 수 있다.

좌표계를 O'에 위치시키고 직선 r에 평행 수직하게 놓으면, 직선 r은 $(\dot{\theta} + \dot{\phi})$의 가속도로 회전한다. m의 가속도는 O'의 가속도와 m의 O'에 대한 상대 가속도의 합으로 표시된다.

$$a_m = \left[R\ddot{\theta}\sin\phi - R\dot{\theta}^2\cos\phi - r(\dot{\theta} + \dot{\phi})^2 \right] i + \left[R\ddot{\theta}\cos\phi + R\dot{\theta}^2\sin\phi + r(\ddot{\theta} + \ddot{\phi}) \right] j \tag{5.7.1}$$

O'에 관한 모멘트는 0이므로, a_m의 j성분으로부터

$$M_{0'} = m[R\ddot{\theta}\cos\phi + R\dot{\theta}^2\sin\phi + r(\ddot{\theta} + \ddot{\phi})]r = 0 \tag{5.7.2}$$

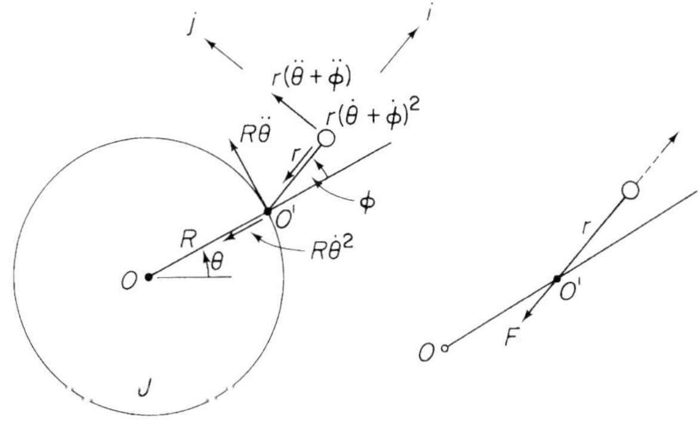

그림 5.7.1 원심진자 흡진기

ϕ를 작다고 가정하면 식 (5.7,2)에서 $\cos\phi = 1$, $\sin\phi = \phi$로 치환할 수 있다. 그리고 다음의 진자운동 방정식을 얻는다.

$$\ddot{\phi} + \left(\frac{R}{r}\dot{\theta}^2\right)\phi = -\left(\frac{R+r}{r}\right)\ddot{\theta} \tag{5.7.3}$$

만일 휠(wheel)의 운동을 정상회전 n과 진동수 ω를 갖는 정현파 미소 진동들의 합으로 운동을 나타내면 다음과 같다.

$$\begin{aligned} \theta &= nt + \theta_0 \sin\omega t \\ \dot{\theta} &= n + \omega\theta_0 \cos\omega t \cong n \\ \ddot{\theta} &= -\omega^2\theta_0 \sin\omega t \end{aligned} \tag{5.7.4}$$

이 때 식 (5.7.3)은 다음과 같이 된다.

$$\ddot{\phi} + \left(\frac{R}{r}n^2\right)\phi = \left(\frac{R+r}{r}\right)\omega^2\theta_0 \sin\omega t \tag{5.7.3$'$}$$

여기서 진자의 고유 진동수는 다음과 같다.

$$\omega_n = n\sqrt{\frac{R}{r}} \tag{5.7.5}$$

그리고 정상상태의 해는 다음과 같다.

$$\phi = \frac{(R+r)/r}{-\omega^2 + Rn^2/r}\omega^2\theta_0 \sin\omega t \tag{5.7.6}$$

중력장에서 동일 진자는 $\sqrt{g/r}$의 고유 진동수를 가지므로 원심진자는 중력장을 원심장 Rn^2으로 치환하면 된다.

다음에는 진자가 휠(wheel)에 작용하는 토크(torque)를 생각해 보자. a_m의 j성분이 0이므로 진자력은 r을 따라 a_m의 i성분의 m배가 된다. ma_m의 주요항이 $-(R+r)n^2$일 때, 진자가 휠에 작용하는 토크는 다음과 같다.

$$T = -m(R+r)n^2R\phi \tag{5.7.7}$$

식 (5.7.6)의 ϕ를 윗식에 대입하면,

$$T = -\frac{m(R+r)^2Rn^2/r}{Rn^2/r - \omega^2}\omega^2\theta_0 \sin\omega t = -\left[\frac{m(R+r)^2}{1 - r\omega^2/Rn^2}\right]\ddot{\theta}$$

를 얻는다. 토크 식은 $T=J_{eff}\ddot{\theta}$로 쓸 수 있으므로, 진자는

$$J_{eff} = -\frac{m(R+r)^2}{1 - r\omega^2/Rn^2} \tag{5.7.8}$$

인 회전관성을 가지는 휠과 같이 운동한다. 여기서, 이 회전관성은 고유 진동수에서 무한대가 된다.

이 때문에 진자 설계시 여러 가지 어려움이 뒤따른다. 예를 들면, 회전속도 n의 4 배인 진동수로 외란 토크를 억제하기 위하여, 진자는 $\omega^2=(4n)^2=n^2R/r$, 즉 $r/R=1/16$인 조건을 만족해야 한다. 이와 같은 짧고 효과적인 진자는 칠턴 바이필라 설계(Chilton bifilar design, 문제 5.43 참조)에 의하여 가능해졌다.

5.8 진동 감쇠기

흡진기에 의하여 가진력에 반대로 작용하는 진동 흡진기에 반해서 감쇠기는 에너지를 소산시킨다. 그림 5.8.1은 랜체스터(Lanchester)감쇠기로 알려진 마찰형 진동 감쇠기를 보여준다. 이것은 임계속도에서 진폭을 줄이는 가스 또는 디젤 엔진 등의 비틀림계에서 실용적으로 쓰인다. 감쇠기는 축 위에서 회전이 자유로운 플라이 휠(a) 두 개와 스프링으로 하중이 가해지는 볼트(c)에 의하여 정상압력이 유지될 때 마찰링(b)에 의해서만 구동된다.

적절히 조절되면, 플라이휠은 매우 작은 진동에서 축과 일체로 회전한다. 그러나 플라이휠은 축을 따라갈 수 없다. 왜냐하면 플라이휠의 큰 관성과 에너지는 상대운동으로 마찰에 의하여 소산되기 때문이다. 그러므로 에너지 소산은 진동의 진폭을 제한하게 되어 축의 비

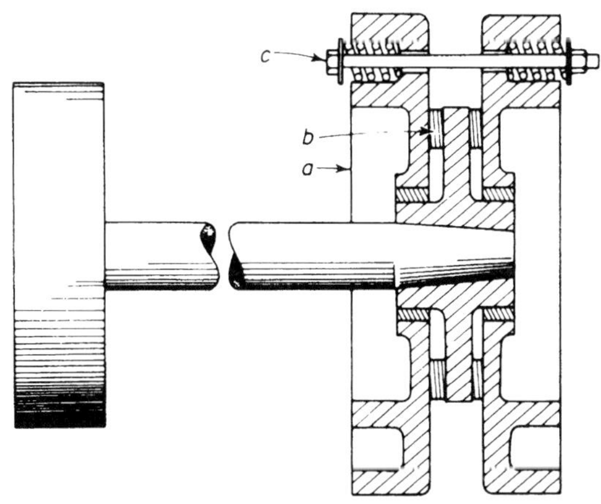

그림 5.8.1 비틀림 진동 감쇠기

틀림 응력이 커지는 것을 방지한다.

비틀림 감쇠기의 단순함에도 불구하고 수학적 해석은 다소 복잡하다. 예를 들면, 스프링 볼트에 의하여 가해지는 압력에 따라 플라이휠이 사이클의 어떤 부분에서 연속적으로 미끄러짐이 일어나거나 전혀 미끄러짐이 일어나지 않을 수도 있다. 만일 마찰링에 가해지는 압력이 미끄러짐에 대하여 매우 크거나 또는 0이라면 에너지 소산은 일어나지 않으며, 이 경우 감쇠기는 비효율적이다. 최대 에너지 소산은 앞의 극한 경우의 중간 정도 압력에서 일어나며, 이 때 감쇠기의 효율은 최적이 된다.

물론 감쇠기는 진폭이 최대가 되는 곳에 위치해야 하며, 절점(node)은 대부분 질량이 가장 큰 부근에 위치하기 때문에 이 위치는 주 플라이휠로부터 떨어진 축 부근에서 발견된다.

비조율 점성 진동감쇠기 본 절에서는 진동 감쇠기의 다른 흥미로운 적용에 대하여 기술하고자 하며, 이는 자동차 엔진의 비틀림 진동을 억제하는 데 실제적인 유용성이 있다. 자동차 엔진 같은 회전계에서 비틀림 진동에 대한 교란 진동수는 회전속도에 비례한다. 그러나 이러한 진동수는 일반적으로 한 개보다 많으며, 원심성 진자는 교란의 차수만큼 조율된 몇 개의 진자가 사용되는 단점이 있다. 원심성 진자에 반해서 조율되지 않은 점성 감쇠기는 넓은 구동 범위에 대하여 효과적 이다. 이것은 그림 5.8.2에서 보인 바와 같이 점성 유체로 채워진 원통형 공동내에 자유로이 회전가능한 물체로 구성되어 있다. 이와 같은 계는 일반적으로 팬 벨트를 구동하는 크랭크 축 끝의 풀리와 조합되며, 종종 후데일(Houdaille) 감쇠기라고 하기도 한다.

한 쪽은 고정되고 다른 쪽은 감쇠기와 연결된 크랭크 축을 고려함으로써, 조율되지 않은 점성 감쇠기를 2자유도계로 검토할 수 있다. 축의 비틀림 강성은 K in · lb/rad이고, 감쇠기는 조화 토크 $M_0e^{i\omega t}$로 가진된다고 가정하자. 감쇠기 토크는 풀리 공동내에 있는 유체의 점성에 기인하며, 그것은 풀리(pulley)와 자유 물체 사이의 상대 회전속도에 비례하는 것으로 가정한다. 그러므로 풀리와 자유 질량에 대한 두 개의 운동 방정식은

$$\begin{aligned} J\ddot{\theta} + K\theta + c(\dot{\theta} - \dot{\phi}) &= M_0 e^{i\omega t} \\ J_d\ddot{\phi} - c(\dot{\theta} - \dot{\phi}) &= 0 \end{aligned} \tag{5.8.1}$$

과 같으며, 해는 다음 식과 같은 형태로 가정한다.

$$\begin{aligned} \theta &= \theta_0 e^{i\omega t} \\ \phi &= \phi_0 e^{i\omega t} \end{aligned} \tag{5.8.2}$$

여기서 θ_0와 ϕ_0는 복소 진폭이고, 이들을 미분 방정식에 대입하면 다음과 같다.

$$\left[\left(\frac{K}{J} - \omega^2\right) + i\frac{c\omega}{J}\right]\theta_0 - \frac{ic\omega}{J}\phi_0 = \frac{M_0}{J}$$

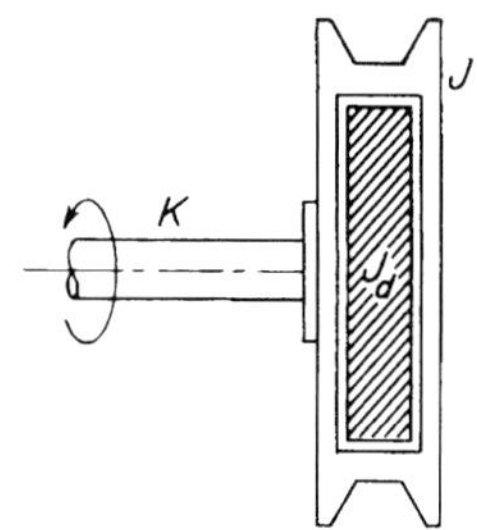

그림 5.8.2 비조율 점성 감쇠기

그리고

$$\left(-\omega^2 + i\frac{c\omega}{J_d}\right)\phi_0 = \frac{ic\omega}{J_d}\theta_0 \tag{5.8.3}$$

위의 두 방정식에서 ϕ_0를 소거하고, 풀리의 진폭 θ_0에 대한 식은

$$\frac{\theta_0}{M_0} = \frac{\omega^2 J_d - ic\omega}{[\omega^2 J_d(K - J\omega^2)] + ic\omega[\omega^2 J_d - (K - J\omega^2)]} \tag{5.8.4}$$

와 같고, ($\omega_n^2 = K/J$ 및 $\mu = J_d/J$라 둘 때, 임계 감쇠는

$$c_c = 2J\omega_n, \quad c = \frac{c}{c_c}2J\omega_n = 2\zeta J\omega_n$$

가 되고, 이 때 진폭 방정식은 식 (5.8,5)와 같다.

$$\left|\frac{K\theta_0}{M_0}\right| = \sqrt{\frac{\mu^2(\omega/\omega_n)^2 + 4\zeta^2}{\mu^2(\omega/\omega_n)^2(1 - \omega^2/\omega_n^2)^2 + 4\zeta^2[\mu(\omega/\omega_n)^2 - (1 - \omega^2/\omega_n^2)]^2}} \tag{5.8.5}$$

여기서 $|K\theta_0/M_0|$는 세 개의 매개변수 ζ, μ 및 (ω/ω_n)의 함수이다.

다소 복잡한 이 식은 다음과 같은 간단한 의미를 가지고 있다. 만일 $\zeta = 0$(비감쇠)이라면, 고유 진동수 $\omega_1 = \sqrt{K/J}$을 갖는 비감쇠 1 자유도계가 된다. $|K\theta_0/M_0|$와 진동수비의 그림도 이 진동수에서 ∞로 접근한다. 만일 $\zeta = \infty$이면, 감쇠기 질량과 휠은 하나의 물체처럼 움직이며, 또한 저진동수가 $\sqrt{K/(J+J_d)}$뿐인 비감쇠 1자유도계가 된다.

따라서 앞절의 랜체스터 감쇠기와 같이, 피크의 진폭이 그림 5.8.3에서 보인 바와 같이 최소가 되는 최적 감쇠비 ζ_0가 존재한다. 그 결과는 그림 5.8.4에서 보듯이 임의의 주어진 μ에 대한 ζ의 함수로서 피크값들의 그림으로 표현할 수 있다.

$$\zeta_0 = \frac{\mu}{\sqrt{2(1 + \mu)(2 + \mu)}} \tag{5.8.6}$$

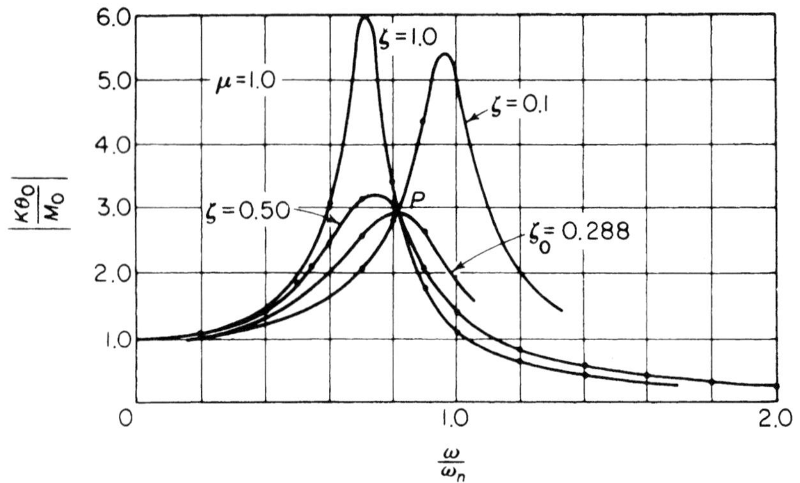

그림 5.8.3 비조율 점성 감쇠기의 응답(모든 곡선들은 P를 통과한다)

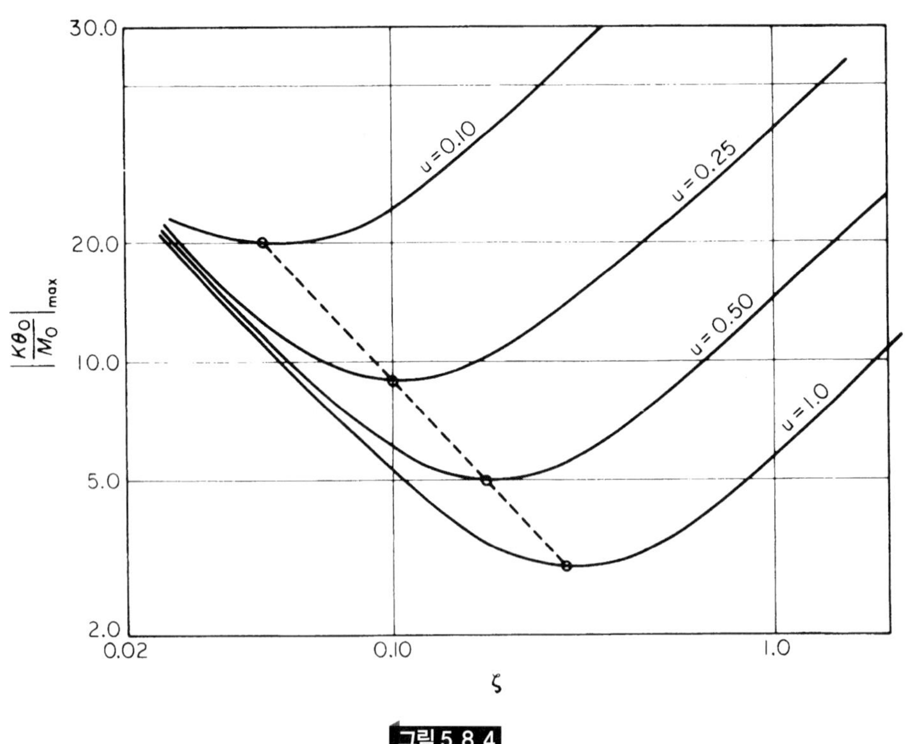

그림 5.8.4

그림 5.8.5 비조율 점성 감쇠기

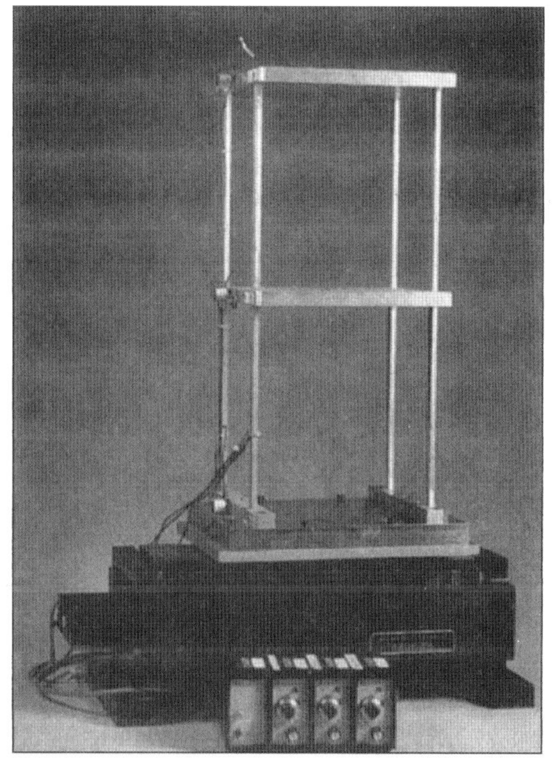

그림 5.8.6 가진 탁자에 놓인 2자유도 건물 모델(UCSB 기계공학과 학부 실험실 제공)

그리고 최적 감쇠에 대한 피크의 진폭은

$$\frac{\omega}{\omega_n} = \sqrt{2/(2+\mu)} \tag{5.8.7}$$

와 같은 진동수에서 찾을 수 있다.

이와 같은 결론들은 그림 5.8.3의 곡선을 관찰함으로써 얻을 수 있다. 그림5.8.3에서 모든 곡선은 ζ의 값에 관계없이 공통점 P를 지난다는 것을 관찰함으로써 얻을 수 있었다. 따라서, $\zeta = 0$ 및 $\zeta = \infty$의 경우 $|K\theta_0/M_0|$에 대한 식을 등치시킴으로써 식 (5.8.7)을 얻는다. 이때 최적 감쇠에 대한 곡선은 점 P에서 접선의 기울기가 0이 되도록 지나야 하므로 $(\omega/\omega_n)^2$

$= 2/(2 + \mu)$를 식 (5.8.5)의 미분식에 대입한 후 0으로 놓으면, ζ_0에 대한 식을 얻을 수 있다. 이러한 결론은 감쇠 스프링이 0인 감쇠 흡진기의 특별한 경우로 그림 5.8.5와 같은 선형 스프링-질량계에도 적용할 수 있다.

그림 5.8.6에서는 지반운동으로 가진되는 2자유도 건물의 실험 모델을 보여 준다.

연습문제

5.1 그림 P5.1에 보인 계의 운동 방정식을 유도하고, 고유 진동수와 모드 형상을 구하라.

5.2 그림 P5.2의 계에서 $n = 1$일 때, 정규 모드와 진동수를 구하라.

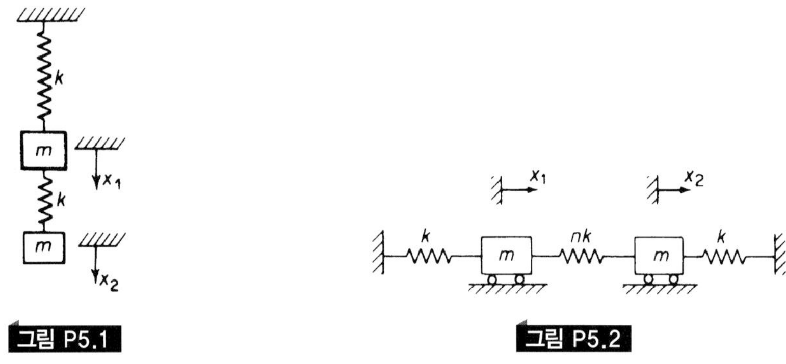

그림 P5.1

그림 P5.2

5.3 문제 5.2의 계에 대하여 고유 진동수를 n의 함수로 나타내라.

5.4 그림 P5.4의 계에 대하여 고유 진동수와 모드 형상을 구하라.

5.5 그림 P5.5에 보인 비틀림 계에서 $K_1 = K_2$ 및 $J_1 = 2J_2$일때, 정규 모드를 구하라.

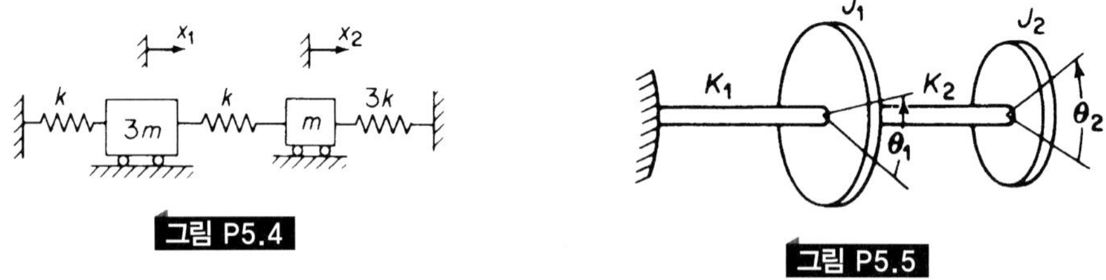

그림 P5.4

그림 P5.5

5.6 문제 5.5의 비틀림계에서 $K_1 = 0$이면, 그 계는 한 개의 고유 진동수만을 갖는 2 자유도계로 된다. 이 계의 정규 모드와 이와 등가인 선형 스프링-질량계에 대하여 설명하고, $\phi = (\theta_1 - \theta_2)$의 좌표를 사용함으로써 1자유도계로 다룰 수 있음을 보여라.

5.7 그림 P5.7에 보인 비틀림 계의 고유 진동수를 구하고, 정규 모드를 나타내는 곡선을 그려라. $G = 11.5 \times 10^6$ psi.

5.8 그림과 같이 무게가 50,000 1b인 두 차량으로 이루어지는 전차가 스프링 상수 16,000 1b/in인 스프링으로 연결되어 있다. 이 계의 고유 진동수를 구하라.

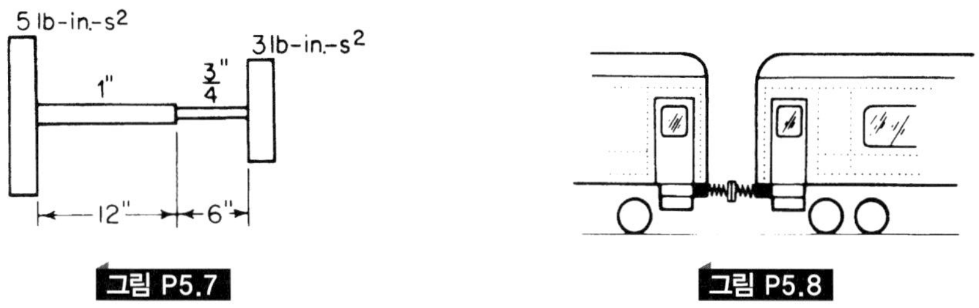

그림 P5.7 그림 P5.8

5.9 그림 P5.9에 보인 좌표를 사용하여 이중 진자의 운동에 대한 미분 방정식을 유도하고, 이 계의 고유 진동수가 다음 식

$$\omega = \sqrt{\frac{g}{l}(2 \pm \sqrt{2})}$$

로 주어짐을 보여라. 또한 진폭비 x_1/x_2를 구하고, 두 진동 모드들의 절점위치를 구하라.

5.10 연직방향으로부터 측정된 각 θ_1과 θ_2로 나타낸 이중 진자의 운동 방정식을 유도하라.

5.11 두 개의 질량 m_1과 m_2가 그림 P5.11과 같이 장력 T를 받는 가벼운 현(string)에 부착되어 있다. 질량들이 현에 수직하게 움직일 때, 장력 T가 변하지 않는다고 가정하고, 행렬식으로 운동 방정식을 유도하라.

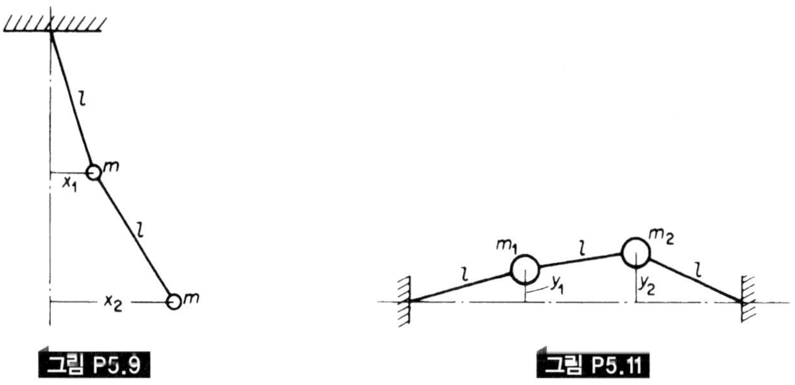

그림 P5.9 그림 P5.11

5.12 문제 5.11에서 만일 두 개의 질량이 같다고 한다면 정규 모드 진동수는 $\omega = \sqrt{T/ml}$과 $\omega_2 = \sqrt{3T/ml}$ 임을 보이고, 이 정규 모드의 형상을 도시하라.

5.13 문제 5.11에서 만일 $m_1 = 2m$이고 $m_2 = m$일 때, 정규 모드 진동수들과 모드 형상을 구하라.

5.14 그림 P5.14의 비틀림계는 강성이지 K_1인 축, 반경은 r이고 관성 모멘트가 J_1인 허브, 강성이 k_2인 네 개의 판 스프링, 그리고 반경이 R이고 관성 모멘트가 J_2인 바깥 휠로 구성되어 있다. 축이 한 쪽 끝은 고정되어 있다고 가정할 때, 비틀림 진동에 대한 미분 방정식을 유도하고, 주파수 방정식이 다음과 같이 됨을 보여라.

$$\omega^4 - \left(\omega_{11}^2 + \omega_{22}^2 + \frac{J_2}{J_1}\omega_{22}^2\right)\omega^2 + \omega_{11}^2\omega_{22}^2 = 0$$

여기서 ω_{11}과 ω_{22}는 다음 식으로 표현할 수 있는 비연성(uncoupled) 진동수이다.

$$\omega_{11}^2 = \frac{K_1}{J_1} \qquad \omega_{22}^2 = \frac{4k_2R^2}{J_2}$$

그림 P5.14

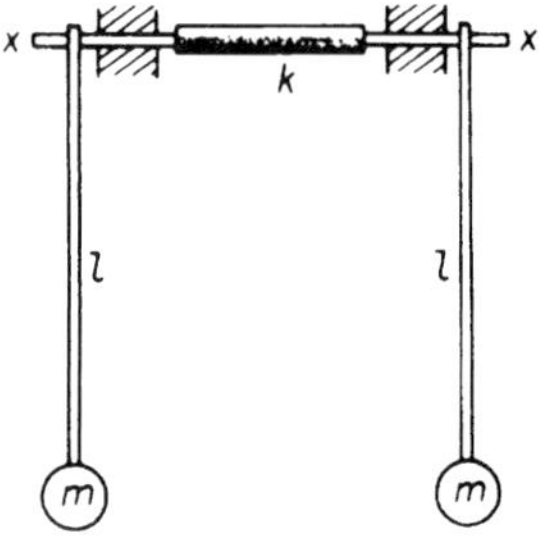

그림 P5.15

5.15 그림 P5.15에서 x-x축에 대하여 자유로이 회전할 수 있는 두 개의 같은 진자는 비틀림 강성이 k lb · in/rad인 고무 호스로 연성되어 있다. 진동의 정규 모드에 대한 고유 진동수를 구하고, 이러한 운동은 어떻게 시작될 수 있는지 설명하라. 만일 $l = 19.3$ in, $mg = 3.86$ lb, 그리고 $k = 2.01$b · in/rad이라면, 초기 조건 $\theta_1 = 0$과 $\theta_2 = \theta_0$로 운동을 시작한 경우에 맥놀이 주기를 구하라. 그리고 진폭이 0에 가까워질 때, 운동의 위상에 대하여 설명하라.

5.16 문제 5.4에서 초기 조건이 $x_1(0) = A$, $\dot{x}_1(0) = \dot{x}_2(0) = 0$일 때, 계의 운동 방정식을 구하라.

5.17 문제 5.9에서 이중 진자가 초기 조건 $x_1(0) = x_2(0) = X$, $\dot{x}_1(0) = \dot{x}_2(0) = 0$으로 운동을 시작할 때, 운동 방정식을 구하라.

5.18 문제 5.1에서 아래에 있는 질량에 타격을 주어 초기 속도 $\dot{x}_2(0) = V$로 운동시킬 때 운동 방정식을 구하라.

5.19 문제 5.1의 계가 초기 조건 $x_1(0) = 0$, $x_2(0) = 1.0$, $\dot{x}_1(0) = \dot{x}_2(0) = 0$으로 운동을 시작하면 운동 방정식은 다음과 같이 됨을 보여라.

$$x_1(t) = 0.447 \cos \omega_1 t - 0.447 \cos \omega_2 t$$
$$x_2(t) = 0.722 \cos \omega_1 t + 0.278 \cos \omega_2 t$$
$$\omega_1 = \sqrt{0.382k/m} \qquad \omega_2 = \sqrt{2.618k/m}$$

5.20 그림 P5.20에서 균일한 막대가 시계방향으로 회전할 때, 좌표 x로 c의 변위와 회전각 θ를 표기하고, 고유 진동수와 모드 형상을 구하라.

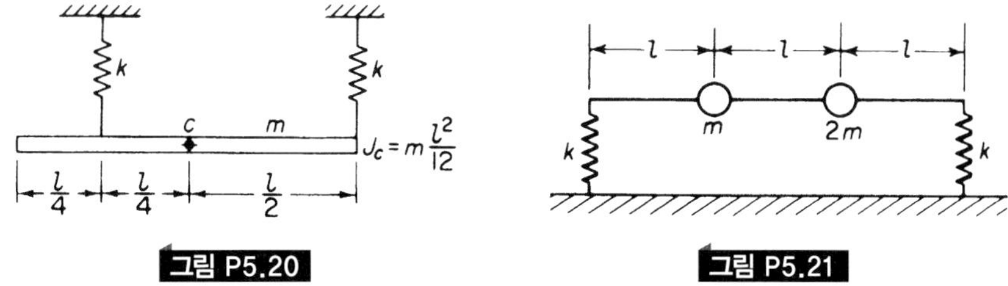

그림 P5.20

그림 P5.21

5.21 그림 P5.21에서 질량 m 및 $2m$의 좌표를 각각 x_1과 x_2라 할 때, 운동 방정식을 행렬식으로 나타내라. 그리고 모드 진동수에 대한 식을 구하고 모드 형상을 도시하라.

5.22 문제 5.21의 계에서 질량 m에서의 좌표 x와 θ를 사용하면 어떠한 형태의 연성이 발생되겠는가?

5.23 행렬식으로 문제 5.9와 5.10을 비교하고, 각 좌표계에 나타난 연성의 형식을 설명하라.

5.24 그림 P5.24의 자동차에 대한 자료는 다음과 같다

$W = 3500$ lb $\qquad k_1 = 2000$ lb/ft

$l_1 = 4.4$ ft $\qquad k_2 = 2400$ lb/ft

$l_2 = 5.6$ ft

$r = 4$ ft = c.g에 관한 선회운동의 반경

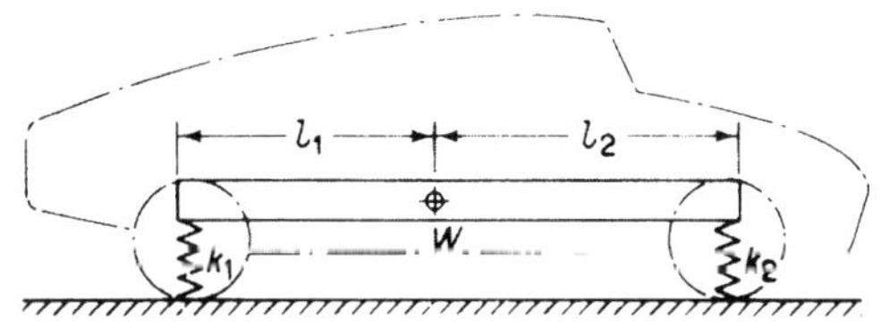

그림 P5.24

진동의 정규 모드를 구하고, 각 모드의 절점을 표시하라.

5.25 문제 5.24를 참고로 하여, 비연성 고유 진동수들은 항상 연성 고유 진동수들 사이에 존재하는 것을 포괄적으로 증명하라.

5.26 문제 5.24의 경우에 휠의 질량과 타이어의 강성을 포함하면 4자유도계의 문제가 된다. 스프링-질량 모델을 그린 후, 이 모델의 운동 방정식이 다음과 같음을 증명하라.

$$\left[\begin{array}{cc|cc} m & & & \\ & J & & \\ \hline & & m_0 & \\ & & & m_0 \end{array}\right]\begin{Bmatrix} \ddot{x} \\ \ddot{\theta} \\ \ddot{x}_1 \\ \ddot{x}_2 \end{Bmatrix}$$

$$+\left[\begin{array}{cc|cc} (k_1+k_2) & (k_2l_2-k_1l_1) & -k_1 & -k_2 \\ (k_2l_2-k_1l_1) & (k_1l_1^2-k_2l_2^2) & k_1l_1 & -k_2l_2 \\ \hline -k_1 & k_1l_1 & (k_0+k_1) & 0 \\ -k_2 & -k_2l_2 & 0 & (k_0+k_2) \end{array}\right]\begin{Bmatrix} x \\ \theta \\ x_1 \\ x_2 \end{Bmatrix}=\begin{Bmatrix} 0 \\ 0 \\ 0 \\ 0 \end{Bmatrix}$$

5.27 예제 5.3.2에서 자동차를 2자유도의 단순화된 모델로 적절히 나타내기 위해서는 각각의 휠, 허브 및 타이어의 무게가 80 1b이고, 하나의 휠에서 타이어 강성을 22,000 lb/ft로 가정한다. 휠-타이어계의 고유 진동수를 계산하고, 단순화된 모델이 적절함을 설명하라.

5.28 그림 P5.28과 같이 풍동에서 실험할 날개는 강성 k인 선형 스프링과 강성 K인 비틀림 스프링에 의하여 지지되어 있다. 단면의 무게중심이 지지점보다 앞쪽으로 e만큼 떨어져 있다고 할 때, 계의 운동 방정식을 구하라.

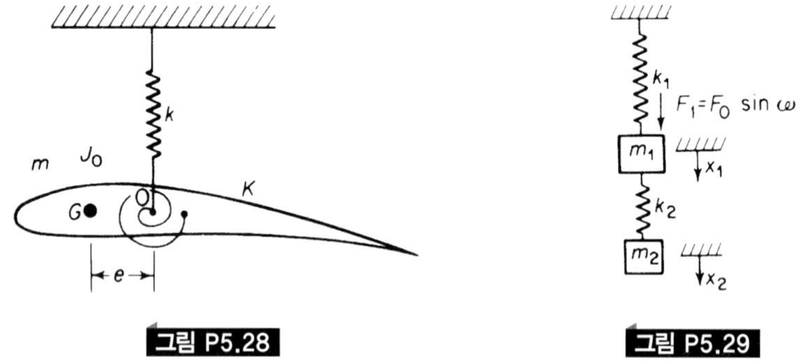

그림 P5.28

그림 P5.29

5.29 그림 P5.29에서

$gm_1 = 3.86$ lb $\qquad k_1 = 20$ lb/in

$gm_2 = 1.93$ lb $\qquad k_2 = 10$ lb/in

일 때, 계의 고유 진동수와 정규 모드를 구하라. $F_1 = F_0 \sin \omega t$로 가진될 때, 진폭에 대한 식을 구하고, ω/ω_{11}에 대하여 진폭을 도시하라.

5.30 그림 P5.30에서 로터는 한 면에 대하여 자유로이 움직일 수 있는 베어링에 의해 지지되어 있다. 로터는 전체 질량이 M이고, 회전축에 직각인 축에 대한 관성 모멘트가 J_0이며, 점 O에 대하여 대칭이다. 만일 소량의 불평형 mr이 중심 O로부터 축방향으로 b만큼 떨어져 작용한다면, 이 때 회전속도 ω에 대한 운동 방정식을 유도하라.

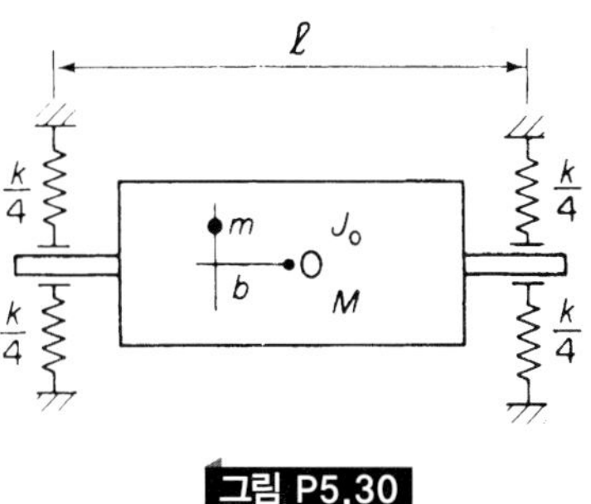

그림 P5.30

5.31 2층 건물은 그림 P5.31과 같이 $m_1 = 1/2\ m_2$이고, $k_1 = 1/2\ k_2$인 집중 질량계로 나타낼 수 있다. 이 계의 정규 모드는 다음과 같이 쓸 수 있음을 보여라.

$$\left(\frac{x_1}{x_2}\right)^{(1)} = 2 \qquad \omega_1^2 = \frac{1}{2}\frac{k_1}{m_1}$$

$$\left(\frac{x_1}{x_2}\right)^{(2)} = -1 \qquad \omega_2^2 = 2\frac{k_1}{m_1}$$

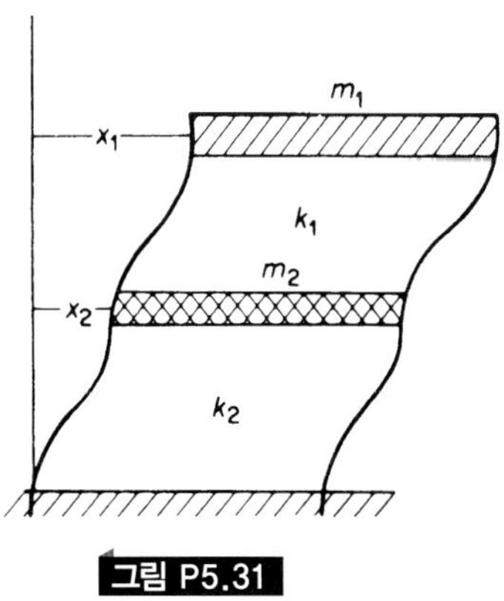

그림 P5.31

5.32 문제 5.31에서 질량 m_1에 힘을 가하여 단위길이만큼 변형시킨 후, 그 위치에서 놓아주었을 때 정규 모드의 합성법을 이용하여 각 질량의 운동 방정식을 구하라.

5.33 문제 5.32에서 1층과 2층에서의 최대 전단력의 비를 구하라.

5.34 문제 5.32에서 질량 m_2에 힘을 가하여 단위길이만큼 변위시켰을 경우의 운동 방정식을 구하라.

5.35 문제 5.31에서 지진으로 인해 지면이 식 $x_g = X_g \sin \omega t$에 따라 수평방향으로 진동한다고 가정 하여, 건물의 응답을 구하고 그 결과를 ω/ω_1에 대하여 도시하라.

5.36 강체 건물에 대한 지진의 영향을 해석하기 위하여 바닥이 지면에 두 개의 스프링, 즉 선형강성 K_h 및 회전강성 K_r을 갖는 스프링으로 연결되어 있다고 가정하자. 지면이 $Y_g = Y_G \sin \omega t$로 조화운동을 할 때, 그림 P5.36에 보인 좌표를 이용하여 운동 방정식을 세워라.

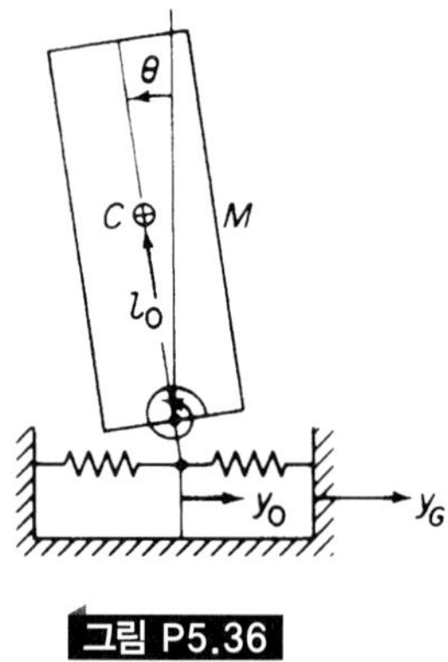

그림 P5.36

5.37 문제 5.36에서 다음과 같이 가정하고 방정식의 해를 구하라.

$$\omega_h^2 = \frac{K_h}{M} \qquad \left(\frac{\rho_c}{l_0}\right)^2 = \frac{1}{3}$$

$$\omega_r^2 = \frac{K_r}{M\rho_c^2} \qquad \left(\frac{\omega_r}{\omega_h}\right)^2 = 4$$

1차 고유 진동수와 모드 형상은

$$\frac{\omega_1}{\omega_h} = 0.734 \quad \text{및} \quad \frac{Y_0}{l_0\theta} = -1.14$$

로서 이것은 수평운동이 우세함을 의미한다. 2차 고유 진동수와 모드 형상을 구하라 ($Y_1 = Y_0 - 2l_0\theta_0 =$ 건물 옥상의 변위).

5.38 문제 5.36과 5.37에 대한 응답과 모드 형상은 그림 P5.38과 같다. 여러 개의 진동수비의 값들에 대하여 모드 형상을 검토하라.

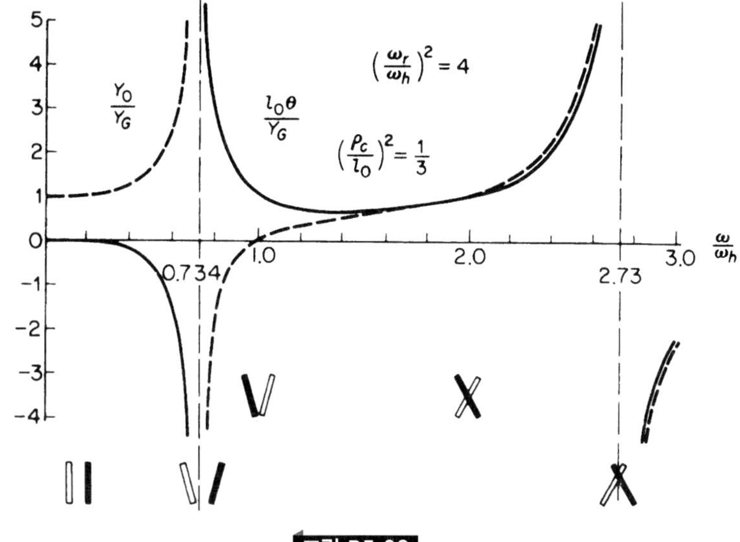

그림 P5.38

5.39 콘크리트 고속도로의 팽창 연결부의 간격이 45 ft이다. 이 연결부는 같은 간격으로 일련의 임펄스를 일으켜 일정 속도로 주행하는 자동차에 영향을 준다. 문제 5.24의 자동차의 피칭 운동과 상하운동을 가장 일으키기 쉬운 속도를 구하라.

5.40 그림 P5.40의 계에서 $W_1 = 200$ lb이고 흡진기의 무게 $W_2 = 50$ lb이다. 만일 W_1이 1800 rpm으로 회전하는 2 lb · in 불평형으로 가진된다면, 흡진기 스프링 k_2의 가장 적당한 값은 얼마가 되겠는가? 그리고 그 때의 W_2의 진폭을 구하라.

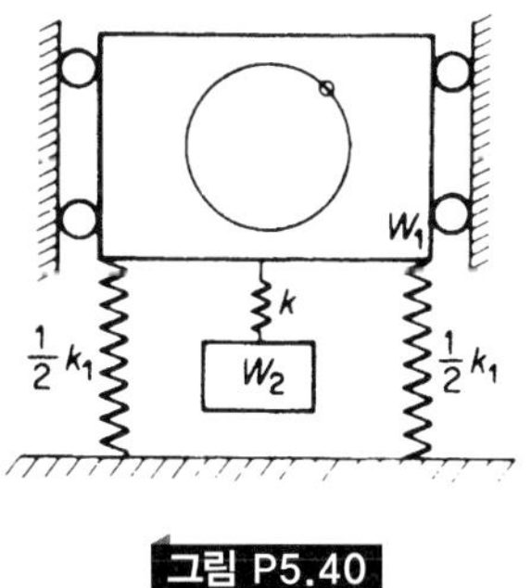

그림 P5.40

5.41 문제 5.40에서 감쇠기 c가 W_1과 W_2에 추가될 때, 복소 대수법에 의하여 진폭 방정식을 구하라.

5.42 관성 모멘트 I인 플라이휠은 회전축에 대하여 자유롭게 회전할 수 있고, 관성 모멘트가 I_d인 비틀림 흡진기를 가지고 있다. 또한 그림 P5.42의 흡진기는 플라이휠에 강성 k lb/in인 네 개의 스프링으로 연결되어 있다. 계에 대한 운동의 미분 방정식을 세우고, 반복되는 가진 토크에 대하여 계의 응답을 설명하라.

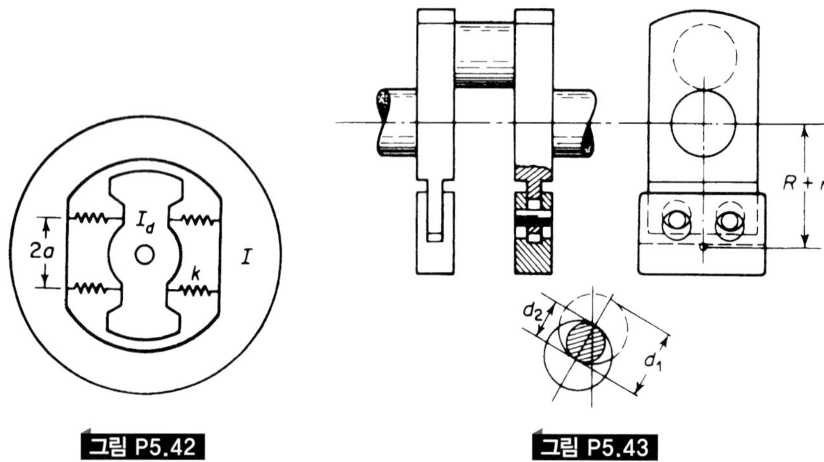

그림 P5.42

그림 P5.43

5.43 그림 P5.43에 보인 바이필라형(bifilar-type)진자는 비틀림 진동을 제거하는 원심진자로 사용된다. U자형 추에는 직경이 d_1인 구멍이 뚫려 있으며, 직경이 d_2인 두 핀을 따라 움직일 수 있다. 크랭크에 관련해서 평형추는 반경 $r = d_1 - d_2$인 원형 경로를 따라 움직이는 각 점들과 함께 곡선 병진운동을 한다. U자형 추가 실제로 $r = d_1 - d_2$의 원형 경호를 따라 이동하는 것을 증명하라.

5.44 바이필라형 원심진자는 회전속도의 네 배 진동수로 진동하는 비틀림을 제거하는 데 사용된다. 거리 R이 4.0 in이고 $d_1 = 3/4$ in일 때, 핀의 직경 d_2는 얼마가 되어야 하는가?

5.45 석탄을 크기별로 분류하는 데 사용되는 지그(jig)는 600 cpm의 진동수로 왕복운동하는 철망을 가지고 있다. 지그 무게는 500 lb이고, 400 cpm의 기본 진동수를 갖는다. 125 lb의 흡진기가 지그 틀의 진동을 제거하기 위하여 설치된다면, 흡진기 스프링의 강성을 계산하라. 그리고 이 계에서 결과적으로 얻어지는 두 개의 고유 진동수를 계산하라.

5.46 어느 냉동공장에서 냉매를 운반하는 파이프의 일부분에서 압축기가 232 rpm으로 운전될 때 심하게 진동한다. 이러한 문제점을 해결하기 위하여, 파이프에 스프링-질량계를 달아 흡진기로서 작용하게 하는 방안이 제안되었다. 시험운전에서 232 cpm으로 조율된 2.0 lb 흡진기를 부착한 결과 198과 272 cpm의 고유 진동수가 얻어졌다. 고유 진동수를 160에서 320 cpm 영역 밖에 있게 하기 위해서는 흡진기의 무게와 스프링의 강성을 얼마로 해야 하는지 결정하라.

5.47 자동차 크랭크 축에 자주 사용되는 감쇠기를 그림 P5.47에 나타내었다. J는 축에서 자유로이 회전하는 고체 원판이고, 원판과 케이스 사이에는 점성 계수 μ인 실리콘 기름으로 채워져 있다. 판과 케이스 사이의 모든 상대운동은 감쇠작용을

일으킨다. 판과 케이스의 상대속도가 ω일 때, 원판에 의하여 케이스에 작용하는 감쇠 토크에 대한 방정식을 유도하라.

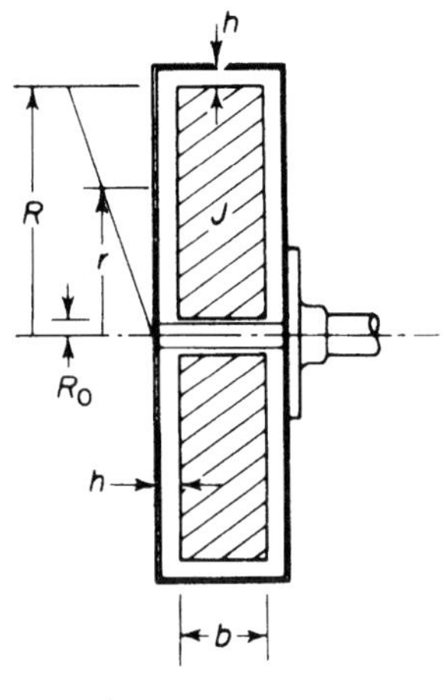

그림 P5.47

5.48 질량비 $\mu = 0.25$인 호우다이 점성 감쇠기에 대하여, 최적 감쇠 ζ_0와 감쇠기의 효율이 최대인 진동수를 구하라.

5.49 문제 5.48의 점성 감쇠기에 대한 감쇠가 $\zeta = 0.10$일 때, 최적값에 따른 최대 진폭을 구하라.

5.50 식 (5.8.7)과 (5.8.6)으로 주어진 관계식을 세워라.

5.51 그림 5.8.5에 있는 두 개의 질량에 대한 운동 방성식을 유노하라. 비조율 비틀림 진동감쇠 문제의 병진 전개식을 적용한다.

5.52 문제 5.4에서 질량 3m이 크기 100 1b이고 주기가 $6\pi\sqrt{m/k}$s인 직사각형 펄스로 가진될 때, 계의 응답을 계산하기 위한 MATLAB® 프로그램을 작성하라.

5.53 문제 5.31에서 $k_1 = 4 \times 10^3$ lb/in, $k_2 = 6 \times 10^3$ lb/in 및 $m_1 = m_2 = 100$이라고 가정할 때, 지면이 4초 동안 변위 $y = 10'' \sin \pi t$로 주어지는 경우에 문제 풀이를 위한 MATLAB® 프로그램을 작성하라.

5.54 그림 P5.54는 3자유도계이다. 특성 방정식을 풀면 하나의 근 0과 두 개의 탄성

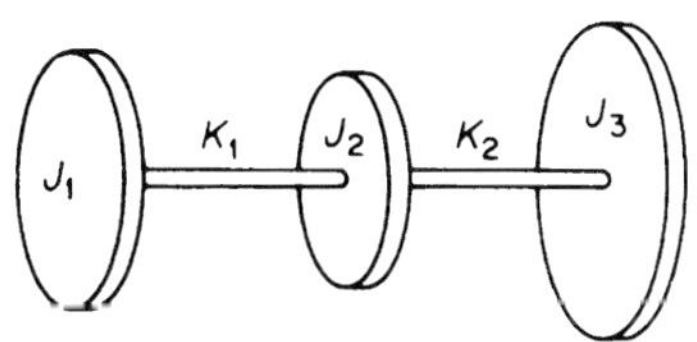

그림 P5.54

진동수를 얻을 수 있다. 세 개의 좌표를 필요로 하지만, 단지 두 개의 고유 진동수가 얻어지는 사실에 대한 물리적 의미를 설명하라.

5.55 그림 P5.55에 있는 두 개와 균일한 강체 막대는 길이가 같지만 질량이 다르다. 운동 방정식을 세우고, 행렬법에 의하여 고유 진동수와 모드 형상을 구하라.

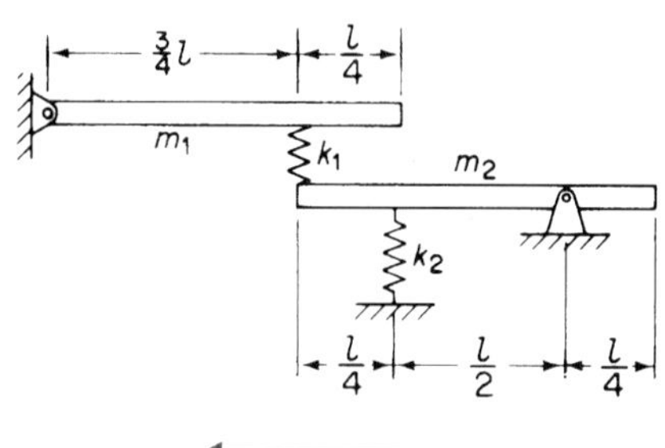

그림 P5.55

5.56 문제 5.54에 있는 진동계의 정규 모드가 직교함을 보여라.

5.57 그림 P5.57의 계에서 막대 끝의 좌표를 x_1과 x_2로 잡고, 이에 따른 연성 형식을 구하라.

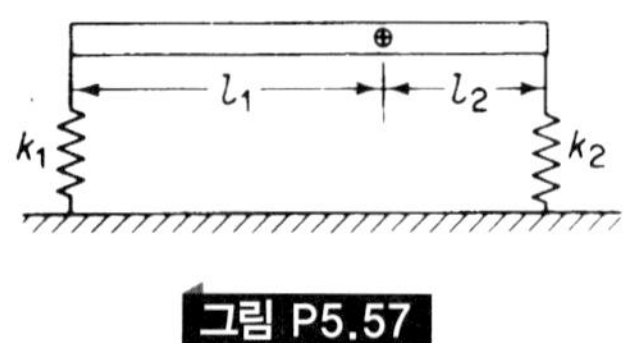

그림 P5.57

5.58 5.5절에서 디지털 컴퓨터로 푼 문제를 라플라스(Laplace) 변환방법을 이용하여 해석적으로 풀고, 그 해가 다음과 같음을 보여라.

$$x_{cm} = 13.01(1 - \cos\omega_1 t) - 1.90(1 - \cos\omega_2 t)$$
$$y_{cm} = 16.08(1 - \cos\omega_1 t) + 6.14(1 - \cos\omega_2 t)$$

5.59 임의의 초기 조건을 갖는 2자유도계의 자유진동을 고려할 때, 라플라스 변환의 보조식을 검토하여 그 해는 정규 모드의 합으로 됨을 보여라.

5.60 그림 P5.60에 보인 강제진동 문제의 해를 라플라스 변환으로 구하라. 초기 조건들은 $x_1(0)$, $\dot{x}_1(0)$, $x_2(0)$ 및 $\dot{x}_2(0)$이다.

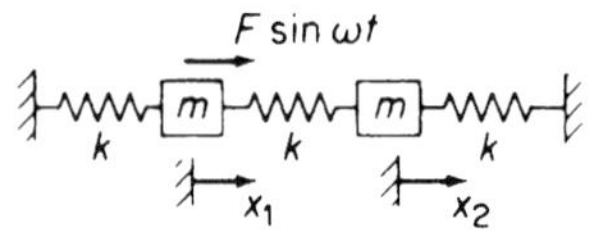

그림 P5.60

5.61 그림 P5.61에 보인 계에 대한 운동의 행렬 방정식을 유도하라.

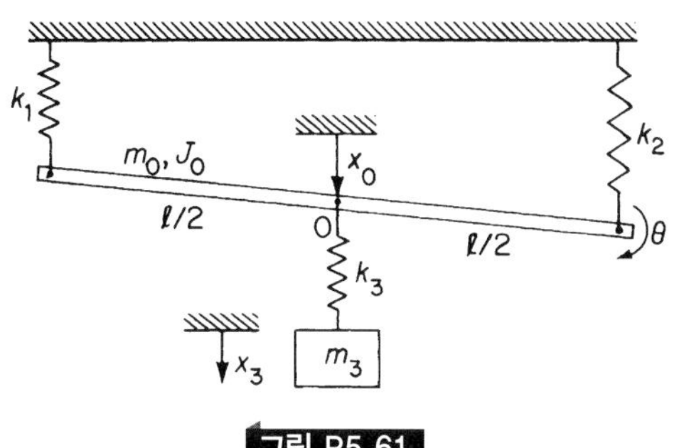

그림 P5.61

5.62 그림 P5.62에 보인 계에 대한 운동의 행렬 방정식을 나타내라.

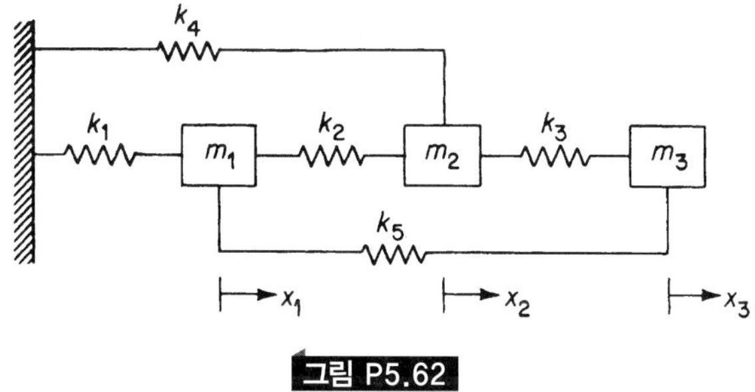

그림 P5.62

5.63 예제 5.1.3에 있는 두 개의 연성진자를 갖는 계를 고려하자. 수직위치로부터의 미소 변위는 가정하지 않는다. 이 진자들은 진자에 작용하는 힘이 $F = -ka \sin(\theta_1 - \theta_2)$으로 진자각의 차이에 비례하는 힘으로 연성되어 있다고 가정 한다. 운동 방정식을 유도하라. 상이한 초기 조건들을 갖는 세를 MATLAB®으로 시뮬레이션하라. θ_1과 θ_2의 시간에 따른 변화를 그림으로 나타내라. 진자 사이의 에너지 교환에 대하여 어떤 결론을 내릴 수 있는가?(예제 5.2.2 참조)

5.64 두 질점의 직선운동에 대한 다음의 연성계를 고려하라:

$$\ddot{x}_1 = f_1(x_1, x_2)$$
$$\ddot{x}_2 = f_2(x_1, x_2)$$

만일 $x_1 + c$, $x_2 + c$가 x_1, x_2 대신에 대입되었을 때, 앞의 방정식들의 형태가 그대로 유지된다(즉, 이 계가 병진운동에 대하여 불변)면, 이 계는 변수 $y = x_2 - x_1$에 대한 하나의 식으로 압축시킬 수 있다.

$$\ddot{y} = f(y)$$

이것은 계의 차수를 감소시키는 데 대칭성을 이용한 하나의 예이다. 이 경우에 자유도는 1만큼 줄어든다.

5.65 스키 리프트의 좌석운동을 모델화한 그림 P5.65에 보인 계를 생각해 보자. 운동 방정식을 구하고, 고유 진동수도 계산하라. 스키타는 사람이 좌석의 매우 빠른 진동을 느끼지 않도록 해주기 위해서는 스프링(좌석이 매여 있는 케이블의 모델)의 강성이 커야 되는가, 작아야 되는가?

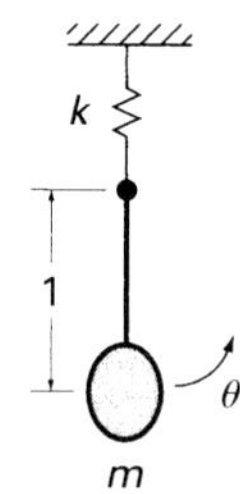

그림 P5.65

CHAPTER

06 진동계의 특성

한 계의 탄성거동은 강성(stiffness)이나 유연성(flexibility)의 항들로 나타낼 수 있다. 현재까지는 강성 K의 항들로 정규 모드 진동에 대한 다음의 운동 방정식을 사용해 오고 있다.

$$(-\omega^2[M] + [K])\{X\} = \{0\} \quad \textbf{(a)}$$

강성공식에서는 힘이 변위의 항으로 표기된다.

$$\{F\} = [K]\{X\} \quad \textbf{(b)}$$

유연성은 강성의 역수이다. 여기서 변위는 힘의 항으로 나타낼 수 있다.

$$\begin{aligned}\{X\} &= [K]^{-1}\{F\} \\ &= [a]\{F\}\end{aligned} \quad \textbf{(c)}$$

유연성의 항들로 나타낸 운동 방정식은 식 (a)의 양변에 $[K]^{-1} = [a]$를 전치(premultiply)시킴으로써 쉽게 얻어진다.

$$(-\omega^2[a][M] + I)\{X\} - \{0\} \quad \textbf{(d)}$$

여기서 $K^{-1}K = I =$ 단위행렬이다.

어떤 방법을 선택할 것인가는 문제에 따라 다르다. 일부 문제들에서는 강성에 기초하는 것이 좀더 쉬우며, 또 다른 문제들에서는 유연성 방법이 더 바람직하다. 상호간의 역수 성질은 모든 진동이론에서 중요한 특성을 갖는다.

정규 모드들의 직교 특성은 진동 해석에서 가장 중요한 개념들 중의 하나이다. 정규 모드들의 직교성은 고유 진동수와 모드 형상 계산에 대한 좀더 효율적인 대다수 방법들의 기초가 된다. 이 방법들에 기초하여 행렬 방정식에서 필수적인 모드 행렬의 개념이 얻어진다.

6.1 유연성 영향계수

유연성 행렬(flexibility matrix)을 그 계수 a_{ij}로 표시하면 다음과 같다.

$$\begin{Bmatrix} x_1 \\ x_2 \\ x_3 \end{Bmatrix} = \begin{bmatrix} a_{11} & a_{12} & a_{13} \\ a_{21} & a_{22} & a_{23} \\ a_{31} & a_{32} & a_{33} \end{bmatrix} \begin{Bmatrix} f_1 \\ f_2 \\ f_3 \end{Bmatrix} \tag{6.1.1}$$

유연성 영향계수(flexibility influence coefficient) a_{ij}는 다른 힘은 모두 0이고, j에만 단위힘이 가해질 경우에 i지점에 발생하는 변위로 정의된다. 따라서, 상기 행렬의 제1열은 $f_1 = 1$과 $f_2 = f_3 = 0$에 해당하는 변위들을, 제2열은 $f_2 = 1$과 $f_1 = f_3 = 0$에 해당하는 변위들을, 제3열은 $f_3 = 1$과 $f_1 = f_2 = 0$에 해당하는 변위들을 각기 나타낸다.

예제 6.1.1

그림 6.1.1의 세 개의 스프링계에 대한 유연성 행렬을 계산하라.

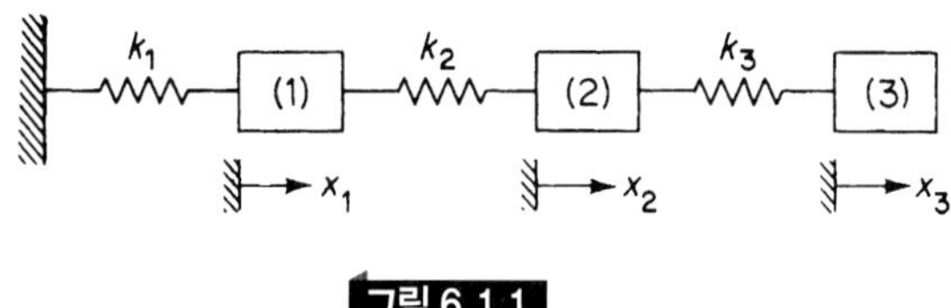

그림 6.1.1

풀이 그림의 질량(1)에 단위힘 $f_1 = 1$을 작용시키고 $f_2 = f_3 = 0$으로 하면, 변위 x_1, x_2 및 x_3는 유연성 행렬의 제1열에서 찾을 수 있다.

$$\begin{Bmatrix} x_1 \\ x_2 \\ x_3 \end{Bmatrix} = \begin{bmatrix} \hat{a}/k_1 & 0 & 0 \\ 1/k_1 & 0 & 0 \\ 1/k_1 & 0 & 0 \end{bmatrix} \begin{Bmatrix} f_1 = 1 \\ 0 \\ 0 \end{Bmatrix}$$

여기서 스프링 k_2와 k_3는 늘어나지 않으며, 질량(1)과 동등하게 이동된다.

그 다음, 힘 $f_1 = 0, f_2 = 1$ 및 $f_3 = 0$을 대입하면 다음 식이 얻어진다.

$$\begin{Bmatrix} x_1 \\ x_2 \\ x_3 \end{Bmatrix} = \begin{bmatrix} 0 & \frac{1}{k_1} & 0 \\ 0 & \left(\frac{1}{k_1} + \frac{1}{k_2}\right) & 0 \\ 0 & \left(\frac{1}{k_1} + \frac{1}{k_2}\right) & 0 \end{bmatrix} \begin{Bmatrix} 0 \\ 1 \\ 0 \end{Bmatrix}$$

이 경우에 단위힘 k_1과 k_2에 전달되며, k_3는 늘어 나지 않는다.

$f_1 = 0, f_2 = 0$ 및 $f_3 = 1$의 경우에 대해서도 같은 방법으로 다음의 식이 얻어진다.

$$\begin{Bmatrix} x_1 \\ x_2 \\ x_3 \end{Bmatrix} = \begin{bmatrix} 0 & 0 & \frac{1}{k_1} \\ 0 & 0 & \frac{1}{k_1} + \frac{1}{k_2} \\ 0 & 0 & \frac{1}{k_1} + \frac{1}{k_2} + \frac{1}{k_3} \end{bmatrix} \begin{Bmatrix} 0 \\ 0 \\ 1 \end{Bmatrix}$$

완전한 유연성 행렬은 앞에서 언급한 세 행렬들의 합이 된다.

$$\begin{Bmatrix} x_1 \\ x_2 \\ x_3 \end{Bmatrix} = \begin{bmatrix} \frac{1}{k_1} & \frac{1}{k_1} & \frac{1}{k_1} \\ \frac{1}{k_1} & \frac{1}{k_1} + \frac{1}{k_2} & \frac{1}{k_1} + \frac{1}{k_2} \\ \frac{1}{k_1} & \frac{1}{k_1} + \frac{1}{k_2} & \frac{1}{k_1} + \frac{1}{k_2} + \frac{1}{k_3} \end{bmatrix} \begin{Bmatrix} f_1 \\ f_2 \\ f_3 \end{Bmatrix}$$

대각선에 대하여 행렬이 대칭임을 기억하라.

예제 6.1.2

그림 6.1.2에시 보인 계의 유연성 행렬을 계산하라.

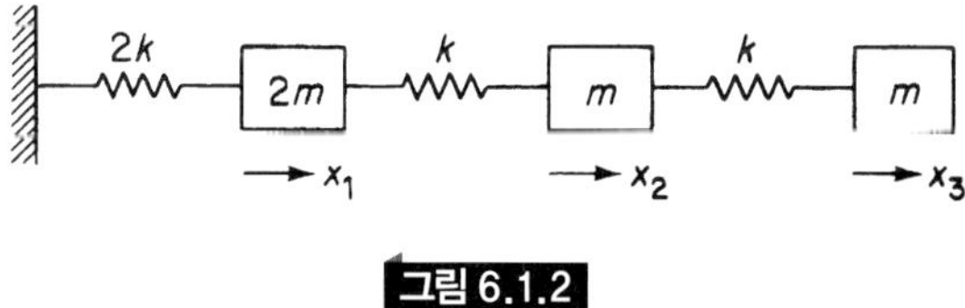

그림 6.1.2

풀이 여기서 $k_1 = 2k$, $k_2 = k$ 및 $k_3 = k$라 두면, 예제 6.1.1에서 유연성 행렬은 다음과 같이 된다.

$$[\mathbf{a}] = \frac{1}{k} \begin{bmatrix} 0.5 & 0.5 & 0.5 \\ 0.5 & 1.5 & 1.5 \\ 0.5 & 1.5 & 2.5 \end{bmatrix}$$

예제 6.1.3

그림 6.1.3에 보인 균일 외팔보의 (1), (2), (3)점에 대한 유연성 영향계수를 구하라.

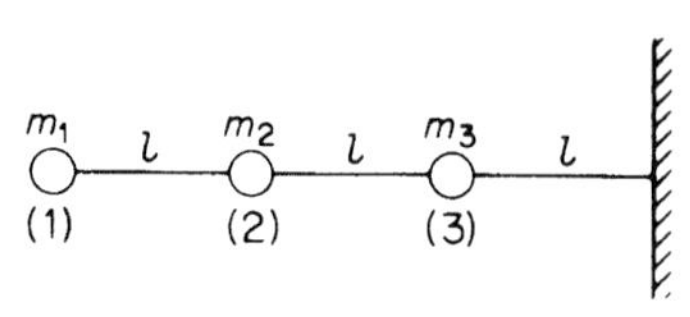

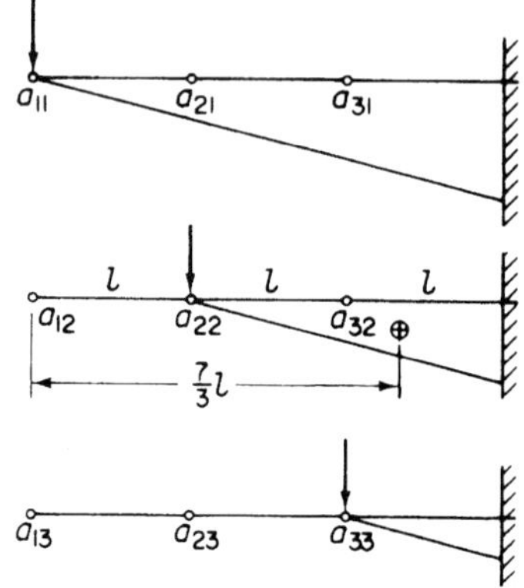

그림 6.1.3

풀이 영향계수들은 그림에 보인 대로 (1), (2), (3)점에 단위 힘을 가하고, 그 점들에서의 처짐량을 계산해서 구한다. 면적 모멘트법(area moment method)[1]을 이용하면 각 점에서의 처짐은 그 점에 관한 M/EI 면적의 모멘트와 같다. 예를 들어, $a_{21} = a_{12}$의 값은 그림 6.1.3으로부터 다음과 같이 구해진다.

$$a_{12} = \frac{1}{EI}\left[\frac{1}{2}(2l)^2 \times \frac{7}{3}l\right] = \frac{14}{3}\frac{l^3}{EI}$$

앞에서와 같은 방법으로 계산된 다른 값들은 다음과 같다.

$$a_{11} = \frac{27}{3}\frac{l^3}{EI} \qquad a_{21} = a_{12} = \frac{14}{3}\frac{l^3}{EI}$$

$$a_{22} = \frac{8}{3}\frac{l^3}{EI} \qquad a_{23} = a_{32} = \frac{2.5}{3}\frac{l^3}{EI}$$

$$a_{33} = \frac{1}{3}\frac{l^3}{EI} \qquad a_{13} = a_{31} = \frac{4}{3}\frac{l^3}{EI}$$

유연성 행렬은

$$a = \frac{l^3}{3EI}\begin{bmatrix} 27 & 14 & 4 \\ 14 & 8 & 2.5 \\ 4 & 2.5 & 1 \end{bmatrix}$$

라고 쓸 수 있는데, 대칭행렬임에 유의해야 한다.

1) E. P. Popov, *Introduction to Mechanics of Solids* (Englewood Cliffs, NJ: Prentice-Hall, 1968),p.411.

예제 6.1.4

그림 6.1.4에 보인 바와 같이 한 쪽 끝은 강성 베어링에 의하여 지지되고, 다른쪽 끝은 힘 P와 모멘트 M이 가해지는 탄성축의 처짐량 계산식을 유도하는 데 유연성 영향계수들을 이용할 수 있다.

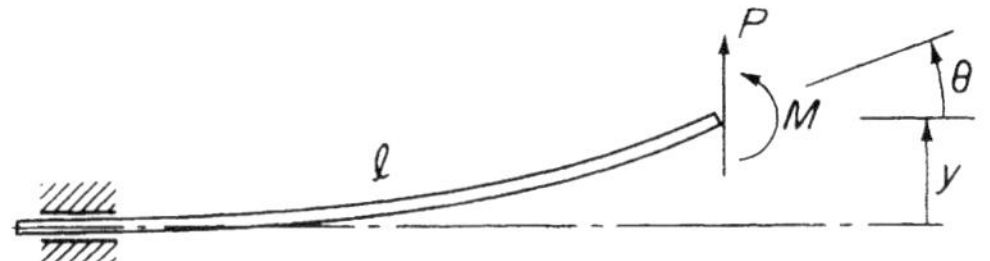

그림 6.1.4

자유단에서의 처짐과 기울기는

$$\begin{aligned} y &= a_{11}P + a_{12}M \\ \theta &= a_{21}P + a_{22}M \end{aligned} \tag{6.1.2}$$

행렬식으로는 다음과 같이 표현될 수 있다.

$$\begin{Bmatrix} y \\ \theta \end{Bmatrix} = \begin{bmatrix} a_{11} & a_{12} \\ a_{21} & a_{22} \end{bmatrix} \begin{Bmatrix} P \\ M \end{Bmatrix} \tag{6.1.3}$$

이 식에서 영향계수들은 다음과 같다.

$$a_{11} = \frac{l^3}{3EI}, \quad a_{12} = a_{21} = \frac{l^2}{2EI}, \quad a_{22} = \frac{l}{EI} \tag{6.1.4}$$

그림 6.1.5 데모용 자이로스코프(UCSB 기계공학과 학부실험실 제공)

여기서 보인 방정식은 내다지축(overhanging shaft)의 자유단에 고정된 회전하는 휠의 회전운동 영향에 의한 선회문제를 푸는 기본이 되기도 한다. 이 경우 P와 M은 관성력과 회전하는 휠의 회전운동 모멘트로 대치된다. 지지 베어링의 유연성을 고려하면 상당히 일반적인 문제로 풀 수도 있다(문제 6.41 참조).

그림 6.1.5는 짐발(gimbals)내 자이로스코프 모형을 보여준다. 휠의 질량 분포는 그림 6.1.4에 있는 단순 관성력 P와 자이로스코프 모멘트 M으로 나타나는 대칭 휠의 모멘트보다 일반적인 관성 형상의 모멘트를 얻도록 조절될 수 있다.

6.2 상반정리

선형계에서 상반(reciprocity, 相反)정리가 성립하면 $a_{ij} = a_{ji}$를 의미한다. 증명을 위하여 우선 f_i와 f_j에 의한 일을 고려하되, 하중을 가하는 순서는 i 다음에 j, 그리고 그 역순으로 한다. 상반이 성립하는 것은 일이 하중순위와 무관하다는 사실 때문이다.

f_i를 가하면 일은 $\frac{1}{2}f_i^2\,a_{ii}$이고, f_j를 가하면 f_j에 의한 일은 $\frac{1}{2}f_j^2\,a_{jj}$가 된다. 그러나 i는 $a_{ij}f_j$ 만큼의 추가 변위가 생기므로, f_i에 의한 추가 일은 $a_{ij}f_jf_i$가 된다. 따라서, 총일량은 다음과 같다.

$$W = \frac{1}{2}f_i^2 a_{ii} + \frac{1}{2}f_i^2 a_{jj} + a_{ij}f_jf_i$$

부하순서를 바꾸게 되면 총일량은

$$W = \frac{1}{2}f_j^2 a_{jj} + \frac{1}{2}f_i^2 a_{ii} + a_{ji}f_if_j$$

이 된다. 두 경우 일량은 같으므로 결국 다음과 같은 결론이 얻어진다.

$$a_{ij} = a_{ji}$$

예제 6.2.1

그림 6.2.1은 먼저 하중 P가 1에, 그 후에 2에 작용하는 내다지보(overhanging beam)를 나타낸다. 그림 6.2.1(a)에서, 2에서의 처짐량

$$y_2 = a_{21}P$$

을 나타내며, 그림 6.2.1(b)에서는, 1에서의 처짐량

$$y_1 = a_{12}P$$

을 나타낸다. $a_{12}=a_{21}$이므로, y_1과 y_2는 같아진다. 즉, 선형계에서 1에 작용하는 하중에 의한 2에서의 처짐량은, 같은 하중이 2에 작용할 때 1에서의 처짐량과 같다.

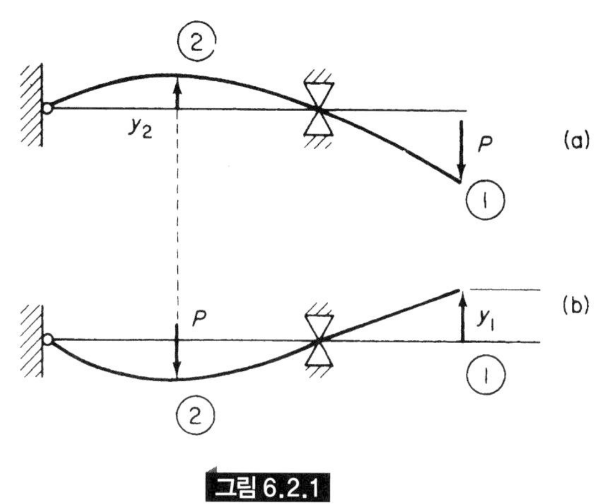

그림 6.2.1

6.3 강성 영향계수

강성행렬을 영향계수 k_{ij}로 표현하면 다음과 같다.

$$\begin{Bmatrix} f_1 \\ f_2 \\ f_3 \end{Bmatrix} = \begin{bmatrix} k_{11} & k_{12} & k_{13} \\ k_{21} & k_{22} & k_{23} \\ k_{31} & k_{32} & k_{33} \end{bmatrix} \begin{Bmatrix} x_1 \\ x_2 \\ x_3 \end{Bmatrix} \tag{6.3.1}$$

강성행렬의 요소는 다음과 같은 의미를 갖는다. 즉, $x_1=1.0$이고 $x_2=x_3=0$이면, 이 변위를 유지하기 위하여 필요한 1, 2, 3에서의 힘들은 식 (6.3.1)에 의해 제1행에 있는 k_{11}, k_{21}, k_{31}이 된다. 마찬가지로 $x_1=0$, $x_2=1.0$, $x_3=0$이라는 변위구간을 유지하기 위하여 필요한 힘 f_1, f_2, f_3는 각각 제2행에 있는 k_{12}, k_{22}, k_{32}가 된다. 따라서, 임의 행의 강성 요소를 정하는 일반적인 법칙은 그 행에 해 당하는 변위를 1로 하고 다른 변위는 0으로 한 후, 각 점에서 요구되는 힘을 측정하는 것이다.

예제 6.3.1

그림 6.3.1은 3자유도계를 보인다. 강성행렬을 구하고 운동 방정식을 기술하라.

풀이 $x_1=1.0$ 및 $x_2=x_3=0$이라 하자. 우측 방향 힘을 양(+)이라 하고 1, 2, 3점에서 요구되는 힘을 계산하면 다음과 같다.

$$f_1 = k_1 + k_2 = k_{11}$$
$$f_2 = -k_2 = k_{21}$$
$$f_3 = 0 = k_{31}$$

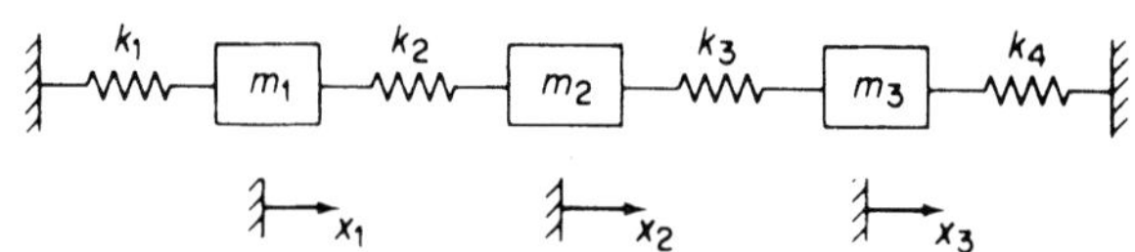

그림 6.3.1

$x_2 = 1$ 및 $x_1 = x_3 = 0$이라 하고 반복하면, 힘들은 다음과 같다.

$$f_1 = -k_2 = k_{12}$$
$$f_2 = k_2 + k_3 = k_{22}$$
$$f_3 = -k_3 = k_{32}$$

k의 마지막 열을 구하기 위하여 $x_3 = 1$ 및 $x_1 = x_2 = 0$이라 놓으면, 힘들은

$$f_1 = 0 = k_{13}$$
$$f_2 = -k_3 = k_{23}$$
$$f_3 = k_3 + k_4 = k_{33}$$

가 된다. 따라서, 강성행렬은 다음과 같이 된다.

$$K = \begin{bmatrix} (k_1 + k_2) & -k_2 & 0 \\ -k_2 & (k_2 + k_3) & -k_3 \\ 0 & -k_3 & (k_3 + k_4) \end{bmatrix}$$

그리고 운동 방정식은

$$\begin{bmatrix} m_1 & 0 & 0 \\ 0 & m_2 & 0 \\ 0 & 0 & m_3 \end{bmatrix} \begin{Bmatrix} \ddot{x}_1 \\ \ddot{x}_2 \\ \ddot{x}_3 \end{Bmatrix} + \begin{bmatrix} (k_1 + k_2) & -k_2 & 0 \\ -k_2 & (k_2 + k_3) & -k_3 \\ 0 & -k_3 & (k_3 + k_4) \end{bmatrix} \begin{Bmatrix} x_1 \\ x_2 \\ x_3 \end{Bmatrix} = \begin{Bmatrix} f_1 \\ f_2 \\ f_3 \end{Bmatrix}$$

가 된다.

예제 6.3.2

그림 6.3.2에서처럼 강체 바닥의 4층 건물을 생각해 보자. 이 경우, 강성행렬 항들의 중요성을 도식화하라.

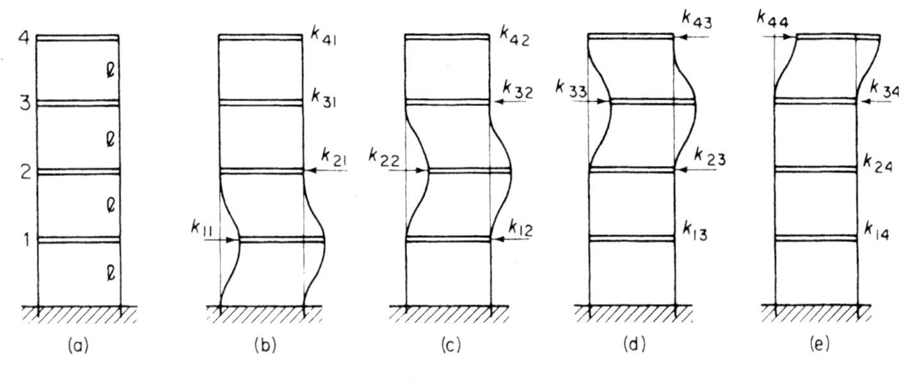

그림 6.3.2

풀이 이 문제의 강성행렬은 4×4행렬이다. 제1열의 요소들은 1점에 단위변위를 주고, 다른 점의 변위는 0으로 해서 그림 6.3.2(b)와 같이 구할 수 있다. 이 형상을 위하여 요구되는 힘들이 제1열의 요소들이 된다. 같은 방법으로 제2열의 요소들은 그림 6.3.2(c)에 보인 형상을 유지하는 데 필요한 힘들이다.

이 그림들로부터 $k_{11} = k_{22} = k_{33}$이고, 이들은 길이가 $2l$인 고정-고정 보의 처짐량으로부터 다음 식으로 계산될 수 있다.

$$k_{11} = k_{22} = k_{33} = \frac{192EI}{(2l)^3} = 24\frac{EI}{l^3}$$

따라서, 강성행렬은 다음과 같이 쉽게 구해진다.

$$[k] = \frac{EI}{l^3}\begin{bmatrix} 24 & -12 & 0 & 0 \\ -12 & 24 & -12 & 0 \\ 0 & -12 & 24 & -12 \\ 0 & 0 & -12 & 12 \end{bmatrix}$$

예제 6.3.3

다음의 유연성 행렬을 역변환하여 예제 6.1.2에 대한 강성행렬을 구하라.

$$[a] = \frac{1}{k}\begin{bmatrix} 0.5 & 0.5 & 0.5 \\ 0.5 & 1.5 & 1.5 \\ 0.5 & 1.5 & 2.5 \end{bmatrix}$$

풀이 이 계의 강성행렬은 그림 6.1.2에 있는 각 질량들에 작용하는 힘들을 중첩시켜 쉽게 계산되지만, 부록 C에 있는 다음의 수학적인 방정식을 이용해 보자.

$$[a]^{-1} = \frac{1}{|a|}\text{adj}\,[a]$$

$[a]$의 행렬식은 제1열을 이용한 소행렬식들로부터 계산될 수 있다.

$$|a| = \frac{1}{k}\left\{0.5\begin{vmatrix}1.5 & 1.5\\1.5 & 2.5\end{vmatrix} - 0.5\begin{vmatrix}0.5 & 0.5\\1.5 & 2.5\end{vmatrix} + 0.5\begin{vmatrix}0.5 & 0.5\\1.5 & 1.5\end{vmatrix}\right\}$$
$$= \frac{0.5}{k}\{1.5 - 0.5 + 0\} = \frac{1}{2k}$$

수반행렬은 다음과 같다(부록 C 참조).

$$\text{adj}\,[a] = \begin{bmatrix}1.5 & -0.5 & 0\\-0.5 & 1.0 & -0.5\\0 & -0.5 & 0.5\end{bmatrix}$$

따라서, $[a]$의 역변환은 다음의 강성행렬로 계산된다.

$$[a]^{-1} = [k] = 2k\begin{bmatrix}1.5 & -0.5 & 0\\-0.5 & 1.0 & -0.5\\0 & -0.5 & 0.5\end{bmatrix} = k\begin{bmatrix}3 & -1 & 0\\-1 & 2 & -1\\0 & -1 & 1\end{bmatrix}$$

예제 6.3.4

예제 6.3.3에서 전개된 강성행렬을 이용하여 운동 방정식, 특성 행렬식 및 특성 방정식을 구하라.

풀이 정규 모드에 대한 운동 방정식은 다음과 같다.

$$-\omega^2 m\begin{bmatrix}2 & 0 & 0\\0 & 1 & 0\\0 & 0 & 1\end{bmatrix}\begin{Bmatrix}x_1\\x_2\\x_3\end{Bmatrix} + k\begin{bmatrix}3 & -1 & 0\\-1 & 2 & -1\\0 & -1 & 1\end{bmatrix}\begin{Bmatrix}x_1\\x_2\\x_3\end{Bmatrix} = \begin{Bmatrix}0\\0\\0\end{Bmatrix}$$

여기서 $\lambda = \omega^2 m/k$로 치환된 특성 행렬식은 다음과 같이 된다.

$$\begin{vmatrix}(3-2\lambda) & -1 & 0\\-1 & (2-\lambda) & -1\\0 & -1 & (1-\lambda)\end{vmatrix} = 0$$

이 행렬식으로부터 다음의 특성 방정식이 얻어진다.

$$\lambda^3 - 4.5\lambda^2 + 5\lambda - 1 = 0$$

내림차순으로 정리된 다항식의 계수들을 요소로 하는 벡터를 c라 할 때, MATLAB®에서 명령어 **roots(c)**를 입력하면 이 다항식의 근들이 계산된다. 근을 계산하면 다음의 결과가 얻어진다.

$$2.8892,\ 1.3554,\ 0.2554$$

다른 방법으로는 동행렬(dynamic matrix) $A = M^{-1} * K$의 고유값들을 계산함으로써 이 수치들을 계산할 수 있다. 일단 행렬 M과 K가 MATLAB®에 입력이 되면, 명령어:

$$A = \text{inv}(M) * K$$

를 이용함으로써 계산된다. 이 결과는

```
A =
    1.5000   -0.5000    0
   -1.000     2.000    -1.0000
    0        -1.0000    1.0000
```

그 다음에 $D = \text{eig}(A)$를 이용하면, 고유값들이 계산될 수 있다. 그 출력은 아래와 같다.

```
D =
    1.3554
    2.8892
    0.2554
```

이 방법들은 모두 정규 모드를 위한 고유값들에 대하여 똑같은 값을 보여준다.

6.4 보 요소들의 강성행렬

구조물의 요소들은 일반적으로 보 요소로 구성되어 있다. 요소의 양단이 인접 구조물에 핀 결합이 아닌 강체 결합으로 되어 있다면, 그 요소는 연결부에 모멘트와 횡하중이 작용하는 보와 같이 작용한다. 대부분 축방향의 상대적인 변위는 보의 횡방향 변위에 비하여 작기 때문에 무시될 수 있다.

그림 6.4.1은 양단의 임의 변위가 양의 방향으로 v_1, θ_1 및 v_2, θ_2를 갖는 균일한 보를 나타낸다. 이 변위들은 그림 6.4.2에서 보는 것처럼 각각 측정된 네 변 위들의 중첩항들로 나타낼 수 있다. 면적 모멘트법으로 쉽게 계산될 수 있는 각 변위들의 평형을 유지하는 데 필요한 경계부에서의 힘 및 모멘트도 보여준다. 이들은 다음의 강성 행렬로 연관지워진다.

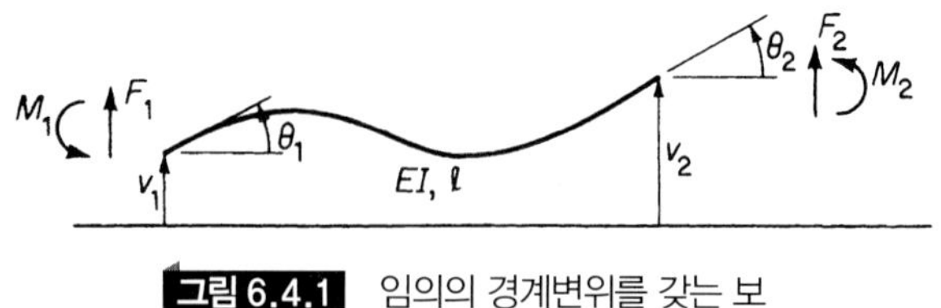

그림 6.4.1 임의의 경계변위를 갖는 보

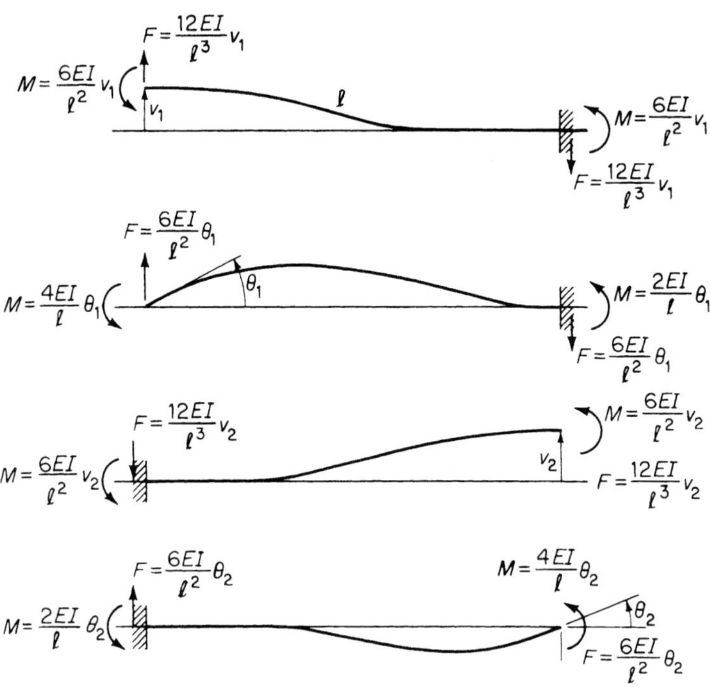

그림 6.4.2 보 요소의 강성

$$\begin{Bmatrix} F_1 \\ M_1 \\ F_2 \\ M_2 \end{Bmatrix} = \begin{bmatrix} k_{11} & k_{12} & k_{13} & k_{14} \\ k_{21} & k_{22} & k_{23} & k_{24} \\ k_{31} & k_{32} & k_{33} & k_{34} \\ k_{41} & k_{42} & k_{43} & k_{44} \end{bmatrix} \begin{Bmatrix} u_1 \\ \theta_1 \\ u_2 \\ \theta_2 \end{Bmatrix}$$

각각의 열들은 각자 취해진 변위들에 대하여 필요한 힘과 모멘트를 나타낸다. 이 좌표들의 양의 방향은 임의로 정할 수 있지만, 그림 6.4.1에 보인 형상은 유한 요소법에서 일반적으로 사용되는 범례에 따른 것이다.

또한 편 지지된 보에 대한 힘과 모멘트 관계도 나타내었다. 비록 핀 지지된 보는 보강성의 일반적인 정의에 따르지 않지만, 그 힘과 모멘트 식들은 자주 편리하게 이용되기에 그림

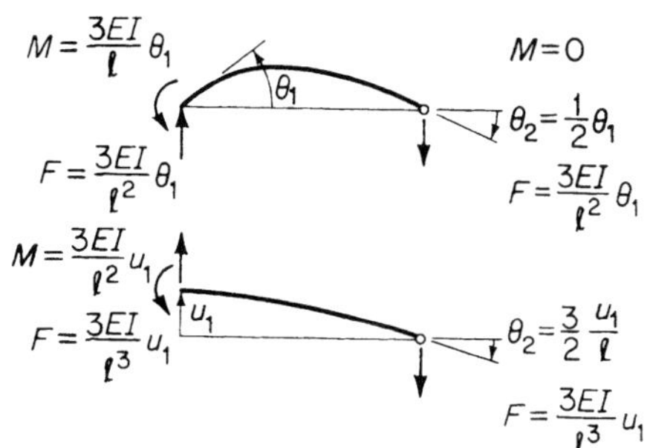

그림 6.4.2(a)

6.4.2(a)와 같이 나타내었다.

예제 6.4.1

그림 6.4.3에 보인 정사각형 틀(격자)에 대한 강성행렬을 구하라. 코너의 각도는 90°로 유지되는 것으로 가정한다.

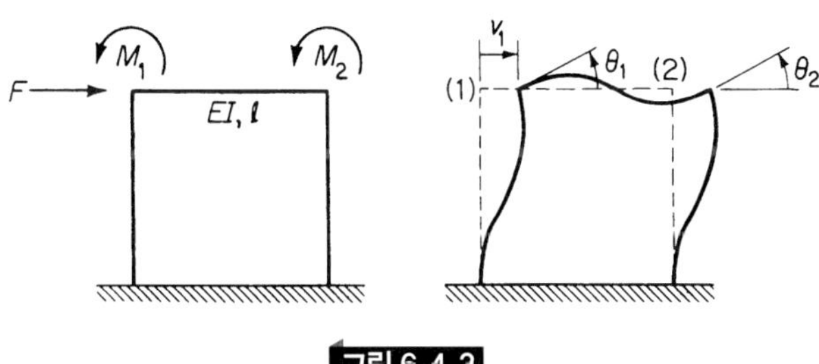

그림 6.4.3

풀이 여기서 다루는 방법은 앞으로 논의하게 될 유한 요소법에 대한 기초사항이 된다. 간략히 말하면, 각 절점들(세 보 요소들이 만나는 코너)에서의 변위는 적합(compatible)해야 된다. 자유 물체도로부터 코너들에서의 힘의 평형을 고려하면, 강성행렬의 요소들이 계산된다.

작용하는 힘들을 F_1, M_1 및 M_2라 하고, 코너들의 변위를 v_1, θ_1 및 θ_2로 나타낼 때, 힘과 변위의 관계를 나타내는 강성행렬은 다음 식과 같다.

$$\begin{Bmatrix} F_1 \\ M_1 \\ M_2 \end{Bmatrix} = \begin{bmatrix} k_{11} & k_{12} & k_{13} \\ k_{21} & k_{22} & k_{23} \\ k_{31} & k_{32} & k_{33} \end{bmatrix} \begin{Bmatrix} v_1 \\ \theta_1 \\ \theta_2 \end{Bmatrix}$$

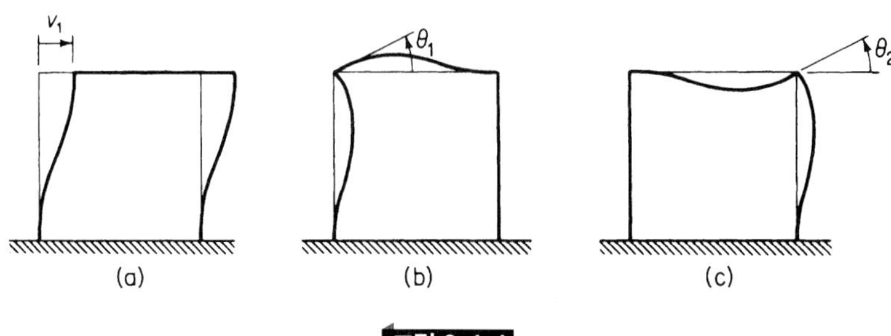

그림 6.4.4

이 행렬 요소들을 계산하기 위하여 그림 6.4.4에 각기 다르게 적용된 변위들을 갖는 구조물을 나타내었다. 강성행렬의 제1열은 그림 6.4.4(a)에서 보는 바와 같이 $v_1 = 1$ 및 $\theta_1 = \theta_2 = 0$으로 둠으로써 계산된다. 코너를 잘라내고 자유 물체도에 대한 평형조건을 고려한 결과는 그림 6.4.5와 같다.

$$\begin{Bmatrix} F_1 \\ M_1 \\ M_2 \end{Bmatrix} = \begin{bmatrix} 24\frac{EI}{l^3} & 0 & 0 \\ 6\frac{EI}{l^2} & 0 & 0 \\ 6\frac{EI}{l^2} & 0 & 0 \end{bmatrix} \begin{Bmatrix} 1 \\ 0 \\ 0 \end{Bmatrix}$$

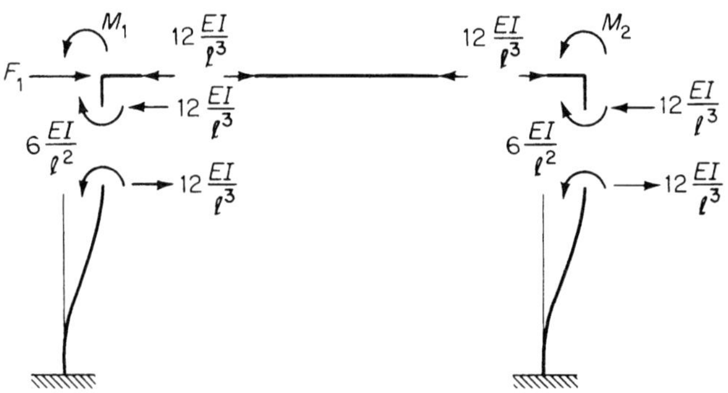

그림 6.4.5

강성행렬의 제2열은 그림 6.4.4(b)의 형상으로부터 계산될 수 있다. 코너들에서의 힘과 모멘트를 중첩시키면 그림 6.4.6에서 다음 관계식이 얻어진다.

$$\begin{Bmatrix} F_1 \\ M_1 \\ M_2 \end{Bmatrix} = \begin{bmatrix} 0 & 6\frac{EI}{l^2} & 0 \\ 0 & 8\frac{EI}{l} & 0 \\ 0 & 2\frac{EI}{l} & 0 \end{bmatrix} \begin{Bmatrix} 0 \\ 1 \\ 0 \end{Bmatrix}$$

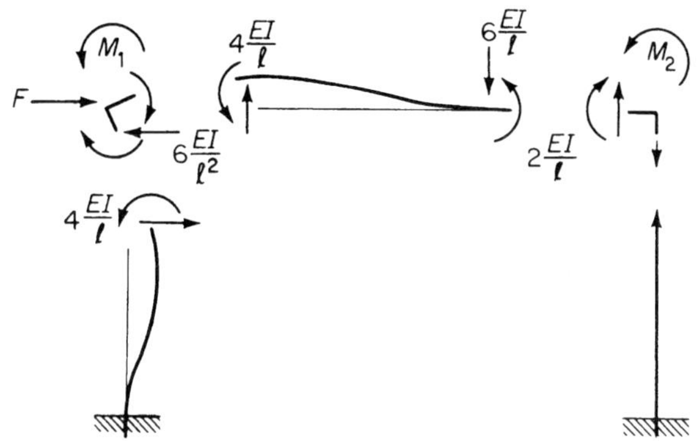

그림 6.4.6

같은 방법으로 강성행렬의 제3열은 그림 6.4.4(c)의 형상으로부터 얻어진다(그림 6.4.7 참조).

$$\begin{Bmatrix} F_1 \\ M_1 \\ M_2 \end{Bmatrix} = \begin{vmatrix} 0 & 0 & 6\frac{EI}{l^2} \\ 0 & 0 & 2\frac{EI}{l} \\ 0 & 0 & 8\frac{EI}{l} \end{vmatrix} \begin{Bmatrix} 0 \\ 0 \\ 1 \end{Bmatrix}$$

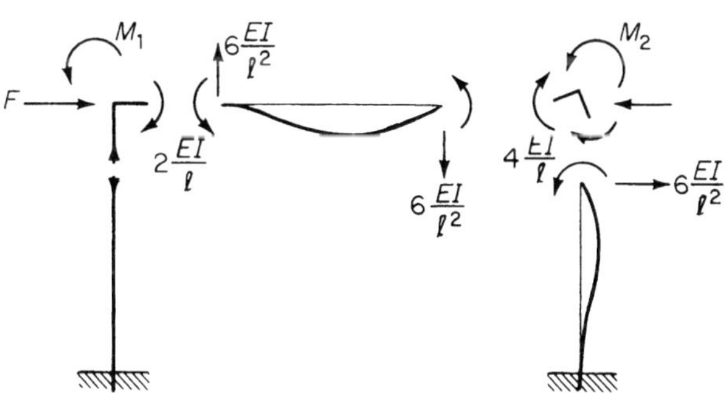

그림 6.4.7

앞의 세 가지 형상들을 중첩시키면, 고정된 기둥을 갖는 정사각형 구조물의 강성행렬은 다음과 같다.

$$\begin{Bmatrix} F_1 \\ M_1 \\ M_2 \end{Bmatrix} = \frac{EI}{l} \begin{bmatrix} \frac{24}{l^2} & \frac{6}{l} & \frac{6}{l} \\ \frac{6}{l} & 8 & 2 \\ \frac{6}{l} & 2 & 8 \end{bmatrix} \begin{Bmatrix} \nu_1 \\ \theta_1 \\ \theta_2 \end{Bmatrix}$$

6.5 핀 결합부의 정적 압축

모멘트가 0인 핀결합부에서는 강성행렬의 크기가 **정적 압축**(static condensation)[2] 과정으로 감소될 수 있다. 또한 이 과정은 질량 관성 모멘트가 무시될 정도로 충분히 적은 이산 질량계에서도 사용될 수 있다. 여기서는 앞의 예제 6.4.1에 있는 정사각형 구조물의 우측하부 다리의 고정된 지지부를 핀 지지부로 대치시킨 후 적용함으로써 이 과정을 보여주고자 한다.

예제 6.5.1

우측하부의 지지부가 핀 결합된 그림 6.5.1에 있는 정사각형 구조물의 강성행렬을 계산하라.

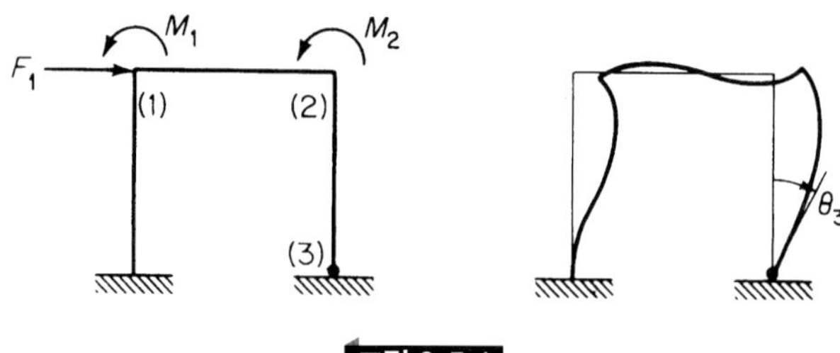

그림 6.5.1

풀이 앞의 예제 6.4.1과 비교할 때, 여기서는 추가 좌표 θ_3가 필요하고 결과적으로 4×4 행렬이 된다. 앞 문제의 세 가지 형상에 그림 6.5.2의 제4형상을 추가한다. 새로운 4×4 강성행렬은 쉽게 구해지고 다음과 같이 나타낼 수 있다.

$$\begin{Bmatrix} F_1 \\ M_1 \\ M_2 \\ \hdashline M_3 \end{Bmatrix} = \frac{EI}{l} \left[\begin{array}{ccc:c} \frac{24}{l^2} & \frac{6}{l} & \frac{6}{l} & \frac{6}{l} \\ \frac{6}{l} & 8 & 2 & 0 \\ \frac{6}{l} & 2 & 8 & 2 \\ \hdashline \frac{6}{l} & 0 & 2 & 4 \end{array}\right] \begin{Bmatrix} v_1 \\ \theta_1 \\ \theta_2 \\ \hdashline \theta_3 \end{Bmatrix}$$

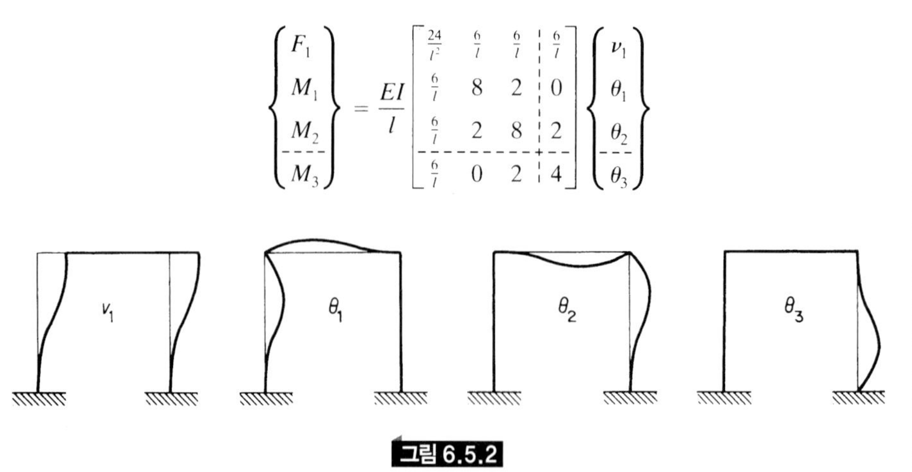

그림 6.5.2

2) L. Meirovitch, *Computational Methods in Structural Dynamics*(Rockville, MD: Sidthff & Noordhoff, 1990), p.369.

점선을 따라서 분류하고, 다음과 같이 재차 분류기호를 붙인다.

$$\begin{Bmatrix} \mathscr{F} \\ \mathscr{M} \end{Bmatrix} = \begin{bmatrix} K_{11} & K_{12} \\ K_{21} & K_{22} \end{bmatrix} \begin{Bmatrix} V \\ \Theta \end{Bmatrix} \tag{6.5.1}$$

여기서 K_{11}은 앞 문제의 강성행렬이며, 새로운 행렬을 곱셈으로 전개하면

$$\begin{aligned} \mathscr{F} &= K_{11}V + K_{12}\Theta \\ \mathscr{M} &= K_{21}V + K_{22}\Theta \end{aligned} \tag{6.5.2}$$

가 얻어진다. 핀 경계조건에서는 모멘트가 0이가 때문에, $\mathscr{M} = 0$이라 두고 다른 좌표들을 이용하여 Θ에 대하여 풀면, 4×4행렬의 크기를 3×3행렬로 축소시킬 수 있다.

$$\Theta = -K_{22}^{-1}K_{21}V \tag{6.5.3}$$

이것을 첫 번째 방정식에 대입하면, 다음과 같이 된다.

$$\mathscr{F} = (K_{11} - K_{12}\,K_{22}^{-1}K_{21})V \tag{6.5.4}$$

이 방정식의 첫 번째 항은 앞 예제의 항이므로, 다음의 두 번째 항만 계산하면 된다.

$$\begin{aligned} K_{12}K_{22}^{-1}K_{21} &= \frac{EI}{l}\begin{bmatrix} \frac{6}{l} \\ 0 \\ 2 \end{bmatrix}\begin{bmatrix} \frac{1}{4} \end{bmatrix}\begin{bmatrix} \frac{6}{l} & 0 & 2 \end{bmatrix} \\ &= \frac{EI}{4l}\begin{bmatrix} \frac{6}{l} \\ 0 \\ 2 \end{bmatrix}\begin{bmatrix} \frac{6}{l} & 0 & 2 \end{bmatrix} - \frac{EI}{l}\begin{bmatrix} \frac{9}{l^2} & 0 & \frac{3}{l} \\ 0 & 0 & 0 \\ \frac{3}{l} & 0 & 1 \end{bmatrix} \end{aligned}$$

K_{11}에서 윗식을 빼면, 하나의 핀 경계조건을 가지는 정사각형 구조물에 대하여 축소된 3×3 강성행렬이 얻어진다.

$$\begin{Bmatrix} F_1 \\ M_1 \\ M_2 \end{Bmatrix} = \frac{EI}{l}\begin{bmatrix} \frac{15}{l^2} & \frac{6}{l} & \frac{3}{l} \\ \frac{6}{l} & 8 & 2 \\ \frac{3}{l} & 2 & 7 \end{bmatrix}\begin{Bmatrix} v_1 \\ \theta_1 \\ \theta_2 \end{Bmatrix}$$

중앙의 열과 행은 변화가 없음을 주시하라.

6.6 고유 벡터들의 직교성

진동계의 정규 혹은 고유 벡터들은 질량과 강성행렬에 대하여 직교(orthogonal)한다는 것을 증명할 수 있다. i차 고유벡터를 ϕ_i로 표기하면, i차 모드에 대한 정규 모드 방정식이 얻어진다.

$$K\phi_i = \lambda_i M \phi_i \tag{6.6.1}$$

모드 j의 전치 벡터 ϕ_j^T를 i 번째 방정식의 양변 앞에 곱해주면, 다음 식이 얻어진다.

$$\phi_j^T K\phi_i = \lambda_i \phi_j^T M\phi_i \tag{6.6.2}$$

그리고 만일 j차 모드의 방정식으로부터 시작하여 ϕ_i^T를 양변 앞에 곱하면, i와 j가 서로 바뀐 유사한 방정식이 얻어진다.

$$\phi_i^T K\phi_j = \lambda_j \phi_i^T M\phi_j \tag{6.6.3}$$

K와 M은 대칭행렬이므로 다음의 관계식이 성립 된다.

$$\phi_j^T \begin{bmatrix} K \\ \text{or} \\ M \end{bmatrix} \phi_i = \phi_i^T \begin{bmatrix} K \\ \text{or} \\ M \end{bmatrix} \phi_j \tag{6.6.4}$$

따라서, 식 (6.6.2)로부터 식 (6.6.3)을 빼면, 다음 식으로 된다

$$(\lambda_i - \lambda_j)\phi_i^T M\phi_j = 0 \tag{6.6.5}$$

만일 $\lambda_i \neq \lambda_j$면, 앞의 방정식은

$$\phi_i^T M\phi_j = 0 \qquad i \neq j \tag{6.6.6}$$

을 필요로 한다. 또한 식 (6.6.2)또는 식 (6.6.3)으로부터 자명하게 알 수 있듯이 식 (6.6.6)의 결과로서 다음의 관계식도 얻어진다.

$$\phi_i^T K\phi_j = 0 \qquad i \neq j \tag{6.6.7}$$

방정식 (6.6.6)과 (6.6.7)은 정규 모드에 대한 직교 특성을 정의한다.

끝으로, 만일 $i = j$이면, $(\lambda_i - \lambda_j) = 0$식 (6.6.5)는 식 (6.6.5)나 (6.6.6)으로 주어진 임의의 유한 곱셈값들에 대하여 만족되므로 다음 관계식이 성립한다.

$$\phi_i^T M \phi_i = M_{ii}$$
$$\phi_i^T K \phi_i = K_{ii} \tag{6.6.8}$$

M_{ii}와 K_{ii}는 각각 **일반화된 질량**(generalized mass)과 **일반화된 강성**(generalized stiffness)이라 한다. 앞으로 일반화된 질량과 일반화된 강성을 언급하는 경우가 많이 나타날 것이다.

전개이론 특정한 임의의 변위를 갖는 계와 자유진동을 초기화하는 문제를 생각해 보자. 앞에서 언급하였듯이 자유진동은 **전개이론**(expansion theorem)에 따라 정규 모드들의 중첩으로 나타낼 수 있다. 여기서 자유진동에 각각의 모드 성분들이 얼마나 많이 존재하는지를 알아보자. 먼저 시간 0에서 임의 변위를 식

$$X(0) = c_1\phi_1 + c_2\phi_2 + c_3\phi_3 + \cdots c_i\phi_i + \cdots$$

으로 나타내자. 여기서 ϕ_i가 정규 모드이면 c_i는 각 모드가 얼마나 존재하는가를 보여주는 계수들이다. 앞의 방정식에 $\phi_i^T M$을 앞에 곱해 주고, ϕ_j^T의 직교 특성을 알고 있으면, 다음 식이 얻어진다.

$$\phi_i^T M X(0) = 0 + 0 + 0 + \cdots c_i \phi_i^T M \phi_i + 0 + \cdots$$

임의 모드 계수 c_i는 다음 식으로 계산된다.

$$c_i = \frac{\phi_i^T M X(0)}{\phi_i^T M \phi_i}$$

직정규 모드 만일 정규 모드들 ϕ_i가 일반화된 질량 M_{ii}의 제곱근으로 나누어지면, 식 (6.6.8)의 첫 번째 식으로부터 앞의 방정식의 우변이 단위값이 되는 것이 분명해진다. 이 때 정규 모드는 **가중 정규 모드**(weighted normal mode) 또는 **직정규 모드**(orthonormal mode)라 불리며, $\tilde{\phi}_i$로 나타낸다. 또한 식 (6.6.1)로부터 식 (6.6.8)의 두 번째 식의 우변 이 고유값 λ_i와 같아진다. 따라서, 식 (6.6.8) 대신에 직정규 모드로 직교성을 나타내면 다음과 같다.

$$\tilde{\phi}_i^T M \tilde{\phi}_i = 1$$
$$\tilde{\phi}_i^T K \tilde{\phi}_i = \lambda_i \tag{6.6.9}$$

6.7 모드 행렬 P

N개의 정규 모드들(즉, 고유 벡터)이 각각의 모드를 하나의 열(column)로 하는 정방행렬로 결합되었을 때, 우리는 이것을 **모드 행렬**(modal matrix) $\boldsymbol{P}$라 부른다. 따라서, 3자유도계의

모드 행렬은 다음처럼 나타낼 수 있다.

$$P = \left[\begin{Bmatrix} x_1 \\ x_2 \\ x_3 \end{Bmatrix}^{(1)} \begin{Bmatrix} x_1 \\ x_2 \\ x_3 \end{Bmatrix}^{(2)} \begin{Bmatrix} x_1 \\ x_2 \\ x_3 \end{Bmatrix}^{(3)} \right] = [\phi_1\, \phi_2\, \phi_3] \tag{6.7.1}$$

모드 행렬을 이용하면 6.6절에서의 모든 직교 관계식을 하나의 방정식으로 표현할 수 있는데, 이를 위해서는 다음에 나타낸 P의 전치행렬도 필요하다.

$$P^T = \begin{bmatrix} (x_1 x_2 x_3)^{(1)} \\ (x_1 x_2 x_3)^{(2)} \\ (x_1 x_2 x_3)^{(3)} \end{bmatrix} = [\phi_1\, \phi_2\, \phi_3]^T \tag{6.7.2}$$

이 행렬에서 각 열은 하나의 모드에 해당된다. 만일 행렬곱 P^TMP 또는 P^TKP를 행하면, 그 결과는 모든 비대각요소들이 0인 직교 특성을 명확하게 보여줌으로써 대각행렬이 된다.

예를 들어, 하나의 3자유도계를 고려해 보자. 모드 행렬에 대하여 지시된 연산을 수행하면, 다음의 결과가 얻어진다.

$$\begin{aligned} P^TMP &= [\phi_1\, \phi_2\, \phi_3]^T [M] [\phi_1\, \phi_2\, \phi_3] \\ &= \begin{bmatrix} \phi_1^T M \phi_1 & \phi_1^T M \phi_2 & \phi_1^T M \phi_3 \\ \phi_2^T M \phi_1 & \phi_2^T M \phi_2 & \phi_2^T M \phi_3 \\ \phi_3^T M \phi_1 & \phi_3^T M \phi_2 & \phi_3^T M \phi_3 \end{bmatrix} = \begin{bmatrix} M_{11} & 0 & 0 \\ 0 & M_{22} & 0 \\ 0 & 0 & M_{33} \end{bmatrix} \end{aligned} \tag{6.7.3}$$

이 방정식에서 비대각항들은 직교성 때문에 모두 0이고, 대각항들은 일반화된 질량 M_{ii}가 된다.

유사한 수식 전개를 강성행렬에도 적용하게 되면, 다음의 결과가 명확하게 얻어진다:

$$P^TKP = \begin{bmatrix} K_{11} & 0 & 0 \\ 0 & K_{22} & 0 \\ 0 & 0 & K_{33} \end{bmatrix} \tag{6.7.4}$$

여기서 대각요소들은 일반화된 강성 K_{ii}가 된다.

P행렬에 있는 정규 모드 ϕ_i를 **직정규 모드**(orthonormal mode) $\tilde{\phi}_i$로 대치하면, 모드 행렬은 $\tilde{P}$로 표기된다. 직교 관계식이 다음과 같이 되는 것도 쉽게 증명할 수 있다.

$$\tilde{P}^T M \tilde{P} = I \tag{6.7.5}$$

$$\tilde{P}^T K \tilde{P} = \Lambda \tag{6.7.6}$$

여기서 Λ는 고유값들의 대각행렬이다.

$$\Lambda = \begin{bmatrix} \lambda_1 & 0 & 0 \\ 0 & \lambda_2 & 0 \\ 0 & 0 & \lambda_3 \end{bmatrix} \tag{6.7.7}$$

식 (6.7.5)와 (6.7.6)은 고유 벡터들을 알고 있으면, 고유값들을 쉽게 계산할 수 있음을 보여준다. 이 관계식들은 고유값과 고유 벡터들을 계산하는 수치방법들의 논의에서 활용될 것이다(8.9절 참조).

예제 6.7.1

예제 5.1.1(그림 6.7.1 참조)에서 고려한 계의 결과들을 6.7절의 방정식들에 대입하여 검증하라.

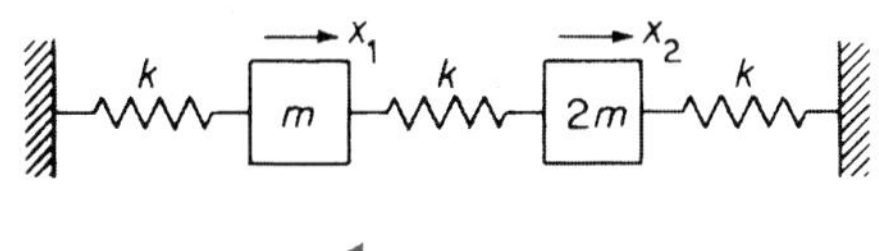

그림 6.7.1

풀이 질량 및 강성행렬들은 다음과 같다.

$$M = m\begin{bmatrix} 1 & 0 \\ 0 & 2 \end{bmatrix} \qquad K = k\begin{bmatrix} 2 & -1 \\ -1 & 2 \end{bmatrix}$$

예제 5.1.1에 대한 고유값과 고유 벡터들은 다음과 같다.

$$\lambda_1 - \frac{\omega_1^2 m}{k} - 0.634 \quad \phi_1 - \begin{Bmatrix} 0.731 \\ 1.000 \end{Bmatrix}$$

$$\lambda_2 = \frac{\omega_2^2 m}{k} = 2.366 \quad \phi_2 = \begin{Bmatrix} -2.73 \\ 1.00 \end{Bmatrix}$$

모드 행렬 P를 만들면 다음과 같다.

$$P = \begin{bmatrix} 0.731 & -2.73 \\ 1.00 & 1.00 \end{bmatrix}$$

$$P^T MP = \begin{bmatrix} 0.731 & 1.0 \\ -2.73 & 1.0 \end{bmatrix}\begin{bmatrix} 1 & 0 \\ 0 & 2 \end{bmatrix}\begin{bmatrix} 0.731 & -2.73 \\ 1 & 1 \end{bmatrix}$$

$$- \begin{bmatrix} 2.53 & 0 \\ 0 & 9.45 \end{bmatrix} - \begin{bmatrix} M_{11} & 0 \\ 0 & M_{22} \end{bmatrix}$$

따라서, 일반화된 질량은 2.53과 9.45가 된다.

만일, P대신에 직정규 모드를 이용하면, 다음의 식들이 얻어진다.

$$\tilde{P} = \left[\frac{1}{\sqrt{2.53}} \begin{Bmatrix} 0.731 \\ 1.00 \end{Bmatrix} \frac{1}{\sqrt{9.45}} \begin{Bmatrix} -2.73 \\ 1.00 \end{Bmatrix} \right] = \begin{bmatrix} 0.459 & -0.888 \\ 0.628 & 0.3252 \end{bmatrix}$$

$$\tilde{P}^T M \tilde{P} = \begin{bmatrix} 0.459 & 0.628 \\ -0.888 & 0.325 \end{bmatrix} \begin{bmatrix} 1 & 0 \\ 0 & 2 \end{bmatrix} \begin{bmatrix} 0.459 & -0.888 \\ 0.628 & 0.325 \end{bmatrix} = \begin{bmatrix} 1.00 & 0 \\ 0 & 1.00 \end{bmatrix}$$

$$\tilde{P}^T K \tilde{P} = \begin{bmatrix} 0.459 & 0.628 \\ -0.888 & 0.325 \end{bmatrix} \begin{bmatrix} 2 & -1 \\ -1 & 2 \end{bmatrix} \begin{bmatrix} 0.459 & -0.888 \\ 0.628 & 0.325 \end{bmatrix}$$

$$= \begin{bmatrix} 0.635 & 0 \\ 0 & 2.365 \end{bmatrix} = \begin{bmatrix} \lambda_1 & 0 \\ 0 & \lambda_2 \end{bmatrix}$$

따라서, 대각항들이 예제 5.1.1의 고유값들과 일치한다.

6.8 강제진동 방정식들의 비연성화

계의 정규 모드가 알려지면, 모드 행렬 P 또는 $\tilde{P}$는 운동 방정식을 비연성화시키는 데 사용될 수 있다. 다음의 강제 비감쇠계의 일반 방정식을 생각해 보자:

$$M\ddot{X} + KX = F \tag{6.8.1}$$

좌표 변환 $X = PY$를 실행하면, 앞의 방정식은 다음 식으로 된다.

$$MP\ddot{Y} + KPY = F$$

이 식의 양변에 전치행렬 P^T를 앞에 곱하면, 다음과 같이 된다.

$$(P^T MP)\ddot{Y} + (P^T KP)Y = P^T F \tag{6.8.2}$$

행렬곱 $P^T MP$ 및 $P^T KP$는 직교성 때문에 대각행렬이므로, Y항들로 나타낸 새로운 식들은 비연성화되었고 1자유도계로 풀 수 있다. 원좌표 X는 변환식

$$X = PY \tag{6.8.3}$$

으로부터 계산된다.

예제 6.8.1

그림 6.8.1의 2층 건물이 옥상에서 힘 $F(t)$로 가진되는 경우를 생각해 보자.

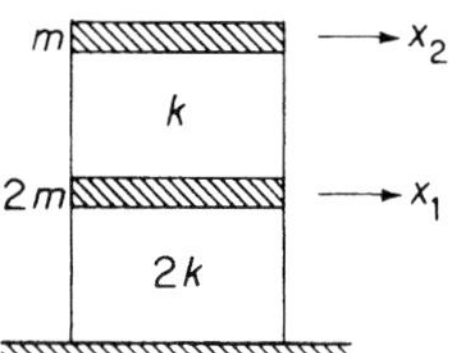

그림 6.8.1

운동 방정식은 다음과 같다.

$$m\begin{bmatrix} 2 & 0 \\ 0 & 1 \end{bmatrix}\begin{Bmatrix} \ddot{x}_1 \\ \ddot{x}_2 \end{Bmatrix} + k\begin{bmatrix} 3 & -1 \\ -1 & 1 \end{bmatrix}\begin{Bmatrix} x_1 \\ x_2 \end{Bmatrix} = \begin{Bmatrix} 0 \\ F \end{Bmatrix}$$

제차 방정식의 정규 모드들은 다음과 같다.

$$\phi_1 = \begin{Bmatrix} 0.5 \\ 1 \end{Bmatrix} \qquad \phi_2 = \begin{Bmatrix} -1 \\ 1 \end{Bmatrix}$$

여기서 행렬 P는 다음과 같이 나타낼 수 있다.

$$P = \begin{bmatrix} 0.5 & -1 \\ 1 & 1 \end{bmatrix}$$

식 (6.8.2)의 항들에 수치를 대입하여 전개시키면 다음의 식이 얻어진다.

$$m\begin{bmatrix} 0.5 & 1 \\ -1 & 1 \end{bmatrix}\begin{bmatrix} 2 & 0 \\ 0 & 1 \end{bmatrix}\begin{bmatrix} 0.5 & 1 \\ 1 & 1 \end{bmatrix}\begin{Bmatrix} \ddot{y}_1 \\ \ddot{y}_2 \end{Bmatrix}$$
$$+ k\begin{bmatrix} 0.5 & 1 \\ -1 & 1 \end{bmatrix}\begin{bmatrix} 3 & -1 \\ -1 & 1 \end{bmatrix}\begin{bmatrix} 0.5 & -1 \\ 1 & 1 \end{bmatrix}\begin{Bmatrix} y_1 \\ y_2 \end{Bmatrix} = \begin{bmatrix} 0.5 & 1 \\ -1 & 1 \end{bmatrix}\begin{Bmatrix} 0 \\ F_2 \end{Bmatrix}$$

즉,

$$m\begin{bmatrix} 1.5 & 0 \\ 0 & 3 \end{bmatrix}\begin{Bmatrix} \ddot{y}_1 \\ \ddot{y}_2 \end{Bmatrix} + k\begin{bmatrix} 0.75 & 0 \\ 0 & 6 \end{bmatrix}\begin{Bmatrix} y_1 \\ y_2 \end{Bmatrix} = \begin{Bmatrix} F_2 \\ F_2 \end{Bmatrix}$$

앞식은 비연성화된 식임을 알 수 있다.

y_1과 y_2에 대한 해는 다음 식으로 나타낼 수 있다.

$$y_i = y_i(0)\cos\omega_i t + \frac{\dot{y}_i(0)}{\omega_i}\sin\omega_i t + \frac{F_2}{k_i}\frac{\sin\omega t}{1-(\omega/\omega_i)^2}$$

이 식은 행렬 P를 이용하여 다음과 같이 최초의 좌표들로 표기할 수 있다.

$$\begin{Bmatrix} x_1 \\ x_2 \end{Bmatrix} = \begin{bmatrix} 0.5 & -1 \\ 1 & 1 \end{bmatrix} \begin{Bmatrix} y_1 \\ y_2 \end{Bmatrix}$$

예제 6.8.2

예제 6.8.1에서 일반화된 질량과 행렬 $\tilde{P}$를 계산하라. 또한 수치적으로 식 (6.7.5)와 (6.7.6)을 검증하라.

풀이 일반화된 질량의 계산은

$$M_1 = (0.5 \;\; 1)\begin{bmatrix} 2 & 0 \\ 0 & 1 \end{bmatrix} \begin{Bmatrix} 0.5 \\ 1 \end{Bmatrix} = 1.5$$

$$M_2 = (-1 \;\; 1)\begin{bmatrix} 2 & 0 \\ 0 & 1 \end{bmatrix} \begin{Bmatrix} -1 \\ 1 \end{Bmatrix} = 3.0$$

P의 제1열을 $\sqrt{M_1}$으로 나누어 주고, 제2열은 $\sqrt{M_2}$로나누어 주면, 행렬 $\tilde{P}$는

$$\tilde{P} = \begin{bmatrix} 0.4083 & -0.5773 \\ 0.8165 & 0.5773 \end{bmatrix}$$

가 된다. 이 행렬을 대입하면 식 (6.7.5) 및 (6.7.6)이 검증될 수 있다.

6.9 강제진동에서의 모드 감쇠

점성 감쇠와 임의의 가진력 $F(t)$를 받는 N자유도계의 운동 방정식은 행렬 형태로 나타낼 수 있다.

$$M\ddot{X} + C\dot{X} + KX = F \tag{6.9.1}$$

이는 N개의 연성 방정식들의 조합이다.

제차 비감쇠 방정식

$$M\ddot{X} + KX = 0 \tag{6.9.2}$$

의 해에서 계의 정규 모드들과 모드 행렬 P 또는 $\tilde{P}$를 기술하는 고유값과 고유 벡터들이 얻어진다. 만일 $X = \tilde{P}Y$라 두고 6.8절에 있는 것처럼 $\tilde{P}^T$를 식 (6.9.1)의 양변 앞에 곱해 주면,

다음의 식이 얻어진다.

$$\widetilde{P}^T M \widetilde{P} \ddot{Y} + \widetilde{P}^T C \widetilde{P} \dot{Y} + \widetilde{P}^T K \widetilde{P} Y = \widetilde{P}^T F \tag{6.9.3}$$

$\widetilde{P}^T M \widetilde{P}$와 $\widetilde{P}^T K \widetilde{P}$는 대각행렬임을 이미 보였으나, 일반적으로 $\widetilde{P}^T C \widetilde{P}$는 대각행렬이 아니기 때문에 윗식은 감쇠행렬에 의하여 연성되게 된다.

C가 M 또는 K에 비례하게 되면 $\widetilde{P}^T C \widetilde{P}$도 대각행렬이 되는데, 이 경우 계가 **비례 감쇠** (propoitional damping)를 갖는다고 한다. 따라서, 식 (6.9.3)은 완전하게 연성이 해제되므로 i 번째 방정식은 다음의 형식을 취하게 된다.

$$\ddot{y}_i + 2\zeta_i \omega_i \dot{y}_i + \omega_i^2 y_i = \tilde{f}_i(t) \tag{6.9.4}$$

따라서, N개의 연성된 방정식 대신에 1자유도계의 방정식들과 유사한 N개의 비연성 방정식을 얻게 된다.

레일리 감쇠 Rayleigh는 다음과 같은 형태의 비례 감쇠를 도입하였다.

$$C = \alpha M + \beta K \tag{6.9.5}$$

여기서 α와 β는 상수이다. 가중 모드 행렬 $\widetilde{P}$를 응용하면 다음과 같다.

$$\begin{aligned} \widetilde{P}^T C \widetilde{P} &= \alpha \widetilde{P}^T M \widetilde{P} + \beta \widetilde{P}^T K \widetilde{P} \\ &= \alpha I + \beta \Lambda \end{aligned} \tag{6.9.6}$$

[3]

여기서 I는 단위행렬이고, Λ는 고유값들의 대각행렬이다[식 (6.7.6) 참조].

$$\Lambda = \begin{bmatrix} \omega_1^2 & & & \\ & \omega_2^2 & & \\ & & \ddots & \\ & & & \omega_n^2 \end{bmatrix} \tag{6.9.7}$$

따라서, 식 (6.9.4) 대신 i 번째 방정식은

$$\ddot{y}_i + (\alpha + \beta\omega_i^2)\dot{y}_i + \omega_i^2 y_i = \tilde{f}_i(t) \tag{6.9.8}$$

이 되고, 모드 감쇠는 다음의 식으로 정의될 수 있다.

$$2\zeta_i \omega_i = \alpha + \beta\omega_i^2 \tag{6.9.9}$$

3) $C = \alpha M^n + \beta K^n$도 역시 대각화될 수 있다(문제 6.29와 6.30 참조).

6.10 정규 모드 합성

N자유도계의 강제진동 방정식

$$M\ddot{X} + C\dot{X} + KX = F \tag{6.10.1}$$

은 디지털 컴퓨터에 의하여 관례적으로 계산될 수 있지만, 큰 자유도를 갖는 계들의 경우에는 비용이 많이 든다. 하지만, **모드-합성 방법**(mode-summation method)으로 알려진 과정을 이용하면 계산량을 줄일 수 있다(즉, 계의 자유도를 줄일 수 있다). 그 핵심은 가진을 받는 구조물의 변위를 그 계의 제한된 숫자의 정규 모드에 일반화된 좌표를 곱한 합으로 근사시키는 것이다.

한 예로 50 자유도를 갖는 50층 건물을 고려하자. 비감쇠 자유진동 방정식의 해를 구하려면 그 구조물의 정규 모드를 기술하는 50개의 고유 벡터를 구해야 한다. 만일 건물의 가진이 저진동수 근처에 있다면, 고차 모드는 가진되지 않기 때문에 강제응답은 몇 개의 저진동수 모드들만의 중첩으로 가정할 수 있게 된다. 아마도 $\phi_1(x)$, $\phi_2(x)$와 $\phi_3(x)$만으로도 충분할지 모른다. 그러면 강제 가진에 의한 처짐은

$$x_i = \phi_1(x_i)q_1(t) + \phi_2(x_i)q_2(t) + \phi_3(x_i)q_3(t) \tag{6.10.2}$$

으로 쓸 수 있고, 행렬 표시로 모든 n층의 위치를 단지 세 개의 모드만으로 구성된 모드 행렬 P를 써서 표현할 수 있다(그림 6.10.1 참조).

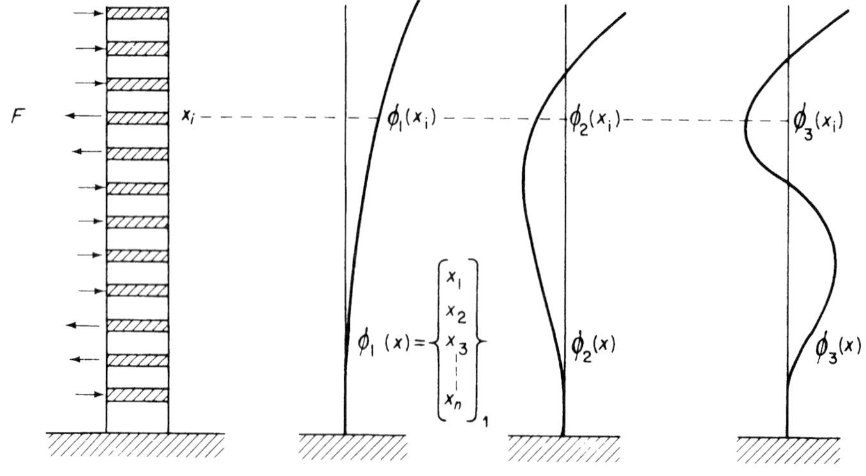

그림 6.10.1 정규 모드로 나타낸 건물 변위

$$\begin{Bmatrix} x_1 \\ x_2 \\ \vdots \\ x_n \end{Bmatrix} = \begin{bmatrix} \phi_1(x_1) & \phi_2(x_1) & \phi_3(x_1) \\ \cdot & \cdot & \cdot \\ \vdots & \vdots & \vdots \\ \phi_1(x_n) & \phi_2(x_n) & \phi_3(x_n) \end{bmatrix} \begin{Bmatrix} q_1 \\ q_2 \\ \vdots \\ q_n \end{Bmatrix} \quad \textbf{(6.10.3)}$$

제한된 모드 행렬을 쓰게 되면 계는 사용된 모드 수와 같은 자유도를 갖는 계로 축소된다. 예로 50층 건물의 경우, K와 같은 행렬들은 50×50행렬이지만 세 정규 모드를 사용하면 P는 50×3행렬이 되고 P^TKP도

$$P^TKP = (3 \times 50)(50 \times 50)(50 \times 3) = (3 \times 3) \text{ 행렬}$$

이 된다. 따라서, 50개의 연성된 방정식 (6.10.1) 대신 다음의 3×3방정식을 풀기만 하면 된다.

$$P^TMKP\ddot{q} + P^TCP\dot{q} + P^TKPq = P^TF \quad \textbf{(6.10.4)}$$

만일 감쇠행렬이 비례 감쇠이면 윗식은 연성이 해제되고, 힘 $F(x, t)$가 $p(x)f(t)$로 변수 분리가 가능하면 세 방정식은

$$\ddot{q}_i + 2\zeta_i\omega_i\dot{q}_i + \omega_i^2 q_i = \Gamma_i f(t) \quad \textbf{(6.10.5)}$$

의 형태를 갖게 되는데, 여기서 항

$$\Gamma_i = \frac{\sum_j \phi_i(x_j)P(x_j)}{\sum_j m_j\phi_i^2(x_j)} \quad \textbf{(6.10.6)}$$

은 **모드 기여계수**(mode participation factor)라고 한다.

x_i의 최대 피크값만이 관심이 되는 경우가 많은데, 이 경우 다음 과정이 만족할 만한 결과를 주게 된다. 먼저 각 $q_j(t)$의 최대값을 구하고, 다음의 형태를 구성한다

$$|x_i|_{\max} = |\phi_1(x_i)q_{1,\max}| + \sqrt{|\phi_2(x_i)q_{2,\max}|^2 + |\phi_3(x_i)q_{3,\max}|^2} \quad \textbf{(6.10.7)}$$ [4)]

따라서, 1차 모드 응답이 고차 모드 피크의 제곱합의 제곱근으로 보완이 된다. 앞의 계산을 위해서는 특성 가진력의 충격 스펙트럼(shock spectrum)을 이용해서 $q_{i,\max}$를 구한다. 만일 주요 가진이 고진동수 영역에 있으면, 그 진동수를 중심으로 한 정규 모드를 이용한다.

---

4) 이 방법은 다양한 제조업종 및 군사 분야의 충격 및 진동 그룹들에서 사용되고 있다.

예제 6.10.1

동일한 강성의 층들과 동일한 층간강성을 갖는 10층 건물을 고려하자. 이 건물의 지반이 수평 병진운동 $u_0(t)$로 움직일 때, 건물의 응답을 구하라.

풀이 건물의 정규 모드를 안다고 가정하자. 비감쇠 자유진동 방정식으로부터 계산된 처음 세 개의 정규 모드들은 다음과 같다.

층	$\omega_1 = 0.1495\sqrt{k/m}$	$\omega_2 = 0.4451\sqrt{k/m}$	$\omega_3 = 0.7307\sqrt{k/m}$
	$\phi_1(x)$	$\phi_2(x)$	$\phi_3(x)$
10	1.0000	1.0000	1.0000
9	0.9777	0.8019	0.4662
8	0.9336	0.4451	−0.3165
7	0.8686	0.0000	−0.9303
6	0.7840	−0.4451	−1.0473
5	0.6822	−0.8019	−0.6052
4	0.5650	−1.0000	1.6010
3	0.4352	−1.0000	0.8398
2	0.2954	−0.8019	1.0711
1	0.1495	−0.4451	0.7307
0	0.0000	0.0000	0.0000

지반운동 $u_0(t)$에 따른 건물의 운동 방정식은 다음과 같다.

$$M\ddot{X} + C\dot{X} + KX = -M1\ddot{u}_0(t)$$

여기서 1은 단위 벡터이고 X는 10×1벡터이다. 세 개의 주어진 모드를 이용하여 다음과 같이 변환을 시킨다.

$$X = Pq$$

여기서 P는 10×3 행렬이고, q는 3×1벡터로 다음과 같이 된다.

$$P = \begin{bmatrix} \phi_1(x_1) & \phi_2(x_1) & \phi_3(x_1) \\ \phi_1(x_2) & \phi_2(x_2) & \phi_3(x_2) \\ \vdots & \vdots & \vdots \\ \phi_1(x_{10}) & \phi_2(x_{10}) & \phi_3(x_{10}) \end{bmatrix} \qquad q = \begin{Bmatrix} q_1 \\ q_2 \\ q_3 \end{Bmatrix}$$

P^T를 양변의 앞에 곱하면 다음과 같이 된다.

$$P^TMP\ddot{q} + P^TCP\dot{q} + P^TKPq = -P^TM1u_0(t)$$

또 C가 비례 감쇠행렬이라고 가정하면, 윗식은 세 개의 연성이 해제된 방정식으로 유도된다.

$$m_{11}\ddot{q}_1 + c_{11}\dot{q}_1 + k_{11}q_1 = -\ddot{u}_0(t)\sum_{i=1}^{10} m_i\phi_1(x_i)$$

$$m_{22}\ddot{q}_2 + c_{22}\dot{q}_2 + k_{22}q_2 = -\ddot{u}_0(t)\sum_{i=1}^{10} m_i\phi_2(x_i)$$

$$m_{33}\ddot{q}_3 + c_{33}\dot{q}_3 + k_{33}q_3 = -\ddot{u}_0(t)\sum_{i=1}^{10} m_i\phi_3(x_i)$$

여기서 m_{ii}, c_{ii} 및 k_{ii}는 각각 일반화된 질량, 일반화된 감쇠 및 일반화된 강성계수이다. $q_j(t)$는 윗식의 각각으로부터 독립적으로 풀 수 있다. 임의의 층에서 변위 x_i는 다음과 같이 전개되는 식 $X = Pq$로부터 계산된다.

$$x_i = \phi_1(x_i)q_1(t) + \phi_2(x_i)q_2(t) + \phi_3(x_i)q_3(t)$$

따라서, 임의 층에 대한 시간해는 기존의 정규 모드들로 구성된다.

정규 모드에 관한 수치정보로부터, 다음과 같이 쓸 수 있는 첫 번째 방정식

$$\ddot{q}_1 + 2\zeta_1\omega_1 q_1 = -\frac{\sum m\phi_1}{\sum m\phi_1^2}\ddot{u}(t)$$

에 대한 수치값들을 구해 보자. 1차 모드의 경우에

$$m_{11} = \sum m\phi_1^2 = 5.2803m$$

$$\frac{c_{11}}{m_{11}} = 2\zeta_1\omega_1 = 0.299\sqrt{\frac{k}{m}}\zeta_1$$

$$\frac{k_{11}}{m_{11}} = \omega_1^2 = 0.02235\frac{k}{m}$$

$$\sum m\varphi_1 = 6.6912m$$

이므로, 1차 모드에 대한 방정식은

$$\ddot{q}_1 + 0.299\sqrt{\frac{k}{m}}\zeta_1\dot{q}_1 + 0.02235\frac{k}{m}q_1 = -1.2672\ddot{u}_0(t)$$

이 되고, 따라서 k/m과 ζ_1값이 주어지면 윗식으로부터 임의의 $\ddot{u}_0(t)$에 대하여 q_1을 풀어낼 수 있다.

6.11 중근

특성 방정식에서 중근(重根)이 나타나면, 이에 상응하는 고유 벡터들은 유일한 것이 아니며, 이 고유 벡터들의 선형 결합 역시 운동 방정식을 만족시킬 수 있다. 이 점을 보이기 위하여 ϕ_1과 ϕ_2를 공통 고유값 λ_0에 속하는 고유 벡터들 이라 하고, ϕ_3는 λ_0와는 상이한 λ_3에 속하는 제3의 고유 벡터라 하자. 그러면 다음과 같이 쓸 수 있다.

$$A\phi_1 = \lambda_0\phi_1$$
$$A\phi_2 = \lambda_0\phi_2$$
$$A\phi_3 = \lambda_3\phi_3$$

두 번째 식을 상수 b로 곱해 준 후에 첫 번째 식에 더해 주면, 또 다른 식을 얻을 수 있다.

$$A(\phi_1 + b\phi_2) = \lambda_0(\phi_1 + b\phi_2)$$

따라서, 처음 두 개의 선형 결합인 새로운 고유 벡터 $\phi_{12} = (\phi_1 + b\phi_2)$도 역시 기본 방정식

$$A\phi_{12} = \lambda_0\phi_{12}$$

을 만족시킨다. 그리고 λ_0에 대해서는 유일한 모드가 존재하지 않는다.

λ_0에 대응하는 모드들은 어느 것이나 정규 모드인 한에서는 ϕ_3에 직교해야 한다. 만일 세 가지 모드가 모두 직교한다면, 이들은 선형적으로 독립이고, 임의 초기 조건들에 기인되는 자유진동을 기술하는 데 사용될 수 있다.

똑같은 고유값에 연관된 고유 벡터들은 나머지 고유 벡터들과 직교하지만, 이들 상호간에는 직교하지 않는다.

예제 6.11.1

세 개의 집중질량을 갖는 유연한 보인 그림 6.11.1의 계를 고려하자. 그림의 세 가지 모드 중에서 처음 두 개는 진동수 0에 상응되는 병진 및 회전 강체운동을 나타낸다. 3차 모드는 유연한 보의 대칭진동 모드를 나타낸다. 질량행렬이

$$M = \begin{bmatrix} 1 & 0 & 0 \\ 0 & 2 & 0 \\ 0 & 0 & 1 \end{bmatrix}$$

로 나타날 때, 모드들은 상호 직교하는 것을 쉽게 증명할 수 있다. 즉,

$$\phi_1^T M\phi_2 = \phi_1^T M\phi_3 = \phi_2^T M\phi_3 = 0$$

다음은 ϕ_2에 상수 b를 곱한 후에 그것을 ϕ_1에 더해 주면 새로운 모드 벡터 ϕ_{12}가 만들어진다.

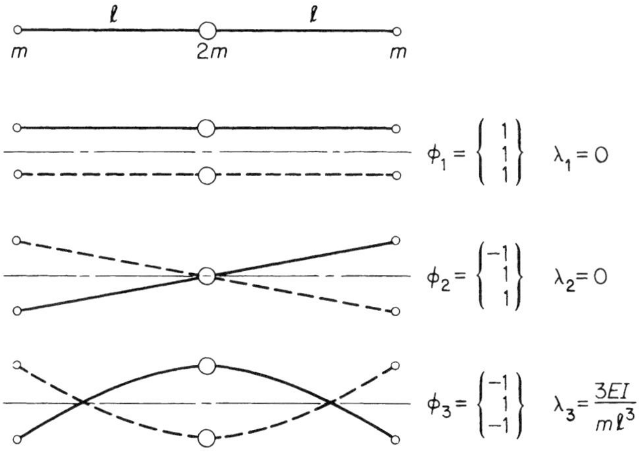

그림 6.11.1

$$\phi_{12} = \phi_1 + b\phi_2 = \begin{Bmatrix} 1 \\ 1 \\ 1 \end{Bmatrix} + b\begin{Bmatrix} -1 \\ 0 \\ 1 \end{Bmatrix} = \begin{Bmatrix} 1-b \\ 1 \\ 1+b \end{Bmatrix}$$

ϕ_{12}는 ϕ_3에 식교한다는 것도 쉽게 승명할 수 있다. 즉,

$$\phi_3^T M\phi_{12} = (-1 \quad 1 \quad -1)\begin{bmatrix} 1 & 0 & 0 \\ 0 & 2 & 0 \\ 0 & 0 & 1 \end{bmatrix}\begin{Bmatrix} 1-b \\ 1 \\ 1+b \end{Bmatrix} = 0$$

따라서, ϕ_1과 ϕ_2의 선형 결합으로 구성된 새로운 고유 벡터도 ϕ_3에 직교한다. 그러나 ϕ_1과 ϕ_2는 ϕ_{12}에 직교하지 않는다.

$$\phi_1^T M\phi_{12} = (1 \quad 1 \quad 1)\begin{bmatrix} 1 & 0 & 0 \\ 0 & 2 & 0 \\ 0 & 0 & 1 \end{bmatrix}\begin{Bmatrix} 1-b \\ 1 \\ 1+b \end{Bmatrix} = 4 \neq 0$$

$$\phi_2^T M\phi_{12} = (-1 \quad 0 \quad 1)\begin{bmatrix} 1 & 0 & 0 \\ 0 & 2 & 0 \\ 0 & 0 & 1 \end{bmatrix}\begin{Bmatrix} 1-b \\ 1 \\ 1+b \end{Bmatrix} = 2b \neq 0$$

6.12 불구속(퇴화) 진동계

불구속 진동계는 진동은 물론이고 강체운동도 자유로이 한다. 비행중인 비행기나 달리고 있는 열차는 이러한 불구속계에 해당된다. 이런 계들에 대한 운동 방정식은 진동 모드뿐만 아니라 강체 모드도 포함한다. 이 경우에 특성 방정식은 강체 모드에 해당하는 진동수 0을 갖는다.

예제 6.12.1

그림 6.12.1은 베어링으로 자유로이 회전하도록 불구속된 세 개의 질량으로 이루어진 비틀림 진동계를 보여준다.

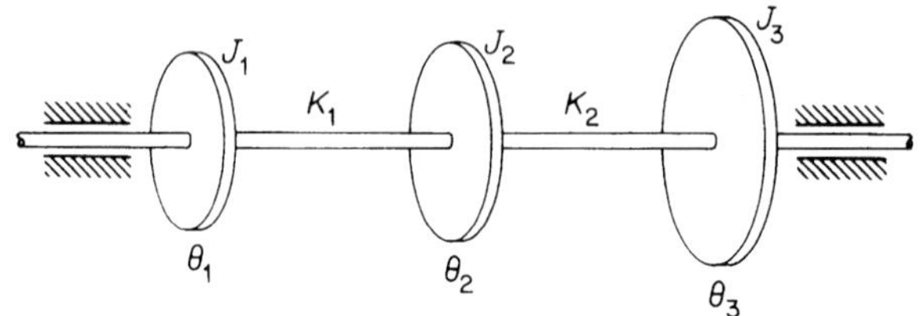

그림 6.12.1

이 계의 운동 방정식은 다음과 같다.

$$\begin{bmatrix} J_1 & 0 & 0 \\ 0 & J_2 & 0 \\ 0 & 0 & J_3 \end{bmatrix} \begin{Bmatrix} \ddot{\theta}_1 \\ \ddot{\theta}_2 \\ \ddot{\theta}_3 \end{Bmatrix} + \begin{bmatrix} K_1 & -K_1 & 0 \\ -K_1 & (K_1+K_2) & -K_2 \\ 0 & -K_2 & K_2 \end{bmatrix} \begin{Bmatrix} \theta_1 \\ \theta_2 \\ \theta_3 \end{Bmatrix} = \begin{Bmatrix} 0 \\ 0 \\ 0 \end{Bmatrix}$$

여기서 $J_1 = J_2 = J_3 = J$이고 $K_1 = K_2 = \mathrm{K}$라 가정하고, $\lambda = \omega^2 J/K$라 두면, 이 경우에 앞의 방정식은 축소되어

$$\left[-\lambda \begin{bmatrix} 1 & 0 & 0 \\ 0 & 1 & 0 \\ 0 & 0 & 1 \end{bmatrix} + \begin{bmatrix} 1 & -1 & 0 \\ -1 & 2 & -1 \\ 0 & -1 & 1 \end{bmatrix} \right] \begin{Bmatrix} \theta_1 \\ \theta_2 \\ \theta_3 \end{Bmatrix} = \begin{Bmatrix} 0 \\ 0 \\ 0 \end{Bmatrix}$$

가 된다. 계의 특성 행렬식은

$$\begin{vmatrix} (1-\lambda) & -1 & 0 \\ -1 & (2-\lambda) & -1 \\ 0 & -1 & (1-\lambda) \end{vmatrix} = 0$$

이 되고, 전개하면

$$\lambda(1-\lambda)(\lambda-3)=0$$

이 된다. 따라서, 이 계에 대한 근, 즉 고유값은 다음과 같다.

$$\lambda_1 = 0$$
$$\lambda_2 = 1$$
$$\lambda_3 = 3$$

각각의 λ들을 운동 방정식에 대입하여 얻어지는 상응하는 고유 벡터들은 다음과 같다.

$$\begin{bmatrix} (1-\lambda) & -1 & 0 \\ 0 & (2-\lambda) & -1 \\ 0 & -1 & (1-\lambda) \end{bmatrix} \begin{Bmatrix} \theta_1 \\ \theta_2 \\ \theta_3 \end{Bmatrix} = \begin{Bmatrix} 0 \\ 0 \\ 0 \end{Bmatrix}$$

$\lambda_1 = 0$을 대입하면 그 결과는 $\theta_1 = \theta_2 = \theta_3$가 되고, 그 정규 모드, 즉 고유 벡터는 강체 운동을 기술하는 식

$$\phi_1 = \begin{Bmatrix} 1 \\ 1 \\ 1 \end{Bmatrix}$$

이 된다[그림 6.12.2(a) 참조].

같은 방법으로, 2, 3차의 모드들[그림 6.12.2(b) 및 6.12.2(c) 참조]은 다음 식으로 나타낼 수 있다.

$$\phi_2 = \begin{Bmatrix} -1 \\ 0 \\ 1 \end{Bmatrix} \qquad \phi_3 = \begin{Bmatrix} 1 \\ -2 \\ 1 \end{Bmatrix}$$

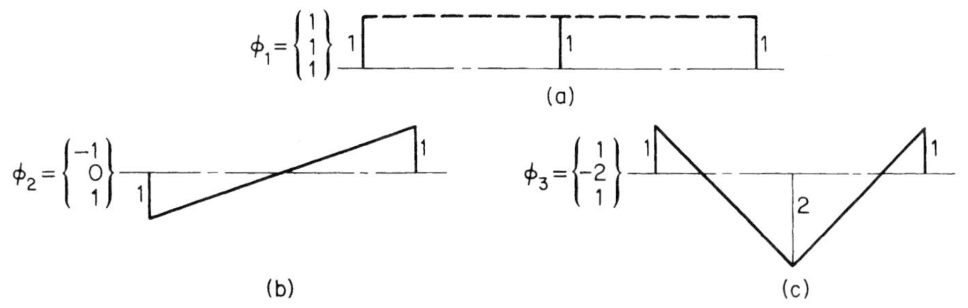

그림 6.12.2

연습문제

6.1 그림 P6.1에 보인 스프링-질량계의 유연성 행렬을 구하라.

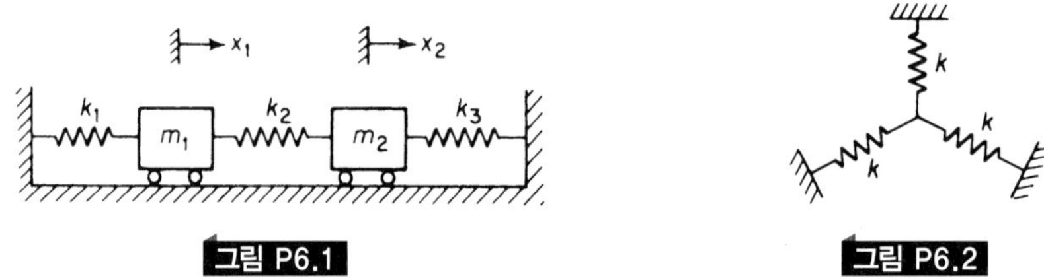

그림 P6.1

그림 P6.2

6.2 강성 k lb/in인 세 개의 동일한 스프링이 그림 P6.2에 보인 바와 같이 한 쪽 단에서 연결되고, 다른 쪽 단들은 각기 대칭적으로 120° 간격으로 배치되어 있다. 임의의 스프링과 각도 θ를 이루는 방향으로의 접합점의 영향계수들은 θ에 무관 하며 $1/1.5k$임을 증명하라.

6.3 길이 l인 단순지지된 균일보가 위치 $0.25l$과 $0.6l$인 지점에서 추에 의하여 하중을 받고 있다. 이 위치들에서의 영향계수들을 구하라.

6.4 그림 P6.4에 보인 외팔보에 대한 유연성 행렬을 구하고, 그 역행렬로부터 강성행렬을 구하라.

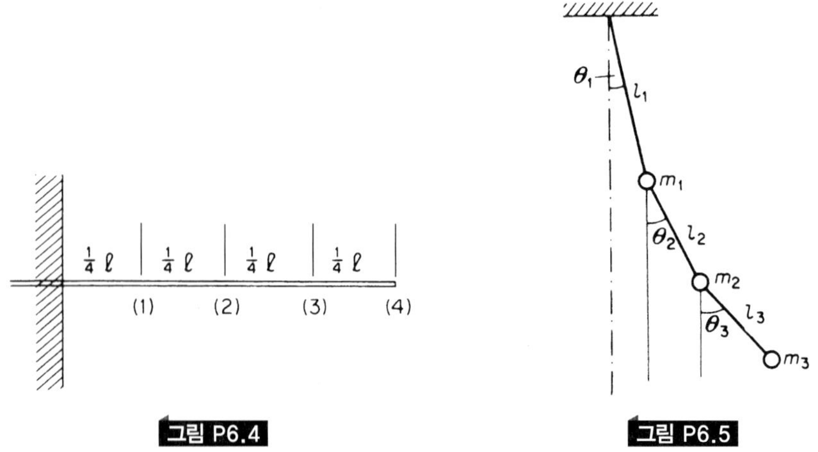

그림 P6.4

그림 P6.5

6.5 그림 P6.5에 보인 삼중 진자에 대한 영향계수들을 구하라.

6.6 그림 P6.6에 보인 계에 대한 강성행렬을 구하고, 그 역행렬로부터 유연성 행렬을 구하라

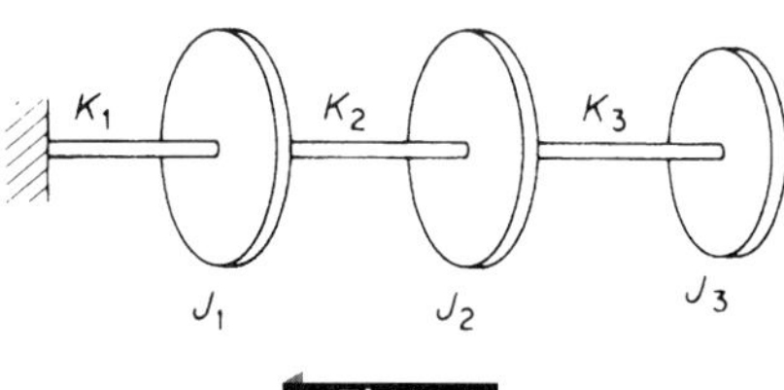

그림 P6.6

6.7 면적 모멘트법을 이용하여 그림 P6.7의 균일보에 대한 유연성 행렬을 구하라.

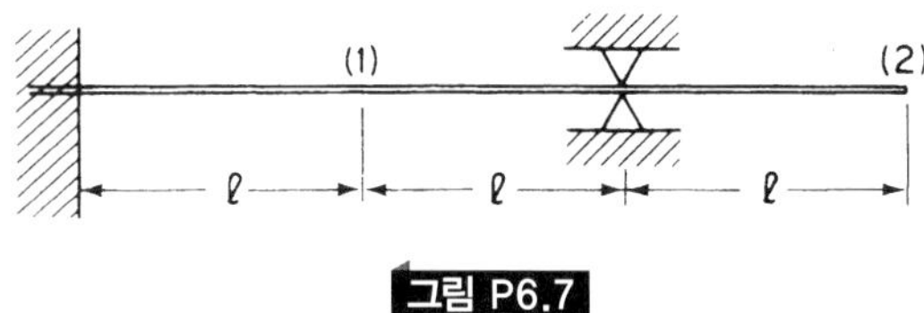

그림 P6.7

6.8 그림 6.3.2의 4층 건물에 대한 유연성 행렬을 구하고, 그 역행렬로부터 본문에 주어진 강성행렬을 유도하라.

6.9 그림 P6.9에 주어진 직렬로 연결된 n개의 스프링을 갖는 계를 고려하고, 강성 행렬이 대각요소를 중심으로 한 대역행렬임을 보여라.

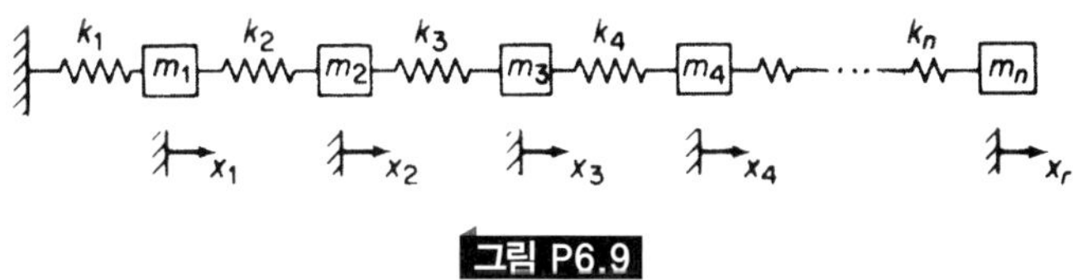

그림 P6.9

6.10 강체 가로보(floor beam)와 탄성 가로보를 갖는 건물의 강성을 비교하라. 모든 길이와 EI값은 같다고 가정하라. 층의 질량이 그림 P6.10(b)에 보인 바와 같이 코너에서 핀 지지되어 있다면, 두 고유 진동수의 비는 얼마인가?

6.11 그림 P6.11의 직사각형 구조물이 지반에 고정되어 있다. 그림에 보인 힘에 대하여 강성행렬을 구하라.

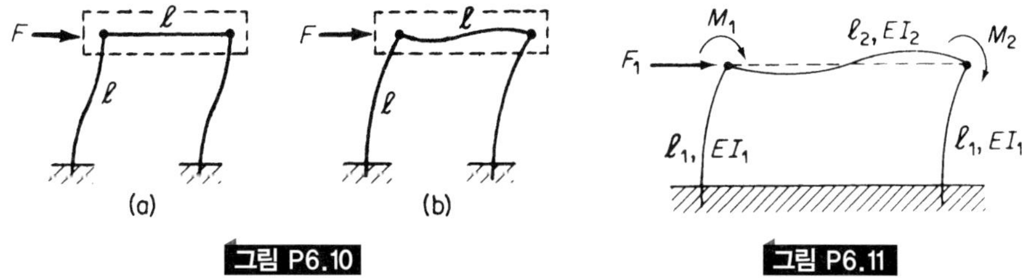

그림 P6.10

그림 P6.11

6.12 위와 아래에서 핀 지지된 그림 P6.12의 구조물에 대하여 힘 F에 저항하는 강성을 구하라.

그림 P6.12

그림 P6.13

6.13 그림 P6.13의 외팔보를 이용하여 힘뿐 아니라, 모멘트에 대해서도 상반 정리가 적용됨을 보여라.

6.14 면적 모멘트와 중첩의 원리를 이용하여 그림 6.4.2의 결과를 증명하라.

6.15 수반행렬을 이용하여 그림 P6.15에 보인 스프링-질량계의 정규 모드를 구하라.

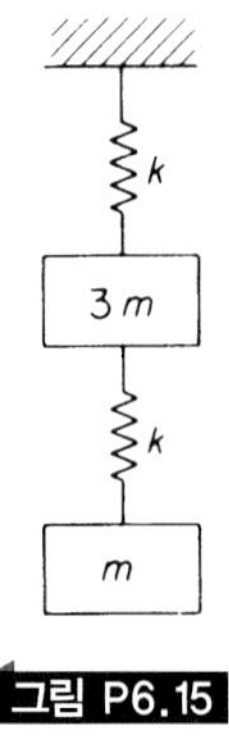

그림 P6.15

6.16 그림 P6.16에 보인 계에 대하여 행렬 형태로 운동 방정식을 쓰고 수반행렬로부터 정규 모드를 구하라.

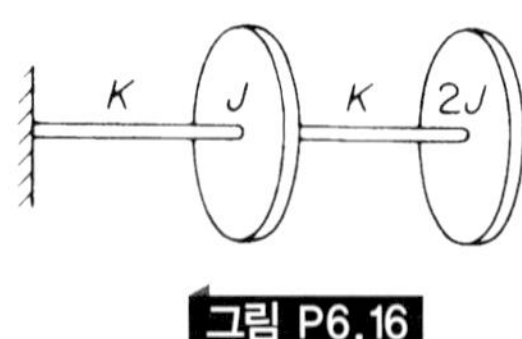

그림 P6.16

6.17 그림 P6.17에 보인 계에 대하여 모드 행렬 P와 가중 모드 행렬 $\tilde{P}$를 구하라. P 또는 $\tilde{P}$는 강성행렬을 대각화시킴을 보여라.

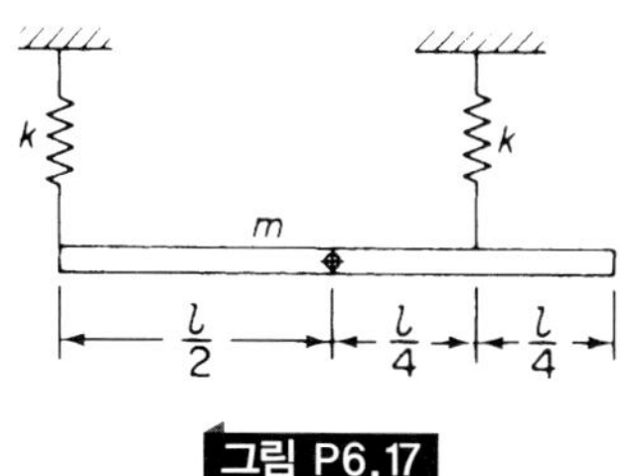

그림 P6.17

6.18 그림 P6.18에 보인 3자유도 스프링-질량계에 대하여 유연성 행렬을 구하라.

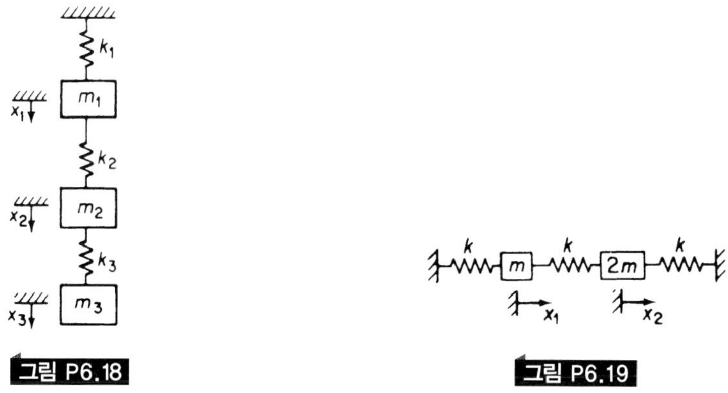

그림 P6.18

그림 P6.19

6.19 그림 P6.19에 보인 계 에 대하여 모드 행렬 P와 가중 모드 행렬 $\tilde{P}$를 구하고, 강성행렬을 대각화시켜서 방정식의 연성을 해제하라.

6.20 이중 진자의 좌표를 θ_1과 θ_2라 할 때 $\tilde{P}$를 구하라. $\tilde{P}$가 운동 방정식의 연성을 해제함을 보여라.

6.21 문제 6.11에서 질량 및 질량 관성 모멘트 m_1, J_1과 m_2, J_2가 코너들에 부착되어 있어서 병진운동뿐만 아니라 회전운동도 할 경우, 운동 방정식을 구하고 고유 진동수와 모드 형상을 구하라.

6.22 문제 6.21의 과정을 그림 P6.12의 구조물에 대하여 반복하라.

6.23 문제 6.12의 구조물의 하단 지반에 강체 고정된다면 코너들의 회전운동이 변한다. 강성행렬을 구하고 코너들에서 m_i, J_i에 대하여 운동의 행렬 방정식을 구하라.

6.24 그림 P6.24에 주어진 계의 감쇠행렬을 구하고 감쇠가 비례하지 않음을 보여라.

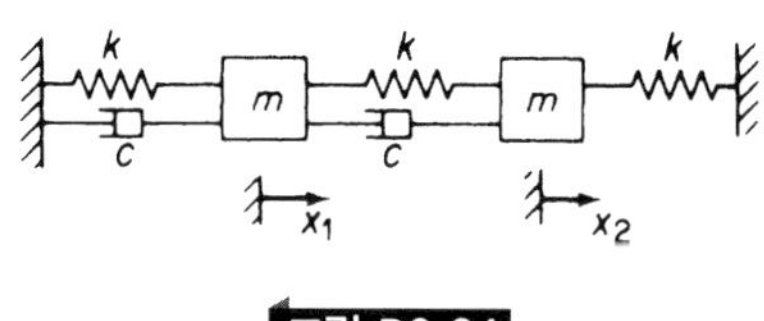

그림 P6.24

6.25 모드 행렬 $\tilde{P}$를 이용하여 문제 6.24의 계를 감쇠만 연성된(coupled) 계로 만들고, 라플라스 변환방법으로 해를 구하라.

6.26 그림 P6.26의 점탄성 감쇠계를 고려하자. 이 계는 계에 x_1이라는 추가 좌표를 조임하는 스프링 k_1의 참가로 점성 감쇠계와 다르다. 이 계의 관성 좌표계 x와 x_1에 관한 운동 방정식은

$$m\ddot{x} = -kx - c(\dot{x} - \dot{x}_1) + F$$
$$0 = c(\dot{x} - \dot{x}_1) - k_1x_1$$

이다. 행렬 형태로 운동 방정식을 표기하라.

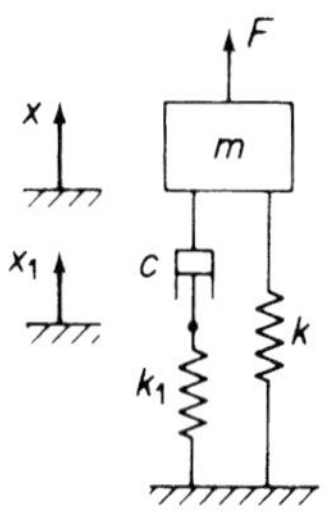

그림 P6.26

6.27 그림 P6.26의 점탄성계를 점성 감쇠계와 비교하여 등가 점성감쇠와 등가 강성이 다음과 같이 표현됨을 증명하라.

$$c_{eq} = \frac{c}{1 + \left(\dfrac{\omega c}{k_1}\right)^2}$$

$$k_{eq} = \frac{k + (k_1 + k)\left(\dfrac{\omega c}{k_1}\right)^2}{1 + \left(\dfrac{\omega c}{k_1}\right)^2}$$

6.28 식 (6.6.7)의 관계식

$$\phi_i^T K \phi_j = 0 \qquad i \neq j$$

를 문제 6.16에 적용하여 증명하라.

6.29 행렬 방정식

$$K\phi_s = \omega_s^2 M\phi_s$$

의 양변에 KM^{-1}을 앞에서 곱하고, 직교관계 $\phi_r^T M\phi_S = 0$을 이용하여

$$\phi_r^T K M^{-1} K \phi_s = 0$$

이 성립함을 보여라. 반복해서 n이 계의 자유도일 때, $h = 1, 2, \cdots, n$에 대하여

$$\phi_r^T [KM^{-1}]^h K \phi_s = 0$$

이 됨을 증명하라.

6.30 문제 6.29와 유사한 방법으로 다음과 같이 됨을 증명하라.

$$\phi_r^T [MK^{-1}]^h M \phi_s = 0, \quad h = 1, 2, \ldots$$

6.31 예제 6.10.1의 2차 및 3차 모드들에 대한 운동 방정식의 계수들을 수치적으로 구하라.

6.32 예제 6.10.1에서 지반의 가속도 $\ddot{u}(t)$가 그림 P6.32에서와 같이 크기 a_0, 지속시간 t_1인 단일 정현파 펄스라면, 6.10절에 주어진 각 모드에 대한 최대 q와 x_{max}값을 구하라.

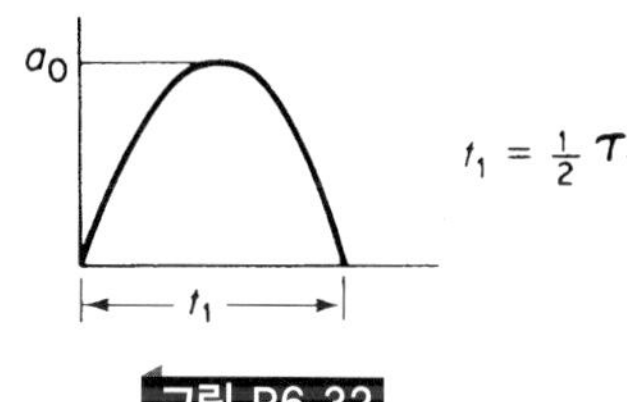

그림 P6.32

6.33 문제 5.9의 이중 진자의 정규 모드는 다음과 같다.

$$\omega_1 = 0.764\sqrt{\frac{g}{l}}, \quad \omega_2 = 1.850\sqrt{\frac{g}{l}}$$

$$\phi_1 = \begin{Bmatrix} \theta_1 \\ \theta_2 \end{Bmatrix}_{(1)} = \begin{Bmatrix} 0.707 \\ 1.00 \end{Bmatrix}$$

$$\phi_2 = \begin{Bmatrix} \theta_1 \\ \theta_2 \end{Bmatrix}_{(2)} = \begin{Bmatrix} -0.707 \\ 1.00 \end{Bmatrix}$$

아래쪽 질량에 충격 $F_0\delta(t)$가 주어질 때의 응답을 정규 모드 항으로 구하라.

6.34 $J_1 = J_2 = J_3$와 $K_1 = K_2 = K_3$인 경우, 그림 P6.6의 세 질량 비틀림계의 정규 모드는 다음과 같다.

$$\phi_1 = \begin{Bmatrix} 0.328 \\ 0.591 \\ 0.737 \end{Bmatrix}, \qquad \lambda_1 = \frac{J\omega_1^2}{k} = 0.198$$

$$\phi_2 = \begin{Bmatrix} 0.737 \\ 0.328 \\ -0.591 \end{Bmatrix} \qquad \lambda_2 = 1.555$$

$$\phi_3 = \begin{Bmatrix} 0.591 \\ -0.737 \\ 0.328 \end{Bmatrix}, \qquad \lambda_3 = 3.247$$

토크 $M(t)$가 자유단에 가해질 때, 운동 방정식을 구하라. $u(t)$를 단위 계단함수라 할 때, $M(t) = M_0 u(t)$이면 시간영역 해와 충격 스펙트럼으로부터 끝단의 질량의 최대 응답을 구하라

6.35 두 개의 정규 모드를 이용하여 병진과 회전에서의 기초 강성이 k_t와 $K_r = \infty$인 5층 건물에 대하여 운동 방정식을 세워라(그림 P6.35 참조).

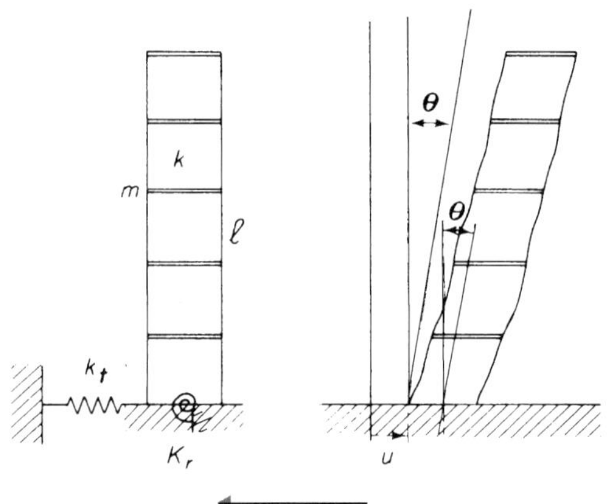

그림 P6.35

6.36 그림 P6.36에 보인 계의 횡방향 및 비틀림 진동은 특정한 a/L값에서의 동일한 고유 진동수를 갖게 된다. 이 값을 구하고 질량의 편심이 e로 질량 불평형이 me라 가정하고 운동 방정식을 구하라.

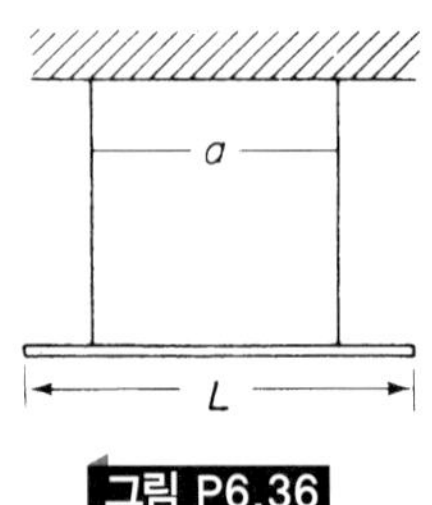

그림 P6.36

6.37 강체 바닥 거더(girder)를 갖는 3층 건물이 레일리(Rayleigh) 감쇠를 갖는다고

가정하라. 1차와 2차 모드의 모드 감쇠가 각각 0.05% 및 0.13%일 때, 3차 모드의 모드 감쇠를 구하라.

6.38 $m_1 = m_2 = m_3$와 $k_1 = k_2 = k_3$인 3자유도계의 정규 모드는 다음과 같다.

$$\phi_1 = \begin{Bmatrix} 0.737 \\ 0.591 \\ 0.328 \end{Bmatrix}, \quad \phi_2 = \begin{Bmatrix} -0.591 \\ 0.328 \\ 0.737 \end{Bmatrix}, \quad \phi_3 = \begin{Bmatrix} 0.328 \\ -0.737 \\ 0.591 \end{Bmatrix}$$

이 모드들의 직교 특성을 규명하라.

6.39 문제 6.38의 계에 초기 변위가 다음 식과 같이 주어진 후에 제거되었다.

$$X = \begin{Bmatrix} 0.520 \\ -0.100 \\ 0.205 \end{Bmatrix}$$

자유진동에 존재하는 각 모드들의 기여계수를 구하라.

6.40 일반적으로 비감쇠계의 자유진동은 모드 합으로 표시될 수 있다. 즉,

$$X(t) = \sum_i A_i \phi_i \sin \omega_i t + \sum_i B_i \phi_i \cos \omega_i t$$

계의 초기 변위 0과 임의의 속도 분포 $\dot{X}(0)$가 주어졌다면, 계수 A_i와 B_i는 얼마인가?

6.41 그림 P6.41은 병진 및 회전방향 유연성(flexibility)을 갖는 베어링으로 지지되어 있는 축을 보여주고 있다. 예제 6.1.4의 축의 유연성 방정식(6.1.1) 또는 (6.1.2)의 좌변이

$$\begin{Bmatrix} \eta \\ \theta - \beta \end{Bmatrix}$$

로 대체되어야 함을 보여라. η, β, y, θ와 하중 P 및 M 사이의 관계식으로부터 다음과 같은 새로운 유연성 방정식을 구하라.

$$\begin{Bmatrix} y \\ \theta \end{Bmatrix} = \begin{bmatrix} \bar{a}_{11} & \bar{a}_{12} \\ \bar{a}_{21} & \bar{a}_{22} \end{bmatrix} \begin{Bmatrix} P \\ M \end{Bmatrix}$$

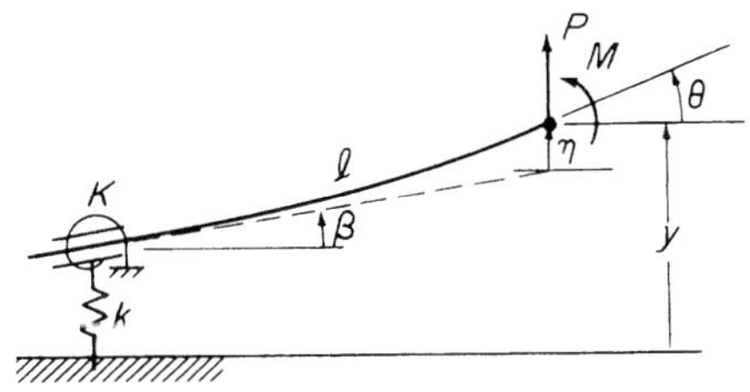

그림 P6.41

6.42 그림 P6.18의 3자유도계에 대하여 강성을 이용해서 행렬 방정식을 세워라. A가 대칭인 표준 고유값 문제로 변환하라.

6.43 10층 건물의 강제진동에 대한 예제 6.10.1에서 1차 모드에 대한 운동 방정식은 다음과 같이 얻어졌다.

$$\ddot{q}_1 + 0.299\sqrt{\frac{k}{m}}\zeta_1\dot{q}_1 + 0.02235\frac{k}{m}q_1 = -1.2672\ddot{u}_0(t)$$

수치 $\sqrt{k/m} = 3.0$ 및 $\zeta_1 = 0.10$이라 가정하고, 지반 가속도가 그림 P6.43으로 주어질 때, RUNGA를 이용하여 시간응답을 계산하라. 그림 P6.43에 주어진 함수에 대한 수식을 포함하는 함수 **file f.m**을 기술해 주어야만 할 것이다.

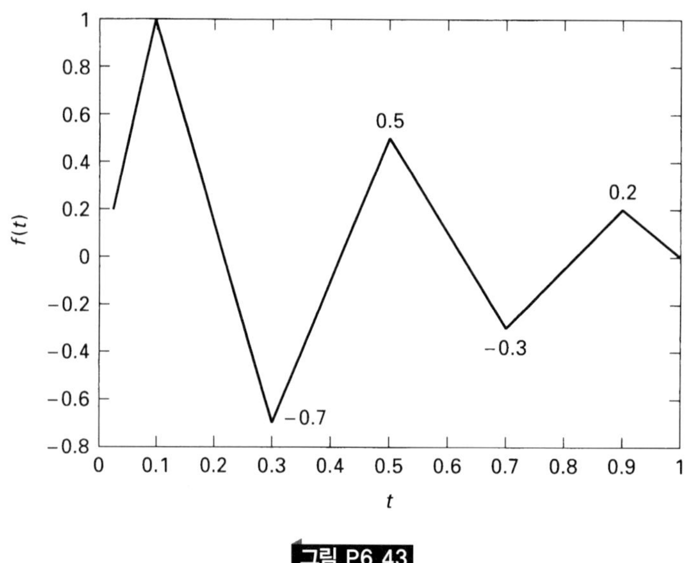

그림 P6.43

6.44 그림 P5.15에 있는 고무 호스로 연결된 두 진자계에 대한 강성행렬을 구하라.

6.45 감쇠력이 속도의 제곱에 비례하는 그림 P6.45의 진동계를 고려하자. 이 문제에 대한 등가감쇠 계산법을 전개시킬 수 있는가?(3.8절 참조)

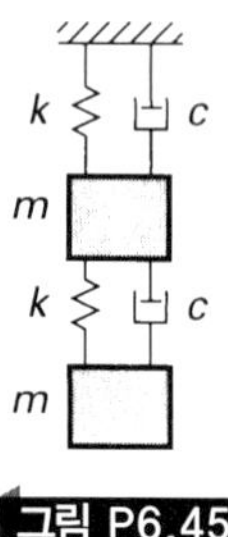

그림 P6.45

CHAPTER

07 라그랑즈 방정식

Joseph L. C. Lagrange(1736~1813)는 운동 에너지 T, 포텐셜 에너지 U와 일 W로부터 수식화되는 동역학계의 일반적인 해석방법을 개발하였다. 라그랑즈 방정식은 일반화된 좌표계로 표현되므로, 이 방정식들을 논의하기 전에 좌표계에 대한 기본 개념과 분류법을 명확히 해둘 필요가 있다.

7.1 일반화된 좌표

일반화된 좌표(generalized coordinates)는 계의 자유도와 수적으로 같은 독립 좌표들의 임의 조합이다. 따라서, 앞장의 운동 방정식들은 일반화된 좌표들의 항으로 공식화할 수 있다.

좀더 복잡한 계들에서는 독립이 아닌 좌표계들로 계를 기술하는 것이 편리한 경우가 자주 있다. 이러한 좌표들은 **구속 방정식**(constraint equation)들로 상호간에 관계를 갖는다.

구속 물체의 운동은 항상 자유운동만은 아니며, 미리 결정된 방식으로 움직이도록 제약되는 경우가 많다. 하나의 간단한 예로, 그림 7.1.1의 구면진자(spherical pendulum)의 위치는 두 개의 독립좌표 ψ와 ϕ로 완벽하게 정의될 수 있다. 따라서, ψ와 ϕ는 일반화된 좌표이며, 구면진자는 2자유도계를 나타낸다.

구면진자의 위치는 계의 자유도보다 한 개 많은 세 개의 직교좌표 x, y, z로 기술될 수도 있다. 그러나 좌표 x, y, z는 **구속 방정식**

$$x^2 + y^2 + z^2 - l^2 = 0 \tag{7.1.1}$$

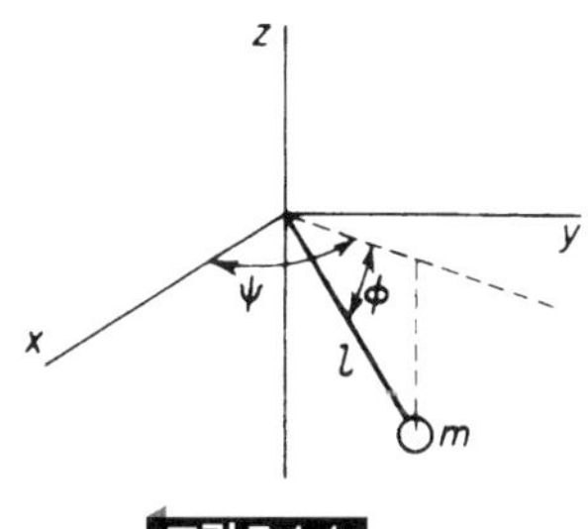

그림 7.1.1

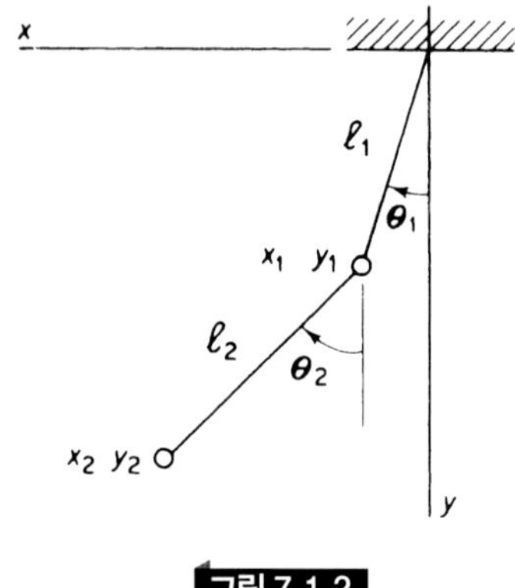

그림 7.1.2

으로 관련을 갖고 있기 때문에 독립변수가 아니다. 좌표들 중의 한 개는 앞의 방정식에서 소거될 수 있으며, 그 결과 필요한 좌표수는 두 개로 줄일 수 있다.

계의 자유도를 초과하는 좌표들은 **잉여 좌표**(superfluous coordinates)라 부르며, 이를 제거하려면 잉여 좌표수와 같은 수의 구속 방정식이 요구된다. 초과 좌표들이 구속 방정식을 이용하여 제거될 수 있을 때, 구속조건들은 **홀로노믹**(holonomic)하다고 한다. 본 서에서는 홀로노믹한 계들만을 취급하겠다.

이제 그림 7.1.2의 이중 진자의 위치를 정의하는 문제부터 검토하자. 이중 진자는 단순한 2자유도계이고 각 변위 θ_1과 θ_2만 있으면, m_1과 m_2의 위치를 완전하게 정의할 수 있다. 따라서, θ_1과 θ_2는 일반화된 좌표들, 즉 $\theta_1 = q_1$과 $\theta_2 = q_2$로 된다. m_1과 m_2의 위치를 직교좌표 x, y로 표현할 수도 있으나, 구속 방정식

$$l_1^2 = x_1^2 + y_1^2$$
$$l_2^2 = (x_2 - x_1)^2 + (y_2 - y_1)^2$$

에 의하여 상호 관련이 되기 때문에 독립이 아니다. 직교 좌표계 x_i, y_i를 일반화된 좌표계 θ_1과 θ_2로 표현하면, 다음과 같이 된다.

$$x_1 = l_1 \sin\theta_1, \quad x_2 = l_1 \sin\theta_1 + l_2 \sin\theta_2$$
$$y_1 = l_1 \cos\theta_1, \quad y_2 = l_1 \cos\theta_1 + l_2 \cos\theta_2$$

또한 이 식들은 구속 방정식들로 생각할 수도 있다.

운동 에너지를 계산하기 위해 속도의 제곱을 일반화된 좌표들로 쓸 수 있다.

$$v_1^2 = \dot{x}_1^2 + \dot{y}_1^2 = (l_1 \dot{\theta}_1)^2$$
$$v_2^2 = \dot{x}_2^2 + \dot{y}_2^2 = [l_1\dot{\theta}_1 + l_2\dot{\theta}_2 \cos(\theta_2 - \theta_1)]^2 + [l_2\dot{\theta}_2 \sin(\theta_2 - \theta_1)]^2$$

운동 에너지

$$T = \tfrac{1}{2}m_1 v_1^2 + \tfrac{1}{2}m_2 v_2^2$$

는 이제부터 두 변수 $q = \theta$와 $\dot{q} = \dot{\theta}$의 함수가 된다.

$$T = T(q_1, q_2, \ldots, \dot{q}_1, \dot{q}_2, \ldots) \tag{7.1.2}$$

포텐셜 에너지의 경우, 기준을 지지점의 수준에 맞출 수 있으므로

$$U = -m_1(l_1 \cos\theta_1) - m_2(l_1 \cos\theta_1 + l_2 \cos\theta_2)$$

포텐셜 에너지는 일반화된 좌표만의 함수임을 알 수가 있다. 즉, 다음과 같이 된다.

$$U = U(q_1, q_2, \ldots) \tag{7.1.3}$$

예제 7.1.1

그림 7.1.3에 보인 평면구조를 생각해 보자. 여기서 부재들은 강체라 가정한다. 일반화된 좌표로 가능한 모든 운동을 기술하라.

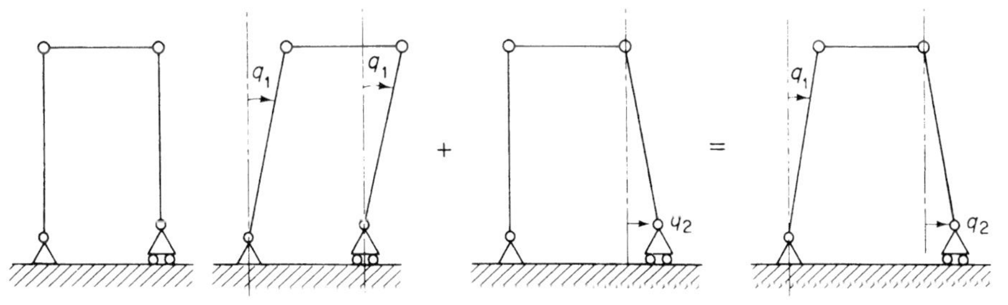

그림 7.1.3

풀이 그림 7.1.3에 보인 바와 같이 변위는 두 개의 변위 q_1과 q_2의 중첩으로 구할 수 있다. q_1과 q_2는 독립이므로 일반화된 좌표가 되며, 계의 자유도는 2가 된다.

예제 7.1.2

그림 7.1.4에 보인 평면 구조물은 유연한 부재로 이루어져 있다. 계의 일반화된 좌표 집합을 구하라. 코너는 직각으로 유지된다고 가정하라.

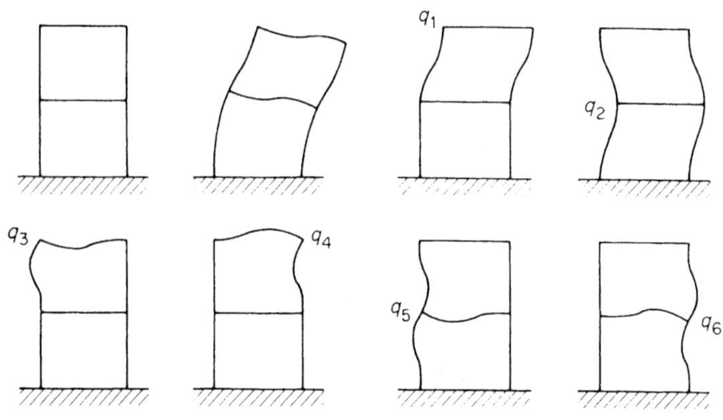

그림 7.1.4

풀이 두 개의 병진 모드 q_1과 q_2가 있고, 네 군데의 코너 각각이 독립적으로 회전할 수 있으므로, 총 여섯 개의 일반화된 좌표 $q_1, q_2, \cdots, q_6$를 만든다. 이 변위들의 각각을 다른 변위가 0이 되도록 하면서 일어나도록 허용하면, 이 구조물의 변위는 여섯 개의 일반화된 좌표들의 중첩이 됨을 알 수 있다.

예제 7.1.3

격자 구조물의 운동을 정의할 때, 선택한 좌표수가 계의 자유도를 초과하도록 함으로써 구속 방정식이 수반되는 경우가 많다. 이 경우 모든 좌표 u를 이보다 적은 일반화된 좌표들 q를 이용하여 행렬 방정식 형태로 표현하는 것이 바람직하다. 즉, 다음과 같이 된다.

$$u = Cq$$

일반화된 좌표들 q는 좌표 u로부터 임의로 선택할 수 있다.

이 방정식을 예시하기 위하여 네 개의 보 요소로 구성된 그림 7.1.5의 격자 구조물을 고려하자. 여기서는 절점의 변위만을 고려하고, 부재의 응력은 질량 분포에 대한 추가 고려를 필요로 하므로 다루지 않는다.

그림 7.1.5를 보면, 변위가 발생하는 세 개의 절점을 갖는 네 개의 요소 부재가 있다. 두 개의 선형 변위와 한 개의 회전이 각 절점에서 가능하다. 그것들을 u_1에서 u_9까지로 표시한다. 변위의 적합성을 고려하면, 다음 구속조건을 얻게 된다.

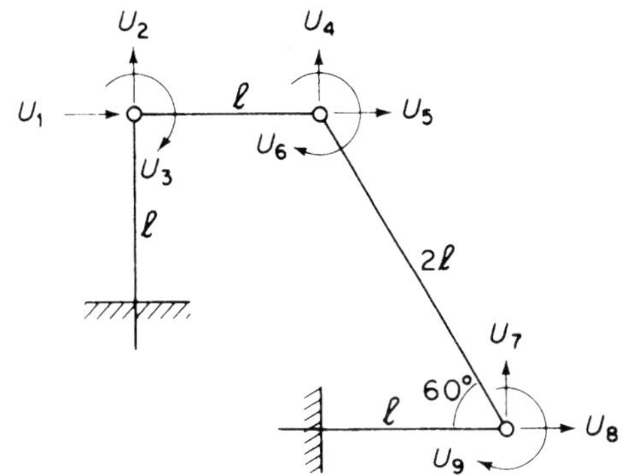

그림 7.1.5

$$u_2 = u_8 = 0 \quad (\text{축방향 길이 불변})$$

$$u_1 = u_5 \qquad (\text{축방향 길이 불변})$$

$$(u_4 \cos 30° - u_5 \cos 60°) - (u_7 \cos 30° - u_8 \cos 60°) = 0$$

u_2와 u_8은 0이므로 무시하고, 앞의 방정식을 행렬 형태로 다시 쓰면 다음과 같다.

$$\begin{bmatrix} 1 & 0 & -1 & 0 \\ 0 & 0.866 & -0.500 & -0.866 \end{bmatrix} \begin{Bmatrix} u_1 \\ u_4 \\ u_5 \\ u_7 \end{Bmatrix} = 0 \tag{a}$$

따라서, 두 개의 구속 방정식들은 다음의 형태로 나타낼 수 있다.

$$[A]\{u\} = 0 \tag{b}$$

실실석으로 일곱 개의 좌표(u_1, u_3, u_4, u_5, u_6, u_7, u_9)와 두 개의 구속 방정식을 갖게 된다. 따라서, 계의 자유도는 $7 - 2 = 5$로 일곱 개의 좌표 중 다섯 개가 일반화된 좌표 q로서 선택될 수 있음을 나타낸다.

구속 방정식에 있는 네 개의 좌표 중에서 일반화된 두 개의 좌표로 u_5와 u_7을 선택하고 식 (a)를

$$[a \mid b]\begin{Bmatrix} u \\ \hline q \end{Bmatrix} = [a]\{u\} + [b]\{q\} = 0 \tag{c}$$

으로 분할한다. 따라서, 잉여 좌표 u를 다음과 같이 q의 항들로 나타낼 수 있다.

$$\{u\} = -[a]^{-1}[b]\{q\} \tag{d}$$

앞의 과정을 식 (a)에 적용하면, 다음과 같이 된다.

$$\begin{bmatrix} 1 & 0 \\ 0 & 0.866 \end{bmatrix} \begin{Bmatrix} u_1 \\ u_4 \end{Bmatrix} + \begin{bmatrix} -1 & 0 \\ -0.5 & -0.866 \end{bmatrix} \begin{Bmatrix} u_5 \\ u_7 \end{Bmatrix} = \begin{Bmatrix} 0 \\ 0 \end{Bmatrix}$$

$$\begin{Bmatrix} u_1 \\ u_4 \end{Bmatrix} = \begin{bmatrix} 1 & 0 \\ 0 & \frac{1}{0.866} \end{bmatrix} \begin{bmatrix} 1 & 0 \\ 0.5 & 0.866 \end{bmatrix} \begin{Bmatrix} u_5 \\ u_7 \end{Bmatrix} = \begin{bmatrix} 1 & 0 \\ 0.578 & 1 \end{bmatrix} \begin{Bmatrix} u_5 \\ u_7 \end{Bmatrix}$$

나머지 q_1에 그대로 적용하면, 모든 u는 다음 식처럼 q의 항들로 나타낼 수 있다.

$$\{u\} = [C]\{q\} \tag{e}$$

여기서 좌변은 모든 u를 포함하고, 우변은 일반화된 좌표만을 포함한다. 따라서, 이 경우 일곱 개의 u를 다섯 개의 q로 표현하면 다음 식과 같이 된다.

$$\begin{Bmatrix} u_1 \\ u_3 \\ u_4 \\ u_5 \\ u_6 \\ u_7 \\ u_9 \end{Bmatrix} = \begin{bmatrix} 0 & 1 & 0 & 0 & 0 \\ 1 & 0 & 0 & 0 & 0 \\ 0 & 0.578 & 0 & 1 & 0 \\ 0 & 1 & 0 & 0 & 0 \\ 0 & 0 & 1 & 0 & 0 \\ 0 & 0 & 0 & 1 & 0 \\ 0 & 0 & 0 & 0 & 1 \end{bmatrix} \begin{Bmatrix} u_3 \\ u_5 \\ u_6 \\ u_7 \\ u_9 \end{Bmatrix} \tag{f}$$

식 (e)와 (f)에서 행렬 C는 u와 q를 관계시키는 구속행렬이다.

예제 7.1.4

앞에서 다룬 집중질량 모형에서 n개의 좌표를 n자유도계의 n개 질량에 부여하였다. 각 좌표는 독립이었고, 일반화된 좌표로 취급하였다. 무한 자유도를 갖는 탄성 연속체의 경우는 무한 개의 좌표가 필요하나, 그 처짐도 정규 모드와 일반화된 좌표의 곱의 합으로 간주되므로 유한 자유도계처럼 취급될 수 있다.

$$y(x, t) = \phi_1(x)q_1(t) + \phi_2(x)q_2(t) + \phi_3(x)q_3(t) + \cdots$$

많은 문제들에서 단지 유한 개의 정규 모드만을 고려하는 것으로 충분하며, 그 급수를 n항까지만 택함으로써 n자유도계의 문제로 전환한다. 예를 들어, 그림 7.1.6에 보인 바와 같이 점 (a)에서 힘 P가 가해질 때, 가느다란 자유-자유단인 보의 운동은 병진과 회전의 두 강체운동과 탄성진동의 정규 모드로 기술될 수 있다.

$$y(x, t) = \phi_T q_T + \phi_R q_R + \phi_1(x)q_1 + \phi_2(x)q_2 + \cdots$$

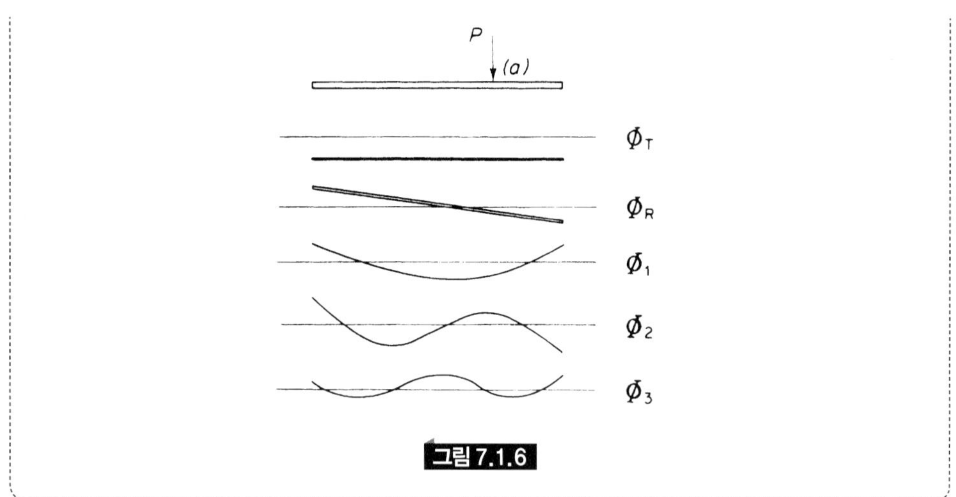

그림 7.1.6

7.2 가상일

제2장에서는 가상일(virtual work)의 방법을 1자유도 문제를 예로 들어서 간단히 소개하였다. 가상일 방법의 장점은 벡터법에 비하여 다자유도계일 때 월등히 많다. 큰 자유도로 연결된 물체들의 경우에 뉴턴의 벡터법은 모든 결합부 하중과 구속력들을 자유 물체도에 표시해야 하는 부담이 있는 반면, 가상일의 방정식을 요약하면 다음과 같이 된다.

$$\delta W = \sum_i \bar{F}_i \cdot \delta \bar{r}_i = 0 \tag{7.2.1}$$

여기서 $\bar{F}_i$는 모든 구속력과 마찰이 없는 결합부의 내력(internal forces)을 제외한 가해진 힘들이고, $\delta \bar{r}_i$는 가상변위이다. D'Alembert의 관성력 $-m_i \ddot{\bar{r}}_i$를 포함하면, 윗식은 동역학 문제로 확장시킬 수 있다. 즉,

$$\delta W = \sum_i (\bar{F}_i - m\ddot{\bar{r}}_i) \cdot \delta \bar{r}_i = 0 \tag{7.2.2}$$

변위 $\bar{r}_i$를 일반화된 좌표로 표현하면, 윗식은 라그랑즈 방정식이 된다.

앞의 방정식에서 가상변위 $\delta \bar{r}_i$는 미소량이기 때문에 미분 해석학의 모든 법칙을 따른다. $\delta \bar{r}_i$와 $d\bar{r}_i$의 차이는 $d\bar{r}_i$가 시간 dt구간에서 발생하는 반면, $\delta \bar{r}_i$는 $d\bar{r}_i$와 크기가 같을 수도 있는 임의의 수이나 시간과 무관하게 일시에 주어지는 값이다. 가상변위 $\delta \bar{r}$과 $d\bar{r}$이 차이가 나지만 변위의 적합성이 보장되는 경우 $d\bar{r}$이 $\delta \bar{r}$ 대신 자주 쓰인다.

예제 7.2.1

가상일의 방법을 예시하기 위하여 정적 평형문제를 고려하자. 그림 7.2.1은 일반화된 좌표 θ_1과 θ_2를 갖는 이중 진자를 보인다. 수평력 P가 m_2에 가해질 때 정적 평형위치를 구하라.

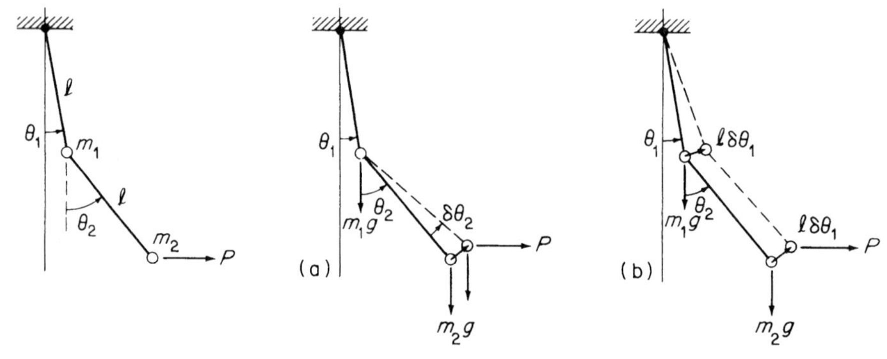

그림 7.2.1

풀이 계가 평형위치에서 θ_2에 가상변위 $\delta\theta_2$를 주면[그림 7.2.1(a) 참조] 가해진 힘에 의한 가상일 δW에 대한 방정식은 다음과 같다.

$$\delta W = -(m_2 g \sin \theta_2) l\, \delta\theta_2 + (P \cos \theta_2) l\, \delta\theta_2 = 0$$

다시 평형위치($\delta\theta_2 = 0$인 상태)에서 θ_1에 가상변위 $\delta\theta_1$을 그림 7.2.1(b)와 같이 주면 δW에 대한 방정식은 다음과 같다.

$$\delta W = -(m_1 \sin \theta_1) l\, \delta\theta_1 - (m_2 g \sin \theta_1) l\, \delta\theta_1 + (P \cos \theta_1) l\, \delta\theta_1 = 0$$

이 방정식들로부터 두 평형각을 구하면 다음과 같이 된다.

$$\tan \theta_2 = \frac{P}{m_2 g}$$

$$\tan \theta_1 = \frac{P}{(m_1 + m_2) g}$$

예제 7.2.2

그림 7.2.2에 보인 계에 대한 운동 방정식을 구하라.

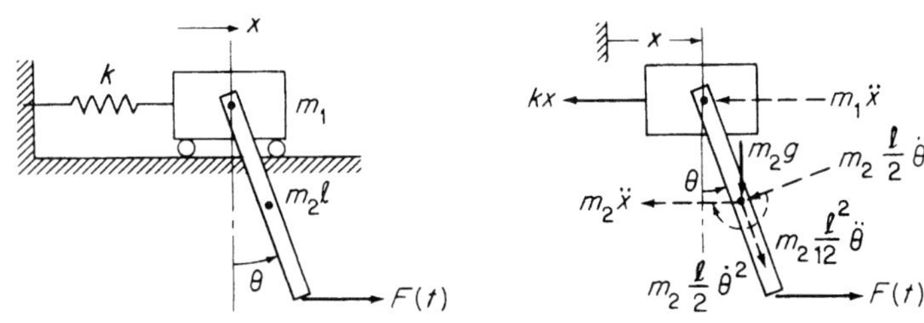

그림 7.2.2

풀이 이 문제에서 일반화된 좌표는 x와 θ이다. 모든 능동적 힘 및 관성력과 함께 변위된 위치에서 계를 스케치하자. x에 가상변위 δx를 주면 가상일 방정식은 다음과 같이 된다.

$$\delta W = -[(m_1 + m_2)\ddot{x} + kx]\delta x - \left(m_2 \frac{l}{2}\ddot{\theta}\cos\theta\right)\delta x + \left(m_2 \frac{l}{2}\dot{\theta}^2 \sin\theta\right)\delta x + F(t)\delta x = 0$$

δx는 임의의 값이므로 윗식은 다음과 같이 된다.

$$(m_1 + m_2)\ddot{x} + m_2 \frac{l}{2}(\ddot{\theta}\cos\theta - \dot{\theta}^2 \sin\theta) + kx = F(t)$$

다음으로 가상변위 $\delta\theta$를 허용하면 δW는

$$\delta W = -\left(m_2 \frac{l}{2}\ddot{\theta}\right)\frac{l}{2}\delta\theta - \left(m_2 \frac{l^2}{12}\ddot{\theta}\right)\delta\theta - (m_2 g \sin\theta)\frac{l}{2}\delta\theta - (m_2 \ddot{x}\cos\theta)\frac{l}{2}\delta\theta + [F(t)\cos\theta]l\,\delta\theta = 0$$

로 표현되며, 이로부터 비선형 미분 방정식

$$m_2 \frac{l^2}{3}\ddot{\theta} + m_2 \frac{l}{2}\ddot{x}\cos\theta + m_2 g \frac{l}{2}\sin\theta = F(t)l\cos\theta$$

를 얻을 수 있는데, 미소각으로 가정하면 다음 식으로 간단히 나타낼 수 있다.

$$(m_1 + m_2)\ddot{x} + m_2 \frac{l}{2}\ddot{\theta} + kx = F(t)$$

$$m_2 \frac{l^2}{3}\ddot{\theta} + m_2 \frac{l}{2}\ddot{x} + m_2 g \frac{l}{2}\theta = lF(t)$$

이를 다음의 행렬 방정식으로 나타낼 수도 있다.

$$\begin{bmatrix} (m_1 + m_2) & m_2\frac{l}{2} \\ m_2\frac{l}{2} & m_2\frac{l^2}{3} \end{bmatrix} \begin{Bmatrix} \ddot{x} \\ \ddot{\theta} \end{Bmatrix} + \begin{bmatrix} k & 0 \\ 0 & m_2 g\frac{l}{2} \end{bmatrix} \begin{Bmatrix} x \\ \theta \end{Bmatrix} = \begin{Bmatrix} F(t) \\ lF(t) \end{Bmatrix}$$

7.3 라그랑즈 방정식

앞에서 운동 방정식을 수식화하는 방법 세 가지를 소개한 바 있다. 뉴턴(Newton)의 벡터법은 자유도가 작은 계에 대하여 간단한 접근방법을 제공하나 구속력과 자유 물체도를 고려해야 하므로 자유도가 큰 계의 경우 대수학적인 어려움이 있다.

에너지 방법은 벡터법의 어려움을 극복하였으나, 물리적 좌표를 이용한 에너지 원리는 그 용도가 1자유도계에 국한되는 하나와 방정식만을 제공한다.

가상일의 방법은 앞의 두 가지 방법의 한계를 극복하였고 자유도가 큰 계에 대해서도 효과적인 도구임이 증명되었으나, 가상일을 구하기 위해서는 힘을 벡터로서 취급해야 한다는 점에서 완전한 스칼라 법칙은 아니다.

라그랑즈 방정식 Lagrange는 일반화된 좌표항들로 기술된 운동 에너지, 포텐셜 에너지 및 일의 스칼라량들로 시작되는 스칼라 법칙을 공식화하였다.

$$\frac{d}{dt}\left(\frac{\partial T}{\partial \dot{q}_i}\right) - \frac{\partial T}{\partial q_i} + \frac{\partial U}{\partial q_i} = Q_i \tag{7.3.1}$$

이 방정식의 좌변은 모든 q_i에 대하여 합해질 때, 에너지 보존법칙을 의미하는 것이며, 다음 식과 등가가 된다.

$$d(T + U) = 0$$

우변 Q_i는 비보존력으로 행해지는 일의 항과 관련되며, 다음에 다루게 될 것이다.

라그랑즈 방정식은 해석역학의 체계를 세우는 초석 중의 하나이다. 여기서 다루는 내용은 짤막하지만, 라그랑즈 방법의 근본적인 장점들을 소개하기에는 충분한 내용이다.

모든 외력들과 모든 내력들이 하나의 포텐셜을 갖고, 계의 운동 및 포텐셜 에너지 합이 일정한 보존력계에서 시작한다.

$$T + U = E = \text{상수}$$

이 때 E의 전 미분(total differential)은 0이 되어야만 된다.

$$dE = d(T + U) = dT + dU = 0 \tag{7.3.2}$$

운동 에너지 T는 일반화된 좌표 q_i와 일반화된 속도 $\dot{q}_i$의 함수이다. 반면에, 포텐셜 에너지 U는 q_i만의 함수이다.

$$\begin{aligned} T &= T(q_1, q_2, \ldots q_n;\ \dot{q}_1, \dot{q}_2, \ldots \dot{q}_n) \\ U &= U(q_1, q_2, \ldots q_n) \end{aligned} \tag{7.3.3}$$

T의 미분은

$$dT = \sum_{i=1}^{N} \frac{\partial T}{\partial q_i} dq_i + \sum_{i=1}^{N} \frac{\partial T}{\partial \dot{q}} d\dot{q}_i \tag{7.3.4}$$

$d\dot{q}_i$항을 갖는 두 번째 항을 소거하기 위하여, 운동 에너지에 대한 수식으로 출발해 보자.

$$T = \frac{1}{2} \sum_{i=1}^{N} \sum_{j=1}^{N} m_{ij} \dot{q}_i \dot{q}_j \tag{7.3.5}$$

$\dot{q}_i$와 관련된 이 방정식을 미분하기 위해서는 $\dot{q}_i$로 곱해 주고 i의 범주 1에서 N까지 모두를 합하면 다음과 같은 식이 얻어진다.

$$\sum_{i=1}^{N} \frac{\partial T}{\partial \dot{q}_i} \dot{q}_i = \sum_{i=1}^{N} \sum_{j=1}^{n} m_{ij} \dot{q}_i \dot{q}_j = 2\,T$$

즉,

$$2\,T = \sum_{i=1}^{N} \frac{\partial T}{\partial \dot{q}_i} \dot{q}_i \tag{7.3.6}$$

이제 미적분으로부터 곱셈법칙을 이용하면 앞의 수식으로부터 $2T$의 미분식을 만들 수 있다.

$$2\,T = \sum_{i=1}^{N} d\left(\frac{\partial T}{\partial \dot{q}_i}\right) \dot{q}_i + \frac{\partial T}{\partial \dot{q}_i} d\dot{q}_i \tag{7.3.7}$$

이 식에서 식 (7.3.4)를 빼면, $d\dot{q}_i$를 갖는 두 번째 항이 소거된다. 스칼라량 dt를 이동시키면, 항 $d(\partial T/\partial \dot{q}_i)d\dot{q}_i$는 $d/dt(\partial T/\partial \dot{q}_i)dq_i$가 되고, 그 결과는 다음과 같다.

$$dT = \sum_{i=1}^{N} \left[\frac{d}{dt}\left(\frac{\partial T}{\partial \dot{q}_i}\right) - \frac{\partial T}{\partial q_i} \right] dq_i \tag{7.3.8}$$

이제 라그랑즈 방정식에 있는 dU를 생각해 보자. 식 (7.3.3)으로부터 U의 미분은

$$dU = \sum_{i=1}^{N} \frac{\partial U}{\partial q_i} dq_i$$

가 되고, 따라서 전체 에너지의 불변에 대한 식 (7.3.3)은

$$d(T + U) = \sum_{i=1}^{N} \left[\frac{d}{dt}\left(\frac{\partial T}{\partial \dot{q}_i} \right) - \frac{\partial T}{\partial q_i} + \frac{\partial U}{\partial q_i} \right] dq_i = 0 \tag{7.3.9}$$

이 된다. N개의 일반화된 좌표들은 서로 독립이기 때문에, dq_i는 임의의 값들로 가정될 수 있다. 따라서, 앞의 방정식은

$$\frac{d}{dt}\left(\frac{\partial T}{\partial \dot{q}_i} \right) - \frac{\partial T}{\partial q_i} + \frac{\partial U}{\partial q_i} = 0 \quad i = 1, 2, \cdots N \tag{7.3.10}$$

인 경우에만 만족이 된다. 모든 힘들이 하나의 포텐셜 U를 갖는 경우에 앞 식은 라그랑즈 방정식을 나타낸다. 라그랑즈 연산자(Lagrangian) $L = (T - U)$를 도입하면 약간 수정된 식으로 나타낼 수 있다. $\partial U / \partial \dot{q}_i = 0$이므로, 식 (7.3.10)은

$$\frac{d}{dt}\left(\frac{\partial L}{\partial \dot{q}_i} \right) - \frac{\partial L}{\partial q_i} = 0 \quad i = 1, 2, \cdots N \tag{7.3.11}$$

처럼 L의 항들로 기술될 수 있다.

비보존력계 라그랑즈 방정식 (7.3.1)의 우변은 동적인 관계식 $dT = dW$에 있는 일항을

$$dT = dW_p + dW_{mp} \tag{7.3.12}$$

의 포텐셜 및 비포텐셜 힘들에 의하여 행해진 일로 나누어줌으로써 얻어진다. 보존력에 의한 일은 라그랑즈 방정식의 좌변에 포함된 $dW_p = -dU$가 됨을 오래 전에 증명한 바 있다. 비포텐셜 일은 일반 좌표항들로 표현되는 가상변위에서 비보존력들이 행한 일과 같다. 따라서, 라그랑즈 방정식 (7.3.1)은 에너지 방정식

$$d(T + U) = \delta W_{mp} \tag{7.3.13}$$

의 q_i성분이다. 이 방정식의 우변을 다음 식으로 쓸 수도 있다.

$$\delta W = \sum_{i=1}^{N} Q_i \delta q_i = Q_1 \delta q_i + Q_2 \delta_2 + \cdots \tag{7.3.14}$$

Q_i는 **일반화된 힘**(generalized force)이다. 그 이름에도 불구하고 Q_i는 힘의 차원과 다른 단위를 가질 수도 있다. 즉, δq_i가 각도이면 Q_i는 모멘트가 된다. 유일한 요구조건은 $Q_i\ \delta q_i$가

일의 차원이 되어야 한다는 점이다. 여기서 간단한 예제를 통하여 라그랑즈 방정식의 응용 예를 소개하도록 한다.

예제 7.3.1

라그랑즈 방법을 이용하여 그림 7.3.1에 보인 3자유도계에 대한 운동 방정식을 구하라.

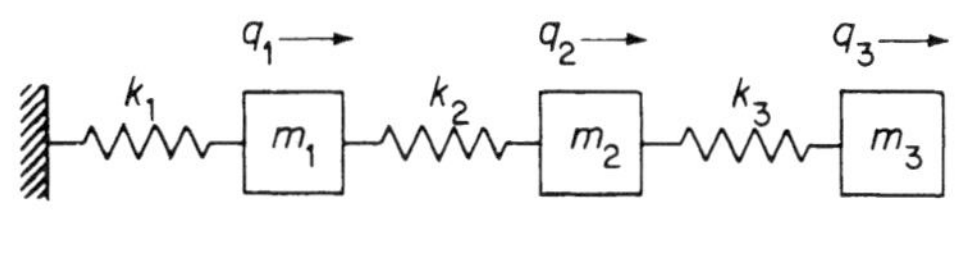

그림 7.3.1

풀이 여기서 운동 에너지는 q_i의 함수가 아니다. 따라서, $\partial T/\partial q_i$는 0이 된다. 포텐셜 에너지와 운동 에너지는 다음 식으로 나타낼 수 있다.

$$T = \frac{1}{2}m_1\dot{q}_1^2 + \frac{1}{2}m_2\dot{q}_2^2 + \frac{1}{2}m_3\dot{q}_3^2$$
$$U = \frac{1}{2}k_1q_1^2 + \frac{1}{2}k_2(q_2 - q_1)^2 + \frac{1}{2}k_3(q_3 - q_2)^2$$

이 문제에서 T는 $\dot{q}_i$만으로 이루어지는 함수이지, q_i의 함수는 아니다. 라그랑즈 방정식에 $i = 1$을 대입하면

$$\frac{\partial T}{\partial q_1} = m_1\dot{q}_1, \qquad \frac{d}{dt}\left(\frac{\partial T}{\partial \dot{q}_1}\right) = m_1\ddot{q}_1$$
$$\frac{\partial U}{\partial q_1} = k_1q_1 - k_2(q_2 - q_1)$$

이 되고, 첫 번째 식은

$$m_1\ddot{q}_1 + (k_1 + k_2)q_1 - k_2q_2 = 0$$

이 된다. $i = 2$의 경우에는

$$\frac{\partial T}{\partial \dot{q}_2} = m_2\dot{q}_2 \qquad \frac{d}{dt}\left(\frac{\partial T}{\partial \dot{q}_2}\right) = m_2\ddot{q}_2$$
$$\frac{\partial U}{\partial q_2} = k_2(q_2 - q_1) - k_3(q_3 - q_2)$$

이 되고, 두 번째 식은

$$m_2\ddot{q}_2 - k_2q_1 + (k_2 + k_3)q_2 - k_3q_3 = 0$$

이 된다. $i = 3$의 경우에도 유사한 방법으로

$$\frac{\partial T}{\partial q_3} = m_3\dot{q}_3 \qquad \frac{d}{dt}\left(\frac{\partial T}{\partial \dot{q}_3}\right) = m_3\ddot{q}_3$$
$$\frac{\partial U}{\partial q_3} = k_3(q_3 - q_2)$$

이 되고. 세 번째 식은

$$m_3\ddot{q}_3 - k_3q_2 + k_3q_3 = 0$$

으로 나타낼 수 있다. 여기서 이 세 개의 방정식들은 행렬 형태로 조합될 수 있다.

$$\begin{bmatrix} m_1 & 0 & 0 \\ 0 & m_2 & 0 \\ 0 & 0 & m_3 \end{bmatrix}\begin{Bmatrix} \ddot{q}_1 \\ \ddot{q}_2 \\ \ddot{q}_3 \end{Bmatrix} + \begin{bmatrix} (k_1 + k_2) & -k_2 & 0 \\ -k_2 & (k_2 + k_3) & -k_3 \\ 0 & -k_3 & k_3 \end{bmatrix}\begin{Bmatrix} q_1 \\ q_2 \\ q_3 \end{Bmatrix} = \begin{Bmatrix} 0 \\ 0 \\ 0 \end{Bmatrix}$$

이 예제로부터 질량행렬은 $(d/dt)(\partial T/\partial \dot{q}_i) - \partial T/\partial q_i$항으로부터 얻어지고, 강성행렬은 $\partial U/\partial q_i$로부터 얻어지는 것을 알 수 있다.

예제 7.3.2

라그랑즈 방법을 이용하여 그림 7.3.2에 보인 계에 대한 운동 방정식을 세워라.

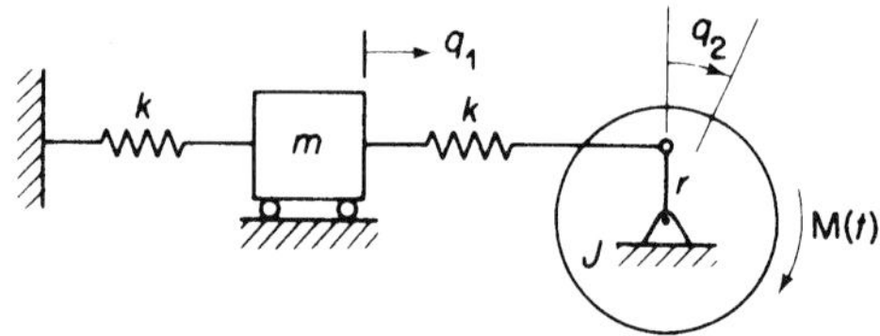

그림 7.3.2

풀이 운동 및 포텐셜 에너지는 다음 식과 같이 되고,

$$T = \tfrac{1}{2}m\dot{q}_1^2 + \tfrac{1}{2}J\dot{q}_2^2$$
$$U = \tfrac{1}{2}kq_1^2 + \tfrac{1}{2}K(rq_2 - q_1)^2$$

외부 모멘트에 의하여 행해진 일로부터 일반화된 힘은 다음과 같다.

$$\delta W = \mathcal{M}(t)\delta q_2 \qquad \therefore Q_2 = \mathcal{M}(t)$$

라그랑즈 방정식에 대입하면, 운동 방정식은 다음과 같이 된다.

$$m\ddot{q}_1 + 2kq_1 - krq_2 = 0$$
$$J\ddot{q}_2 - krq_1 + kr^2q_2 = \mathcal{M}(t)$$

위의 연립 미분 방정식은 다음과 같이 쓸 수 있다.

$$\begin{bmatrix} m & 0 \\ 0 & J \end{bmatrix}\begin{Bmatrix} \ddot{q}_1 \\ \ddot{q}_2 \end{Bmatrix} + \begin{bmatrix} 2k & -kr \\ -kr & kr^2 \end{bmatrix}\begin{Bmatrix} q_1 \\ q_2 \end{Bmatrix} = \begin{Bmatrix} 0 \\ \mathcal{M}(t) \end{Bmatrix}$$

예제 7.3.3

그림 7.3.3은 기초가 병진 및 회전운동을 하는 2층 건물의 단순화된 모형을 보인다. T, U와 운동 방정식을 구하라.

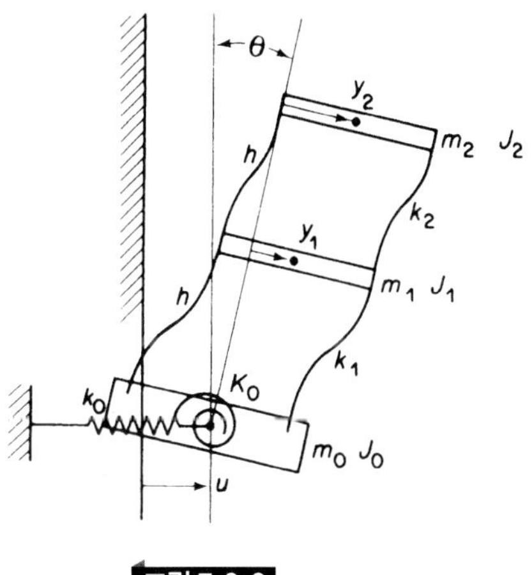

그림 7.3.3

풀이 기초의 병진 및 회전좌표로 u와 θ를, 층(floor)의 탄성변위를 y라 하면 T와 U에 대한 식은 다음과 같이 된다.

$$T = \tfrac{1}{2}m_0\dot{u}^2 + \tfrac{1}{2}J_0\dot{\theta}^2 + \tfrac{1}{2}m_1(\dot{u} + h\dot{\theta} + \dot{y}_1)^2 + \tfrac{1}{2}J_1\dot{\theta}^2$$
$$+ \tfrac{1}{2}m_2(\dot{u} + 2h\dot{\theta} + \dot{y}_2)^2 + \tfrac{1}{2}J_2\dot{\theta}^2$$
$$U = \tfrac{1}{2}k_0u^2 + \tfrac{1}{2}K_0\theta^2 + \tfrac{1}{2}k_1y_1^2 + \tfrac{1}{2}k_2(y_2 - y_1)^2$$

여기서 u, θ, y_1 및 y_2는 일반화된 좌표이다. 라그랑즈 방정식에 대입하면 다음의 식이 얻어진다.

$$\frac{\partial T}{\partial \dot{\theta}} = (J_0 + J_1 + J_2)\dot{\theta} + m_1h(\dot{u} + h\dot{\theta} + y_1) + m_2 2h(\dot{u} + 2h\dot{\theta} + \dot{y}_2)$$

$$\frac{\partial U}{\partial \theta} = K_0$$

행렬 형태로 된 네 개의 방정식은 다음과 같이 된다.

$$\left[\begin{array}{cc|cc} (m_0 + m_1 + m_2) & (m_1 + 2m_2)h & m_1 & m_2 \\ (m_1 + 2m_2)h & (\sum J + m_1 h^2 + 4m_2 h^2) & m_1 h & 2m_2 h \\ \hline m_1 & m_1 h & m_1 & 0 \\ m_2 & 2m_2 h & 0 & m_2 \end{array}\right] \left\{\begin{array}{c} \ddot{u} \\ \ddot{\theta} \\ \hline \ddot{y}_1 \\ \ddot{y}_2 \end{array}\right\}$$

$$+ \left[\begin{array}{cc|cc} k_0 & 0 & 0 & 0 \\ 0 & K_0 & 0 & 0 \\ \hline 0 & 0 & (k_1 + k_2) & -k_2 \\ 0 & 0 & -k_2 & k_2 \end{array}\right] \left\{\begin{array}{c} u \\ \theta \\ \hline y_1 \\ y_2 \end{array}\right\} = \{0\}$$

행렬 좌측상부 코너에 표현된 방정식은 강체의 병진 및 회전운동 방정식임에 유의해야 한다.

예제 7.3.4

그림 7.3.4(a)에 보인 계에 대한 일반화된 좌표를 구하고, 운동 방정식을 위한 강성 및 질량행렬을 구하라.

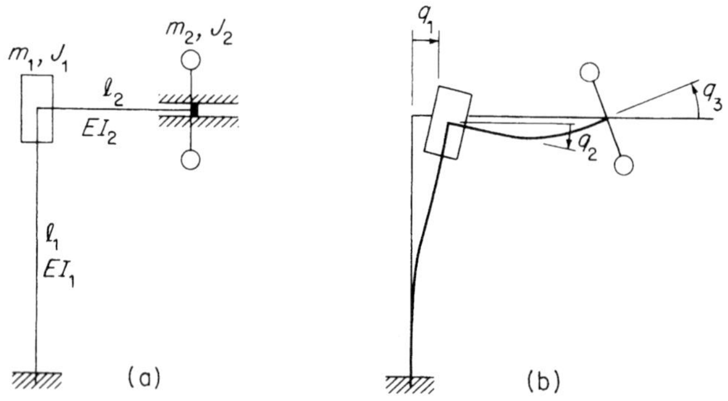

그림 7.3.4 (a)와 (b)

풀이 그림 7.3.4(b)는 강성행렬이 다음처럼 기술될 수 있는 세 개의 일반화된 좌표를 나타낸다.

$$\begin{Bmatrix} F_1 \\ M_1 \\ M_2 \end{Bmatrix} = \begin{bmatrix} k_{11} & k_{12} & k_{13} \\ k_{21} & k_{22} & k_{23} \\ k_{31} & k_{32} & k_{33} \end{bmatrix} \begin{Bmatrix} q_1 \\ q_2 \\ q_3 \end{Bmatrix}$$

이 행렬에서 각 열의 요소들은, 해당 좌표가 다른 모든 좌표들이 0으로 되는 하나의 값으로 주어질 때 필요한 힘과 모멘트들이다. 이 계산에 대한 형상은 그림 7.3.4(c)에 나타내었으며, 이 변형들을 유지하는 데 필요한 힘과 모멘트들은 그림 6.4.2에 있는 식들을 이용하여 그림 7.3.4(d)의 자유 물체도로부터 얻어진다.

q_1의 경우에는

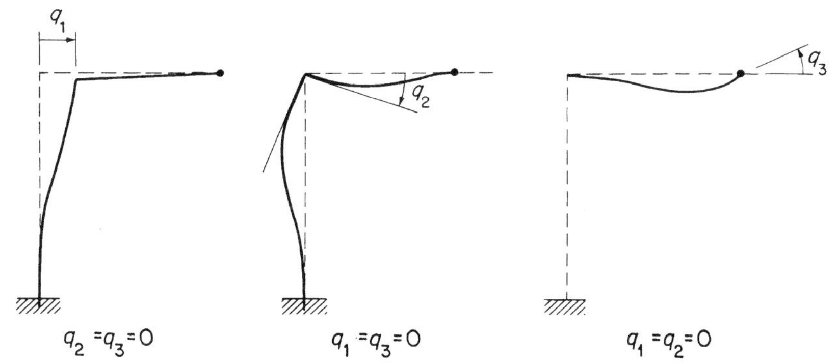

그림 7.3.4 (c) 개별적으로 나타낸 일반화된 좌표 q_i, q_2 및 q_3

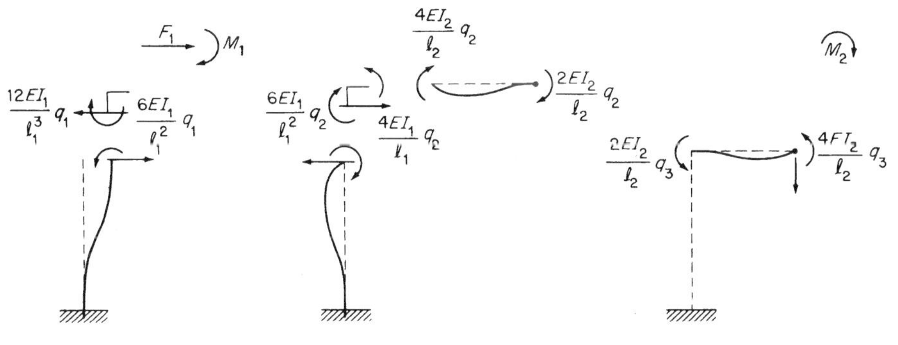

그림 7.3.4 (d) 평형 유지에 필요한 힘

$$\begin{Bmatrix} F_1 \\ M_1 \\ M_2 \end{Bmatrix} = \begin{bmatrix} \dfrac{12EI_1}{l_1^3} & 0 & 0 \\ \dfrac{-6EI_1}{l_1^2} & 0 & 0 \\ 0 & 0 & 0 \end{bmatrix} \begin{Bmatrix} q_1 \\ 0 \\ 0 \end{Bmatrix}$$

q_2의 경우에는

$$\begin{Bmatrix} F_1 \\ M_1 \\ M_2 \end{Bmatrix} = \begin{bmatrix} 0 & \dfrac{-6EI_1}{l_1^2} & 0 \\ 0 & \left(\dfrac{-4EI_1}{l_1} + \dfrac{-4EI_2}{l_2}\right) & 0 \\ 0 & \dfrac{2EI_2}{l_2} & 0 \end{bmatrix} \begin{Bmatrix} 0 \\ q_2 \\ 0 \end{Bmatrix}$$

가 된다. q_3의 경우는 다음과 같이 된다.

$$\begin{Bmatrix} F_1 \\ M_1 \\ M_2 \end{Bmatrix} = \begin{bmatrix} 0 & 0 & 0 \\ 0 & 0 & \dfrac{-2EI_2}{l_2} \\ 0 & 0 & \dfrac{4EI_2}{l_2} \end{bmatrix} \begin{Bmatrix} 0 \\ 0 \\ q_3 \end{Bmatrix}$$

이들 세 개의 결과식들을 중첩시키면, 계에 대한 강성행렬이 된다.

$$\begin{Bmatrix} F_1 \\ M_1 \\ M_2 \end{Bmatrix} = \begin{vmatrix} \dfrac{12EI_1}{l_1^3} & -\dfrac{6EI_1}{l_1^2} & 0 \\ -\dfrac{6EI_1}{l_1^2} & \left(\dfrac{4EI_1}{l_1} + \dfrac{4EI_2}{l_2}\right) & -\dfrac{2EI_2}{l_2} \\ 0 & -\dfrac{2EI_2}{l_2} & \dfrac{4EI_2}{l_2} \end{vmatrix} \begin{Bmatrix} q_1 \\ q_2 \\ q_3 \end{Bmatrix}$$

질량행렬은 운동 에너지 식으로부터 계산된다.

$$T = \tfrac{1}{2}(m_1 + m_2)\dot{q}_1^2 + \tfrac{1}{2}J_1\dot{q}_2^2 + \tfrac{1}{2}J_2\dot{q}_3^2$$

$$\frac{d}{dt}\frac{\partial T}{\partial \dot{q}_1} = (m_1 + m_2)\ddot{q}_1$$

$$\frac{d}{dt}\frac{\partial T}{\partial \dot{q}_2} = J_1\ddot{q}_2$$

$$\frac{d}{dt}\frac{\partial T}{\partial \dot{q}_3} = J_2\ddot{q}_3$$

구조물의 운동 방정식은 다음과 같이 기술할 수 있다.

$$\begin{bmatrix} (m_1 + m_2) & 0 & 0 \\ 0 & J_1 & 0 \\ 0 & 0 & J_2 \end{bmatrix} \begin{Bmatrix} \ddot{q}_1 \\ \ddot{q}_2 \\ \ddot{q}_3 \end{Bmatrix}$$

$$+ \begin{vmatrix} \dfrac{12EI_1}{l_1^3} & -\dfrac{6EI_1}{l_1^2} & 0 \\ -\dfrac{6EI_1}{l_1^2} & \left(\dfrac{4EI_1}{l_1} + \dfrac{4EI_2}{l_2}\right) & -\dfrac{2EI_2}{l_2} \\ 0 & -\dfrac{2EI_2}{l_2} & \dfrac{4EI_2}{l_2} \end{vmatrix} \begin{Bmatrix} q_1 \\ q_2 \\ q_3 \end{Bmatrix} = \begin{Bmatrix} F_1 \\ M_1 \\ M_2 \end{Bmatrix}$$

7.4 일반화된 좌표 q로 나타낸 운동 에너지, 포텐셜 에너지 및 일반화된 힘

앞 절에서 라그랑즈 방정식이 간단한 문제에 응용되는 예를 보았다. 이제 T, U 및 Q를 좀 더 일반적인 관점에서 다루어 보자.

운동 에너지 계를 N개의 질점으로 나타내면, 각 질점들의 순간위치는 N개의 일반화된 좌표로 표현된다.

$$\mathbf{r}_j = \mathbf{r}_j(q_1, q_2, \ldots, q_N)$$

j 번째 질점의 속도는 다음과 같다.

$$\mathbf{v}_j = \sum_{i=1}^{N} \frac{\partial \mathbf{r}_j}{\partial q_i}\dot{q}_i$$

그리고 계의 운동 에너지는 다음과 같다.

$$T = \frac{1}{2}\sum_{j=1}^{N} m_j \mathbf{v}_j \cdot \mathbf{v}_j = \frac{1}{2}\sum_{i=1}^{N}\sum_{j=1}^{N}\left(\sum_{i=1}^{N} m_i \frac{\partial \mathbf{r}_i}{\partial q_j}\cdot\frac{\partial \mathbf{r}_i}{\partial q_i}\right)\dot{q}_i\dot{q}_j$$

일반화된 질량(generalized mass)은 다음과 같이 구하고,

$$m_{ij} = \sum_{i=1}^{N} m_i \frac{\partial \mathbf{r}_i}{\partial q_j}\cdot\frac{\partial \mathbf{r}_i}{\partial q_i}$$

운동 에너지는 다음과 같이 표현된다.

$$\begin{aligned} T &= \frac{1}{2}\sum_{i=1}^{N}\sum_{j=1}^{N} m_{ij}\dot{q}_i\dot{q}_j \\ &= \frac{1}{2}[\dot{q}]^T[m]\{\dot{q}\} \end{aligned} \tag{7.4.1}$$

포텐셜 에너지 보존계에서 힘은 일반화된 좌표 q_j의 함수인 에너지 U로부터 유도될 수 있다. U를 테일러 급수로 평형위치에 관하여 전개하면 기자유도계의 경우 다음과 같다.

$$U = U_0 + \sum_{j=1}^{n}\left(\frac{\partial U}{\partial q_j}\right)_0 q_j + \frac{1}{2}\sum_{j=1}^{n}\sum_{l=1}^{n}\left(\frac{\partial^2 U}{\partial q_j \partial q_l}\right)_0 q_j q_l + \cdots$$

이 표현에서 U_0는 임의 상수로 0으로 놓을 수 있다. q_j가 평형위치에서 0이 되는 적은 양들일 때, U의 미분항들은 평형위치 0에서의 상수값이다. U는 평형위치에서 최소값을 가지

므로 1차 미분항 $(\partial U/\partial q_j)$는 0이 되어$(\partial^2 U/\partial q_j\,\partial q_l)_0$ 및 고차 미분항만이 남게 된다.

평형위치에 관한 미소 진동이론에서는 2차를 초과하는 항들은 무시되므로 포텐셜 에너지에 대한 방정식은

$$k_{jl} = \left(\frac{\partial^2 U}{\partial q_j \partial q_l}\right)_0$$

이 되고, 포텐셜 에너지는 다음과 같이 표현된다.

$$\begin{aligned} U &= \frac{1}{2}\sum_{j=1}^{n}\sum_{l=1}^{n} k_{jl}q_j q_l \\ &= \frac{1}{2}\{q\}^T[k]\{q\} \end{aligned} \tag{7.4.2}$$

일반화된 힘 일반화된 힘을 유도하기 위하여 좌표 $\mathbf{r}_j$의 가상변위를 고려하면

$$\delta \mathbf{r}_j = \sum_i \frac{\delta \mathbf{r}_j}{\delta q_i}\delta q_i$$

가 되고, 시간 t는 관련이 없다.

계가 평형 상태에 있을 때 가상일을 일반화된 좌표 q_i로 표현하자:

$$\delta W = \sum_j \mathbf{F}_j \cdot \delta \mathbf{r}_j = \sum_j \sum_i \mathbf{F}_j \cdot \frac{\delta \mathbf{r}_j}{\delta q_i}\delta q_i$$

합의 순서를 바꾸고,

$$Q_i = \sum_j \mathbf{F}_j \cdot \frac{\delta \mathbf{r}_j}{\delta q_i}$$

라 놓은 것이 **일반화된 힘**(generalized force)이 되며, 일반화된 좌표로 표현한 계의 가상일은 다음과 같이 된다.

$$\delta W = \sum_i Q_i\,\delta q_i \tag{7.4.3}$$

7.5 가상 모드 합성

변위가 일반화된 좌표 $q_i(t)$로 곱해진 형상함수(shape function) $\phi_i(x)$들의 합으로 표기될

때, 운동 에너지, 포텐셜 에너지 및 일방정식을 이용하면 일반화된 질량, 일반화된 강성 및 일반화된 힘을 편리하게 표현할 수 있다.

제2장에서 몇 가지 분포 탄성계들이 가상변형 형상과 에너지 방법을 이용한 기본 진동수에 대한 풀이가 있었다. 예를 들면, 한 쪽 끝이 고정된 헬리컬 스프링의 변형량은 $(y/l)x$로 가정하였으며, 처짐곡선 $y = y_{\max}[3(x/l) - 4(x/l)^3]$이 $(x/l) \leq 1/2$의 구간에 대하여 선택 사용되었다, 이런 가정들이 운동 에너지 계산에 적용되면 1자유도계의 유효 질량 및 고유진동수가 얻어진다. 이 가상변형들은 다음의 식으로 나타낼 수 있다.

$$u(x, t) = \phi(x)q_1(t)$$

여기서 $q_1(t)$는 1자유도계의 단일 좌표이다.

다자유도계의 경우에 이 과정은 다음 식으로 확장될 수 있다.

$$u(x, t) = \sum_i \phi_i(x)q_i(t)$$

여기서 q_i는 일반화된 좌표이고, $\phi_i(x)$는 가상 모드 함수이다. 이 형상함수들에 대해서는 경계조건만 만족시키면 되는 지극히 적은 제한사항만이 있다.

일반화된 질량

위치 x에서와 변위가 식

$$\begin{aligned} r(x, t) &= \phi_1(x)q_1(t) + \phi_2(x)q_2(t) + \cdots + \phi_N(x)q_N(t) \\ &= \sum_{i=1}^{N} \phi_i(x)q_i(t) \end{aligned} \tag{7.5.1}$$

으로 표기 된다고 가정하자. 여기서 $\phi_i(x)$는 x만의 형상함수를 나타낸다. 속노는

$$v(x) = \sum_{i=1}^{N} \phi_i(x)\dot{q}_i(t) \tag{7.5.2}$$

이고, 운동 에너지는

$$\begin{aligned} T &= \frac{1}{2} \sum_{i=1}^{N} \sum_{j=1}^{N} \dot{q}_i\dot{q}_j \int \phi_i(x)\phi_j(x)\, dm \\ &= \frac{1}{2} \sum_{i=1}^{N} \sum_{j=1}^{N} m_{ij}\dot{q}_i\dot{q}_j \end{aligned} \tag{7.5.3}$$

가 된다. 따라서, 일반화된 질량은

$$m_{ij} = \int \phi_i(x)\phi_j(x)\,dm \tag{7.5.4}$$

여기서 적분은 전체계에 대하여 수행된다. 만일 계가 이산질량들로 구성된다면, m_{ij}는 다음 식으로 된다.

$$m_{ij} = \sum_{p=1}^{N} m_p \phi_i(x_p)\phi_j(x_p) \tag{7.5.5}$$

일반화된 강성(축방향 진동)

다시 막대의 변위를 가상 모드들과 일반화된 좌표들로 나타내자.

$$u(x, t) = \sum_{i=1}^{n} \varphi_i(x) q_i(t)$$

축방향 응력하의 막대의 포텐셜 에너지는 후크의 법칙에서 찾을 수 있다.

$$\frac{P}{A} = E\frac{du}{dx}$$

그리고 수행된 일은 다음과 같다.

$$\begin{aligned} dU &= \frac{1}{2}P\frac{du}{dx}dx = \frac{1}{2}EA\left(\frac{du}{dx}\right)^2 dx \\ U &= \frac{1}{2}\int AE\left(\frac{du}{dx}\right)^2 dx \end{aligned} \tag{7.5.6}$$

$u(x, t)$를 대치시키면

$$\begin{aligned} U &= \frac{1}{2}\sum_i \sum_j q_i q_j \int AE\varphi_i' \varphi_j'\,dx \\ &= \frac{1}{2}\sum_i \sum_j k_{ij} q_i q_j \end{aligned} \tag{7.5.7}$$

가 된다. 여기서 일반화된 강성은

$$k_{ij} = \int AE\,\varphi_i' \varphi_j'\,dx \tag{7.5.8}$$

가 된다.

예제 7.5.1

가상 모드 $\varphi_1(x) = x/l$ 및 $\varphi_2(x) = (x/l)^2$을 이용하여 그림 7.5.1의 고정-자유단의 균일봉의 운동 방정식, 고유 진동수 및 정규 모드를 계산하라.

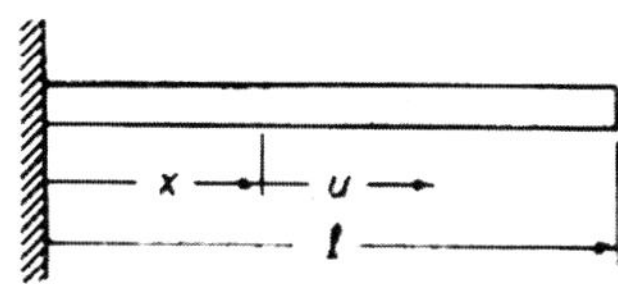

그림 7.5.1

막대의 변위에 대한 방정식은 다음과 같다.

$$u(x,t) = \varphi_1(x)q_1(t) + \varphi_2(x)q_2(t)$$
$$= \left(\frac{x}{l}\right)q_1 + \left(\frac{x}{l}\right)^2 q_2$$

선택된 가상 모드들은 문제의 기하학적 경계조건 $u(0,\ t) = 0$만을 만족시킨다는 점에 주의하라. 따라서, 일반화된 질량 및 일반화된 강성은 다음의 식으로 계산된다.

$$m_{ij} = \int_0^l \varphi_i(x)\varphi_j(x)m\,dx$$

$$k_{ij} = \int EA\varphi_i'(x)\varphi_j'(x)dx$$

$$m_{11} = m\int_0^l \left(\frac{x}{l}\right)^2 dx = \frac{1}{3}ml \qquad k_{11} = EA\int_0^l \frac{1}{l}\cdot\frac{1}{l}\,dx = \frac{EA}{l}$$

$$m_{12} = m_{21} = m\int_0^l \left(\frac{x}{l}\right)^3 dx = \frac{1}{4}ml \qquad k_{12} = k_{21} = EA\int_0^l \frac{1}{l}\cdot\frac{2x}{l^2}\,dx = \frac{EA}{l}$$

$$m_{22} = m\int_0^l \left(\frac{x}{l}\right)^4 dx = \frac{1}{5}ml \qquad k_{22} = EA\int_0^l \frac{4x^2}{l^4}\,dx = \frac{4EA}{3l}$$

이들은 다음의 행렬들로 조합될 수 있다.

$$M = ml\begin{bmatrix} \frac{1}{3} & \frac{1}{4} \\ \frac{1}{4} & \frac{1}{5} \end{bmatrix} \qquad K = \frac{EA}{l}\begin{bmatrix} 1 & 1 \\ 1 & \frac{4}{3} \end{bmatrix}$$

이 때 정규 모드 진동에 대한 운동 방정식은 다음과 같다.

$$\left[-\omega^2 ml\begin{bmatrix} \frac{1}{3} & \frac{1}{4} \\ \frac{1}{4} & \frac{1}{5} \end{bmatrix} + \frac{EA}{l}\begin{bmatrix} 1 & 1 \\ 1 & \frac{4}{3} \end{bmatrix}\right]\begin{Bmatrix} q_1 \\ q_2 \end{Bmatrix} = \begin{Bmatrix} 0 \\ 0 \end{Bmatrix}$$

$\lambda = \omega^2 ml^2/EI$라 두면, 특성 행렬식

$$\begin{vmatrix} (1 - \frac{1}{3}\lambda) & (1 - \frac{1}{4}\lambda) \\ (1 - \frac{1}{4}\lambda) & (\frac{4}{3} - \frac{1}{5}\lambda) \end{vmatrix} = 0$$

은 고유값에 대한 다음의 다항 방정식으로 된다.

$$\lambda^2 - 34.666\lambda + 79.999 = 0$$

λ에 대하여 풀면

$$\lambda = 17.333 \pm 14.847 = \begin{cases} 2.486 \\ 32.180 \end{cases}$$

이 되며, 고유 진동수들은 다음과 같다.

$$\omega_1 = 1.577\sqrt{\frac{EA}{ml^2}}$$

$$\omega_2 = 5.672\sqrt{\frac{EA}{ml^2}}$$

이 문제의 경우 정확한 수치는 다음과 같다.

$$\omega_1 = \frac{\pi}{2}\sqrt{\frac{EA}{ml^2}} = 1.5708\sqrt{\frac{EA}{ml^2}}$$

$$\omega_2 = \frac{3\pi}{2}\sqrt{\frac{EA}{ml^2}} = 4.7124\sqrt{\frac{EA}{ml^2}}$$

이들 수치는 1차 모드의 경우에 잘 일치함을 보여주고 있으며, 2차 모드 진동수는 20.4% 높게 나타났는데, 이는 두 모드에서만 나타나는 현상으로 예상된다.

첫 번째 방정식에서 진폭의 비는 다음과 같다.

$$\frac{q_1}{q_2} = \frac{-(1 - \frac{1}{4}\lambda)}{1 - \frac{1}{3}\lambda}$$

$\lambda_1 = 2.486$을 대입하면, 1차 모드는

$$\frac{q_1}{q_2} = \frac{-0.378}{0.171} = \frac{-1.0}{0.453}$$

이다. 2차 모드의 경우는 $\lambda_2 = 32.18$을 대입하면

$$\frac{q_1}{q_2} = \frac{-7.05}{9.73} = \frac{-1.0}{1.38}$$

이 얻어진다. 이제 각 모드에 대한 변위 방정식은 다음과 같이 쓸 수 있다.

$$u_1(x) = -\left(\frac{x}{l}\right) + 0.453\left(\frac{x}{l}\right)^2$$

$$u_2(x) = -\left(\frac{x}{l}\right) + 1.38\left(\frac{x}{l}\right)^2$$

일반화된 강성(보)

변위 $y(x, t)$가 다음의 합으로 표시 될 때, 단면의 특성이 EI인 보에 대한 일반화된 강성을 계산해 보자.

$$y(x, t) = \sum_{i=1}^{n} \varphi_i(x)\, q_i(t) \tag{7.5.9}$$

굽힘을 받는 보의 포텐셜 에너지는 다음과 같다.

$$U = \frac{1}{2}\int EI\left(\frac{d^2y}{dx^2}\right)^2 dx \tag{7.5.10}$$

여기서

$$\frac{d^2y}{dx^2} = \sum_{i=1}^{n} \varphi''_i(x)\, q_i(t)$$

로 대치시키면,

$$U = \frac{1}{2}\sum_i \sum_j q_i q_j \int EI\varphi''_i \varphi''_j\, dx$$

$$= \frac{1}{2}\sum_i \sum_j k_{ij}\, q_i\, q_j \tag{7.5.11}$$

가 얻어지고, 일반화된 강성은 다음 식으로 된다.

$$k_{ij} = \int EI\varphi''_i \varphi''_j\, dx \tag{7.5.12}$$

예제 7.5.2 일반화된 힘

그림 7.1.3의 강체 부재들로 된 틀구조가 그림 7.5.2에서 보는 힘 및 모멘트들의 작용을 받고 있다. 일반화된 힘들을 계산하라.

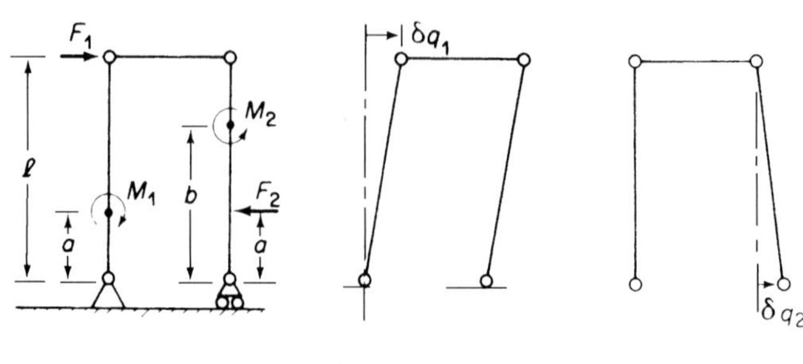

그림 7.5.2

풀이 δq_1을 좌측상부 코너의 가상변위, δq_2를 우측 지지 힌지의 병진 이동거리라 하자. δq_1에 의하여 행해진 가상일은 다음과 같다.

$$Q_1 \delta q_1 = F_1 \delta q_1 - F_2 \frac{a}{l} \delta q_1 + (M_1 - M_2) \frac{1}{l} \delta q_1$$

$$\therefore Q_1 = F_1 - \frac{a}{l} F_2 + \frac{1}{l}(M_1 - M_2)$$

δq_2에 의하여 행해진 가상일은 다음과 같다.

$$Q_2 \delta q_2 = -F_2(l - a) \frac{\delta q_2}{l} + M_2 \frac{\delta q_2}{l}$$

$$\therefore Q_2 = [-F_2(l - a) + M_2] \frac{1}{l}$$

Q_1과 Q_2의 차원은 힘의 차원임을 명심해야 한다.

예제 7.5.3

그림 7.5.3에서 세 힘 F_1, F_2 및 F_3는 식

$$y(x, t) = \sum_{i=1}^{n} \varphi_i(x) q_i(t)$$

으로 표현되는 구조물의 이산점 x_1, x_2 및 x_3에 작용한다. 일반화된 힘 Q_i를 계산하라.

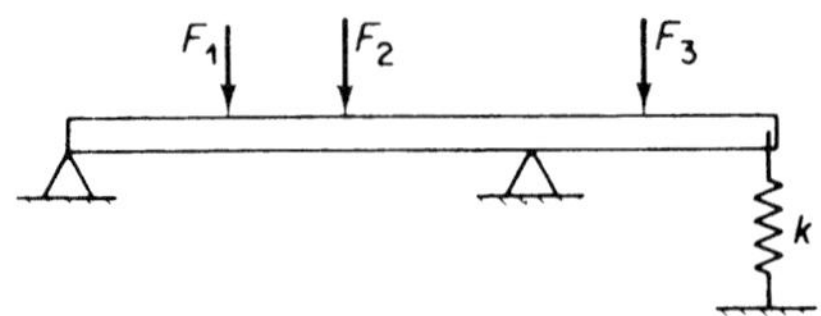

그림 7.5.3

풀이 가상변위는

$$\delta y = \sum_{i=1}^{n} \varphi_i(x)\delta q_i$$

이고, 이 변위에 기인되는 가상일은

$$\begin{aligned}\delta W &= \sum_{j=1}^{3} F_j \cdot \left(\sum_{i=1}^{n} \varphi_i(x_j)\,\delta q_i \right) \\ &= \sum_{i=1}^{n} \delta q_i \left(\sum_{j=1}^{3} F_j \varphi_i(x_j) \right) = \sum_{i=1}^{n} Q_i \delta q_i\end{aligned}$$

이 된다. 이 때 일반화된 힘은 $\delta W/\delta q_i$와 같다. 즉,

$$\begin{aligned}Q_i &= \sum_{j=1}^{3} F_j \varphi_i(x_j) \\ &= F_1\varphi_i(x_1) + F_2\varphi_i(x_2) + F_3\varphi_i(x_3)\end{aligned}$$

참고문헌

[1] RAYLEIGH, J.W.S., *Theory of Sound*, Dover Publication, 1946.

[2] GOLDSTEIN, H., *Classical Mechanics*, Reading, Mass: Addison-Wesley, 1951.

[3] LANCZOS, C., *The Variational Principles of Mechanics*, Toronto, Canada: The Univ. of Toronto Press, 1949.

연습문제

7.1 그림 P7.1의 평면구조에 대하여 변위좌표 u_i를 나열하고, 기하학적 구속 방정식을 적어라. 계의 자유도는 얼마가 되겠는가?

7.2 앞의 문제에서 일반화된 좌표 q_i를 선택하고, u_i좌표를 q_i로 표현하라.

7.3 가상일의 방법을 이용하여, 그림 P7.3에서 보는 것과 같이 못에 걸린 목수용 지각자의 평형위치를 구하라.

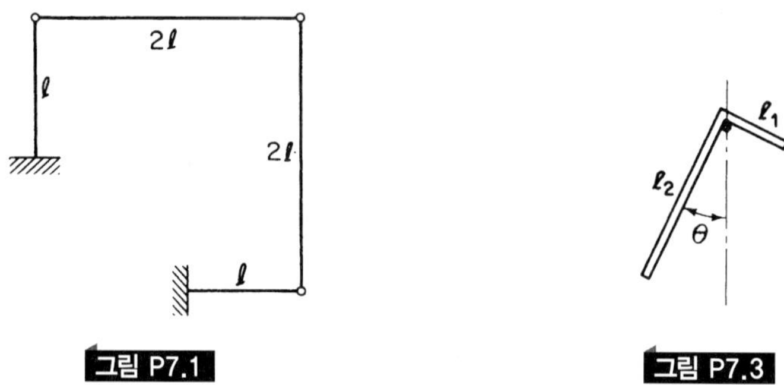

그림 P7.1

그림 P7.3

7.4 힘 P가 그림 P7.4에서처럼 가해질 때, 두 균일봉의 평형위치를 구하라. 모든 표면은 마찰이 없다.

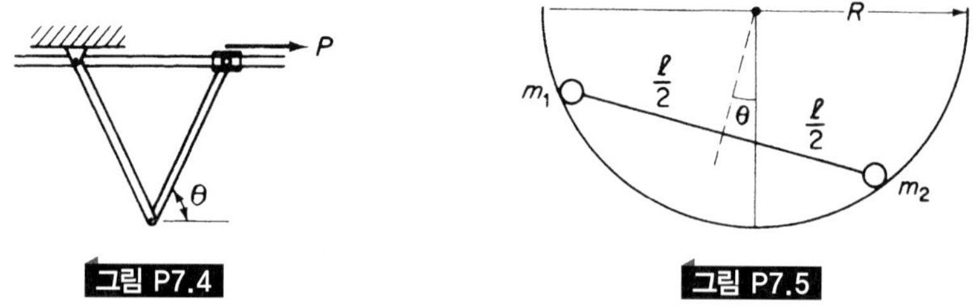

그림 P7.4

그림 P7.5

7.5 그림 P7.5에서 보는 바와 같이 두 질점 m_1 및 m_2가 질량이 없는 막대로 연결되어 반경 R의 미끄러운 반구형 그릇 속에 놓여질 때의 평형위치를 구하라.

7.6 그림 P7.6에서 보는 바와 같이 현으로 연결된 네 개의 질량들이 수평력 F에 의하여 이동된다. 가상일을 이용하여 평형위치를 계산하라.

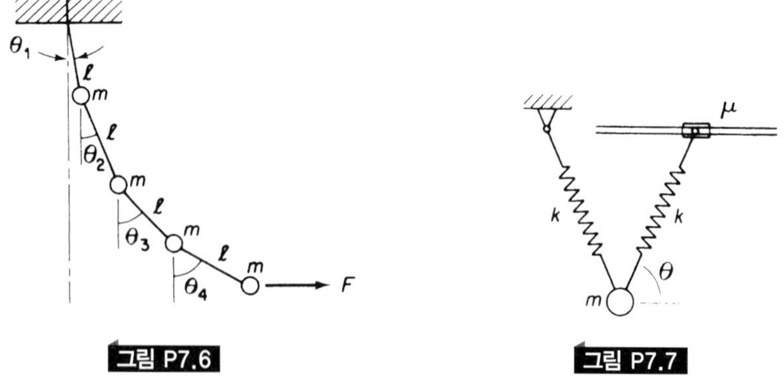

그림 P7.6

그림 P7.7

7.7 그림 P7.7에서와 같이 질량 m이 핀-슬라이더에 연결되어 늘어나기 전의 길이 r_0인 두 개의 스프링으로 지지되어 있다. 질량이 없는 슬라이더와 봉 사이에는 마찰계수가 μ인 쿨롱 마찰이 존재한다. 가상일을 이용하여 평형위치를 계산하라.

7.8 그림 P7.8과 같이 길이가 같은 줄에 연결된 m_1과 m_2의 평형위치를 계산하라.

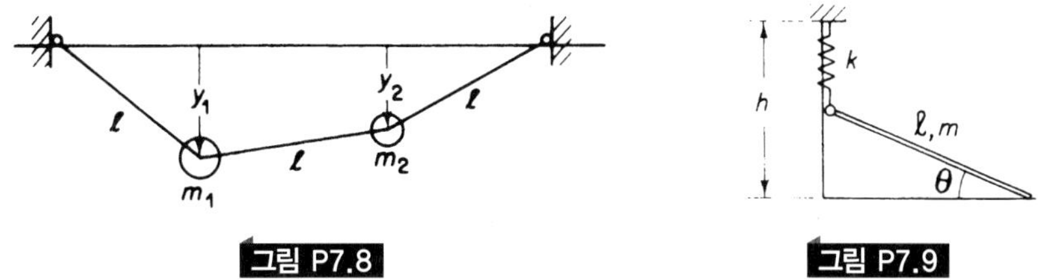

그림 P7.8

그림 P7.9

7.9 길이 l인 강체 균일봉이 그림 P7.9와 같아 하나의 스프링과 매끄러운 바닥에 지지되어 있다. 가상일을 이용하여 평형위치를 계산하라. 스프링의 늘어나기 전 길이는 $h/4$이다.

7.10 문제 7.9에서 평형위치 주위에서의 미소 진동에 대한 운동 방정식을 계산하라.

7.11 문제 7.3에서 목수의 직각자가 평형위치로부터 약간 이동되어 놓이면, 진동 방정식은 어떻게 되겠는가?

7.12 문제 7.5에 있는 계의 평형위치 주위에서 일어나는 진동의 운동 방정식과 고유진동수를 계산하라.

7.13 문제 7.8에서 m_1을 약간 변위시킨 후 놓아준다면, 계의 운동 방정식은 어떻게 되겠는가?

7.14 그림 P7.14의 계에 대하여 평형위치와 그 주변에서 일어나는 진동 방정식을 구하라. $\theta = 0$일 때, 스프링 힘은 0이다.

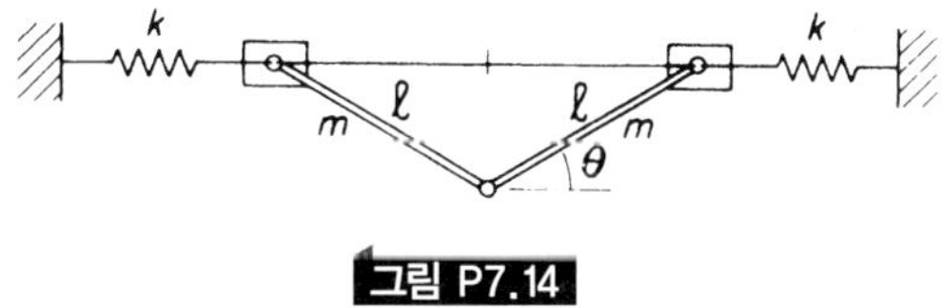

그림 P7.14

7.15 그림 P7.15의 계에 대하여 라그랑즈의 운동 방정식을 기술하라.

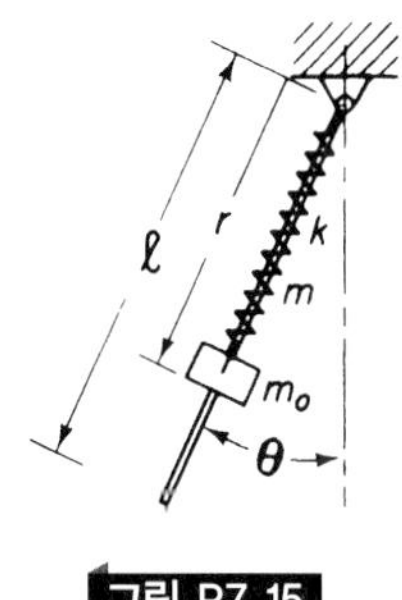

그림 P7.15

7.16 그림 P7.16의 보에 대한 상수들은 다음과 같다.

$$k = \frac{EI}{l^3}, \quad \frac{EI}{ml^4} = N, \quad \frac{k}{ml} = N$$

$$K = 5\frac{EI}{l}, \quad \frac{K}{ml^3} = 5N$$

모드 $\phi_1 = x/l$과 $\phi_2 = \sin(\pi x/l)$을 이용하여 라그랑즈 방법으로 운동 방정식을 계산하고, 처음 두 개의 고유 진동수들과 모드 형상들을 계산하라.

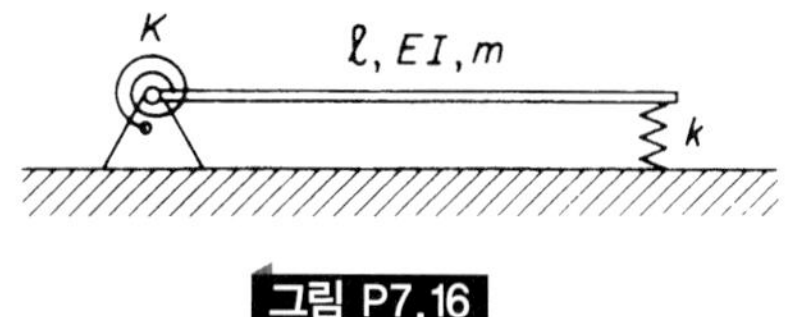

그림 P7.16

7.17 라그랑즈 방법을 이용하여, 그림의 봉들에 대한 미소 진동 방정식올 계산하라.

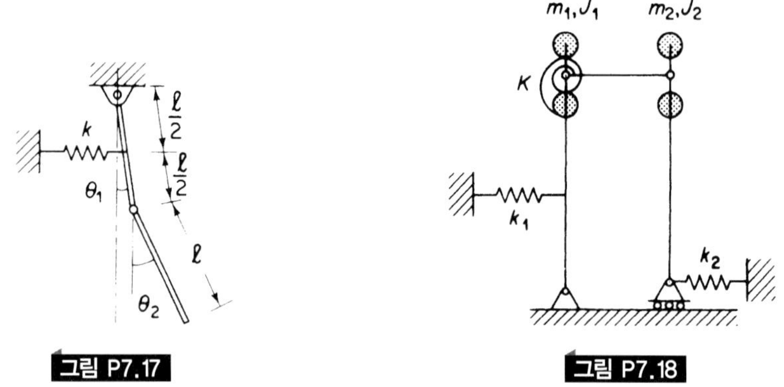

그림 P7.17 그림 P7.18

7.18 예제 7.1.1의 강체봉 링크들이 그림 P7.18과 같이 스프링과 질량들로 하중을 받고 있다. 라그랑즈의 운동 방정식을 기술하라.

7.19 그림 P7.19에서 보는 바와 같이 예제 7.1.2의 구조물 코너들에서 같은 크기의 질량들이 놓여 있다. 강성행렬과 운동의 행렬 방정식을 구하라($l_2 = l_1$이라 하자).

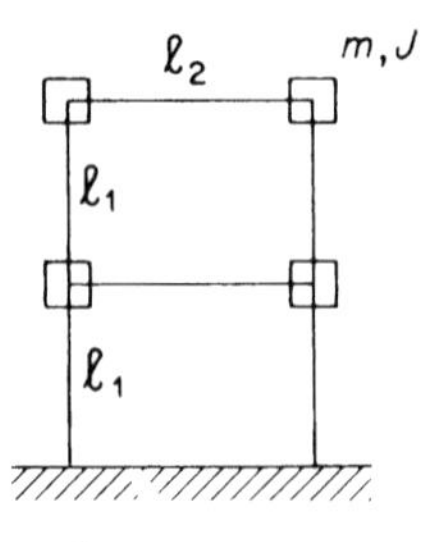

그림 P7.19

7.20 그림 P7.20의 구조물에 대한 강성행렬을 계산하라.

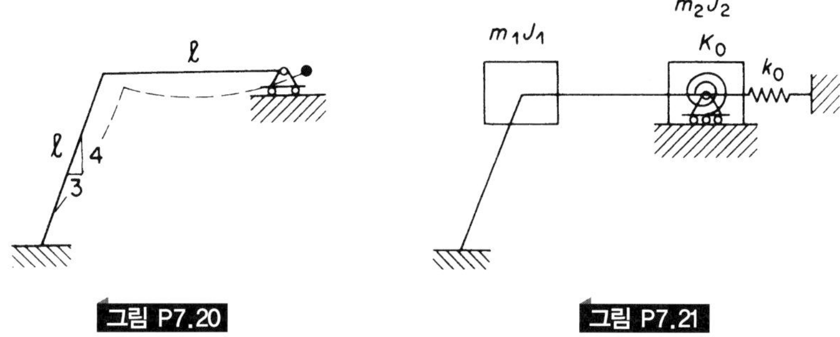

그림 P7.20 그림 P7.21

7.21 문제 7.20의 구조물은 스프링과 질량으로 그림 P7.21과 같이 하중을 받는다. 계의 운동 방정식과 정규 모드들을 계산하라.

7.22 그림 P7.22에 보인 보에 대하여 면적 모멘트법과 중첩법을 이용해서 M_1과 R_2를 계산하라. $EI_1 = 2EI_2$라 두자.

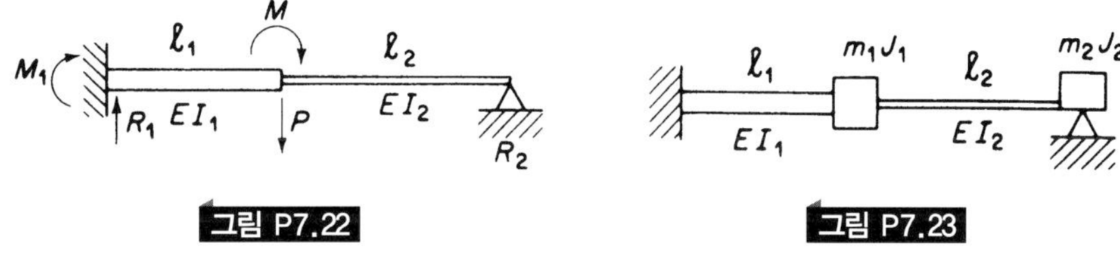

그림 P7.22 그림 P7.23

7.23 그림 P7.23과 같이 하중 m과 J가 배치되었다 할 때, 운동 방정식을 세워라.

7.24 이중 신사를 동석인 문제로 확상하는 경우, 실제의 대수식은 길고 지루하다. 하지만, 그림 P7.24와 같이 $-\ddot{r}$ 성분들을 그리자. 각각의 $\delta\theta$를 별도로 취하면, 가상일 방정식을 쉽게 가시적으로 구할 수 있다. 그림 P7.24의 계에 대한 운동 방정

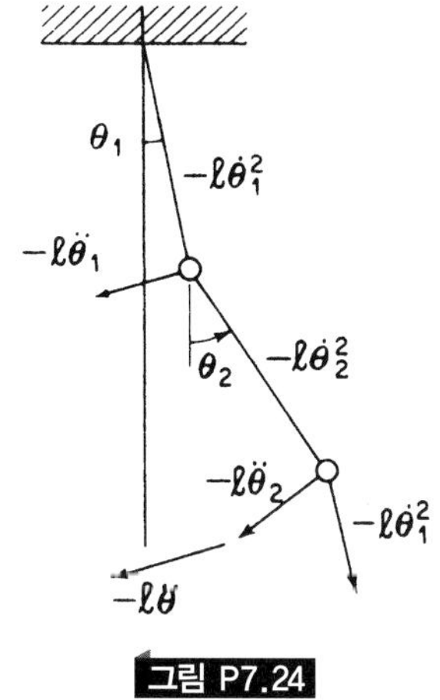

그림 P7.24

식을 완성하고 라그랑즈 유도법과 비교하라.

7.25 그림 P7.25의 계에 대한 라그랑즈 연산자(Lagrangian)를 기술하라.

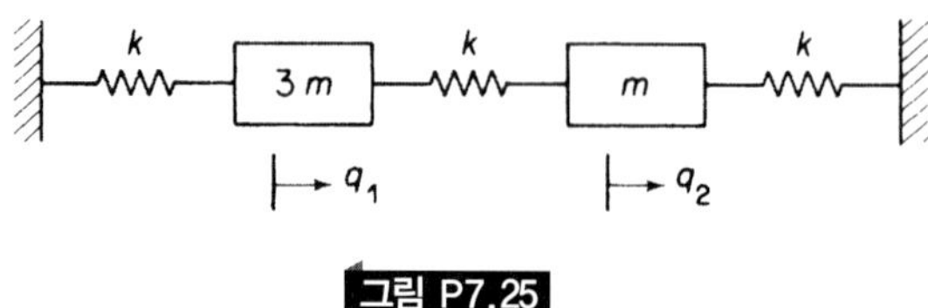

그림 P7.25

7.26 그림 P7.26에 보인 계의 운동 방정식을 구하라. 다양한 초기 조건들에 대하여 이 방정식을 MATLAB®을 이용해서 수치해석적으로 풀어보라(탁자는 회전하지 않는다고 가정한다).

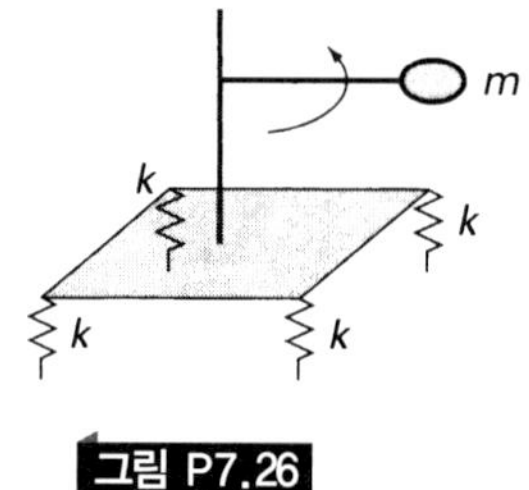

그림 P7.26

7.27 그림 P7.27에 보인 계의 운동 방정식을 구하라. 다양한 초기 조건들에 대하여 이 방정식을 MATLAB®을 이용해서 수치해석적으로 풀어보라(m_0는 질량이 없고, 회전도 하지 않는 물체라고 가정한다).

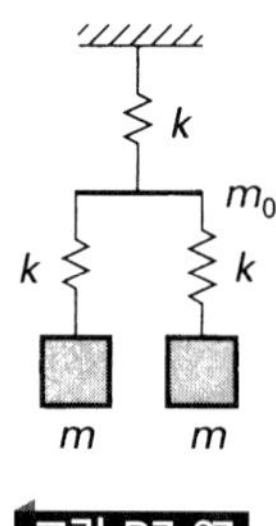

그림 P7.27

CHAPTER

08 수치 해석법

앞의 장들에서는 한 계의 고유값과 고유 벡터들의 계산을 위한 기본적인 방법들을 검토하였다. 이 기본적인 방법에서 계의 고유값들은 특성 행렬식으로부터 얻어진 다항식의 근들로부터 계산된다 그 다음에 각각의 근(고유값)들을 운동 방정식에 한 개씩 대입함으로써 계의 모든 형상(고유벡터)이 계산된다.

이 방법은 2자유도 이상의 *N*자유도계에 적용할 수 있지만, 특성 방정식은 3차 이상의 대수 방정식이 되므로 수치해를 위하여 컴퓨터 계산이 필수적이다.

이 방법에 대한 대안으로서 고유값과 고유 벡터들을 동시에 얻을 수 있는 반복법과 연성된 좌표계의 복잡한 변환방법이 있다. 이 방법에서 운동 방정식

$$[-\lambda M + K]X = 0 \tag{a}$$

은 대부분의 컴퓨터 프로그램들에서 이용되는 표준 고유값으로 변환되어야 한다. 이 표준형은 다음과 같다.

$$[\tilde{A} - \lambda I]Y = 0 \tag{b}$$

여기서 $\tilde{A}$는 정방형 대칭행렬이고, Y는 X로부터 변환된 새로운 변위 벡터이다. 이 방법들은 모두 반복법을 포함하기 때문에 기본적인 방법 및 행렬 반복법에 컴퓨터를 활용하여 이 변환방법을 수행한다.

8.1 근의 계산

그림 8.1.1은 정규 모드와 고유 진동수들이 요구되는 3자유도계를 나타낸다. 이 계의 운동 방정식은 다음과 같다.

$$m\begin{bmatrix} 2 & & \\ & 1 & \\ & & 1 \end{bmatrix}\begin{Bmatrix} \ddot{x}_1 \\ \ddot{x}_2 \\ \ddot{x}_3 \end{Bmatrix} + k\begin{bmatrix} 3 & -1 & 0 \\ -1 & 2 & -1 \\ 0 & -1 & 1 \end{bmatrix}\begin{Bmatrix} x_1 \\ x_2 \\ x_3 \end{Bmatrix} = \begin{Bmatrix} 0 \\ 0 \\ 0 \end{Bmatrix}$$

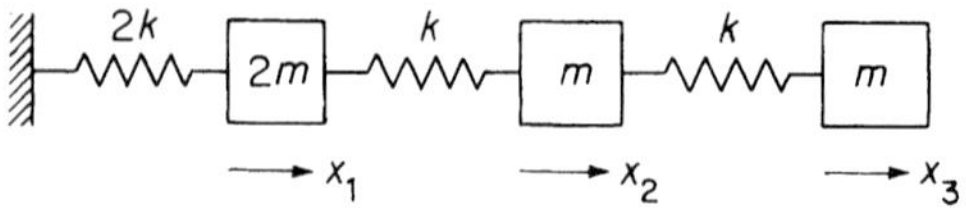

그림 8.1.1

즉,

$$\left(-\lambda\begin{bmatrix}2 & & \\ & 1 & \\ & & 1\end{bmatrix}+\begin{bmatrix}3 & -1 & 0\\ -1 & 2 & -1\\ 0 & -1 & 1\end{bmatrix}\right)\begin{Bmatrix}x_1\\ x_2\\ x_3\end{Bmatrix}=\begin{Bmatrix}0\\ 0\\ 0\end{Bmatrix} \tag{8.1.1}$$

여기서 $\lambda = \omega^2 m/k$이다.

계의 고유값들은 특성 행렬식을 0으로 둠으로써 계산될 수 있다.

$$\begin{vmatrix}(3-2\lambda) & -1 & 0\\ -1 & (2-\lambda) & -1\\ 0 & -1 & (1-\lambda)\end{vmatrix}=0$$

이 행렬식은 3차 대수 방정식으로 간략히 된다. 제1열의 요소들을 피벗(pivot) 요소들로 취하는 소행렬식법(부록 C 참조)을 이용하면

$$(3-2\lambda)\begin{vmatrix}(2-\lambda) & -1\\ -1 & (1-\lambda)\end{vmatrix}+1\begin{vmatrix}-1 & 0\\ -1 & (1-\lambda)\end{vmatrix}=0$$

으로 표현할 수 있고, 특성 방정식(characteristic equation)은

$$\lambda^3 - 4.50\lambda^2 + 5\lambda - 1 = 0$$

이 된다. 그러나 앞의 식은

$$f(\lambda) = \lambda^3 - 4.50\lambda^2 + 5\lambda - 1 = 0$$

으로 다시 쓸 수 있으며, 함수가 0이 되는 근들을 계산하기 위하여 λ의 함수로서 선도를 그릴 수 있다. 이를 그림 8.1.2에 보이고 있는데, 첫 번째 근은 구간 [0, .5]에, 두 번째 근은 구간 [1, 1.5]에, 그리고 세 번째 근은 구간 [2.5, 3]에 존재하는 것을 확인할 수 있다. 이 근들은 구간점들 사이의 직선들을 이용하거나 뉴턴의 보간법(Newton interpolation)을 이용하여 쉽게 계산할 수 있다. 컴퓨터는 몇 초 동안에 수천 개의 계산을 수행할 수 있으므로, $\Delta\lambda$는 보간이 최소화되거나, 정밀도의 요구조건을 없애도 좋을 정도로 작게 취할 수 있다.

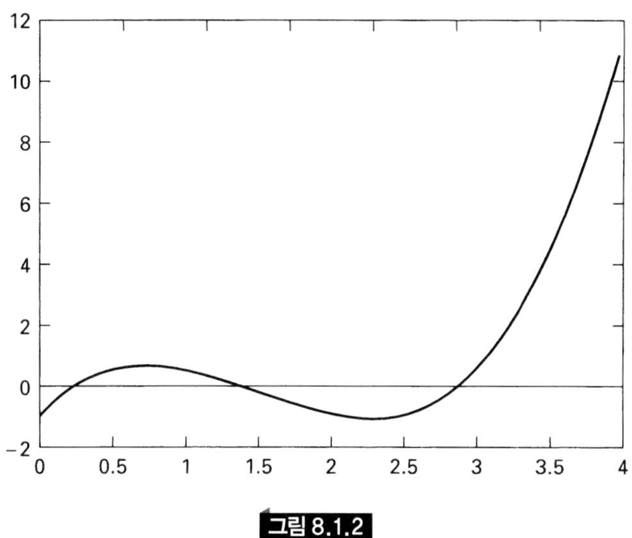

그림 8.1.2

근을 찾는 좀더 나은 하나의 방법은 근을 λ_1, λ_2, λ_3라 가정하고 인수분해 형태의 다항식

$$f(\lambda) = (\lambda - \lambda_1)(\lambda - \lambda_2)(\lambda - \lambda_3) = 0$$

으로 다시 표현할 수 있다. 이 인수들을 곱해서 전개시키면, 다음과 같이 표현된다.

$$f(\lambda) = \lambda^3 - (\lambda_1 + \lambda_2 + \lambda_3)\lambda^2 + (\lambda_1\lambda_2 + \lambda_1\lambda_3 + \lambda_2\lambda_3)\lambda - \lambda_1\lambda_2\lambda_3 = 0$$

그리고 λ 최고차 다음 항의 계수가 계의 자유도와 무관하게 근들의 합이 되는 것을 알 수 있다. 이 부수적인 정보는 계산된 근들의 점검시 유용하게 사용될 수 있다.

이 근들은 MATLAB®에서 명령어 **roots(c)**를 이용하여 계산할 수 있다. 여기서 c는 다항식의 계수들을 내림차순으로 포함하는 하나의 벡터이다. 이 예에서 $c = [1, -4.5, 5, -1]$이 되고, 이 방정식의 근들은 roots(c) = 2.8892, 1.3554, 0.2554로 계산된다. 이 근들의 위치는 선도와 일치하고 있다.

8.2 가우스 소거법에 의한 고유 벡터

모드 형상을 찾는 데 있어서 고유값들을 한 번에 한 개씩 운동 방정식에 대입한다. 가우스법(Gauss method)은 진폭비를 계산하는 한 가지 방법 이다. 근본적으로 가우스 해석과정은 진폭들의 계산을 위한 행렬 방정식(matrix equation)을 이 식의 제일 아랫식으로부터 시작되는 상삼각(上三角) 형태로 압축시킬 수 있다.

앞의 문제에 가우스법을 적용시키면, λ의 항들로 운동 방정식을 나타낼 수 있다.

$$\begin{bmatrix} (3-2\lambda_i) & -1 & 0 \\ -1 & (2-\lambda_i) & -1 \\ 0 & -1 & (1-\lambda_i) \end{bmatrix} \begin{Bmatrix} x_1 \\ x_2 \\ x_3 \end{Bmatrix}^{(i)} = \begin{Bmatrix} 0 \\ 0 \\ 0 \end{Bmatrix}$$

이 문제에 대한 고유값들은 다음과 같다.

$$\lambda = \omega^2 \frac{m}{k} = \begin{Bmatrix} 0.22536 \\ 1.3554 \\ 2.8892 \end{Bmatrix}$$

$\lambda_1 = 0.2554$를 앞의 방정식에 대입시키면, 다음 식이 얻어진다.

$$\begin{bmatrix} 2.489 & -1 & 0 \\ -1 & 1.745 & -1 \\ 0 & -1 & 0.7446 \end{bmatrix} \begin{Bmatrix} x_1 \\ x_2 \\ x_3 \end{Bmatrix}^{(1)} = \begin{Bmatrix} 0 \\ 0 \\ 0 \end{Bmatrix}$$

가우스법에서 첫 번째 단계는 제2행 및 제3행의 제1열 요소들을 소거하는 것이다. 제3행의 제1열 요소는 이미 0이므로, 제2행의 첫 번째 요소만 0으로 만들면 된다. 이 작업은 제1열을 2.489로 나누어준 후에 제2열에 더해 주면 되며, 다음의 결과식이 얻어진다.

$$\begin{bmatrix} 2.489 & -1 & 0 \\ 0 & 1.343 & -1 \\ 0 & -1 & 0.7446 \end{bmatrix} \begin{Bmatrix} x_1 \\ x_2 \\ x_3 \end{Bmatrix}^{(1)} = \begin{Bmatrix} 0 \\ 0 \\ 0 \end{Bmatrix}$$

이 경우에 더 이상 진행하는 것이 반드시 필요한 것은 아니지만, 이 과정은 제2열을 1.343으로 나누어준 후에 제3열에 더해 주는 작업을 반복하면 제3열의 요소 −1을 소거할 수 있으며, 다음 식이 얻어진다.

$$\begin{bmatrix} 2.489 & -1 & 0 \\ 0 & 1.343 & -1 \\ 0 & 0 & 0 \end{bmatrix} \begin{Bmatrix} x_1 \\ x_2 \\ x_3 \end{Bmatrix}^{(1)} = \begin{Bmatrix} 0 \\ 0 \\ 0 \end{Bmatrix}$$

이 식이나 앞의 식에서 진폭 x_3가 1이라 하면, 제1차 고유 벡터 또는 모드는 다음 식으로 얻어진다.

$$\phi_1 = \begin{Bmatrix} x_1 \\ x_2 \\ 1 \end{Bmatrix}^{(1)} = \begin{Bmatrix} 0.2992 \\ 0.7446 \\ 1.000 \end{Bmatrix}$$

λ_2와 λ_3로 이 과정을 반복하면, 제2 및 제3의 고유 벡터들이 계산된다.

고유 벡터들은 부록 C에 있는 방법이나 MATLAB®의 명령어 **eig**(본 장의 끝부분에서 설명)를 이용하여 계산될 수도 있다.

8.3 행렬 반복법

직교성과 전개이론을 알고 있으면, 다자유계의 고유값과 고유 벡터들을 행렬 반복법(matrix iteration)으로 계산하는 약간 상이한 방법도 고려해 볼 수 있다. 유연성이나 강성행렬들로 공식화된 운동 방정식에 모두 적용될 수 있지만, 여기서는 유연성 행렬법을 예시로 들겠다.

유연성 행렬 $[a] = K^{-1}$의 항들을 이용하면, 정규 모드 진동은 다음과 같다.

$$\bar{A}X = \bar{\lambda}X \tag{8.3.1}$$

여기서

$$\bar{A} = [a][m] = K^{-1}M$$
$$\bar{\lambda} = 1/\omega^2$$

반복법은 식 (8.3.1)의 좌변에 대한 진폭집합을 가정하고 하나의 숫자열을 결과로 보여주는 일련의 계산을 수행하는 것으로 시작된다. 그 다음에 진폭들 중의 하나를 1이 되도록 만들고 정규화된 특수 진폭으로 각 열의 항들을 나누어 줌으로써 정규화시킬 수 있다. 그 다음에 이 과정은 진폭이 확실한 패턴으로 정착될 때까지 정규화된 열에서 반복된다. 정규화된 열이 더 이상 앞에서 얻어진 열과 상이하지 않을 때, 이것은 가장 큰 고유값(이 경우에 기본 진동수 ω_1의 고유값)에 상응되는 고유 벡터로 수렴하게 된다.

예제 8.3.1

그림 8.3.1의 계에 대하여 유연성에 기초한 행렬 방정식을 세우고 반복법으로 1차 고유 진동수를 계산하라.

풀이 계에 대한 질량 및 유연성 행렬들은

$$[m] = m\begin{bmatrix} 4 & 0 & 0 \\ 0 & 2 & 0 \\ 0 & 0 & 1 \end{bmatrix} \qquad [a] = \frac{1}{3k}\begin{bmatrix} 1 & 1 & 1 \\ 1 & 4 & 4 \\ 1 & 4 & 7 \end{bmatrix}$$

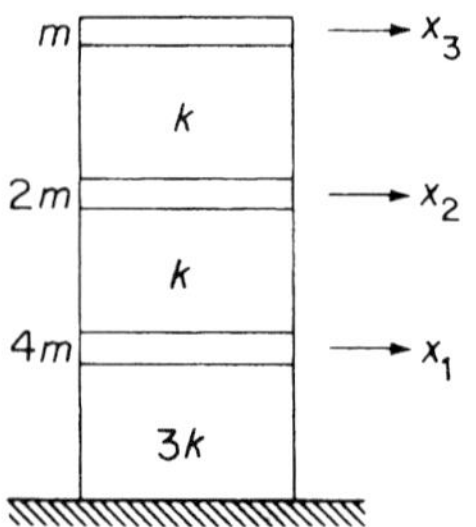

그림 8.3.1

이고, 식(8.3.1)에 대입하면 다음과 같이 된다.

$$\begin{bmatrix} 1 & 1 & 1 \\ 1 & 4 & 4 \\ 1 & 4 & 7 \end{bmatrix} \begin{bmatrix} 4 & 0 & 0 \\ 0 & 2 & 0 \\ 0 & 0 & 1 \end{bmatrix} \begin{Bmatrix} x_1 \\ x_2 \\ x_3 \end{Bmatrix} = \left(\frac{3k}{\omega^2 m} \right) \begin{Bmatrix} x_1 \\ x_2 \\ x_3 \end{Bmatrix}$$

즉,

$$\begin{bmatrix} 4 & 2 & 1 \\ 4 & 8 & 4 \\ 4 & 8 & 7 \end{bmatrix} \begin{Bmatrix} x_1 \\ x_2 \\ x_3 \end{Bmatrix} = \bar{\lambda} \begin{Bmatrix} x_1 \\ x_2 \\ x_3 \end{Bmatrix}$$

반복법을 시작하기 위하여 임의로 다음 벡터를 가정하자.

$$X_1 = \begin{Bmatrix} x_1 \\ x_2 \\ x_3 \end{Bmatrix} = \begin{Bmatrix} 0.2 \\ 0.6 \\ 1.0 \end{Bmatrix}$$

$$AX_1 = \begin{bmatrix} 4 & 2 & 1 \\ 4 & 8 & 4 \\ 4 & 8 & 7 \end{bmatrix} \begin{Bmatrix} 0.2 \\ 0.6 \\ 1.0 \end{Bmatrix} = \begin{Bmatrix} 3.0 \\ 9.6 \\ 12.6 \end{Bmatrix} = 12.6 \begin{Bmatrix} 0.238 \\ 0.762 \\ 1.000 \end{Bmatrix}$$

X_2에 대한 새로운 정규화된 열을 이용하면, 두 번째 반복법에서 다음 식이 얻어진다.

$$AX_2 = \begin{bmatrix} 4 & 2 & 1 \\ 4 & 8 & 4 \\ 4 & 8 & 7 \end{bmatrix} \begin{Bmatrix} 0.238 \\ 0.762 \\ 1.000 \end{Bmatrix} = \begin{Bmatrix} 3.476 \\ 11.048 \\ 14.048 \end{Bmatrix} = 14.048 \begin{Bmatrix} 0.247 \\ 0.786 \\ 1.000 \end{Bmatrix}$$

유사한 방법으로, 세 번째 반복법을 사용하면 다음 식이 얻어진다.

$$AX_3 = \begin{bmatrix} 4 & 2 & 1 \\ 4 & 8 & 4 \\ 4 & 8 & 7 \end{bmatrix} \begin{Bmatrix} 0.247 \\ 0.786 \\ 1.000 \end{Bmatrix} = \begin{Bmatrix} 3.560 \\ 11.276 \\ 14.276 \end{Bmatrix} = 14.276 \begin{Bmatrix} 0.249 \\ 0.790 \\ 1.000 \end{Bmatrix}$$

이 과정을 몇 번 더 반복함으로써, 반복과정은 다음 식으로 수렴하게 된다.

$$14.324\begin{Bmatrix}0.250\\0.790\\1.000\end{Bmatrix} = \bar{\lambda}\begin{Bmatrix}x_1\\x_2\\x_3\end{Bmatrix} = \left(\frac{3k}{\omega^2 m}\right)\begin{Bmatrix}0.250\\0.790\\1.000\end{Bmatrix}$$

따라서, 최저차 모드의 진동수는

$$\omega_1 = \sqrt{\frac{3k}{14.32m}} = 0.457\sqrt{\frac{k}{m}}$$

이 되고, 모드 형상은 다음 식으로 표현된다.

$$\phi_1 = \begin{Bmatrix}0.250\\0.790\\1.000\end{Bmatrix}$$

만일 운동 방정식이 강성행렬들의 항으로 구성된다면, 반복 방정식은

$$AX = \lambda X$$
$$[M^{-1}K]X = \omega^2 X$$

가 된다는 것을 여기서 언급해야만 한다. 반복과정은 항상 가장 큰 고유값에 수렴하기 때문에, 강성 방정식은 최고차 모드에 수렴하게 될 것이다. 진동 해석에 있어서 저차 모드들은 고차 모드들보다 훨씬 중요하다. 따라서, 행렬 반복법은 고유값들이 ω_2의 역수에 비례하는 유연성 항들로 공식화되는 방정식들에 대하여 주로 이용되고 있다.

8.4 반복과정의 수렴

유연성 항들로 표현된 방정식의 경우에 기본 모드에 대응되는 최대 고유값에 반복법이 수렴하는 것을 증명하기 위하여 시험 벡터 X_1을 정규 모드 ϕ_i항들을 이용한 전개이론

$$X_1 = c_1\phi_1 + c_2\phi_2 + c_3\phi_3 + \cdots + \tag{8.4.1}$$

으로 가정하여 표현한다. 여기서 c_i 상수들이다. 이 방정식에 동행렬 $\bar{A}$를 양변에 곱하면

$$\bar{A}X_1 = X_2 = c_1\bar{A}\phi_1 + c_2\bar{A}\phi_2 + c_3\bar{A}\phi_3 + \cdots + \tag{8.4.2}$$

이 얻어진다. 각각의 정규 모드들은 다음 방정식

$$\bar{A}\phi_i = \bar{\lambda}_i\phi_i = \frac{1}{\omega_i^2}\phi_i \tag{8.4.3}$$

를 만족시키므로, 식(8.4.2)의 우변에서 새로운 변위 벡터 X_2를

$$X_2 = c_1 \frac{1}{\omega_1^2} \phi_1 + c_2 \frac{1}{\omega_2^2} \phi_2 + c_3 \frac{1}{\omega_3^2} \phi_3 + \cdots +$$

으로 나타낼 수 있다. 다시 X_2를 동행렬로 전치곱해 주고 식 (8.4.3)을 이용하면, 그 결과는 다음과 같다.

$$AX_2 = X_3 = c_1 \frac{1}{\omega_1^4} \phi_1 + c_2 \frac{1}{\omega_2^4} \phi_2 + c_3 \frac{1}{\omega_3^4} \phi_3 + \cdots +$$

따라서, 이 과정을 몇 번 반복하면, 다음의 식이 얻어진다.

$$AX_{n-1} = X_n = c_1 \frac{1}{\omega_1^{2n}} \phi_1 + c_2 \frac{1}{\omega_2^{2n}} \phi_2 + c_3 \frac{1}{\omega_3^{2n}} \phi_3 + \cdots + \quad \textbf{(8.4.4)}$$

$\omega_n^2 > \omega_{n-1}^2 > \cdots > \omega_2^2 > \omega_1^2$이므로, 수렴은 기본 모드로 이루어진다. 고차 모드의 수렴은 부록 G를 참고하기 바란다,

8.5 동행렬

정규 모드 진동에 대한 행렬식은 일반적으로

$$[-\lambda M + K]X = 0 \quad \textbf{(8.5.1)}$$

으로 표기되는데, 여기서 M과 K는 모두 정방행렬이고, λ는 고유 진동수와 $\lambda = \omega^2$의 관계를 갖는 고유값이다. 앞의 식을 M^{-1}으로 전치곱하면, 다른 형태의 식이 얻어진다.

$$[-\lambda I + A]X = 0 \quad \textbf{(8.5.2)}$$

여기서 $A = M^{-1}K$이고, **동행렬**(dynamic matrix)이라 불린다. 일반적으로 $M^{-1}K$는 비대칭이다.

만일 식(8.5.1)을 K^{-1}로 전치곱하면, 다음의 식이 얻어진다

$$[\bar{A} - \bar{\lambda} I]X = 0 \quad \textbf{(8.5.3)}$$

여기서 $\bar{A} = K^{-1}M$은 동행렬이고, $\bar{\lambda} = 1/\omega^2 = 1/\lambda$는 이 식에 대한 고유값이 된다.

A와 $\bar{A}$는 상이하지만, 계의 동적인 특성이 A 또는 $\bar{A}$로 정의되기 때문에 이들은 모두 동행렬로 불린다. 다시 말하건데, 행렬 $\bar{A}$는 일반적으로 비대칭이다.

만일 어느 계가 식 (8.5.2)나 (8.5.3)으로 풀이된다면, 고유값들은 역의 관계를 갖게 되지만, 고유 진동수는 같게 나타난다. 또한 두 방정식들의 고유 벡터들도 동일하게 나타난다.

8.6 좌표계의 변환(컴퓨터 표준형)

식 (8.5.2) 또는 (8.5.3)에서, 동행렬 A 또는 $\bar{A}$는 일반적으로 비대칭이다. 컴퓨터 활용을 위한 운동 방정식의 표준형을 구하기 위하여, 다음의 좌표 변환

$$X = U^{-1}Y \tag{8.6.1}$$

를 운동 방정식에 대입하면

$$[-\lambda M + K]X = 0$$

변환된 방정식

$$[-\lambda MU^{-1} + KU^{-1}]Y = 0$$

이 얻어진다. 이 방정식에 U^{-1}의 전치(transpose, 轉置)행렬

$$[U^{-1}]^T = U^{-T}$$

를 전치(前置)곱하면, 방정식

$$[-\lambda U^{-T}MU^{-1} + U^{-T}KU^{-1}]Y = 0 \tag{8.6.2}$$

이 얻어진다. 앞의 식에서 M 또는 K를, U^TU의 사이에 삽입하여 분리시키면, 운동 방정식의 표준형을 얻을 수 있다는 것이 분명해진다

$M = U^TU$로 두면, 식 (8.6.2)는

$$[-\lambda I + U^{-T}KU^{-1}]Y = 0 \qquad \lambda = \omega^2 \tag{8.6.3}$$

이 된다. 한편 $K = U^TU$로 두면, 방정식은

$$[U^{-T}MU^{-1} - \bar{\lambda}I]Y = 0 \qquad \bar{\lambda} = 1/\omega^2 \tag{8.6.4}$$

이 된다. 앞의 두 방정식들은 표준형

$$[-\lambda I + \tilde{A}]Y = 0$$

이 된다. 여기서 동행렬 $\tilde{A}$는 대칭이다.

동행렬과 컴퓨터 표준형 방정식의 활용을 보여주기 위하여, 그림 8.1.1에 있는 3자유도계에 대한 고유값과 고유 벡터들을 계산하는 데 MATLAB®을 이용할 수 있다. 먼저, 이 문제를 표준형 고유값 문제로 변환하기 위해서는 식 (8.1.1)을 질량행렬의 역으로 곱해 줄 필요

가 있다. 이 예제의 경우 동행렬은

$$A = \begin{bmatrix} 1.5000 & -0.5000 & 0 \\ -1.0000 & 2.0000 & -1.0000 \\ 0 & -1.0000 & 1.0000 \end{bmatrix}$$

로 주어진다. MATLAB®에서는 고유값과 고유 벡터들을 명령어 **[U, D] = eig(A)**를 입력함으로써 모두 계산할 수 있다. 이 명령어의 결과는 두 개의 행렬 U와 D로 나타난다. 행렬 U는 열 벡터들이 고유 벡터들로 이루어지며 D는 대각요소들이 고유값들인 대각행렬이다. 이 예를 계속해서 진행시키면 다음 두 개의 행렬이 계산된다.

$$U = \begin{bmatrix} 0.7569 & 0.3031 & 0.2333 \\ 0.2189 & -0.8422 & 0.5808 \\ -0.6158 & 0.4458 & 0.7799 \end{bmatrix}$$

그리고

$$D = \begin{bmatrix} 1.3554 & 0 & 0 \\ 0 & 2.8892 & 0 \\ 0 & 0 & 0.2554 \end{bmatrix}$$

8.7 이산질량 행렬을 갖는 계

각각의 질량들에서 좌표들이 선택되는 집중 질량계의 경우에 질량행렬은 대각 행렬이 되고, U는 각 대각항들의 제곱근으로 간단히 나타낼 수 있다. 이 경우 U의 역행렬은 행렬 U의 각 요소들의 역수로 나타낼 수 있다.

$$M = \begin{bmatrix} m_{11} & & \\ & m_{22} & \\ & & m_{33} \end{bmatrix} \qquad U = M^{1/2} = \begin{bmatrix} \sqrt{m_{11}} & & \\ & \sqrt{m_{22}} & \\ & & \sqrt{m_{33}} \end{bmatrix}$$

$$U^{-1} = U^{-T} = \begin{bmatrix} 1/\sqrt{m_{11}} & & \\ & 1/\sqrt{m_{22}} & \\ & & 1/\sqrt{m_{33}} \end{bmatrix}$$

따라서, 식 (8.6.3)의 동행렬 $\tilde{A} = U^{-T}KU^{-1}$이 간단히 계산될 수 있다.

예제 8.7.1

그림 8.7.1에 다시 보인 예제 6.8.1의 계를 고려해 보자.

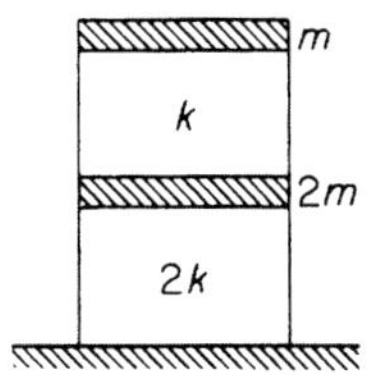

그림 8.7.1

문제의 질량 및 강성행렬은

$$M = m\begin{bmatrix} 2 & 0 \\ 0 & 1 \end{bmatrix} \quad K = k\begin{bmatrix} 3 & -1 \\ -1 & 1 \end{bmatrix}$$

이 된다. 먼저 질량행렬을 $M = U^T U = M^{1/2} M^{1/2}$로 분해시키자. M은 대각행렬이므로, 행렬 U는 대각요소들의 제곱근들로부터 간단히 계산된다. 그 역행렬도 대각요소들의 역수들에서 얻어지며, 그 전치행렬은 원래의 행렬 자체와 같다.

$$U = M^{1/2} = \sqrt{m}\begin{bmatrix} \sqrt{2} & 0 \\ 0 & 1 \end{bmatrix} \quad U^{-1} = U^{-T} = \frac{1}{\sqrt{m}}\begin{bmatrix} 1/\sqrt{2} & 0 \\ 0 & 1 \end{bmatrix} = \frac{1}{\sqrt{m}}\begin{bmatrix} 0.7071 & 0 \\ 0 & 1 \end{bmatrix}$$

따라서, 표준형 방정식의 항들은 나음과 같이 된다.

$$U^{-T}MU^{-1} = U^{-T}U^TUU^{-1} = I$$

$$\tilde{A} = U^{-T}KU^{-1} = \frac{k}{m}\begin{bmatrix} 0.707 & 0 \\ 0 & 1 \end{bmatrix}\begin{bmatrix} 3 & -1 \\ -1 & 1 \end{bmatrix}\begin{bmatrix} 0.707 & 0 \\ 0 & 1 \end{bmatrix} = \frac{k}{m}\begin{bmatrix} 1.50 & -0.707 \\ -0.707 & 1.0 \end{bmatrix}$$

$\lambda = \omega^2 m/k$로 두면, 운동 방정식은 다음처럼 간략히 된다.

$$\left[\begin{bmatrix} 1.50 & -0.707 \\ -0.707 & 1 \end{bmatrix} - \lambda\begin{bmatrix} 1 & 0 \\ 0 & 1 \end{bmatrix}\right]\begin{Bmatrix} y_1 \\ y_2 \end{Bmatrix} = \begin{Bmatrix} 0 \\ 0 \end{Bmatrix}$$

그리고 그 특성 방정식은

$$\begin{vmatrix} (1.50) - \lambda) & -0.707 \\ -0.707 & (1 - \lambda) \end{vmatrix} = 0 \quad \text{그리고} \quad \lambda^2 - 2.50\lambda + 1 = 0$$

이 된다, 이 방정식들로부터 해석된 고유값과 고유 벡터들은

$$\lambda_1 = 0.50 \begin{Bmatrix} y_1 \\ y_2 \end{Bmatrix}^{(1)} = \begin{Bmatrix} 0.707 \\ 1.000 \end{Bmatrix}$$

$$\lambda_2 = 2.00 \begin{Bmatrix} y_1 \\ y_2 \end{Bmatrix}^{(2)} = \begin{Bmatrix} -1.414 \\ 1.000 \end{Bmatrix}$$

이 된다. y좌표들에 모드들이 나타나고 있으며, 원래의 x좌표계에서 정규 모드들을 계산하기 위해서는 먼저 앞의 모호들을 합성하여 모드 행렬 Y를 만든 후에 x좌표계에서의 모드 행렬을 계산한다.

$$Y = \begin{bmatrix} 0.707 & -1.414 \\ 1.000 & 1.000 \end{bmatrix}$$

$$X = U^{-1}Y = \begin{bmatrix} 0.707 & 0 \\ 0 & 1.0 \end{bmatrix} \begin{bmatrix} 0.707 & -1.414 \\ 1.00 & 1.00 \end{bmatrix} = \begin{bmatrix} 0.50 & -1.00 \\ 1.00 & 1.00 \end{bmatrix}$$

이 결과들은 예제 6.8.2에서 계산된 것들과 일치한다.

8.8 촐레스키 분해법

행렬 M과 K가 완전한 요소들을 가질 때는 행렬 U와 U^{-1}은 촐레스키 분해법(Cholesly decomposition)으로 계산된다. 이 방법에서 U의 상삼각 행렬과 그 역행렬의 항들로 $K = U^T U$(또는 $M = U^T U$)로 간단히 쓸 수 있다.

4×4 강성행렬 K의 한 예를 들면 다음과 같다:

$$\begin{bmatrix} u_{11} & 0 & 0 & 0 \\ u_{12} & u_{22} & 0 & 0 \\ u_{13} & u_{23} & u_{33} & 0 \\ u_{14} & u_{24} & u_{34} & u_{44} \end{bmatrix} \begin{bmatrix} u_{11} & u_{12} & u_{13} & u_{14} \\ 0 & u_{22} & u_{23} & u_{24} \\ 0 & 0 & u_{33} & u_{34} \\ 0 & 0 & 0 & u_{44} \end{bmatrix} = \begin{bmatrix} k_{11} & k_{12} & k_{13} & k_{14} \\ k_{21} & k_{22} & k_{23} & k_{24} \\ k_{31} & k_{32} & k_{33} & k_{34} \\ k_{41} & k_{42} & k_{43} & k_{44} \end{bmatrix}$$

이 곱셈 행렬도 대칭으로 U를 계산하기 위해서는 상삼각 부분만이 필요하다.

$$\begin{bmatrix} u_{11}^2 & u_{11}u_{12} & u_{11}u_{13} & u_{11}u_{14} \\ & (u_{12}^2 + u_{22}^2) & (u_{12}u_{13} + u_{22}u_{23}) & (u_{12}u_{14} + u_{22}u_{24}) \\ & & (u_{13}^2 + u_{23}^2 + u_{33}^2) & (u_{13}u_{14} + u_{23}u_{24} + u_{33}u_{34}) \\ & & & (u_{14}^2 + u_{24}^2 + u_{34}^2 + u_{44}^2) \end{bmatrix}$$

$$
= \begin{bmatrix} k_{11} & k_{12} & k_{13} & k_{14} \\ & k_{22} & k_{23} & k_{24} \\ & & k_{33} & k_{34} \\ & & & k_{44} \end{bmatrix}
$$

좌우 두 행렬들의 항들을 등치시키면, 제1행으로부터 다음의 결과들이 얻어진다.

$$
\begin{aligned}
u_{11}^2 &= k_{11} \\
u_{12} &= k_{12}/u_{11} \\
u_{13} &= k_{13}/u_{11} \\
u_{14} &= k_{14}/u_{11}
\end{aligned}
$$

제2열로부터는 다음의 결과들이 얻어진다.

$$
\begin{aligned}
u_{22}^2 &= k_{22} - u_{12}^2 \\
u_{13} &= \frac{1}{u_{22}}(k_{23} - u_{12}u_{13}) \\
u_{24} &= \frac{1}{u_{22}}(k_{24} - u_{12}u_{14})
\end{aligned}
$$

같은 방법으로 제3, 제4열에서

$$
\begin{aligned}
u_{33}^2 &= k_{33} - u_{13}^2 - u_{23}^2 \\
u_{34} &= \frac{1}{u_{33}}(k_{34} - u_{13}u_{14} - u_{23}u_{24}) \\
u_{44}^2 &= k_{44} - u_{14}^2 - u_{24}^2 - u_{34}^2
\end{aligned}
$$

이 얻어진다. 이제 다음과 같이 이 방정식들을 모을 수 있으며, 이들로부터 $n \times n$ 행렬에 대한 일반 방정식을 기술할 수 있다.

$$
\begin{aligned}
&u_{22}^2 = k_{22} - u_{12}^2 \\
&u_{33}^2 = k_{33} - u_{13}^2 - u_{23}^2 \\
&u_{44}^2 - k_{44} - u_{14}^2 - u_{24}^2 - u_{34}^2 \\
&\vdots
\end{aligned}
$$

$$u_{ii} = \left(k_{ii} - \sum_{l=1}^{i-1} u_{li}^2\right)^{1/2} \quad i = 2, 3, 4, \ldots, n$$

$$u_{23} = \frac{1}{u_{22}}(k_{23} - u_{12}u_{13})$$

$$u_{24} = \frac{1}{u_{22}}(k_{24} - u_{12}u_{14})$$

$$u_{34} = \frac{1}{u_{33}}(k_{34} - u_{13}u_{14} - u_{23}u_{24})$$

$$\vdots$$

$$u_{ij} = \frac{1}{u_{ii}}\left(k_{ij} - \sum_{l=1}^{i-1} u_{li}u_{lj}\right) \quad i = 2, 3, 4, \ldots, n;\ j = i+1, i+2, \ldots, n$$

MATLAB®에서 명령어 **U = chol(A)**를 입력시키면 행렬 A의 촐레스키 분해가 얻어진다. 행렬 U는 U' * U = A의 관계를 갖는 상삼각 행렬이다. 한 예로서 행렬

$$A = \begin{bmatrix} 2 & -1 & 0 \\ -1 & 2 & -1 \\ 0 & -1 & 2 \end{bmatrix}$$

를 들면, 촐레스키 분해는 다음 식으로 주어진다.

$$\begin{aligned} U &= \mathrm{chol(A)} \\ &= \begin{bmatrix} 1.4142 & -.7071 & 0 \\ 0 & 1.2247 & -.8165 \\ 0 & 0 & 1.1547 \end{bmatrix} \end{aligned}$$

U의 역행렬

삼각행렬 U의 역행렬(inverse matrix)은 다음 방정식으로부터 계산된다.

$$\underset{\text{(기지행렬)}}{U} \qquad \underset{\text{(미지행렬)}}{U^{-1}} \qquad = \qquad \underset{\text{(단위행렬)}}{I}$$

$$\begin{bmatrix} u_{11} & u_{12} & u_{13} & u_{14} \\ 0 & u_{22} & u_{23} & u_{24} \\ 0 & 0 & u_{33} & u_{34} \\ 0 & 0 & 0 & u_{44} \end{bmatrix} \begin{bmatrix} v_{11} & v_{12} & v_{13} & v_{14} \\ v_{21} & v_{22} & v_{23} & v_{24} \\ v_{31} & v_{32} & v_{33} & v_{34} \\ v_{41} & v_{42} & v_{43} & v_{44} \end{bmatrix} = \begin{bmatrix} 1 & 0 & 0 & 0 \\ 0 & 1 & 0 & 0 \\ 0 & 0 & 1 & 0 \\ 0 & 0 & 0 & 1 \end{bmatrix}$$

U의 맨 아래 행으로부터 v_{ij}의 열들과 좌변에 있는 두 행렬들의 곱을 시작하여 각 항을 단위행렬로 등치시키면, $i > j$인 경우에 $v_{ij} = 0$이 되는 것을 알 수 있다. 따라서, 역행렬 U^{-1}은

상삼각 행렬(upper triangular matrix)이 된다. 그 다음에 다음과 같은 일련의 곱들을 수행하면 다음의 결과들이 얻어진다.
제4행×제1, 제2, 제3 및 제4열

$$v_{44} = \frac{1}{u_{44}}$$

제3행×제1, 제 2, 제3 및 제4열

$$v_{33} = \frac{1}{u_{33}}$$
$$v_{34} = \frac{-1}{u_{33}}(u_{34}v_{44})$$

제2행×제1, 제2, 제3 및 제4열:

$$v_{22} = \frac{1}{u_{22}}$$
$$v_{23} = \frac{-1}{u_{22}}(u_{23}v_{33})$$
$$v_{24} = \frac{-1}{u_{22}}(u_{23}v_{34} + u_{24}v_{44})$$

제1행×제1, 제2, 제3 및 제4열

$$v_{11} = \frac{1}{u_{11}}$$
$$v_{12} = \frac{-1}{u_{11}}(u_{12}v_{22})$$
$$v_{13} = \frac{-1}{u_{11}}(u_{12}v_{23} + u_{13}v_{33})$$
$$v_{14} = \frac{-1}{u_{11}}(u_{12}v_{24} + u_{13}v_{34} + u_{14}v_{44})$$

그리고 이 결과들은 다음과 같이 일반적인 식들로 요약될 수 있다.

$$v_{ij} = 0 \qquad i > j$$
$$v_{ii} = \frac{1}{u_{ii}}$$
$$v_{ij} = \frac{-1}{u_{ii}}\left(\sum_{l=i+1}^{j} u_{il}u_{lj}\right) \qquad i < j$$

예제 8.8.1

예제 8.7.1을 강성행렬 분해로 풀어라. 문제에 대한 두 행렬들은 다음과 같다.

$$M = m\begin{bmatrix} 2 & 0 \\ 0 & 1 \end{bmatrix} \quad K = k\begin{bmatrix} 3 & -1 \\ -1 & 1 \end{bmatrix}$$

풀이 2×2 행렬에 대한 분해를 위한 대수작업은 간단하므로 모든 단계를 기술할 수 있다.

단계 1

$$U^T U = K$$

$$\begin{bmatrix} u_{11} & 0 \\ u_{12} & u_{22} \end{bmatrix}\begin{bmatrix} u_{11} & u_{12} \\ 0 & u_{22} \end{bmatrix} = \begin{bmatrix} u_{11}^2 & u_{11}u_{12} \\ u_{11}u_{12} & (u_{12}^2 + u_{22}^2) \end{bmatrix} = \begin{bmatrix} 3 & -1 \\ -1 & 1 \end{bmatrix}$$

$$u_{11} = \sqrt{3} = 1.732$$

$$u_{11}u_{12} = -1 \qquad \therefore u_{12} = -1/1.732 = -0.5774$$

$$u_{22}^2 = 1 - u_{12}^2 \qquad \therefore u_{22} = \sqrt{1 - (-0.5774)^2} = 0.8164$$

$$U = \begin{bmatrix} 1.732 & -0.5774 \\ 0 & 0.8162 \end{bmatrix}$$

이 결과를 $U^T U = K$에 대입하여 검토하라.

단계 2 $UU^{-1} = I$로부터 U의 역행렬을 계산하라.

$$\begin{bmatrix} 1.732 & -0.5774 \\ 0 & 0.8162 \end{bmatrix}\begin{bmatrix} b_{11} & b_{12} \\ 0 & b_{22} \end{bmatrix} = \begin{bmatrix} 1.732b_{11} & (1.732b_{12} - 0.5774b_{22}) \\ 0 & 0.8164b_{22} \end{bmatrix} = \begin{bmatrix} 1 & 0 \\ 0 & 1 \end{bmatrix}$$

$$b_{11} = \frac{1}{1.732} = 0.5774 \qquad b_{22} = \frac{1}{0.8164} = 1.2249$$

$$b_{12} = \frac{1}{1.732}(0.5774 \times 1.2249) = 0.4083$$

$$U^{-1} = \begin{bmatrix} 0.5774 & 0.4083 \\ 0 & 1.2249 \end{bmatrix}$$

이 결과를 $UU^{-1} = I$에 대입하여 검토하라.

단계 3

$$\widetilde{A} = U^{-T}MU^{-1} = \begin{bmatrix} 0.5774 & 0 \\ 0.4083 & 1.2249 \end{bmatrix}\begin{bmatrix} 2 & 0 \\ 0 & 1 \end{bmatrix}\begin{bmatrix} 0.5774 & 0.4083 \\ 0 & 1.2249 \end{bmatrix}$$

$$= \begin{bmatrix} 0.6668 & 0.4715 \\ 0.4715 & 1.8338 \end{bmatrix}$$

$\widetilde{A}$는 대칭이다.

단계 4 운동 방정식은 이제 y좌표계에서는 표준형이 되었다.

$$\left[\begin{bmatrix} 0.6668 & 0.4715 \\ 0.4715 & 1.8338 \end{bmatrix} - \bar{\lambda}\begin{bmatrix} 1 & 0 \\ 0 & 1 \end{bmatrix}\right]\begin{Bmatrix} y_1 \\ y_2 \end{Bmatrix} = \begin{Bmatrix} 0 \\ 0 \end{Bmatrix} \qquad \bar{\lambda} = \frac{k}{\omega^2 m}$$

단계 5 이 간단한 문제에서 y방향에서의 고유값들과 고유 벡터들은 일반적인 과정으로부터 계산된다.

$$\begin{vmatrix} (0.6668 - \bar{\lambda}) & 0.4715 \\ 0.4715 & (1.8338 - \bar{\lambda}) \end{vmatrix} = 0$$

$$\bar{\lambda}^2 - 2.50\bar{\lambda} + 1.0 = 0$$

$$\bar{\lambda}_1 = 2.0 \qquad \begin{Bmatrix} y_1 \\ y_2 \end{Bmatrix}^{(1)} = \begin{Bmatrix} 0.3537 \\ 1.000 \end{Bmatrix}$$

$$\bar{\lambda}_2 = 0.50 \qquad \begin{Bmatrix} y_1 \\ y_2 \end{Bmatrix}^{(2)} = \begin{Bmatrix} -2.8267 \\ 1.000 \end{Bmatrix}$$

단계 6 고유값들은 좌표 변환으로 변화되지 않는다. 최초 x좌표들로 나타낸 고유 벡터들은 변환 방정식으로부터 계산된다.

$$\phi(x) = U^{-1}Y$$

$$\phi(x) = \begin{bmatrix} 0.5774 & 0.4083 \\ 0 & 1.2249 \end{bmatrix}\begin{bmatrix} 0.3537 & -2.8267 \\ 1.000 & 1.000 \end{bmatrix}$$

$$= \begin{bmatrix} 0.6125 & -1.2238 \\ 1.2249 & 1.2249 \end{bmatrix} \cong \begin{bmatrix} 0.50 & -1.00 \\ 1.00 & 1.00 \end{bmatrix}$$

$$\therefore \phi_1(x) = \begin{Bmatrix} x_1 \\ x_2 \end{Bmatrix}^{(1)} = \begin{Bmatrix} 0.50 \\ 1.00 \end{Bmatrix}$$

$$\phi_2(x) = \begin{Bmatrix} x_1 \\ x_2 \end{Bmatrix}^{(2)} = \begin{Bmatrix} -1.00 \\ 1.00 \end{Bmatrix}$$

예제 8.8.2

그림 8.8.1은 운동 방정식이

$$\left[-\left(\frac{\omega^2 m}{k}\right)\begin{bmatrix}4&0&0\\0&2&0\\0&0&1\end{bmatrix}+\begin{bmatrix}4&-1&0\\-1&2&-1\\0&-1&1\end{bmatrix}\right]\begin{Bmatrix}x_1\\x_2\\x_3\end{Bmatrix}=\begin{Bmatrix}0\\0\\0\end{Bmatrix}$$

으로 표기되는 건물의 3자유도계 모델을 나타낸다. 강성행렬을 분해시켜 이 방정식을 표준형으로 축소시켜라.

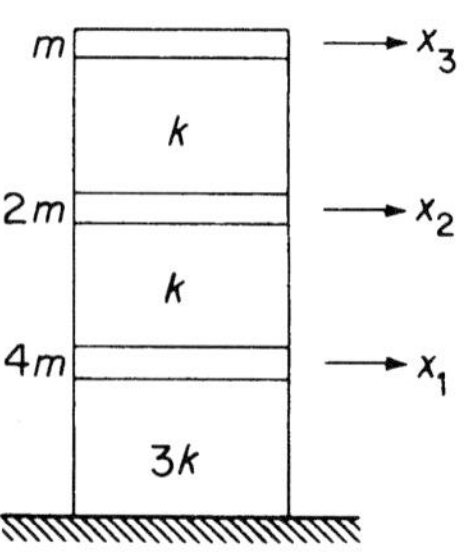

그림 8.8.1

풀이 변환행렬은 다음의 식들에서 얻어진다.

$$U^T U = K$$

$$\begin{bmatrix}u_{11}&0&0\\u_{12}&u_{22}&0\\u_{13}&u_{23}&u_{33}\end{bmatrix}\begin{bmatrix}u_{11}&u_{12}&u_{13}\\0&u_{22}&u_{23}\\0&0&u_{33}\end{bmatrix}=\begin{bmatrix}4&-1&0\\-1&2&-1\\0&-1&1\end{bmatrix}$$

$$\begin{bmatrix}u_{11}^2&u_{11}u_{12}&u_{11}u_{13}\\u_{11}u_{12}&(u_{11}^2+u_{22}^2)&(u_{12}u_{13}+u_{22}u_{23})\\u_{11}u_{13}&(u_{12}u_{13}+u_{23}u_{22})&(u_{13}^2+u_{23}^2+u_{33}^2)\end{bmatrix}=\begin{bmatrix}4&-1&0\\-1&2&-1\\0&-1&1\end{bmatrix}$$

각 변의 상응하는 요소들을 등치시키면, U가 계산된다.

$$U=\begin{bmatrix}2&-0.50&0\\0&1.3228&-0.7559\\0&0&0.6547\end{bmatrix}$$

U의 역행렬을 계산하기 위하여, $U^{-1}=[b_{ij}]$라 두고 다음의 방정식을 푼다.

$$UU^{-1}=I$$

$$\begin{bmatrix}2&-0.50&0\\0&1.3228&-0.7559\\0&0&0.6547\end{bmatrix}\begin{bmatrix}b_{11}&b_{12}&b_{13}\\0&b_{22}&b_{23}\\0&0&b_{33}\end{bmatrix}=\begin{bmatrix}1&0&0\\0&1&0\\0&0&1\end{bmatrix}$$

또다시, 양변의 각 항들을 등치시키면, 역행렬이 얻어진다.

$$U^{-1} = [b_{ij}] = \begin{bmatrix} 0.50 & 0.1889 & 0.2182 \\ 0 & 0.7559 & 0.8726 \\ 0 & 0 & 1.5275 \end{bmatrix}$$

분해된 강성행렬을 이용한 동행렬 $\widetilde{A}$는 다음과 같다.

$$\begin{aligned}\widetilde{A} &= U^{-T}MU^{-1} \\ &= \begin{bmatrix} 0.50 & 0 & 0 \\ 0.1889 & 0.7559 & 0 \\ 1.2182 & 0.8726 & 1.5275 \end{bmatrix}\begin{bmatrix} 4 & 0 & 0 \\ 0 & 2 & 0 \\ 0 & 0 & 2 \end{bmatrix}\begin{bmatrix} 0.50 & 0.1889 & 0.2182 \\ 0 & 0.7559 & 0.8726 \\ 0 & 0 & 1.5275 \end{bmatrix} \\ &= \begin{bmatrix} 1.00 & 0.3779 & 0.4364 \\ 0.3779 & 1.2857 & 1.4846 \\ 0.4363 & 1.4846 & 4.0476 \end{bmatrix}\end{aligned}$$

이제 표준형은 다음과 같다.

$$[-\bar{\lambda} I + \widetilde{A}]Y = 0$$

여기서 $\bar{\lambda} = k/\omega^2 m$이고 $X = U^{-1}Y$이다.

8.9 자코비의 대각 행렬법

직교성(orthogonality)에 대한 절(제6장 6.7절)에서 직교 고유 벡터들 $\widetilde{\phi}$를 모드 행렬 $\widetilde{P}$로 소합하면 질량과 강성행렬들이 기본적인 관계식들:

$$\begin{aligned}\widetilde{P}^T M \widetilde{P} &= I \\ \widetilde{P}^T K \widetilde{P} &= \Lambda\end{aligned} \tag{8.9.1}$$

로 표현될 수 있다. 여기서 I는 단위행렬이고, Λ는 고유값들의 대각행렬이다. 이러한 관계는 만일 계의 고유 벡터들이 알려져 있다면, 고유값 문제는 풀린다는 것을 나타내준다. 자코비(Jacobi) 방법은 임의의 실수 대칭행렬 $\widetilde{A}$는 오직 실수의 고유값들만을 갖고 반복법으로 고유값 행렬 $\Lambda = [\lambda_i]$로 대각화가 될 수 있다는 원리에 기초를 두고 있다. 자코비 방법에서, 이것은 행렬 $\widetilde{A}$가 대각화가 될 때까지 과정을 반복함으로써 $\widetilde{A}$의 비대각요소들이 0이 되도록 하는 다수의 회전행렬들 R에 의하여 이루어진다. 이 방법은 표준형 고유값 문제

$$(\widetilde{A} - \lambda I)Y = 0 \tag{8.9.2}$$

에 대하여 전개되었으며, 이 방법의 주요 이점은 모든 고유값들과 고유 벡터들이 동시에 계산된다는 점이다.

표준형 고유값 문제에서, M과 K행렬들은 이미 이 두 행렬보다는 반복법에 더 경제적인 단일 대칭 동행렬 $\widetilde{A}$로 변환되었다. k차 반복단계는 방정식

$$
\begin{aligned}
R_k^T \widetilde{A}_k R_k &= \widetilde{A}_{k+1} \\
R_{k+1}^T \widetilde{A}_{k+1} R_{k+1} &= \widetilde{A}_{k+2}, \text{ 등,}
\end{aligned}
\tag{8.9.3}
$$

으로 정의된다. 여기서 R_k는 회전행렬이다.

n차의 동행렬 $\widetilde{A}$를 대각화하는 일반적인 문제를 논하기에 앞서, 하나의 2차 행렬

$$
\widetilde{A} = \begin{bmatrix} a_{11} & a_{12} \\ a_{12} & a_{22} \end{bmatrix}
$$

의 간단한 문제로, 자코비 해석과정을 살펴보도록 하자. 이 경우에 대한 회전행렬은 간단한 직교행렬

$$
R = \begin{bmatrix} \cos\theta & -\sin\theta \\ \sin\theta & \cos\theta \end{bmatrix}
\tag{8.9.4}
$$

은 그림 8.9.1에 예시된 것처럼 각도 θ만큼 축들을 회전시키기 위하여 좌표계의 변환에 사용되었다.

행렬 R은 다음의 관계식

$$
R^T R = R R^T = I
$$

을 만족시키기 때문에 직정규화(orthonormal)되어 있다. 이 경우에, 유일한 비대 각요소로 a_{12}가 있으며, 고유값 문제는 한 단계로 풀이가 된다. 즉,

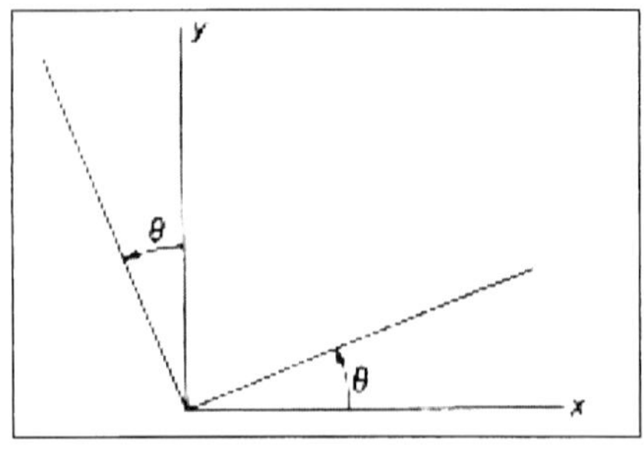

그림 8.9.1

$$R_1^T \widetilde{A}_1 R_1 = \begin{bmatrix} \cos\theta & \sin\theta \\ -\sin\theta & \cos\theta \end{bmatrix} \begin{bmatrix} a_{11} & a_{12} \\ a_{12} & a_{22} \end{bmatrix} \begin{bmatrix} \cos\theta & -\sin\theta \\ \sin\theta & \cos\theta \end{bmatrix} = \begin{bmatrix} \lambda_1 & 0 \\ 0 & \lambda_2 \end{bmatrix}$$

이 방정식의 양변들을 등치시키면

$$\begin{aligned} \lambda_1 &= a_{11}\cos^2\theta + 2a_{12}\sin\theta\cos\theta + a_{22}\sin^2\theta \\ \lambda_2 &= a_{11}\sin^2\theta - 2a_{12}\sin\theta\cos\theta + a_{22}\cos^2\theta \\ 0 &= -(a_{11} - a_{22})\sin\theta\cos\theta + a_{12}(\cos^2\theta - \sin^2\theta) \end{aligned} \tag{8.9.5}$$

가 된다. 식 (8.9.5)의 마지막 식에서, 각도 θ는 관계식

$$\tan 2\theta = \frac{2a_{12}}{a_{11} - a_{22}} \tag{8.9.6}$$

를 만족시켜야 된다. 그리고 두 개의 고유값들이 나머지 두 개의 방정식들에서 또는 대각 행렬로부터 직접적으로 얻어진다. 두 개의 고유값들에 상응하는 고유 벡터들은 회전행렬 R_1(이 경우엔 $\widetilde{P}$에 해당)의 두 열들로 표현된다.

앞 문제의 경우에 단 하나의 대각요소 a_{ij}만이 존재하였으므로 반복이 필요없다. n차 행렬의 좀더 일반적인 경우에 회전행렬은 0으로 만들려는 (i, j) 비대각 요소들과 일렬이 되도록 중첩되는 회전행렬을 갖는 단위행렬이 된다. 예를 들면, 6×6 행렬에서 요소 a_{35}를 소거하기 위하여 회전행렬은

$$R = \begin{bmatrix} 1 & 0 & 0 & 0 & 0 & 0 \\ 0 & 1 & 0 & 0 & 0 & 0 \\ 0 & 0 & \cos\theta & 0 & -\sin\theta & 0 \\ 0 & 0 & 0 & 1 & 0 & 0 \\ 0 & 0 & \sin\theta & 0 & \cos\theta & 0 \\ 0 & 0 & 0 & 0 & 0 & 1 \end{bmatrix} \tag{8.9.7}$$

이 되고, θ는 앞에서와 같은 방정식으로부터 계산된다.

$$\tan 2\theta = \frac{2a_{35}}{a_{33} - a_{55}} = \frac{2a_{ij}}{a_{ii} - a_{jj}} \tag{8.9.8}$$

만일 $a_{ii} = a_{ij}$이면, $2\theta = \pm 90°$이고 $\theta = \pm 45°$가 된다. 비록 2θ는 좌측의 절반 영역에서 측정될 수도 있지만, θ를 영역 $\pm 45°$에 제한시켜도 일반성에는 손실이 없다. 행렬 $\widetilde{A}$의 대칭성 때문에 이 단계는 한 쌍의 비대각요소들을 0으로 축소시켜 주며, 행렬 $\widetilde{A}$의 각각의 대각요소쌍들에 대하여 반복되어야 한다. 그러나 다음 쌍을 0으로 축소시키기 위해서는 앞에서 0으로 된 요소들에 미소한 수치의 항을 도입한다. 그렇게 하여 모든 비대각요소들을 0으로

만들고, 또 다른 일련의 과정이 모든 비대각요소들의 크기가 규정치의 조건내로 들어올 때까지 진행되어야 한다 정밀도가 레벨에 도달하였다면, 얻어진 대각행렬은 고유값 행렬 Λ와 같게 될 것이다. 그리고 고유 벡터들은 회전행렬들의 곱행렬들의 열로써 주어진다. 요약하면, 하첨자 l이 마지막 반복을 나타낸다면 다음과 같이 된다.

$$\widetilde{A}_l = R_l^T \cdots R_k^T R_{k-1}^T \cdots R_2^T R_1^T [\widetilde{A}_1] R_1 R_2 \cdots R_{k-1} R_k \cdots R_1 = \Lambda$$

$$\lim_{l \to \infty} R_1 R_2 \cdots R_l = \widetilde{P} \tag{8.9.9}$$

자코비 반복의 수렴증명은 본 서의 범주를 벗어나는 것이지만, 경험에 의하면 빠른 수렴이 일반적으로 확인되고 있으며, 보통 5차례 미만의 반복작업에서 좋은 결과들이 얻어진다. 그리고 종종 최초의 비대각요소(off-diagonal element)들이 대각요소들에 비하여 적은 경우에는 한두 차례의 계산과정에서 원하는 결과가 얻어지기도 한다. 또한 계산횟수는 행렬의 크기에 상관없이 아주 제한되어 있으며, 오직 두 개씩의 행과 열만이 각각의 반복시에 포함된다.

예제 8.9.1

질량행렬이 그림 8.8.1에서 분해되었을 때, 운동 방정식의 표준형은

$$\left[-\lambda I + \begin{bmatrix} 1.0 & -0.3536 & 0 \\ -0.3536 & 1.0 & -0.7071 \\ 0 & -0.7071 & 1.0 \end{bmatrix}\right] \begin{Bmatrix} y_1 \\ y_2 \\ y_3 \end{Bmatrix} = \begin{Bmatrix} 0 \\ 0 \\ 0 \end{Bmatrix}$$

이 된다. 여기서 $\lambda = \omega^2 m/k$이다. 자코비 방법을 이용하여 동행렬을 대각화시키고, 이 계의 고유값들과 고유 벡터들을 계산하라.

풀이 먼저 제일 큰 비대각요소 $a_{23} = -0.7071$을 0이 되도록 만든다.

$$\widetilde{A} = \begin{bmatrix} 1.0 & -0.3536 & 0 \\ -0.3536 & 1.0 & -0.7071 \\ 0 & -0.7071 & 1.0 \end{bmatrix}$$

$$R_1 = \begin{bmatrix} 1 & 0 & 0 \\ 0 & \cos\theta & -\sin\theta \\ 0 & \sin\theta & \cos\theta \end{bmatrix}$$

$$\tan 2\theta = \frac{2a_{23}}{a_{22} - a_{33}} = \frac{2(-0.7071)}{1 - 1} = \pm \infty$$

$$\therefore 2\theta = 90°$$

$$\theta = 45°$$

$$\sin 45° = \cos 45° = 0.7071$$

$$R_1 = \begin{bmatrix} 1 & 0 & 0 \\ 0 & 0.7071 & -0.7071 \\ 0 & 0.7071 & 0.7071 \end{bmatrix} \quad R_1^T = \begin{bmatrix} 1 & 0 & 0 \\ 0 & 0.7071 & 0.7071 \\ 0 & -0.7071 & 0.7071 \end{bmatrix}$$

$$\begin{aligned} \widetilde{A}_1 &= R_1^T \widetilde{A} R_1 \\ &= \begin{bmatrix} 1 & 0 & 0 \\ 0 & 0.7071 & 0.7071 \\ 0 & -0.7071 & 0.7071 \end{bmatrix} \begin{bmatrix} 1.0 & -0.3536 & 0 \\ -0.3536 & 1.0 & -0.7071 \\ 0 & -0.7071 & 1.0 \end{bmatrix} \begin{bmatrix} 1 & 0 & 0 \\ 0 & 0.7071 & -0.7071 \\ 0 & 0.7071 & 0.7071 \end{bmatrix} \\ &= \begin{bmatrix} 1.0 & -0.250 & 0.250 \\ -0.250 & 0.2929 & 0 \\ 0.250 & 0 & 1.7071 \end{bmatrix} \end{aligned}$$

따라서, 요소 $a_{23} = a_{32}$를 0으로 만드는 과정에서 새로운 0이 아닌 항 $a_{13} = a_{31} = 0.250$을 도입한 것을 알 수 있다. 다음은 요소 $a_{12} = -0.250$을 0으로 만든다.

$$\tan 2\theta = \frac{2a_{12}}{a_{11} - a_{22}} = \frac{2(-0.250)}{1 - 0.2929} = -0.7071$$

$$2\theta = -35.26°$$

$$\theta = -17.63°$$

$$\sin\theta = -0.3029°$$

$$\cos\theta = 0.9530$$

$$R_2 = \begin{bmatrix} 0.9530 & .3029 & 0 \\ -0.3029 & 0.9530 & 0 \\ 0 & 0 & 1 \end{bmatrix}$$

$$R_2^T \widetilde{A}_1 R_2 = \begin{bmatrix} 1.097 & 0 & 0.2383 \\ 0 & 0.2134 & 0.0757 \\ 0.2383 & 0.0757 & 1.7071 \end{bmatrix} = \widetilde{A}_2$$

모든 비대각요소들의 첫 번째 단계 계산을 마치기 위하여, 다음은 요소 a_{13}을 0으로 만들자.

$$\tan\theta = \frac{2a_{13}}{a_{11} - a_{33}} = \frac{2(0.2383)}{1.097 - 1.7071} = -0.7812$$

$$2\theta = 37.996°$$

$$\theta = -18.998^\circ$$

$$\sin\theta = -0.3255$$

$$\cos\theta = 0.9455$$

$$R_3 = \begin{bmatrix} 0.9455 & 0 & 0.3255 \\ 0 & 1 & 0 \\ -0.3255 & 0 & 0.9455 \end{bmatrix}$$

$$R_3^T\widetilde{A}_2R_3 = \begin{bmatrix} 1.0147 & -0.0246 & -0.000 \\ -0.0246 & 0.2134 & 0.0717 \\ 0.000 & 0.0710 & 1.817 \end{bmatrix} = \widetilde{A}_3$$

비대각요소들의 크기를 좀더 감소시키기 위해서는 과정이 반복되어야 된다. 그러나 여기서 멈추기로 하고, 문제의 고유값과 고유 벡터들을 계산하는 과정을 요약하도록 한다. 고유값들은 $\widetilde{A}$의 대각요소들로 주어지고, $\widetilde{A}$의 고유 벡터들은 식 (8.9.9)로 주어진 것처럼 회전행렬들 R_i의 곱들로 계산이 된다. 이 고유 벡터들은 y좌표로 변형된 방정식에서 얻어진 것이며, 식 (8.6.1)로 x좌표로 나타낸 원래의 방정식의 고유 벡터로 변환되어야 된다. 고유값들이 항상 1부터 n까지 오름차순으로 전개되지는 않는다는 것도 알아주기 바란다. $\widetilde{A}_3$에서 $\lambda_1 = \omega_1^2 m/k$는 대각요소의 중간에 나타난다.

$\widetilde{A}_3$에서 λ	**컴퓨터 계산값**
$\lambda_1 = 0.213$	$\lambda_2 = 0.2094$
$\lambda_2 = 1.014$	$\lambda_2 = 1.000$
$\lambda_3 = 1.817$	$\lambda_3 = 1.7905$

여기서 단 한 차례의 비대각요소들의 계산과정만으로도 매우 잘 일치하는 결과가 얻어진 것을 확인할 수 있다.

고유 벡터들의 경우를 살펴보자.

$$Y = R_1R_2R_3$$

$$= \begin{bmatrix} 1 & 0 & 0 \\ 0 & 0.7071 & -0.7071 \\ 0 & 0.7071 & 0.7071 \end{bmatrix}\begin{bmatrix} 0.9530 & 0.3029 & 0 \\ -0.3029 & 0.9530 & 0 \\ 0 & 0 & 1 \end{bmatrix}\begin{bmatrix} 0.9455 & 0 & 0.3255 \\ 0 & 1 & 0 \\ -0.3255 & 0 & 0.9455 \end{bmatrix}$$

$$= \begin{bmatrix} 0.9011 & 0.3029 & 0.3102 \\ 0.0276 & 0.6739 & -0.7383 \\ -0.4327 & 0.6739 & 0.5988 \end{bmatrix}$$

$$X = U^{-1}Y = \begin{bmatrix} 0.50 & 0 & 0 \\ 0 & 0.7071 & 0 \\ 0 & 0 & 1.00 \end{bmatrix}\begin{bmatrix} 0.9011 & 0.3029 & 0.3102 \\ 0.0276 & 0.6739 & -0.7383 \\ -0.4327 & 0.6739 & 0.5988 \end{bmatrix}$$

$$= \begin{bmatrix} 0.4006 & 0.1515 & 0.1551 \\ 0.0195 & 0.4765 & -0.5221 \\ -0.4327 & 0.6739 & 0.5988 \end{bmatrix}$$

1.0으로 정규화시키면, $\widetilde{A}_3$로부터 X는 다음과 같다.

$$X = \begin{bmatrix} -0.940 & 0.225 & 0.259 \\ -0.045 & 0.707 & -0.872 \\ 1.00 & 1.00 & 1.00 \end{bmatrix}$$

컴퓨터 계산값에서 모드 2, 모드 1, 모드 3의 순서로 행렬 X가 얻어진다,

$$X = \begin{bmatrix} -1.0 & 0.25 & 0.25 \\ 0 & 0.79 & -0.79 \\ 1.00 & 1.00 & 1.00 \end{bmatrix}$$

고유값이 $\lambda = \omega^2 m/k$일 때, 세 개의 고유 진동수들은 다음의 식들로부터 계산된다.

$$\omega_i = \sqrt{\lambda_i \frac{k}{m}}$$

$$\omega_1 = \sqrt{0.2094 \frac{k}{m}} = 0.4576\sqrt{\frac{k}{m}}$$

$$\omega_2 = \sqrt{1.0 \frac{k}{m}} = 1.0\sqrt{\frac{k}{m}}$$

$$\omega_3 = \sqrt{1.7905 \frac{k}{m}} = 1.3381\sqrt{\frac{k}{m}}$$

8.10 고유값과 고유 벡터 계산을 위한 *QR*법

MATLAB® 명령어 **eig(A)**는 행렬 A를 직교행렬 Q와 상삼각 행렬 R로 성분을 분해하는 것에 기초를 둔 하나의 반복법을 이용하여 행렬의 고유값과 고유 벡터 들을 계산한다. 이 알고리즘의 기본적인 개념은 초기 행렬 A에 유사한 상삼각 행렬을 찾아내는 것이다. 유사 변환을 하면 초기 행렬의 고유값들은 변함이 없으며, 이들은 최종 행렬의 대각요소들로 나타난다. 초기 행렬의 고유값들은 행렬 A의 상삼각 행렬을 만들 때에 사용된 것과 같은 행렬들을 고유 벡터들에 곱해준 변환된 행렬에 대한 고유 벡터들로부터 읽을 수 있다.

*QR*분해법은 상세히 토론이 이루어질 하우스홀더(Householder) 변환으로 성취될 수 있다. 일단 행렬을 Q와 R로 분해하는 방법을 알아본 다음에 반복법을 사용하여 초기 행렬

과 비슷한 상삼각 행렬을 만든다. QR분해법에 의하면, 행렬 A를 두 행렬들의 곱(즉, $A = Q * R$, 여기서 Q는 직교행렬이고, R은 상삼각 행렬)으로 표기할 수 있다. 이 두 행렬들은 A에 유사한 다른 행렬 A_1을 만드는 데 사용되고, A_1은 $R = Q^{-1}A$이고 $Q^{-1} = Q$이므로

$$\begin{aligned} A_1 &= R * Q \\ &= Q^{-1} * A * Q \\ &= Q * A * Q \end{aligned}$$

로 표기된다. 새 행렬 A_1은 A에 유사하므로 고유 벡터들은 Q에 의하여 변화되지만, A와 같은 고유값들을 갖는다. A_1의 고유 벡터들은 A의 고유 벡터들이 A_1의 고유 벡터들에 Q를 곱함으로써 얻어질 수 있음을 의미하는 방정식 $A_1x = \lambda x$를 만족시킨다. 이것은 다음 방정식 $\lambda Qx = AQx$로부터 확인될 수 있다. 이 과정은 A_1을 직교행렬 Q_1과 상삼각 행렬 R_1으로 분해시키는 것(즉, $A_1 = Q_1 * R_1$)으로 반복된다. 또다시 Q_1과 R_1은 A_1에 유사한(궁극적으로는 A에 유사한) 하나의 행렬 A_2를 만드는 데 사용될 수 있다.

$$\begin{aligned} A_2 &= R_1 * Q_1 \\ &= Q_1^{-1} * A_1 * Q_1 \\ &= Q_1^{-1} * Q^{-1} * A * Q * Q_1 \\ &= (Q * Q_1)^{-1} * A * (Q * Q_1) \\ &= (Q * Q_1) * A * (Q * Q_1) \end{aligned}$$

앞에서와 같이, A_2는 A와 같은 고유값들을 갖는다. 만일 x가 A_2의 고유 벡터(즉, $A_2x = \lambda x$)라면, $Q * Q_1x$도 A에 대한 하나의 고유 벡터가 된다. 이 과정을 되풀이하면, 일련의 유사 행렬 A_3, A_4 등이 만들어진다. 결국 이 과정에서 원행렬에 유사한 상삼각 행렬[즉, $A_n = (Q * Q_1 * Q_2 * \cdots * Q_{n-1})^{-1} AQ * Q_1 * Q_2 * \cdots * Q_{n-1}$]을 만들게 되고, 여기서 A_n은 상삼각 행렬이다.

앞의 반복과정의 수렴을 서두르기 위해서는 행렬 A를 먼저 부대각선(subdiagonal) 아래의 요소들이 0의 값들을 갖는 하나의 행렬로 변화시키는 것이 일반적이다. 이러한 유형의 행렬을 헤쎈베르크(Hessenberg) 행렬이라고 한다. 다음 식은 4×4 헤쎈베르크 행렬의 한 예이다.

$$H = \begin{bmatrix} 1 & 3 & 2 & 4 \\ 2 & 3 & 6 & 8 \\ 0 & 4 & 6 & 2 \\ 0 & 0 & 2 & 3 \end{bmatrix}$$

$n \times n$차의 헤쎈베르크 행렬은 다음과 같은 일반적인 형태를 취한다.

$$H = \begin{bmatrix} a_{11} & a_{12} & a_{13} & \cdots & a_{1n} \\ a_{21} & a_{22} & a_{23} & \cdots & a_{2n} \\ 0 & a_{32} & a_{33} & \cdots & a_{3n} \\ \vdots & \vdots & \ddots & \ddots & \vdots \\ 0 & 0 & \cdots & a_{nn-1} & a_{nn} \end{bmatrix}$$

다음에 증명하겠지만, 하우스홀더(Householder) 변환을 행하면 원행렬과 유사한 헤쎈베르크 행렬이 만들어진다.

하우스홀더 행렬은 임의의 단위 벡터 u에 대하여

$$H = I - 2uu^t$$

로 주어진다. $u^t u = 1$이므로, 다음의 식들이 성립함을 주지해 주기 바란다.

$$\begin{aligned} H^t &= (I - 2uu^t)^t \\ &= I - 2u^t u \\ &= H \end{aligned}$$

그리고

$$\begin{aligned} HH &= (I - 2uu^t)(I - 2uu^t) \\ &= I - 2uu^t - 2uu^t + 4uu^t uu^t \\ &= I - 4uu^t + 4uu^t \\ &= I \end{aligned}$$

이 식은 H가 대칭이고 직교함을 보여준다. 즉, $H = H^t = H^{-1}$. 하나의 주어진 행렬 A에 대하여 $H^{-1}AH$가 헤쎈베르크 행렬을 구성하도록 하는 H를 만들기 위해서는 반복과정을 이용하여 한 열씩 차례로 부대각요소 아래의 요소들을 0으로 만들어간다. 이 과정은 좌측열부터 시작한다. 예를 들어, 제1열이 벡터 $\mathbf{a} = (a_1, a_2, a_3, a_n)^t$로 주어진다면, a에 적용되는 하우스홀더 행렬 H는 벡터 $\mathbf{r} = (a_1, \alpha, 0, 0, \cdots, 0)^t$를 반드시 만들어주어야 한다. H가 직교로 유지되기 위해서는 α가 $\|a\| = \|r\|$이 된다는 사실에서 계산되어야 한다. 하우스홀더 변환에서 단위 벡터 u는 $v = a - r$이라 할 때, $u = v/\|v\|$가 된다. 행렬의 나미지 열들은 같은 방법으로 계산될 수 있으며 원행렬을 헤쎈베르크 형태로 고려하는 하우스홀더 행렬은 각 중간 행렬들(intermediate matrix)의 곱으로 얻어진다. 다음의 예는 이 과정을 보여준다.

다음의 행렬을 상(upper) 헤쎈베르크 형태로 변환해 보자.

$$A = \begin{bmatrix} 4 & 2 & 1 \\ 4 & 8 & 4 \\ 4 & 8 & 7 \end{bmatrix}$$

이것은 하우스홀더 행렬이 벡터 $\mathbf{a} = (4, 4, 4)^t$를 벡터 $\mathbf{r} = (4, \alpha, 0)^t$로 변환시켜 주기를 바라는 것이다. 여기서 얻어지는 행렬이 직교하기 위해서는 $a^t a = r^t r$의 조건이 필요하다. 이 조건에서 이 예의 $\alpha = \sqrt{32}$가 된다. 벡터 $v = a - r$은 $v = (0, -1.6569, 4)^t$로 주어진다. 이 벡터의 제곱장(the length of the vector squared)은 18.7452가 된다. 이 벡터에서 하우스홀더 행렬이 계산된다.

$$H = \begin{bmatrix} 1 & 0 & 0 \\ 0 & .7071 & .7071 \\ 0 & .7071 & -.7071 \end{bmatrix}$$

이 행렬이 A에 유사한 한 행렬을 만드는 데 사용될 때, 헤쎈베르크 행렬은 다음처럼 얻어진다.

$$HAH = \begin{bmatrix} 4 & 2.1213 & .7071 \\ 5.6569 & 13.500 & 2.500 \\ 0 & -1.500 & 1.500 \end{bmatrix} \tag{8.10.1}$$

A는 3×3 행렬이므로, 헤쎈베르크 형태로 변환하는 데에 딱 한 번의 반복만이 필요하다. 큰 행렬들의 경우에 이 과정은 나머지 열들을 소거하기 위하여 반복 되어야 할 것이다.

이 점에서 QR 분해법을 소개하고자 한다. 하나의 행렬 A가 주어지면, 우리는 이것을 직교행렬 Q와 상삼각 행렬 R로 분해해야 한다. 하우스홀더 행렬은 행렬 A에 적용하게 되면, 그 결과가 상삼각 행렬(즉, $H * A = R$)이 되도록 만들어진 행렬인데, 이 행렬에 의하여 직교행렬이 주어진다. H는 직교이고 대칭이므로, $H * A = R$은 $A = H * R$을 의미하는데, 이는 $Q = H$일때 $A = Q * R$이 됨을 의미하는 것이다.

예를 통하여 이 과정을 설명하도록 하겠다. 식 (8.10.1)에 있는 행렬을 직교행렬과 상삼각 행렬로 분해시켜 보자. 먼저, 제 1열의 대각선 아래 요소들을 0요소들로 만들어주는 직교행렬을 계산한다. 우리가 필요로 하는 행렬은 벡터 $\mathbf{a} = (4, 5.6560, 0)^t$를 벡터 $\mathbf{r} = (-6.9282, 0, 0)^t$로 변환시켜 주어야만 한다. 벡터 $\mathbf{r}$은 조건 $\mathbf{a}^t\mathbf{a} = \mathbf{r}^t\mathbf{r}$에서 계산된다. $\mathbf{r}$의 부호는 임의로 선택할 수 있다. 이 과정은 하우스홀더 행렬 $Q_{11} = I - 2\mathbf{v} * \mathbf{v}^t / \|\mathbf{v}\|^2$을 구성하면 만들어질 수 있으며, $\mathbf{v} = \mathbf{a} - \mathbf{r} = (2.9282, -5.6569, 0)^t$이다. 행렬 HAH에 대하여

$$Q_{11} = \begin{bmatrix} -.5773 & -.8165 & 0 \\ -.8165 & .5774 & 0 \\ 0 & 0 & -1 \end{bmatrix}$$

가 얻어진다. 행렬 HAH가 행렬 Q_{11}으로 전치되면

$$Q_{11} * HAH = \begin{bmatrix} -6.9282 & -12.2474 & -2.4495 \\ 0 & 6.0623 & -.8660 \\ 0 & 1.5000 & -1.5000 \end{bmatrix}$$

가 얻어진다.

이 분해를 완전히 마치려면 행렬의 제2열에 있는 대각선 아래 요소들을 소거 하기 위하여 같은 과정들을 반복해야 된다. 이 과정을 거치면 $\mathbf{a}_2 = (-12.2474, 6.0623, 1.5000)^t$를 벡터 $\mathbf{r}_2 = (-12.2475, -6.245, 0)^t$로 변환한 행렬 Q_{12}가 얻어진다. 역시 이 결과도 조건 $a^t a = r^t r$에서 나온다. 행렬 HAH에 적용될 때 상삼각 행렬을 만드는 직교행렬 Q_1은 Q_{11}과 Q_{12}의 곱으로 주어진다. 즉, $Q_1 = Q_{12} * Q_{11}$이다. 이 예에서 QR 분해법은 $HAH = Q_1 * R_1$으로 나타낼 수 있으며, 여기서

$$Q_1 = \begin{bmatrix} -.5773 & .7936 & -.1961 \\ -.8165 & -.5604 & .1387 \\ 0 & .2402 & .9707 \end{bmatrix}$$

그리고

$$R_1 = \begin{bmatrix} -6.9282 & -12.2475 & -2.44495 \\ 0 & -6.2450 & -.4804 \\ 0 & 0 & 1.6641 \end{bmatrix}$$

이 시점에서 MATLAB® 명령어 **[Q, R] = qr(A)**는 행렬 A에 대한 행렬 Q와 R을 계산해 준다.

이제 QR분해하는 방법을 알아보자. 상삼각 행렬을 만들기 위하여 본 장의 앞부분에서 거론하였던 반복법을 이용하도록 하자. 예를 계속 진행시키면, 첫 번째 반복에서 HAH에 유사한 하나의 행렬 A_2가 다음과 같이 만들어진다.

$$A_2 = R_1 * Q_1 = \begin{bmatrix} 14.0000 & .7844 & -2.7174 \\ 5.0990 & 3.3846 & -1.3323 \\ 0 & .3997 & 1.6154 \end{bmatrix}$$

다시 A_2에 대한 QR분해법을 이용하면, $A_2 = Q_2 * R_2$로 표기하고 $A_3 = R_2 * Q_2$로 두자. A_3 등을 계속해서 QR분해한다. 이 과정을 15차례 반복하면 $Q_1, Q_2, \cdots, Q_{15}$이 얻어지고, 다음의 상삼각 행렬이 만들어진다.

$$U = \begin{bmatrix} 14.3246 & -5.0645 & 1.7655 \\ 0 & 3.000 & .4837 \\ 0 & 0 & 1.6754 \end{bmatrix}$$

여기서 $U = (Q_1 * Q_2 * \cdots * Q_{15}) * (HAH) * (Q_1 * Q_2 * \cdots * Q_{15})$이다. 이 행렬의 고유값들은 대각요소들이 된다. 이 수치들은 MATLAB® 명령어 **eig(A)**를 이용하여 얻어지는 고유값들과 일치한다.

원행렬의 고유 벡터들을 찾는 알고리즘은 상삼각 행렬의 고유 벡터들을 찾은 후에 앞에서 기술된 행렬 $Q_1 * Q_2 * \cdots * Q_{15}$을 이들에 곱해 주어 이들을 HAH에 대한 고유 벡터들로 변환시키는 것이다. 상삼각 행렬에 대한 고유 벡터들은 후진 대입법(backsubstitution)으로 쉽게 찾을 수 있다. 후진 대입법은 아래부터 벡터들을 계산해 올라감으로써 이루어진다. 첫 번째 고유 벡터들에 대한 계산을 고려하자.

$$\begin{bmatrix} 14.3246 & -5.0645 & 1.7655 \\ 0 & 3.000 & .4837 \\ 0 & 0 & 1.6745 \end{bmatrix} \begin{bmatrix} x_{11} \\ x_{12} \\ x_{13} \end{bmatrix} = 14.3246 * \begin{bmatrix} x_{11} \\ x_{12} \\ x_{13} \end{bmatrix}$$

후진 대입법을 이용하여, x_{13}에 대한 이 방정식계를 먼저 푼다. 마지막 식은 $x_{13} = 0$임을 의미 한다. 그 다음으로 x_{12}에 대한 두 번째 방정식을 풀면 $x_{12} = 0$이 얻어진다. 마지막으로, 첫 번째 방정식을 x_{13}에 대하여 푼다. 그 결과는 $x_{13} = 1$이다. 고유값 14.3246과 연관된 고유 벡터는$(1, 0, 0)^t$이다. 다른 두 개의 고유 벡터 들은 같은 방법으로 계산될 수 있다. 고유값 3과 연관된 고유 벡터는$(-.4082, -.9129, 0)^t$이고, 고유값 1.6754와 연관된 고유 벡터는 $(-.2593, -.3313, .9072)$가 된다. $Q = Q_1 * Q_2 * \cdots * Q_{15}$으로 주어지는 행렬 Q를 이 고유 벡터들에 곱해 주면, 이 벡터들은 HAH에 대한 고유 벡터들로 변환될 수 있다. 이 고유 벡터들에 행렬 H를 곱해 주면 원행렬 A에 대한 고유값으로 변환이 이루어진다. 이 과정에서 다음 행렬의 열 벡터들과 같은 행렬 A의 고유 벡터들이 얻어진다.

$$E = \begin{bmatrix} -.1925 & -.0701 & .1925 \\ -.6086 & 0.0000 & -.6086 \\ -.7698 & 0.7071 & .7698 \end{bmatrix} \quad \textbf{(8.10.2)}$$

MATLAB®에서 명령어 **[U, D] = eig(A)**를 이용하면, 고유값과 고유 벡터들을 계산할 수 있다. 행렬 U는 열 벡터들로 고유 벡터들을 포함하고 있으며, 행렬 D는 대각선에 고유값들을 갖는 대각행렬이다. 식 (8.10.2)에 있는 열 벡터들은 MATLAB®에서 계산된 고유 벡터들과 일치한다.

알고리즘 요약 하나의 행렬 A가 주어지면, 다음 알고리즘을 이용하여 고유값들과 고유 벡터들을 계산할 수 있다:

1. 행렬 A를 하우스홀더 행렬 H를 이용하여 헤쎈베르크 형태로 변환시킨다. (즉, A_1을 헤쎈베르크 행렬이라 할 때 $A_1 = HAH$를 계산한다)
2. A_1을 QR분해시킨다 (즉, $A_1 = Q_1 * R_1$).
3. A_1과 유사한 또 하나의 행렬 A_2를 만든다 (즉, $A_2 = R_1 * Q_1$).
4. A_n이 상삼각 행렬이 될 때까지, 제2 및 제3단계를 반복한다.

5. A에 대한 고유값들은 A_n의 대각선상에 위치한다.
6. A_n에 대한 고유 벡터들은 현대입법으로 계산한다.
7. A의 고유 벡터들을 계산하기 위하여 행렬 $H * Q_1 * Q_2 * \cdots * Q_n$을 앞의 벡터들에 곱해 준다.

참고문헌

[1] CRANDALL, S.H., *Engineering Analysis, A Survey of Numerical Procedures*, New York: McGraw-Hill Book Company, 1956.

[2] RALSTON, A., AND WILF, H. S., *Mathematical Methods for Digital Computers*, Vols. I and IE, New York: John Wiley & Sons, 1968.

[3] SALVADORI, M. G., AND BARON, M. L., *Numerical Methods in Engineering*, Englewood Cliffs, N.J.: Prentice-Hall, 1952.

[4] BATHE,K.-J., AND WILSON, E. L., *Numerical Methods in Finite Element Analysis,* Englewood Cliffs, N.J.: Prentice-Hall 1976.

[5] MEIROVITCH, L., *Computational Methods in Structural Dynamics*, Rockville, MD: Sijthoff & Noordhoff, 1980.

[6] MARTIN, R., AND WILKINSON, J., "Similarity Reduction of a General Matrix to Hessenberg Form," In *Handbook for Automatic Computation*, edited by BAUER, F., ct al., Berlin: Springer-Verlag, 1971.

[7] MARTIN, R., PETERS, G., AND WILKINSON, J., "The QR algorithm for Real Hessen-berg Matrice," In *Handbook for Automatic Computation*, edited by BAUER, F., et al., Berlin: Springer-Verlag, 1971.

연습문제

8.1 그림 P8.1에 보인 계에 대한 유연성 행렬은 다음과 같다.

$$[a] = \frac{1}{k}\begin{bmatrix} 0.5 & 0.5 & 0.5 \\ 0.5 & 1.5 & 1.5 \\ 0.5 & 1.5 & 2.5 \end{bmatrix}$$

유연성 항들로 운동 방정식을 기술하고 특성 방정식

$$\bar{\lambda}^3 - 5\bar{\lambda}^2 + 4.5\bar{\lambda} - 1 = 0$$

을 유도하라. 앞의 방정식에서 $\bar{\lambda} = 1/\lambda$로 치환하면 8.1절에 있는 특성 방정식과 일치함을 증명하라.

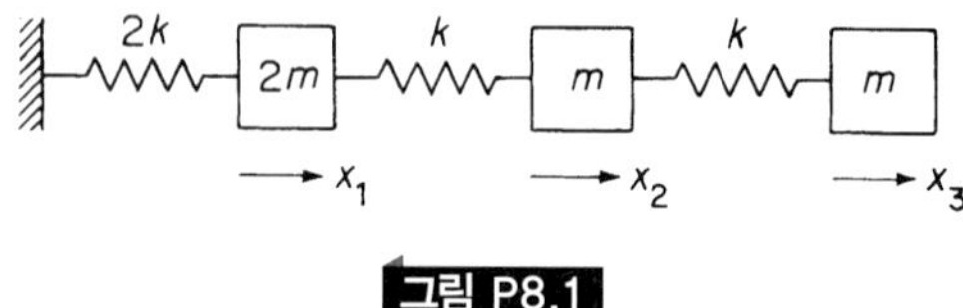

그림 P8.1

8.2 MATLAB®을 이용하여 $\bar{\lambda}_i$및 ϕ_i를 계산하고, 이들이 8.1절에 주어진 ω_i 및 ϕ_i가 됨을 증명하라.

8.3 8.1절에 있는 계의 경우에, 1차 모드에 대한 고유 벡터는 가우스 소거법(Gauss elimination method)으로 계산되었다. 제2 및 제3의 고유 벡터들을 찾는 문제를 완성해 보라.

8.4 문제 8.1에 대하여 2로 첫 번째 식을 나누어주어 다음과 같이 특성 행렬식을 다시 기술해 보라(부록 C4 참조).

$$\left| -\lambda \begin{bmatrix} 1 & & \\ & 1 & \\ & & 1 \end{bmatrix} + \begin{bmatrix} 1.5 & -0.5 & 0 \\ -1 & 2 & -1 \\ 0 & -1 & 1 \end{bmatrix} \right| = 0$$

여기서 새로운 행렬식은 대칭이 아니고 대각요소들의 합, 즉 고유값들의 합인 대각합(trace)은 4.5이다. 부록 C.4에서처럼 여인자들로부터 고유 벡터들을 계산하라.

8.5 부록 C.4의 여인자(cofactor) 방법에서 열이 아닌 수평인 행의 여인자들이 이용되어야 한다. 그 이유를 설명하라.

8.6 강성행렬을 이용하여 그림 P8.6에 있는 3자유도계에 대한 운동 방정식을 기술하라. $m_1 = m_2 = m$ 및 $k_1 = k_2 = k_3 = k$라 가정할 때, 특성 방정식의 근들은 $\lambda_1 = 0.198$, $\lambda_2 = 1.555$ 및 $\lambda_3 = 3.247$이 된다. 이 결과들을 이용해, 가우스 소거법에 의한 고유 벡터들을 계산하고, 이들을 컴퓨터를 이용해 얻어진 고유 벡터들과 검정해 보라.

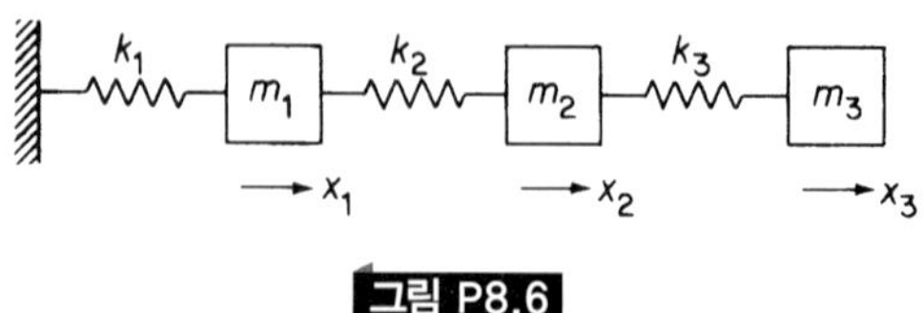

그림 P8.6

8.7 문제 8.6을 유연성 방정식으로부터 시작해서 반복하라.

8.8 그림 P8.6과 등가인 다른 계를 그린 후에, k_i와 m_i의 임의의 값들에 대하여 고유값과 고유 벡터를 계산하라.

8.9 그림 P8.9에 보인 계에 대하여 운동 방정식을 유도한 후에 (k_s와 m_s의 값들을 각각 같다고 보았을 때) 그 특성 방정식이 다음과 같이 나타낼 수 있음을 증명하라.

$$\lambda^4 - 9\lambda^3 + 25\lambda^2 - 21\lambda + 3 = 0$$

또한 고유값과 고유 벡터를 계산하라.

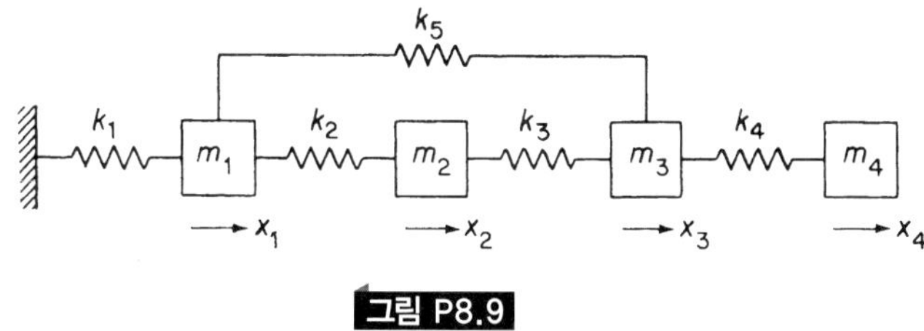

그림 P8.9

8.10 8.9의 고유값들을 이용하여 가우스 소거법을 설명해 보라.

8.11 예제 5.3.2에서 만일 자동차 휠의 질량(앞의 두 개와 뒤의 두 개에 대하여 각각 m_0)과 타이어 강성(앞의 두 개와 두 개에 대하여 각각 k_0)이 포함된다면, 행렬 형태의 4자유도 운동 방정식은 다음과 같이 된다.

$$\left[\begin{array}{cc|cc} m & & & \\ & J & & 0 \\ \hline & & m_0 & \\ 0 & & & m_0 \end{array}\right]\begin{Bmatrix} \ddot{x} \\ \ddot{\theta} \\ \ddot{x}_1 \\ \ddot{x}_2 \end{Bmatrix} +$$

$$\left[\begin{array}{cc|cc} (k_1 + k_2) & (k_2 l_3 - k_1 l_1) & -k_1 & -k_2 \\ (k_2 l_2 - k_1 l_1) & (k_1 l_1^2 + k_2 l_2^2) & k_1 l_1 & -k_2 l_2 \\ \hline -k_1 & k_1 l_1 & k_0 + k_1 & 0 \\ -k_2 & -k_2 l_2 & 0 & k_0 + k_2 \end{array}\right]\begin{Bmatrix} x \\ \theta \\ x_1 \\ x_2 \end{Bmatrix} = \{0\}$$

계의 스프링-질량 선도를 그려보고, 앞의 방정식을 유도하라.

8.12 문제 8.11에서 $w_0 = m_0 g = 160$ lb 및 $k_0 = 38{,}400$ lb/ft라할 때, 컴퓨터를 활용하여 네 개의 고유 진동수와 모드 형상을 계산한 후 예제 5.3.2의 결과들과 비교해 보고, 두 방법에 대하여 의견을 제시해 보라.

8.13 그림 P8.13의 균일보는 그림의 평면내에서 자유로이 진동한다. 두 질량의 크기는 $m_1 = w_1/g = 500$ kg 및 $m_2 = w_2/g = 100$ kg이다. 두 개의 고유 진동수와 모드 형상을 계산하라. 문제에 대한 유연성 영향계수들은 다음과 같이 주어진다.

$$a_{11} = \frac{l^3}{48\,EI} = \frac{1}{6}a_{22}, \qquad a_{22} = \frac{l^3}{8\,EI},$$

$$a_{12} = a_{21} = \frac{l^3}{32EI} = \frac{1}{4}a_{22}$$

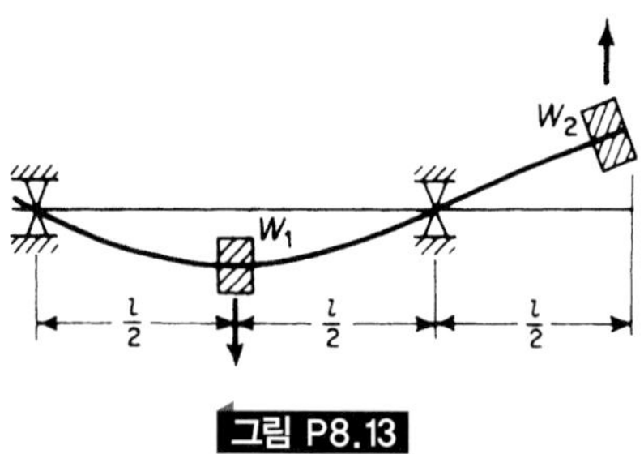

그림 P8.13

8.14 그림 P8.14의 질량계에 대한 영양계수들을 계산하고 주모드들을 계산하라.

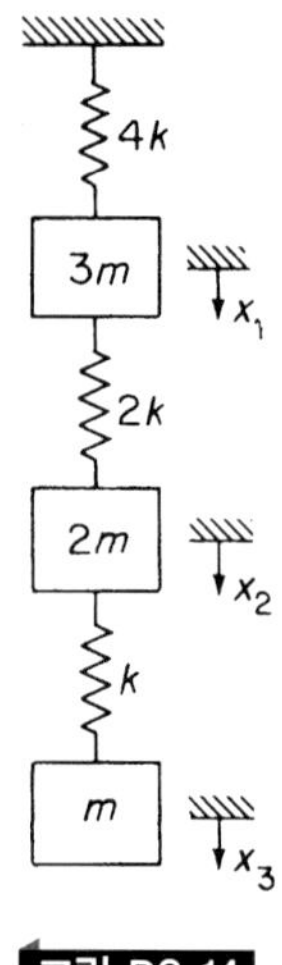

그림 P8.14

8.15 그림 P8.15의 외팔보에 대한 세 개의 고유 진동수와 모드 형상들을 계산하라. 주의: 예제 6.1.3에 있는 유연성 행렬은 앞의 문제와 반대의 순서로 좌표계가 주어져 있다.

그림 P8.15

그림 P8.16

8.16 그림 P8.16의 비틀림계에 대한 고유 진동수들과 모드 형상을 계산하라.

8.17 그림 P8.17에서 보듯이 네 개의 질량들이 모두 같은 길이의 현들로 연결되어 있다. 장력이 일정하다고 가정하고, 고유 진동수 및 모드 형상을 구하라.

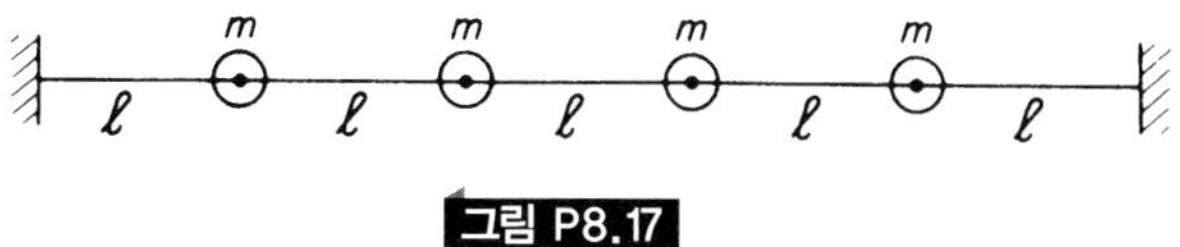

그림 P8.17

8.18 그림 P8.18에 대한 강성행렬 $K = U^T U$를분해하라.

$$K = \begin{bmatrix} 2 & -1 \\ -1 & 4 \end{bmatrix}$$

8.19 그림 P8.19에서 보인 계에 대하여 문제 8.18의 풀이를 반복하라.

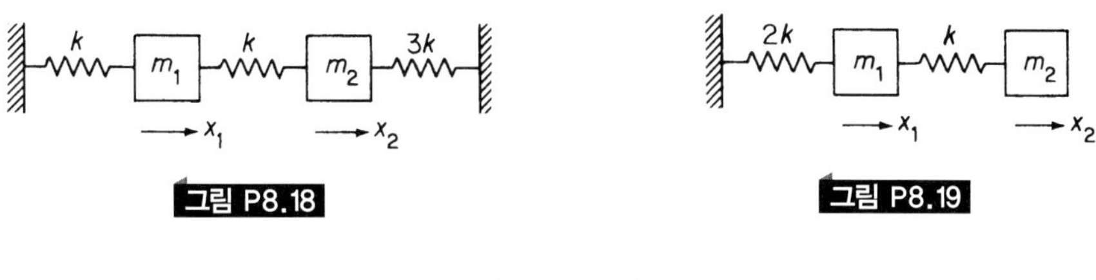

그림 P8.18 그림 P8.19

$$K = \begin{bmatrix} 3 & -1 \\ -1 & 1 \end{bmatrix}$$

8.20 그림 P8.20의 계에 대한 운동 방정식을 기술하고 표준형으로 변환하라.

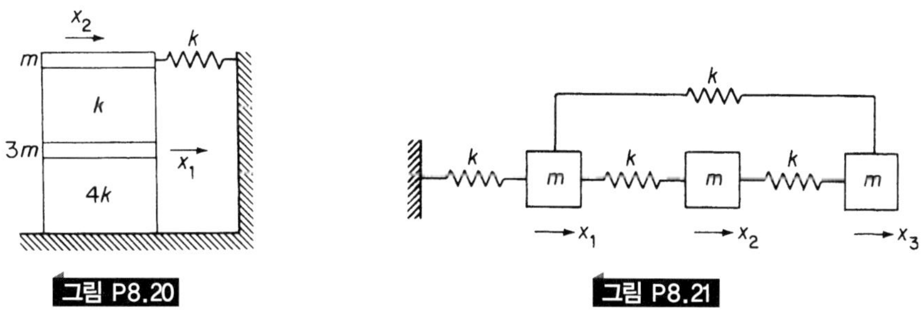

그림 P8.20 그림 P8.21

8.21 그림 P8.21에 보인 계에 대한 강성행렬은

$$K = k\begin{bmatrix} 3 & -1 & -1 \\ -1 & 2 & -1 \\ -1 & -1 & 2 \end{bmatrix}$$

로 나타낼 수 있다. 촐레스키 분해 U와 U^{-1}을 계산하라.

8.22 질량과 강성행렬이

$$M = m\begin{bmatrix} 3 & 0 \\ 0 & 2 \end{bmatrix}, \quad K = k\begin{bmatrix} 3 & -1 \\ -1 & 2 \end{bmatrix}$$

로 주어졌다. 표준형을 이용하여 고유 진동수와 모드 형상을 계산하라.

8.23 강성행렬을 분해하여 예제 8.9.1을 반복하고 그 결과들을 예제의 결과들과 비교해 보라.

8.24 질량행렬의 촐레스키 분해법을 이용하여 표준형으로 된 다음 방정식을 표현하라.

$$\left[\lambda\begin{bmatrix} 4 & 1 & 0 \\ 1 & 4 & 1 \\ 0 & 1 & 2 \end{bmatrix} + \begin{bmatrix} 2 & -1 & 0 \\ -1 & 2 & -1 \\ 0 & -1 & 1 \end{bmatrix}\right]\begin{Bmatrix} x_1 \\ x_2 \\ x_3 \end{Bmatrix} = \begin{Bmatrix} 0 \\ 0 \\ 0 \end{Bmatrix}$$

8.25 강성행렬을 분해하여 문제 8.24를 반복하라.

8.26 그림 P8.26의 계에 대한 운동 방정식이

$$\begin{bmatrix} m_1 & 0 \\ 0 & m_2 \end{bmatrix}\begin{Bmatrix} \ddot{x}_1 \\ \ddot{x}_2 \end{Bmatrix} + \begin{bmatrix} (k_1 + k_2 + k_3) & -k_1 \\ -k_2 & (k_2 + k_4) \end{bmatrix}\begin{Bmatrix} x_1 \\ x_2 \end{Bmatrix} = \begin{Bmatrix} 0 \\ 0 \end{Bmatrix}$$

됨을 증명하고, $m_i = m$ 그리고 $k_i = k$라 할 때 고유값과 고유 벡터들을 계산하라.

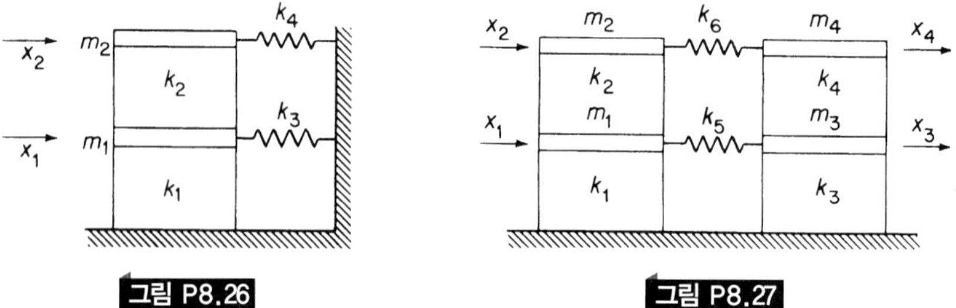

그림 P8.26

그림 P8.27

8.27 그림 P8.27에 보인 계의 운동 방정식은 다음과 같다.

$$\begin{bmatrix} m_1 & & & \\ & m_2 & & \\ & & m_3 & \\ & & & m_4 \end{bmatrix}\begin{Bmatrix} \ddot{x}_1 \\ \ddot{x}_2 \\ \ddot{x}_3 \\ \ddot{x}_4 \end{Bmatrix} +$$

$$\begin{bmatrix} (k_1 + k_2 + k_5) & -k_2 & -k_5 & 0 \\ -k_2 & (k_2 + k_3) & 0 & -k_6 \\ -k_5 & 0 & (k_3 + k_4 + k_5) & -k_4 \\ 0 & -k_6 & -k_4 & (k_4 + k_6) \end{bmatrix}\begin{Bmatrix} x_1 \\ x_2 \\ x_3 \\ x_4 \end{Bmatrix} = \begin{Bmatrix} 0 \\ 0 \\ 0 \\ 0 \end{Bmatrix}$$

$m_i = m$ 및 $k_i = k$일 때, 고유값과 고유 벡터들을 계산하라. 모드 형상을 그리고, 스프링 k_5 및 k_6의 작용에 대하여 논하라.

CHAPTER

09 연속계의 진동

본 장에서 공부하고자 하는 계는 연속적으로 분포되는 질량과 탄성에 관해서이다. 이 물체들은 재차(homogeneous)이고, 등방성(isotropic)이며, 탄성한계 내에서 후크의 법칙(Hooke's law)에 따른다. 탄성체의 모든 질점의 위치를 명시하려면 무한 개의 좌표가 필요하며, 따라서 무한 자유도를 갖게 된다.

일반적으로, 이들 물체들의 자유진동은 앞에서 언급한 바와 같이 주모드(principal mode) 또는 정규 모드(nomarl mode) 의 합이 된다. 정규 모드 진동에서는 물체의 모든 질점은 각 평형점을 기준으로 주파수 방정식의 특성근에 해당하는 주파수로 단순한 조화운동을 하게 된다. 운동이 시작될 때의 물체의 탄성곡선이 어떤 한 정규 모드와 완전히 일치하게 되면, 그 정규 모드만이 나타나게 된다. 그러나 가하는 힘이나 갑작스레 제거되는 힘에 의한 탄성곡선은 어떤 정규 모드와 일치되기는 어려우며, 이 경우 모든 모드가 가진 된다. 하지만 흔히 적절한 초기 조건을 주어 특정 정규 모드를 가진시킬 수 있다.

앞의 제6장에서 이미 다루었던 것처럼 연속적으로 분포된 강제진동의 모드-합성 방법은 자유도의 유한 요소법으로 분석할 수 있다. 구속조건들은 자주 구조물의 추가 지지점으로 나타나며, 계의 정규 모드를 변경시킨다. 계의 처짐을 나타내는 모드들은 항상 직교할 필요가 없으며 비직교함수들을 이용한 계의 합성 과정을 예시하였다.

9.1 진동하는 현

단위길이당 질량 ρ인 탄성현이 장력 T를 받아 신장되어 있다. 현(string)의 횡방향 처짐 y가 작다고 가정하면, 처짐에 따른 장력의 변화는 무시될 수 있다.

기본길이 dx의 현에 대한 자유 물체도를 그림 9.1.1에 보이고 있다. 처짐과 기울기가 작다고 가정하면 y방향 운동 방정식은 다음 식과 같다.

$$T\left(\theta + \frac{\partial \theta}{\partial x}\,dx\right) - T\theta = \rho\,dx\,\frac{\partial^2 y}{\partial t^2}$$

또는

$$\frac{\partial \theta}{\partial x} = \frac{\rho}{T}\frac{\partial^2 y}{\partial t^2} \tag{9.1.1}$$

현의 기울기는 $\theta = \partial y/\partial x$이므로, 윗식은

$$\frac{\partial^2 y}{\partial x^2} = \frac{1}{c^2}\frac{\partial^2 y}{\partial t^2} \tag{9.1.2}$$

가 되는데, 여기서 $c = \sqrt{T/\rho}$는 현을 따라 진행하는 파동(wave)의 전파속도이다.

식 (9.1.2)의 일반해는 다음 형태로 표현될 수 있다.

$$y = F_1(ct - x) + F_2(ct + x) \tag{9.1.3}$$

여기서 F_1과 F_2는 임의 함수(arbitray function)이다. 함수 F의 형태에 관계없이 변수$(ct \pm x)$에 관하여 미분하면 다음 식을 만족한다

$$\frac{\partial^2 F}{\partial x^2} = \frac{1}{c^2}\frac{\partial^2 F}{\partial t^2} \tag{9.1.4}$$

따라서, 미분 방정식이 만족된다.

성분 $y = F_1(ct - x)$를 고려하면 그 값은 변수 $(ct - x)$에 의하여 정해지며, 따라서 일련의 t와 x의 값에 의하여 정해진다. 예를 들면, $c = 10$인 경우 방정식 $y = F_1(100)$은 $t = 0$, $x = -100$; $t = 1$, $x = -90$; $t = 2$, $x = -80$ 등으로 주어질 때 만족된다. 따라서, 파동은 양(+)의 x방향으로 속도 c로 이동한다. 유사한 방법으로 $F_2(ct + x)$는 음(−)의 x방향으로 속도 c로 이동하는 파동을 나타냄을 보일 수 있다. 따라서, c를 파동의 전파속도라고 한다.

편미분(paritial differential) 방정식을 푸는 한 방법은 변수분리(separation of variables) 방법이다. 이 방법에서는 해를 다음 형태로 가정한다

$$y(x, t) = Y(x)G(t) \tag{9.1.5}$$

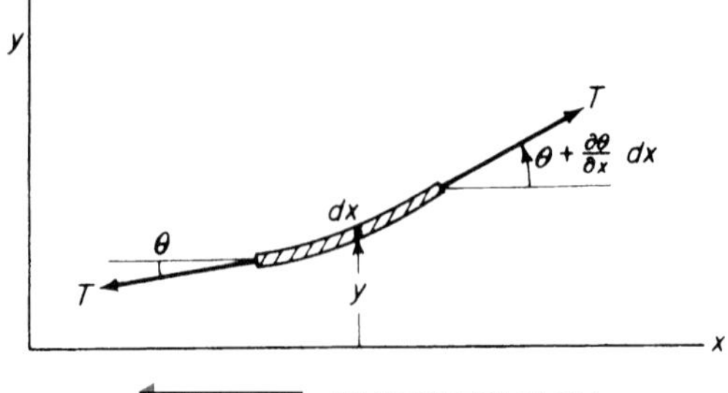

그림 9.1.1 횡방향에서의 현 요소

식 (9.1.2)에 대입하면 다음 식을 얻을 수 있다.

$$\frac{1}{Y}\frac{d^2 Y}{dx^2} = \frac{1}{c^2}\frac{1}{G}\frac{d^2 G}{dt^2} \tag{9.1.6}$$

이 방정식의 좌변은 t에 무관하고 우변은 x에 무관하므로, 각 변은 상수이어야 한다. 이 상수를 $-(\omega/c)^2$이라 놓으면 두 개의 상미분(ordinary differential) 방정식을 얻는다.

$$\frac{d^2 y}{dx^2} + \left(\frac{\omega}{c}\right)^2 Y = 0 \tag{9.1.7}$$

$$\frac{d^2 G}{dt^2} + \omega^2 G = 0 \tag{9.1.8}$$

이들의 일반해는 다음과 같다

$$Y = A \sin\frac{\omega}{c}x + B\cos\frac{\omega}{c}x \tag{9.1.9}$$

$$G = C\sin\omega t + D\cos\omega t \tag{9.1.10}$$

임의 상수 A, B, C 및 D는 경계조건(boundary condition)과 초기 조건(initial condition)에 의존한다. 예를 들어, 현이 거리 l인 양단에 고정되면 경계조건은 $y(0, t) = y(l, t) = 0$이 된다. $y(0, t) = 0$의 조건으로부터 $B = 0$이어야 하므로 해는 다음과 같다

$$y = (C\sin\omega t + D\cos\omega t)\sin\frac{\omega}{c}x \tag{9.1.11}$$

$y(l, t) = 0$ 의 조건을 부과하면,

$$\sin\frac{\omega l}{c} = 0$$

또는

$$\frac{\omega_n l}{c} = \frac{2\pi l}{\lambda} = n\pi, \quad n = 1, 2, 3, \ldots$$

을 얻을 수 있는데, 여기서 $\lambda = c/f$는 파장(wavelength)이고 f는 진동의 주파수이다. 각 n은 다음 방정식에서 결정되는 고유 진동수를 갖는 정규 모드 진동을 나타낸다

$$f_n = \frac{n}{2l}c = \frac{n}{2l}\sqrt{\frac{T}{\rho}}, \quad n = 1, 2, 3, \ldots \tag{9.1.12}$$

모드 형상은 다음의 분포를 갖는 정현파이다.

$$Y = \sin n\pi \frac{x}{l} \tag{9.1.13}$$

일반적인 자유진동의 경우, 그 해는 많은 정규 모드를 포함하게 되며, 변위에 대한 방정식은 다음과 같다

$$\begin{aligned} y(x, t) &= \sum_{n=1}^{\infty} (C_n \sin \omega_n t + D_n \cos \omega_n t) \sin \frac{n\pi x}{l} \\ \omega_n &= \frac{n\pi c}{l} \end{aligned} \tag{9.1.14}$$

이 방정식에 초기 조건 $y(x, 0)$과 $\dot{y}(x, 0)$을 이용하면 C_n과 D_n을 구할 수 있다.

예제 9.1.1

길이 l인 균일현이 양단에서 고정되어 있고 장력 T를 받고 있다. 현이 임의 형상 $y(x, 0)$으로 변위되었다가 놓아질 때, 식 (9.1.14)의 C_n과 D_n을 구하라.

풀이 $t = 0$에서 변위와 속도는 다음과 같다.

$$y(x, 0) = \sum_{n=1}^{\infty} D_n \sin \frac{n\pi x}{l}$$

$$\dot{y}(x, 0) = \sum_{n=1}^{\infty} \omega_n C_n \sin \frac{n\pi x}{l} = 0$$

각 방정식을 $\sin k\pi x/l$로 곱하고 $x = 0$에서 $x = l$까지 적분하면, 우변의 $n = k$항을 제외한 모든 항은 0이 된다. 따라서, 결과는 다음과 같다.

$$D_k = \frac{2}{l} \int_0^l y(x, 0) \sin \frac{k\pi x}{l} dx$$

$$C_k = 0, \quad k = 1, 2, 3, \ldots$$

9.2 봉의 축방향 진동

본 절에서 다루는 봉은 가늘고 길이에 따라 균일하다고 가정한다. 축방향 하중으로 인하여 위치 x와 시간 t 모두의 함수인 변위 u가 봉을 따라 일어난다. 봉은 무한 개의 고유 진동 모드를 가지므로 변위의 분포가 각 모드에 따라 달라진다.

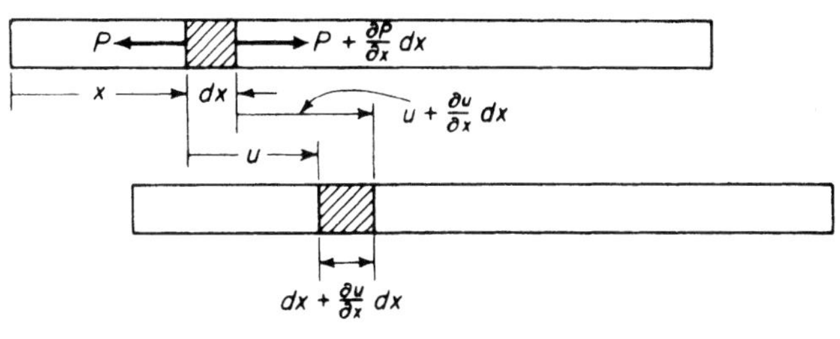

그림 9.2.1 봉 요소의 변위

길이 dx의 봉 요소를 고려하자(그림 9.2.1). u를 x에서의 변위라 하면 $x + dx$에서의 변위는 $u + (\partial u/\partial x)dx$가 된다. 새로운 위치에서 요소 dx가 길이의 변화 $(\partial u/\partial x)dx$를 하게 되고, 따라서 단위 변형률(unit stain)은 $\partial u/\partial x$가 됨은 자명하다. 후크의 법칙으로부터 단위응력과 단위 변형률의 비가 탄성계수 E와 같아지므로 다음과 같이 쓸 수 있다

$$\frac{\partial u}{\partial x} = \frac{P}{AE} \tag{9.2.1}$$

여기서 A는 봉의 단면적이다. x에 대하여 미분하면 다음과 같다.

$$AE\frac{\partial^2 u}{\partial x^2} = \frac{\partial P}{\partial x} \tag{9.2.2}$$

이제 요소에 대한 뉴턴(Newton)의 운동법칙을 적용하면 불평형하중과 요소의 질량과 가속도의 관계는 다음과 같다

$$\frac{\partial P}{\partial x}dx = \rho A dx\frac{\partial^2 u}{\partial t^2} \tag{9.2.3}$$

여기서 ρ는 봉의 단위체적당 질량, 즉 밀도이다. 식 (9.2.2)와 (9.2.3)에서 $\partial P/\partial x$를 소거하면 다음 편미분 방정식을 얻게 된다

$$\frac{\partial^2 u}{\partial t^2} = \left(\frac{E}{\rho}\right)\frac{\partial^2 u}{\partial x^2} \tag{9.2.4}$$

또는

$$\frac{\partial^2 u}{\partial x^2} = \frac{1}{c^2}\frac{\partial^2 u}{\partial t^2} \tag{9.2.5}$$

윗식은 현에 관한 식 (9.1.2)와 유사하다. 봉에서 변위나 응력의 전파속도는

$$c = \sqrt{\frac{E}{\rho}} \tag{9.2.6}$$

가 되고, 해의 형태를

$$u(x, t) = U(x)G(t) \tag{9.2.7}$$

로 놓으면 식 (9.1.7), (9.1.8) 과 유사한 두 개의 상미분 방정식을 얻게 되며, 그 해는 다음과 같다.

$$U(x) = A \sin \frac{\omega}{c} x + B \cos \frac{\omega}{c} x \tag{9.2.8}$$

$$G(t) = C \sin \omega t + D \cos \omega t \tag{9.2.9}$$

예제 9.2.1

자유-자유단을 갖는 봉의 고유 진동수와 모드 형상을 구하라.

풀이 양단에서의 응력이 0이 된다. 응력은 $E\ \partial u/\partial x$로 주어지므로 양단에서의 단위 변형률도 0이 된다. 즉 다음과 같다.

$$\frac{\partial u}{\partial x} = 0 \ \ (x = 0 \text{ 또는 } x = l\text{인 경우})$$

이 경제조건에 해당하는 두 방정식은 다음과 같다.

$$\left(\frac{\partial u}{\partial x}\right)_{x=0} = A\frac{\omega}{c}(C \sin \omega t + D \cos \omega t) = 0$$

$$\left(\frac{\partial u}{\partial x}\right)_{x=l} = \frac{\omega}{c}\left(A \cos \frac{\omega l}{c} - B \sin \frac{\omega l}{c}\right)(C \sin \omega t + D \cos \omega t) = 0$$

임의의 시간 t에 대하여 이 방정식들이 만족되어야 하므로, 첫 번째 방정식으로부터 A는 0이 되어야 한다. 진동이 생기기 위해서는 B가 유한해야 하므로 두 번째 방정식은 다음과 같다.

$$\sin \frac{\omega l}{c} = 0$$

또는

$$\frac{\omega_n l}{c} = \omega_n l\sqrt{\frac{\rho}{E}} = \pi, 2\pi, 3\pi, \ldots, n\pi$$

일 때 만족된다. 따라서 고유 진동수는 다음과 같다.

$$\omega_n = \frac{n\pi}{l}\sqrt{\frac{E}{\rho}}, \quad f_n = \frac{n}{2l}\sqrt{\frac{E}{\rho}}$$

여기서 n은 모드의 차수를 표시한다. 따라서, 초기 변위가 0인 자유-자유단 봉의 해는 다음과 같이 표현된다.

$$u = u_0 \cos\frac{n\pi}{l}x \sin\frac{n\pi}{l}\sqrt{\frac{E}{\rho}}t$$

축방향 진동의 진폭은 n개의 절점(nodes)을 갖는 여현파가 된다.

9.3 봉의 비틀림 진동

비틀림 진동을 하는 봉의 운동 방정식은 앞 절에서 논의한 봉의 축방향 진동과 유사하다.

x를 봉의 길이를 따라 측정할 때, 토크 T에 의한 임의의 길이 dx의 봉에서의 비틀림 각은 다음과 같다.

$$d\theta = \frac{Tdx}{I_P G} \tag{9.3.1}$$

여기서 $I_p G$는 단면적의 극관성 모멘트(polar moment of inertia) I_p와 전단 탄성계수(shear modulus of elasticity) G의 곱으로 주어지는 비틀림 강성(torsional stiffness)이다. 요소의 양면에서의 토크(torque)는 그림 9.3.1에서와 같이 T와 $T + (\partial T/\partial x)dx$이므로 식 (9.3.1)로부터 순(net)토크는 다음과 같다.

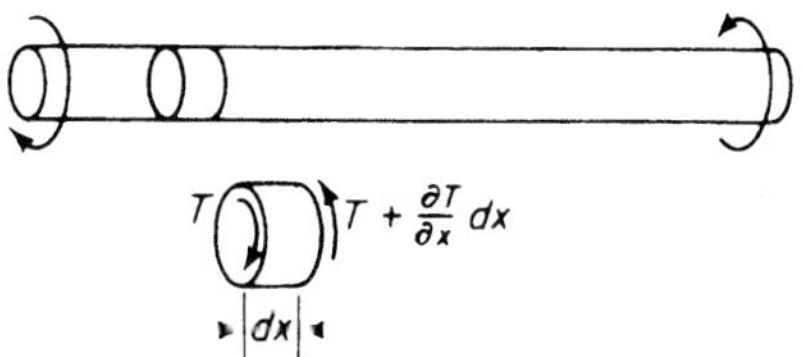

그림 9.3.1 요소 dx에 작용하는 토크

$$\frac{\partial T}{\partial x}dx = I_P G \frac{\partial^2 \theta}{\partial x^2}dx \tag{9.3.2}$$

이 토크를 요소의 질량 관성 모멘트 $\rho I_P dx$와 각가속도 $\partial^2\theta/\partial t^2$의 곱과 같게 놓으면(여기서 ρ는 봉의 밀도로 단위체적당 질량), 미분 방정식은 다음과 같이 된다.

$$\rho I_P\, dx \frac{\partial^2 \theta}{\partial t^2} = I_P G \frac{\partial^2 \theta}{\partial x^2}dx, \qquad \frac{\partial^2 \theta}{\partial t^2} = \left(\frac{G}{\rho}\right)\frac{\partial^2 \theta}{\partial x^2} \tag{9.3.3}$$

이 방정식은 θ와 G/ρ를 u와 E/ρ로 각각 대체한 봉의 축방향 진동식과 같은 형태이다. 두 식을 비교하면 일반해를 다음과 같이 표현할 수 있다.

$$\theta = \left(A \sin \omega\sqrt{\frac{\rho}{G}}x + B \cos \omega\sqrt{\frac{\rho}{G}}x\right)(C \sin \omega t + D \cos \omega t) \tag{9.3.4}$$

예제 9.3.1

그림 9.3.2에 보인 고정-자유단을 갖는 비틀림 진동을 하는 균일봉의 고유 진동수를 결정하는 방정식을 구하라.

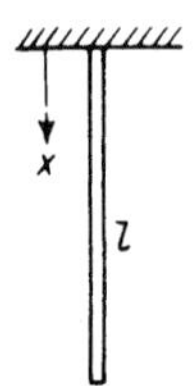

그림 9.3.2

풀이 방정식

$$\theta = (A \sin \omega\sqrt{\rho/G}x + B \cos \omega\sqrt{\rho/G}x) \sin \omega t$$

에 다음 경계조건을 적용한다.

(1) $x = 0$에서 $v = 0$

(2) $x = l$에서 토크 = 0 또는

$$\frac{\partial \theta}{\partial x} = 0$$

경계조건 (1)인 경우 $B = 0$이다.

경제조건 (2)인 경우는 다음과 같다.

$$\cos \omega\sqrt{\rho/G}l = 0$$

윗식은 다음 각도에서 만족된다.

$$\omega_n\sqrt{\frac{\rho}{G}}l = \frac{\pi}{2}, \frac{3\pi}{2}, \frac{5\pi}{2}, \ldots, \left(n + \frac{1}{2}\right)\pi$$

따라서, 봉의 고유 진동수는 다음 방정식으로부터 구해진다.

$$\omega_n = \left(n + \frac{1}{2}\right)\frac{\pi}{l}\sqrt{\frac{G}{\rho}}$$

여기서 $n = 0, 1, 2, 3\cdots$이다.

예제 9.3.2

유정(oil well)의 드릴관(drill pipe)의 봉 하단에는 절삭공구(cutting bit)가 부착되어 있다. 드릴관이 균일하며, 상단은 고정되어 있고, 봉과 절삭공구는 그림 9.3.3에 보인 것처럼 하단에서 질량 관성 모멘트 J_0를 갖는다고 가정할 때, 고유 진동수에 대한 표현식을 유도하라.

풀이 상단에서 경제조건은 $x = 0$, $\theta = 0$으로 식 (9.3.4)의 B가 0이 되어야 한다. 하단에서는, 그림 9.3.3의 자유 물체도에 보여진 것과 같이 하단 원판의 관성 토크(inertia torque)에 의해 축에 토크가 걸린다. 원판의 관성 토크는 $-J_0(\partial^2\theta/\partial^2 t)_{x=l} = J_0\omega^2(\theta)_{x=l}$인 반면, 식 (9.3.1)로부터 축 토크는 $T_l = GI_P(d\theta/dx)_{x=l}$이 된다. 두 토크를 같게 놓으면 다음과 같다.

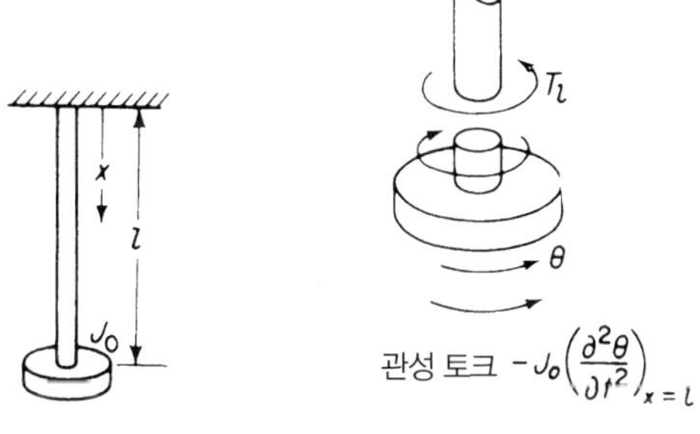

그림 9.3.3

$$GI_P\left(\frac{d\theta}{dx}\right)_{x=l} = J_0\omega^2\theta_{x=l}$$

식 (9.3.4)에 $B=0$을 대입하고 결과식을 윗식에 대입하면 다음과 같다.

$$GI_P\omega\sqrt{\frac{\rho}{G}}\cos\omega\sqrt{\frac{\rho}{G}}l = J_0\omega^2\sin\omega\sqrt{\frac{\rho}{G}}l$$

$$\tan\omega l\sqrt{\frac{\rho}{G}} = \frac{I_P}{\omega J_0}\sqrt{G\rho} = \frac{I_P\rho l}{J_0\omega l}\sqrt{\frac{G}{\rho}} = \frac{J_{\text{rod}}}{J_0\omega l}\sqrt{\frac{G}{\rho}}$$

윗식은 다음의 형태를 갖는다.

$$\beta\tan\beta = \frac{J_{\text{rod}}}{J_0} \qquad \beta = \omega l\sqrt{\frac{\rho}{G}}$$

이것은 도식적으로 혹은 표로부터[1] 그 해를 구할 수 있다

예제 9.3.3

상단은 고정되어 있고, 하단은 120 ft 길이의 드릴 원판을 갖는 500 ft 길이의 유정 드릴관의 처음 두 개의 고유 진동수를 구하라(앞의 예제에서 전개된 주파수 방정식을 이용하라). 드릴관과 원판의 평균값들은 다음과 같다.

드릴관 : 외경 $= 4\frac{1}{2}$ in

내경 $= 3.83$ in

$I_p = 0.00094\ \text{ft}^4,\ l = 5000\ \text{ft}$

$$J_{\text{rod}} = I_P\rho L = 0.00094\times\frac{490}{32.2}\times 5000 = 71.4\ \text{lb}\cdot\text{ft}\cdot\text{s}^2$$

원판 : 외경 $= 7\frac{5}{8}$ in

내경 $= 2.0$ in

$J_0 = 0.244\times 120\ \text{ft} = 29.3\ \text{lb}\cdot\text{ft}\cdot\text{s}^2$

풀이 풀어야 할 방정식은 다음과 같다.

$$\beta\tan\beta = \frac{J_{\text{rod}}}{J_0} = 2.44$$

1) Jahnke and Emde, *Tables of functions*, 4th Ed.(New york : Dover Publications, 1945), Table V, p. 32

Jahnke와 Emde의 표 V로부터 $\beta = 1.135,\ 3.722\cdots$

$$\beta = \omega l\sqrt{\frac{\rho}{G}} = 5000\omega\sqrt{\frac{490}{12\times 10^6 \times 12^2 \times 32.2}} = 0.470\omega$$

ω에 대하여 풀면 처음 두 개의 고유 진동수는 다음과 같이 됨을 알 수 있다.

$$\omega_1 = \frac{1.135}{0.470} = 2.41\ \text{rad/s} = 0.384\ \text{cps}$$

$$\omega_2 = \frac{3.722}{0.470} = 7.93\ \text{rad/s} = 1.26\ \text{cps}$$

9.4 현수교의 진동

그림 9.4.1은 타코마 해협(Tacoma Narrows) 다리가 1940년 11월 7일 붕괴되기 전의 격렬한 비틀림 진동을 보여주고 있다. 이 다리는 1940년 7월 1일 세워진 이래, 세찬 바람 속에서 수많은 서로 다른 모드의 진동을 받았다. 단 4개월의 짧은 기간 동안, 이 다리의 이상한 움직임이 워싱턴 대학의 F.B. Farquharson 교수[2)]에 의하여 관찰되고 기록되었다.

타코마 해협(Tacoma Narrows) 다리의 붕괴 이후, 엔지니어들[3)]사이에는 많은 논란과 관심이 생겨났다. 비행기 날개의 플러터(flutter) 파괴에서처럼, 고속의 공기 역학적 가진을 받는 유연한 구조물은 때때로 음(−)의 감쇠(damping)를 가지게 되어 구조물의 파괴를 초래하게 되는 자려(self-excited) 진동을 발생시키게 된다.

비록 단순한 공명이론 그 자체만으로는 타코마 해협 다리의 붕괴를 기술하는 데에 충분하지 못하다고 하더라도, 그 해석을 위한 단순진동 모델을 만드는 중요성은 인식 되어져만 한다. 현수교는 분포질량과 분포강도를 가진 매우 유연한 구조이나. 비록 다리의 바닥은 그 길이를 따라 일반적으로 균일하지만, 지지하는 줄은 대부분의 강도를 제공하고 있으며, 강도는 탑 사이의 경사와 인장력에 따라 바뀌게 된다. 타코마 해협 다리에 대한 다음의 데이터는 여러 출처[4)]로부터 구한 것이다.

2) F.B. Farquharson, Aerodynamic Stability of Suspension Bridges, *University of Washington Engineering Experiment Station Bulletin*, No. 116, Part 1(1950)

3) K.Y. Billah, and R.H. Scanlan "Resonance, Tacoma Narrows Bridge Failure, and Undergraduate Physics Textbooks," *Amer. J. Physics*, Vol. 59, No. 2,pp. 118−124(Feb. 1991).

4) W.T.Thomson,"Vibration Periods at Tacoma Narrows," *Engineering News Record*, P477,pp.61−62(March 27,1941).

그림 9.4.1 타코마 해협(Tacoma Narrows) 다리: 비틀림 진동(F.B. Farquharson 교수 촬영, 워싱턴 대학 도서관 제공)

타코마 해협 다리에 대한 데이터

주요 치수

$l = 2800$ ft = 탑 사이의 간격

$h = 232$ ft = 케이블의 최대 처짐

$b = 39$ ft = 케이블 사이의 폭

$d = 17$ in = 케이블 직경

$h/l = 0.0829 = 1/12$ = 처짐에 대한 간격의 비

$b/l = 0.0139 = 1/72$ = 폭에 대한 간격의 비

무게(Weights)

$w_f = 4300$ lb/ft = 다리의 바닥판 무게/ft

$w_g = 323$ lb/ft = 거더(girder) 무게/케이블/ft

$w_g = \frac{\pi}{4} \times \left(\frac{17}{12}\right)^2 \times 0.082 \times 490 = 632$ lb/케이블의 ft

$w_t = \frac{1}{2}(4300) + 320 + 632 = 3105$ lb/ft = 케이블에 대한 전체 무게

$\rho = w_t/g = 3105/32.2 = 96.4\ \text{lb} \cdot \text{ft}^2 \cdot \text{s}^2$ = 총질량/ft/케이블

가정 및 계산된 양들

케이블 장력 그림 9.4.2 는 탑과 중간 지점 사이의 케이블의 자유물체도를 나타내고 있다. 중간 지점에서 케이블은 수평이고, 그리고 역시 탑에서의 케이블 장력은 수평 성분을 가진다. 탑에서의 모멘트를 0이라 두면, 다음 식을 구할 수 있다.

$$\Sigma M_0 = 232T - 3105 \times 1400 \times 700 = 0$$
$$\therefore T = 13.1 \times 10^6 \text{ lb}$$

탑에서 케이블 장력의 수직 성분은 전체 아래로 향한 힘의 총합 $3105 \times 1400 = 4.347 \times 10^6$ lbs와 같다. 그리하여 탑에서의 전체 케이블 장력은 다음과 같다.

$$T_0 = 10^6\sqrt{13.11^2 + 4.35^2} = 13.82 \times 10^6 \text{ lbs}$$

그리하여 거리에 따른 케이블 장력 T의 작은 변화는 무시할 수 있다. 또한 현수교인 경우 벤딩 부분의 바닥에 대한 굽힘 강성 (flexural stiffness)은 무시될 수 있다.

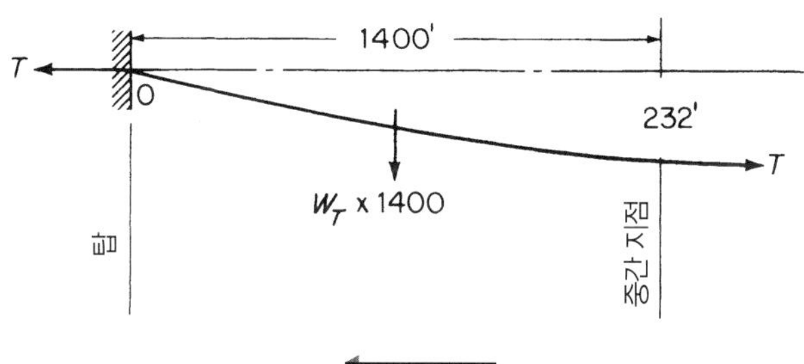

그림 9.4.2

비틀림 질량 관성 모멘트 그림 9.4.3은 극관성 모멘트를 계산하기 위하여 다리의 가상등가 단면적을 보여주고 있다.

$$J(\text{바닥}) = mb^2/12 = \frac{4320}{32.2} \times \frac{(39)^2}{12} = 17{,}000$$

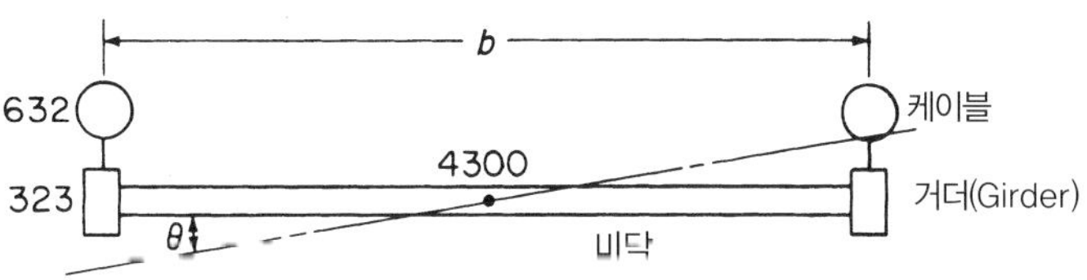

그림 9.4.3

$$J(\text{거더와 케이블}) = 2 \times \frac{955}{32.2} \times \left(\frac{39}{2}\right)^2 = 22{,}400$$

$$J(\text{전체}) = 39{,}400 \text{ lb} \cdot \text{s}^2$$

비틀림 강성 타코마 해협(Tacoma Narrows)다리에서 거더와 바닥은 둘 다 개방 단면이고, 그들에 의하여 주어지는 비틀림 강성(Tb^2)은 케이블에 의하여 주어지는 비틀림 강성과 비교할 때 작은 힘이다. 간격 b ft 떨어지고, 장력 T가 작용하는 한 쌍의 케이블을 생각하자. 그림 9.4.4에 보는 바와 같이 세 개의 연속구간 $i-1$, i, $i+1$은 케이블을 따라 등간격으로 위치하고 있다고 하자. 6.3절의 식 (6.3.1)에서의 강성행렬의 요소에 대한 정의를 생각하자. 구간 i에서 변위 y_{i-1}, y_{i+1},…을 포함하는 다른 모든 변위와 함께 변위 $y_i = 1.0$이 0일 때 강성은 측면 힘 F와 같게 된다.

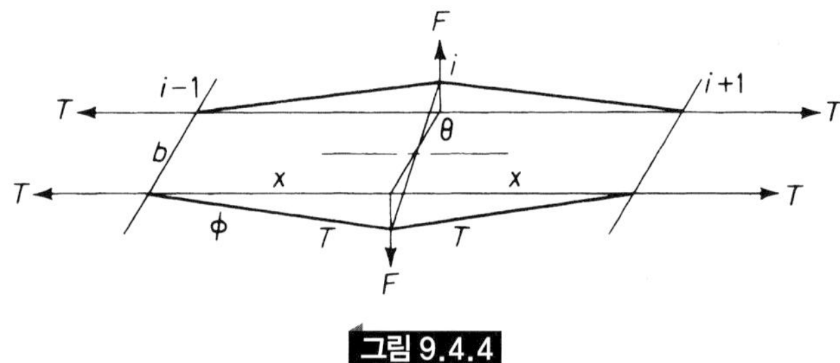

그림 9.4.4

횡단면 i에서 작은 회전 θ가 주어지고 $y_i = x\phi = (b/2)\theta$와 장력 T의 수직 성분을 얻는다.

$$F = 2T\phi = 2T\frac{b}{2x}\theta = \frac{Tb\theta}{x}$$

케이블의 토크는 $Fb = Tb^2\theta/x$이고, 비틀림 강성은 케이블의 단위길이당 토크인 Tb^2 lb · ft/rad/ft가 된다.

$$Tb^2 = 13.11 \times 10^6 \times 39^2 = 19{,}900 \times 10^6 \text{ lb} \cdot \text{ft}^2$$

예제 9.4.1 수직진동

상수 T와 ρ에 대하여 단위길이당 질량 ρ의 탄성현이 l ft 떨어진 두 개의 단단한 탑 사이에서 장력 T가 작용할 때 수직진동을 분석할 수 있다. 일반해는 경계조건 $y(0, t) = y(l, t) = 0$과 주파수 방정식을 만족시켜야 한다.

$$\sin\frac{\omega l}{c} = 0$$

9.1 절에서 나타낸 바와 같이 이 방정식은 다음에 의하여 만족된다.

$$\frac{\omega l}{c} = \pi, 2\pi, 3\pi, \ldots, n\pi$$

또는

$$f_n = \frac{n}{2l}\sqrt{\frac{T}{\rho}},\ n(\text{모드 수}) = 1, 2, 3, \cdots$$

$$c = \sqrt{\frac{T}{\rho}} = \text{파동 전파속도}$$

$n = 1$일 때 고유 모드가 되고, $n = 2$일 때 중심부에 절점(node)이 오는 등, 그림 9.4.5와 같이 된다. 주어진 데이터에서 값을 대입하면 다음과 같다.

$$\begin{aligned} f_n &= \frac{n}{2 \times 2800}\sqrt{\frac{13.1}{96.4}} \times 10^6 = 0.0658n \text{ cps} \\ &= 3.95n \text{ cpm} \cong 4n \text{ cpm} \end{aligned}$$

F. B. Farquharson은 몇몇의 다른 모드들이 관찰되어졌으며, 그들 중 몇몇은 이 곳에서 계산된 결과와 동일하다고 보고하였다.

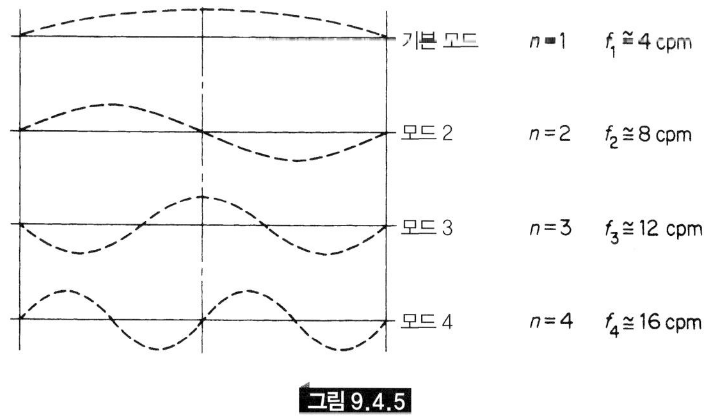

그림 9.4.5

예제 9.4.2 비틀림 진동

타코마 해협(Tacoma Narrows)다리가 붕괴되던 날, 42 mph의 강한 바람으로 진동의 여러 모드가 가진되었다고 기록되었다. 지배적인 모드는 앞 절에서 계산된 바와 같이 중간 지점 부분의 절점에 대한 수직진동이었다. 이 운동은 중간 지점 부분과 4초 주기일 때 비틀림 운동으로 갑자기 변하는데 붕괴되기 이전에 거의 45°의 큰 진폭으로 증대된다.

다리를 등가의 균일한 막대로 생각할 때, 비틀림 운동 방정식은 다음과 같다.

$$J\frac{\partial^2\theta}{\partial t^2} = K\frac{\partial^2\theta}{\partial x^2} \tag{9.4.1}$$

그 해는 다음과 같이 된다.

$$\theta(x, t) = \left(A\sin\omega\sqrt{\frac{J}{K}}x + B\cos\omega\sqrt{\frac{J}{K}}x\right)(C\sin\omega t + D\cos\omega t) \tag{9.4.2}$$

이때 $(PI_p dx) = J$ 항은 극관성 모멘트와 같고, $(I_p G dx) = K$ 항은 길이 dx인 비틀림 강성이다.

경계조건 $\theta(0, t) = \theta(l, t) = 0$에 대한 고유 진동수는 다음 식에서 구할 수 있다.

$$\sin\omega\sqrt{\frac{J}{K}}l = 0$$

$$\omega\sqrt{\frac{J}{K}}l = \pi, 2\pi, \ldots, n\pi$$

중간 지점에서의 절점에 대해서는, $n = 2$를 대입하면 다음과 같다.

$$2\pi f_2\sqrt{\frac{J}{K}}\,l = 2\pi$$

$$f_2 = \frac{1}{l}\sqrt{\frac{K}{J}}$$

$$\tau_2 = l\sqrt{\frac{J}{K}} = 2800\sqrt{\frac{39{,}400}{19{,}900}} \times 10^{-3}$$

$$= 3.94\ \text{s}$$

이는 관측된 주기 4초와 매우 잘 일치한다. 그러므로 단순화된 모델의 합리적인 전개를 통하여 신뢰할 만한 계산을 얻을 수 있었다.

9.5 보의 오일러 방정식

보의 횡진동(lateral vibration)에 대한 미분방정식을 구하기 위하여 그림 9.5.1에 보인 보의 한 요소에 작용하는 힘과 모멘트를 고려하자.

V와 M은 전단력과 굽힘 모멘트이고, $p(x)$는 보의 단위길이당 하중이다.

y방향 힘을 합하면 다음과 같다.

$$dV - p(x)dx = 0 \tag{9.5.1}$$

요소의 우측면상의 임의의 점에 관한 모멘트를 합하면 다음과 같다.

$$dM - Vdx - \tfrac{1}{2}p(x)(dx)^2 = 0 \tag{9.5.2}$$

극한 과정에서 이 방정식들은 다음의 중요한 관계식들을 준다.

$$\frac{dV}{dx} = p(x) \qquad \frac{dM}{dx} = V \tag{9.5.3}$$

식 (9.5.3)의 첫 번째 식은 보의 길이에 따른 전단 변화율이 단위길이당 하중과 같음을 나타내고 두 번째 식은 보의 길이에 따른 모멘트의 변화율이 전단과 같음을 의미한다.

식 (9.5.3)으로부터 다음 식을 구할 수 있다.

$$\frac{d^2M}{dx^2} = \frac{dV}{dx} = p(x) \tag{9.5.4}$$

그림 9.5.1에 표시된 좌표계를 이용하면 다음과 같은 굽힘 모멘트와 곡률(curvature)과의 관계를 얻을 수 있다.

$$M = EI\frac{d^2y}{dx^2} \tag{9.5.5}$$

이 관계식을 식 (9.5.4)에 대입하면 다음과 같다.

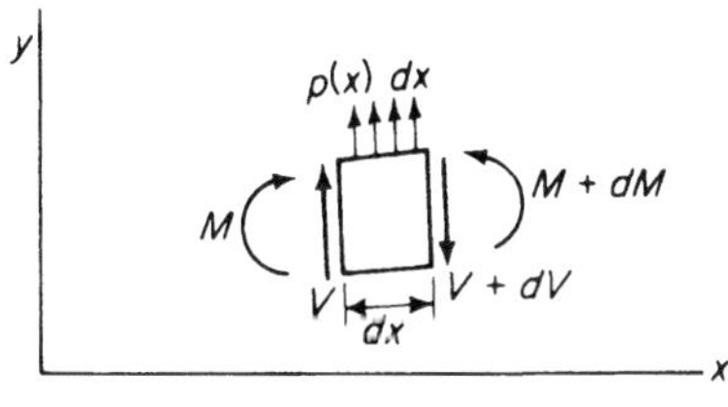

그림 9.5.1

$$\frac{d^2}{dx^2}\left(EI\frac{d^2y}{dx^2}\right) = p(x) \tag{9.5.6}$$

자중(own weight) 하에서 정적 평형위치에 관하여 진동하는 보에서는 단위길이당 하중은 질량과 가속도로 인한 관성력과 같다. 그림 9.5.1에 보인 바와 같이 관성력은 p(x)와 같은 방향이므로 조화운동을 가정하면 다음과 같다.

$$p(x) = \rho\omega^2 y \tag{9.5.7}$$

여기서 ρ는 보의 단위길이당 질량이다. 이 관계를 이용하면 보의 횡진동 방정식은 다음과 같다.

$$\frac{d^2}{dx^2}\left(EI\frac{d^2y}{dx^2}\right) - \rho\omega^2 y = 0 \tag{9.5.8}$$

굽힘 강성(flexural rigidity) *EI*가 상수인 특별한 경우에 위의 방정식을 다시 쓰면 다음과 같다.

$$EI\frac{d^4y}{dx^4} - \rho\omega^2 y = 0 \tag{9.5.9}$$

그리고

$$\beta^4 = \rho\frac{\omega^2}{EI} \tag{9.5.10}$$

을 대입하면, 균일보 진동에 대한 4차 미분 방정식을 얻게 된다.

$$\frac{d^4y}{dx^4} - \beta^4 y = 0 \tag{9.5.11}$$

식 (9.5.11)의 일반해는 다음과 같이 나타낼 수 있다.

$$y = A\cosh\beta x + B\sinh\beta x + C\cos\beta x + D\sin\beta x \tag{9.5.12}$$

위의 결과를 얻기 위해서 가정한 해의 형태는 다음과 같다.

$$y = e^{ax}$$

이것은 다음의 경우에 미분 방정식을 만족하게 된다.

$$a = \pm\beta \quad \text{그리고} \quad a = \pm i\beta$$

그 이유는 다음과 같기 때문이다

$$e^{\pm\beta x} = \cosh \beta x \pm \sinh \beta x$$
$$e^{\pm\beta x} = \cos \beta x \pm i \sin \beta x$$

식 (9.5.12) 형태에서 해를 구할 수 있다.

식 (9.5.10)으로부터 구한 고유의 진동수는 다음과 같다.

$$\omega_n = \beta_n^2 \sqrt{\frac{EI}{\rho}} = (\beta_n l)^2 \sqrt{\frac{EI}{\rho l^4}} \tag{9.5.13}$$

여기서 β_n의 값은 경계조건에 의존한다. 다음 표 9.5.1은 전형적인 경계조건에 대한 $(\beta_n l)^2$의 수치를 나타낸다

표 9.5.1

보 경계조건	$(\beta_1 l)^2$ 1차모드	$(\beta_2 l)^2$ 2차모드	$(\beta_3 l)^2$ 3차모드
단순지지	9.87	39.5	89.9
외팔보	3.52	22.0	61.7
자유-자유단	22.4	61.7	121.0
고정-고정단	22.4	61.7	121.0
고정-힌지단	15.4	50.0	104.0
힌지-자유단	0	15.4	50.0

예제 9.5.1

고정-자유단을 갖는 균일보의 고유 진동수를 구하라.

풀이 경계 조건은 다음과 같다.

$$\text{At } x = 0 \begin{cases} y = 0 \\ \dfrac{dy}{dx} = 0 \end{cases}$$

$$\text{At } x = l \begin{cases} M = 0 \quad \text{or} \quad \dfrac{d^2 y}{dx^2} = 0 \\ V = 0 \quad \text{or} \quad \dfrac{d^3 y}{dx^3} = 0 \end{cases}$$

경계조건을 일반해에 대입하면 다음과 같다.

$$(y)_{x=0} = A + C = 0, \quad \therefore A = -C$$

$$\left(\frac{dy}{dx}\right)_{x=0} = \beta[A \sinh \beta x + B \cosh \beta x - C \sin \beta x + D \cos \beta x]_{x=0} = 0$$

$$\beta[B + D] = 0, \quad \therefore B = -D$$

$$\left(\frac{d^2y}{dx^2}\right)_{x=l} = \beta^3[A \cosh \beta l + B \sinh \beta l - C \cos \beta l - D \sin \beta l] = 0$$

$$A(\cosh \beta l + \cos \beta l) + B(\sinh \beta l + \sin \beta l) = 0$$

$$\left(\frac{d^3y}{dx^3}\right)_{x=l} = \beta^3[A \sinh \beta l + \beta \cosh \beta l + C \sin \beta l - D \cos \beta l] = 0$$

$$A(\sinh \beta l - \sin \beta l) + B(\cosh \beta l + \cos \beta l) = 0$$

마지막 두 방정식으로부터 다음을 얻을 수 있다.

$$\frac{\cosh \beta l + \cos \beta l}{\sinh \beta l - \sin \beta l} = \frac{\sinh \beta l + \sin \beta l}{\cosh \beta l + \cos \beta l}$$

또는

$$\cosh \beta l \cos \beta l + 1 = 0$$

마지막 방정식을 만족하는 βl은 수없이 많고 각 값은 각 정규 진동 모드에 해당하는데, 1차와 2차 모드에 해당하는 값은 1.875와 4.695 이다. 따라서 1차 모드의 고유 진동수는 다음 식에 의하여 주어진다.

$$\omega_1 = \frac{(1.875)^2}{l^2} = \sqrt{\frac{EI}{\rho}} = \frac{3.515}{l^2}\sqrt{\frac{EI}{\rho}}$$

예제 9.5.2

뒤의 그림 9.5.2는 전개과정의 인공위성 붐을 보여주고 있다. 코일로 된 부분은 저장되고, 회전되어 100 ft 또는 그보다 길게 일직선으로 전개된다.

이 특수한 붐은 다음의 성질을 갖는다.

전개된 직경 = 12.50 in
베이(bay) 길이 = 7.277 in
붐(boom) 무게 = 0.0274 lb/in(단위 길이당 무게)

굽힘 강성, $EI = 15.53 \times 10^6$ lb · in^2(중립축에 대하여)

비틀림 강성, $GA = 5.50 \times 10^5$ lb · in^2

굽힘 상태에서의 고유 진동수와 그것의 길이가 20 ft라고 할 때, 자유로이 풀어진 상태에서의 고유 진동수를 정하라. 붐은 균일보라고 할 수 있다.

풀이 굽힘에 대한 고유 진동수는 다음 식으로부터 구할 수 있다.

$$\omega_n = (\beta_n l)^2 \sqrt{\frac{EI}{\rho l^4}}$$

표 9.5.1로부터, 이 1차 고유 진동수는 다음과 같이 된다.

$$\omega_1 = 3.52 \sqrt{\frac{15.03 \times 10^6}{\frac{0.0274}{386}(20 \times 12)^4}} = 28.12 \text{ rad/s}$$

$$= 4.48 \text{ c.p.s.}$$

9.6 동일한 구간이 반복되는 계

동일한 구간이 반복되는 계는 공학 구조물에서 자주 접하게 된다. 이들은 연속적인 구조물의 집중된 질량(lumped-mass)근사로 나타난다. 그림 9.6.1에 보인 N층의 건물을 생각하자. 여기서 각 층의 질량은 m이고, 층 사이의 각 구간의 횡방향 전단 강성은 k lb/in 이다. 따라서, 이러한 구조물에 차분 방정식을 적용하면 고유 진동수와 모드 형상에 대하여 간단한 해석 방정식을 얻게 된다.

그림 9.6.1에 의하여 n 번째 질량에 대한 운동 방정식은 다음과 같다.

$$m\ddot{x}_n = k(x_{n+1} - x_n) - k(x_n - x_{n-1}) \tag{9.6.1}$$

조화운동에 대하여 윗식을 다음과 같은 진폭의 항으로 나타낼 수 있다.

$$X_{n+1} - 2\left(1 - \frac{\omega^2 m}{2k}\right)X_n + X_{n-1} = 0 \tag{9.6.2}$$

이 방정식의 해는 다음을 윗식에 대입하면 구할 수 있다.

$$X_n = e^{i\beta n} \tag{9.6.3}$$

따라서, 다음과 같은 관계식을 얻게 된다.

그림 9.5.2 인공위성 붐(캘리포니아주 산타 바바라, Able 엔지니어링 제공)

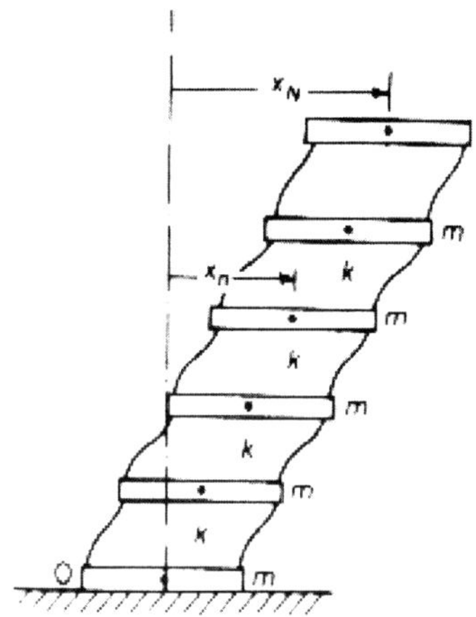

그림 9.6.1 차분 방정식 해석에 대한 반복된 구조물

$$
\begin{aligned}
1 - \frac{\omega^2 m}{2k} &= \frac{e^{i\beta} + e^{-i\beta}}{2} = \cos\beta \\
\frac{\omega^2 m}{k} &= 2(1 - \cos\beta) = 4\sin^2\frac{\beta}{2}
\end{aligned}
\tag{9.6.4}
$$

X_n에 대한 일반해는 다음과 같다.

$$
X_n = A\cos\beta n + B\sin\beta n \tag{9.6.5}
$$

A와 B는 경계조건으로부터 계산된다.

경계조건 차분 방정식 (9.6.2)는 $1 \leq n \leq (N-1)$로 한정되며, 경계조건에 의하여 $n=0$과 $n=N$까지 확장되어야만 한다.

지상에서 운동의 진폭은 0이고, $X_0 = 0$이 된다. 질량 m_1에 대한 식 (9.6.2)는 다음과 같이 된다.

$$
X_2 - 2\left(1 - \frac{m\omega^2}{2k}\right)X_1 = 0 \tag{9.6.6}
$$

식 (9.6.4)와 (9.6.5)를 윗식에 대입하면 다음 식을 얻는다.

$$
\begin{aligned}
(A\cos 2\beta + B\sin 2\beta) - 2\cos\beta(A\cos\beta + B\sin\beta) &= 0 \\
A(\cos 2\beta - 2\cos^2\beta) + B(\sin 2\beta - 2\sin\beta\cos\beta) &= 0
\end{aligned}
$$

여기서 $\cos 2\beta - 2\cos^2\beta = 1$이고, $\sin 2\beta - 2\sin\beta\cos\beta = 0$이므로 다음을 얻게 된다.

$$A(1) + B(0) = 0$$
$$\therefore A = 0$$

따라서, 진폭에 대한 일반해는 다음과 같다.

$$X_n = B \sin \beta n \tag{9.6.7}$$

최상부에서의 경계 방정식은 다음과 같다.

$$m_N \ddot{x}_N = -k(x_N - x_{N-1})$$

본 절에서 계의 두 경계는 차분 방정식의 영역 밖이므로 m_N 값의 선택은 부정이다. 아무튼, 최상부의 경계 방정식의 $m_N = m/2$이 됨을 곧 알게 될 것이다.

$$X_{N-1} = \left(1 - \frac{\omega^2 m}{2k}\right)X_N \tag{9.6.8}$$

식 (9.6.4)와 (9.6.7) 에 대입하면, β의 산출에 대한 다음 관계식을 얻는다.

$$\sin \beta(N - 1) + \cos \beta \sin \beta N$$

이 방정식을 간단히 정리하면 다음과 같다.

$$\sin \beta \cos \beta N = 0$$

따라서, 윗식은 다음과 같이 만족된다.

$$\cos \beta N = 0$$
$$\frac{\beta}{2} = \frac{\pi}{4N}, \frac{3\pi}{4N}, \frac{5\pi}{4N}, \ldots, \frac{(2i - 1)\pi}{4N}$$

식 (9.6.4) 로부터 고유 진동수는 다음과 같다.

$$\omega_i = 2\sqrt{\frac{k}{m}} \sin \frac{\beta_i}{2}$$
$$= 2\sqrt{\frac{k}{m}} \sin \frac{(2i - 1)\pi}{4N} \tag{9.6.9}$$

만일 최상부의 질량이 $\frac{1}{2}m$대신에 m이라면, 경계 방정식의 결과는 다음과 같은 차분 방정식이 된다.

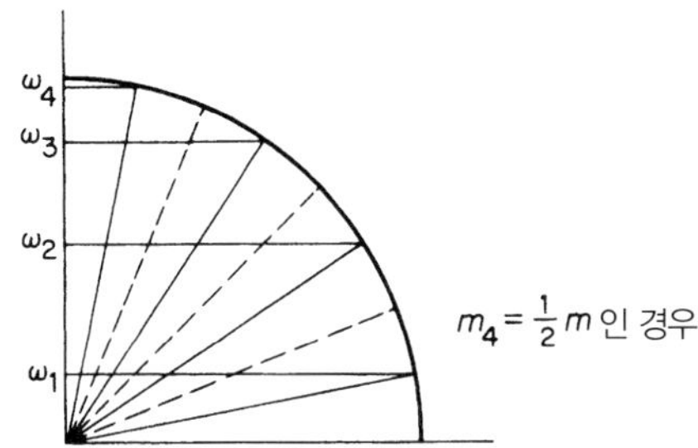

그림 9.6.2 $N = 4$에서 반복된 구조물의 고유 진동수

$$\frac{\beta}{2} = \frac{(2-1)\pi}{2(2N+1)}$$

그리고

$$\omega_i = 2\sqrt{\frac{k}{m}}\ \sin\ \frac{(2i-1)\pi}{2(2N+1)}$$

그림 9.6.2는 $N = 4$일 때의 이들 고유 진동수의 기하학적인 표현을 나타낸다.

여기서 소개된 차분 방정식의 방법은 반복구간이 존재하는 다른 많은 동적 계에 적용될 수 있다. 고유 진동수들은 항상 식 (9.6.9)로써 주어지나, β의 값은 이들의 경계조건으로부터 각 문제에 대하여 설정되어야만 한다.

예제 9.6.1

그림 9.6.3은 N만큼 반복된 스프링-질량부가 고정-자유봉 모형임을 보여준다. N층 건물의 미분 방정식 해를 여기에 적용하여 축방향 진동에 대한 봉의 매개변수에 의하여 고유 진동수 방정식을 구하라.

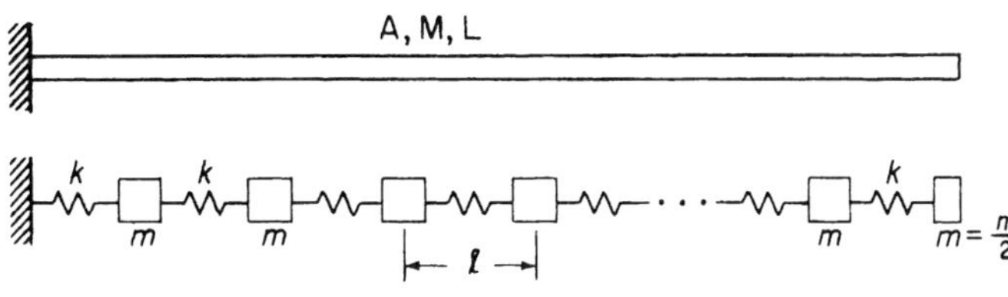

그림 9.6.3 축방향 진동계에 적용된 차분 방정식

풀이 반복구간에 대하여 $l = L/N$, 구간에 대한 스프링 강성은 $k = AE/l$, 질량은 $m = M/N$이라고 하자. 방정식 (9.6.9)에 대입하면 다음을 얻는다.

$$\omega_i = 2\sqrt{\frac{AEN^2}{ML}}\sin\frac{(2i-1)\pi}{4N} \tag{a}$$

만일 N이 매우 크다면, 각 $\pi/4N$은 작아져서 저진동수에 대하여 다음과 같다.

$$\sin\frac{(2i-1)\pi}{4N} \cong \frac{(2i-1)\pi}{4N}$$

앞의 방정식은 다음과 같이 근사된다.

$$\omega_i \cong (2i-1)\frac{\pi}{2}\sqrt{\frac{AE}{ML}}, \quad (i \ll N) \tag{b}$$

이것은 축방향 진동에 대한 정확한 방정식이다. 고유 진동수에 대하여, $\sin\theta = \theta$라는 가정은 타당하지 않다(그림 9.6.2 참조). 그러므로 분리된 질량계에 대한 방정식 (a)를 적용해야만 한다.

연습문제

9.1 장력 444 N을 받는 질량이 0.372 kg/m인 밧줄에서의 파동속도를 구하라.

9.2 양단이 고정된 길이 l의 균일현의 고유 진동수에 대한 방정식을 유도하라. 현의 장력은 T이고, 단위길이당 질량은 ρ이다.

9.3 길이 l이고 단위길이당 질량 ρ인 현이 장력 T를 받고 있는데, 그림 P9.3에 보인 바와 같이 좌측단은 고정되고 우측단은 스프링-질량계에 연결되어 있다. 고유진동수를 구하기 위한 방정식을 유도하라.

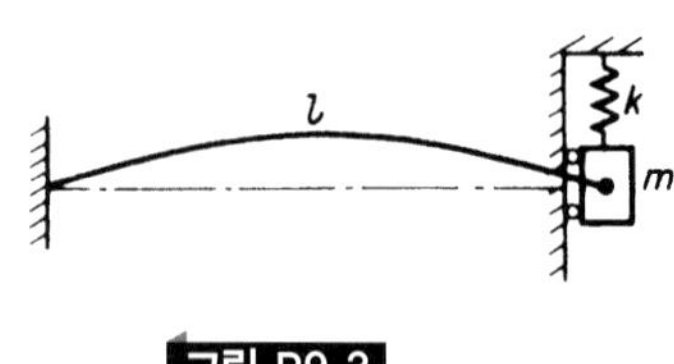

그림 P9.3

9.4 조화진동 진폭이 x방향을 따라 여현함수로 변한다. 즉,

$$y = a \cos kx \cdot \sin \omega t$$

만일 진동수와 진폭은 같으나 1/4 파장만큼 공간과 시간 위상이 다른 또 하나의 조화진동이 첫 번째 진동에 더해지면, 합성된 진동은 전파속도가 $c = \omega/k$인 이동파가 됨을 보여라.

9.5 가는 강봉에서의 축방향 파동속도를 구하라. 강(steel)의 탄성계수와 단위체적당 질량은 200×10^9 N/m^{2}과 7810 kg/m^{3}이다.

9.6 그림 P9.6에 보인 것은 상단이 지지되고 중력의 영향 하에서 자유진동하는 탄성 케이블이다. 횡방향 운동 방정식이 다음과 같이 표현됨을 보여라.

$$\frac{\partial^2 y}{\partial t^2} = g\left(x\frac{\partial^2 y}{\partial x^2} + \frac{\partial y}{\partial x}\right)$$

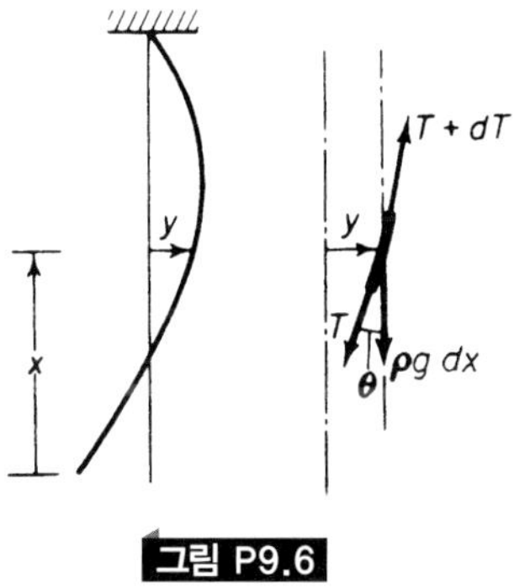

그림 P9.6

9.7 문제 9.6에서 해의 형태를 $y = Y(x)\cos \omega t$로 가정하고 $Y(x)$가 베셀(Bessel) 미분 방정식의 해

$$\frac{d^2 Y(z)}{dz^2} + \frac{1}{z}\frac{dY(x)}{dz} + Y(z) = 0$$

임을 변수 치환 $z^2 = 4\omega^2 x/g$를 이용해서 보여라

$$Y(z) = J_0(z) \quad \text{또는}$$

$$Y(x) = J_0\left(2\omega\sqrt{\frac{x}{g}}\right)$$

9.8 특수한 인공위성은 질량이 m인 두 개의 동일한 질량으로 이루어지는데, 두 질량은 그림 P9.8에 보인 바와 같이 길이 $2l$이고 질량밀도 ρ인 케이블로 연결되어 있

다. 이 조립체는 공간에서 각속도 ω_0로 회전한다. 케이블 장력의 변화를 무시한다면 케이블의 횡방향 운동 방정식이 다음과 같이 표현됨을 보여라

$$\frac{\partial^2 y}{\partial x^2} = \frac{\rho}{m\omega_0^2 l}\left(\frac{\partial^2 y}{\partial t^2} - \omega_0^2 y\right)$$

그리고 그것의 기본 가진 진동수는 다음과 같다.

$$\omega^2 = \left(\frac{\pi}{2l}\right)^2\left(\frac{m\omega_0 l}{\rho}\right) - \omega_0^2$$

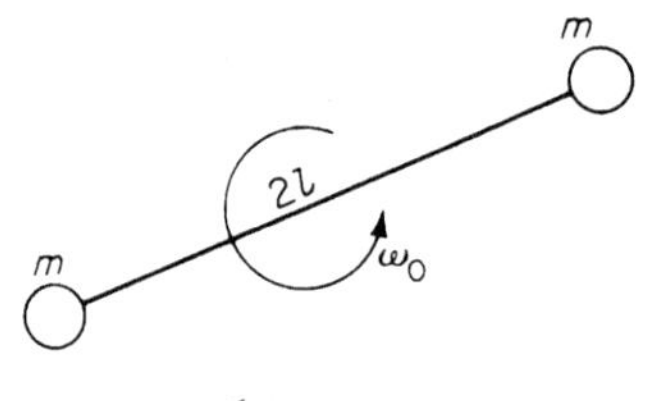

그림 P9.8

9.9 길이 l인 균일봉이 고정-자유단을 갖는다. 정규 축방향 진동 주파수가 $f = (n+\frac{1}{2})c/2l$임을 보여라, 여기서 $c = \sqrt{E/\rho}$는 봉에서의 축방향 파동속도이고, $n = 0, 1, 2, \cdots$이다.

9.10 길이 l이고 횡단면적이 A인 균일봉이 상단에서 고정되고 다른 단에서 추 W로 하중을 받는다. 고유 진동수가 다음 방정식으로부터 구해짐을 보여라.

$$\omega l\sqrt{\frac{\rho}{E}}\tan\omega l\sqrt{\frac{\rho}{E}} = \frac{A\rho l g}{W}$$

9.11 문제 9.10의 계에 대한 기본 진동수가 다음과 같은 형태로 표현됨을 보여라

$$\omega_1 = \beta_1\sqrt{k/rM}$$

여기서

$$n_1 l = \beta_1, \quad r = \frac{M_{\text{rod}}}{M}$$
$$k = \frac{AE}{l}, \quad M = \text{끝단 질량}$$

이 계를 스프링 k와 $M + \frac{1}{3}M_{\text{rod}}$의 집중질량으로 간략화하고 기본 진동수를 위한 적절한 방정식을 구하라. 근사값과 엄밀 진동수값과의 비가 다음과 같음을 보여라

$$(1/\beta_1)\sqrt{3r/(3+r)}$$

9.12 자기변형 발진기(magnetostriction oscillator)의 주파수는 그림 P9.12에 보여준 바와 같이 봉의 축방향 진동 주파수와 같은 교류전압을 주변 코일에 발진시키는 니켈 합금봉의 길이에 의하여 결정된다. 탄성계수와 밀도가 $E = 30 \times 10^6$ lb/in², $\rho = 0.31$ lb/in³일 때, 주파수 20 kHz를 내리면 중앙에 고정된 봉의 적당한 길이는 얼마인가?

그림 P9.12

9.13 점성 감쇠를 갖는 가는 봉의 축방향 진동 방정식은 다음과 같다.

$$m\frac{\partial^2 u}{\partial t^2} = AE\frac{\partial^2 u}{\partial x^2} - \alpha\frac{\partial u}{\partial t} + \frac{p_0}{l}p(x)f(t)$$

여기서 단위길이당 하중은 변수 분리가능하다고 가정한다. $u = \Sigma_i \phi_i(x) q_i(t)$, $p(x) = \Sigma_i b_i \phi_i(x)$라 놓으면,

$$u = \frac{p_0}{ml\sqrt{1-\zeta^2}}\sum\frac{b_k\phi_i}{\omega_j}\int_0^t f(t-\tau)e^{-\zeta\omega_k\tau}\sin\omega_j\sqrt{1-\zeta^2}\,\tau\,d\tau$$

$$b_j = \frac{1}{l}\int_0^l p(x)\phi_j(x)\,dx$$

임을 보여라. 임의의 점 x에서의 응력 방정식을 유도하라.

9.14 $c = \sqrt{G/\rho}$는 봉을 따라 전파되는 비틀림 변형률의 전파속도임을 보여라, 강철에 대한 c의 수치는 무엇인가?

9.15 중간에서 고정되고 양끝이 자유단인 길이 l의 균일봉의 비틀림 진동을 고유 진동수에 대한 방정식을 구하라.

9.16 질량 관성 모멘트 J_s인 균일축의 양단에 관성 J_0의 원판이 있는 비틀림계의 고유 진동수를 구하라. 균일축을 양단에 질량을 갖는 비틀림 스프링으로 간략화해서 1차 고유 진동수를 구하라

9.17 어떤 균일봉의 사양은 다음과 같다. 길이 l, 단위체적당 질량밀도 ρ, 비틀림 강성 I_pG, 여기서 I_p는 횡단면의 극관성 모멘트이고 G는 전단계수이다. 한 쪽 단

$x=0$은 강성 K lb · in/rad인 비틀림 스프링에 고정되고, 다른 쪽 단 l은 그림 P9.17에서처럼 고정되어 있다. 고유 진동수를 구할 수 있는 초월함수 방정식(transcenental equation)을 구하라. $K=0$과 $k=\infty$인 특수한 경우를 고려해서 이 방정식이 타당함을 증명하라

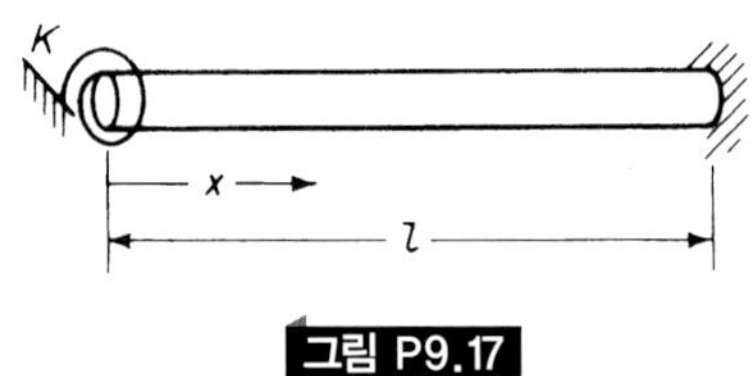

그림 P9.17

9.18 현수교의 고유 진동수를 계산에 대하여 9.4절에서 나타낸 방법으로 설명되지 않는 몇 개의 요소들의 이름을 구하라

9.19 새 타코마 해협(Tacoma Narrows)다리는 다음의 치수 데이터로 1950년 10월 14일 다시 개통되었다.

$l=2800$ ft(탑 사이 간격)

$b=60$ ft(케이블 사이의 폭)

$k=280$ ft(케이블의 최대 처짐)

$w_t=8570$ lb/ft(직선길이)

$J_0=\frac{\omega_t}{g}\rho^2$ (관성의 회전질량 모멘트)

새로운 케이블의 장력, 케이블의 비틀림 강성, 새로운 수직면과 비틀림 진동수를 계산하고, 이전의 수치와 비교하라(결정한 관성 비틀림 질량 모멘트에서 회전운동 ρ의 반경에 대하여 적당한 수치를 가정하라).

9.20 금문교(Golden Gate)에 대한 치수 데이터는 그 지역 공학자들에 의해 제공되었다.

$l=4200$ ft

$h=470$ ft

$b=90$ ft

$\omega_t=28{,}720$ lb/ft(총무게/ft, 케이블 포함)

비틀림 테이블 강성 Tb^2을 결정하고, 문제 9.19에서 이전 타코마 해협 다리와 새 타코마 해협 다리의 케이블 강성과 비교하라

9.21 비행기 날개의 1 자유도 모형에 대하여 다음과 같은 형태의 방정식을 가정한다.

$$J_0\ddot{\theta}+c\dot{\theta}+k\theta=f_1(\nu,\theta)+f_2(\nu,\dot{\theta})$$

여기서 θ는 전진각(angel of attack)이고, v는 바람의 속도이다. 음(−)의 감쇠의 가능성과 현수교에 대한 바닥재의 공기역학 특성의 중요성과 거더(girder)의 강성을 논하라

9.22 횡진동을 하는 자유-자유봉의 고유 진동수를 위한 방정식을 구하라

9.23 곡선 $y = \sin(\pi x/l) - b$를 가정하고 레일리(Rayleigh)방법을 이용하여 자유-자유보의 기본 모드에 대한 절점의 위치를 구하라. 운동량을 0으로 하여 b를 구하라. 이 b값을 대입하여 ω_1을 구하라.

9.24 크기가 $2\times2\times12$ in이고, 양단으로부터 $0.224l$ 떨어진 두 점에서 지지된 시험용 콘크리트 보의 공진 진동수가 1690 Hz이었다. 콘크리트의 밀도가 153 lb/ft^{3}일 때 보가 가늘다고 가정하고 탄성계수를 구하라.

9.25 양단이 고정된 길이 l인 균일보의 고유 진동수를 구하라.

9.26 고정-힌지된 길이 l인 균일보의 고유 진동수를 구하라.

9.27 길이 l이고 무게 W_b인 균일보가 한 쪽 단에서 고정되고, 다른 쪽 단에 집중무게 W_0를 달고 있다. 경계조건을 기술하고 주파수 방정식을 구하라.

9.28 자유단에서 문제 9.27과 동등한 질량의 방법으로 문제 9.27의 기본 진동수를 구하라.

9.29 만일 균일한 무게 W_b의 인공위성 붐이 $x = x_1$에서 하중 W_1, 끝단에서 하중 W_0가 집중적으로 작용한다면, 기본 진동수를 다음과 같은 방정식이 됨을 보여라.

$$\omega_1 = \sqrt{\frac{3EIg}{l^3\overline{W}}}$$

여기서

$$\overline{W} = W_0 + 0.237\,W_b + W_1\left\{\frac{y(x_1)}{y(l)}\right\}^2$$

9.30 힌지-자유 보의 힌지단에 보에 수직으로 진폭 y_0의 조화운동을 가하였다. 경계조건으로부터

$$\frac{y_0}{y_l} = \frac{\sinh\beta l\cos\beta l - \cosh\beta l\sin\beta l}{\sinh\beta l - \sin\beta l}$$

이 유도됨을 보이고 $y_0 \to 0$에 대하여

$$\tanh\beta l = \tan\beta l$$

로 간략화됨을 보여라.

9.31 그림 P9.31에 보인 바와 같이 단순지지된 보의 오버행(overhang)의 길이가 l_2이다. 오버행 끝이 자유단이며 각 스팬(span)에서의 처짐 방정식이

$$\phi_1 = C\left(\sin \beta x - \frac{\sin \beta l_1}{\sinh \beta l_1} \sinh \beta x\right)$$

$$\phi_2 = A\left[\cos \beta x + \cosh \beta x - \left(\frac{\cos \beta l_2 + \cosh \beta l_2}{\sin \beta l_2 + \sinh \beta l_2}\right)(\sin \beta x + \sinh \beta x)\right]$$

이어야 경계조건이 만족됨을 보여라. 여기서 x는 좌우측단에서 측정된다.

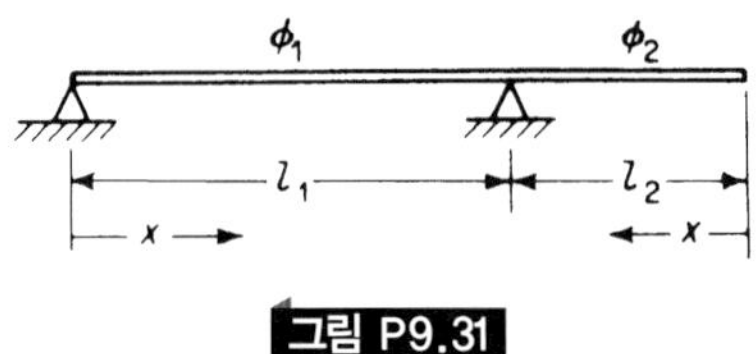

그림 P9.31

9.32 그림 P9.32에 보인 비틀림계에 대한 차분 방정식을 세우고, 경계 방정식과 고유 진동수를 구하라.

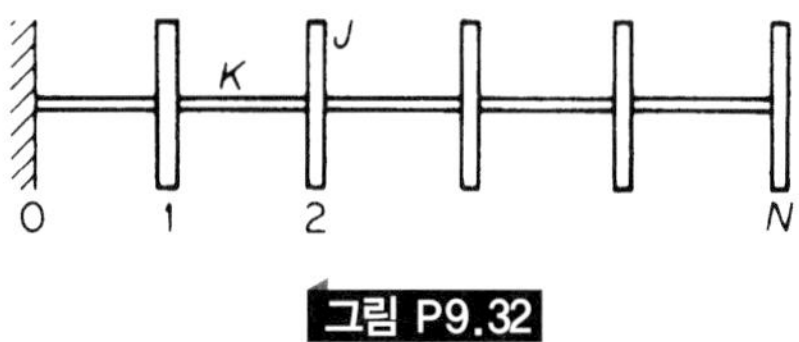

그림 P9.32

9.33 그림 P9.33에 보인 것과 같이 장력이 T인 줄에 N개의 동일 질량이 놓여 있는 문제에 대하여 차분 방정식을 세우고, 경계 방정식과 고유 진동수를 구하라.

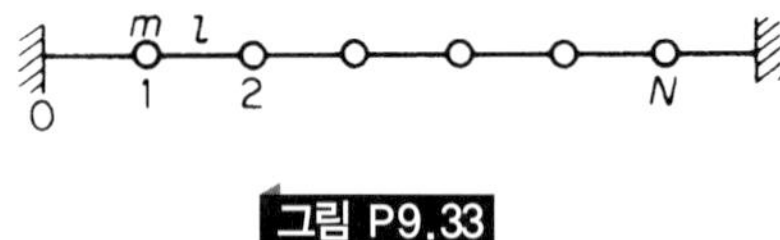

그림 P9.33

9.34 그림 P9.34에 보인 스프링-질량계에 대하여 차분 방정식을 쓰고, 이 계의 고유 진동수를 구하라.

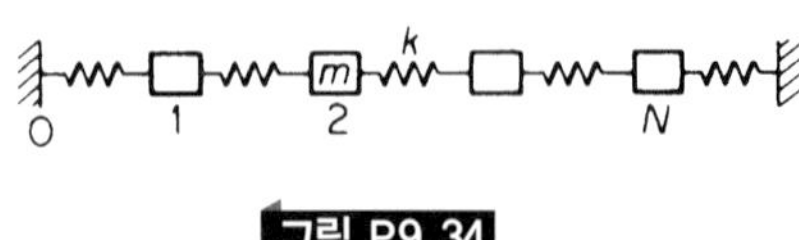

그림 P9.34

9.35 그림 P9.35에 N-질량 진자를 나타내었다. 차분 방정식, 경계조건과 고유 진동수를 구하라.

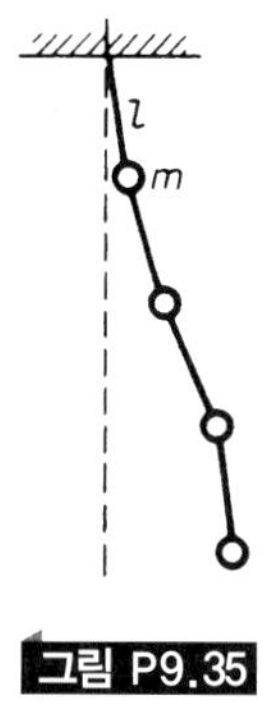

그림 P9.35

9.36 만일 문제 9.35의 계의 좌측단이 그림 P9.36에 보인 바와 같이 큰 플라이 휠에 연결되어 있다고 하면 경계조건으로부터 다음의 방정식을 얻게 된다는 것을 보여라

$$(-\sin N\beta \cos \beta + \sin N\beta)\left(1 + 4\frac{K}{K_a}\frac{J_a}{J}\sin^2\frac{\beta}{2}\right) = -2\frac{J_a}{J}\sin^2\frac{\beta}{2}\sin\beta\cos N\beta$$

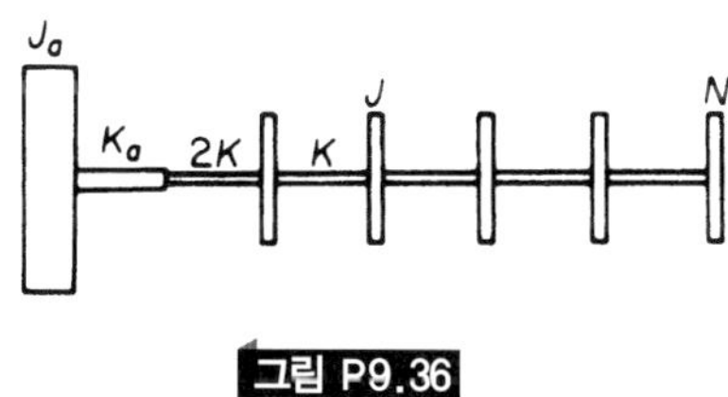

그림 P9.36

9.37 그림 P9.37에 보인 바와 같이, 만일 건물의 최상층이 강성 K_N의 스프링으로 구속되어 있다고 할 때, 이 N층 건물의 고유 진동수를 구하라.

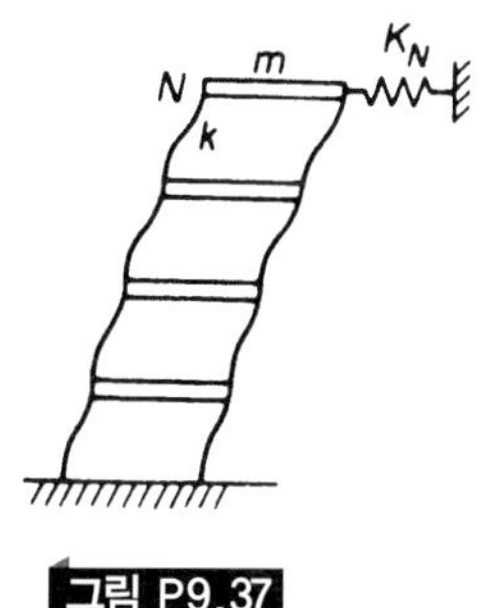

그림 P9.37

9.38 그림 P9.38에 보인 바와 같은 사다리 형태의 구조물이 양단에서 고정되어 있다. 고유 진동수를 구하라.

그림 P9.38

그림 P9.39

9.39 만일 N층 건물의 기초가 그림 P9.39에 보인 바와 같이, 저항 스프링 K_θ에 대하여 회전할 수 있다고 할 때, 경계 방정식과 고유 진동수를 구하라.

9.40 예제 6.10.1의 10자유도계에 대한 고유 진동수와 정규 모드가 고유값–고유 벡터 컴퓨터 프로그램에 의하여 얻어졌다. ω_n에 대해서는 식 (9.6.9)와 진폭에 대해서는 $X_n = B \sin \beta n$을 이용하여 이 값들을 검증하라

9.41 굽힘 강성(flexural rigidity) EI가 동일한 두 개의 보가 그림 P9.41에 보인 것과 같이 강성 k인 스프링으로 연결되어 있다. 운동 방정식을 구하라. 반대칭 모드(즉, $y_1 = -y_2$인 경우)일 때의 고유 진동수를 구하라

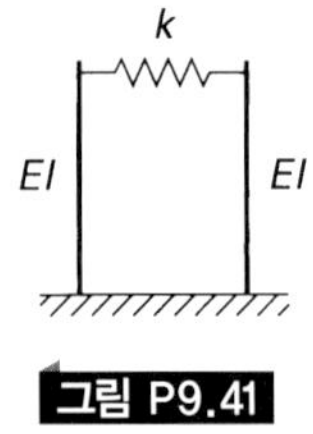

그림 P9.41

9.42 공이 시간 $t = 0$일 때 속도 v m/s로 야구 방망이에 맞았다. 그 순간 방망이의 속도는 공의 속도와는 반대 방향으로 v m/s이었다. 선수가 방망이의 한 끝을 움직이지 않도록 굳게 잡고 있다고 가정하면, 1차 모드의 고유 진동수를 구하라.

CHAPTER

10 유한 요소법 입문

제6장에서, 우리는 구조물을 구조 요소들의 결합으로 생각함으로써 단순 프레임 구조의 강성행렬을 구할 수 있었다. 구조이론으로부터 알려진 요소의 끝에서의 힘과 모멘트를 사용하여, 요소들 사이의 결합부는 변위 구속(compatability)으로 연관되고, 결합부에서의 힘과 모멘트는 평형조건을 부과함으로써 구해진다.

유한 요소법에서도 똑같은 과정을 따르지만 컴퓨터를 사용한 계산을 위하여 더욱 체계적으로 되어진다. 비록 매우 적은 요소를 가진 구조에 대해서는 제6장의 기술한 방법에 의하여 간단하게 해석될 수 있지만, 많은 요소로 된 대형 구조물에 대해서 기장(bookkeeping)하는 것은 곧 해석자의 인내를 넘어서게 된다. 유한 요소법에서는, 요소좌표와 힘은 전체 좌표로 변환되어지고 전체 구조물의 강성행렬은 공통의 방향을 가진 전체 좌표에서 나타내어진다.

유한 요소법에서 구해지는 정확도는 진동 모드 형태를 나타낼 수 있는가에 달려 있다. 구조물의 결합부나 코너부 사이에 오직 하나의 유한 요소를 사용하면 정적 처짐곡선이 최저차의 동적 모드 형상에 대한 좋은 근사가 되기 때문에 최저차 모드에 대하여 좋은 결과를 낳는다. 고차 모드에 대해서는 구조 결합부 사이에 다수의 요소가 필요하다. 이것은 대형 행렬을 낳게 되고 계의 고유값과 고유 벡터에 대하여 풀이하는 데 컴퓨터가 필수적으로 되도록 한다.

본 장에서는 독자들에게 유한 요소법의 기본 개념을 소개하고, 동적 문제를 위한 운동방정식을 완성하기 위하여 상당 질량 행렬식의 전개를 포함하고 있다.

이 곳에서는 단지 축 요소와 보 요소와 같은 구조용 요소에 대해서만 논의 한다. 평판과 셸(shells)의 취급을 위해서는 독자들은 다른 참고서를 참조하기 바란다.

10.1 요소강성 및 요소질량

축 요소 단순지지 끝단으로 된 요소는 오직 축방향 힘만을 지지할 수 있기 때문에, 그러므로 스프링과 같은 작용을 하게 된다. 그림 10.1.1은 고정된 벽에 힘 F를 받으면서 단순지지된 스프링과 균일봉을 보여준다. 두 경우에 대한 힘–변위 관계식을 단순히 나타내면 다음과 같다.

$$\text{스프링} \quad f = ku$$
$$\text{균일봉} \quad F = \left(\frac{EA}{l}\right)u \tag{10.1.1}$$

일반적으로, 이들 축방향 요소들은 양단의 변위를 가능하게 한 핀으로 연결된 구조의 일부가 될 수 있다. 유한 요소법에서는 요소의 양단에서의 변위와 힘은 적절한 부호로서 간주되어질 수 있다. 그림 10.1.2에는 변위 u_1, u_2와 힘 F_1, F_2 모두 양의 방향으로 명시된 축방향 요소를 보여준다. 만일 우리가 힘–변위 관계를 강성행렬로서 나타내면 방정식은 다음과 같다.

$$\begin{Bmatrix} F_1 \\ F_2 \end{Bmatrix} = \begin{bmatrix} k_{11} & k_{12} \\ k_{21} & k_{22} \end{bmatrix} \begin{Bmatrix} u_1 \\ u_2 \end{Bmatrix} \tag{10.1.2}$$

강성행렬의 제1행의 요소는 그림 10.1.3에 보인 것과 같이 $u_1 = 1$과 $u_2 = 0$일 때 양단에서의 힘을 표시 한다. 그러므로 $F_1 = ku_1$이고 $F_2 = -ku_1$이다.

마찬가지로, $u_2 = 1$ 및 $u_1 = 0$으로 놓음으로써, 그림 10.1.4에서와 같이 $F_1 = -ku_2$이고 $F_2 = ku_2$를 얻는다. 그러므로 식 (10.1.2)는 다음 식과 같이 된다.

$$\begin{Bmatrix} F_1 \\ F_2 \end{Bmatrix} = k\begin{bmatrix} 1 & -1 \\ -1 & 1 \end{bmatrix} \begin{Bmatrix} u_1 \\ u_2 \end{Bmatrix} \tag{10.1.2'}$$

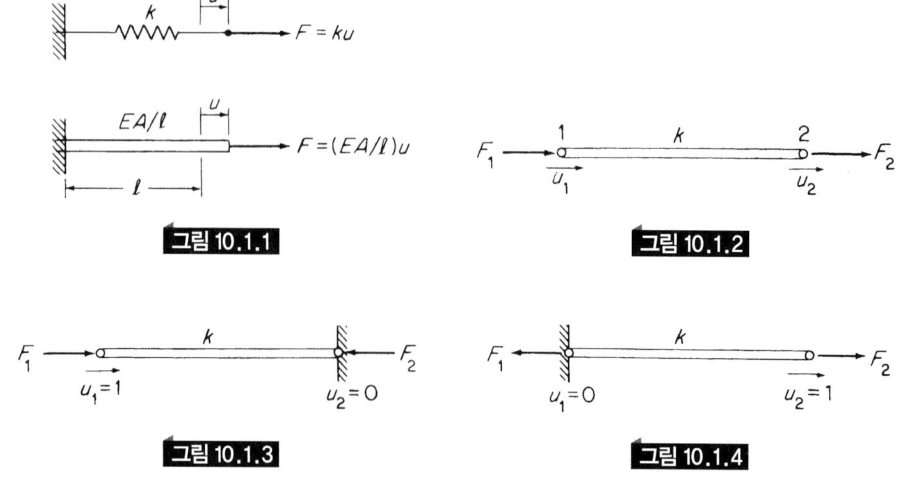

그림 10.1.1

그림 10.1.2

그림 10.1.3

그림 10.1.4

만일 스프링이 균일봉으로 바뀌면, $k = AE/l$이 되고 식은 다음과 같다.

$$\begin{Bmatrix} F_1 \\ F_2 \end{Bmatrix} = \frac{EA}{l}\begin{bmatrix} 1 & -1 \\ -1 & 1 \end{bmatrix}\begin{Bmatrix} u_1 \\ u_2 \end{Bmatrix} \tag{10.1.3}$$

그러므로 이 식들은 축 요소에 대한 강성행렬을 축 요소의 방향에 관계없이 축 좌표 u_i와 축방향 힘 F_i의 항으로 정의한 것이다.

축 요소에 대한 모드 형상과 질량행렬 축요소의 두 끝이 u_1과 u_2로 이동되면, 임의 점의 변위 $\xi = x/l$는 그림 10.1.5(a)에서 보는 것과 같이 직선의 형태로 가정되어진다. 그리하여 변위는 그림 10.1.5(b)에서 보여지는 두 개의 모드 형상의 중첩이 된다. 그러면 정규화된 모드 형상은 다음과 같다.

$$\varphi_1 = (1 - \xi) \quad \text{그리고} \quad \varphi_2 = \xi \tag{10.1.4}$$

질량행렬은 u를 두 모드 형상의 합으로서 표현한 후 운동 에너지를 위한 식을 쓰게 되면 구해진다.

$$u = (1 - \xi)u_1 + \xi u_2 \tag{10.1.5}$$

이 때 단위길이당 균일 질량 분포 m을 가정한다.

$$\begin{aligned} T &= \frac{1}{2}\int_0^l \dot{u}^2 m\, dx = \frac{1}{2} m \int_0^1 [(1 - \xi)\dot{u}_1 + \xi \dot{u}_2]^2 l\, d\xi \\ &= \frac{1}{2} ml\left(\frac{1}{3}\dot{u}_1^2 + \frac{1}{3}\dot{u}_1\dot{u}_2 + \frac{1}{3}\dot{u}_2^2\right) \end{aligned} \tag{10.1.6}$$

$$\frac{d}{dt}\frac{\partial T}{\partial \dot{u}_i}$$

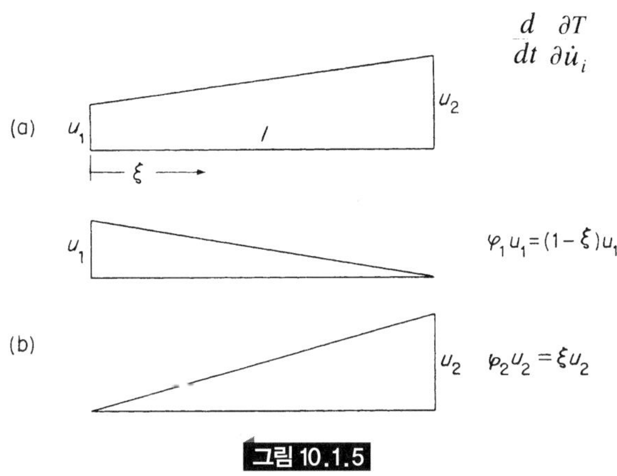

그림 10.1.5

라그랑즈 방정식에 일반화된 질량은 다음 식과 같으므로

$$\frac{d}{dt}\frac{\partial T}{\partial \dot{u}_i}$$

다음의 식을 구할 수 있다.

$$\frac{d}{dt}\frac{\partial T}{\partial \dot{u}_1} = ml\left(\frac{1}{3}\ddot{u}_1 + \frac{1}{6}\ddot{u}_2\right)$$

$$\frac{d}{dt}\frac{\partial T}{\partial \dot{u}_2} = ml\left(\frac{1}{6}\ddot{u}_1 + \frac{1}{3}\ddot{u}_2\right)$$

이로부터 축 요소에 대한 질량행렬을 다음과 같이 구할 수 있다.

$$\frac{ml}{6}\begin{bmatrix} 2 & 1 \\ 1 & 2 \end{bmatrix} \tag{10.1.7}$$

또한 질량행렬의 각 항은 다음 식으로부터 구할 수 있다.

$$m_{ij} = \int \varphi_1 \varphi_j \, dm$$

예제 10.1.1

그림 10.1.6에 보인 두 개의 단면적을 가진 봉의 길이방향 진동에 관한 운동 방정식을 구하라.

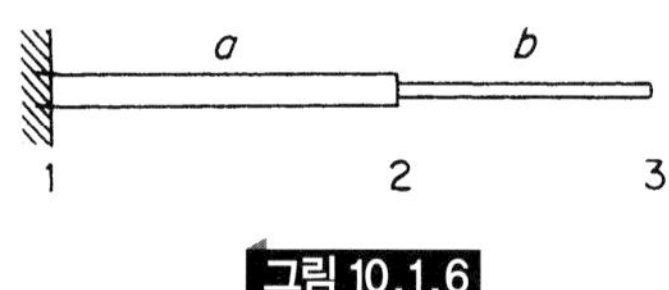

그림 10.1.6

풀이 결합부를 1, 2 및 3으로 번호를 부여하면, 두 개의 축방향 요소 1−2와 2−3을 얻게 되고 변위는 u_1, u_2 및 u_3가 된다. u_1은 0이지만, 우선 우리는 그것을 구속시키지 않고 나중에 그것에 0의 값을 부여한다.

식 (10.1.7)과 (10.1.3)으로부터 요소질량 및 요소강성 항들은 다음과 같다:

$$\text{요소 } a\text{:} \quad \frac{M_a}{6}\begin{bmatrix} 2 & 1 \\ 1 & 2 \end{bmatrix} \quad k_a\begin{bmatrix} 1 & -1 \\ -1 & 1 \end{bmatrix}$$

$$\text{요소 } b: \ \frac{M_b}{6}\begin{bmatrix} 2 & 1 \\ 1 & 2 \end{bmatrix} \quad k_b\begin{bmatrix} 1 & -1 \\ -1 & 1 \end{bmatrix}$$

이 때 $k_a = EA_a/l_a$, $k_b = EA_b/l_b$, $M_a = m_a l_a$ 및 $M_a = m_b l_b$이다.

요소행렬들은 공통좌표 u_2를 가지고 그들을 중첩시킴으로써, 다음과 같은 3×3행렬로 조합될 수 있다:

$$\text{질량행렬} \quad \frac{1}{6}\begin{bmatrix} 2M_a & M_a & 0 \\ M_a & 2M_a + 2M_b & M_b \\ 0 & M_b & 2M_b \end{bmatrix}\begin{Bmatrix} \ddot{u}_1 \\ \ddot{u}_2 \\ \ddot{u}_3 \end{Bmatrix} \tag{10.1.8}$$

$$\text{강성행렬} \quad \begin{bmatrix} k_a & -k_a & 0 \\ -k_a & k_a + k_b & -k_b \\ 0 & -k_b & k_b \end{bmatrix}\begin{Bmatrix} u_1 \\ u_2 \\ u_3 \end{Bmatrix} \tag{10.1.9}$$

우리는 이제 강성행렬은 특이(singular)행렬이고, 역행렬이 없다는 데 주목하자. 이것은 변위에 제한이 없었기 때문에 예상되었던 것이다. 강성행렬의 제1행과 제3행은 강성행렬에서 나타나 있듯이 $k_a(u_1 - u_2) = k_b(u_2 - u_3) = 0$이 된다. 이것은 좌표들 사이에서 상대운동이 일어나지 않는 것을 의미하고, 강체 이동에 해당되는 상태이다.

만일 $u_1 = 0$이 되도록 1인 점을 고정시키면, 행렬의 제1열은 없어질 수 있다. 두 개 단면을 가진 봉의 길이방향 진동에 관한 제2열 및 제3열은 다음 식으로 되어진다.

$$\frac{1}{6}\begin{bmatrix} 2(M_a + M_b) & M_b \\ M_b & 2M_b \end{bmatrix}\begin{Bmatrix} \ddot{u}_2 \\ \ddot{u}_3 \end{Bmatrix} + \begin{bmatrix} (k_1 + k_b) & -k_b \\ -k_b & k_b \end{bmatrix}\begin{Bmatrix} u_2 \\ u_3 \end{Bmatrix} = \begin{Bmatrix} 0 \\ 0 \end{Bmatrix}$$

특수한 경우 만일 $A_a = A_b = A$, $l_a = l_b = \frac{1}{2}L$이고 $M_a = M_b = \frac{1}{2}M$이면, 앞의 문제는 전체 길이 L이고, 전체 질량 M인 균일봉 문제가 되고, 중간 지점에 좌표를 가지고 자유단을 가진 2자유도계로 풀이될 수 있다. 그러면 앞의 문제의 방정식은 다음과 같이 된다.

$$\frac{M}{12}\begin{bmatrix} 4 & 1 \\ 1 & 2 \end{bmatrix}\begin{Bmatrix} \ddot{u}_2 \\ \ddot{u}_3 \end{Bmatrix} + \frac{2EA}{\mathrm{L}}\begin{bmatrix} 2 & -1 \\ -1 & 1 \end{bmatrix}\begin{Bmatrix} u_2 \\ u_3 \end{Bmatrix} = \begin{Bmatrix} 0 \\ 0 \end{Bmatrix}$$

만일 우리가 $\lambda = \omega^2 ML/24EA$로 두면, 고유 진동수를 구하기 위한 특성 방정식은 다음과 같다.

$$\begin{vmatrix} (2 - 4\lambda) & -(1 + \lambda) \\ -(1 + \lambda) & (1 - 2\lambda) \end{vmatrix} = 0$$

또는

$$\lambda^2 - \frac{10}{7}\lambda - \frac{1}{7} = 0$$

그 해는 다음과 같다.

$$\lambda = \begin{cases} 0.1082 \\ 1.3204 \end{cases} \qquad \omega = \begin{cases} 1.6115\sqrt{\dfrac{EA}{ML}} \\ 5.6293\sqrt{\dfrac{EA}{ML}} \end{cases}$$

길이방향 진동에서 균일봉의 고유 진동수는 알려져 있고, 식 $\omega_i = (2n+1)(\pi/2)\sqrt{EA/ML}$으로 주어져 있다. 처음의 두 모드에 대하여 이 방정식으로부터 계산한 결과는 다음과 같다.

$$\omega = \begin{cases} 1.5708\sqrt{\dfrac{EA}{ML}} \\ 4.7124\sqrt{\dfrac{EA}{ML}} \end{cases}$$

둘 사이를 비교하면 2자유도 유한 요소 모델의 결과와 연속 모델의 결과 사이의 일치는 1차 모드에 대해서는 2.6% 높고 2차 모드에 대해서는 19.5% 높게 나타난다. 세 개 요소 모델은 물론 더욱 가까운 일치된 값을 주리라고 기대되어 진다.

변수의 성질 변수의 성질 문제에 대한 한 가지 단순한 접근은 짧은 길이를 가진 많은 요소를 사용하는 것이다. 그러면 각각의 요소에 대한 질량과 강성의 차이는 매우 작고 무시될 수 있다. 그러면 문제는 각각의 요소에 대하여 균일한 질량과 강성을 가진 문제로 되어 이러한 항들이 적분의 밖으로 옮겨질 수 있는 상당히 단순한 문제로 된다. 물론 많은 수의 요소는 큰 자유도의 문제도 이끌어낼 것이다.

컴퓨터 프로그램 프로그램 **bar.m**은 외팔봉에 대한 고유 진동수를 유한 요소법에 의하여 결정함으로써 계산하는 MATLAB®으로 쓰여진 파일이다. 그것은 요소들이 다른 성질을 가질 수 있도록 허락하기 때문에, 이 프로그램은 변화하는 성질을 가진 봉을 모델링하는 데 사용되어질 수 있다. 이 프로그램은 사용자로 하여금 봉의 길이, 요소의 수, 각 요소의 질량, 각 요소의 탄성계수 및 각 요소의 단면적 등을 입력하도록 요구한다. 그러면 모델에 대한 질량행렬과 강성행렬을 구성하게 된다. 이 행렬이 3×3인 경우에 대해서는 식 (10.1.8)과 (10.1.9)에 주어져 있다. 이들로부터 동행렬을 구성한다. 고유 진동수는 동행렬의 고유값으로부터 구해진다. 이 문제에 대한 더 자세한 정보는 부록 F를 참고하라.

10.2 보 요소에 대한 강성 및 질량

보 강성 만일 요소의 끝단이 인접 구조에 단순지지되어 있지 않고 강하게 연결되어 있다면, 요소는 결합부에서 모멘트와 축방향 힘이 작용하는 보와 같이 행동할 것이다. 일반적으로, 상대 축방향 변위 $u_2 - u_1$은 보의 축방향 변위 v에 비하여 작게 될 것이고 0으로 가정할 수 있다. 보에 작용하는 힘과 모멘트뿐만 아니라 축방향 힘들도 고려되어야 할 경우에는 다음에 보여주듯이 보 강성행렬에 더하는 것은 간단한 일이다.

보 요소에 대한 국부 좌표계는 양단에서는 오직 축방향 변위와 회전이다. 우리는 이 토론에서는 오직 평면구조만을 고려하고, 각각의 결합부는 축방향 변위 v와 회전 θ를 하게 되고 네 개의 좌표 v_1, θ_1과 v_2, θ_2를 가져온다. 이들 좌표계의 양의 의미는 임의이지만, 컴퓨터의 계산을 목적으로 그림 10.2.1의 선도가 대부분의 구조해석 공학자들에게 받아들여지는 것이다. 힘과 모멘트의 양의 의미 역시 같은 선도를 따른다.

앞서의 변위들은 그림 10.2.2에 나타난 $\varphi_1(x)$, $\varphi_2(x)$, $\varphi_3(x)$ 및 $\varphi_4(x)$인 네 가지 모드 형상의 중첩이라고 생각되어질 수 있다. 두 끝단에서 요구되는 힘과 모멘트는 제6장에서 구하

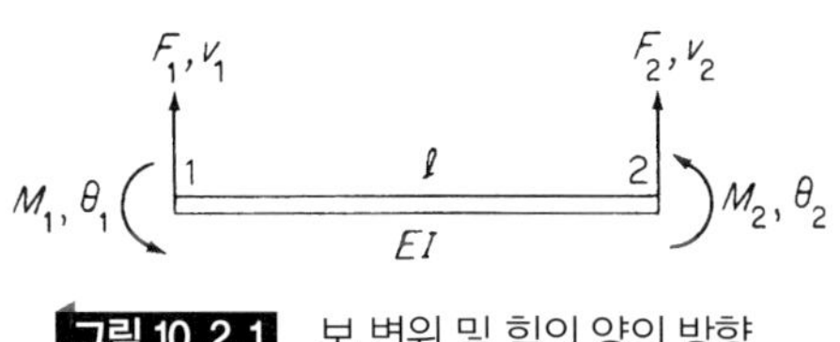

그림 10.2.1 보 변위 및 힘의 양의 방향

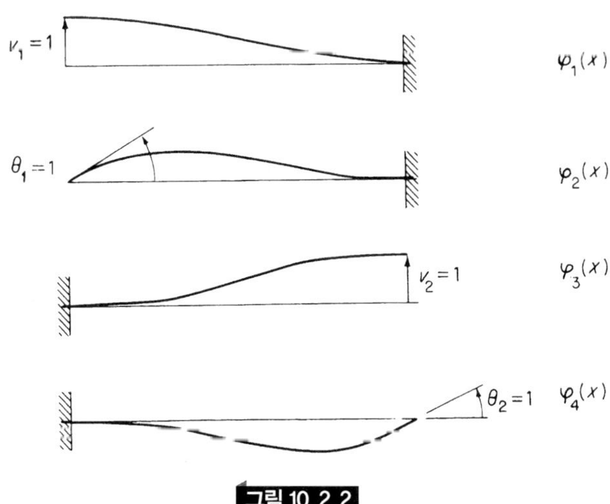

그림 10.2.2

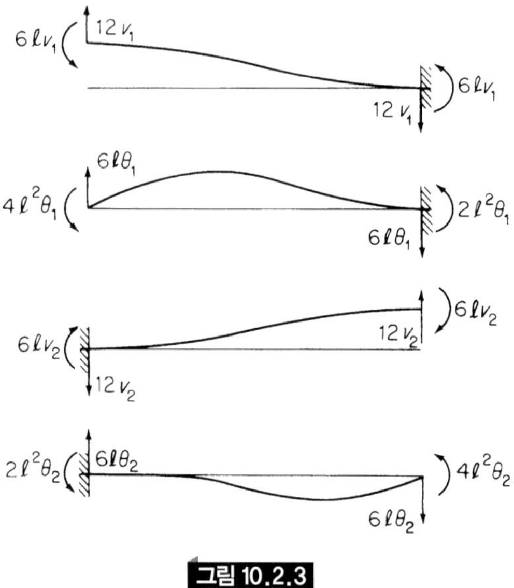

그림 10.2.3

였고, 그림 10.2.3에 계수 EI/l^3을 생략한 후 나타내었다. 이 그림으로부터 곧 힘-강성 관계식을 구할 수 있다.

$$\begin{Bmatrix} F_1 \\ M_1 \\ F_2 \\ M_2 \end{Bmatrix} = \frac{EI}{l^3}\left[\begin{array}{cc|cc} 12 & 6l & -12 & 6l \\ 6l & 4l^2 & -6l & 2l^2 \\ \hline -12 & -6l & 12 & -6l \\ 6l & 2l^2 & -6l & 4l^2 \end{array}\right]\begin{Bmatrix} v_1 \\ \theta_1 \\ v_2 \\ \theta_2 \end{Bmatrix} \tag{10.2.1}$$

강성을 구하기 위한 식 (10.2.1)은 그림 10.2.3에 보인 것과 같은 주어진 힘과 모멘트에서부터 구해진다. 질량행렬뿐만 아니라 강성행렬도 보의 형상함수 $\varphi_i(x)$가 주어지면 포텐셜 에너지와 운동 에너지를 사용하여 구할 수 있다.

보의 일반 방정식을 전개하면, 그것은 3차식이 되는데 처짐은 다음의 형태로 나타내어진다.

$$v(x) = p_1 + p_2\xi + p_3\xi^2 + p_4\xi^3 \tag{10.2.2}$$

이 때

$$\xi = \frac{x}{l} \text{ 그리고 } P_i = \text{상수}$$

미분함으로써 기울기의 식을 구할 수 있다.

$$l\theta(x) = p_2 + 2p_3\xi + 3p_4\xi^2 \tag{10.2.3}$$

만일 경계조건으로 $\xi = 0$과 $\xi = 1$을 삽입하면, 경계 방정식은 다음의 행렬식으로 표시될 수 있다:

$$\begin{Bmatrix} v_1 \\ l\theta_1 \\ \hline v_2 \\ l\theta_2 \end{Bmatrix} = \left[\begin{array}{cc|cc} 1 & 0 & 0 & 0 \\ 0 & 1 & 0 & 0 \\ \hline 1 & 1 & 1 & 1 \\ 0 & 1 & 2 & 3 \end{array}\right] \begin{Bmatrix} p_1 \\ p_2 \\ \hline p_3 \\ p_4 \end{Bmatrix} \tag{10.2.4}$$

위에 보여진 것과 같은 구역지어진 행렬로부터, p_1과 p_2는 단위행렬에 의하여 v_1 및 $l\theta_1$과 관련되는 것이 분명하다. $p_1 = v_1$과 $p_2 = l\theta_1$을 대입하면 행렬의 마지막 두 열을 p_3와 p_4로 쉽게 풀이할 수 있다. 그렇게 하면 식 (10.2.4)의 구하고자 하는 역행렬은 다음과 같다.

$$\begin{Bmatrix} p_1 \\ p_2 \\ \hline p_3 \\ p_4 \end{Bmatrix} = \left[\begin{array}{cc|cc} 1 & 0 & 0 & 0 \\ 0 & 1 & 0 & 0 \\ \hline -3 & -2 & 3 & -1 \\ 2 & 1 & -2 & 1 \end{array}\right] \begin{Bmatrix} v_1 \\ l\theta_1 \\ \hline v_2 \\ l\theta_2 \end{Bmatrix} \tag{10.2.5}$$

이 방정식은 각각의 변위를 1로 두고 다른 것을 0으로 둠으로써 p_i의 결정을 가능하게 한다. 즉, 다른 모든 변위는 0으로 두고 $v_1(x) = 1$인 경우에 대하여, 식 (10.2.5)의 제1행을 얻을 수 있다.

$$p_1 = 1, \quad p_2 = 0, \quad p_3 = -3, \text{ 그리고 } p_4 = 2$$

이들을 식 (10.2.2)에 삽입함으로써 그림 10.2.2의 첫 번째 모양에 대한 형상함수를 구한다.

$$\varphi_1(x) = 1 - 3\xi^2 + 2\xi^3$$

마찬가지로 $\theta_1 = 1$에 제2행을 구하면 다음과 같다.

$$p_1 = 0, \quad p_2 = l, \quad p_3 = -2l, \text{ 그리고 } p_4 = l$$

그리고

$$\varphi_2(x) = l\xi - 2l\xi^2 + l\xi^3$$

다른 두 개의 $\varphi_i(x)$도 유사한 방법으로 구해진다. 요약하면, 네 개의 보 형상함수에 대하여 다음 식을 구하게 된다:

$$\varphi_1(x) = 1 - 3\xi^2 + 2\xi^3$$

$$\begin{aligned} \varphi_2(x) &= l\xi - 2l\xi^2 + l\xi^3 \\ \varphi_3(x) &= 3\xi^2 - 2\xi^3 \\ \varphi_4(x) &= -l\xi^2 + l\xi^3 \end{aligned} \tag{10.2.6}$$

일반화된 질량 및 일반화된 강성 일반적으로 변위를 그림 10.2.2에 나타낸 네 개의 형상함수의 중첩에 의한다고 생각함으로써, 우리는 다음의 식을 얻는다.

$$\begin{aligned} y(x) &= \varphi_1 v_1 + \varphi_2\theta_1 + \varphi_3 v_2 + \varphi_4\theta_2 \\ &= \varphi_1 q_1 + \varphi_2 q_2 + \varphi_3 q_3 + \varphi_4 q_4 \end{aligned} \tag{10.2.7}$$

여기서 q_i는 끝단의 변위를 위하여 넣어졌다.

일반화된 질량을 구하기 위하여, 앞의 식은 운동 에너지를 위한 수식에 삽입되어진다.

$$\begin{aligned} T &= \frac{1}{2}\int \dot{y}^2 m\,dx = \frac{1}{2}\sum_i \sum_j \dot{q}_i\dot{q}_j \int \varphi_i\varphi_j m\,dx \\ &= \frac{1}{2}\sum_i \sum_j m_{ij}\dot{q}_i\dot{q}_j \end{aligned} \tag{10.2.8}$$

그리하여 일반화된 질량 m_{ij}는 질량행렬의 요소를 구성하고 다음 식과 같게 된다.

$$m_{ij} = \int_0^l \varphi_i\varphi_j m\,dx \tag{10.2.9}$$

네 개의 보함수를 식 (10.2.9)에 삽입함으로써, 균일보 요소에 대한 질량행렬은 끝단의 변위의 항으로 표시되어진다.

$$\frac{ml}{420}\left[\begin{array}{cc|cc} 156 & 22l & 54 & -13l \\ 22l & 4l^2 & 13l & -3l^2 \\ \hline 54 & 13l & 156 & -22l \\ -13l & -3l^2 & -22l & 4l^2 \end{array}\right] \tag{10.2.10}$$

그 행렬은 강성행렬에 사용되어진 것과 같은 보함수에 기초하고 있기 때문에 **집중질량**(consistent mass)이라고 불린다.[1)]

1) J.S. Archer, "Consistent Mass Matrix for Distributed Mass Systems," J.Struct Div. ASCE, Vol. 89, No. STA4 (August 1963), pp. 161–178.

10.3 좌표 변환(전체 좌표계)

국부 요소의 항으로 전체 구조의 강성행렬을 결정하는 경우에는, 적합한 조건을 확인하기 위하여 우선 인접한 요소들 사이의 변위를 대등하도록 할 필요가 있다. 제6장에서는, 각 결합부의 시험을 통하여 이루어졌고, 각 결합부에서 근접 요소의 방향을 고려하였다.

유한 요소법에서는 변위와 힘을 **전체 좌표**(global coordinate)라고 알려진 공통의 좌표계로 변환함으로써 단순화된다.

평면구조를 다시 고려하고 수평 및 수직방향으로 가정되어지는 전체 좌표 $\bar{u}$, $\bar{v}$와 각도 α를 가지는 국부 요소 ①, ②를 조사하면 그림 10.3.1(a)에 보여진 것과 같다.

결합부 ①에서 ①′으로의 변위 $\mathbf{r}_1$은 국부 및 전체 좌표에서 모두 같아야만 한다. 이 요구조건은 다음 식으로 표현되어진다.

$$\mathbf{r}_1 = u_1\mathbf{i} + v_1\mathbf{j} = \bar{u}_1\bar{\mathbf{i}} + \bar{v}_1\bar{\mathbf{j}}$$

여기서 $\mathbf{i}$, $\mathbf{j}$와 $\bar{\mathbf{i}}$, $\bar{\mathbf{j}}$는 두 좌표계에 대한 단위 벡터이다. 앞의 식에 대한 $\mathbf{i}$를 내적하면 다음 식을 얻는다.

$$u_1(\mathbf{i}\cdot\mathbf{i}) + v_1(\mathbf{j}\cdot\mathbf{i}) = \bar{u}_1(\bar{\mathbf{i}}\cdot\bar{\mathbf{i}}) + \bar{v}_1(\bar{\mathbf{j}}\cdot\mathbf{i})$$

즉

$$u_1 + 0 = \bar{u}_1\cos\alpha + \bar{v}_1\sin\alpha$$

다음으로 $\mathbf{j}$를 내적하면 다음 식을 얻는다.

$$0 + v_1 = -\bar{u}_1\sin\alpha + \bar{v}_1\cos\alpha$$

그리하여 우리는 이들 결과를 다음의 행렬식으로 나타낼 수 있다.

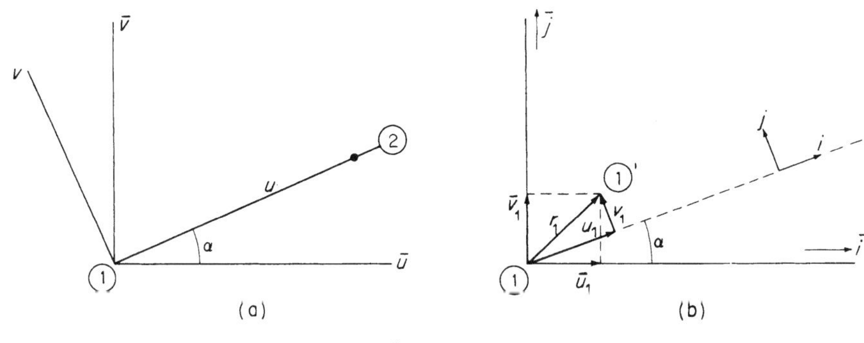

그림 10.3.1

$$\begin{Bmatrix} u_1 \\ v_1 \end{Bmatrix} = \begin{bmatrix} \cos\alpha & \sin\alpha \\ -\sin\alpha & \cos\alpha \end{bmatrix} \begin{Bmatrix} \bar{u}_1 \\ \bar{v}_1 \end{Bmatrix} \tag{10.3.1}$$

앞의 식은 국부 좌표 u_1, v_1을 전체 좌표 $\bar{u}_1$, $\bar{v}_1$의 항으로 표현하였다. 이들 결과는 그림 10.3.1(b)로부터 기하학적으로 손쉽게 확인되어진다.

마찬가지로, 국부 좌표에서 결합부 ②의 변위는 동일한 변환식에 의하여 전체 좌표의 항으로 표현되어질 수 있다. 두 좌표계에 대한 회전각은 물론 동일해야 만하고, $\theta = \bar{\theta}$로 된다. 그리하여 우리는 변환행렬에서 θ를 다음과 같이 포함시킬 수 있다.

$$\begin{Bmatrix} u \\ v \\ \theta \end{Bmatrix}_i = \begin{bmatrix} \cos\alpha & \sin\alpha & 0 \\ -\sin\alpha & \cos\alpha & 0 \\ 0 & 0 & 2 \end{bmatrix} \begin{Bmatrix} \bar{u} \\ \bar{v} \\ \bar{\theta} \end{Bmatrix}_i \quad i = 1, 2 \tag{10.3.2}$$

그리하여 수평에 대하여 반시계방향으로 측정하여 각도 α를 만듦으로써 임의 요소에 대한 변환행렬은 다음과 같게 된다.

$$\begin{Bmatrix} u_1 \\ v_1 \\ \theta_1 \\ u_2 \\ v_2 \\ \theta_2 \end{Bmatrix} = \left[\begin{array}{ccc|ccc} c & s & 0 & & & \\ -s & c & 0 & & 0 & \\ 0 & 0 & 1 & & & \\ \hline & & & c & s & 0 \\ & 0 & & -s & c & 0 \\ & & & 0 & 0 & 1 \end{array}\right] \begin{Bmatrix} \bar{u}_1 \\ \bar{v}_1 \\ \bar{\theta}_1 \\ \bar{u}_2 \\ \bar{v}_2 \\ \bar{\theta}_2 \end{Bmatrix} \tag{10.3.3}$$

여기서 $c = \cos\alpha$ 및 $s = \sin\alpha$이다. 변위에 대하여 유도된 변환행렬은 마찬가지로 힘 벡터에 대해서도 적용되어질 수 있다는 것을 쉽게 확인할 수 있다.

더욱 단순한 표기로서, 우리는 국부에서 전체 좌표로 변환식을 다음과 같이 다시 쓸 수 있다.

$$\begin{aligned} r &= T\bar{r} \\ F &= T\bar{F} \end{aligned} \tag{10.3.4}$$

여기서 T는 변환행렬, r, F 및 $\bar{r}$, $\bar{F}$는 각각 국부 및 전체 좌표에서의 변위와 힘 이다. 우리는 이것을 r과 F사이의 관계에 더하게 되는데 이것은 강성행렬이다.

$$F = kr \tag{10.3.5}$$

그리고 그것은 전체계에서는 $\bar{F} = \bar{k}\bar{r}$로 쓸 수 있다. 식 (10.3.4)에서 우리는 다음 식을 얻는다.

$$\bar{F} = T^{-1}F = T^{T}F \tag{10.3.6}$$

여기서 우리는 변환행렬은 직교행렬이고 $T^{-1} = T^{T}$[2]인 것에 주목하고자 한다. 강성식으로부터, F를 대치하고, r을 $\bar{r}$의 항으로 바꿈으로써 다음 식을 얻는다.

$$\begin{aligned} \bar{F} &= T^T k r \\ &= T^T k T \bar{r} = \bar{k}\bar{r} \end{aligned} \tag{10.3.7}$$

그리하여 국부 좌표계에 대한 k는 다음의 식에 의하여 전체 좌표계에 대한 $\bar{k}$로 변환되어진다.

$$\bar{k} = T^T k T \tag{10.3.8}$$

10.4 전체 좌표계에서의 요소강성 및 요소질량

축방향 요소 축방향 요소에 있어서, 요소 모멘트는 0이고, 끝단의 힘과 변위는 요소길이와 나란하다. 그러므로 오직 축방향 요소만을 포함한 계에 있어서는 6×6 변환행렬은 다음의 4×4 행렬로 축소되어진다.

$$T = \left[\begin{array}{cc|cc} c & s & 0 & \\ -s & c & & \\ \hline 0 & & c & s \\ & & -s & c \end{array}\right] \tag{10.4.1}$$

우리는 축방향 요소에 대한 강성 및 질량행렬이 2×2차원이고, 그러므로 다음과 같이 4×4 행렬로 다시 나타내어져야만 한다는 것을 주목한다.

$$\begin{gathered} \begin{Bmatrix} F_1 \\ F_2 \end{Bmatrix} = \frac{EA}{l}\begin{bmatrix} 1 & -1 \\ -1 & 1 \end{bmatrix}\begin{Bmatrix} u_1 \\ u_2 \end{Bmatrix} = \frac{EA}{l}\left[\begin{array}{cc|cc} 1 & 0 & -1 & 0 \\ 0 & 0 & 0 & 0 \\ \hline -1 & 0 & 1 & 0 \\ 0 & 0 & 0 & 0 \end{array}\right]\begin{Bmatrix} u_1 \\ v_1 \\ u_2 \\ v_2 \end{Bmatrix} \\ \begin{Bmatrix} F_1 \\ F_2 \end{Bmatrix} = \frac{ml}{6}\begin{bmatrix} 2 & 1 \\ 1 & 2 \end{bmatrix}\begin{Bmatrix} \ddot{u}_1 \\ \ddot{u}_2 \end{Bmatrix} = \frac{ml}{6}\left[\begin{array}{cc|cc} 2 & 0 & 1 & 0 \\ 0 & 0 & 0 & 0 \\ \hline 1 & 0 & 2 & 0 \\ 0 & 0 & 0 & 0 \end{array}\right]\begin{Bmatrix} \ddot{u}_1 \\ \ddot{v}_1 \\ \ddot{u}_2 \\ \ddot{v}_2 \end{Bmatrix} \end{gathered} \tag{10.4.2}$$

그러면 이들 4×4 행렬은 그것을 전체 좌표계로 변환하기 위하여 식 (10.3.8)에 삽입되어질 수 있다.

---

2) 부록 C 참조

$$\bar{k} = T^T k T = \frac{EA}{l}\left[\begin{array}{cc|cc} c^2 & cs & -c^2 & -cs \\ cs & s^2 & -cs & -s^2 \\ \hline -c^2 & -cs & c^2 & cs \\ -cs & -s^2 & cs & s^2 \end{array}\right] \tag{10.4.3}$$

$$\bar{m} = T^T m T = \frac{ml}{6}\left[\begin{array}{cc|cc} 2c^2 & 2cs & c^2 & -cs \\ 2cs & 2s^2 & cs & s^2 \\ \hline c^2 & cs & 2c^2 & 2cs \\ cs & s^2 & 2cs & 2s^2 \end{array}\right] \tag{10.4.4}$$

예제 10.4.1

그림 10.4.1의 힌지로 지지된 변길이가 3:4:5인 직삼각형 트러스에 대한 강성행렬을 구하라.

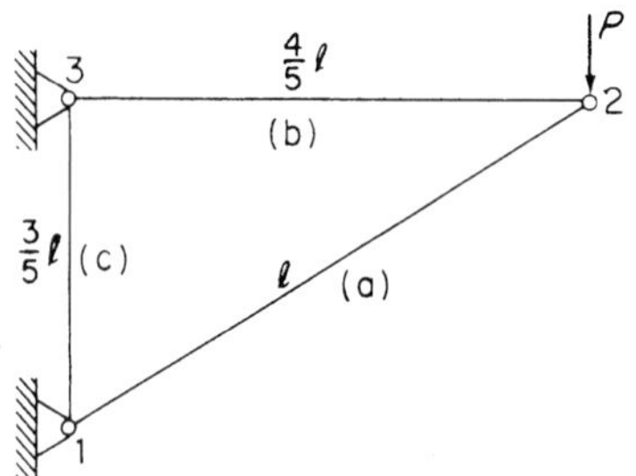

그림 10.4.1

풀이 구조는 결합부 1, 2, 3을 가진 세 개의 단순지지 요소 a, b, c로 구성되어져 있다. 각각의 결합부는 전체계에서 2자유도를 가지고, 여섯 개의 힘과 변위관계는 다음 식으로 나타낼 수 있다.

$$\begin{Bmatrix} \bar{F}_{1x} \\ \bar{F}_{1y} \\ \bar{F}_{2x} \\ \bar{F}_{2y} \\ \bar{F}_{3x} \\ \bar{F}_{3y} \end{Bmatrix} = [\bar{K}] \begin{Bmatrix} \bar{u}_1 \\ \bar{v}_1 \\ \bar{u}_2 \\ \bar{v}_2 \\ \bar{u}_3 \\ \bar{v}_3 \end{Bmatrix}$$

각각의 요소의 전체 강성은 특정 요소에 대하여 $\sin\alpha$와 $\cos\alpha$를 삽입함으로써 식 (10.4.3)으로부터 구해진다.

요소 a(1 에서 2):

$$c = \frac{4}{5},\ s = \frac{3}{5}$$

$$\bar{k}_a\bar{r}_a = \frac{1}{25}\left(\frac{EA}{l}\right)\left[\begin{array}{cc|cc} 16 & 12 & -16 & -12 \\ 12 & 9 & -12 & -9 \\ \hline -16 & -12 & 16 & 12 \\ -12 & -9 & 12 & 9 \end{array}\right]\left\{\begin{array}{c} \bar{u}_1 \\ \bar{v}_1 \\ \bar{u}_2 \\ \bar{v}_2 \end{array}\right\}$$

요소 b(2에서 3):

$c=-1,\ s=0$

$$\bar{k}_b\bar{r}_b = \left(\frac{5EA}{4l}\right)\left[\begin{array}{cc|cc} 1 & 0 & -1 & 0 \\ 0 & 0 & 0 & 0 \\ \hline -1 & 0 & 1 & 0 \\ 0 & 0 & 0 & 0 \end{array}\right]\left\{\begin{array}{c} \bar{u}_2 \\ \bar{v}_2 \\ \hline \bar{u}_3 \\ \bar{v}_3 \end{array}\right\}$$

$$= \frac{1}{25}\left(\frac{EA}{l}\right)\left[\begin{array}{cc|cc} \frac{125}{4} & 0 & -\frac{125}{4} & 0 \\ 0 & 0 & 0 & 0 \\ \hline -\frac{125}{4} & 0 & \frac{125}{4} & 0 \\ 0 & 0 & 0 & 0 \end{array}\right]\left\{\begin{array}{c} \bar{u}_2 \\ \bar{v}_2 \\ \hline \bar{u}_3 \\ \bar{v}_3 \end{array}\right\}$$

요소 c(3에서 1):

$c=0,\ s=-1$

$$\bar{k}_c\bar{r}_c = \left(\frac{5EA}{3l}\right)\left[\begin{array}{cc|cc} 0 & 0 & 0 & 0 \\ 0 & 1 & 0 & -1 \\ \hline 0 & 0 & 0 & 0 \\ 0 & -1 & 0 & 1 \end{array}\right]\left\{\begin{array}{c} \bar{u}_3 \\ \bar{v}_3 \\ \hline \bar{u}_1 \\ \bar{v}_1 \end{array}\right\}$$

$$= \frac{1}{25}\left(\frac{EA}{l}\right)\left[\begin{array}{cc|cc} 0 & 0 & 0 & 0 \\ 0 & \frac{125}{3} & 0 & -\frac{125}{3} \\ \hline 0 & 0 & 0 & 0 \\ 0 & -\frac{125}{3} & 0 & \frac{125}{3} \end{array}\right]\left\{\begin{array}{c} u_3 \\ \bar{v}_3 \\ \hline \bar{u}_1 \\ \bar{v}_1 \end{array}\right\}$$

이들은 이제 6×6 강성식으로 구성되어져야만 한다. a와 b에 대한 행렬은 공통의 변위 $\left[\begin{smallmatrix} \bar{u}_2 \\ \bar{v}_2 \end{smallmatrix}\right]$를 갖고, 그것은 공통의 변위와 관련된 단면이 서로 겹치는 것으로 쉽게 알 수 있다.

$$\left(\frac{EA}{25l}\right)\begin{bmatrix} 16 & 12 & -16 & -12 & & \\ 12 & 9 & -12 & -9 & & \\ -16 & -12 & 16+\frac{125}{4} & 12 & -\frac{125}{4} & 0 \\ -12 & -9 & 12 & 9 & 0 & 0 \\ & & -\frac{125}{4} & 0 & \frac{125}{4} & 0 \\ & & 0 & 0 & 0 & 0 \end{bmatrix}\left\{\begin{array}{c} \bar{u}_1 \\ \bar{v}_1 \\ \bar{u}_2 \\ \bar{v}_2 \\ \bar{u}_3 \\ \bar{v}_3 \end{array}\right\}$$

$\bar{k}_c$에 대해서 적절한 위치를 찾기 위하여, 네 개의 2×2 행렬로 분리되어질 수 있고, 그것은 다음과 같이 정리되어질 수 있다.

$$\left(\frac{EA}{25l}\right)\left[\begin{array}{cc|cc|cc} 0 & 0 & & & 0 & 0 \\ 0 & \frac{125}{3} & & & 0 & -\frac{125}{3} \\ \hline & & & & & \\ & & & & & \\ \hline 0 & 0 & & & 0 & 0 \\ 0 & -\frac{125}{3} & & & 0 & \frac{125}{3} \end{array}\right]\left\{\begin{array}{c} \bar{u}_1 \\ \bar{v}_1 \\ \hline \\ \\ \hline \bar{u}_3 \\ \bar{v}_3 \end{array}\right\}$$

이들 세 개 행렬을 합침으로써, 우리는 트러스에 대한 강성행렬을 다음과 같이 구하게 된다.

$$\left\{\begin{array}{c} \bar{F}_{1x} \\ \bar{F}_{1y} \\ \hline \bar{F}_{2x} \\ \bar{F}_{2y} \\ \hline \bar{F}_{3x} \\ \bar{F}_{3y} \end{array}\right\} = \left(\frac{EA}{25l}\right)\left[\begin{array}{cc|cc|cc} 16 & 12 & -16 & -12 & 0 & 0 \\ 12 & 9+\frac{125}{3} & -12 & -9 & 0 & -\frac{125}{3} \\ \hline -16 & -12 & 16+\frac{125}{4} & 12 & -\frac{125}{4} & 0 \\ -12 & -9 & 12 & 9 & 0 & 0 \\ \hline 0 & 0 & -\frac{125}{4} & 0 & \frac{125}{4} & 0 \\ 0 & -\frac{125}{3} & 0 & 0 & 0 & \frac{125}{3} \end{array}\right]\left\{\begin{array}{c} \bar{u}_1 \\ \bar{v}_1 \\ \hline \bar{u}_2 \\ \bar{v}_2 \\ \hline \bar{u}_3 \\ \bar{v}_3 \end{array}\right\}$$

이제 변위 0의 조건을 결합부 1과 3에 적용시키면, 그것은 제 1, 2, 5 및 6열을 완전히 없애고 다음의 식으로 남게 된다.

$$\left\{\begin{array}{c} \bar{F}_{1x} \\ \bar{F}_{1y} \\ \hline 0 \\ -P \\ \hline \bar{F}_{3x} \\ \bar{F}_{3y} \end{array}\right\} = \left(\frac{EA}{25l}\right)\left[\begin{array}{cc} -16 & -12 \\ -12 & -9 \\ \hline 16+31.25 & 12 \\ 12 & 9 \\ \hline -31.25 & 0 \\ 0 & 0 \end{array}\right]\left\{\begin{array}{c} \bar{u}_2 \\ \bar{v}_2 \end{array}\right\}$$

중간의 두 열은 다음과 같다.

$$\left\{\begin{array}{c} 0 \\ -P \end{array}\right\} = \left(\frac{EA}{25l}\right)\left[\begin{array}{cc} 47.25 & 12 \\ 12 & 9 \end{array}\right]\left\{\begin{array}{c} \bar{u}_2 \\ \bar{v}_2 \end{array}\right\}$$

이것은 다음과 같이 변환되어진다.

$$\left\{\begin{array}{c} \bar{u}_2 \\ \bar{v}_2 \end{array}\right\} = \left(\frac{25l}{EA}\right)\frac{1}{281.25}\left[\begin{array}{cc} 9 & -12 \\ -12 & 47.25 \end{array}\right]\left\{\begin{array}{c} 0 \\ -P \end{array}\right\}$$

그러므로 결합부 2의 수직 및 수평방향 처짐은 다음과 같다.

$$\bar{u}_2 = \left(\frac{25l}{281.25EA}\right)(12P) = 1.066\frac{Pl}{EA}$$

$$\bar{v}_2 = \left(\frac{25l}{281.25EA}\right)(-47.25P) = -4.200\frac{Pl}{EA}$$

이들 값에서, 핀 1과 3에서의 반력은 다음과 같다.

$$\bar{F}_{1x} = \left(\frac{EA}{25l}\right)\left[-16\times 1.066\frac{Pl}{EA} + 12\times 4.200\frac{Pl}{EA}\right] = 1.333P$$

$$\bar{F}_{1y} = 1.000P$$

$$\bar{F}_{3x} = -1.333P$$

$$\bar{F}_{3y} = 0$$

물론 이들 반력은 고정된 핀에 관한 모멘트를 취함으로써 쉽게 구할 수 있지만, 본 예제는 더욱 복잡한 구조물인 경우에 따라해야 할 일반적인 절차를 나타내었다.

보 요소 보 요소에 대한 강성 및 질량행렬은 4×4차원이고, 이 때의 변환 행렬은 6×6이다. 그리하여 이들 행렬을 전체 좌표로 변환하기 위하여, 축방향 성분을 더함으로써 다음과 같이 재구성하여 그들을 변형시킬 필요가 있다:

$$\frac{EA}{l}\left[\begin{array}{ccc|ccc} 1 & 0 & 0 & -1 & 0 & 0 \\ 0 & 0 & 0 & 0 & 0 & 0 \\ 0 & 0 & 0 & 0 & 0 & 0 \\ \hline -1 & 0 & 0 & 1 & 0 & 0 \\ 0 & 0 & 0 & 0 & 0 & 0 \\ 0 & 0 & 0 & 0 & 0 & 0 \end{array}\right]\begin{matrix} u_1 \\ v_1 \\ \theta_1 \\ u_2 \\ v_2 \\ \theta_2 \end{matrix}$$

$$\frac{ml}{6}\left[\begin{array}{ccc|ccc} 2 & 0 & 0 & 1 & 0 & 0 \\ 0 & 0 & 0 & 0 & 0 & 0 \\ 0 & 0 & 0 & 0 & 0 & 0 \\ \hline 1 & 0 & 0 & 2 & 0 & 0 \\ 0 & 0 & 0 & 0 & 0 & 0 \\ 0 & 0 & 0 & 0 & 0 & 0 \end{array}\right]$$

그러면 변환에 사용되는 요소행렬은 다음과 같다.

$$k = \frac{EI}{l^3}\left[\begin{array}{ccc|ccc} R & 0 & 0 & -R & 0 & 0 \\ 0 & 12 & 6l & 0 & -12 & 6l \\ 0 & 6l & 4l^2 & 0 & -6l & 2l^2 \\ \hline -R & 0 & 0 & R & 0 & 0 \\ 0 & -12 & -6l & 0 & 12 & -6l \\ 0 & 6l & 2l^2 & 0 & -6l & 4l^2 \end{array}\right] \tag{10.4.5}$$

여기서 $R = \left(\frac{EA}{l}\right)\left(\frac{l^3}{EI}\right) = \frac{Al^2}{I}$이다.

$$m = \frac{ml}{420}\left|\begin{array}{ccc|ccc} N & 0 & 0 & \frac{1}{2}N & 0 & 0 \\ 0 & 156 & 22l & 0 & 54 & -13l \\ 0 & 22l & 4l^2 & 0 & 13l & -3l^2 \\ \hline \frac{1}{2}N & 0 & 0 & N & 0 & 0 \\ 0 & 54 & 13l & 0 & 156 & -22l \\ 0 & -13l & -3l^2 & 0 & -22l & 4l^2 \end{array}\right| \tag{10.4.6}$$

여기서 $N = \left(\frac{ml}{3}\right)\left(\frac{420}{ml}\right) = 140$이다.

이들 6×6 요소행렬은 식 $\bar{k} = T^T kT$와 $\bar{m} = T^T mT$에 의하여 전체 좌표(문자 위에 줄표시 있는 것)로 변환되어진다.

$$\bar{k} = \frac{EI}{l^3}\left[\begin{array}{ccc|ccc} (Rc^2+12s^2) & (R-12)cs & -6ls & (-Rc^2-12s^2) & (-R+12)cs & -6ls \\ (R-12)cs & (Rs^2+12c^2) & 6lc & (-R+12)cs & (-Rs^2-12c^2) & 6lc \\ -6ls & 6lc & 4l^2 & 6ls & -6lc & 2l^2 \\ \hline (-Rc^2-12s^2) & (-R+12)cs & 6ls & (Rc^2+12s^2) & (R-12)cs & 6ls \\ (-R+12)cs & (-Rs^2-12c^2) & -6lc & (R-12)cs & (Rs^2+12c^2) & -6lc \\ -6ls & 6lc & 2l^2 & 6ls & -6lc & 4l^2 \end{array}\right] \begin{array}{c}\bar{u}\\ \bar{v}\\ \bar{\theta}\end{array} \tag{10.4.7}$$

$$\bar{m} = \frac{ml}{420}\left[\begin{array}{ccc|ccc} (Nc^2+156s^2) & (N-156)cs & -22ls & (\frac{1}{2}Nc^2+54s^2) & (\frac{1}{2}N-54)cs & 13ls \\ (N-156)cs & (Ns^2+156c^2) & 22lc & (\frac{1}{2}N-54)cs & (\frac{1}{2}Ns^2+54c^2) & -13lc \\ -22ls & 22lc & 4l^2 & -13ls & 13lc & -3l^2 \\ \hline (\frac{1}{2}Nc^2+54s^2) & (\frac{1}{2}N-54)cs & -13ls & (Nc^2+156s^2) & (N-156)cs & 22ls \\ (\frac{1}{2}N-54)cs & (\frac{1}{2}Ns^2+54c^2) & 13lc & (N-156)cs & (Ns^2+156c^2) & -22lc \\ 13ls & -13lc & -3l^2 & 22ls & -22lc & 4l^2 \end{array}\right] \tag{10.4.8}$$

10.5 보 요소를 포함하는 진동

보에 대한 유한 요소법의 예로서, 제6장과 제7장에서 풀이한 몇몇 문제들을 고려하자. 이곳에서의 목적은 첫째로 두 개의 요소를 사용하여 어떻게 계의 식을 조합하는가를 보이는 것이고, 둘째로 회전좌표를 제거함으로써 수식의 자유도를 줄이는 것이다.

예제 10.5.1

그림 10.5.1에 보여준 보는 길이 $\frac{l}{2}$인 두 개의 동일한 요소로 간주되고, 그의 강성과 질량행렬은 식 (10.2.1)과 (10.2.10)으로 주어진다. l 대신 $\frac{l}{2}$을 삽입함으로써, 요소행렬은 다음과 같다.

요소 a:

$$\text{강성}\left(\frac{8EI}{l^3}\right)\left[\begin{array}{cc|cc} 12 & 3l & -12 & 3l \\ 3l & l^2 & -3l & 0.5l^2 \\ \hline -12 & -3l & 12 & -3l \\ 3l & 0.5l^2 & -3l & l^2 \end{array}\right] \quad \text{변위 벡터}\begin{Bmatrix} v_1 \\ \theta_1 \\ v_2 \\ \theta_2 \end{Bmatrix}$$

$$\text{질량}\left(\frac{ml}{840}\right)\left[\begin{array}{cc|cc} 156 & 11l & 54 & -6.5l \\ 11l & l^2 & 6.5l & -0.75l^2 \\ \hline 54 & 6.5l & 156 & -11l \\ -6.5l & -0.75l^2 & -11l & l^2 \end{array}\right]$$

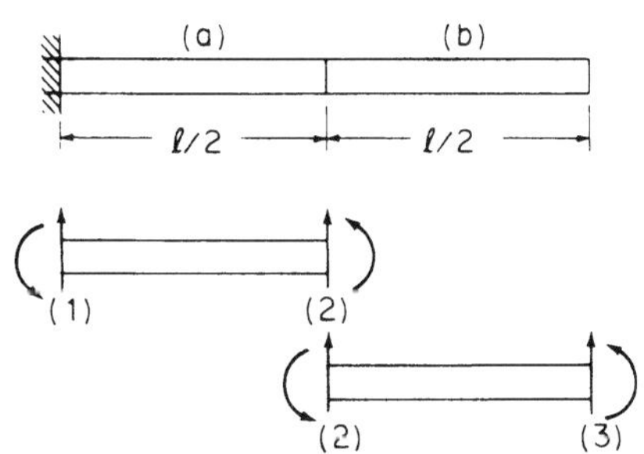

그림 10.5.1 균일 외팔보

요소 b: 변위 벡터를 제외하고는 요소 a와 동일하다. 변위 벡터는 다음과 같다.

$$\begin{Bmatrix} v_2 \\ \theta_2 \\ v_3 \\ \theta_3 \end{Bmatrix}$$

보의 축과 일치하는 전체 좌표를 가지고, 계행렬의 조합은 단순히 요소 a와 b에 대한 이전의 행렬을 6×6 행렬로 중첩시키는 것이다. 그것은 강성행렬에 대해서는 다음과 같다.

$$\begin{bmatrix} \text{요소 } a & & \\ & & \\ & & \text{요소 } b \end{bmatrix} \begin{Bmatrix} v_1 \\ \theta_1 \\ v_2 \\ \theta_2 \\ v_3 \\ \theta_3 \end{Bmatrix}$$

벽의 구속으로 인하여 $v_1 = \theta_1 = 0$이기 때문에, 처음의 두 열은 무시될 수 있다. 또한 진동문제에서는 힘과 모멘트 F_1과 M_1에 대해서도 모두 관심이 없다. 그러므로 처음 두 열뿐만 아니라 처음 두 행도 제외시킬 수 있어서 다음의 방정식으로 된다.

$$\frac{ml}{840}\begin{bmatrix} 312 & 0 & 54 & -6.5l \\ 0 & 2l^2 & 6.5l & -0.75l^2 \\ 54 & 6.5l & 156 & -11l \\ -6.5l & -0.75l^2 & -11l & l^2 \end{bmatrix}\begin{Bmatrix} \ddot{v}_2 \\ \ddot{\theta}_2 \\ \ddot{v}_3 \\ \ddot{\theta}_3 \end{Bmatrix}$$

$$+\left(\frac{8EI}{l^3}\right)\begin{bmatrix} 24 & 0 & -12 & 3l \\ 0 & 2l^2 & -3l & 0.5l^2 \\ -12 & -3l & 12 & -3l \\ 3l & 0.5l^2 & -3l & l^2 \end{bmatrix}\begin{Bmatrix} v_2 \\ \theta_2 \\ v_3 \\ \theta_3 \end{Bmatrix} = \begin{Bmatrix} F_2 \\ M_2 \\ F_3 \\ M_3 \end{Bmatrix} \qquad \textbf{(10.5.1)}$$

보의 자유진동에 대하여 풀면, 힘 벡터는 0으로 되고 가속도 벡터는 $-\omega^2$에 변위를 곱한 값으로 대치되어진다.

컴퓨터 프로그램 **beam.m** 프로그램은 외팔보에 대하여 유한 요소 모델에 대해 결정되어지는 고유 진동수를 계산하는 MATLAB®으로 쓰여진 파일이다. 사용자에게 보의 길이, 원하는 요소의 수, 보의 질량, 보의 탄성계수 및 보의 관성 모멘트를 입력하라고 요구한 뒤, 프로그램에서 모델에 대한 질량 및 강성행렬을 구성하게 된다. 두 개의 동일한 요소로 이루어진 보에 대하여, 이들 행렬은 식 (10.5.1)과 같이 구해진다. 그러면 동행렬은 이들 두 행렬에서부터 만들어진다. 동행렬의 고유값은 계산되어지고 모델의 고유 진동수를 구하는 데 사용되어진다. 프로그램에 관한 더욱 자세한 정보는 부록 F에 나타나 있다.

예제 10.5.2 좌표 저감

앞의 문제의 해를 구하는 데는 고유값-고유 벡터 관련 컴퓨터 프로그램이 필요하다. 그러나 우리는 결합부 2와 3에서 균일 분포질량을 집중질량으로 대체함으로써 더욱 단순화된 문제로 만들 수 있다. 그러면 질량행렬은 요소 m_{22}와 m_{33}를 제외하고는 모두 0인 값으로 된다. 이것은 변위 벡터를 정돈된 순서로 하기 위하여 앞의 식을 정리하는 것을 의미한다.

$$\begin{Bmatrix} v_2 \\ v_3 \\ \theta_2 \\ \theta_3 \end{Bmatrix}$$

이것은 단순히 제2열 및 제3열과 제2행 및 제3행을 서로 바꿈으로써 되어지고, 다음과 같은 식으로 되어진다:

$$\left[\begin{array}{cc:cc} m_2 & 0 & 0 & \\ 0 & m_3 & & \\ \hdashline & 0 & 0 & \\ & & & \end{array}\right]\left\{\begin{array}{c} \ddot{v}_2 \\ \ddot{v}_3 \\ \hdashline \ddot{\theta}_2 \\ \ddot{\theta}_3 \end{array}\right\} + \left(\frac{8\,EI}{l^3}\right)\left[\begin{array}{cc:cc} 24 & -12 & 0 & 3l \\ -12 & 12 & -3l & -3l \\ \hdashline 0 & -3l & 2l^2 & 0.5l^2 \\ 3l & -3l & 0.5l^2 & l^2 \end{array}\right]\left\{\begin{array}{c} v_2 \\ v_3 \\ \hdashline \theta_2 \\ \theta_3 \end{array}\right\} = \left\{\begin{array}{c} 0 \\ 0 \\ \hdashline 0 \\ 0 \end{array}\right\}$$

이제 식은 다음과 같은 형태가 된다.

$$\left[\begin{array}{c:c} M_{11} & 0 \\ \hdashline 0 & 0 \end{array}\right]\left\{\begin{array}{c} \ddot{V} \\ \hdashline \ddot{\theta} \end{array}\right\} + \left[\begin{array}{c:c} K_{11} & K_{12} \\ \hdashline K_{21} & K_{22} \end{array}\right]\left\{\begin{array}{c} V \\ \hdashline \theta \end{array}\right\} = \left\{\begin{array}{c} 0 \\ 0 \end{array}\right\} \qquad \textbf{(10.5.2)}$$

이는 다음과 같이 쓸 수 있다.

$$M_{11}\ddot{V} + K_{11}V + K_{12}\theta = 0$$
$$K_{21}V + K_{22}\theta = 0$$

두 번째 식에서 θ는 V로 나타내어질 수 있다:

$$\theta = -K_{22}^{-1}K_{21}V$$

첫 번째 식에 대입하면 다음으로 나타내어진다.

$$M_{11}\ddot{V} + (K_{11} - K_{12}K_{22}^{-1}K_{21})V = 0 \qquad \textbf{(10.5.3)}$$

원래의 항으로 표현하면 다음과 같다.

$$\begin{bmatrix} m_2 & 0 \\ 0 & m_3 \end{bmatrix}\begin{Bmatrix} \ddot{v}_2 \\ \ddot{v}_3 \end{Bmatrix} + \left(\frac{8\,EI}{l^3}\right)\left[\begin{bmatrix} 24 & -12 \\ -12 & 12 \end{bmatrix} - \begin{bmatrix} 0 & 3l \\ -3l & -3l \end{bmatrix}\begin{bmatrix} 2l^2 & 0.5l^2 \\ 0.5l^2 & l^2 \end{bmatrix}^{-1}\begin{bmatrix} 0 & -3l \\ 3l & -3l \end{bmatrix}\right]\begin{Bmatrix} v_2 \\ v_3 \end{Bmatrix} = \begin{Bmatrix} 0 \\ 0 \end{Bmatrix}$$

다음 항은 **저감 강성**(reduced stiffness)이고,

$$K_{11} - K_{12}K_{22}^{-1}K_{21} \qquad \textbf{(10.5.4)}$$

곱해졌을 때 그 값은 다음과 같다.

$$\frac{8EI}{7l^3}\begin{vmatrix} 96 & -30 \\ -30 & 12 \end{vmatrix} = \frac{48EI}{7l^3}\begin{vmatrix} 16 & -5 \\ -5 & 2 \end{vmatrix}$$

그러므로 원래의 4×4식은 2×2식으로 저감되어지고, 최종의 형태는 다음과 같다.

$$\begin{bmatrix} m_2 & 0 \\ 0 & m_3 \end{bmatrix}\begin{Bmatrix} \ddot{v}_2 \\ \ddot{v}_3 \end{Bmatrix} + \left(\frac{48EI}{7l^3}\right)\begin{bmatrix} 16 & -5 \\ -5 & 2 \end{bmatrix}\begin{Bmatrix} v_2 \\ v_3 \end{Bmatrix} = \begin{Bmatrix} 0 \\ 0 \end{Bmatrix}$$

수용가능한 이산질량 분포는 각 요소의 질량이 요소의 각 끝에 반씩 나누어지는 것이다. 그리하여, 만일 길이 l인 균일보의 전체 질량은 ml이고, 그림 10.5.2에 보인 것과 같이 각 요소의 질량은 $ml/2$이고, $m_2 = 2(ml/4) = ml/2$ 및 $m_3 = ml/4$이다

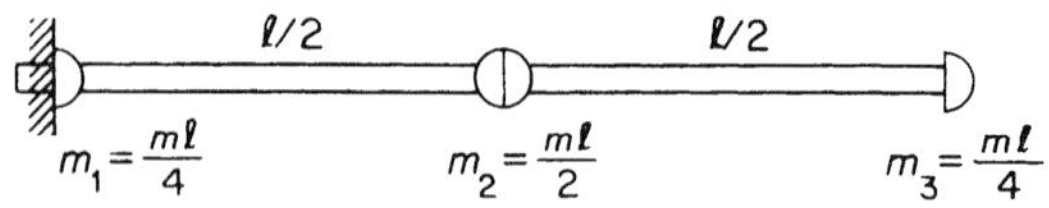

그림 10.5.2 균일 외팔보의 두 요소 이산질량 모델

운동 방정식과 해는 다음과 같다.

$$\left[-\lambda\begin{bmatrix} 2 & 0 \\ 0 & 1 \end{bmatrix} + \begin{bmatrix} 16 & -5 \\ -5 & 2 \end{bmatrix}\right]\begin{Bmatrix} v_2 \\ v_3 \end{Bmatrix} = \begin{Bmatrix} 0 \\ 0 \end{Bmatrix}$$

여기서

$$\lambda = \frac{\omega^2 ml}{4} \cdot \frac{7l^3}{48EI} = \omega^2 \frac{7}{192}\left(\frac{ml^4}{EI}\right)$$

$$\lambda_1 = 0.3632 \qquad \omega_1 = 3.516 \qquad \text{엄밀값} = 3.516$$

$$\lambda_2 = 9.637 \qquad \omega_2 = 22.033 \qquad \text{엄밀값} = 22.034$$

$$\phi_1 = \begin{Bmatrix} 0.327 \\ 1.000 \end{Bmatrix} \qquad \phi_2 = \begin{Bmatrix} -1.527 \\ 1.000 \end{Bmatrix}$$

예제 10.5.3

동일 요소로 이루어진 문형 구조(portal frame)의 자유 진동식을 구하라.

풀이 그림 10.5.3에 보인 것과 같이 결합부의 번호를 붙임으로써, 각 요소에 대한 강성과 질량은 식 (10.4.7)과 (10.4.8)로 나타내어진다. 결합부 0와 3은 변위가 0 값을 가지므로, 우리는 결합부 1과 2에 대한 항만을 쓴다.

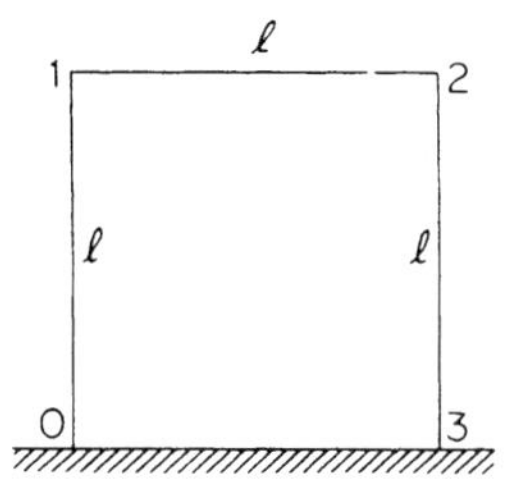

그림 10.5.3

요소 0−1, $\alpha = 90°$, $c = 0$, $s = 1$:

$$\bar{k}_{0-1} = \frac{EI}{l^3}\left[\begin{array}{ccc|ccc} & & & -12 & 0 & -6l \\ & & & 0 & -R & 0 \\ & & & 6l & 0 & 2l^2 \\ \hline & & & 12 & 0 & 6l \\ & & & 0 & R & 0 \\ & & & 6l & 0 & 4l^2 \end{array}\right]\begin{array}{c} \\ \\ \\ \bar{u}_1 \\ \bar{v}_1 \\ \bar{\theta}_1 \end{array}$$

$$\bar{m}_{0-1} = \frac{ml}{420}\left[\begin{array}{ccc|ccc} & & & 54 & 0 & 13l \\ & & & 0 & \frac{1}{2}N & 0 \\ & & & -13l & 0 & -3l^2 \\ \hline & & & 156 & 0 & 22l \\ & & & 0 & 0 & 0 \\ & & & 22l & 0 & 4l^2 \end{array}\right]$$

요소 1−2, $\alpha = 0°$, $c = 1$, $s = 0$:

$$\bar{k}_{1-2} = \frac{EI}{l^3}\left[\begin{array}{ccc|ccc} R & 0 & 0 & -R & 0 & 0 \\ 0 & 12 & 6l & 0 & -12 & 6l \\ 0 & 6l & 4l^2 & 0 & -6l & 2l^2 \\ \hline -R & 0 & 0 & R & 0 & 0 \\ 0 & -12 & -6l & 0 & 12 & -6l \\ 0 & 6l & 2l^2 & 0 & -6l & 4l^2 \end{array}\right]\begin{array}{c} \bar{u}_1 \\ \bar{v}_1 \\ \bar{\theta}_1 \\ \bar{u}_2 \\ \bar{v}_2 \\ \bar{\theta}_2 \end{array}$$

$$\bar{m}_{1-2} = \frac{ml}{420}\left[\begin{array}{ccc|ccc} N & 0 & 0 & \frac{1}{2}N & 0 & 0 \\ 0 & 156 & 22l & 0 & 54 & -13l \\ 0 & 22l & 4l^2 & 0 & 13l & -3l^2 \\ \hline \frac{1}{2}N & 0 & 0 & N & 0 & 0 \\ 0 & 54 & 13l & 0 & 156 & -22l \\ 0 & -13l & -3l^2 & 0 & -22l & 4l^2 \end{array}\right]$$

요소 2−3, $\alpha = 270°$, $c = 0$, $s = -1$:

$$\bar{k}_{2-3} = \frac{EI}{l^3}\left[\begin{array}{ccc:c} 12 & 0 & 6l & \\ 0 & R & 0 & \\ 6l & 0 & 4l^2 & \\ \hdashline -12 & 0 & -6l & \\ 0 & -R & 0 & \\ 6l & 0 & 2l^2 & \end{array}\right]\begin{array}{c}\bar{u}_2\\ \bar{v}_2\\ \bar{\theta}_2\\ \bar{u}_3\\ \bar{v}_3\\ \bar{\theta}_3\end{array}$$

$$\bar{m}_{2-3} = \frac{ml}{420}\left[\begin{array}{ccc:c} 156 & 0 & 22l & \\ 0 & N & 0 & \\ 22l & 0 & 4l^2 & \\ \hdashline & 0 & & \\ & & & \\ & & & \end{array}\right]$$

이 행렬들을 조합하면 다음 식을 얻는다.

$$\frac{EI}{l^3}\left[\begin{array}{ccc:ccc} (12+R) & 0 & 6l & -R & 0 & 0 \\ 0 & (12+R) & 6l & 0 & -12 & 6l \\ 6l & 6l & 8l^2 & 0 & -6l & 2l^2 \\ \hdashline -R & 0 & 0 & (12+R) & 0 & 6l \\ 0 & -12 & -6l & 0 & (12+R) & -6l \\ 0 & 6l & 2l^2 & 6l & -6l & 8l^2 \end{array}\right]\begin{array}{c}\bar{u}_1\\ \bar{v}_1\\ \bar{\theta}_1\\ \bar{u}_2\\ \bar{v}_2\\ \bar{\theta}_2\end{array} \qquad \textbf{(a)}$$

$$\frac{EI}{l^3}\left[\begin{array}{ccc:ccc} (12+R) & 0 & 6l & -R & 0 & 0 \\ 0 & (12+R) & 6l & 0 & -12 & 6l \\ 6l & 6l & 8l^2 & 0 & -6l & 2l^2 \\ \hdashline -R & 0 & 0 & (12+R) & 0 & 6l \\ 0 & -12 & -6l & 0 & (12+R) & -6l \\ 0 & 6l & 2l^2 & 6l & -6l & 8l^2 \end{array}\right]\begin{array}{c}\bar{u}_1\\ \bar{v}_1\\ \bar{\theta}_1\\ \bar{u}_2\\ \bar{v}_2\\ \bar{\theta}_2\end{array} \qquad \textbf{(b)}$$

다음으로 $v_1 = v_2 = 0$임을 주목하면, 제2행과 제5행뿐만 아니라 제2열과 제5열 또한 삭제되어진다. $N = 140$을 대입하여 자유진동에 대한 식을 세우면 다음과 같이 된다.

$$-\frac{\omega^2 ml}{420}\left[\begin{array}{cc:cc} 296 & 22l & 70 & 0 \\ 22l & 8l^2 & 0 & -3l^2 \\ \hdashline 70 & 0 & 296 & 22l \\ 0 & -3l^2 & 22l & 8l^2 \end{array}\right]\begin{Bmatrix}\bar{u}_1\\ \bar{\theta}_1\\ \bar{u}_2\\ \bar{\theta}_2\end{Bmatrix}$$

$$+\frac{EI}{l^3}\left[\begin{array}{cc:cc} (12+R) & 6l & -R & 0 \\ 6l & 8l^2 & 0 & 2l^2 \\ \hdashline -R & 0 & (12+R) & 6l \\ 0 & 2l^2 & 6l & 8l^2 \end{array}\right]\begin{Bmatrix}\bar{u}_1\\ \bar{\theta}_1\\ \bar{u}_2\\ \bar{\theta}_2\end{Bmatrix} = \begin{Bmatrix}0\\0\\0\\0\end{Bmatrix} \qquad \textbf{(c)}$$

예제 10.5.4

그림 10.5.4는 문형 구조(portal frame)에 대한 자유진동의 최저차의 비대칭 및 최저차의 대칭 모드들을 보여준다. 주어진 모드에 대한 고유 진동수를 구하라.

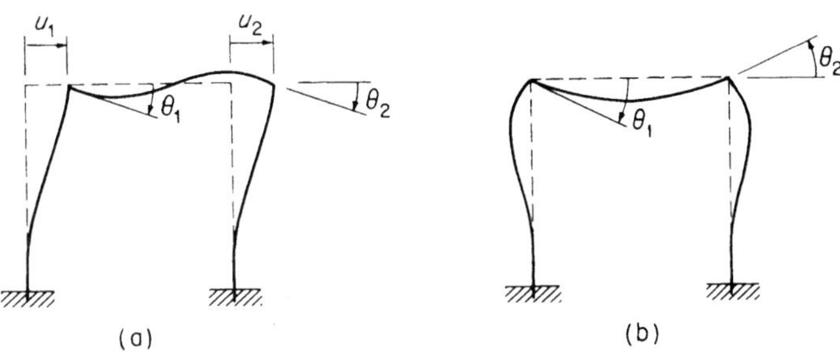

그림 10.5.4

풀이 **비대칭 모드** 지점 1과 2의 처짐 및 기울기는 $\bar{u}_1 = \bar{u}_2$ 및 $\bar{\theta}_1 = \bar{\theta}_2$로 동일하다. 이들 조건은 이전의 식에서 제3열을 제1열에 그리고 제4열을 제2열에 더함으로써 부과되어질 수 있다. 이는 $\begin{Bmatrix} \bar{u}_1 \\ \bar{\theta}_1 \end{Bmatrix}$와 $\begin{Bmatrix} \bar{u}_2 \\ \bar{\theta}_2 \end{Bmatrix}$에 대하여 동일한 식으로 된다.

$$\left[-\frac{\omega^2 ml}{420}\begin{bmatrix} 366 & 22l \\ 22l & 5l^2 \end{bmatrix} + \frac{EI}{l^3}\begin{bmatrix} 12 & 6l \\ 6l & 10l^2 \end{bmatrix} \right]\begin{Bmatrix} \bar{u}_1 \\ \bar{\theta}_1 \end{Bmatrix} = \begin{Bmatrix} 0 \\ 0 \end{Bmatrix}$$

$\lambda = \omega^2 ml^4/420EI$로 둠으로써, 이 식의 행렬식은[3] 다음과 같다.

$$\begin{vmatrix} (12 - 366\lambda) & (6 - 22\lambda)l \\ (6 - 22\lambda)l & (10 - 5\lambda)l^2 \end{vmatrix} = 0$$

두 근을 구하면 다음과 같다.

$$\lambda_1 = 0.0245 \qquad \omega_1 = 3.21\sqrt{\frac{EI}{ml^4}}$$

$$\lambda_2 = 2.543 \qquad \omega_2 = 32.68\sqrt{\frac{EI}{ml^4}}$$

그림 10.5.4(a)에 보인 것과 같은 단순한 형상에 대응하는 최저차의 고유 진동수는 수용할 만한 정확도를 가진다. 그러나 2차 비대칭 모드는 더욱 복잡한 형상을 갖게 되고, 이 문제에서 사용한 몇 개의 지점으로 계산한 ω_2는 정확하지 않을 것이다. 고차 모드를 적절히 나타내는 데는 더욱 여러 개의 지점이 필요할 것이다.

3) 행렬식이 곱해질 때 l^2은 제거되어진다. 그리하여 λ_1 및 λ_2의 값을 변화시키지 않고 주파수 방정식의 행렬에서 $l = 1.0$을 둘 수 있다.

대칭 모드 대칭 모드에 대해서는 $u_1 = u_2 = 0$ 및 $\theta_2 = -\theta_1$이다. 제1열과 제3열을 지우고, 제4열과 제2열을 제거하면, θ_1에 대한 오직 한 개의 식을 구하게 된다.

$$\left[-\frac{\omega^2 ml}{420}(11l^2) + \frac{EI}{l^3}(6l^2)\right]\theta_1 = 0$$

그러면 λ와 ω는 다음과 같다.

$$\lambda = \frac{6}{11} \qquad \omega = 15.14\sqrt{\frac{EI}{ml^4}}$$

예제 10.5.5

그림 10.5.5는 문형 구조(portal frame)에 외력이 작용하는 것을 나타낸다. 경계조건을 조사하고, 강성행렬을 주어진 좌표의 항으로 구하라.

풀이 요소의 신장이 없다는 조건 $\bar{u}_1 = \bar{u}_2$는 예제 10.5.3의 식 (c)에 제3열과 제1열을 더함으로써 만족되어진다. 이것은 신장의 항 R을 없앤다. 우리는 역시 제3행을 제1행에 더함으로써 강성행렬을 3×3행렬로 다시 쓸 수 있다:

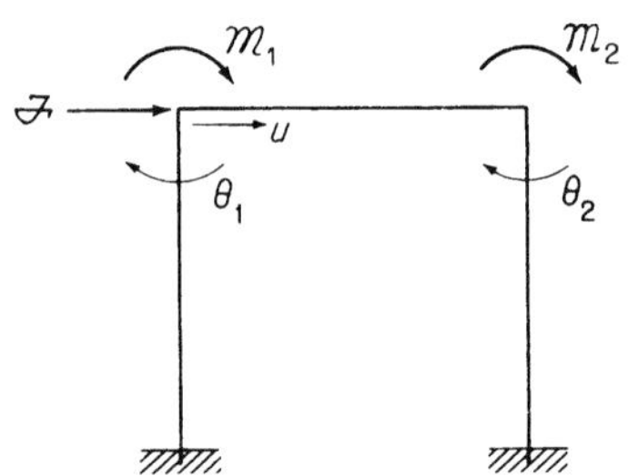

그림 10.5.5

$$\begin{Bmatrix} \bar{F}_{1x} + \bar{F}_{2x} \\ \bar{M}_1 \\ \bar{M}_2 \end{Bmatrix} = \frac{EI}{l^3}\begin{bmatrix} 24 & 6l & 6l \\ 6l & 8l^2 & 2l^2 \\ 6l & 2l^2 & 8l^2 \end{bmatrix}\begin{Bmatrix} \bar{u}_1 \\ \bar{\theta}_1 \\ \bar{\theta}_2 \end{Bmatrix}$$

그림 10.5.5의 외력을 전체계의 외력과 비교하면 다음과 같다.

$$\begin{Bmatrix} \bar{F}_{1x} + \bar{F}_{2x} \\ \bar{M}_1 \\ \bar{M}_2 \end{Bmatrix} = \begin{Bmatrix} \mathcal{F} \\ -\mathcal{M}_1 \\ -\mathcal{M}_2 \end{Bmatrix} \qquad \begin{Bmatrix} \bar{u}_1 \\ \bar{\theta}_1 \\ \bar{\theta}_2 \end{Bmatrix} = \begin{Bmatrix} u \\ -\theta_1 \\ -\theta_2 \end{Bmatrix}$$

$\bar{F}_{2x}=0$ 및 $\bar{F}_{1x}=\mathscr{F}$을 사용하면, 주어진 좌표와 주어진 하중의 항으로 나타낸 강성행렬은 다음과 같다.

$$\begin{Bmatrix} \mathscr{F} \\ \mathscr{M}_1 \\ \mathscr{M}_2 \end{Bmatrix} = \frac{EI}{l^3}\begin{bmatrix} 24 & -6l & -6l \\ -6l & 8l^2 & 2l^2 \\ -6l & 2l^2 & 8l^2 \end{bmatrix}\begin{Bmatrix} u \\ \theta_1 \\ \theta_2 \end{Bmatrix}$$

10.6 구조물에서의 스프링 구속조건

제9장에서 스프링 구속조건들은 가상일에 의하여 일반화된 힘으로 취급되었다. 유한 요소법의 경우에도 동일한 개념이 적용된다. 스프링의 작용점은 결합지점으로 선택한다. 그러므로 전체 좌표에서 원래 구조에서의 하중은 스프링 힘으로 치환된다.

스프링 힘은 항상 변위에 대하여 반대 방향이기 때문에, 결합부에서의 힘과 모멘트는 $-kv_i$ 또는 $-K\theta_i$로 줄어 들게 된다. 그러므로 방정식의 다른 변으로 이항되었을 때, 스프링 하중은 해당 강성항에 더해지게 된다.

예제 10.6.1

그림 10.6.1(a)에 보인 선형인 회전 스프링을 갖고 균일보에 대한 강성행렬을 구하라.

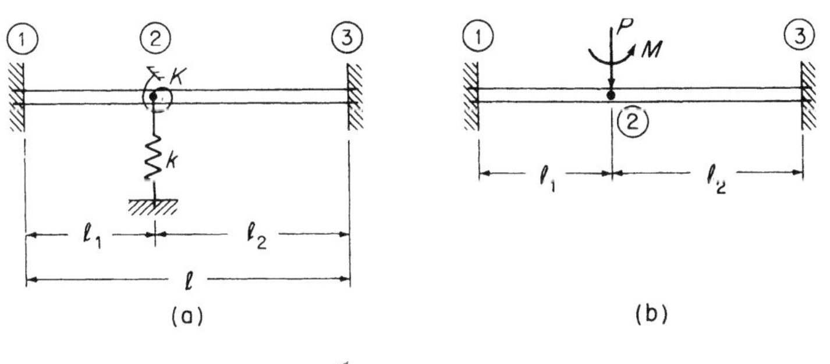

그림 10.6.1

풀이 우선 그림 10.6.1(b)에 있는 스프링이 없이 지점 2에 하중 P와 M이 작용하는 보의 강성 행렬을 세우자. 각 단면 1−2 와 2−3에 대한 강성 행렬은 보요소 행렬식 (10.2.1)에서부터 세워질 수 있다. $v_1=\theta_1=v_3=\theta_3=0$임을 주목하면, 우리는 좌표 v_2 및 θ_2와 관련된 행렬의 부분의 값을 정할 필요가 있고, 그것은 다음과 같이 된다.

$$\begin{Bmatrix} \bar{F}_2 \\ \bar{M}_2 \end{Bmatrix} = EI \begin{bmatrix} 12\left(\dfrac{1}{l_1^3} + \dfrac{1}{l_2^3}\right) & -6\left(\dfrac{1}{l_1^2} - \dfrac{1}{l_2^2}\right) \\ -6\left(\dfrac{1}{l_1^2} - \dfrac{1}{l_2^2}\right) & 4\left(\dfrac{1}{l_1} + \dfrac{1}{l_2}\right) \end{bmatrix} \begin{Bmatrix} \bar{v}_2 \\ \bar{\theta}_2 \end{Bmatrix}$$

지점 2에 작용하는 스프링들에 있어서, 힘 벡터는 다음 식으로 대치된다.

$$\begin{Bmatrix} \bar{F}_2 & - & k\bar{v}_2 \\ \bar{M}_2 & - & K\bar{\theta}_2 \end{Bmatrix}$$

스프링 힘을 식의 우측으로 보내면 다음 식을 구할 수 있다.

$$\begin{Bmatrix} \bar{F}_2 \\ \bar{M}_2 \end{Bmatrix} = EI \begin{bmatrix} 12\left(\dfrac{1}{l_1^3} + \dfrac{1}{l_2^3}\right) + \dfrac{k}{EI} & -6\left(\dfrac{1}{l_1^2} - \dfrac{1}{l_2^2}\right) \\ -6\left(\dfrac{1}{l_1^2} - \dfrac{1}{l_2^2}\right) & 4\left(\dfrac{1}{l_1} + \dfrac{1}{l_2}\right) + \dfrac{K}{EI} \end{bmatrix} \begin{Bmatrix} \bar{v}_2 \\ \bar{\theta}_2 \end{Bmatrix}$$

전체계에서 힘 $\bar{F}_2$는 윗방향으로 양의 값을 갖고, $\bar{M}_2$는 반시계 방향으로 양의 값을 가지므로, 앞의 식은 다음과 같이 정리되어진다.

$$\begin{Bmatrix} -P \\ M \end{Bmatrix} = \frac{EI}{l^3} \begin{bmatrix} 12\left(\dfrac{l^3}{l_1^3} + \dfrac{l^3}{l_2^3}\right) + \dfrac{kl^3}{EI} & -6l\left(\dfrac{l^2}{l_1^2} - \dfrac{l^2}{l_2^2}\right) \\ -6l\left(\dfrac{l^2}{l_1^2} - \dfrac{l^2}{l_2^2}\right) & 4l^2\left(\dfrac{l}{l_1} + \dfrac{l}{l_2}\right) + \dfrac{Kl^3}{EI} \end{bmatrix} \begin{Bmatrix} \bar{v}_2 \\ \bar{\theta}_2 \end{Bmatrix}$$

이는 스프링 구속조건을 갖는 보에 대한 강성행렬을 정의한다. 식으로부터 계는 $l_1 = l_2 = l/2$일 경우 비연성화가 되고, 그 경우 식은 다음과 같이 간단하게 된다.

$$\begin{Bmatrix} -P \\ \\ M \end{Bmatrix} = \frac{EI}{l^3} \begin{vmatrix} \left(192 + \dfrac{kl^3}{EI}\right) & \\ & \left(16l^2 + \dfrac{Kl^3}{EI}\right) \end{vmatrix} \begin{Bmatrix} \bar{v}_2 \\ \\ \bar{\theta}_2 \end{Bmatrix}$$

중심에서 처짐은 다음과 같다.

$$\bar{v}_2 = \frac{-(Pl^3/EI)}{192 + kl^3/EI} \qquad \theta_2 = \frac{Ml^3/EI}{16l^2 + Kl^3/EI}$$

예제 10.6.2

예제 10.6.1에서 $l_1 = l_2 = l/2$인 경우 구속된 보의 고유 진동수를 구하라.

풀이 이 값을 구하기 위하여 질량행렬이 필요하고, 식 (10.2.10)으로부터 다음과 같이 표현할 수 있다.

$$\left(\frac{m}{420}\right)\begin{bmatrix} 156(l_1 + l_2) & -22(l_1^2 - l_2^2) \\ -22(l_1^2 - l_2^2) & 4(l_1^3 + l_2^3) \end{bmatrix} = \left(\frac{ml}{420}\right)\begin{bmatrix} 156 & 0 \\ 0 & l^2 \end{bmatrix}$$

따라서 운동 방정식은 다음과 같다.

$$\left[-\frac{\omega^2 ml}{420}\begin{bmatrix} 156 & 0 \\ 0 & l^2 \end{bmatrix} + \frac{EI}{l^3}\begin{bmatrix} \left(192 + \frac{kl^3}{EI}\right) & 0 \\ 0 & \left(16l^2 + \frac{Kl^3}{EI}\right) \end{bmatrix}\right]\begin{Bmatrix} \bar{v}_2 \\ \bar{\theta}_2 \end{Bmatrix} = \begin{Bmatrix} 0 \\ 0 \end{Bmatrix}$$

또다시 좌표 $\bar{v}_2$ 및 $\bar{\theta}_2$가 비연성화된다. $\lambda = \omega^2 ml^4/420EI$로 둠으로써, $\bar{v}_2$에 대한 식은 다음과 같이 된다.

$$\lambda = \frac{1}{156}\left(192 + \frac{kl^3}{EI}\right) = 1.231 + 0.00641\frac{kl^3}{EI}$$

그리고 이 모드에 대한 고유 진동수는 다음과 같다.

$$\omega_1 = 22.73\sqrt{\frac{EI}{ml^4}}\sqrt{1 + 0.00521\left(\frac{kl^3}{EI}\right)}$$

마찬가지로, θ_2에 대한 식은 다음과 같이 된다.

$$\lambda = 16 + \frac{Kl}{EI}$$

그리고

$$\omega_2 = 81.98\sqrt{\frac{EI}{ml^4}}\sqrt{1 + 0.0625\left(\frac{kl}{EI}\right)}$$

그러므로 두 고유 진동수는 구속 스프링에 의하여 증가된다. 만일 $k = K = 0$이면, 고정단을 가진 보의 정확한 고유 진동수는 다음과 같다.

$$\omega_1 = 22.37\sqrt{\frac{EI}{ml^4}} \qquad \omega_2 = 61.67\sqrt{\frac{EI}{ml^4}}$$

그리하여 유한 요소 접근에 있어서 1차 모드에 대한 오차는 1.61%이고, 2차 모드에 대한 오차는 33.9%이다. 보를 더욱 작은 요소로 나누면 이들 오차가 줄어들게 된다.

10.7 일반화된 힘과 분포하중

제7장에서 논의한 바와 같이 일반화된 힘은 작용력의 가상일에서부터 구할 수 있다. 변위가 다음과 같이 나타나 있을 때,

$$y(x) = \phi_1(x)v_1 + \phi_2(x)\theta_1 + \phi_3(x)v_2 + \phi_4(x)\theta_2 \tag{10.7.1}$$

작용하는 분포력 $p(x)$의 가상일은 다음과 같다.

$$\begin{aligned} \delta W &= \int_0^l p(x)\,\delta y(x)\,dx \\ &= \delta v_1 \int_0^l p(x)\phi_1(x)\,dx + \delta\theta_1 \int_0^l p(x)\phi_2(x)\,dx \\ &\quad + \delta v_2 \int_0^l p(x)\phi_3(x)\,dx + \delta\theta_2 \int_0^l p(x)\phi_4(x)\,dx \end{aligned} \tag{10.7.2}$$

식 (10.7.2)에서 적분표시된 것은 일반화된 힘이다.

만일 끝단의 힘 F_1, M_1, F_2 및 M_2에 동일 과정이 적용되면, 가상일은 다음과 같다.

$$\delta W = F_1\,\delta v_1 + M_1\,\delta\theta_1 + F_2\,\delta v_2 + M_2\,\delta\theta_2 \tag{10.7.3}$$

앞의 두 경우에서의 가상일을 계산하면, 우리는 다음의 관계식을 얻을 수 있다.

$$\begin{aligned} F_1 &= \int_0^l p(x)\phi_1(x)\,dx \qquad F_2 = \int_0^l p(x)\phi_3(x)\,dx \\ M_1 &= \int_0^l p(x)\phi_2(x)\,dx \qquad M_2 = \int_0^l p(x)\phi_4(x)\,dx \end{aligned} \tag{10.7.4}$$

그리하여 분포하중에 대한 등가 유한요소하중은 지금 구한 일반화된 힘이다.

예제 10.7.1

그림 10.7.1에는 길이가 l_1이고, 보의 바깥 반쪽 위에 균일 하중 $p(x) = p\,\text{lb/in}$를 받고 있는 외팔보를 나타내고 있다. 본 절의 방법을 사용하여 끝단에서의 처짐과 기울기를 구하라.

풀이 우리는 ①-②인 단일 요소를 사용하고, 강성행렬의 역행렬을 결정하자. $v_1 = \theta_2 = 0$이므로, 식 (10.2.1)에서부터 강성수식은 다음과 같다.

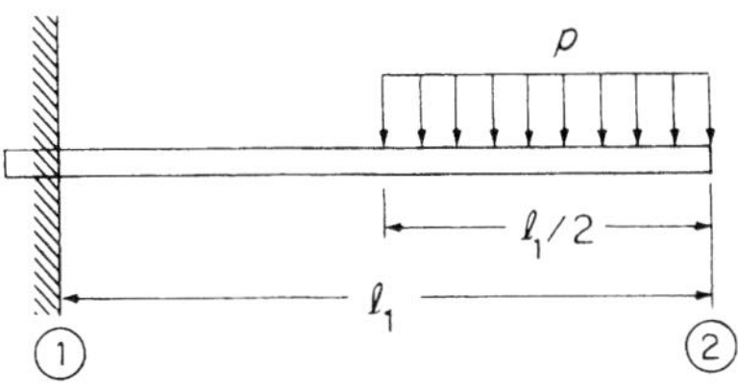

그림 10.7.1

$$\begin{Bmatrix} F_2 \\ M_2 \end{Bmatrix} = \frac{EI}{l_1^3}\begin{bmatrix} 12 & -6l_1 \\ -6l_1 & 4l_1^2 \end{bmatrix}\begin{Bmatrix} v_2 \\ \theta_2 \end{Bmatrix}$$

수반연산 방법을 사용하면, 그 역은 다음과 같다.

$$\begin{Bmatrix} v_2 \\ \theta_2 \end{Bmatrix} = \frac{l_1^3}{EI}\frac{1}{12l_1^2}\begin{bmatrix} 4l_1^2 & 6l_1 \\ 6l_1 & 12 \end{bmatrix}\begin{Bmatrix} F_2 \\ M_2 \end{Bmatrix}$$

식 (10.7.4)로부터 상당유한 요소 작용력은 다음과 같다.

$$F_2 = \int_{l_2}^{l_1} -p\phi_3(x)\,dx = -p\int_{1/2}^{1}\phi_3(\xi)l_1\,d\xi = -pl_1\int_{1/2}^{1}(3\xi^2 - 2\xi^3)\,d\xi = -\frac{13}{32}pl_1$$

$$M_2 = \int_{1/2}^{1} -p\phi_4(\xi)l_1\,d\xi = -pl_1^2\int_{1/2}^{1}(-\xi^2 + \xi^3)\,d\xi = \frac{88}{1536}pl_1^2$$

이 값들은 역식에 대입하면 다음과 같다.

$$\begin{Bmatrix} v_2 \\ \theta_2 \end{Bmatrix} = \frac{l_1}{12EI}\begin{bmatrix} 4l_1^2 & 6l_1 \\ 6l_1 & 12 \end{bmatrix}\begin{Bmatrix} -\dfrac{13}{32}pl_1 \\ \dfrac{88}{1536}pl_1^2 \end{Bmatrix}$$

$$= \frac{pl_1^4}{12EI}\begin{Bmatrix} -\dfrac{52}{32} + \dfrac{528}{1536} \\ -\dfrac{78}{32l_1} + \dfrac{1056}{1536l_1} \end{Bmatrix} = \frac{-pl_1^4}{48EI}\begin{Bmatrix} 5.125 \\ \dfrac{7.000}{l_1} \end{Bmatrix}$$

이들 결과는 면적 모멘트법으로부터 구한 결과와 일치한다.

10.8 변위에 비례하는 일반화된 힘

일반화된 힘이 변위에 비례할 때, 자유진동을 위하여 강성행렬과 결합하기 위해 운동 방정식의 좌측으로 옮겨질 수 있다. 본 절에서 제시되는 것은 다음의 두 경우이다.

(1) 분포력이 보에 수직 일 때

(2) 분포력이 보에 수평일 때

경우 1 식 (10.7.2)의 가상일의 항 $p(x)$가 $f(x)y(x)$에 의하여 대치되면, 다음의 식으로 된다.

$$\delta W = \int_0^l f(x)y(x)\ \delta y(x)\ dx \tag{10.8.1}$$

이 때 $y(x) = \Sigma_i \phi_i q_i$이다. 여기서 ϕ_i는 보함수이고, 또 q_i는 식 (10.7.1)에서처럼 요소 끝단 처짐이다.

$$\delta W = \sum_i \sum_j q_j\, \delta q_i \int_0^l f(x)\phi_i \phi_j\ dx \tag{10.8.2}$$

그리고 일반화된 힘은 다음과 같다.

$$Q_i = \frac{\delta W}{\delta q_i} = \sum_j q_j \int_0^l f(x)\phi_i \phi_j\ dx \tag{10.8.3}$$

이는 변위에 비례하는 것이다.

예제 10.8.1

그림 10.8.1은 보의 바깥 반쪽의 아랫부분에 탄성지지를 받고 있는 외팔보를 나타낸다. 지지되는 강성은 $-ky$ 1bs/in이고, 여기서 $f(x) = -k$로 일정하다. 이 때 운동 방정식은 다음과 같다.

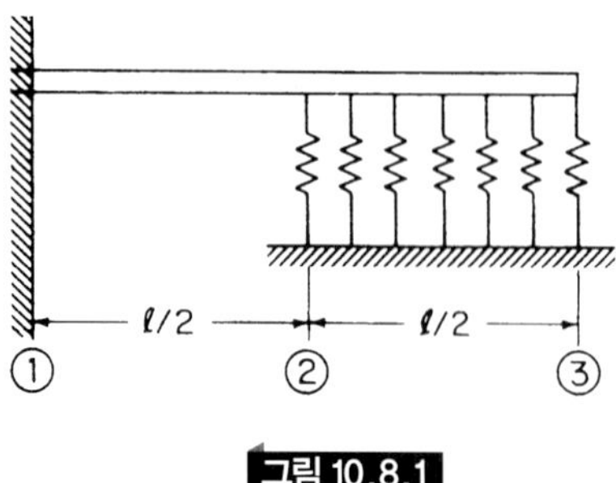

그림 10.8.1

$$\frac{ml}{840}[m_{ij}]\begin{Bmatrix}\ddot{v}_2\\ \ddot{\theta}_2\\ \ddot{v}_3\\ \ddot{\theta}_3\end{Bmatrix} + \frac{8EI}{l^3}[k_{ij}]\begin{Bmatrix}v_2\\ \theta_2\\ v_3\\ \theta_3\end{Bmatrix} = \begin{Bmatrix}Q_1\\ Q_2\\ Q_3\\ Q_4\end{Bmatrix}$$

길이 l인 요소에 대하여 식 (10.8.3)에 나타난 적분을 수행하면 다음의 식을 얻는다.

$$\{Q_i\} = -kl\begin{bmatrix}0.3714 & 0.524l & 0.1286 & -0.03095l\\ & 0.009524l^2 & 0.03905l & -0.007143l^2\\ & & 0.3714 & -0.05238l\\ & & & 0.009524l^2\end{bmatrix}\begin{Bmatrix}v_2\\ \theta_2\\ v_3\\ \theta_3\end{Bmatrix}$$

l대신에 $l/2$을 이 문제에 적용시키고 식의 좌측으로 옮기면, 보의 강성이 증가한다.

경우 2 보에 평행한 분포력 $p(x)dx$는 $p(x)dx \cdot \delta u(x)$의 가상일을 하고, 이 때 $u(x)$는 변형 $y(x)$에 의한 수평방향 변위이다. 변위 $u(x)$는 변형된 보의 수평 투영된 위치와 x 축과의 차이와 같다.

$$u(x) = \int_0^x (ds - dx) = \int_0^x \left[dx\sqrt{1 + \left(\frac{dy}{dx}\right)^2} - dx\right] = \int_0^x \tfrac{1}{2}y'^2\,dr$$

이 때 r은 x에 대한 가상변수이고 $y' = dy/dr$이다. 그러므로 x의 가상변위는 다음과 같다.

$$\delta u(x) = \int_0^x \tfrac{1}{2}\delta y'^2 dr$$

여기서 피적분함수는 다음과 같이 해석되어질 수 있다:

$$\tfrac{1}{2}\delta y'^2 = \tfrac{1}{2}\left[(y' + \delta y')^2 - y'^2\right] = y'\delta y'$$

그러므로 분포력에 대한 가상일은 다음과 같다.

$$\delta W = -\int_0^l p(x)\int_0^x y'\delta y'\,dr\,dx \tag{10.8.4}$$

y'에 대하여 보함수의 항으로 대입하면 다음과 같다.

$$\delta W = -\sum_i \sum_j q_j\,\delta q_i \int_0^l p(x)\int_0^x \phi_i'\phi_j'\,dr\,dx \tag{10.8.5}$$

$$Q_i = \frac{\delta W}{\delta q_i} = -\sum_j q_j \int_0^l p(x)\int_0^x \phi_i'\phi_j'\,dr\,dx \tag{10.8.6}$$

예제 10.8.2

회전 요소 여기서 관심이 있는 예제는 그림 10.8.2에 나타낸 각속도 Ω로 회전하는 헬리콥터 날개이다. 첫 번째 보 요소에 대하여 하중은 $\Omega^2 xm\ dx$이고, 식 (10.8.6)은 변함없이 적용된다. 추가되는 요소에 대해서는, 보함수의 좌표와 확인하기 위하여 x좌표는 새로운 요소의 시작지점부터 측정되어져야 한다. 요소에 작용하는 하중 은 단순히 $\Omega^2(l_i + x)m\ dx$이고, 여기서 l_i는 회전축에서부터 새로운 요소의 시작지점까지의 거리를 나타낸다.

이 곳에 나타낸 것은 하중 $\Omega^2 xm\ dx$일 경우의 일반화된 힘이고, 그것은 첫 번째 요소에 적용될 수 있다.

$$\{Q_i\} = -m\Omega^2 l \begin{bmatrix} 0.4286 & 0.01429l & -0.4286 & 0.06429l \\ & 0.05714l^2 & -0.01429l & -0.009524l^2 \\ & & 0.4286 & -0.06429l \\ & & & 0.02381l^2 \end{bmatrix} \begin{Bmatrix} v_1 \\ \theta_1 \\ v_2 \\ \theta_2 \end{Bmatrix}$$

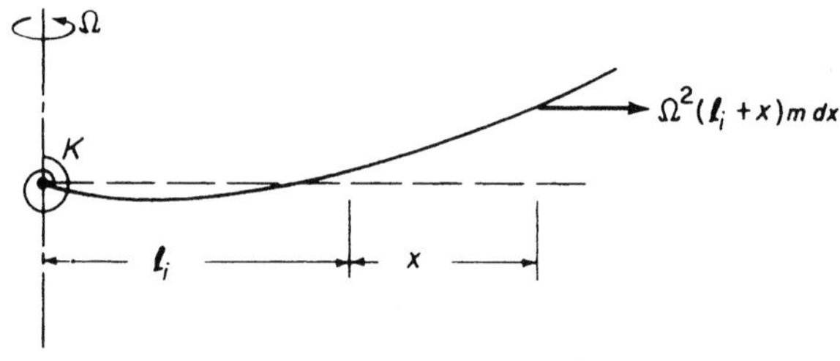

그림 10.8.2

예제 10.8.3

한 개의 요소를 사용하여, 길이 l이고 회전속도 Ω로 회전하는 헬리콥터의 운동 방정식을 구하라. 날개는 회전축에 단단히 고정되어 있다고 가정한다.

풀이 길이 l인 단일 요소에 대한 질량 및 강성항은 다음과 같다.

$$\frac{ml}{420}\left[\begin{array}{cc|cc} 156 & 22l & 54 & -13l \\ 22l & 4l^2 & 13l & -3l^2 \\ \hline 54 & 13l & 156 & -22l \\ -13l & -3l & -22l & 4l^2 \end{array}\right] \begin{Bmatrix} \ddot{v}_1 \\ \ddot{\theta}_1 \\ \ddot{v}_2 \\ \ddot{\theta}_2 \end{Bmatrix} = \frac{ml}{420} M\ddot{V}$$

$$\frac{EI}{l^3}\left[\begin{array}{cc|cc} 12 & 6l & -12 & 6l \\ 6l & 4l^2 & -6l & 2l^2 \\ \hline -12 & -6l & 12 & -6l \\ 6l & 2l^2 & -6l & 4l^2 \end{array}\right]\begin{Bmatrix} v_1 \\ \theta_1 \\ v_2 \\ \theta_2 \end{Bmatrix} = \frac{EI}{l^3}KV$$

회전에 의한 항은 식 (10.8.6)으로 주어진 일반화된 힘 Q로부터 찾을 수 있다. 그 평가를 위하여 포함되어진 적분식은 다음과 같다.

$$m\Omega^2 l\int_0^l x\int_0^x \varphi_i'\varphi_j'\, dr\cdot dx = m\Omega^2 l\int_0^1 \xi\left[\int_0^\xi \varphi_i'\varphi_j'\, l\, d\xi\right] l\, d\xi$$

여기서

$$\varphi_1' = (-6\xi + 6\xi^2)\frac{1}{l}$$

$$\varphi_2' = 1 - 4\xi + 3\xi^2$$

$$\varphi_3' = (6\xi - 6\xi^2)\frac{1}{l}$$

$$\varphi_4' = -2\xi + 3\xi^2$$

이들을 앞의 적분식에 삽입함으로써, 우리는 다음의 결과를 얻는다.

$$Q = -m\Omega^2 l\left[\begin{array}{cc|cc} 0.4286 & 0.01429l & -0.4286 & 0.6429l \\ 0.0142l & 0.05714l^2 & -0.01429l & -0.009524l^2 \\ \hline -0.4286 & -0.01429l & 0.4286 & -0.06429l \\ 0.06429l & -0.009524l^2 & -0.06429l & 0.02381l^2 \end{array}\right]\begin{Bmatrix} v_1 \\ \theta_1 \\ v_2 \\ \theta_2 \end{Bmatrix}$$

$$= -m\Omega^2 lHV$$

이제 운동 방정식은 다음과 같이 나타낼 수 있다.

$$\left[-\frac{\omega^2 ml}{420}M + \frac{EI}{l^3}K\right]V = -m\Omega^2 lHV$$

EI/l^3의 우측항을 곱하고 나누어주고 그것을 좌측으로 옮김으로써, 우리는 다음 식을 얻게 된다.

$$-\frac{\omega^2 ml}{420}MV + \frac{EI}{l^3}\left[K + \frac{m\Omega^2 l^4}{EI}H\right]V = 0$$

또는

$$M - \bar{\lambda}\left[K + \frac{\Omega^2 m l^4}{EI} H\right] = 0$$

여기서

$$\bar{\lambda} = \frac{420EI}{\omega^2 m l^4}$$

경계조건이 $v_1 = \theta_1 = 0$일 때는 행렬의 우측하단 1/4 구역만 유지할 필요가 있다. 행렬 속의 l_s는 고유값과 고유 벡터를 풀이하는 경우 모두 무시한다는 것을 다시 기억함으로써, 우리는 $l = 1.0$으로 둘 수 있다. 그러면 최종적인 운동 방정식은 다음과 같다.

$$\left[\begin{bmatrix} 156 & -22 \\ -22 & 4 \end{bmatrix} - \bar{\lambda}\left(\begin{bmatrix} 12 & -6 \\ -6 & 4 \end{bmatrix} + \left(\frac{\Omega^2 m l^4}{EI}\right)\begin{bmatrix} 0.4286 & -0.06429 \\ -0.06429 & -0.02381 \end{bmatrix}\right)\right]\begin{Bmatrix} v_2 \\ \theta_2 \end{Bmatrix} = \begin{Bmatrix} 0 \\ 0 \end{Bmatrix}$$

이 식은 회전변수에 대한 수를 가정함으로써 고유값 $\bar{\lambda}$에 대하여 풀 수 있다. 만일 $\Omega^2 m l^4/EI = 1.0$을 선택하면 다음과 같다.

$$\left(\begin{bmatrix} 156 & -22 \\ -22 & 4 \end{bmatrix} - \bar{\lambda}\begin{bmatrix} 12.43 & -6.064 \\ -6.064 & 4.024 \end{bmatrix}\right)\begin{Bmatrix} v_2 \\ \theta_2 \end{Bmatrix} = \begin{Bmatrix} 0 \\ 0 \end{Bmatrix}$$

$$\begin{vmatrix} (156 - 12.43\bar{\lambda}) & -(22 - 6.064\bar{\lambda}) \\ -(22 - 6.064\bar{\lambda}) & (4 - 4.024\bar{\lambda}) \end{vmatrix} = 0$$

행렬식으로부터 고유값과 고유 진동수는 다음과 같다.

$$\bar{\lambda}_1 = 30.65 \qquad \omega_1 = 3.70\sqrt{\frac{EI}{ml^4}}$$

$$\bar{\lambda}_2 = 0.345 \qquad \omega_2 = 34.89\sqrt{\frac{EI}{ml^4}}$$

그리고 관련되는 고유 벡터와 고유 모드는 다음과 같다.

$$\phi_1 = \begin{Bmatrix} v_2 \\ \theta_2 \end{Bmatrix}^{(1)} = \begin{Bmatrix} 0.545 \\ 0.749 \end{Bmatrix} \qquad \phi_2 = \begin{Bmatrix} v_2 \\ \theta_2 \end{Bmatrix}^{(2)} = \begin{Bmatrix} 0.0807 \\ 0.615 \end{Bmatrix}$$

$\Omega^2 = 0$인 경우에 단일 요소 해석에 대한 고유 진동수는 다음과 같다.

$$\omega_1 = 3.53\sqrt{\frac{EI}{ml^4}}$$

$$\omega_2 = 34.81\sqrt{\frac{EI}{ml^4}}$$

비교를 위하여 $\Omega=0$인 경우의 정확한 값을 구해 보자.

$$\omega_1 = 3.515\sqrt{\frac{EI}{ml^4}}$$

$$\omega_1 = 22.032\sqrt{\frac{EI}{ml^4}}$$

이로부터 단일 요소 해석은 2차 모드에 대해서는 받아들일 수 없는 정확도를 낳는 것을 알 수 있다. 단일 요소 해석에 대한 고유 벡터는 자유단에서의 처짐과 기울기를 나타내는데 보는 다른 처짐을 나타내는 더욱 일반적인 고유 벡터와 비교되어질 수 없다.

예제 10.8.4 두 요소로 이루어진 보

만일 우리가 두 개의 균일한 영역으로 보를 나눈다면, l은 $l/2$로 대치되고, 두 번째 요소에 대한 회전력은 다음과 같이 변화되어야만 한다.

$$p_2(x) = \left(\frac{l}{2} + x\right)m\Omega^2\,dx$$

이 때 일반화된 힘은 다음과 같다.

$$\begin{aligned} Q &= m\Omega^2 l\int_0^{l/2}\left(\frac{l}{2} + x\right)\int_0^x \varphi_i'\varphi_j'\,dr\,dx \\ &= m\Omega^2 l\left\{\int_0^{l/2}\frac{l}{2}\int_0^x \varphi_i'\varphi_j'\,dr\,dx + \int_0^{l/2} x\int_0^x \varphi_i'\varphi_j'\,dr\,dx\right\} \end{aligned}$$

이 표현에 나타난 최종 적분은 l을 $l/2$로 대치한 것을 제외하고는 단일 요소로 이루어진 보의 적분과 동일하다. 이제 첫 번째 적분에 대한 값을 구하자. 운동 방정식을 수립할 때, 행렬의 모든 l들을 $l/2$로 바꿀 필요가 있다.

이제 우리는 다른 접근방법으로 각 요소의 길이를 l로 같게 두는 방법을 제시하는데, 그러면 보의 전체 길이는 $2l$이 된다. 이 방법은 각 요소의 행렬은 단일 요소로 이루어진 보의 경우와 같게 두면 행렬내의 모든 l들은 그대로 l로 남아 있게 되어 계산시에 큰 절약이 되고, 이전과 마찬가지로 고유값 계산을 위하여 l로 둘 수 있게 된다. 즉, 그림 10.8.3에 보여주고 있는 문제를 풀게 된 것이다. 고유값이 결정된 다음, 우리는 고유값에 대한 표현에서 l을 $l/2$로 대치시키게 된다.

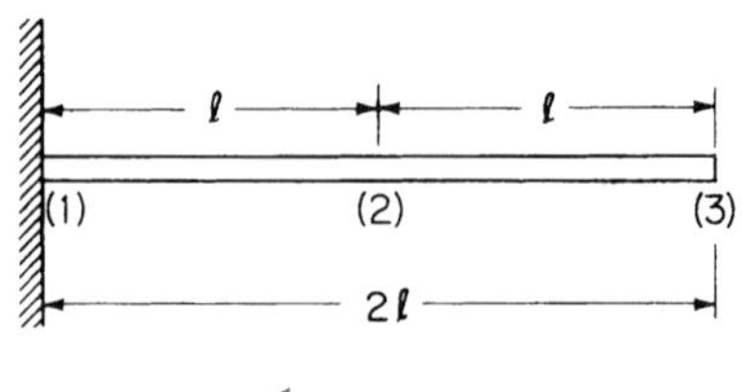

그림 10.8.3

구하려고 하는 새로운 적분은 다음과 같다.

$$m\Omega^2 l \int_0^l l \int_0^x \varphi_i' \varphi_j' \, dr \, dx$$

그것은 적분을 수행하면 다음과 같게 된다.

$$\Pi = m\Omega^2 l \begin{bmatrix} 0.600 & 0 & -0.600 & 0.100l \\ & 0.100l^2 & 0 & -0.0166l^2 \\ & & 0.600 & -0.100l \\ & & & 0.0333l \end{bmatrix}$$

두 요소로 이루어진 보에 대한 행렬의 조립

두 요소로 이루어진 보에 대하여, 조립된 행렬은 6×6이다. 그러나 $v_1=\theta_1=0$이기 때문에, 처음의 두 열과 두 행은 삭제되고 우리는 4×4행렬을 얻게 된다.

질량

$$\frac{ml}{420}\begin{bmatrix} 156 & 22 & 54 & -13 & & \\ 22 & 4 & 13 & -3 & & \\ 54 & 13 & 156 - 22 \\ 156 & 22 & 54 & -13 \\ -13 & -3 & -22 & 4 & 13 & -3 \\ & & 54 & 13 & 156 & -22 \\ & & -13 & -3 & -22 & 4 \end{bmatrix}\begin{Bmatrix} v_1 = 0 \\ \theta_1 = 0 \\ v_2 \\ \theta_2 \\ v_3 \\ \theta_3 \end{Bmatrix}$$

$$= \frac{ml}{420}\begin{bmatrix} 312 & 0 & 54 & -13 \\ 0 & 8 & 13 & -3 \\ 54 & 13 & 156 & -22 \\ -13 & -3 & -22 & 4 \end{bmatrix}\begin{Bmatrix} v_2 \\ \theta_2 \\ v_3 \\ \theta_3 \end{Bmatrix}$$

강성

$$\frac{EI}{l^3}\begin{bmatrix} 24 & 0 & -12 & 6 \\ 0 & 8 & -6 & 2 \\ -12 & -6 & 12 & -6 \\ 6 & 2 & -6 & 4 \end{bmatrix}\begin{Bmatrix} v_2 \\ \theta_2 \\ v_3 \\ \theta_3 \end{Bmatrix}$$

일반화된 힘 Q에서의 첫 번째 적분으로부터 다음 식을 얻게 된다.

$$-\Omega^2 ml\begin{bmatrix} 0.8572 & -0.0500 & -0.4286 & 0.06429 \\ -0.0500 & 0.0810 & -0.01429 & -0.009524 \\ -0.4286 & -0.01429 & 0.4286 & -0.06429 \\ 0.06429 & -0.009524 & -0.06429 & 0.02391 \end{bmatrix}$$

Q에서의 두 번째 적분으로부터 다음 식을 얻게 된다.

$$-\Omega^2 ml\begin{bmatrix} 1.200 & -0.100 & -0.600 & 0.100 \\ -0.100 & 0.133 & 0 & -0.0166 \\ -0.600 & 0 & 0.600 & -0.100 \\ 0.100 & -0.0166 & -0.100 & 0.0333 \end{bmatrix}$$

두 행렬을 합침으로써, 일반화된 힘은 다음과 같다.

$$-\frac{EI}{l}\left(\frac{\Omega^2 ml^4}{EI}\right)\begin{vmatrix} 2.057 & -0.150 & -1.029 & 0.10643 \\ -0.150 & 0.2143 & -0.01429 & -0.0262 \\ -1.029 & -0.01429 & 1.0286 & -0.1643 \\ 0.1064 & -0.02612 & -0.1643 & 0.0571 \end{vmatrix}\begin{Bmatrix} v_2 \\ \theta_2 \\ v_3 \\ \theta_3 \end{Bmatrix}$$

$$= -\frac{EI}{l^3}\left(\frac{\Omega^2 ml^4}{EI}\right)HV$$

이제 회전변수 $\Omega^2 ml^4/EI$에 대한 수치값을 선택하고 앞의 식을 강성행렬과 결합할 필요가 있다. 이것은 회전변수들의 0, 1, 2 및 4일 때 고유값과 고유 벡터에 대한 컴퓨터 결과를 구하는 것으로 행해진다. 컴퓨터에 이식된 앞의 행렬들의 각 요소가 길이 l인 두 요소를 가진 보에 대한 결과이므로 고유값은 길이 $2l$인 보에 대한 것이다.

고유값 표현의 조사를 하게 되면 각 요소가 길이 $l/2$ 인 길이 l의 보에 대해서는 ω_i의 식에 길이 l이 $l/2$로 대치되어야만 한다는 것을 알 수 있다.

$$\lambda = \left(\frac{\omega^2 ml^4}{420\,EI}\right) \qquad \omega_i = \sqrt{\lambda_i \frac{420\,EI}{m(l/2)^4}} = 4\sqrt{\frac{420\,\lambda_i\,EI}{ml^4}}$$

이러한 변화와 함께 길이 l인 두 요소로 이루어진 보의 λ_i와 고유 진동수에 대한 컴퓨터 결과는 표 10.8.1에 나타나 있다. $\Omega = 0$인 경우가 참값과 비교되었고, 그로부터 처음 두 모드에 대하여 그 결과가 아주 우수함을 나타내주고 있다.

표 10.8.1 길이 l인 회전하는 두 요소로 이루어진 보의 컴퓨터 결과

$\frac{\Omega^2 ml^4}{EI}$	i	길이 $2l$인 보의 λ_i	$\omega_i/4\sqrt{\frac{420EI\lambda_i}{ml^2}}$	참값
	1	0.001841	3.51	3.515
0	2	0.07348	22.22	22.034
	3	0.84056	75.15	61.697
	4	7.08106	218.1	120.9
	1	0.0035169	4.861	
1	2	0.08445	23.82	
	3	0.86754	76.35	
	4	7.13759	219.0	
	1	0.0049532	5.77	
2	2	0.095627	25.35	
	3	0.8947349	77.54	
	4	7.19323	219.8	
	1	0.0103809	8.35	
4	2	0.158008	32.58	
	3	1.04317	83.72	
	4	7.83817	229.5	

Photo credit: Qiao qiming / AP News

그림 10.8.4 로빈손 헬리콥터 모델 R22(날개 폭 7.2 in, 길이 151 in; 약 1 s의 주기를 가진 외팔보; 적재시 총무게 1370 lb; 날개 선단속도 599 ft/s)

그림 10.8.4와 10.8.5에는 다음 크기의 두 가지 헬리콥터를 나타내었다. 그림 10.8.4에 보여 지고 있는 것은 로빈손(Robinson) 헬리콥터 모델 R22 이며 주로 레저용 비행에 사용되는 작은 2좌석 기종이다. 사진에 함께 표시된 숫자는 그 규격과 크기를 나타낸다.

반면에, 그림 10.8.5에 나타난 상업용 헬리콥터는 해변과 오일 작업대 사이에 재료와 작업자를 운반하는 데 사용되는 최대 하중 6000 lbs를 수송할 수 있는 능력을 가진 큰 기종이다. 모든 헬리콥터에서처럼 로터의 회전날개는 매우 유연하다. 그 회전속도는 날개 끝의 속도가 음속보다 낮게 유지되는 요구조건에 의하여 제작된다.

Photo credit: idp duxford collection / Alamy

그림 10.8.5 오일 승강장용 상용 헬리콥터(날개 폭 24 in, 길이 24 ft, 무게 각각 200 lb; 외팔보의 강성은 선단에서 6 ft/100 lb인; 헬리콥터의 총무게는 빈 상태일 때 7000 lb이고 적재시 13,000 lb인)

참고문헌

[1] COOK, R.D., *Concepts and Applications of Finite Element Analysis*, New York: John Wiley & Sons, 1974.

[2] GALLAGHER, R.H., *Finite Element Analysis Fundamental,* Englewood Cliffs, NJ: Prentice-Hall, 1975.

[3] , K.C., EVANS, HR., GRIFFITH, D.W., AND NETHEROOT, D.A., *The Finite*

Element Method, New York: Halsted Press Book, John Wiley & Sons, 1975.
[4] YANG, T.Y., *Finite Element Structural Analysis*, Englewood Cliffs, W: Prentice-Hall, 1986.
[5] WEAVER, W., AND JOHNSTON, P.R., *Structural Dynamics by Finite Elements*, Englewood Cliffs, NJ: Prentice-Hall, 1987.
[6] CLOUGH, R.W., AND PENZIEN, J" *Dynamics of Structures*, New York: McGraw-Hill, 1975.
[7] CRAIG, R.R. JR., *Structural Dynamics*, John Wiley & Sons, 1981.

연습문제

10.1 한 쪽 끝단은 고정되고 다른 쪽은 자유이며, 사이지점이 고정단에서부터 $l/3$인 지점에 있는 두 요소로 이루어진 균일봉에 대한 축방향 진동에서 두 고유 진동수를 구하라. 그 결과를 사이지점이 중간에 선택되어진 경우와 비교하라. 지점의 위치의 선정과 관련하여 당신은 어떠한 결론에 도달하는가?

10.2 그림 P10.2와 같이 테이퍼진 봉이 두 개의 균일 단면으로 모델링되었으며, 여기서 $EA_1 = 2EA_2$ 및 $m_1 = 2m_2$이다. 길이방향 진동의 두 개의 고유 진동수를 구하라.

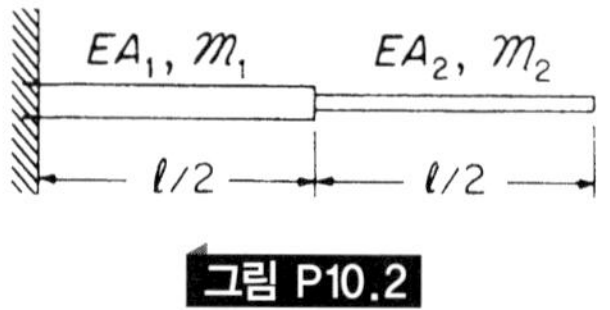

그림 P10.2

10.3 각각 길이 l인 세 개의 축방향 요소를 사용하여, 길이 $l/3$인 균일봉의 자유-자유 진동에 대한 식을 수립하라.

10.4 균일축의 비틀림에 있어서 선형적 변화를 가정한 후, 비틀림 문제에 대한 유한 요소강성 및 질량행렬을 구하라. 이 문제는 축진동 문제와 동일하다.

10.5 두 개의 동일한 요소를 사용하여, 비틀림 진동에서 고정-자유축의 초기 두 개의 고유 진동수를 구하라.

10.6 비틀림 진동에서 두 개의 균일 단면인 경우에 대하여, 2자유도 집중질량 비틀림 계와의 유한 요소 관련식을 서술하라.

10.7 그림 P10.7은 큰 쪽은 고정단이고, 다른 쪽은 자유단인 일정 두께를 가진 원뿔

형의 관을 보여준다. 한 개의 요소를 사용하여 그의 길이방향 진동에 대한 식을 구하라.

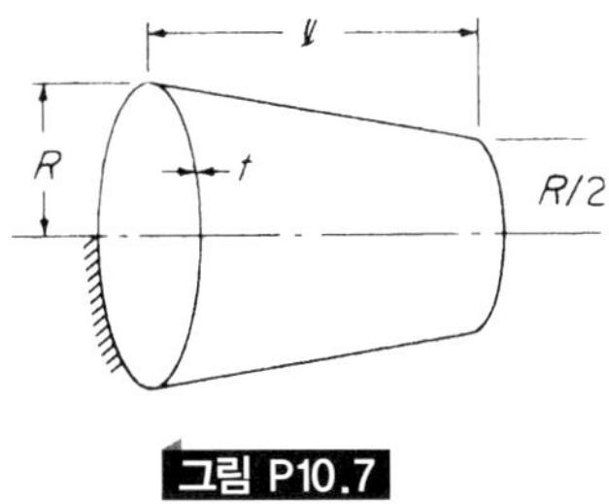

그림 P10.7

10.8 그림 P10.7의 관을 길이방향 진동에 있어서 동일 길이의 두 요소로 이루어진 문제로 간주하여 식을 구하라.

10.9 비틀림 진동에서 그림 P10.7의 관에 대하여 (a) 두 요소 (b) N-단계의 균일 요소를 사용하여 식을 구하라.

10.10 그림 P10.10의 단순 구조는 단순지지된 결합부를 가지고 있다. 그 강성행렬을 구하라.

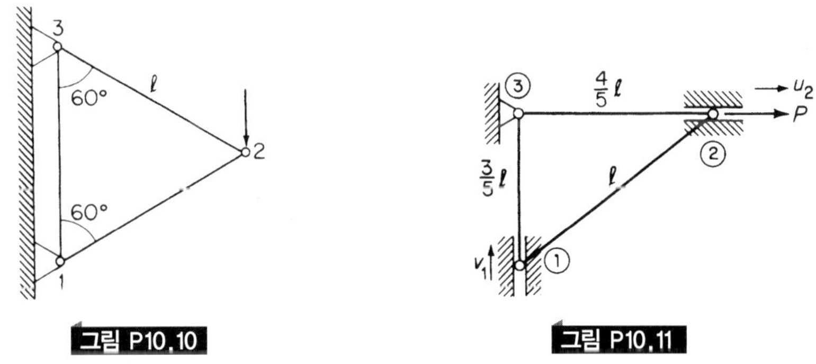

그림 P10.10

그림 P10.11

10.11 단순지지된 트러스 그림 P10.11에서 핀 ③은 고정되어 있다. ①의 핀은 수직통로로 자유로이 움직일 수 있고, ②의 핀은 수평통로로만 움직일 수 있다. 만일 그림에서와 같이 핀 ②에 힘 P가 작용한다면, u_2와 v_1를 P의 항으로 구하라. 핀 ①, ② 및 ③에서의 모든 반력을 계산하고 평형조건이 만족되는지를 조사하라. 유한요소법에 의하여 강성행렬을 인자 EA/l로 유도하라.

10.12 그림 P10.12에 보인 핀으로 연결된 사각 트러스에서, 전체 좌표로 요소강성과 질량 행렬을 결정하고, 전체 구조에 대하여 행렬들이 만들어지는 방법을 보여라. 농행렬을 구성하라. 이것을 이용하여 이 구조에 대한 자유진동의 고유 진동수를 구하라.

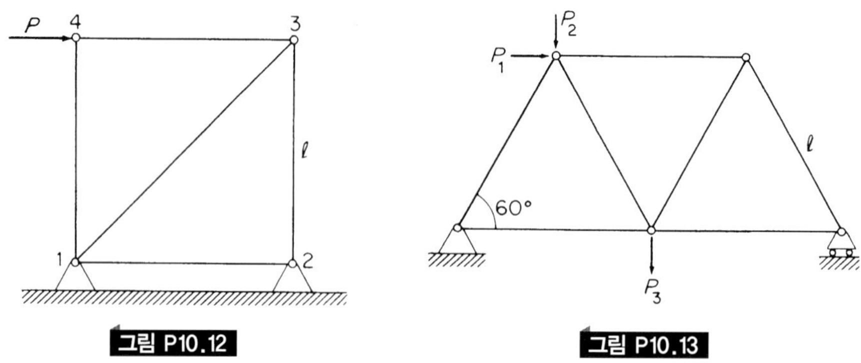

그림 P10.12

그림 P10.13

10.13 그림 P10.13의 단순지지된 트러스에서, 요소의 방향은 오직 세 개이다. 각 방향에 대한 강성행렬을 구하고, 전체계로 각각의 요소행렬들이 조립되는 방법을 써라.

10.14 두 개의 요소를 사용하여 양단이 고정되고 그림 P10.14와 같이 하중이 가해지는 균일보의 중간 지점에서의 처짐과 기울기를 구하라.

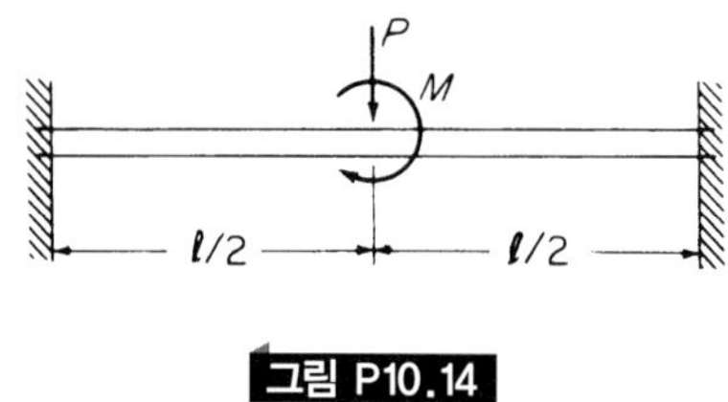

그림 P10.14

10.15 문제 10.14의 보에 대한 일관된 질량을 구하고 그 고유 진동수를 계산하라.

10.16 그림 P10.16의 보에 대한 자유진동 방정식을 구하라.

그림 P10.16

그림 P10.17

10.17 한 개의 요소를 사용하여 그림 P10.17의 단순지지-자유보에 대한 운동 방정식, 고유 진동수 및 모드 형상을 구하라. 참값과 비교하라.

10.18 문제 10.17을 두 개의 요소를 사용하여 반복하라.

10.19 문제 10.17을 여섯 개의 요소를 사용하여 반복하라. 참값과의 일치가 많은 수의 요소를 사용하면 향상되는가?

10.20 그림 P10.20의 프레임에 대한 강성행렬을 구하라. 우측상부 끝단은 회전은 제한되어 있지만 들어가고 나가는 것은 자유롭다.

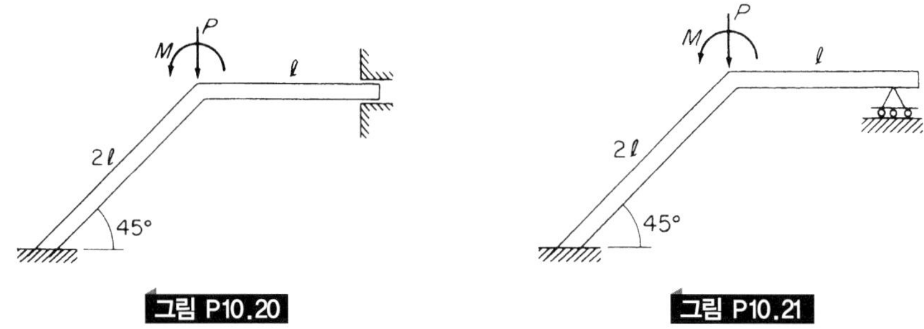

그림 P10.20

그림 P10.21

10.21 그림 P10.21의 프레임은 우측상부 끝단에서 회전과 이동이 자유롭다. 그 강성행렬을 구하라.

10.22 그림 P10.22의 프레임에 대한 하중 작용점에서의 변형과 기울기를 구하라. 이때 코너 각은 불변이라 생각하라

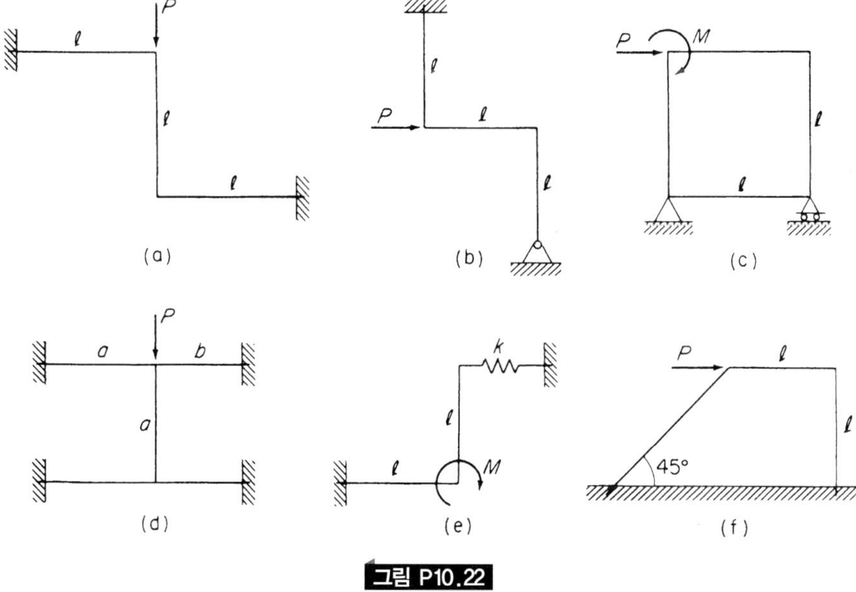

그림 P10.22

10.23 문제 10.17의 단순지지-자유보가 그림 P10.23에서와 같이 단순지지 지점에서 비틀림 강성 Klb · in/rad인 스프링에 의하여 제한되어진다. 자체의 정지된 무게에 의하여 보가 1/10회전하도록 수치적인 K값을 구하고, 문제 10.18에 있는 것

과 같이 계산하라(이 때 한 개 및 두 개 요소를 사용하고 $5mgl^3/EI = 1.0$으로 한다).

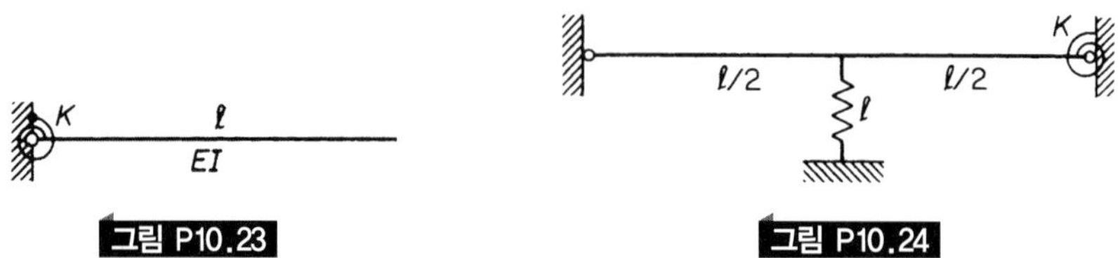

그림 P10.23

그림 P10.24

10.24 그림 P10.24에는 중간 지점에 선형 스프링 k를 가지고 우측 끝단에 비틀림 스프링 K를 가지는, 단순지지된 끝단을 가진 보가 나타나 있다. 두 요소 해석에 대한 강성행렬을 구하라.

10.25 문제 10.24의 보에서 질량행렬을 구하고, 다음 식과 같을 때 모든 고유 진동수 및 모드 형상을 구하라.

$$\frac{kl^3}{EI} = \frac{1}{2} \quad \text{그리고} \quad \frac{Kl^3}{EI} = \frac{1}{4}l^2$$

$k = K = 0$이라 둠으로써 문제 10.24의 해를 점검하라. 이 때 고유값은 단순지지-단순지지보의 고유값과 일치해야 한다.

10.26 그림 P10.26 의 보에 대하여 유한 요소 운동 방정식을 구하라. $kl^3/8EI = 1.0$ 및 $Kl^3/EI = 2l^2$일 때의 보의 고유값과 고유 벡터를 구하라.

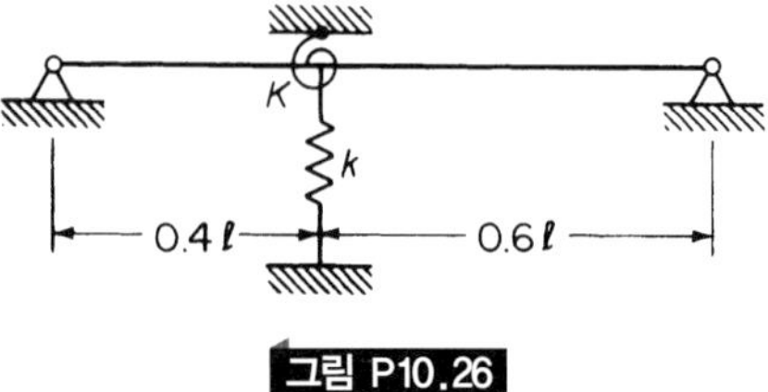

그림 P10.26

10.27 그림 P10.27의 프레임에 대한 자유진동 방정식을 구하라.

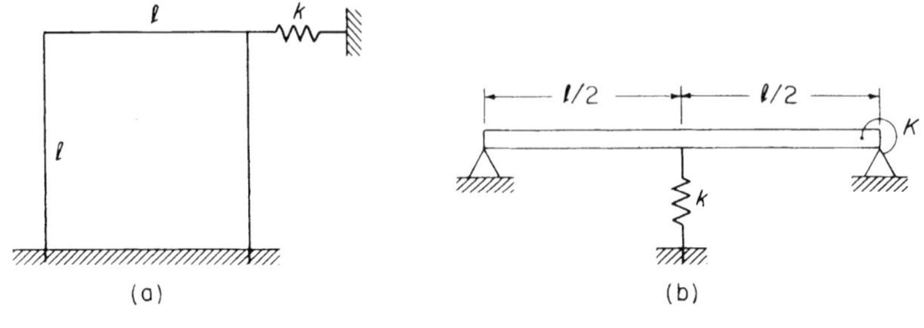

그림 P10.27

10.28 두 개의 요소를 사용하여, 그림 P10.28(a)에 보인 구간에 대하여 분포된 힘에 대한 등가 결합부 하중을 구하라. 그림 P10.28(b)의 구간에 대하여 중간 지점에서의 처짐과 기울기를 구하라.

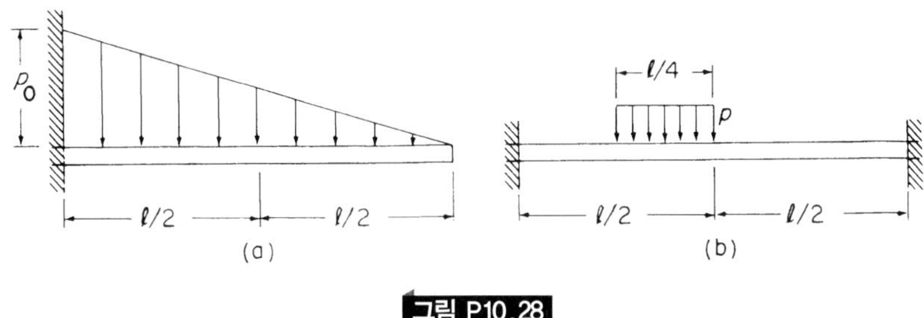

그림 P10.28

10.29 그림 P10.29의 계에서 주어진 여섯 개의 좌표의 항으로 두 요소 식을 쓰고 고유값과 고유 벡터를 구하라.

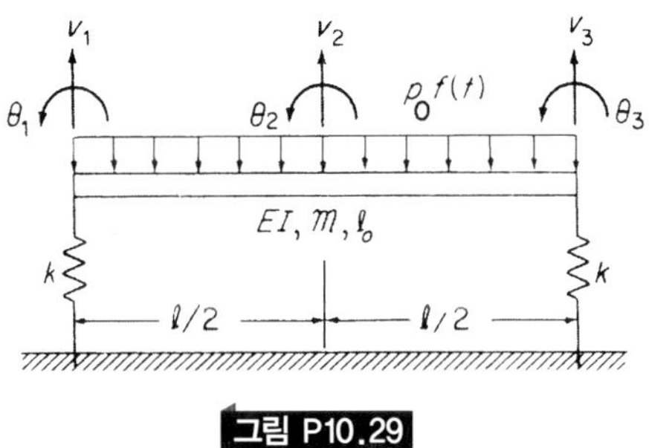

그림 P10.29

10.30 그림 P10.29의 계에서, 자유진동에 대한 대칭 모드는 3×3 식으로 줄어들게 됨을 보여라. 이 문제에 대한 질량 및 강성행렬을 구하고 고유 진동수와 모드 형상을 계산하라.

10.31 예제 10.5.1에서 4×4 보에 대한 고유값과 고유 벡터를 계산하라.

10.32 그림 P10.32의 균일보는 보의 우측 반쪽 면에서 단위길이당 $-ky(x)$의 구속력을 작용시키는 탄성지지 위에 지지되어 있다. 두 개의 요소를 사용하여 운동 방정식을 유도하라. $kl^3/8EI = 10$으로 둠으로써 고유 진동수를 구하고, 이를 탄성지

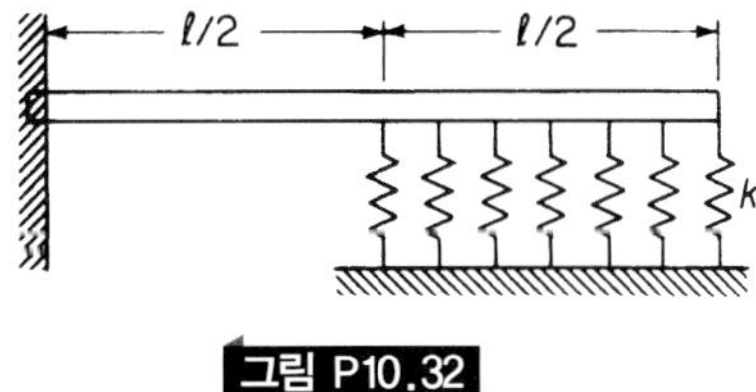

그림 P10.32

지가 없는 경우와 비교하라. 처음 두 개의 모드에 대한 모드 형상을 그려라.

10.33 좌측단이 고정지지 대신 단순지지되었다고 가정한 후 문제 10.32를 반복하라.

10.34 그림 P10.34는 수직축 0–0 주위로 각속도 Ω rad/s로 선회하는 원심 분리기의 "L"자형 보를 나타내고 있다. 표시된 지점들을 사용하여, 운동 방정식과 그의 고유 진동수를 구하라. 이를 $\Omega = 0$인 경우와 비교하라.

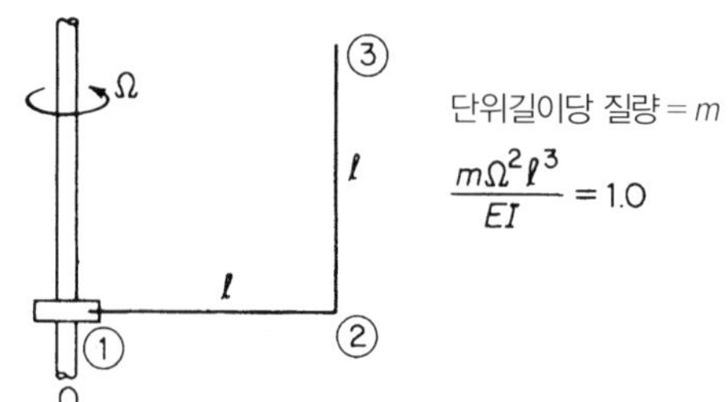

그림 P10.34

10.35 비틀림 스프링을 가진 단순지지-자유보가 그림 P10.35에 보인 것과 같이 수직축에 대하여 회전하고 있다면, 길이 $l/2$인 첫 번째 요소에 대하여 새로운 강성행렬을 구하라.

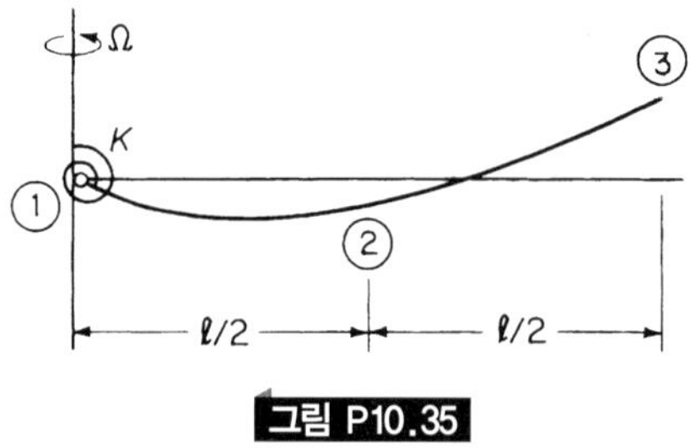

그림 P10.35

10.36 그림 P10.35의 헬리콥터 날개에 대하여, 날개의 바깥 반쪽에 대한 강성식을 구하라:

10.37 그림 P10.35의 두 요소로 이루어진 날개에 대한 완전식을 쓰고, 고유 진동수와 모드 형상을 구하라.

10.38 그림 P10.38과 같이 주어진 세 개의 요소로 모델링되는 균일 외팔보에서, 강성행렬은 6×6차원이다. 강성행렬을 재정리하여, 3×3 저감 강성행렬를 K^*를 구하고, 고유값과 고유 벡터를 계산하라. 그 결과를 문제 8.15의 것과 비교하라.

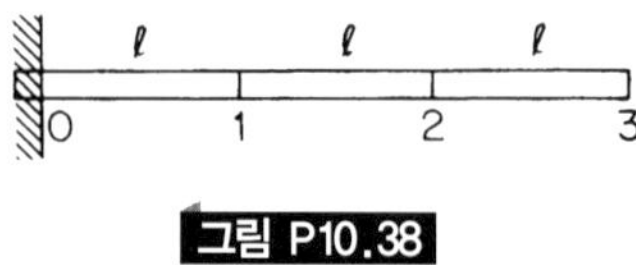

그림 P10.38

10.39 문제 10.38을 저감 강성 및 상당 저감 질량을 사용하여 반복하라. 가정한 3×3 질량행렬 $M = ml\begin{bmatrix}1 & 0 & 0\\0 & 1 & 0\\0 & 0 & .5\end{bmatrix}$와 비교하라.

10.40 문제 10.2를 다음 값: $A_2 = 1$, $E = 1$, $l = 1$ 및 $m_2 = 1$을 사용하여 반복하라. 각각의 두 요소를 균일봉으로 생각하라. 각각의 봉을 네 개의 요소로 모델링하라. 길이방향 진동에서 고유 진동수를 비교하라.

10.41 예제 10.5.1에 나타난 보의 자유진동을 $l = 12$, $m = 1$, $E = 1$ 및 $I = 1$의 값을 사용하여 계산하라. 이 계산을 여섯 개의 균일 간격 요소를 사용하여 계산하라.

10.42 그림 P10.42와 같이 끝단에 질량을 가지고, 질량에 스프링 및 감쇠계가 부착된 2단계 단면적을 가진 막대를 생각하자. 길이방향 진동에 대한 운동 방정식을 구하라.

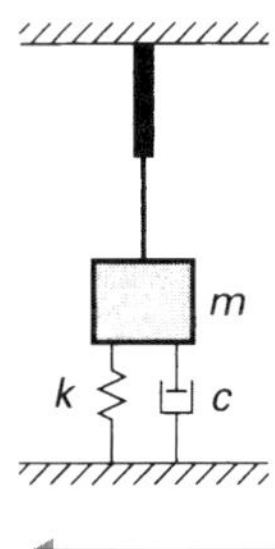

그림 P10.42

10.43 그림 P10.43에 보여진 계에 대한 운동 방정식을 구하라. 가운데 보의 굽힘 강성은 다른 두 보의 것과 다르다. $y_1 = y_2 = y_3$인 해가 가능한가? 그러한 해가 존재할 조건은 무엇인가?

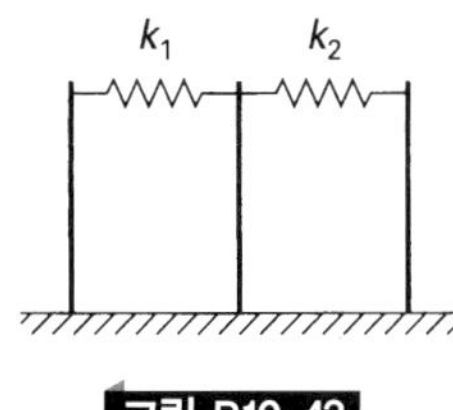

그림 P10.43

CHAPTER 11

연속계의 모드-합성 방법

보로 이루어진 구조물은 공학 분야에서 흔히 있다.[1] 그러한 구조물들은 무한 자유도계로 구성되어 있으며, 모드-합성 방법(mode-summation procedure)을 이용하면 유한 자유도계로서의 해석이 가능하게 된다. 회전관성과 전단 변형의 영향은 보 문제에서 가끔 관심의 대상이 된다. 구속조건들은 자주 구조물의 추가 지지점으로 나타나며, 계의 정규 모드를 변경시킨다. 모드-합성 방법의 이용에서는 급수의 수렴이 중요하며, 모드-가속도 방법(mode-acceleration method)은 변화된 접근 방법을 제공한다. 계의 처짐을 나타내는 데 이용되는 모드들은 늘 직교할 필요는 없으며, 비직교함수들을 이용한 계의 합성과정을 예시하였다.

우주정거장 같은 큰 구조물들은 일반적으로 연속적인 절 부분으로 구성되며, 모드 기여 방법으로 해석할 수 있다. 그림 11.1.1에서는 이러한 방법을 적용하는 예를 보여주고 있다.

11.1 모드-합성 방법

6.8절에서는 운동 방정식을 모드 행렬을 이용해서 연성 해제하여 강제진동 해를 계의 정규좌표(normal coordinates)로 표현하였다. 본 절에서는 처짐을 계의 정규 모드로 전개함으로써 연속계에 유사한 방법을 적용한다.

예로서, 분포하중 $p(x, t)$를 받는 보의 일반적인 운동을 고려하자. 이 경우 운동 방정식은 다음과 같다.

$$[EIy''(x, t)]'' + m(x)\ddot{y}(x, t) = p(x, t) \tag{11.1.1}$$

이러한 보와 정규 모드 $\phi_i(x)$는 다음 방정식과 경계조건을 만족해야 한다.

$$(EI\phi_i'')'' - \omega_i^2 m(x)\phi_i = 0 \tag{11.1.2}$$

1) 그림 11.1.1에 나타난 올림푸스 위성은 우주에서 태양전자 패널을 선개하기 위하여 세안되어진 몇몇 형식 중의 하나이다. 대형 태양전자 패널은 유리섬유로 된 가벼운 붐(boom)에 의하여 전개되고, 패널은 수백 피트를 늘리기 위하여 교묘하게 설계되어져 있다.

그림 11.1.1 올림푸스 인공위성과 전개 붐(캘리포니아주 카펜테리아, Astro 항공우주국 제공)

정규 모드 $\phi_i(x)$는 또한 다음 관계식을 만족하는 직교함수(orthogonal function)이다.

$$\int_0^l m(x)\phi_i\phi_j\,dx = \begin{cases} 0 & (j = i\text{인 경우}) \\ M_i & (j = i\text{인 경우}) \end{cases} \tag{11.1.3}$$

일반적인 문제에 대한 해를 $\phi_i(x)$로 표시하면 다음과 같다.

$$y(x, t) = \sum_i \phi_i(x)q_i(t) \tag{11.1.4}$$

일반화된 좌표 $q_i(t)$는 운동 및 포텐셜 에너지를 먼저 구성함으로써 라그랑즈(Lagrange) 방정식으로부터 구할 수 있다.

식 (11.1.3)의 직교관계를 염두에 두면 운동 에너지는 다음과 같다.

$$T = \frac{1}{2}\int_0^l \dot{y}^2(x, t)m(x)\,dx = \frac{1}{2}\sum_i \sum_j \dot{q}_i\dot{q}_j\int_0^l \phi_i\phi_j m(x)\,dx$$
$$= \frac{1}{2}\sum_i M_i\dot{q}_i^2 \qquad \textbf{(11.1.5)}$$

여기서 일반화된 질량 M_i의 정의는 다음과 같다.

$$M_i = \int_0^l \phi_i^2(x)m(x)\,dx \qquad \textbf{(11.1.6)}$$

같은 방법으로, 포텐셜 에너지는 다음과 같다.

$$U = \frac{1}{2}\int_0^l EIy''^2(x,t)\,dx = \frac{1}{2}\sum_i \sum_j q_iq_j\int_0^l EI\phi_i''\phi_j''\,dx$$
$$= \frac{1}{2}\sum_i K_i q_i^2 = -\frac{1}{2}\sum \omega_i^2 M_i q_i^2 \qquad \textbf{(11.1.7)}$$

여기서 일반화된 강성은 다음과 같다.

$$K_i = \int_0^l EI[\phi_i''(x)]^2\,dx \qquad \textbf{(11.1.8)}$$

T와 U이외에 일반화된 힘 Q_i가 필요한데, 이것은 가상변위 δq_i와 작용력 $p(x, t)dx$에 의하여 이루어진 일로부터 구해진다.

$$\delta W = \int_0^l p(x, t)\left(\sum_i \phi_i\,\delta q_i\right)dx$$
$$= \sum_i \delta q_i\int_0^l p(x,t)\phi_i(x)\,dx \qquad \textbf{(11.1.9)}$$

여기서 일반화된 힘은 다음과 같다.

$$Q_i = \int_0^l p(x,t)\phi_i(x)\,dx \qquad \textbf{(11.1.10)}$$

라그랑즈 방정식

$$\frac{d}{dt}\left(\frac{\partial T}{\partial \dot{q}_i}\right) - \frac{\partial T}{\partial q_i} + \frac{\partial U}{\partial q_i} = Q_i \tag{11.1.11}$$

에 대입하면, $q_i(t)$에 대한 미분 방정식을 얻게 된다.

$$\ddot{q}_i + \omega_i^2 q_i = \frac{1}{M_i}\int_0^l p(x,t)\phi_i(x)\,dx \tag{11.1.12}$$

여기서 단위길이당 하중 $p(x, t)$가 다음의 변수분리 형태가 되는 경우를 고려하는 것이 편리하다.

$$p(x,t) = \frac{P_0}{l}p(x)f(t) \tag{11.1.13}$$

식 (11.1.12)는 이 경우에

$$\ddot{q}_i + \omega_i^2 q_i = \frac{P_0}{M_i}\Gamma_i f(t) \tag{11.1.14}$$

로 되는데, 여기서

$$\Gamma_i = \frac{1}{l}\int_0^l p(x)\phi_i(x)\,dx \tag{11.1.15}$$

로 된다. 위의 식은 모드 i에 대한 **모드 기여계수**(mode participation factor)로 정의된다. 식 (11.1.14)의 해는 다음과 같다.

$$\begin{aligned} q_i(t) &= q_i(0)\cos\omega_i t + \frac{1}{\omega_i}\dot{q}_i(0)\sin\omega_i t \\ &\quad + \left(\frac{P_0\Gamma_i}{M_i\omega_i^2}\right)\omega_i\int_0^t f(\xi)\sin\omega_i(t-\xi)\,d\xi \end{aligned} \tag{11.1.16}$$

i차 모드의 정적 처짐 [$\ddot{q}_i(t)=0$인 경우]을 $\phi_i(x)$로 전개한 것이 $P_0\Gamma i/M_i\omega_i^2$이므로 다음의 정의된 양

$$D_i(t) = \omega_i\int_0^t f(\xi)\sin\omega_i(t-\xi)\,d\xi \tag{11.1.17}$$

은 i차 모드에 대한 **동하중 계수**(dynamic load factor)라고 한다.

예제 11.1.1

질량 M_0인 단순지지된 균일보에 그림 11.1.2에 보인 힘이 갑자기 가해졌다. 운동 방정식을 구하라.

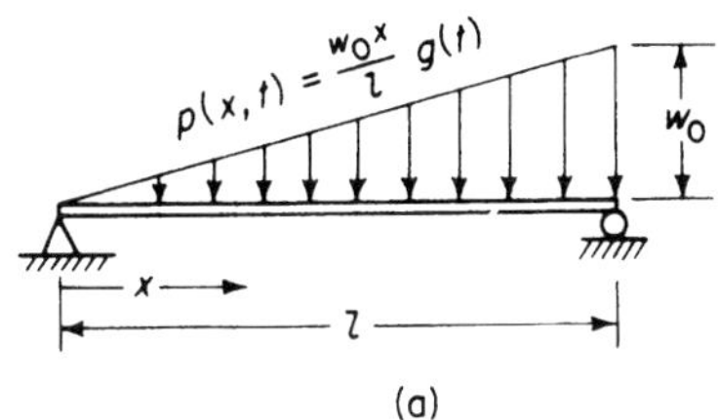

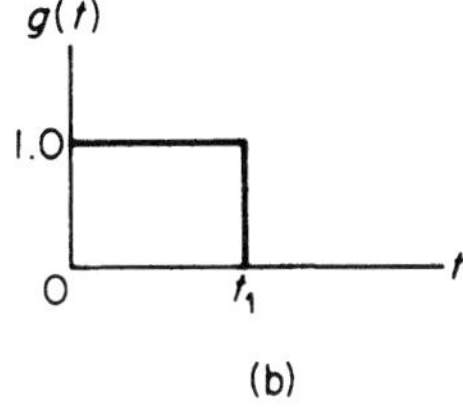

그림 11.1.2

풀이 보의 정규 모드는

$$\phi_n(x) = \sqrt{2}\sin\frac{n\pi x}{l}$$
$$\omega_n = (n\pi)^2\sqrt{EI/M_0 l^3}$$

이고, 일반화된 질량은 다음과 같다.

$$M_n = \frac{M_0}{l}\int_0^l 2\sin^2\frac{n\pi x}{l}\,dx = M_0$$

일반화된 힘은 다음과 같다.

$$\begin{aligned}\int_0^l p(x,t)\phi_n(x)\,dx - g(t)\int_0^l \frac{w_0 x}{l}\sqrt{2}\sin\frac{n\pi x}{l}\,dx \\ &= g(t)\frac{w_0\sqrt{2}}{l}\left[\frac{\sin(n\pi x/l)}{(n\pi/l)^2} - \frac{x\cos(n\pi x/l)}{n\pi/l}\right]_0^l \\ &= -g(t)\frac{w_0\sqrt{2}l}{n\pi}\cos n\pi \\ &= -\frac{\sqrt{2}lw_0}{n\pi}g(t)(-1)^n\end{aligned}$$

여기서 $g(t)$는 하중의 시간함수이다. q_n에 대한 방정식은

$$\ddot{q}_n + \omega_n^2 q_n = \frac{-\sqrt{2}\,lw_0}{n\pi M_0}(-1)^n g(t)$$

이 되는데, 그 해는 다음과 같다.

$$q_n(t) = \frac{-\sqrt{2}lw_0}{n\pi M_0}\frac{(-1)^n}{\omega_n^2}(1 - \cos\omega t) \qquad 0 \le t \le t_1$$

$$= \frac{-\sqrt{2}lw_0}{n\pi M_0}\frac{(-1)^n}{\omega_n^2}(1 - \cos\omega_n t)$$

$$+ \frac{2\sqrt{2}lw_0(-1)^n}{n\pi M_0\omega_n^2}[1 - \cos\omega_n(t - t_1)] t_1 \le t \le \infty$$

따라서, 보의 처짐은 다음의 합으로 표현된다.

$$y(x,t) = \sum_{n=1}^{\infty} q_n(t)\sqrt{2}\sin\frac{\pi n x}{l}$$

예제 11.1.2

비행중인 유도탄의 후미 $x = 0$에서 로켓 엔진의 추력 $F(t)$가 축방향으로 가해진다. 변위 $u(x, t)$와 가속도 $\ddot{u}(x, t)$에 대한 방정식을 구하라.

풀이 변위에 대한 해를 다음과 같이 가정한다.

$$u(x,t) = \sum q_i(t)\varphi_i(x)$$

여기서 $\varphi_i(x)$는 축방향 진동을 하는 유도탄의 정규 모드이다. 일반화된 좌표 q_i는 다음 방정식을 만족한다.

$$\ddot{q}_i + \omega_i^2 q_i = \frac{F(t)\varphi_i(0)}{M_i}$$

만일, $F(t)$대신 $x = 0$에서 단위 임펄스가 가해지면 초기 조건 $q_i = \dot{q}(0) = 0$에 대하여 앞의 방정식은 $[\varphi_i(0)/M_i\omega_i]\sin\omega_i t$의 해를 갖는다. 따라서, 임의 힘 $F(t)$에 대한 응답은

$$q_i(t) = \frac{\varphi_i(0)}{M_i\omega_i}\int_0^t F(\xi)\sin\omega_i(t - \xi)\,d\xi$$

가 되고, 임의 점 x에서의 변위는 다음과 같다.

$$u(x, t) = \sum_i \frac{\varphi_i(x)\varphi_i(0)}{M_i\omega_i}\int_0^t F(\xi)\sin\omega_i(t - \xi)\,d\xi$$

모드 i의 가속도 $\ddot{q}_i(t)$는 미분 방정식을 다시 쓰고 $q_i(t)$에 대하려 앞의 해를 대입해서 구할 수 있다. 즉, 다음과 같다:

$$\begin{aligned}\ddot{q}_i(t) &= \frac{F(t)\varphi_i(0)}{M_i} - \omega_i^2 q_i(t) \\ &= \frac{F(t)\varphi_i(0)}{M_i} - \frac{\varphi_i(0)\omega_i}{M_i}\int_0^t F(\xi)\sin\omega_i(t-\xi)\,d\xi\end{aligned}$$

따라서, 임의 점 x의 가속도 방정식은 다음과 같다.

$$\begin{aligned}\ddot{u}(x,t) &= \sum_i \ddot{q}_i(t)\varphi_i(x) \\ &= \sum_i \left[\frac{F(t)\varphi_i(0)\varphi_i(x)}{M_i} - \frac{\varphi_i(0)\varphi_i(x)\omega_i}{M_i}\int_0^t F(\xi)\sin\omega_i(t-\xi)\,d\xi\right]\end{aligned}$$

예제 11.1.3

그림 11.1.3에 보인 바와 같이 지반이 보에 수직인 운동 $y_b(t)$를 줄 때, 외팔보(내다지보)의 응답을 구하라.

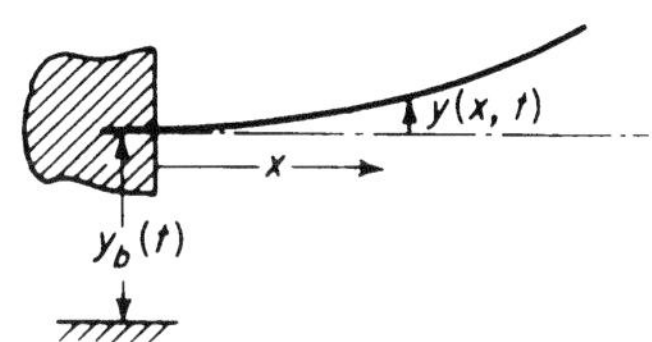

그림 11.1.3

풀이 지반운동을 하는 보의 미분 방정식은 다음과 같다.

$$[EIy''(x,t)]'' + m(x)[\ddot{y}_b(t) + \ddot{y}(x,t)] = 0$$

이를 다시 쓰면 다음과 같다.

$$[EIy''(x,t)]'' + m(x)\ddot{y}(x,t) = -m(x)\ddot{y}_b(t)$$

따라서, 단위길이당 힘 $F(x, t)$대신 단위길이당 관성력 $-m(x)\ddot{y}_b(t)$를 갖는다. 해를 다음 형태로 가정하면,

$$y(x,t) = \sum_i q_i(t)\varphi_i(x)$$

일반화된 좌표 q_i에 대한 방정식은 다음과 같다.

$$\ddot{q}_i + \omega_i^2 q_i = -\ddot{y}_b(t)\frac{1}{M_i}\int_0^l \varphi_i(x)\,dx$$

q_i에 대한 해는 단진동자의 해와 계수 $-1/M_i\int_0^l \varphi_i(x)\,dx$만큼밖에 차이가 나지 않으며, 초기 조건 $y(0)=\dot{y}(0)=0$에 대하여 다음과 같다:

$$q_i(t) = \left[-\frac{1}{M_i}\int_0^l \varphi_i(x)\,dx\right]\frac{1}{\omega_i}\int_0^t \ddot{y}_b(\xi)\sin\omega_i(t-\xi)\,d\xi$$

11.2 구속 구조물의 정규 모드

한 구조물이 질량이나 스프링의 첨가로 변경될 때, 이를 구속된 구조물(constrained structure)이라 한다. 예를 들어, 스프링은 작용점에서 구조물의 운동에 대한 구속조건으로 작용하게 되고, 계의 고유 진동수를 증가시킬 가능성이 있다. 반면에 첨가된 질량은 계의 고유 진동수를 감소시킨다. 이러한 문제는 일반화된 좌표와 모드-합성 방법을 이용하여 수식화될 수 있다.

임의의 1차원 구조물(즉, 한 개의 좌표 x로 정의된 구조물상의 점들)이 단위길이당 힘 $f(x, t)$와 단위길이당 모멘트 $M(x, t)$로 가진될 때의 강제진동을 고려하자. 구조물의 정규 모드 ω_i와 $\varphi_i(x)$를 안다면 임의 점 x에서의 처짐은

$$y(x,t) = \sum_i q_i(t)\varphi_i(x) \tag{11.2.1}$$

로 표현되는데, 여기서 일반화된 좌표 q_i는 다음 방정식을 만족해야 한다.

$$\ddot{q}_i(t) + \omega_i^2 q_i(t) = \frac{1}{M_i}\left[\int f(x,t)\varphi_i(x)\,dx + \int M(x,t)\varphi_i'(x)\,dx\right] \tag{11.2.2}$$

이 방정식의 우변은 $1/M_i$곱이므로 일반화된 힘 Q_i는 작용하중의 가상일로부터 $Q_i=\delta W/\delta q_i$와 같이 구해진다.

분포하중 대신 어떤 점 $x=a$에서 집중하중 $F(a, t)$와 집중 모멘트 $M(a, t)$를 받는 경우의 일반화된 힘은 다음과 같이 계산된다.

$$\begin{aligned} \delta W &= F(a,t)\delta y(a,t) + M(a,t)\delta y'(a,t) \\ &= F(a,t)\sum_i \varphi_i(a)\delta q_i + M(a,t)\sum_i \varphi_i'(a)\delta q_i \\ Q_i &= \frac{\delta W}{\delta q_i} = F(a,t)\varphi_i(a) + M(a,t)\varphi_i'(a) \end{aligned} \tag{11.2.3}$$

그러면 식 (11.1.14)대신 다음 방정식을 얻게 된다.

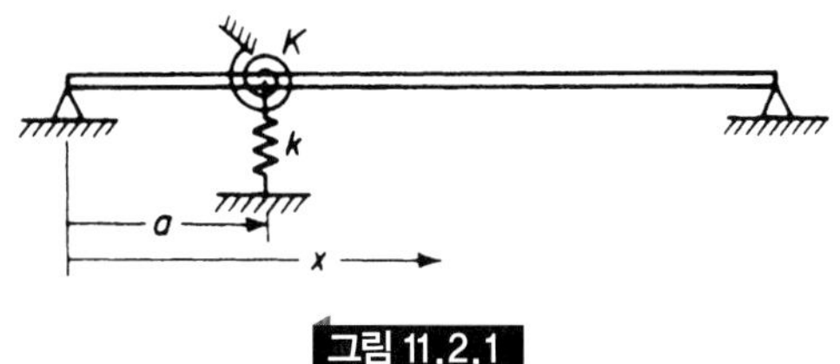

그림 11.2.1

$$\ddot{q}_i(t) + \omega_i^2 q_i(t) = \frac{1}{M_i}[F(a, t)\varphi_i(a) + M(a, t)\varphi_i'(a)] \tag{11.2.4}$$

이 방정식들은 구속조건들이 구조물에 작용하는 외력으로 표현 가능하다면 구속 구조물을 해석할 수 있는 기본이 된다.

예로서, 그림 11.2.1의 단순지지보에 선형 및 비틀림 스프링을 부착하는 경우를 고려하자. 스프링에 의하여 보에 작용하는 힘은 다음과 같다.

$$F(a, t) = -ky(a, t) = -k\sum_j q_j(t)\varphi_j(a) \tag{11.2.5}$$

반면에, 비틀림 스프링에 의한 모멘트는 다음과 같다.

$$M(a, t) = -Ky'(a, t) = -K\sum_j q_j(t)\varphi_j'(a) \tag{11.2.6}$$

이 식들을 식 (11.2.4)에 대입하면 다음 식을 얻는다.

$$\ddot{q}_i + \omega_i^2 q_i = \frac{1}{M_i}\left[-k\varphi_i(a)\sum_j q_j\varphi_j(a) - K\varphi_i'(a)\sum_j q_j\varphi_j'(a)\right] \tag{11.2.7}$$

구속 모드(contained mode)의 정규 모드도 조화파이므로 다음과 같다.

$$q_i = \bar{q}_i e^{i\omega t}$$

i 번째 방정식의 해는 다음과 같다.

$$\bar{q}_i = \frac{1}{M_i(\omega_i^2 - \omega^2)}\left[-k\varphi_i(a)\sum_j \bar{q}_j\varphi_j(a) - K\varphi_i'(a)\sum_j \bar{q}_j\varphi_j'(a)\right] \tag{11.2.8}$$

n모드를 사용하면 n개의 $\bar{q}_j$값이 존재하며, 윗식과 같은 n개의 방정식이 존재한다. $\bar{q}_j$의 계수로 형성된 행렬식으로부터 구속 모드의 고유 진동수를 구하고, 구속 구조물의 모드 형상은 $\bar{q}_j$를 식 (11.2.1)에 대입해서 구한다.

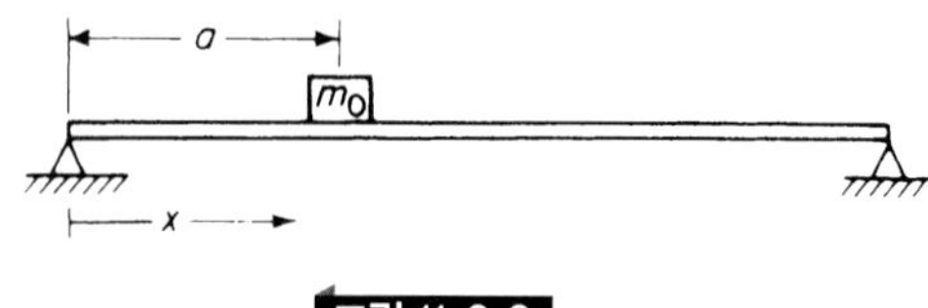

그림 11.2.2

스프링 대신 그림 11.2.2에 보인 바와 같이 질량 m_0를 $x=a$점에 부착하면 m_0에 의한 작용력은 다음과 같다.

$$F(a,t) = -m_0\ddot{y}(a,t) = -m_0\sum_j \ddot{q}_j\varphi_j(a) \tag{11.2.9}$$

따라서, 식 (11.2.8) 대신 다음 방정식을 얻게 된다.

$$\bar{q}_i = \frac{1}{M_i(\omega_i^2 - \omega^2)}\left[\omega^2 m_0\varphi_i(a)\sum_j \bar{q}_j\varphi_j(a)\right] \tag{11.2.10}$$

예제 11.2.1

질량 m_0가 $x=l/3$에 부착될 때, 단순지지보의 고유 진동수를 구하기 위한 단일 모드 근사값을 구하라.

풀이 단지 한 개의 모드만 이용될 때, 식 (11.2.10)은

$$M_1(\omega_1^2 - \omega^2) = \omega^2 m_0\varphi_1^2(a)$$

이 되고, ω^2에 대하여 풀면 다음과 같다.

$$\left(\frac{\omega}{\omega_1}\right)^2 = \frac{1}{1 + \dfrac{m_0}{M_1}\varphi_1^2(a)}$$

구속되지 않는 보의 1차 모드는 다음과 같다.

$$\omega_1 = \pi^2\sqrt{\frac{EI}{Ml^3}}, \qquad \varphi_1(x) = \sqrt{2}\sin\frac{\pi x}{l}$$

$$\varphi_1\left(\frac{l}{3}\right) = \sqrt{2}\sin\frac{\pi}{3} = \sqrt{2}\times 0.866$$

$$M_1 = M = \text{보의 질량}$$

따라서, 앞의 방정식에 대입하면 다음 식과 같은 구속보에 대한 단일 모드 근사값을 얻게 된다.

$$\left(\frac{\omega}{\omega_1}\right)^2 = \frac{1}{1 + 1.5\dfrac{m_0}{M}}$$

예제 11.2.2

그림 11.2.3에 보인 바와 같이 유도탄이 시험대에 선형 및 비틀림 스프링들로 구속 되어 있다. 구속된 유도탄의 정규 모드 Φ_i와 Ω_i로부터 자유-자유 모드를 구하는 역문제(inverse problem) 를 수식화하라.

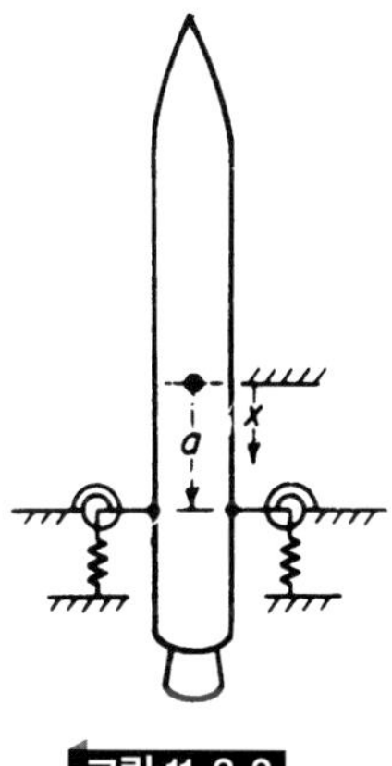

그림 11.2.3

풀이 φ_i와 ω_i 대신 Φ_i와 Ω_i를 이용하면 직접 문제(direct problem)와 유사한 방법으로 접근할 수 있나. $ky(a)$와 $ky'(a)$에 해당하는 반력 $-F(a)$와 $-M(a)$를 이용하여 지지점에서 구속을 해제한다.

이 문제를 상세히 풀기 위하여 식 (11.2.8)을 대신해서

$$\bar{q}_i = \frac{-F(a)\boldsymbol{\Phi}_i(a) - M(a)\boldsymbol{\Phi}_i'(a)}{M_i\boldsymbol{\Omega}_i^2[1 - (\boldsymbol{\Omega}/\boldsymbol{\Omega}_i)^2]}$$

를 이용한다. $D_i(\omega) = M_i\Omega_i^2[1-(\omega/\Omega_i)^2]$이라 놓으면 $x = a$에서의 변위는 다음과 같고,

$$y(a) = \sum_i \boldsymbol{\Phi}_i(a)\bar{q}_i = \sum_i \frac{-F(a)\boldsymbol{\Phi}_i^2(a) - M(a)\boldsymbol{\Phi}_i'(a)\boldsymbol{\Phi}_i(a)}{D_i(\omega)}$$

$-F(a)$와 $-M(a)$를 $ky(a)$와 $Ky'(a)$로 대체하면 다음과 같다.

$$y(a) = \sum_i \frac{ky(a)\boldsymbol{\Phi}_i^2(a) + Ky'(a)\Phi_i'(a)\boldsymbol{\Phi}_i(a)}{D_i(\omega)}$$

$$y'(a) = \sum_i \frac{ky(a)\mathbf{\Phi}_i'(a)\mathbf{\Phi}_i(a) + Ky'(a)\mathbf{\Phi}_i'^2(a)}{D_i(\omega)}$$

이 방정식들을 재정리하면 다음과 같다.

$$y(a)\left[1 - k\sum_i \frac{\mathbf{\Phi}_i^2(a)}{D_i(\omega)}\right] = y'(a)K\sum_i \frac{\mathbf{\Phi}_i'(a)\mathbf{\Phi}_i(a)}{D_i(\omega)}$$

$$y(a)k\sum_i \frac{\mathbf{\Phi}_i'(a)\mathbf{\Phi}_i(a)}{D_i(\omega)} = y'(a)\left[1 - K\sum_i \frac{\mathbf{\Phi}_i'^2(a)}{D_i(\omega)}\right]$$

이 때 주파수 방정식은 다음과 같다.

$$\left[1 - k\sum_i \frac{\mathbf{\Phi}_i^2(a)}{D_i(\omega)}\right]\left[1 - K\sum_i \frac{\mathbf{\Phi}_i'^2(a)}{D_i(\omega)}\right] - kK\left[\sum_i \frac{\mathbf{\Phi}_i'(a)\mathbf{\Phi}_i(a)}{D_i(\omega)}\right]^2 = 0$$

$x = a$에서의 기울기 대 처짐비는 다음과 같다.

$$\frac{y'(a)}{y(a)} = \frac{1 - k\sum_i \frac{\mathbf{\Phi}_i^2(a)}{D_i(\omega)}}{K\sum_i \frac{\mathbf{\Phi}_i'(a)\mathbf{\Phi}_i(a)}{D_i(\omega)}}$$

자유-자유 모드는 다음 식에 의하여 주어진다.

$$\frac{y(x)}{y(a)} = \sum_i \frac{k\mathbf{\Phi}_i(a)\mathbf{\Phi}_i(x) + K\frac{y'(a)}{y(a)}\mathbf{\Phi}_i'(a)\mathbf{\Phi}_i(x)}{D_i(\omega)}$$

예제 11.2.3

그림 11.2.3의 유도탄의 구속 모드를 구하라. 단, 1차 자유-자유 모드 $\varphi_1(x)$, ω_1과 병진운동 $\varphi_T = 1$, $\mathbf{\Omega}_T = 0$ 및 회전운동 $\varphi_R = x$, $\mathbf{\Omega}_R = 0$을 이용하라. 여기서 x는 유도탄 후미쪽 방향을 양(+)의 방향으로 한다.

풀이 세 모드의 각 일반화된 질량은 다음과 같다.

$$M_T = \int dm = M$$

$$M_R = \int x^2\, dm = I = M\rho^2$$

$$M_1 = \int \varphi_1^2(x)\, dm = M$$

여기서 $\varphi_1(x)$ 모드는 $M_1 = M(=$ 실제 질량)이 되도록 정규화되었다.

주파수 의존계수 D_i는 다음과 같다.

$$D_T = -M_T\omega^2 = -M\omega^2 = -M\omega_1^2\lambda$$
$$D_R = -M\rho^2\omega^2 = -M\rho^2\omega_1^2\lambda$$
$$D_1 = M\omega_1^2\left[1 - \left(\frac{\omega}{\omega_1}\right)^2\right] = M\omega_1^2(1 - \lambda)$$
$$\left(\frac{\omega}{\omega_1}\right)^2 = \lambda$$

이 문제의 주파수 방정식은 $-k$를 $+k$로, $\mathbf{\Phi}(x)$와 $\mathbf{\Omega}$를 $\varphi(x)$와 ω로 대체하는 것을 제외하고는 예제 11.2.2와 같다. 앞의 양들을 주파수 방정식에 대입하면

$$\left\{1 - \frac{k}{M\omega_1^2}\left[\frac{1}{\lambda} + \frac{a^2}{\rho^2\lambda} - \frac{\varphi_1^2(a)}{1-\lambda}\right]\right\}\left\{1 - \frac{K}{M\omega_1^2}\left[\frac{1}{\rho^2\lambda} - \frac{\varphi_1'^2(a)}{1-\lambda}\right]\right\}$$
$$- \frac{kK}{M^2\omega_1^4}\left\{\frac{-a}{\rho^2\lambda} + \frac{\varphi_1'(a)\varphi_1(a)}{1-\lambda}\right\}^2 = 0$$

이 되고, 다음 식과 같이 단순화시킬 수 있다.

$$\lambda^2(1-\lambda) + \left(\frac{k}{M\omega_1^2}\right)\left[\varphi_1^2(a) + \frac{K}{k}\varphi_1'^2(a)\right]\lambda^2$$
$$-\left(\frac{k}{M\omega_1^2}\right)\left(1 + \frac{a^2}{\rho^2} + \frac{K}{k\rho^2}\right)\lambda(1-\lambda) + \left(\frac{k}{M\omega_1^2}\right)^2\frac{K}{k\rho^2}(1-\lambda)$$
$$-\left(\frac{k}{M\omega_1^2}\right)^2\frac{K}{k}\lambda\left\{\varphi_1'^2(a) + \frac{1}{\rho^2}[\varphi_1(a) - a\varphi_1'(a)]^2\right\} = 0$$

앞의 방정식들에서 수많은 특수한 경우가 관심의 대상이며, 이 중에서 $K = 0$인 경우를 예로 들면, 주파수 방정식은 다음과 같이 단순화된다.

$$\lambda^2 - \left\{1 + \left(\frac{k}{M\omega_1^2}\right)\left[1 + \frac{a^2}{\rho^2} + \varphi_1^2(a)\right]\right\}\lambda + \left(\frac{k}{M\omega_1^2}\right)\left(1 + \frac{a^2}{\rho^2}\right) = 0$$

여기서 $x = a$는 음(−)일 수 있는데, 이 경우 유도탄은 스프링에 매달리게 된다.

11.3 모드-가속도 방법

이번 모드-합성 방법에서도 봉착하는 어려운 점은 수렴성(convergence) 문제이다. 수렴성이 나쁘면 많은 모드를 이용해야 하고, 따라서 주파수 행렬식의 차수가 증가한다. 모드-가

속도 방법(mode-acceleration method)은 수렴성을 향상시켜 이 어려움을 해결하는 경향이 있어 소수의 모드만을 필요로 한다.

모드-가속도 방법은 일반화된 좌표 q_i에 대한 동일한 미분 방정식에서 출발하나 순서를 재배치한다. 예를 들어, 식 (11.2.4)를 이용하되 순서를 바꾸어 한다.

$$q_i(t) = \frac{F(a,t)\varphi_i(a)}{M_i\omega_i^2} + \frac{M(a,t)\varphi_i'(a)}{M_i\omega_i^2} - \frac{\ddot{q}_i(t)}{\omega_i^2} \tag{11.3.1}$$

식 (11.2.1)에 이를 대입하면 다음 식을 얻는다.

$$\begin{aligned} y(x,t) &= \sum_i q_i(t)\varphi_i(x) \\ &= F(a,t)\sum_i \frac{\varphi_i(a)\varphi_i(x)}{M_i\omega_i^2} + M(a,t)\sum_i \frac{\varphi_i'(a)\varphi_i(x)}{M_i\omega_i^2} \\ &\quad - \sum_i \frac{\ddot{q}_i(t)\varphi_i(x)}{\omega_i^2} \end{aligned} \tag{11.3.2}$$

여기서 $F(a, t)$와 $M(a, t)$가 정적 하중이라면, 가속도를 포함하는 마지막 항은 0이 됨을 유의해야 한다. 따라서, 다음 항들

$$\begin{aligned} \sum_i \frac{\varphi_i(a)\varphi_i(x)}{M_i\omega_i^2} &= \alpha(a,x) \\ \sum \frac{\varphi_i'(a)\varphi_i(x)}{M_i\omega_i^2} &= \beta(a,x) \end{aligned} \tag{11.3.3}$$

는 영향함수(influence function)이다. 여기서 $a(a, x)$와 $\beta(a, x)$는 a에서의 단위 하중과 단위 모멘트에 의한 x에서의 처짐들이다. 그러므로 식 (11.3.2)를 다음과 같이 다시 쓸 수 있다.

$$y(x,t) = F(a,t)\alpha(a,x) + M(a,t)\beta(a,x) - \sum \frac{\ddot{q}(t)\varphi_i(x)}{\omega_i^2} \tag{11.3.4}$$

합 부호내의 항의 분모 ω_i^2때문에 모드-합성 방법에 비하여 수렴성이 향상된다.

$F(a, t)$와 $M(a, t)$가 가진력인 강제진동 문제에서는 먼저 식 (11.2.4)를 재래식으로 $q_i(t)$에 대하여 풀고 처짐을 구하기 위해 식 (11.3.4)에 대입한다. 구속 구조물의 정규 모드를 구하기 위해서는 $F(a, t)$와 $M(a, t)$가 다시 구속조건에 의하여 작용하는 하중과 모멘트가 되고, 이 문제는 11.2절에서와 유사한 방법으로 취급된다. 하지만 향상된 수렴성 때문에 소수의 모드만이 필요하게 된다.

예제 11.3.1

모드-가속도 방법을 이용하여 구조물에 집중질량 m_0가 부착된 그림 11.2.2의 문제를 풀어라.

풀이 조화진동을 가정하면 다음과 같다.

$$F(a,t) = \bar{F}(a)e^{i\omega t}$$
$$q_i(t) = \bar{q}_i e^{i\omega t}$$
$$y(x,t) = y(x)e^{i\omega t}$$

이 식들을 식 (11.3.4)에 대입하고 $x = a$라 놓으면 다음과 같다.

$$\bar{y}(a) = \bar{F}(a)\alpha(a,a) + \omega^2 \sum_i \frac{\bar{q}_j \varphi_j(a)}{\omega_j^2}$$

m_0에 의하여 구조물에 작용하는 하중은

$$\bar{F}(a) = m_0\omega^2 \bar{y}(a)$$

이므로, 위 두 방정식에서 $\bar{y}(a)$를 소거하면,

$$\frac{\bar{F}(a)}{m_0\omega^2} = \bar{F}(a)x(a,a) + \omega^2 \sum_j \frac{\bar{q}_j \varphi_j(a)}{\omega_j^2}$$

또는

$$\bar{F}(a) = \frac{\omega^2 \sum_j \frac{\bar{q}_j \varphi_j(a)}{\omega_j^2}}{\frac{1}{m_0\omega^2} - \alpha(a,a)}$$

을 얻는다. 이제 이 식을 식 (11.2.4)에 대입하고 조화운동을 가정하면 다음 방정식을 얻는다.

$$(\omega_i^2 - \omega^2)\bar{q}_i = \frac{\bar{F}(a)\varphi_i(a)}{M_i} = \frac{\omega^2 \varphi_i(a) \sum_j \bar{q}_j \frac{\varphi_j(a)}{\omega_j^2}}{M_i\left[\frac{1}{m_0\omega^2} - \alpha(a,a)\right]}$$

재정리하면

$$[1 - m_0\omega^2\alpha(a, a)](\omega_i^2 - \omega^2)\bar{q}_i = \frac{\omega^4 m_0 \varphi_i(a)}{M_i} \sum_j \frac{\bar{q}_j \varphi_j(a)}{\omega_j^2}$$

이 되는데, 이는 $\bar{q}_k$에 관한 선형 방정식들의 집합을 나타낸다. 합으로 표시된 급수는 분모의 ω_j^2때문에 신속히 수렴한다. 작은 수의 모드를 사용하는 장점 대신 이 방정식들은 ω에 관한 2차에서 이제 4차가 되는 단점이 있다.

11.4 부분구조 합성법

여기서는 정규 모드 대신 다항식의 합으로 각 구조물 부분의 처짐을 나타내는 또 다른 모드-합 과정을 다룬다. 이 형상함수(mode function)들은 서로 직교할 필요는 없고, 변위와 하중의 절점조건(junction condition)도 함수들의 조합된 합이 만족하기만 하면 된다. 라그랑즈 방정식, 특히 잉여 좌표법이 합성과정에서 기본이 된다.

모드 합성방법의 기본 개념을 설명하기 위하여 Hurty[2)]가 사용한 예제인 90°로 구부러진 단순보를 고려하자. 그림 11.4.1에 보인 보는 지면의 평면에서만 진동한다고 하자.

보를 두 구간 ①, ②로 나누고 그 좌표를 w_1, x; w_2, x; u_2, x로 표시하자. 구간 ①에 대하여 처짐을 다음과 같이 가정한다.

$$\begin{aligned} w_1(x, t) &= \phi_1(x)p_1(t) + \phi_2(x)p_2(t) + \cdots \\ &= \left(\frac{x}{l}\right)^2 p_1 + \left(\frac{x}{l}\right)^3 p_2 \end{aligned} \tag{11.4.1}$$

두 모드 함수들은 구간 ①의 경계에서 다음의 기하학적 하중조건을 만족해야 한다.

$$\begin{aligned} &w_1(0) = 0 && w_1(l) = p_1 + p_2 \\ &w_1'(0) = 0 && w_1'(l) = \frac{2}{l}p_1 + \frac{3}{l}p_3 \\ &w_1''(0) = \frac{M(0)}{EI} = \frac{2}{l^2}p_1 && w_1''(l) = \frac{M(l)}{EI} = \frac{2}{l^2}p_1 + \frac{6}{l^2}p_2 \\ &w_1'''(0) = \frac{V(0)}{EI} = \frac{6}{l^3}p_2 && w_1'''(l) = \frac{V(l)}{EI} = \frac{6}{l^3}p_2 \end{aligned} \tag{11.4.2}$$

2) Walter C. Hurty, "Vibrations of Structural Systems by Component Synthesis," *J. Eng. Mech. Div., Proc. ASCE* (August 1960), pp. 51–69.

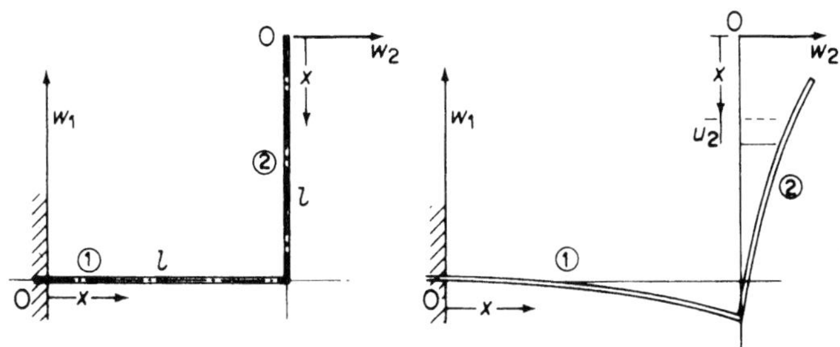

그림 11.4.1 보구간 ①, ②의 좌표계

다음에 자유단에서 좌표 w_2, x의 원점을 갖는 구간 ②를 고려하자. 다음 함수 들은 보구간 ②의 경계조건을 만족한다.

$$\begin{aligned} w_2(x, t) &= \phi_3(x)p_3(t) + \phi_4(x)p_4(t) + \phi_5(x)p_5(t) + \cdots \\ &= 1p_3 + \left(\frac{x}{l}\right)p_4 + \left(\frac{x}{l}\right)^4 p_5 \end{aligned} \tag{11.4.3}$$

$$\begin{aligned} u_2(x, t) &= \phi_6(x)p_6(t) + \cdots \\ &= 1p_6 \end{aligned} \tag{11.4.4}$$

여기서 $u_2(x, t)$는 x방향 변위이다.

다음 단계는 다음 방정식으로부터 일반화된 질량을 계산하는 것이다.

$$m_{ij} = \int_0^l m(x)\phi_i(x)\phi_j(x)\, dx$$

구간 ①에 대해서는

$$\begin{aligned} m_{11} &= \int_0^l m\phi_1\phi_1\, dx = \int_0^l m\left(\frac{x}{l}\right)^4 dx = 0.20ml \\ m_{12} &= \int_0^l m\phi_1\phi_2\, dx = \int_0^l m\left(\frac{x}{l}\right)^5 dx = 0.166ml = m_{21} \\ m_{22} &= \int_0^l m\phi_2\phi_2\, dx = \int_0^l m\left(\frac{x}{l}\right)^6 dx = 0.1428ml \end{aligned}$$

구간 ②의 일반화된 질량도 유사한 방법으로 ϕ_3에서 ϕ_6까지를 이용하여 계산된다.

$$m_{33} = 1.0ml$$
$$m_{34} = 0.50ml = m_{43}$$
$$m_{35} = 0.20ml = m_{53}$$
$$m_{44} = 0.333ml$$
$$m_{45} = 0.166ml = m_{54}$$
$$m_{55} = 0.111ml$$
$$m_{66} = 1.0ml$$

축방향 변위 u_2와 횡방향 변위 w_2 사이에 연성은 없으므로, $m_{63} = m_{64} = m_{65} = 0$이다.

일반화된 강성을 결정하는 방정식은 다음과 같다.

$$k_{ij} = \int_0^l EI\phi''_i\phi''_j\, dx$$

따라서

$$k_{11} = EI\int_0^l \phi''_1\phi''_1\, dx = EI\int_0^l \left(\frac{2}{l^2}\right)^2 dx = 4\frac{EI}{l^3}$$
$$k_{12} = k_{21} = EI\int_0^l \left(\frac{2}{l^2}\right)\left(\frac{6x}{l^3}\right) dx = 6\frac{EI}{l^3}$$
$$k_{22} = 12\frac{EI}{l^3}$$
$$k_{55} = 28.8\frac{EI}{l^3}$$

모든 다른 k_{ij}는 0이다.

m_{ij}와 k_{ij}의 계산된 결과들을 다음과 같이 분할된 질량 및 강성행렬에 배치시킬 수 있다.

$$[m] = ml\begin{bmatrix} 0.2000 & 0.1666 & 0 & 0 & 0 & 0 \\ 0.1666 & 0.1428 & 0 & 0 & 0 & 0 \\ 0 & 0 & 1.0000 & 0.5000 & 0.2000 & 0 \\ 0 & 0 & 0.5000 & 0.3333 & 0.1666 & 0 \\ 0 & 0 & 0.2000 & 0.1666 & 0.1111 & 0 \\ 0 & 0 & 0 & 0 & 0 & 1.0000 \end{bmatrix} \tag{11.4.5}$$

$$[k]=\frac{EI}{l^3}\left[\begin{array}{cc|cccc} 4 & 6 & 0 & 0 & 0 & 0 \\ 6 & 12 & 0 & 0 & 0 & 0 \\ \hline 0 & 0 & 0 & 0 & 0 & 0 \\ 0 & 0 & 0 & 0 & 0 & 0 \\ 0 & 0 & 0 & 0 & 28.8 & 0 \\ 0 & 0 & 0 & 0 & 0 & 0 \end{array}\right] \tag{11.4.6}$$

여기서 좌측상단 행렬은 구간 ①, 나머지는 구간 ②에 해당한다.

구간 ①과 ②사이의 절점(junction)에서는 다음의 구속 방정식이 적용된다.

$$\begin{aligned} &w_1(l)+u_2(l)=0 && \text{또는} \quad p_1+p_2+p_6=0 \\ &w_2(l)=0 && p_3+p_4+p_5=0 \\ &w_1'(l)-w_2'(l)=0 && 2p_1+3p_2-p_4-4p_5=0 \\ &EI[w_1''(l)+w_2''(l)]=0 && 2p_1+6p_2+12p_5=0 \end{aligned}$$

행렬 형태로 정리하면 다음과 같다.

$$\begin{bmatrix} 1 & 1 & 0 & 0 & 0 & 1 \\ 0 & 0 & 1 & 1 & 1 & 0 \\ 2 & 3 & 0 & -1 & -4 & 0 \\ 2 & 6 & 0 & 0 & 12 & 0 \end{bmatrix} \begin{Bmatrix} p_1 \\ p_2 \\ p_3 \\ p_4 \\ p_5 \\ p_6 \end{Bmatrix} = 0 \tag{11.4.7}$$

사용된 총좌표수는 6이고 네 개의 구속 방정식이 있으므로, 이 계의 일반화된 좌표수는 2이다(즉, 네 개의 구속 방정식에 해당하는 네 개의 잉여 좌표가 있다. 7.1절 참조). 따라서, 일반화된 좌표 q로서 임의의 두 좌표를 선택할 수 있다. $p_1=q_1$과 $p_6=q_6$를 일반화된 좌표로 하고, $p_1,\cdots,p_6$를 q_1과 q_6로 표현하기 위하여 다음 단계를 밟는다.

식 (11.4.7)의 1과 6행을 우변으로 이동하고 다시 쓰면 다음과 같다.

$$\begin{bmatrix} 1 & 0 & 0 & 0 \\ 0 & 1 & 1 & 1 \\ 3 & 0 & -1 & -4 \\ 6 & 0 & 0 & 12 \end{bmatrix} \begin{Bmatrix} p_2 \\ p_3 \\ p_4 \\ p_5 \end{Bmatrix} = \begin{bmatrix} -1 & -1 \\ 0 & 0 \\ -2 & 0 \\ -2 & 0 \end{bmatrix} \begin{Bmatrix} q_1 \\ q_6 \end{Bmatrix} \tag{11.4.8}$$

표기를 간략화하면 앞의 식은 다음과 같다.

$$[s]\{p_{2-5}\}=[Q]\{q_{1,6}\}$$

$[s]^{-1}$을 앞에서 곱하면 다음과 같다.

$$\{p_{2-5}\} = [s]^{-1}[Q]\{q_{1,6}\}$$

등식 $p_1 = q_1$, $p_6 = q_6$를 첨가하고 다시 쓰면 다음과 같다.

$$\{p_{1-6}\} = [C]\{q_{1,6}\}$$

이제 이 구속 방정식은 일반화된 좌표 q_1과 q_6로 다음과 같이 표현된다.

$$\begin{Bmatrix} p_1 \\ p_2 \\ p_3 \\ p_4 \\ p_5 \\ p_6 \end{Bmatrix} = \begin{bmatrix} 1 & 0 \\ -1 & -1 \\ 2 & 4.50 \\ -2.333 & -5.0 \\ 0.333 & 0.50 \\ 0 & 1 \end{bmatrix} \begin{Bmatrix} q_1 \\ q_6 \end{Bmatrix} = [C]\begin{Bmatrix} q_1 \\ q_6 \end{Bmatrix} \tag{11.4.9}$$

이 계의 라그랑즈 방정식은 다음과 같다.

$$ml[m]\{\ddot{p}\} + \frac{EI}{l^3}[k]\{p\} = 0 \tag{11.4.10}$$

구속 방정식 (11.4.9)를 이용하여 $\{p\}$ 대신 $\{q\}$를 대입하면 다음을 구할 수 있다.

$$ml[m][C]\{\ddot{q}\} + \frac{EI}{l^3}[k][C]\{q\} = 0$$

전치행렬 $[C]'$을 각 항의 앞에 곱하면 다음과 같다.

$$ml[C]'[m][C]\{\ddot{q}\} + \frac{EI}{l^3}[C]'[k][C]\{q\} = 0 \tag{11.4.11}$$

식 (11.4.10)과 (11.4.11)을 비교하면, 식 (11.4.11)의 행렬 $[C]'[m][C]$와 $[C]'[k][C]$는 2×2인 반면, 식 (11.4.10)의 질량과 강성행렬은 6×6 임을 알 수 있다[식 (11.4.5)와 (11.4.6) 참조]. 따라서, 계의 크기를 6×6에서 2×2문제로 축약시켰다.

$\{\ddot{q}\} = -\omega^2\{q\}$라 하면 식 (11.4.11)은 다음과 같다.

$$\left[\omega^2 ml\begin{bmatrix} a_{11} & a_{12} \\ a_{21} & a_{22} \end{bmatrix} + \frac{EI}{l^3}\begin{bmatrix} b_{11} & b_{12} \\ b_{21} & b_{22} \end{bmatrix}\right]\begin{Bmatrix} q_1 \\ q_6 \end{Bmatrix} = 0 \tag{11.4.12}$$

식 (11.4.5), (11.4.6) 및 (11.4.9)로부터 행렬 $[a_{ij}]$와 $[b_{ij}]$의 수치는 다음과 같다.

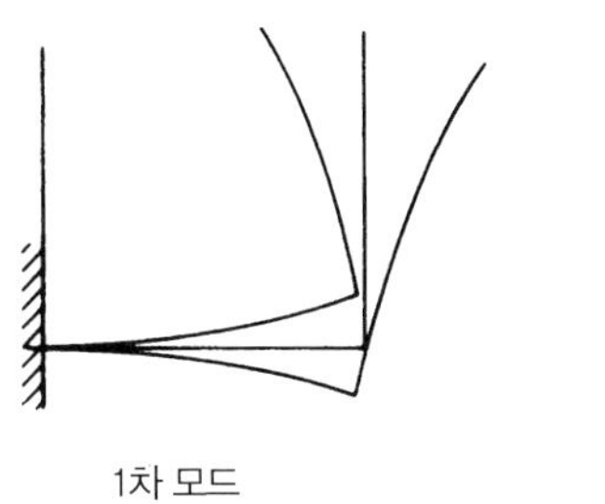

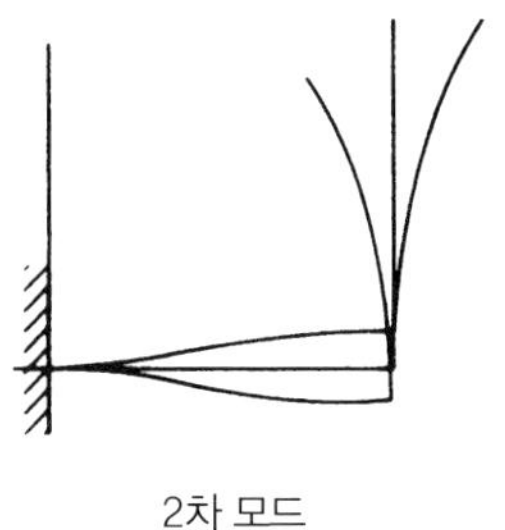

그림 11.4.2 1차와 2차 모드

$$A = [a_{ij}] = [C]'[m][C] = \begin{bmatrix} 1.1774 & 2.6614 \\ 2.6614 & 7.3206 \end{bmatrix}$$

$$B = [b_{ij}] = [C]'[k][C] = \begin{bmatrix} 7.200 & 10.800 \\ 10.800 & 19.200 \end{bmatrix}$$

MATLAB®을 이용해서 식 (11.4.12)의 특성 방정식으로부터 계의 두 고유 진동 수를 구하면 다음과 같다. 이것은 먼저 $D = A^{-1} * B$로 주어지는 동행렬을 계산함으로써 구해진다. 그리고 D의 고유값에 대한 제곱근을 계산하면 다음과 같은 결과가 구해진다.

$$\omega_1 = 1.172\sqrt{\frac{EI}{ml^4}}$$

$$\omega_2 = 3.198\sqrt{\frac{EI}{Ml^4}}$$

그림 11.4.2는 위의 진동수에 해당하는 모드를 나타낸다. 식 (11.4.12)는 고유 벡터의 크기를 임의로 주므로 $q_1 = 1.0$으로 해서 q_6를 풀 수 있다. 좌표 p는 식 (11.4.9)에서 구할 수 있고, 모드는 식 (11.4.1), (11.4.3)과 (11.4.4)에서 구해진다

연습문제

11.1 갑자기 가해진 일정 하중의 동하중 계수의 최대값이 2.0임을 나타내라.

11.2 i차 모드의 감쇠계수 $\zeta = c/c_{cr}$인 계에 일정 하중이 갑자기 가해질 때, 동하중 계수의 근사값이 다음 식으로 주어짐을 나타내라.

$$D_i = 1 - e^{-\zeta\omega_i t}\cos\omega_i t$$

11.3 균일 분포하중에 대한 모드 기여계수를 구하라.

11.4 $x = a$에 집중하중이 가해질 때 단위길이당 하중은 델타 함수(delta function) $l\delta(x - a)$로 표현될 수 있다. 이 때 모드 기여계수는 $K_i = \varphi_i(a)$이고 처짐을 다음 식으로 표현할 수 있음을 나타내라.

$$y(x, t) = \frac{P_0 l^3}{EI} \sum_i \frac{\varphi_i(a)\varphi_i(x)}{(\beta_i l)^4} D_i(t)$$

여기서 $\omega_i^2 = (\beta_i\, l)^4 (EI/Ml^3)$이고 $(\beta_i\, l)$은 정규모드 방정식의 고유값이다.

11.5 $x = a$에 작용하는 모멘트 M_0에 대하여 하중 $p(x)$가 $\epsilon \to 0$일 때, 그림 P11.5에 보인 두 개의 델타 함수의 극한 경우임을 나타내라. 또한 이 경우 모드 기여계수는 다음과 같이 주어짐을 나타내라.

$$K_i = l \frac{d\varphi_i(x)}{dx}\bigg|_{x=a} = (\beta_i l)\varphi_i'(x)_{x=a}$$

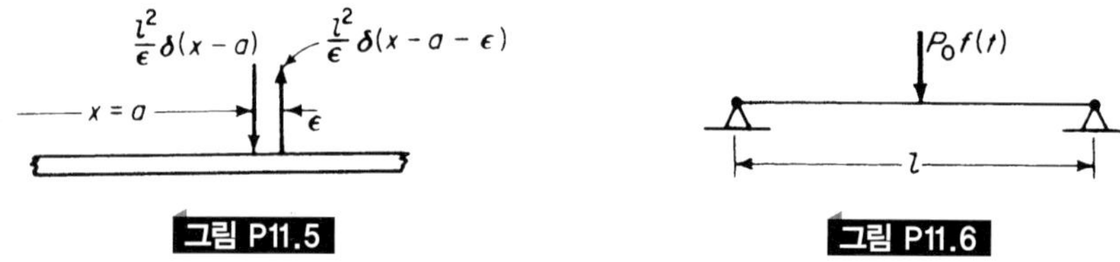

그림 P11.5

그림 P11.6

11.6 그림 P11.6에 보인 바와 같이 집중하중 $P_0 f(t)$가 단순지지 균일보의 중앙에 작용하고 있다. 처짐이 다음과 같이 주어짐을 나타내라.

$$y(x, t) = \frac{P_0 l^3}{EI} \sum_i \frac{K_i \varphi_i(x)}{(\beta_i l)^4} D_i$$

$$= \frac{2P_0 l^3}{EI}\left[\frac{\sin\left(\pi \frac{x}{l}\right)}{\pi^4} D_1(t) - \frac{\sin\left(3\pi \frac{x}{l}\right)}{(3\pi)^4} D_3(t) + \frac{\sin\left(5\pi \frac{x}{l}\right)}{(5\pi)^4} D_5(t) - \cdots\right]$$

11.7 문제 11.6의 보 중앙에 그림 P11.7에 보인 바와 같이 모멘트 M_0가 가해지고 있다. 임의 점에서의 처짐이 다음과 같이 주어짐을 나타내라.

$$y(x, t) = \frac{P_0 l^3}{EI} \sum_i \frac{K_i \varphi_i(x)}{(\beta_i l)^4} D_i$$

$$= \frac{2P_0 l^3}{EI}\left[\frac{\sin\left(\pi \frac{x}{l}\right)}{\pi^4} D_1(t) - \frac{\sin\left(3\pi \frac{x}{l}\right)}{(3\pi)^4} D_3(t) + \frac{\sin\left(5\pi \frac{x}{l}\right)}{(5\pi)^4} D_5(t) - \cdots\right]$$

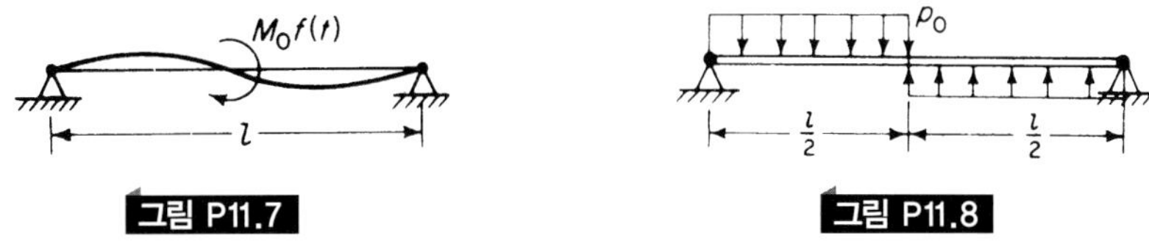

그림 P11.7

그림 P11.8

11.8 단순지지 균일보에 그림 P11.8에 보인 분포하중이 갑자기 가해졌다. 여기서 시간 변화는 계단함수로 주어진다. 응답 $y(x, t)$를 보의 정규보로 표시하라. 어떤 모드가 나타나지 않는지 보이고, 나타나는 모드 중 처음 두 모드를 써라.

11.9 $x=0$에서는 자유이고 $x=l$에서 고정된 길이 l인 가는 봉에 끝단 $x=0$에서 시변(time-varying) 집중하중이 축방향으로 가해졌다. 모든 모드가 동등하게 가진됨을 나타내라(즉, 모드 기여계수가 모드 차수에 의존하지 않는다). 이 때의 완전해는 다음과 같다.

$$u(x, t) = \frac{2F_0 l}{AE}\left[\frac{\cos\left(\frac{\pi}{2}\frac{x}{l}\right)}{\left(\frac{\pi}{2}\right)^2}D_1(t) + \frac{\cos\left(\frac{3\pi}{2}\frac{x}{l}\right)}{\left(\frac{3\pi}{2}\right)^2}D_3(t) + \cdots\right]$$

11.10 문제 11.9의 하중이 $x=l/3$에 집중된다면 어떤 모드가 해에 나타나지 않는가?

11.11 문제 11.10에서 존재하는 모드 기여계수를 구하고, 작용력의 임의 시간 변화에 대한 완전해를 구하라.

11.12 총강성 k인 동일한 스프링에 그림 P11.12(a)에 보인 바와 같이 질량이 M이고 길이 l인 균일보가 지지되어 있다. 처짐을

$$y(x, t) = \varphi_1(x)q_1(t) + \varphi_2(x)q_2(t)$$

라 가정하고 $\varphi_1 = \sin(\pi x/l)$과 $\varphi_2 = 1.0$으로 선택하라. 라그랑즈 방정식을 이용하여

$$\ddot{q}_1 + \frac{4}{\pi}\ddot{q}_2 + \omega_{11}^2 q_1 = 0$$

$$\frac{2}{\pi}\ddot{q}_1 + \ddot{q}_2 + \omega_{22}^2 q_2 = 0$$

임을 나타내라. 여기서

$$\omega_{11}^2 = \pi^4(EI/Ml^3)$$
$$= \text{강성 지지보의 고유 진동수}$$

$$\omega_{22}^2 = k/M$$
$$= \text{스프링 지지된 강성보의 고유 진동수}$$

이 방정식을 풀고

$$\omega^2 = \omega_{22}^2 \frac{\pi^2}{2}\left[\frac{(R+1) \pm \sqrt{(R-1)^2 + \frac{32}{\pi^2}R}}{\pi^2 - 8}\right]$$

임을 나타내라. $y(x, t) = [b + \sin \pi(x/l)]q$라 하고, 레일리 방법을 이용하여

$$\frac{q_2}{q_1} = b = \frac{\pi}{8}\left[(R-1) \mp \sqrt{(R-1)^2 + \frac{32}{\pi^2}R}\right]$$
$$R = \left(\frac{\omega_{11}}{\omega_{22}}\right)^2$$

을 구하라. 계의 고유 진동수를 그림 P11.12(b)에 도시하였다.

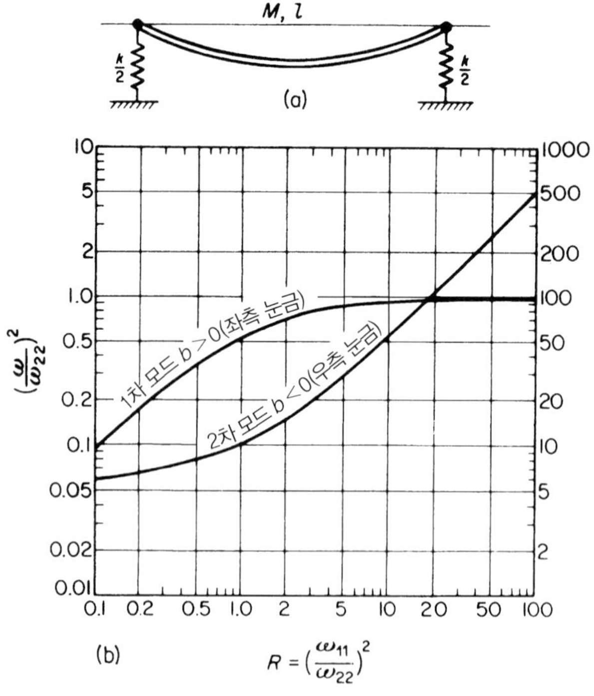

그림 P11.12

11.13 양단이 고정된 균일보에 그림 P11.13에 보인 것처럼 중간 지점에서 집중하중 $P_0 f(t)$가 가해졌다. 하중점에서의 처짐과 고정단에서의 굽힘 모멘트를 구하라.

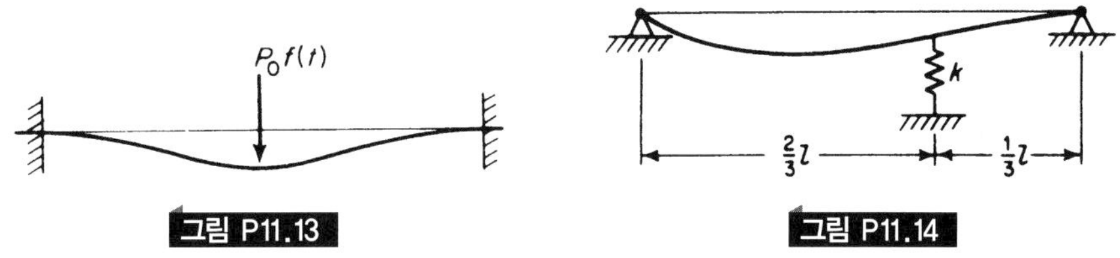

그림 P11.13 그림 P11.14

11.14 그림 P11.14에 보인 바와 같이 강성 k의 스프링이 균일보에 부착되어 있다. 단일 모드 근사로 다음의 주파수 방정식을 얻을 수 있음을 나타내라.

$$\left(\frac{\omega}{\omega_1}\right)^2 = 1 + 1.5\left(\frac{k}{M}\right)\left(\frac{Ml^3}{\pi^4 EI}\right)$$

여기서

$$\omega_1^2 = \frac{\pi^4 EI}{Ml^3}$$

11.15 문제 11.14에서 두 모드 근사식을 써라.

11.16 모드-가속도 방법을 이용하여 문제 11.15를 풀어라.

11.17 보의 임의 $x = a$에 스프링이 부착된 문제에서 구속 모드 방법과 모드-가속도 방법 모두 단일 모드만을 이용할 때 다음과 같이 동일한 방정식이 주어짐을 나타내라.

$$\left(\frac{\omega}{\omega_1}\right)^2 = 1 + \frac{k}{M\omega_1^2}\varphi_1^2(a)$$

11.18 그림 P11.18에 보인 보는 좌측단에 회전강성 K lb · in/rad의 스프링을 갖는다. 식 (11.2.8)에서 두 모드를 이용하여 계의 기본 진동수를 $K/M\omega_1^2$의 함수로 구하라. 여기서 ω_1은 단순지지보의 기본 진동수이다.

그림 P11.18

11.19 그림 P11.18의 보의 양단 모두가 강성 K의 스프링들로 구속될 때 기본 진동수를 구하라. K가 무한대로 접근할 때 결과도 양단 고정보의 결과로 접근해야 한다.

11.20 그림 P11.20에 보인 바와 같이 비행기를 길이 l, 집중질량 M_0를 중앙에 갖는 단위길이당 질량 m인 균일보의 단순 모형으로 이상화하였다. M_0의 병진운동을 한

개의 일반화된 좌표로 해서 운동 방정식을 쓰고 대칭 모드(symmetric mode)의 고유 진동수를 구하라. 날개에 대한 첫 번째 외팔보(내다지보) 모드를 이용하라.

그림 P11.20

11.21 문제 11.20의 계에서 동체의 회전운동을 일반화된 좌표의 하나로 하여 반대칭 모드(antisymmetric mode)를 구하라.

11.22 문제 11.20의 계의 날개 끝에 질량 M_1의 연료 탱크가 부착될 때 새로운 고유 진동수를 구하라.

11.23 구속 모드를 이용하여 관성 모멘토 J_1인 질량 m_1을 구조물의 점 x_1에 첨가하는 효과가 1차 고유 진동수 ω_1을

$$\omega_1' = \frac{\omega_1}{\sqrt{1 + \dfrac{m_1}{M_1}\varphi_1^2(x_1) + \dfrac{J_1}{M_1}\varphi_1'^2(x_1)}}$$

으로 변경시키고, 일반화된 질량과 감쇠를

$$M_1' = M_1\left[1 + \frac{m_1\varphi_1^2(x_1)}{M_1} + \frac{J_1}{M_1}\varphi_1'^2(x)\right]$$

$$\zeta_1' = \frac{\zeta_1}{\sqrt{1 + \dfrac{m_1}{M_1}\varphi_1^2(x_1) + \dfrac{J_1}{M_1}\varphi_1'^2(x_1)}}$$

으로 변경시킴을 나타내라. 여기서 관성력에 대해 단일 모드 근사를 이용하였다.

11.24 그림 P11.24에 보인 구조물와 진동문제를 부분 구조 합성법을 이용하여 수식화하라. 단, 모서리들은 90°로 유지된다고 가정하라.

그림 P11.24

그림 P11.25

11.25 원형 단면을 가진 봉이 그림 P11.25에 보인 바와 같이 수평면에서 90° 구부러져 있다. 부분 구조 합성법을 이용하여 봉의 평면에 수직한 진동에 대한 방정식을 세워라. 부재 1이 굽힘과 비틀림을 받는 데 유의하고, 수직평면에서의 굽힘만을 가정하라.

CHAPTER

12 고전적인 해석방법

다자유도계의 진동에 대한 정확한 해석은 일반적으로 어렵고, 이것과 관련된 계산들은 매우 힘들다. 고속 디지털 컴퓨터로 고자유도 문제를 풀 수 있음에도 불구하고, 이들 결과인 1차 주모드들은 거의 믿을 수 없고 무의미하다. 대부분의 경우에 그 계의 모든 주모드가 필요로 하지는 않으며, 기본과 몇 개의 저차 모드 계산만으로도 충분하다. 이러한 의도에서 레일리(Rayleigh) 방법과 던커레이(unkerley) 방정식은 정확한 값을 얻을 수 있으므로 중요하다.

많은 진동계에서, 질량이 집중된 계를 생각할 수 있다. 길이를 따라 설치된 몇개의 풀리의 축전달 토크가 한 예이다. Holzer는 그러한 계의 고유 진동수 계산에 대한 간단한 과정을 연구하였다. 홀쩌 방법은 Myklestad에 의하여 보진동 문제까지 확장되었으며, 이 두 방법은 Pestel에 의하여 전달행렬에 의해 행렬화되었다. 이들 과정들은 대부분 초기 시대에 발전되었으므로, 고전적인 방법이라고 생각할 수 있다. 이들은 현재 디지털 컴퓨터에 의하여 정해진 과정이 되었고, 이 들 각각의 방법에 대한 기초를 이해하는 것은 매우 중요하다.

12.1 레일리 방법

다자유도계의 1차 고유 진동수(fundamental frequency)는 고차의 고유 진동수 보다 중요시되어지는 경우가 자주 있다. 왜냐하면 많은 경우, 1차 고유 진동수에 관계된 강제응답(forced response)이 가장 크기 때문이다. 제 2장의 에너지 방법에서 이미 스프링이나 보와 같은 연성 요소로 이루어진 계의 1차 고유 진동 수를 보다 양호하게 추정하는 방법의 하나로서 레일리(Rayleigh) 방법을 소개하였다. 본 절에서는 앞장에서 보여주었던 행렬기법을 이용한 레일리 방법에 대하여 논하고, 레일리 진동수는 높은 쪽으로부터 1차 고유 진동수로 접근한다는 것을 보이고자 한다.

M과 K가 질량 및 강성행렬이고, X가 진동의 진폭에 대한 가상변위 벡터라고 하자. 이 때 조화운동에 대한 운동 에너지(kinetic energy)와 포텐셜 에너지(potential energy)의 최대값은 식 (12.1.1)과 (12.1.2)와 같다.

$$T_{\max} = \tfrac{1}{2}\omega^2 X^T M X \tag{12.1.1}$$

그리고

$$U_{\max} = \tfrac{1}{2} X^T K X \tag{12.1.2}$$

두 식을 같게 놓아 ω^2에 대해 풀면, 다음과 같은 레일리 상수(Rayleigh quotient)를 얻게 된다.

$$\omega^2 = \frac{X^T K X}{X^T M X} \tag{12.1.3}$$

이 상수는 높은 쪽으로부터 가장 낮은 고유 진동수(1차 고유 진동수 혹은 기본 진동수)로 접근하게 되고, 이 값은 가정한 진폭의 선택에는 그다지 영향을 받지 않는다. 이런 성질을 설명하기 위하여 가상변위 곡선을 다음과 같이 정규 모드(normal mode) X_i의 항으로 나타내자.

$$X = X_1 + C_2 X_2 + C_3 X_3 + \cdots \tag{12.1.4}$$

그러면

$$X^T K X = X_1^T K X_1 + C_2^2 X_2^T K X_2 + C_3^2 X_3^T K X_3 + \cdots$$

그리고

$$X^T M X = X_1^T M X_1 + C_2^2 X_2^T M X_2 + C_3^2 X_3^T M X_3 + \cdots$$

이 된다. 여기서 $X_i^T K X_j$와 $X_i^T M X_j$ 형태의 교차항(cross term)은 직교조건(orthogonality condition)에 의하여 소거되었다.

$$X_i^T K X_i = \omega_i^2 X_i^T M X_i \tag{12.1.5}$$

임을 고려하면, 레일리 상수는 다음과 같이 된다.

$$\omega^2 = \omega_1^2 \left[1 + C_2^2 \left(\frac{\omega_2^2}{\omega_1^2} - 1 \right) \frac{X_2^T M X_2}{X_1^T M X_1} + \cdots \right] \tag{12.1.6}$$

만일 $X_i' M X_i$가 같은 수로 정규화되면(normalized), 이 식은 다음과 같다.

$$\omega^2 = \omega_1^2 \left[1 + C_2^2 \left(\frac{\omega_2^2}{\omega_1^2} - 1 \right) + \cdots \right] \tag{12.1.7}$$

이 식으로부터 $\omega_2^2/\omega_1^2 > 1$이기 때문에 ω^2이 ω_1^2보다 크다는 것은 자명하다. C_2가 정확한 진폭 X_1과 가상진폭의 차를 나타내고 있으므로, 위에서 계산된 진동수의 오차는 단지 가상진폭과 정확한 값과의 차의 제곱에 비례하게 된다.

이 해석은 만일 정확한 기본 처짐(혹은 모드) X_1이 가정되었다면 이 방법으로 구해진 1차 고유 진동수는 정확한 진동수가 됨을 보이고 있다. 왜냐하면 C_2, C_3,⋯이 0이 되기 때문이다. 다른 곡선에 대해서는 구해진 진동수가 1차 고유 진동수보다 크게 된다. 이와 같은 사실은, 고유 곡선과 차이를 둔다는 것은 큰 강성과 높은 진동수를 포함하는 조건인 추가 구속을 필요로 하는 것이 된다는 것으로 설명될 수 있다. 일반적으로 탄성체의 정적 처짐곡선을 이용하면 비교적 정확한 1차 고유 진동수값을 얻게 된다. 만일 좀더 정확한 값을 원한다면 근사 곡선을 계속적으로 개선시킬 수 있다.

앞에서 다룬 레일리 방법에 따르면, 포텐셜 에너지는 가상변형에 있어서의 정적 하중에 의한 일에 의하여 결정되어진다. 물론 이 일은 탄성 부재의 변형 에너지로서 저장된다. 보에 대해서는 이 탄성변형 에너지를 보의 굽힘 강성 EI의 항으로 계산할 수 있다.

M과 θ를 각각 탄성곡선의 굽힘 모멘트와 기울기라고 하면 미소 보 요소에 저장된 변형 에너지는 다음과 같다.

$$dU = \tfrac{1}{2}M\,d\theta \qquad \textbf{(12.1.8)}$$

일반적으로 보의 처짐이 작으므로 다음과 같은 기하학적인 관계식이 성립하는 것으로 가정할 수 있다(그림 121.1 참조).

$$\theta = \frac{dy}{dx} \qquad \frac{1}{R} = \frac{d\theta}{dx} = \frac{d^2y}{dx^2}$$

또한, 보의 이론으로부터 다음과 같은 굽힘 방정식을 이용한다:

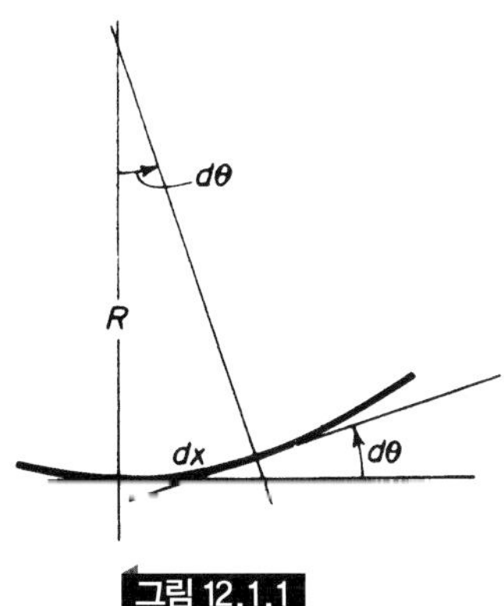

그림 12.1.1

$$\frac{1}{R} = \frac{M}{EI} \tag{12.1.9}$$

여기서 R은 곡률반경이다. $d\theta$와 $1/R$에 대하여 윗식들을 대입하면, U를 다음과 같이 쓸 수 있다.

$$U_{\max} = \frac{1}{2}\int \frac{M^2}{EI}dx = \frac{1}{2}\int EI\left(\frac{d^2y}{dx^2}\right)^2 dx \tag{12.1.10}$$

여기서 적분은 보 전체에 걸쳐 행해진다.

운동 에너지는 다음과 같이 간단히 나타낼 수 있다.

$$T_{\max} = \frac{1}{2}\int \dot{y}^2\,dm = \frac{1}{2}\omega^2\int y^2\,dm \tag{12.1.11}$$

여기서 y는 가상처짐 곡선이다. 따라서, 운동 에너지와 포텐셜 에너지를 같다고 놓으면 다음과 같이 보의 1차 고유 진동수에 대한 또 다른 방정식을 얻게 된다.

$$\omega^2 = \frac{\int EI\left(\frac{d^2y}{dx^2}\right)^2 dx}{\int y^2\,dm} \tag{12.1.12}$$

예제 12.1.1

위와 같은 과정을 그림 12.1.2와 같이 균일한 단면을 가진 단순지지-단순지지보에 적용하기 위하여 처짐이 다음과 같은 정현곡선으로 나타내어진다고 가정하자.

$$y = \left(y_0 \sin\frac{\pi x}{l}\right)\sin\omega t$$

여기서 y_0는 중간 지점의 최대 처짐이다. 2차 도함수는 다음과 같다.

$$\frac{d^2y}{dx^2} = -\left(\frac{\pi}{l}\right)^2 y_0 \sin\frac{\pi x}{l}\sin\omega t$$

이 결과들을 식 (12.1.12)에 대입하면 다음과 같다.

$$\omega^2 = \frac{EI\left(\frac{\pi}{l}\right)^4\int_0^l \sin^2\frac{\pi x}{l}dx}{m\int_0^l \sin^2\frac{\pi x}{l}dx} = \pi^4\frac{EI}{ml^4}$$

따라서, 1차 고유 진동수는 다음과 같다.

$$\omega_1 = \pi^2\sqrt{\frac{EI}{ml^4}}$$

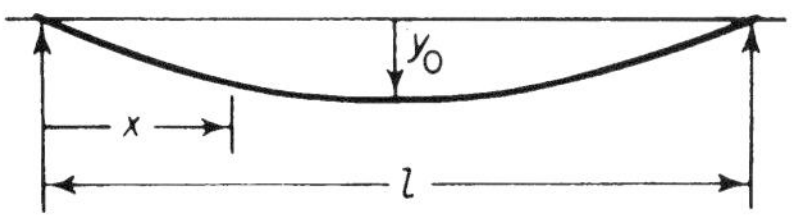

그림 12.1.2

가상곡선이 우연히 고유 진동곡선에 일치되었기 때문에, 레일리 방법으로 정확한 고유 진동수가 얻어졌다. 이 경우에 대하여 다른 곡선을 가정한다면, 추가 구속이나 강성을 주게 되는 결과가 되어 주파수 방정식에 있어서 π^2보다 큰 상수를 얻게 된다.

예제 12.1.2

만일 그림 12.1.2와 같이 보의 양단간의 거리가 고정되어 있다면 횡방향 처짐(lateral deflection)에 의하여 인장응력 σ가 발생된다. 주파수 방정식에 이 추가 변형 에너지를 고려하라.

풀이 횡방향 처짐에 의하여 보의 길이 dx는 다음의 양만큼 늘어난다.

$$\left[\sqrt{1 + (dy/dx)^2} - 1\right]dx \cong \frac{1}{2}\left(\frac{dy}{dx}\right)^2 dx$$

요소 dx에 있어서의 추가 변형 에너지는 다음과 같다.

$$dU = \tfrac{1}{2}\sigma A\epsilon\, dx = \tfrac{1}{2}EA\epsilon^2\, dx$$

여기서 A는 단면적이고, σ는 인장에 의한 응력, $\epsilon = 1/2(dy/dx)^2$은 단위 변형률이다. 운동 에너지를 굽힘과 인장의 전체 변형 에너지와 같다고 놓으면 다음 식을 얻는다.

$$\tfrac{1}{2}\omega^2\int y^2\,dm = \frac{1}{2}\int EI\left(\frac{d^2y}{dx^2}\right)^2 dx + \frac{1}{2}\int\frac{EA}{4}\left(\frac{dy}{dx}\right)^4 dx$$

윗식은 다음의 주파수 방정식으로 귀착된다.

$$\omega_1^2 = \frac{\displaystyle\int EI\left(\frac{d^2y}{dx^2}\right)^2 dx + \int\frac{EA}{4}\left(\frac{dy}{dx}\right)^4 dx}{\displaystyle\int y^2\,dm}$$

이 식은 인장에 의한 추가항을 포함하고 있다.

적분방법과 미분방법의 정확도 비교 1차 고유 진동수를 계산하기 위하여 레일리 방법을 사용하는 경우에는 반드시 가상곡선을 선택해야 한다. 이 가상처짐이 정확한 곡선과 비교해서 그 차가 비록 적다고 하더라도 이것의 미분은 큰 오차를 가져올 수 있다. 따라서, 다음 식으로 계산되는 변형 에너지는 부정확할 수도 있다.

$$U = \frac{1}{2}\int EI\left(\frac{d^2y}{dx^2}\right)^2 dx$$

이러한 난점을 피하기 위하여 여러 보 문제에 대한 U를 계산하는 과정에 있어서 다음과 같은 적분방법을 추천한다.

먼저 전단력 V가 그림 12.1.3과 12.1.4에 보인 바와 같이 보의 자유단으로부터 관성력 $m\omega^2 y$의 적분이라는 것을 주목하자.

$$V(\xi) = \omega^2 \int_{\xi}^{l} m(\xi)y(\xi)\,d\xi \tag{12.1.13}$$

굽힘 모멘트는 전단력과 다음의 관계가 있다.

$$\frac{dM}{dx} = V \tag{12.1.14}$$

따라서, x에 있어서의 모멘트는 다음 적분으로부터 얻게 된다.

$$M(x) = \int_{x}^{l} V(\xi)\,d\xi \tag{12.1.15}$$

이 때 보의 변형 에너지는 다음 식으로부터 구해진다.

$$U = \frac{1}{2}\int_0^l \frac{M(x)^2}{EI}dx \tag{12.1.16}$$

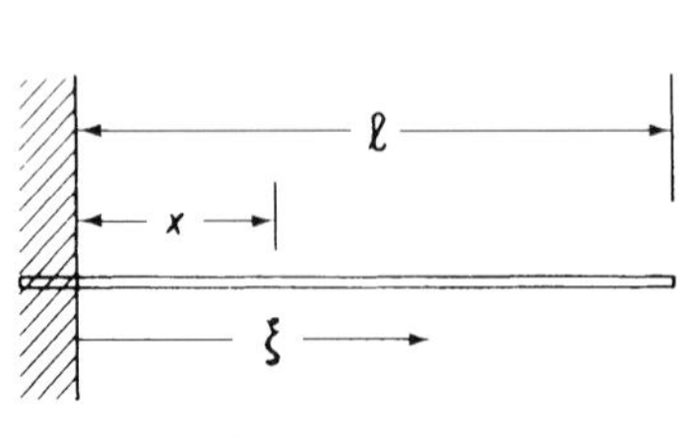

그림 12.1.3

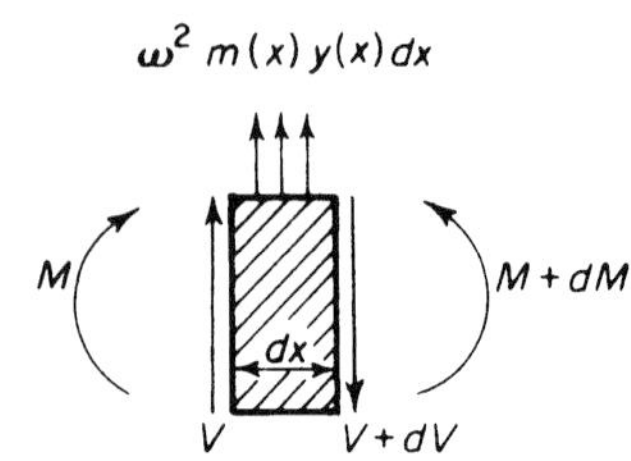

그림 12.1.4 보 요소의 자유 물체도

적분을 사용한 윗식을 사용하면 가상변위 곡선에 의한 변형 에너지가 정확하게 구해진다.

예제 12.1.3

단순한 곡선 $y = cx^2$을 이용하여 그림 12.1.5에 보인 균일 외팔보(내다지보)의 1차 고유 진동수를 구하라.

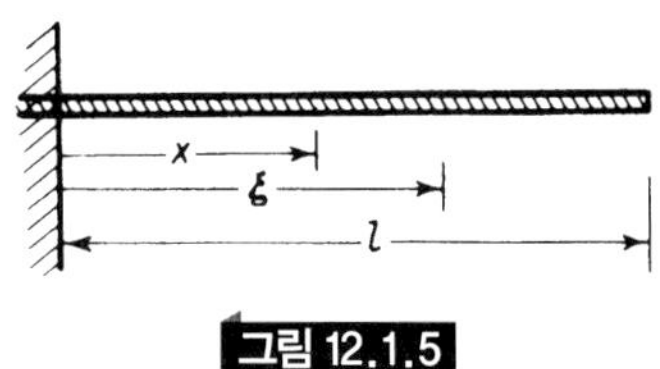

그림 12.1.5

풀이 만일 식 (12.1.12)를 이용하면, 위 곡선이 자유단에서의 경계조건을 만족하지 않으므로 결과가 큰 오차를 갖게 된다는 것을 알 수 있다. 식 (12.1.12)를 이용하면 다음을 얻는다.

$$\omega = 4.47\sqrt{\frac{EI}{ml^4}}$$

그러나 정확한 값은 다음과 같다.

$$\omega_1 = 3.52\sqrt{\frac{EI}{ml^4}}$$

주어진 곡선을 사용하면 앞절에서 설명하였던 과정에 의하여 개선된 결과를 얻을 수 있다. 먼저 전단력은 다음과 같다.

$$V(\xi) = \omega^2 \int_\xi^l mc\xi^2\, d\xi = \frac{\omega^2 mc}{3}(l^3 - \xi^3)$$

또한 굽힘 모멘트는 다음과 같다.

$$\begin{aligned} M(x) &= \int_x^l V(\xi)\, d\xi \frac{\omega^2 mc}{3} \int_x^l (l^3 - \xi^3)\, d\xi \\ &= \frac{\omega^2 mc}{12}(3l^4 - 4l^3 x + x^4) \end{aligned}$$

$M(x)$를 $U_{\max}$에 대입하면 최대 변형 에너지는 다음과 같다.

$$\begin{aligned} U_{\max} &= \frac{1}{2\,EI}\left(\frac{\omega^2 mc}{12}\right)^2 \int_0^l (3l^4 - 4l^3 x + x^4)^2\, dx \\ &= \frac{\omega^4}{2\,EI}\,\frac{m^2 c^2}{144}\,\frac{312}{135}\,l^9 \end{aligned}$$

최대 운동 에너지는 다음과 같다.

$$T_{max} = \frac{1}{2}\int_0^l \dot{y}^2 m\, dx = \frac{1}{2}c^2\omega^2 m\int_0^l x^4\, dx = \frac{1}{2}c^2\omega^2 m\frac{l^5}{5}$$

이 결과들을 같다고 놓으면 다음을 얻는다.

$$\omega_1 = \sqrt{\frac{12.47EI}{ml^4}} = 3.53\sqrt{\frac{EI}{ml^4}}$$

이것은 정확한 결과와 아주 가까운 것이다.

집중 질량 레일리 방법은 여러 개의 질량으로 나타내어진 보나 축의 1차 고유 진동수를 계산하는 데도 사용할 수 있다. 첫 번째 근사로서, 하중 M_1g, M_2g, M_3g,… 등에 대응되어 발생되는 처짐 y_1, y_2, y_3,…를 정적 처짐 곡선으로 가정 한다. 보에 저장된 변형 에너지는 이들 하중이 한 일로써 결정되어 최대 포텐셜과 운동 에너지는 다음과 같이 된다.

$$U_{max} = \tfrac{1}{2}g(M_1y_1 + M_2y_2 + M_3y_3 + \cdots) \tag{12.1.17}$$

$$T_{max} = \tfrac{1}{2}\omega^2(M_1y_1^2 + M_2y_2^2 + M_3y_3^2 + \cdots) \tag{12.1.18}$$

이 두 식을 같다고 놓아, 다음과 같은 주파수 방정식을 얻는다.

$$\omega_1^2 = \frac{g\Sigma_i M_i y_i}{\Sigma_i M_i y_i^2} \tag{12.1.19}$$

예제 12.1.4

그림 12.1.6에 보인 계의 횡진동의 1차 고유 진동수에 대하여 첫 번째 근사값을 구하라.

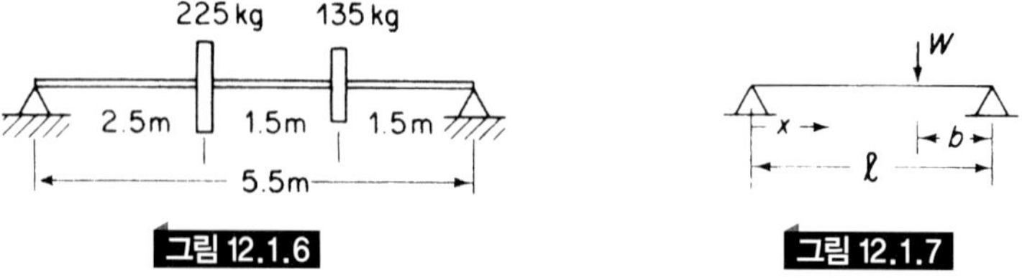

그림 12.1.6

그림 12.1.7

풀이 제2장 끝에 있는 표를 참조하면 우측 끝으로부터 b거리에 있는 단일 하중 W에 의한 좌측 끝으로부터의 임의의 점 x에 있어서 보의 처짐은 다음과 같다(그림 12.1.7 참조)

$$y(x) = \frac{Wbx}{6EIl}(l^2 - x^2 - b^2) \qquad x \le (l - b)$$

하중이 가해진 점의 처짐은, 각각의 하중이 따로따로 작용되었을 때의 처짐의 중첩으로 구할 수 있다.

135 kg 질량에 의한 처짐은 다음과 같다.

$$y_1' = \frac{(9.81 \times 135) \times 1.5 \times 2.5}{6 \times 5.5EI}\left[(5.5)^2 - (2.5)^2 - (1.5)^2\right] = 3.273 \times \frac{10^3}{EI}m$$

$$y_2' = \frac{(9.81 \times 135) \times 1.5 \times 4}{6 \times 5.5EI}\left[(5.5)^2 - (4.0)^2 - (1.5)^2\right] = 2.889 \times \frac{10^3}{EI}m$$

225 kg 질량에 의한 대응점의 처짐은 다음과 같다.

$$y_1'' = \frac{(9.81 \times 225) \times 2.5 \times 3.0}{6 \times 5.5EI}\left[(5.5)^2 - (3.0)^2 - (2.5)^2\right] = 7.524 \times \frac{10^3}{EI}m$$

$$y_2'' = \frac{(9.81 \times 225) \times 2.5 \times 1.5}{6 \times 5.5EI}\left[(5.5)^2 - (1.5)^2 - (2.5)^2\right] = 5.455 \times \frac{10^3}{EI}m$$

y', y''을 더하면, 1과 2에 있어서의 처짐은 다음과 같다.

$$y_1 = 10.797 \times \frac{10^3}{EI}m \qquad y_2 = 8.344 \times \frac{10^3}{EI}m$$

식 (12.1.19)에 대입하면 1차 고유 진동수의 첫 번째 근사값은 다음과 같다.

$$\omega_1 = \sqrt{\frac{9.81(225 \times 10.797 + 135 \times 8.344)EI}{\left[225 \times (10.797)^2 + 135 \times (8.344)^2\right]10^3}}$$
$$= 0.03129\sqrt{EI}\ \text{rad/s}$$

더욱 정확한 결과를 원한다면, 동적 하중 $m\omega^2 y$를 이용하여 동적 곡선의 보다 더 양호한 근사값을 구할 수 있다. 동적 하중은 처짐 y에 비례하므로, 수정된 하중 gm_1과 $gm_2(y_2/y_1)$로써 처짐을 다시 계산할 수 있다.

12.2 던커레이 방정식

1차 고유 진동수에 대한 상한값(upper bound)을 주게 되는 레일리 방법은 1차 고유 진동수의 하한값(lower bound)의 결과가 되는 던커레이(Dunkerley)의[1] 방법으로 보완될 수 있다. 던커레이 방정식의 내용을 알아보기 위하여 유연성 계수로 이루어지는 다음과 같은 특성 방정식을 생각하자.

$$\begin{vmatrix} \left(a_{11}m_1 - \dfrac{1}{\omega^2}\right) & a_{12}m_2 & a_{13}m_3 \\ a_{21}m_1 & \left(a_{22}m_2 - \dfrac{1}{\omega^2}\right) & a_{23}m_3 \\ a_{31}m_1 & a_{32}m_2 & \left(a_{33}m_3 - \dfrac{1}{\omega^2}\right) \end{vmatrix} = 0$$

이 행렬식을 전개하면 다음과 같은 $1/\omega^2$의 3차 방정식을 얻게 된다.

$$\left(\frac{1}{\omega^2}\right)^3 - (a_{11}m_1 + a_{22}m_2 + a_{33}m_3)\left(\frac{1}{\omega^2}\right)^2 + \cdots = 0 \tag{12.2.1}$$

이 방정식의 근을 $1/\omega_1^2$, $1/\omega_2^2$, $1/\omega_3^2$라고 하면, 윗식은 다음과 같은 형태로 인수분해될 수 있다.

$$\left(\frac{1}{\omega^2} - \frac{1}{\omega_1^2}\right)\left(\frac{1}{\omega^2} - \frac{1}{\omega_2^2}\right)\left(\frac{1}{\omega^2} - \frac{1}{\omega_3^2}\right) = 0$$

또는

$$\left(\frac{1}{\omega^2}\right)^3 - \left(\frac{1}{\omega_1^2} + \frac{1}{\omega_2^2} + \frac{1}{\omega_3^2}\right)\left(\frac{1}{\omega^2}\right)^2 + \cdots = 0 \tag{12.2.2}$$

대수식에서 잘 알려진 바와 같이, 두 번째의 고차항은 특성 방정식의 근의 합과 같게 된다. 이것을 행렬의 **대각합**(trace)이라고 부르며 행렬 A^{-1}의 대각항의 합과 같다(부록 C 참조).

$$\text{대각합 } A^{-1} = \sum_{i=1}^{3}\left(\frac{1}{\omega_i^2}\right)$$

이 관계는 n이 3보다 큰 경우에도 성립하며, n자유도계에 대해서는 다음과 같은 방정식으로 쓸 수 있다.

1) S. Dunkerley, "On the Whirling and Vibration of Shafts," *Phil. Trans. Roy. Soc.*, Vol. 185(1895), pp. 269–360.

$$\frac{1}{\omega_1^2} + \frac{1}{\omega_2^2} + \cdots + \frac{1}{\omega_n^2} = a_{11}m_1 + a_{22}m_2 + \cdots + a_{nn}m_n \tag{12.2.3}$$

윗식에서 ω_2, ω_3,⋯가 고차 모드의 고유 진동수이므로 식 (12.2.3)의 좌변에서 $1/\omega_2^2$, $1/\omega_3^2$,⋯이 생략될 수 있음을 이용하여 1차 고유 진동수를 추정한다. 결과적으로 $1/\omega_1^2$항은 실제값보다 크게 되며, 따라서 ω_1은 1차 고유 진동수의 정확한 값보다 작게 된다. 이렇게 하면 1차 고유 진동수에 대한 Dunkerley의 추정은 다음 방정식으로부터 이루어진다.

$$\frac{1}{\omega_1^2} < (a_{11}m_1 + a_{22}m_2 + \cdots + a_{nn}m_n) \tag{12.2.4}$$

윗식의 좌변은 진동수의 제곱의 역수의 차원을 가짐으로써, 우변의 각 항도 같은 차원을 갖게 된다. 우변 각 항은 다른 모든 질량이 없을 때에 $1/\omega_1^2$에 기여 하는 것으로 간주되어야 하며, 편리하게 하기 위하여 $a_{ii}m_i = 1/\omega_{ii}^2$로 하면 윗식은 다음과 같다.

$$\frac{1}{\omega_1^2} < \left(\frac{1}{\omega_{11}^2} + \frac{1}{\omega_{22}^2} + \cdots + \frac{1}{\omega_{nn}^2}\right) \tag{12.2.5}$$

따라서 윗식의 우변은 모든 다른 질량이 없을 때에 작용하는 각 질량효과의 합이 된다.

예제 12.2.1

던커레이 방정식은 진동시험중인 구조물의 1차 고유 진동수를 추정하는 데 유용하게 사용된다. 구조물의 고유 진동수는 종종 편심질량 가진기를 구조물에 부착하여 최대 진폭이 일어나는 진동수를 관찰함으로써 결정된다. 이렇게 측정된 진동수는 구조물과 가진기를 합친 것의 진동수이므로, 가진기의 질량이 전체 질량의 상당한 부분을 차지할 경우에는 구조물 자체의 고유 진동수와는 상당한 차이가 있게 된다. 이러한 경우, 구조물 자체의 1차 고유 진동수는 다음과 같은 방법으로 결정되어질 수 있다.

$$\frac{1}{\omega_1^2} = \frac{1}{\omega_{11}^2} + \frac{1}{\omega_{22}^2} \tag{a}$$

여기서 ω_1 = 구조물 + 가진기의 1차 고유 진동수

ω_{11} = 구조물 자체의 1차 고유 진동수

ω_{22} = 다른 질량이 없을 때 구조물에 설치된 가진기의 고유 진동수

때로는 윗식을 예로 들어 다음과 같은 다른 형태로 표현하는 것이 편리할 때가 있다.

$$\frac{1}{\omega_1^2} = \frac{1}{\omega_{11}^2} + a_{22}m_2 \qquad \textbf{(b)}$$

여기서 m_2는 가진기나 집중무게에 의한 질량이며, a_{22}는 가진기가 부착된 점에 있어서의 구조물의 영향계수(influence coefficient)이다.

예제 12.2.2

비행기의 보조 날개가 무게가 1.5 lb인 편심질량 가진기로 진동될 때의 공진 진동수가 30 Hz이었다. 가진기에 1.5 lb의 부가 무게를 부착하였더니 공진 진동수가 24 Hz로 낮아졌다. 보조 날개 자체의 고유 진동수를 구하라.

풀이 측정된 공진 진동수는 보조 날개와 가진기의 전체 질량에 의한 것이다. 보조 날개의 고유 진동수를 f_{11}이라 하고, 이것을 예제 12.2.1의 식 (b)에 대입하면 다음 식을 얻는다.

$$\frac{1}{(2\pi \times 30)^2} = \frac{1}{(2\pi f_{11})^2} + \frac{1.5}{386}a_{22}$$

$$\frac{1}{(2\pi \times 24)^2} = \frac{1}{(2\pi f_{11})^2} + \frac{3.0}{386}a_{22}$$

윗식에서 a_{22}를 소거하면 실제 고유 진동수는 다음과 같다.

$$f_{11} = 45.3\ \text{Hz}$$

가진기가 부착된 점에 있어서의 보조 날개의 강도는 $1/a_{22}$로부터 결정되며, 같은 방정식으로부터 다음과 같다.

$$k_2 = \frac{1}{a_{22}} = \frac{1}{0.00407} = 246\ \text{lb/in}$$

예제 12.2.3

그림 12.2.1과 같이 보의 끝단에 보의 질량과 같은 크기의 집중질량 M이 달려 있는 균일보의 1차 고유 진동수를 구하라.

풀이 균일보 자체의 주파수 방정식은 다음과 같다.

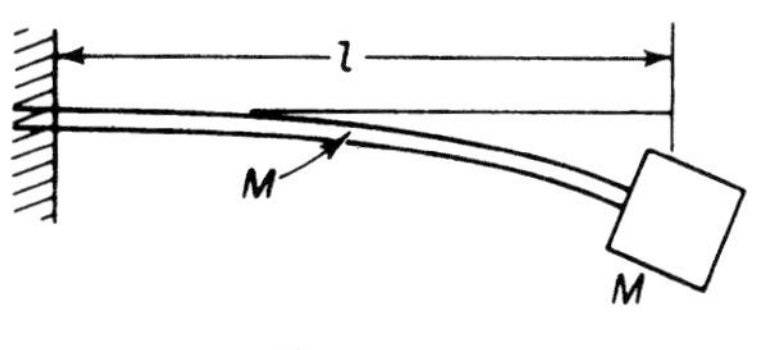

그림 12.2.1

$$\omega_{11}^2 = 3.515^2\left(\frac{EI}{Ml^3}\right)$$

질량을 무시한 외팔보에 부착된 집중질량 자체의 고유 진동수는 다음과 같다.

$$\omega_{22}^2 = 3.00\left(\frac{EI}{Ml^3}\right)$$

다음의 형태로 다시 정리된 던커레이 공식에 위의 값들을 대입하면 계의 고유 진동수는 다음과 같이 구해진다.

$$\omega_1^2 = \frac{\omega_{11}^2\omega_{22}^2}{\omega_{11}^2 + \omega_{22}^2} = \frac{(3.515)^2 \times 3.0}{(3.515)^2 + 3.0}\left(\frac{EI}{Ml^3}\right) = 2.41\left(\frac{EI}{Ml^3}\right)$$

이 결과는 레일리 방법에 의하여 구해지는 다음의 주파수 방정식과 비교될 수 있다.

$$\omega_1^2 = \frac{3EI}{\left(1 + \frac{33}{140}\right)Ml^3} = 2.43\left(\frac{EI}{Ml^3}\right)$$

예제 12.2.4

주어진 비행기 날개의 비틀림 고유 진동수가 1600 cpm이었다. 만일 1000 lb의 연료 탱크를 비틀림 축에 대하여 1800 lb · in · s^2의 관성 모멘트가 발생되도록 비행기의 중심선으로부터 날개 길이의 1/6위치에 부착시킨다면, 이 때 새로운 비틀림 진동수는 얼마인가? 이 점에 있어서 날개의 비틀림 강성은 60×10^6 lb · in/rad이다.

풀이 질량을 무시한 날개에 붙어 있는 탱크의 고유 진동수는

$$f_{22} = \frac{1}{2\pi}\sqrt{\frac{60 \times 10^6}{1800}} = 29.1\ \text{Hz} = 1745\ \text{cpm}$$

이 되어, 탱크를 달았을 때의 새로운 비틀림 진동수는 예제 12.2.1의 식 (a)로부터 다음과 같다.

$$\frac{1}{f_1^2} = \frac{1}{(1600)^2} + \frac{1}{(1745)^2} \qquad f_1 = 1180\ \text{cpm}$$

예제 12.2.5

그림 12.2.2에 보여주고 있는 전체 질량 M인 단순지지-단순지지 균일보의 1차 고유 진동수는 $\pi^2\sqrt{EI/Ml^3}$이다. $x=l/3$지점에 집중질량 m_0가 보에 부착되어 있을 때의 새로운 1차 고유 진동수를 구하라.

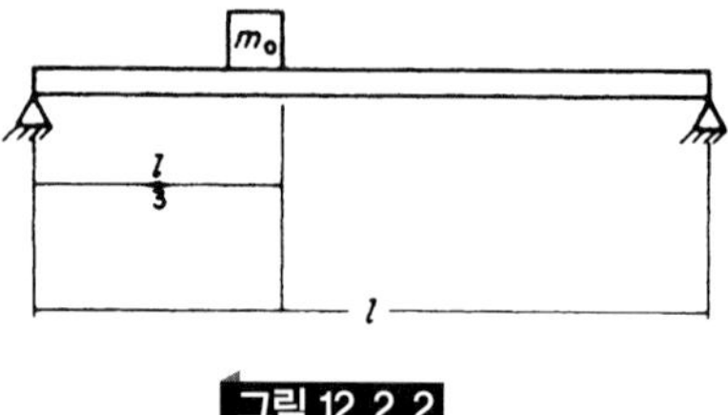

그림 12.2.2

풀이 예제 12.2.1의 식 (b)로부터 시작하자. 이제 ω_{11}을 균일보의 1차 고유 진동수라 하고, ω_1을 m_0가 보에 부착되었을 때의 새로운 1차 고유 진동수라고 하자. 식 (b)에 ω_1^2을 곱하면 다음 식을 얻는다.

$$1 = \left(\frac{\omega_1}{\omega_{11}}\right)^2 + a_{22}m_0\omega_{11}^2\left(\frac{\omega_1}{\omega_{11}}\right)^2$$

또는

$$\left(\frac{\omega_1}{\omega_{11}}\right)^2 = \frac{1}{1 + a_{22}m_0\omega_{11}^2}$$

윗식에서 a_{22}는 같은 점에 작용된 단위하중에 의한 $x=l/3$ 지점의 영향계수이다. 예제 12.1.4에 있는 보의 공식으로부터 다음을 알 수 있다.

$$a_{22} = \frac{8}{6 \times 81}\frac{l^3}{EI}$$

a_{22}와 함께 $\omega_{11}^2 = \pi^4 EI/Ml^3$을 대입하면 다음과 같은 편리한 방정식을 얻게 된다.

$$\left(\frac{\omega_1}{\omega_{11}}\right)^2 = \frac{1}{1 + \dfrac{8\pi^4}{6 \times 81}\dfrac{m_0}{M}} = \frac{1}{1 + 1.6\dfrac{m_0}{M}}$$

예제 12.2.6

그림 12.2.3과 같이 기초가 수평이동을 할 수 있는 3층 건물의 1차 고유 진동수를 구하라.

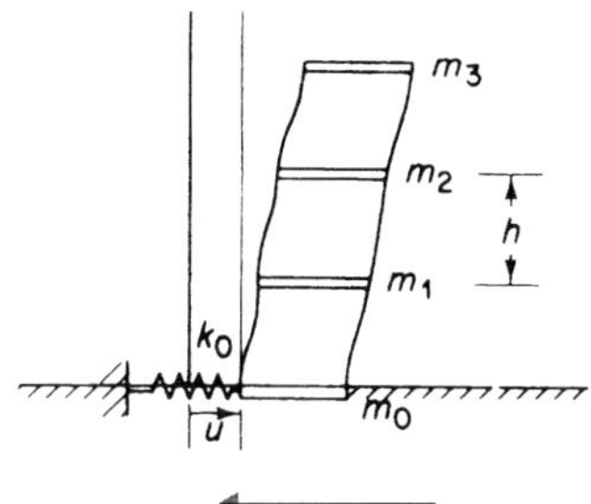

그림 12.2.3

풀이 만일 각 층에 크기가 1인 힘을 가하면 영향 계수들은 다음과 같이 구해진다.

$$a_{00} = \frac{1}{k_0}$$

$$a_{11} = \frac{1}{k_0} + \frac{h^3}{24EI_1}$$

$$a_{22} = \frac{1}{k_0} + \frac{h^3}{24EI_1} + \frac{h^3}{24EI_2}$$

$$a_{33} - \frac{1}{k_0} + \frac{h^3}{24EI_1} + \frac{h^3}{24EI_2} + \frac{h^3}{24EI_3}$$

던커레이 방정식은 다음과 같다.

$$\frac{1}{\omega_1^2} = \frac{m_0}{k_0} + \left(\frac{1}{k_0} + \frac{h^3}{24EI_1}\right)m_1 = \left(\frac{1}{k_0} + \frac{h^3}{24EI_1} + \frac{h^3}{24EI_2}\right)m_2 + \left(\frac{1}{k_0} + \frac{h^3}{24EI_1} + \frac{h^3}{24EI_2} + \frac{h^3}{24EI_3}\right)m_3$$

만일 기둥이 동일한 강성을 갖는다면, 윗식은 다음으로 된다.

$$\frac{1}{\omega_1^2} = \frac{1}{k_0}(m_0 + m_1 + m_2 + m_3) + m_1\frac{h^3}{24\,EI} + m_2\frac{2h^3}{24\,EI} + m_3\frac{3h^3}{24\,EI}$$

12.3 레일리-리츠(Rayleigh-Ritz) 방법

W. Ritz는 레일리 방법을 확장한 방법을 개발하였다. 이 방법은 1차 고유 진동수에 대하여 보다 정확한 값을 제공할 뿐만 아니라, 고차 고유 진동수와 모드 형상(mode shape)에 대한 근사값도 제공한다.

리츠 방법은 가상함수로서 단일 형상함수를 사용하는 레일리 방법과 본질적으로 같으나, 이 방법에서는 가상함수로서 일정 계수를 곱한 형상함수의 급수를 대신 사용한다. 계수는 각각의 계수에 대하여 진동수를 최소화시키도록 조절되며, 이렇게 하면 결국 ω^2의 n차 대수 방정식으로 된다. 이 방정식의 해로부터 계의 고유 진동수와 모드 형상을 얻는다.

레일리 방법과 마찬가지로 이 방법의 성공 여부는 문제의 기하학적 경계조건(geometric boundary condition)을 만족해야 하는 형상함수의 선택에 달려 있다. 이 함수는 적어도 에너지 방정식에 나타난 차수만큼의 미분이 가능해야 한다. 그러나 이 함수에 대해서는 보의 3차 도함수를 포함하는 집중질량에 의한 전단력과 같은 불연속은 생각하지 않아도 된다.

이제 다음과 같은 레일리 방정식으로부터 시작하여 레일리-리츠(Rayleigh-Ritz) 방법의 과정에 대한 일반적인 방법을 설명한다.

$$\omega^2 = \frac{U_{\max}}{T^*_{\max}} \tag{12.3.1}$$

여기서는 운동 에너지를 $\omega^2 T^*_{\max}$로 표현하였다. 레일리 방법에 있어서는 처짐에 대하여 하나의 함수만 선택하였으나, Ritz는 다음과 같이 처짐을 상수가 곱해진 여러 함수의 합으로 가정하였다.

$$y(x) = C_1\phi_1(x) + C_2\phi_2(x) + \cdots + C_n\phi_n(x) \tag{12.3.2}$$

여기서 $\phi_i(x)$는 경계조건을 만족시키는 임의의 허용함수(admissible function)이다. $U_{\max}$와 $T_{\max}$는 다음과 같이 식 (7.4.1)과 (7.4.2)의 형태로 표현될 수 있다.

$$\begin{aligned} U &= \frac{1}{2}\sum_i \sum_j k_{ij} C_i C_j \\ T^* &= \frac{1}{2}\sum_i \sum_j m_{ij} C_i C_j \end{aligned} \tag{12.3.3}$$

여기서 k_{ij}와 m_{ij}는 문제의 유형에 따라 결정된다. 예로서, 보에 대해서는

$$k_{ij} = \int EI\phi_i''\phi_j''\,dx \quad \text{그리고} \quad m_{ij} = \int m\phi_i\phi_j\,dx$$

가 되며, 가는 봉의 축방향 진동(longitudinal oscillation)에 대해서는 다음의 결과를 얻을 수 있다.

$$k_{ij} = \int EA\phi_i'\phi_j'\,dx \quad \text{그리고} \quad m_{ij} = \int m\phi_i\phi_j\,dx$$

ω^2을 각 상수에 대해서 미분하여 ω^2을 최소화시킨다. 예를 들면, ω^2을 C_i에 대해서 미분하면 된다.

$$\frac{\partial\omega^2}{\partial C_i} = \frac{\partial}{\partial C_i}\left(\frac{U_{\max}}{T^*_{\max}}\right) = \frac{T^*_{\max}\dfrac{\partial U_{\max}}{\partial C_i} - U_{\max}\dfrac{\partial T^*_{\max}}{\partial C_i}}{T^{*2}_{\max}} = 0 \tag{12.3.4}$$

윗식을 만족시키는 식은

$$\frac{\partial U_{\max}}{\partial C_i} - \frac{U_{\max}}{T^*_{\max}}\frac{\partial T^*_{\max}}{\partial C_i} = 0$$

이 되며, 또한 $U_{\max}/T^*_{\max} = \omega^2$이므로

$$\frac{\partial U_{\max}}{\partial_i C_i} - \omega^2\frac{\partial T^*_{\max}}{\partial C_i} = 0 \tag{12.3.5}$$

으로 놓을 수 있다. 이 방정식의 두 항은 다음과 같다.

$$\frac{\partial U_{\max}}{\partial C_i} = \sum_j^n k_{ij}C_j \quad \text{그리고} \quad \frac{\partial T^*_{\max}}{\partial C_i} = \sum_j^n m_{ij}C_j$$

따라서, 식 (12.3.5)도 다음과 같다.

$$C_1(k_{i1} - \omega^2 m_{i1}) + C_2(k_{i2} - \omega^2 m_{i2}) + \cdots + C_n(k_{in} - \omega^2 m_{in}) = 0 \tag{12.3.6}$$

i를 1부터 n까지 변화시키면, 다음과 같은 행렬 형태로 정리될 수 있는 n개의 방정식을 얻게 된다.

$$\begin{bmatrix} (k_{11} - \omega^2 m_{11}) & (k_{12} - \omega^2 m_{12}) & \ldots & (k_{1n} - \omega^2 m_{1n}) \\ (k_{21} - \omega^2 m_{21}) & \cdots & & \\ \vdots & & & \vdots \\ (k_{n1} - \omega^2 m_{n1}) & \cdots & & (k_{nn} - \omega^2 m_{nn}) \end{bmatrix} \begin{Bmatrix} C_1 \\ C_2 \\ \vdots \\ C_n \end{Bmatrix} = 0 \tag{12.3.7}$$

이 방정식의 행렬식은 ω^2의 n차 대수 방정식이 되어, 이것을 풀면 n개의 고유 진동수를 얻게 된다. 모드 형상 역시 각 고유 진동수에 대하여 C들 풀어 저짐에 대한 식 (12.3.2)에 대입하면 얻어지게 된다.

예제 12.3.1

그림 12.3.1은 강체벽에 고정된 일정한 두께의 쐐기형 판(wedge-shaped plate)을 보여 주고 있다. 레일리-리츠 방법을 이용하여 축방향 진동에 있어서의 처음 두 고유 진동수와 모드 형상을 구하라.

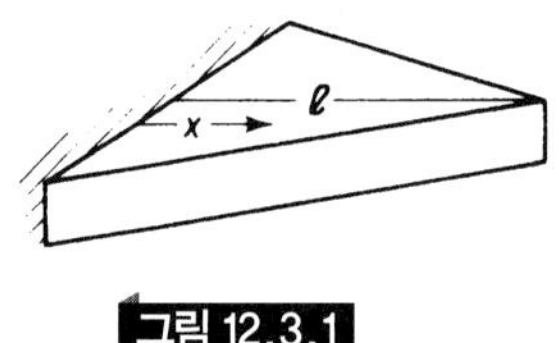

그림 12.3.1

풀이 변위함수로 다음과 같은 한 쪽이 고정된 균일봉의 처음 두 축방향 모드를 선택한다.

$$\begin{aligned} u(x) &= C_1 \sin \frac{\pi x}{2l} + C_2 \sin \frac{3\pi x}{2l} \\ &= C_1 \phi_1(x) + C_2 \phi_2(x) \end{aligned} \tag{a}$$

점 x에 있어서의 단위길이당 질량과 강성은 다음과 같다.

$$m(x) = m_0\left(1 - \frac{x}{l}\right) \text{ 그리고 } EA(x) = EA_0\left(1 - \frac{x}{l}\right)$$

축방향 모드에 대한 k_{ij}와 m_{ij}는 다음 방정식으로 계산한다.

$$\begin{aligned} k_{ij} &= \int_0^l EA(x)\phi_i'\phi_j'\,dx \\ m_{ij} &= \int_0^l m(x)\phi_i\phi_j\,dx \\ k_{11} &= \frac{\pi^2}{4l^2}EA_0\int_0^l\left(1 - \frac{x}{l}\right)\cos^2\frac{\pi x}{2l}\,dx = \frac{EA_0}{2l}\left(\frac{\pi^2}{8} + \frac{1}{2}\right) \\ &= 0.86685\frac{EA_0}{l} \\ k_{12} &= \frac{3\pi^2}{4l^2}EA_0\int_0^l\left(1 - \frac{x}{l}\right)\cos\frac{\pi x}{2l}\cos\frac{3\pi x}{2l}\,dx = 0.750\frac{EA_0}{l} \\ k_{22} &= \frac{9\pi^2}{4l^2}EA_0\int_0^l\left(1 - \frac{x}{l}\right)\cos^2\frac{3\pi x}{2l}\,dx = \frac{EA_0}{2l}\left(\frac{9\pi^2}{8} + \frac{1}{2}\right) \\ &= 5.80165\frac{EA_0}{l} \end{aligned} \tag{b}$$

$$m_{11} = m_0 \int_0^l \left(1 - \frac{x}{l}\right) \sin^2 \frac{\pi x}{2l}\, dx = m_0 l \left(\frac{1}{4} - \frac{1}{\pi^2}\right) = 0.148679 m_0 l$$

$$m_{12} = m_0 \int_0^l \left(1 - \frac{x}{l}\right) \sin \frac{\pi x}{2l} \sin \frac{3\pi x}{2l}\, dx = m_0 l \left(\frac{1}{\pi^2}\right) = 0.101321 m_0 l$$

$$m_{22} = m_0 \int_0^l \left(1 - \frac{x}{l}\right) \sin^2 \frac{3\pi x}{2l}\, dx = m_0 l \left(\frac{1}{4} - \frac{1}{9\pi^2}\right) = 0.238742 m_0 l$$

이것을 식 (12.3.7)에 대입하면 다음을 얻는다.

$$\begin{bmatrix} \left(0.86685 \frac{EA_0}{l} - 0.14868 m_0 l \omega^2\right) & \left(0.750 \frac{EA_0}{l} - 0.10132 m_0 l \omega^2\right) \\ \left(0.750 \frac{EA_0}{l} - 0.10132 m_0 l \omega^2\right) & \left(5.80165 \frac{EA_0}{l} - 0.23874 m_0 l \omega^2\right) \end{bmatrix} \begin{Bmatrix} C_1 \\ C_2 \end{Bmatrix} = 0 \qquad \textbf{(c)}$$

윗식의 행렬식을 0이라고 놓으면, 다음과 같은 주파수 방정식을 얻게 된다.

$$\omega^4 - 36.3676 \alpha \omega^2 + 177.0377 \alpha^2 = 0 \qquad \textbf{(d)}$$

여기서

$$\alpha = \frac{EA_0}{m_0 l^2} \qquad \textbf{(e)}$$

이다. 이 방정식의 두 근은

$$\omega_1^2 = 5.7898\alpha \text{ 그리고 } \omega_2^2 = 30.5778\alpha$$

가 되어, 이 결과를 식 (c)에 대입하면

$$C_2 = 0.03689 C_1 \quad \text{1차 모드}$$

$$C_1 = -0.63819 C_2 \quad \text{2차 모드}$$

를 얻을수 있으며, 결국 처음 두 고유 진동수와 모드 형상은 다음과 같다.

$$\omega_1 = 2.4062 \sqrt{\frac{EA_0}{m_0 l^2}} \qquad u_1(x) = 1.0 \sin \frac{\pi x}{2l} + 0.03689 \sin \frac{3\pi x}{2l}$$

$$\omega_1 - 5.5297 \sqrt{\frac{EA_0}{m_0 l^2}} \qquad u_2(x) - -0.63819 \sin \frac{\pi x}{2l} + 1.0 \sin \frac{3\pi x}{2l}$$

12.4 홀쩌(Holzer) 방법

비 감쇠계가 이것의 고유 진동수 중 어느 하나로 진동할 때는, 이 진동을 유지하기 위하여 외력, 토크 또는 모멘트를 필요로 하지 않는다. 또한 모드 형상의 진폭은 진동에 있어서는 문제가 되지 않는다. 이런 사실을 인지하여, Holzer[2]는 비틀림계의 고유 진동수와 모드 형상을 구하는 계산방법으로, 진동수를 가정하고 계의 한 쪽 단에서 단위진폭으로 시작하여 다른 쪽 단으로 토크와 각변위를 점진적으로 계산해 나감으로써 비틀림계의 고유 진동수와 모드 형상을 계산하는 방법을 제안하였다. 다른 한 단에 있어서 외부 토크가 0이거나 경계조건에 부합 되는 결과를 주는 진동수가 계의 고유 진동수이다. 이 방법은 임의의 집중 질량계, 선형-스프링 질량계, 이산질량(discrete mass)과 보 스프링(beam spring)으로 모델화된 보 문제 등에 응용될 수 있다.

비틀림계에 대한 홀쩌 과정 그림 12.4.1은 여러 개의 원판이 축으로 연결된 비틀림계를 보여주고 있다. 진동수를 ω, 진폭 $\theta_1 = 1$로 가정하면, 첫 번째 원판의 관성 토크는 다음이 된다.

$$-J_1\ddot{\theta}_1 = J_1\omega^2\theta_1 = J_1\omega^2 1$$

여기서는 조화운동이 일어나는 것으로 하였다. 이 토크는 축 1에 작용하여 이것을 다음의 양만큼 비튼다.

$$\frac{J_1\omega^2}{K_1} = \theta_1 - \theta_2 = 1 - \theta_2$$

또는

$$\theta_2 = 1 - \frac{J_1\omega^2}{K_1}$$

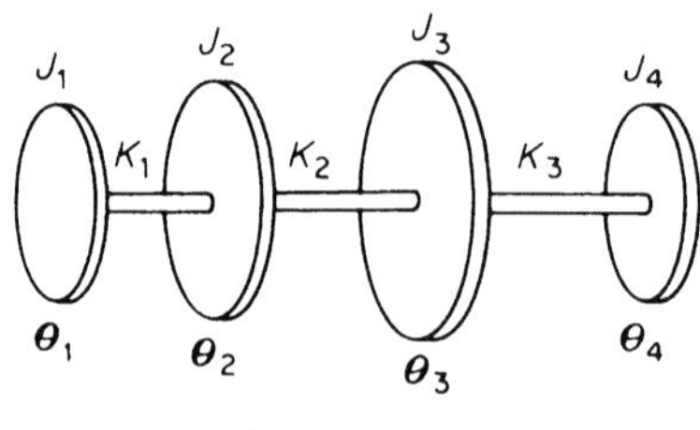

그림 12.4.1

2) H. Holzer, *Die Berechnung der Drehschwingungen* (Berlin: Springer-Verlag, 1921).

θ_2를 알면, 두 번째 원판의 관성 토크는 $J_2\omega^2\theta_2$로서 계산된다. 처음 두 관성 토크의 합은 축 K_2에 작용하여 다음 식만큼 비튼다.

$$\frac{J_1\omega^2 + J_2\omega^2\theta_2}{K_2} = \theta_2 - \theta_3$$

이러한 방법으로, 원판에 있어서의 진폭과 토크를 계산할 수 있다. 맨 끝의 토크는

$$T_{\text{ext}} = \sum_{i=1}^{4} J_i\omega^2\theta_i$$

이 되며, 주어진 ω에 대하여 도시할 수 있다. 다른 ω의 값으로 위의 계산을 반복하면, $T_{\text{ext}} = 0$일 때 고유 진동수를 얻게 된다. 고유 진동수에 대응하는 각변위 θ_i들이 모드 형상이다.

예제 12.4.1

그림 12.4.2에 보인 계의 고유 진동수와 모드 형상을 구하라.

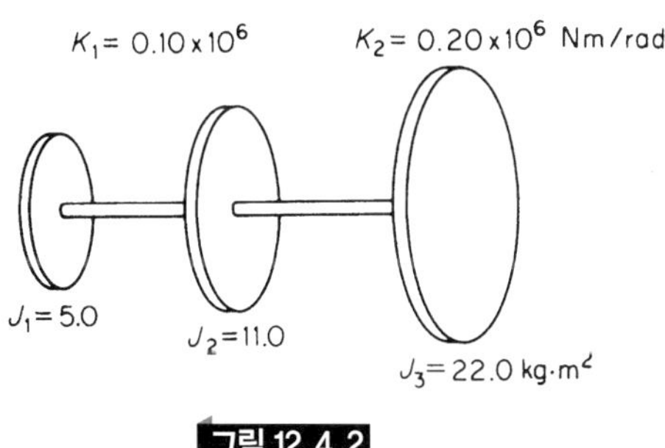

그림 12.4.2

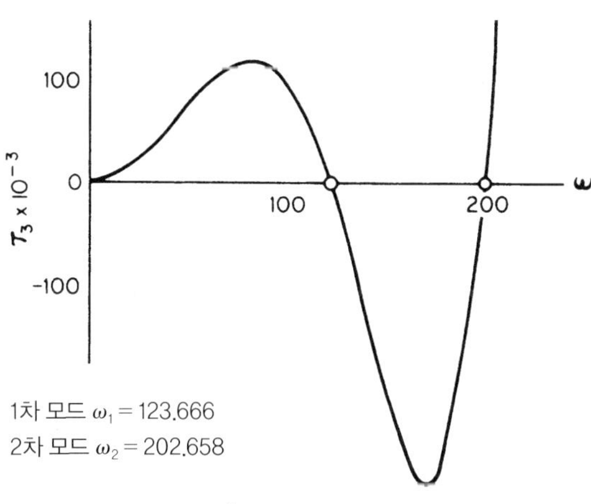

그림 12.4.3

표 12.4.1

	계의 매개변수		
	지점 1	지점 2	지점 3
	$J_1 = 5$ $K_1 = 0.10 \times 10^6$	$J_2 = 11$ $K_2 = 0.20 \times 10^6$	$J_3 = 22$ $K_3 = 0$
	계산 프로그램		
ω ω^2	$\theta_1 = 1.0$ $T_1 = \omega^2\theta_1 J_1$	$\theta_2 = 1 - T_1/k_1$ $T_2 = T_1 + \omega^2\theta_2 J_2$	$\theta_3 = \theta_2 - T_2/k_2$ $T_3 = T_2 + \omega^2\theta_3 J_3$
20 400	1.0 2.0×10^3	0.980 6.312×10^3	.9484 14.66×10^3
40 1600	1.0 8.0×10^3	0.920 24.19×10^3	0.799 52.32×10^3

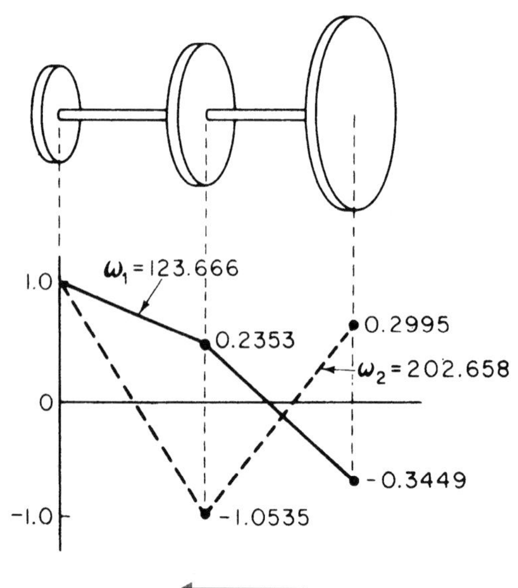

그림 12.4.4

풀이 표 12.4.1은 계의 매개변수와 계산과정을 정의하고 있고, 계산은 쉽게 수행되어질 수 있다. 표에 나타낸 것은 $\omega = 20$과 40에 대하여 계산된 것이다. T_3는 원판 3의 우측에 걸리는 토크로서 고유 진동수에 있어서는 0이 되어야 하는 것이다. 그림 12.4.3은 T_3 대 ω를 도시한 것을 나타낸다. 그림 12.4.4에 보인 1차와 2차 모드 형상의 정확한 값을 얻기 위하여 $T_3 = 0$의 근방에서 여러 개의 진동수들을 입력하였다.

12.5 비틀림계에 대한 디지털 컴퓨터 프로그램

홀쩌(Holzer) 문제에 대한 계산은 고속 디지털 컴퓨터를 이용하면 속도를 매우 빠르게 할 수 있다. 여기서 다룬 문제는 그림 12.5.1의 일반적인 비틀림계이다. 프로그램은 데이터만 바꾸면 다른 비틀림계에도 적용이 가능하도록 쓰여졌다.

여기서 관심의 대상이 되는 양(quantity)은 각 원판의 비틀림 각 θ와 축에 의하여 전달되는 토크 T이다. 여기서는 두 개의 인덱스(index)를 사용한다. N은 구조물상의 위치를 나타내고, I는 사용되는 진동수를 나타낸다.

N 번째와 $(N+1)$ 번째 지점의 변위와 토크를 관계 지워주는 방정식은 다음과 같다.

$$\theta(I, N+1) = \theta(I, N) - T(I, N)/K(N) \tag{12.5.1}$$

$$T(I, N+1) = T(I, N) + \lambda(I) * J(N+1) * \theta(I, N+1) \tag{12.5.2}$$

여기서 $\lambda = \omega^2$, $\theta(I, 1) = 1$, $T(I, 1) = \lambda(I) * J(1)$

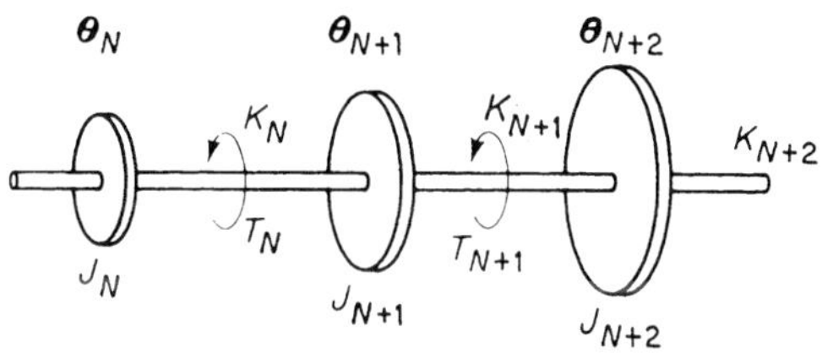

그림 12.5.1

$N = 1$에서 시작하여, 구조상의 각 점 N에 있어서 θ, T 및 λ의 여러 값에 대하여 위의 두 방정식을 푼다. 고유 진동수에 있이시 고정딘에시는 θ기 0 또는 지유단에서는 T가 0이 되어야 한다.

예제 12.5.1

그림 12.5.2와 같은 비틀림계에 대한 고유 주파수와 모드 형상을 구하라.

풀이 초기값 ω와 증분값 $\Delta\omega$를 선택하여 주파수 범위에 대하여 계속해서 계산을 해 나간다. 이 문제에 대하여 다음의 진동수를 선택하였다.

$$\omega = 40, 60, 80, \ldots, 620$$

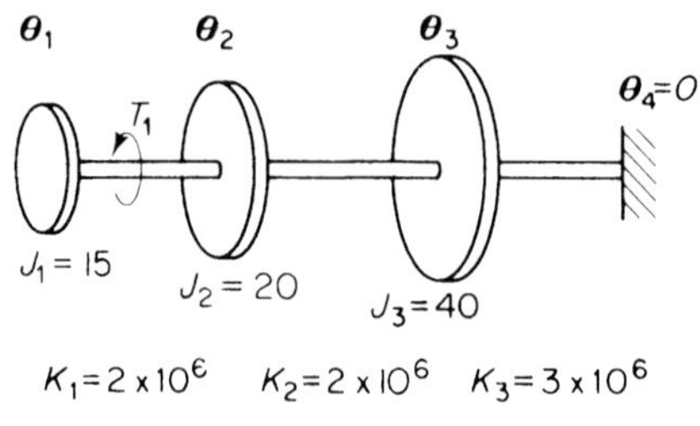

그림 12.5.2

이들 진동수는 다음과 같이 프로그램될 수 있다.

$$\omega(I) = 40 + (I - 1)*20 \ (I = 1\text{에서 } 30)$$

대응되는 $\lambda(I)$는 다음과 같다.

$$\lambda(I) = \omega(I)^2$$

계산은 $N = 1$의 경계조건으로 다음과 같이 시작한다.

$$\theta(I, 1) = 1$$
$$T(I, 1) = \lambda(I)*J(1)$$

식 (12.5.1)과 (12.5.2)는 다음 지점 $M = N + 1 = 2$에 있어서 θ와 T의 값을 주게 된다. 이와 같은 루프를 $M = 4$일 때까지 반복하여 다음 진동수로 이동하기 위하여 I를 정수만큼 진전시킨다. 이렇게 한 후에 위의 과정을 계속한다. 이러한 작업은 그림 12.5.3의 흐름도에 잘 나타나 있다.

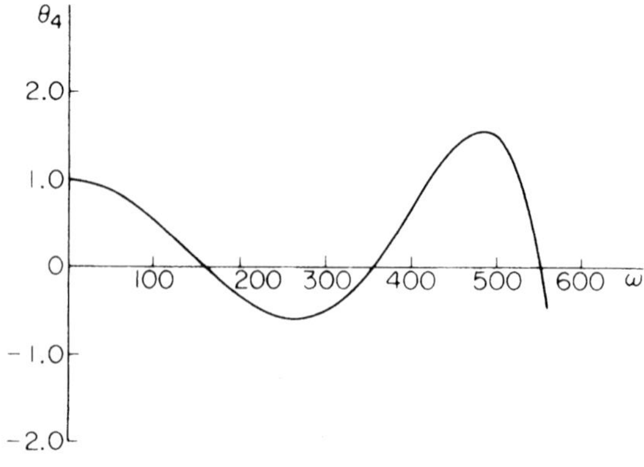

그림 12.5.3

그림 12.5.3은 θ_4를 ω에 대하여 그린 컴퓨터 작업의 결과를 보여주고 있다. θ_4가 0으로 되는 진동수에 해당하는 계의 고유 진동수는 대략 다음 값이 된다.

$$\omega_1 = 160$$

$$\omega_2 = 356$$

$$\omega_3 = 552$$

모드 형상은 앞의 각 진동수에 대하여 θ_N을 프린트하면 찾을 수 있다.

12.6 보에 대한 마이클스태드 방법

보를 여러 개의 집중질량이 질량을 무시한(massless) 보구간(beam section)으로 연결되어 있는 것으로 대치하여 홀쩌(Holzer)방법과 유사한 방법으로 처짐, 기울기, 모멘트, 전단력을 한 구간으로부터 다음 구간으로 점진적으로 산출하는데 사용될 수 있는 방법이 N.O. Myklestad[3]에 의하여 개발되었다.

비연성 굽힘 진동 그림 12.6.1은 집중질량을 가진 이상화된 보의 전형적인 구간을 보여주고 있다. 그림에 보인 방법으로 자유물체 구간(free-body section)을 잡으면 점 $i+1$에 있어서의 전단력과 모멘트에 대한 방정식을 점 i의 값들의 항으로 쓸 수 있게 된다. 이렇게 하면 이것들은 θ와 y에 대한 기하학적인 방정식에 대입될 수 있다.

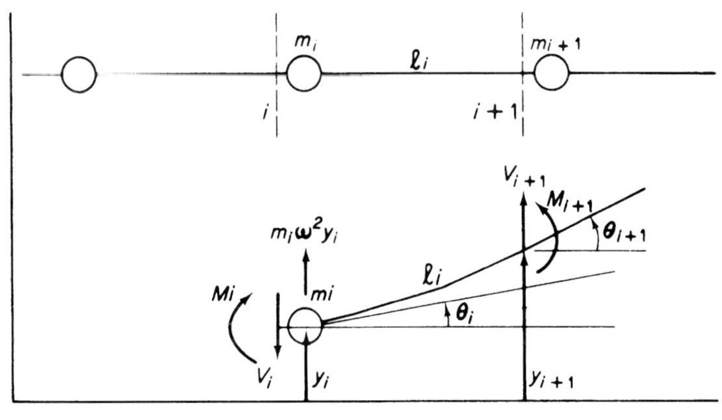

그림 12.6.1

3) N.O. Myklestad, "A New Method of Calculating Natural Modes of Uncoupled Bending Vibration of Airplane Wings and Other Types of Beams," *J. Aero. Sci.* (April 1944), pp. 153–162.
N.O. Myklestad, "Vibration Analysis," (New York: McGraw-Hill, 1944).

평형 관계식으로부터 다음을 얻는다.

$$V_{i+1} = V_i - m_i\omega^2 y_i \tag{12.6.1}$$

$$M_{i+1} = M_i - V_{i+1} l_i \tag{12.6.2}$$

균일보 구간의 영향계수를 사용하여 다음의 기하학적 관계식을 얻게 된다.

$$\theta_{i+1} = \theta_i + M_{i+1}\left(\frac{l}{EI}\right)_i + V_{i+1}\left(\frac{l^2}{2EI}\right)_i \tag{12.6.3}$$

$$y_{i+1} = y_i + \theta_i l_i + M_{i+1}\left(\frac{l^2}{2EI}\right)_i + V_{i+1}\left(\frac{l^3}{3EI}\right)_i \tag{12.6.4}$$

여기서 $(l/EI)_i = i+1$에 단위 모멘트가 걸렸을 때 i에서의 접선으로부터 측정된 $i+1$에서의 기울기

$(l^2/2EI)_i = i+1$에 단위 전단력이 걸렸을 때 i에서의 접선으로부터 측정된 $i+1$에서의 기울기 $= i+1$에 단위 모멘트가 걸렸을 때 i에서의 접선으로부터 측정된 $i+1$에서의 처짐

$(l^3/3EI)_i = i+1$에 단위 전단력이 걸렸을 때 i에서의 접선으로부터 측정된 $i+1$의 처짐

따라서, 식 (12.6.1)부터 (12.6.4)를 순차적으로 수행하면 i로부터 $i+1$로 진행되는 계산을 할 수 있다.

경계조건 각 단(each end)에 있어서의 네 개의 경계조건 중에서 일반적으로 두 개는 주어지게 된다. 예를 들어, 자유단을 $i=1$로 한 외팔보는 $V_1 = M_1 = 0$이 된다. 진폭은 임의로 정할 수 있으므로 $y_1 = 1.0$으로 선택할 수 있다. 이렇게 하면 기울기 θ_1은 결정되지 않은 값으로 고정된다. 문제의 선형 특성에 의하여, 끝단에 있어서의 네 개의 양(quantity)은 다음과 같은 형태를 갖게 된다.

$$\begin{aligned} V_n &= a_1 + b_1\theta_1 \\ M_n &= a_2 + b_2\theta_1 \\ \theta_n &= a_3 + b_3\theta_1 \\ y_n &= a_4 + b_4\theta_1 \end{aligned}$$

여기서 a_i, b_i는 상수이고, θ_1은 미지수이다. 따라서, 외팔보에 대한 경계조건인 $\theta_n = y_n = 0$ [즉, $\theta_1 = -a_3/b_3$과 $y_n = a_4 - (a_3/b_3)b_4 = 0$] 을 만족하는 진동수로부터 θ_1과 보의 고유 진동수를 얻게 된다. 이로부터 y_n대 ω를 도시하면 보의 고유 진동수를 찾을 수 있다.

예제 12.6.1

앞의 계산과정을 설명하기 위하여 그림 12.6.2에 보인 외팔보의 고유 진동수를 결정해 보자. 질량을 무시한 보구간은 동일한 것으로 가정하여 매 구간에 대한 영향계수가 같도록 한다. 문제에 대한 수치값은 다음과 같이 주어진다.

$$m_1 = 100\ \text{kg} \qquad \frac{l}{EI} = 5 \times 10^{-6}\frac{1}{Nm}$$

$$l = 0.5\ \text{m} \qquad \frac{l^2}{2EI} = 1.25 \times 10^{-6}\frac{1}{N}$$

$$EI = 0.10 \times 10^{+6}\,\text{N}\cdot\text{m}^2 \qquad \frac{l^3}{3EI} = 0.41666 \times 10^{-6}\frac{m}{N}$$

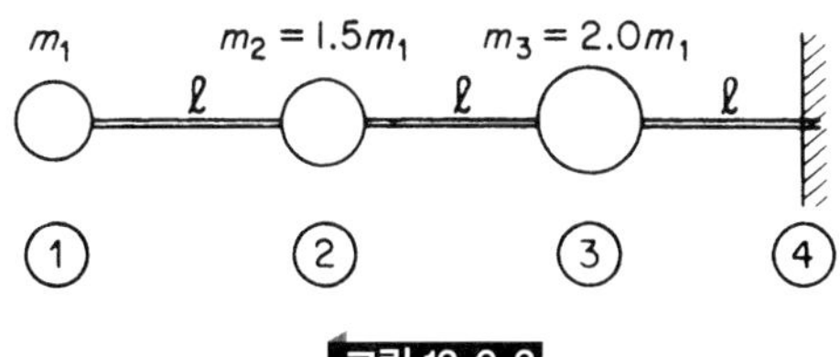

그림 12.6.2

계산은 1에서부터 시작한다. V, M, θ와 y각각의 양들은 $a+b$의 형태로 되어 독립적으로 풀릴 수 있는 두 개 의 열(column)로 정리 된다. 좌측열에 대한 계산은 $V_1=0$, $M_1=0$, $\theta_1=0$과 $y_1=1.0$으로 시작한다. θ에 비례하는 우측열들은 $V_1=0$, $M_1=0$, $\theta_1=1\theta$와 $y_1=0$의 초기값들로 시작한다.

표 12.6.1

	$\Omega=10.$				$\Omega_2=100.$			
i	V(N)		M(N·m)		θ(rad)		y(m)	
1	0	0	0	0	0	θ	1.0	0
2	−10,000.	0	5000.	0	0.0125	1.0θ	1.002084	0.5θ
3	−25031.	-7500θ	17515.	3750θ	0.06879	1.00937θ	1.0198	1.001563θ
4	−45427.	-27532θ	40228.	17516θ	0.21315	1.0625θ	1.08555	1.5167θ

$\theta_4 = 0.21315 + 1.0625\theta = 0 \quad \theta_1 = -0.2006117$

$y_4 = 1.08555 + 1.5167(-0.2006117) = 0.78128$($\omega=10$인 경우)

표 12.6.1은 프로그램이 가능한 계산기로서 식 (12.6.1)로부터 식 (12.6.4)까지의 계산 과정을 어떻게 수행하는가를 보여주고 있다. 표에서 선택된 진동수는 $\omega=10$이다.

이러한 계산을 시작할 때에는 지점 1에 있어서 모멘트와 전단력이 모두 0인 것에 유의한다. 지점 1에서의 처짐을 1.0으로 선택할 수 있으며, 이 경우 이 점에 있어서의 기울기는 미지수 θ로 된다. 따라서, 각 초기값들을 $y_1 = 1.0$, $\theta_1 = 0$과 $y_1 = 0$, $\theta_1 = \theta$로 하여 두 열의 계산을 실행한다. 미지의 기울기 $\theta_1 = \theta$는 고정단에서 θ_4를 0으로 하여 찾게 되고, 그렇게 한 후에 처짐 y_4는 계산되며 ω에 대하여 도시될 수 있다. 계의 고유 진동수는 $y_4 = 0$이 되는 진동수이다.

고유 진동수를 찾기 위하여 10 rad/s의 진동수 단계로 $\omega = 10$부터 $\omega = 400$ 사이에 대하여 컴퓨터 계산을 하였다. y_4 대 ω의 표로부터 고유 진동수가 주파수 범위 $20 \le \omega_1 \le 30$, $130 \le \omega_2 \le 140$과 $340 \le \omega_3 \le 350$에 있다는 것을 알 수 있다. 이들 범위의 각각에 대하여 더 작은 진동수 단계로서 계산을 수행한다. 단자 세 개의 질량으로 집중질량을 모델화하였으므로 3차 모드에 대해서는 신뢰할 만한 결과를 얻기 어렵기 때문에 처음 두 모드에 대해서만 다시 계산하였으며, 이들은 $\omega_1 = 25.03$과 $\omega_2 = 138.98$이었다. ω_2에 있어서의 모드 형상이 앞의 그림 12.6.3에 도시되어 있다.

표 12.6.2

ω	y_4		ω	y_4	
10	0.7813		210	1.6170	
20	0.2659	← ω_1	220	1.7619	
30	−0.2922		230	1.8749	
40	−0.7372		240	1.9531	
50	−1.0285		250	1.9936	
60	−1.1800		260	1.9941	
70	−1.1292		270	1.9522	
80	−1.1719		280	1.8661	
90	−1.0589		290	1.7340	
100	−0.8964		300	1.5544	
110	−0.6972		310	1.3258	
120	−0.4714		320	1.0472	
130	−0.2278	← ω_2	330	0.7177	
140	0.0264		340	0.3363	← ω_3
150	0.2844		350	−0.0975	
160	0.5405		360	−0.5844	
170	0.7892		370	−1.1247	
180	1.0256		380	−1.7187	
190	1.2451		390	−2.3666	
200	1.4436		400	−3.0685	

$\omega_2 = 138.98$에서의 모드 형상

그림 12.6.3

12.7 연성된 굽힘-비틀림 진동

비행기 날개와 여러 보구조물 진동의 고유 모드는 자주 굽힘과 비틀림 진동이 연성되어, 비연성 모드의 경우에 비하여 고차 모드가 아주 다르게 되는 경우가 있다. 이러한 문제를 취급하기 위해서는 보를 그림 12.7.1에서 보여주는 것과 같이 모델화해야만 한다. 비틀림 회전이 발생되는 보의 탄성축은 초기에는 직선인 것으로 가정한다. 이것은 비틀어질 수는 있으나, 굽힘 변위는 수직평면상에서만 발생되는 것으로 한다. 변형되지 않은 상태에 있어서는 모든 단면에 대한 굽힘의 주축(principal axis)은 평행하다. 질량은 탄성축으로부터 c_i 거리에 중심을 가지고 각 지점에 집중되어 있으며, J_i는 탄성축에 대한 구간의 질량 관성 모멘트, 즉 $J_i = J_{cg} + m_i c_i^2$이다.

그림 12.7.2는 i 번째 구간을 나타내며, 이것으로부터 방정식을 다음과 같이 쓸 수 있다.

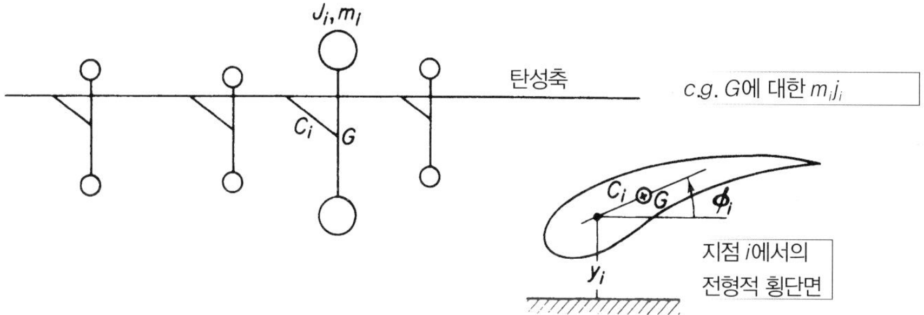

그림 12.7.1

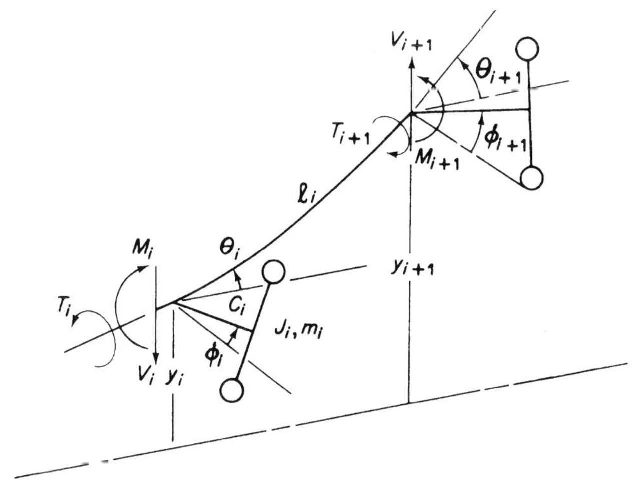

그림 12.7.2

$$V_{i+1} = V_i - m_i\omega^2(y_i + c_i\varphi_i) \tag{12.7.1}$$

$$M_{i+1} = M_i - V_{i+1}l_i \tag{12.7.2}$$

$$T_{i+1} = T_i + J_i\omega^2\varphi_i + m_ic_i\omega^2y_i \tag{12.7.3}$$

$$\theta_{i+1} = \theta_i + V_{i+1}\left(\frac{l^2}{2EI}\right)_i + M_{i+1}\left(\frac{l}{EI}\right)_i \tag{12.7.4}$$

$$y_{i+1} = y_i + \theta_il_i + V_{i+1}\left(\frac{l^3}{3EI}\right)_i + M_{i+1}\left(\frac{l^2}{2EI}\right)_i \tag{12.7.5}$$

$$\varphi_{i+1} = \varphi_i + T_{i+1}h_i \tag{12.7.6}$$

여기서 $T =$ 토크

$h =$ 비틀림 영향계수 $= l/GI_p$

$\varphi =$ 탄성축의 비틀림 회전

자유단 보에 대해서는 다음과 같은 경계조건을 가지고 계산을 시작한다.

$$V_1 = M_1 = T_1 = 0$$

$$\theta_1 = \theta \qquad y_1 = 1.0 \qquad \varphi_1 = \varphi$$

여기서 다시 임의의 지점에 있어서의 관심이 되는 양은 θ_1 및 φ_1과 선형적으로 관계가 있고, 다음 형태로 표현될 수 있다.

$$a + b\theta_1 + c\varphi_1 \tag{12.7.7}$$

고유 진동수는 다른 단에 있어서의 경계조건을 만족시키는 것에 의하여 결정한다. 비행기 날개와 같은 대칭보에 대해서는 종종 보의 반쪽만 고려한다. 대칭과 반대칭(antisymmetric) 모드에 대한 경계조건을 만족시킴으로써 해를 푸는 데 충분한 방정식을 얻게 된다.

12.8 전달행렬

홀쩌와 마이클스태드 방법은 전달행렬의 항으로 다시 나타낼 수 있다.[4] 전달 행렬은 두 지점 사이의 요소의 기하학적 및 동적인 관계를 정의하며, 힘과 변위에 대한 상태 벡터를 한 지점으로부터 다른 지점으로 전달되도록 한다.

---

4) E.C. Pestel, and F.A. Leckie, "Matrix Methods in Elastomechanics," (New York : McGraw-Hill, 1963).

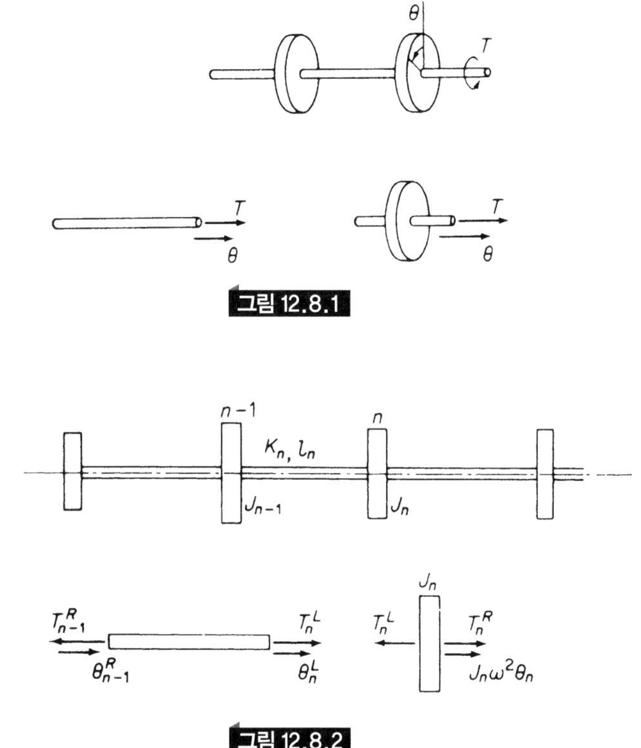

그림 12.8.1

그림 12.8.2

비틀림계 회전계에 있어서는 부호가 종종 혼란의 원인이 된다. 따라서, 어느 쪽이 양(+)의 방향인가를 명확히 정의할 필요가 있다. 회전축상의 좌표가 우측으로 향하는 것을 양의 값으로 간주한다. 만일 축을 수직으로 자른다면, 바깥 쪽으로의 법선이 양의 좌표방향이면 **양의 면**(positive face)이라고 한다. 양의 토크와 양의 각변위는 그림 12.8.1에 보인 바와 같이 오른손 나사 법칙에 따라 양의 방향을 가리키는 화살표로 양면상에 나타낸다.

좌측으로부터 우측으로 지점의 번호를 매겨가면, n 번째 요소는 그림 12.8.2에 보인 바와 같이 비틀림 강성이 K_n인 질량을 무시한(massless)축과 극관성모멘트가 J_n인 질량으로 나타내어진다.

축을 회전질량과 분리시키면 다음과 같은 방정식을 쓸 수 있고, 이것을 행렬 형태로 나타낼 수 있다. 하첨자 L과 R은 요소의 좌측과 우측을 나타낸다.

질량에 대해서는 다음 관계가 성립된다:

$$\left.\begin{aligned} \theta_n^R &= \theta_n^L \\ T_n^R - T_n^L &= -\omega^2 J_n \theta_n \end{aligned}\right\} \quad \begin{Bmatrix} \theta \\ T \end{Bmatrix}_n^R = \begin{bmatrix} 1 & 0 \\ -\omega^2 J & 1 \end{bmatrix}_n \begin{Bmatrix} \theta \\ T \end{Bmatrix}_n^L \tag{12.8.1}$$

축에 대해서는 다음 관계가 성립된다.

$$\left.\begin{aligned} K_n(\theta_n^L - \theta_{n-1}^R) &= T_{n-1}^R \\ T_n^L &= T_{n-1}^R \end{aligned}\right\} \quad \begin{Bmatrix} \theta \\ T \end{Bmatrix}_n^L = \begin{bmatrix} 1 & \dfrac{1}{K} \\ 0 & 1 \end{bmatrix}_n \begin{Bmatrix} \theta \\ T \end{Bmatrix}_{n-1}^R \tag{12.8.2}$$

질량을 포함하고 있는 행렬을 **점행렬**(point matrix)이라 부르고, 축과 관련된 행렬을 **장행렬**(field matrix)이라고 한다. 이들 둘을 합쳐 다음과 같은 n 번째 요소에 대한 전달행렬을 만들 수 있다.

$$\begin{Bmatrix} \theta \\ T \end{Bmatrix}_n^R \underset{\rightarrow}{=} \begin{bmatrix} 1 & -\dfrac{1}{K} \\ -\omega^2 J & \left(1 - \dfrac{\omega^2 J}{K}\right) \end{bmatrix}_n \begin{Bmatrix} \theta \\ T \end{Bmatrix}_{n-1}^R \tag{12.8.3}$$

이제까지 개발된 것은 좌측으로부터 우측으로 증가시키면서 각 지점의 번호를 붙였으며, 전달행렬도 우측으로 진행하도록 하였다. 등부호 밑에 있는 화살표는 진전되는 방향을 나타낸다. 몇몇 문제들에 있어서는 반대 방향으로 전달행렬을 진행시키는 것이 편리한 경우가 있어, 이 경우는 단지 식 (12.8.3)을 역으로 하면 된다. 이렇게 하면 다음과 같은 관계식을 얻게 된다.

$$\begin{Bmatrix} \theta \\ T \end{Bmatrix}_{n-1}^R \underset{\leftarrow}{=} \begin{bmatrix} \left(1 - \dfrac{\omega^2 J}{K}\right) & -\dfrac{1}{K} \\ \omega^2 J & 1 \end{bmatrix} \begin{Bmatrix} \theta \\ T \end{Bmatrix}_n^R \tag{12.8.4}$$

이제 화살표는 전달행렬이 각 지점의 번호의 순서는 바꾸지 않고 우측으로부터 좌측으로 진행되는 것을 나타낸다. 여러분들이 자유물체로부터 시작하여 이 방정식을 증명하기 바란다.

12.9 감쇠계

감쇠가 포함되어도 전달행렬의 형태는 변하지 않고, 다만 질량과 강상 요소들이 복소량이 된다. 이것은 그림 12.9.1에 보인 n 번째 하부계(subsystem)에 대한 방정식을 써서 쉽게 나타낼 수 있다. 판 n에 대한 토크 방정식은 다음과 같다.

$$-\omega^2 J_n \theta_n = T_n^R - T_n^L - i\omega c_n \theta_n$$

즉

$$(i\omega c_n - \omega^2 J_n)\theta_n = T_n^R - T_n^L \tag{12.9.1}$$

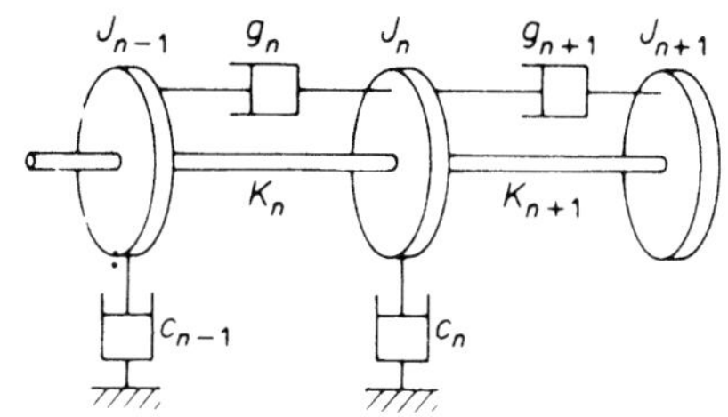

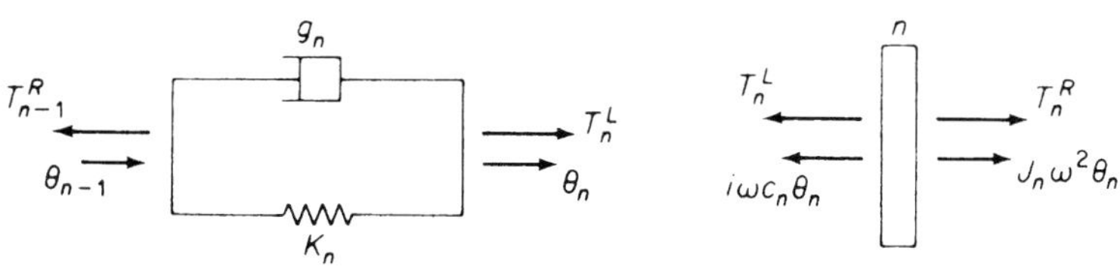

그림 12.9.1 감쇠 비틀림계

n 번째 축의 탄성 방정식은 다음과 같다.

$$\begin{aligned} T^L_n &= K_n(\theta_n - \theta_{n-1}) + i\omega g_n(\theta_n - \theta_{n-1}) \\ &= (K_n + i\omega g_n)(\theta_n - \theta_{n-1}) \end{aligned} \tag{12.9.2}$$

따라서 감쇠계에 대한 점행렬과 장행렬은 다음과 같다.

$$\begin{Bmatrix} \theta \\ T \end{Bmatrix}^R_n = \begin{bmatrix} 1 & 0 \\ (i\omega c - \omega^2 J) & 1 \end{bmatrix}_n \begin{Bmatrix} \theta \\ T \end{Bmatrix}^L_n \tag{12.9.3}$$

$$\begin{Bmatrix} \theta \\ T \end{Bmatrix}^L_n = \begin{bmatrix} 1 & \dfrac{1}{K + i\omega g} \\ 0 & 1 \end{bmatrix}_n \begin{Bmatrix} \theta \\ T \end{Bmatrix}^R_{n-1} \tag{12.9.4}$$

이 식들은 질량과 강성 요소들이 복소수로 된 것을 제외하면 비감쇠의 경우와 동일하다.

예제 12.9.1

그림 12.9.2의 비틀림계가 판 4의 우측점에서 조화 토크로 여진된다. 토크-진동수 곡선을 결정하고, 계의 1차 고유 진동수를 찾아라.

$$J_1 = J_2 = 500 \cdot \text{lb} \cdot \text{in.} \cdot \text{s}^2$$
$$J_3 = J_4 = 1000 \cdot \text{lb} \cdot \text{in.} \cdot \text{s}^2$$
$$K_2 = K_3 = K_4 = 10^6 \,\text{lb} \cdot \text{in./rad}$$
$$c_2 = 10^4 \,\text{lb} \cdot \text{in.} \cdot \text{s/rad}$$
$$g_4 = 2 \times 10^4 \text{lb} \cdot \text{in.} \cdot \text{s/rad}$$

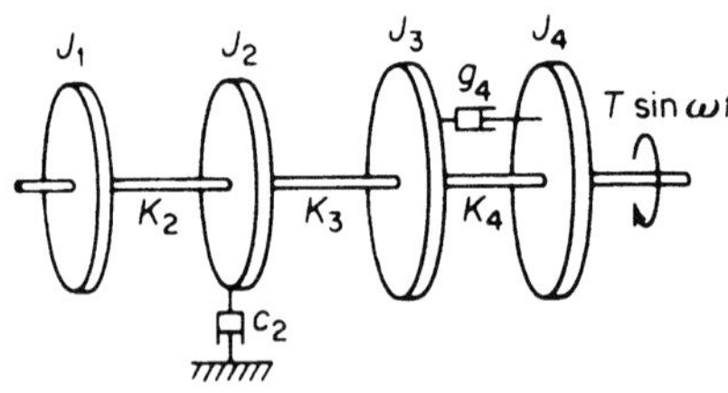

그림 12.9.2

풀이 $\omega^2 = 1000$에 대한 수차 계산과 각 지점 n에 대한 복소 질량과 강성항이 표 12.9.1에 나타나 있다. 식 (12.9.3)과 (12.9.4)의 점행렬과 장행렬들에 대입하면 표 12.9.2와 같이 각 지점에 있어서의 복소 진폭과 토크를 얻게 된다.

표 12.9.1

n	$(\omega^2 J_n - i\omega c_n)10^{-6}$	$(K_n + i\omega g_n)10^{-6}$
1	0.50 + 0.0i	
2	0.50 − 0.316i	1.0 + 0.0i
3	1.0 − 0.0i	1.0 + 0.0i
4	1.0 + 0.0i	1.0 + 0.635i

표 12.9.2

n	θ_n	$T_n^R = 1000$인 경우
1	1.0 + 0.0i	$(-0.50 + 0.0i) \times 10^6$
2	0.50 + 0.0i	$(-0.750 + 0.158i) \times 10^6$
3	−0.250 + 0.158i	$(-0.50 + 0.0i) \times 10^6$
4	−0.607 + 0.384i	$(0.107 - 0.384i) \times 10^4$

이러한 계산과정을 그림 12.9.3의 토크-진동수 곡선을 그리기에 충분한 진동수의 수만큼 계속 반복한다. 이 그림은 T_4^R의 실수부와 허수부 및 이 문제에 있어서의 가진 토크가 되는 이들의 합성을 나타내고 있다. 예를 들면, $\omega^2 = 1000$에 있어서의 합성 토크는 $10^6\sqrt{(0.107)^2 + (0.3874)^2} = 0.394 \times 10^6$ in · lb가 된다. 이 그림으로부터, 계의 1차 고유 진동수가 약 $\omega = \sqrt{930} = 30.5$ rad/s로 되며, 이 고유 진동수는 운동을 유지시키기 위하여 토크가 필요하지 않은 비감쇠계의 진동수로서 정의된다.

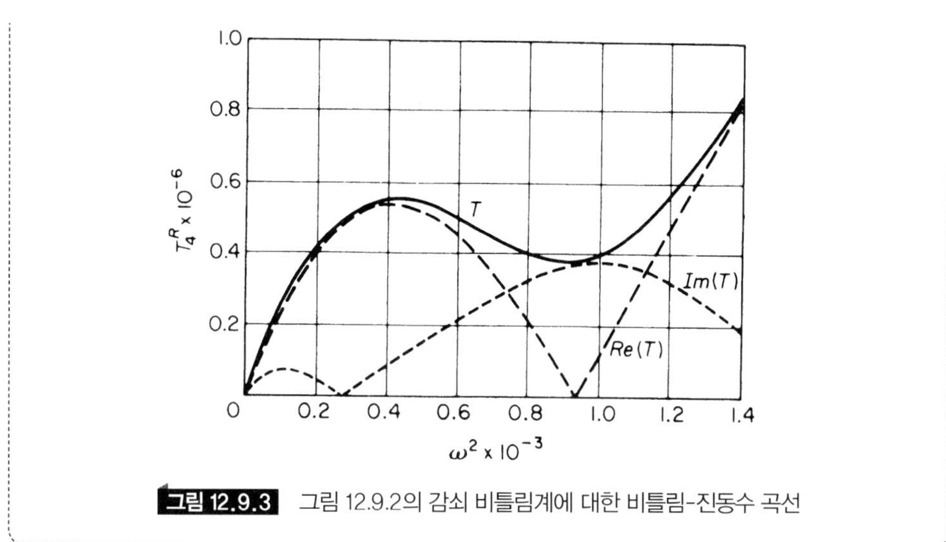

그림 12.9.3 그림 12.9.2의 감쇠 비틀림계에 대한 비틀림-진동수 곡선

예제 12.9.2

그림 12.9.2에서, 만일 $T = 2000$ in · lb이고 $\omega = 31.6$ rad/s일 때 두 번째 판의 진폭을 구하라.

풀이 앞의 표 12.9.2는 토크 394,000 in · lb의 토크가 $\theta_2 = 0.50$ rad의 진폭을 일으킨다는 것을 나타내고 있다. 진폭은 토크에 비례하기 때문에, 주어진 토크에 대한 두 번째 판의 진폭은 $0.50 \times 2/394 = 0.00254$ rad이 된다.

12.10 치차계

그림 12.10.1과 같이 축 1에 대한 축 2의 속도비가 n인 기어로 연결된 비틀림계에 대하여 생각해 보자. 이 계는 다음과 같이 등가 단일축계로 변환될 수 있다. 축 2의 속도는 $\dot{\theta}_2 = n\dot{\theta}_1$이므로, 계의 운동 에너지는 다음과 같다.

$$T = \tfrac{1}{2}J_1\dot{\theta}_1^2 + \tfrac{1}{2}J_2 n^2 n^2 \dot{\theta}_1^2 \tag{12.10.1}$$

따라서, 축 1에 관한 판 2의 등가 관성(equivalent intertia)은 n^2J_2가 된다.

축 1에 관한 축 2의 등가 강성을 구하기 위하여 판 1과 2를 고정하고, 기어 1에 토크를 주어 이것을 각도 θ_1만큼 회전시킨다. 이렇게 하면 기어 2도 각도 $\theta_2 = n\theta_1$만큼 회전하여 축 2에 비틀림이 발생된다. 이 경우, 계의 포텐셜 에너지는 다음과 같다.

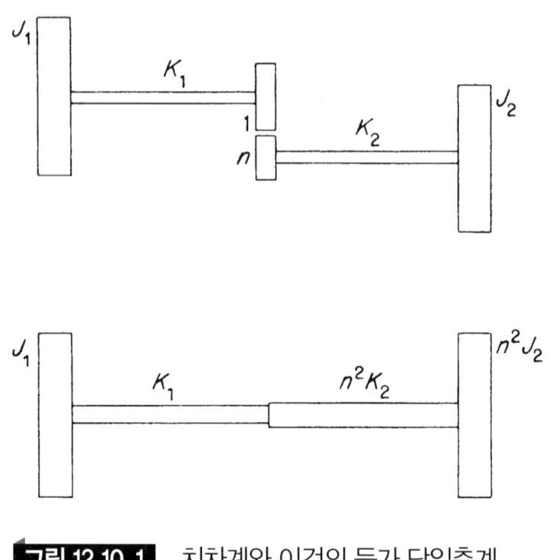

그림 12.10.1 치차계와 이것의 등가 단일축계

$$U = \tfrac{1}{2}K_1\theta_1^2 + \tfrac{1}{2}K_2\theta_1^2 \tag{12.10.2}$$

따라서, 축 2의 축 1에 대한 등가 강성(equivalent stiffness)은 n^2K_2가 된다.

치차계(geared system)에 대한 법칙은 아주 단순하다. 치차축의 모든 강성과 관성에 대하여 n^2을 곱한다. 여기서 n은 기준축에 대한 치차축의 속도비(speed ratio)를 말한다.

12.11 분지계

분지계(branched systems)는 자주 취급하게 된다. 예를 들면, 그림 12.11.1에서 보여준 바와 같은 잠수함에 설치된 이중 프로펠러계와 자동차의 구동축과 차동장치 등이 있다.

이러한 계는 그림 12.11.2에서 볼 수 있듯이 분지와 모든 관성과 강성에 그들의 속도비의 제곱을 곱해 줌으로써 1:1 기어로 된 형태로 바꿀 수 있다.

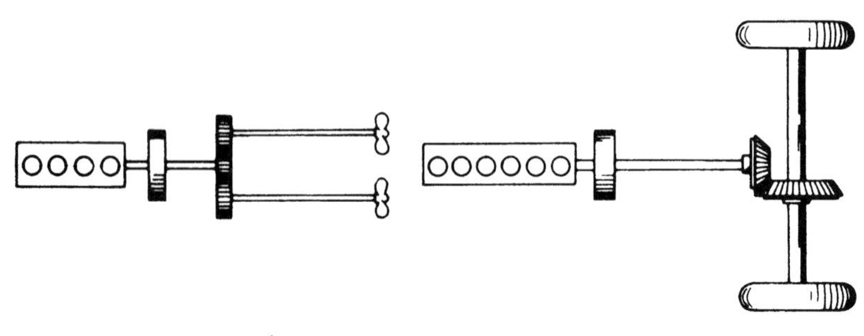

그림 12.11.1 분지 비틀림계의 예

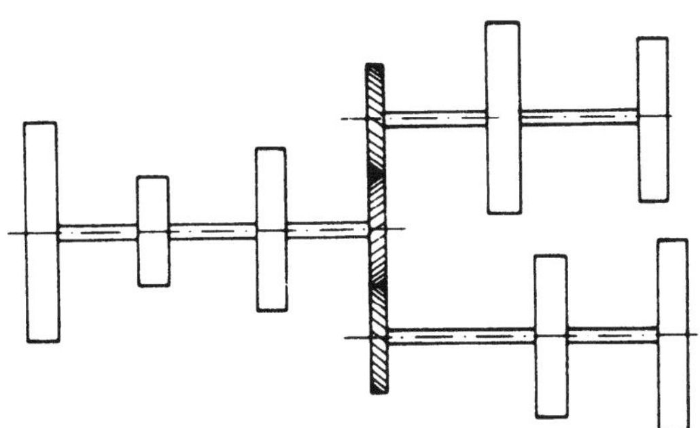

그림 12.11.2 1:1 기어로서 공통속도로 변환된 분지계

예제 12.11.1

그림 12.11.3과 같은 비틀림 분지계를 푸는 행렬과정을 설명하라.

풀이 먼저, 그림 12.11.3(b)에 보인 바와 같이 분지 B의 강성과 관성에 n^2을 곱하여, 1:1 치차계로 바꾼다. 이렇게 한 후에, 기어 B가 기어 A에 토크 T^R_{B1}을 야기시킨다는 사실을 고려 하여 지점 0으로부터 지점 3으로 진행 할 수 있다.

그림 12.11.4는 두 기어의 자유 물체도를 보여주고 있다. 그림에 보인 T^R_{B1}을 양(+)의 토크로 하면, 그림에서처럼 기어 B에 의하여 기어 A에 작용되는 토크는 음(−)이 된다. 따라서, 기어 A에 있어서의 토크의 평형은 다음 식과 같다.

$$T^R_{A1} = T^L_{A1} + T^R_{B1} \tag{a}$$

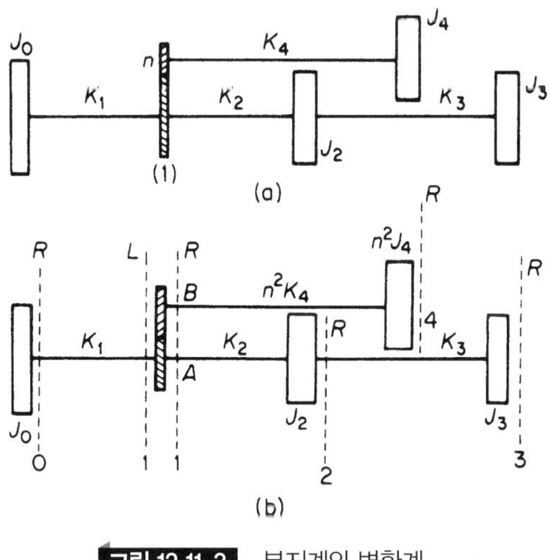

그림 12.11.3 분지계와 변환계

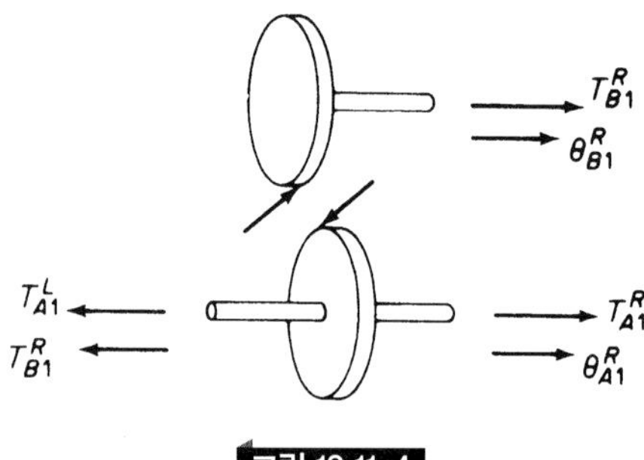

그림 12.11.4

이제, T^R_{B1}을 축 A의 각변위 θ_1의 항으로 표시할 필요가 있다.

T^R_{B4}=0을 참고하여 식 (12.8.4)를 사용하면 축 B에 대하여 다음 식을 얻게 된다.

$$\begin{Bmatrix} \theta_B \\ T_B \end{Bmatrix}^R_1 = \begin{bmatrix} \left(1 - \dfrac{\omega^2 n^2 J_4}{n^2 K_4}\right) & \dfrac{-1}{n^2 K_4} \\ \omega^2 n^3 J_4 & 1 \end{bmatrix} \begin{Bmatrix} \theta_B \\ 0 \end{Bmatrix}^R_4 \tag{b}$$

$\theta^R_{B1} = -\theta^L_{A1} = -\theta^R_{A1}$이므로, 다음 식을 얻는다.

$$\theta^R_{B1} = \left(1 - \frac{\omega^2 J_4}{K_4}\right)\theta^R_{B4} = -\theta^L_{A1} \tag{c}$$

$$T^R_{\text{B1}} = \omega^2 n^2 J_4 \theta^R_{\text{B4}} \tag{d}$$

θ^R_{B4}을 소거하면, 다음 결과를 얻는다.

$$T^R_{B1} = \frac{-\omega^2 n^2 J_4}{1 - \omega^2 J_4/K_4}\theta^L_{A1} \tag{e}$$

식 (e)를 식 (a)에 대입하면 기어를 통과하는 축 A의 전달함수는 다음과 같다.

$$\begin{Bmatrix} \theta_A \\ T_A \end{Bmatrix}^R_1 \equiv \begin{bmatrix} 1 & 0 \\ -\omega^2 J_4/(1 - w^2 J_4/K_4) & 1 \end{bmatrix} \begin{Bmatrix} \theta_A \\ T_A \end{Bmatrix}^L_1 \tag{f}$$

이제, 축 A를 따라서 1R로부터 3R로 진행하는 것은 통상의 방법으로 가능하게 된다.

12.12 보의 전달행렬

12.6절의 대수 방정식은 지점 $i+1$에 있어서의 네 개의 양(quantity)이 지점 i에 있어서의 동일한 네 개의 양의 항으로 나타낼 수 있도록 다시 정리될 수 있다. 이러한 방정식이 행렬

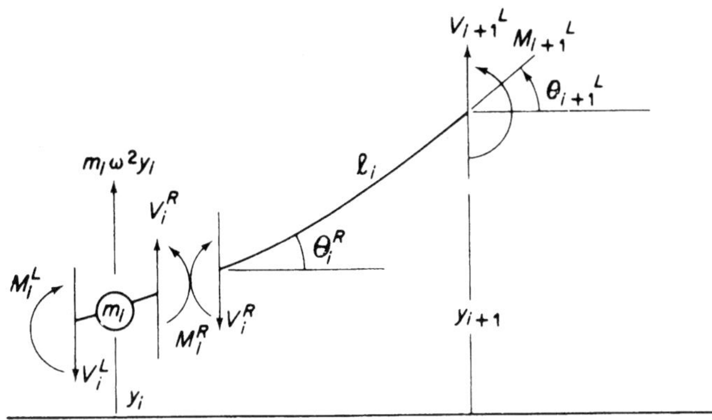

그림 12.12.1 전달행렬에 대한 보구간

형태로 나타내어질 때, 이를 **전달행렬**(transfer matrix)이라 한다. 본 절에서는 행렬 방정식을 이들의 경계조건의 항으로 구성하고, 조합하는 과정을 기술한다.

그림 12.12.1은 그림 12.6.1의 보와 동일한 i 번째 구간의 보를 질량의 바로 우측을 끊어서 집중질량(point mass)과 질량을 무시한 보로 나눈 것을 나타내고 있다. 하첨자 L과 R을 써서 질량의 좌측과 우측의 양을 나타내었다.

먼저, 질량을 무시한 보구간을 생각하면, 다음의 방정식으로 쓸 수 있다.

$$
\begin{aligned}
V_{i+i}^L &= V_i^R \\
M_{i+1}^L &= M_i^R - V_i^R l_i \\
\theta_{i+1}^L &= \theta_i^R + M_{i+1}^L\left(\frac{l}{EI}\right)_i + V_{i+1}^L\left(\frac{l^2}{2EI}\right)_i \\
y_{i+1}^L &= y_i^R + \theta_i^R l_i + M_{i+1}^L\left(\frac{l^2}{2EI}\right)_i + V_{i+1}^L\left(\frac{l^3}{3EI}\right)_i
\end{aligned}
\tag{12.12.1}
$$

처음 두 방정식의 V_{i+1}^L과 M_{i+1}^L을 마지막 두 식에 대입하고, 이 결과를 행렬 형태로 정리하면, **장행렬**(field matrix)이라 불리는 다음 식을 얻게 된다.

$$
\begin{Bmatrix} -V \\ M \\ \theta \\ y \end{Bmatrix}_{i+1}^{L} = \begin{bmatrix} 1 & 0 & 0 & 0 \\ l & 1 & 0 & 0 \\ \dfrac{l^2}{2EI} & \dfrac{l}{EI} & 1 & 0 \\ \dfrac{l^3}{6EI} & \dfrac{l^2}{2EI} & l & 1 \end{bmatrix} \begin{Bmatrix} -V \\ M \\ \theta \\ y \end{Bmatrix}_{i}^{R}
\tag{12.12.2}
$$

앞식에서는 장행렬의 요소들을 양으로 만들기 위하여 V에 대해 음의 부호를 삽입하였다.

다음으로, 점질량에 대하여 생각하면 다음 방정식으로 쓸 수 있다.

$$\begin{aligned} V_i^R &= V_i^L - m_i\omega^2 y_i \\ M_i^R &= M_i^L \\ \theta_i^R &= \theta_i^L \\ y_i^R &= y_i^L \end{aligned} \tag{12.12.3}$$

이 방정식들을 행렬 형태로 나타내면 다음과 같다.

$$\begin{Bmatrix} -V \\ M \\ \theta \\ y \end{Bmatrix}_i^R = \begin{bmatrix} 1 & 0 & 0 & m\omega^2 \\ 0 & 1 & 0 & 0 \\ 0 & 0 & 1 & 0 \\ 0 & 0 & 0 & 1 \end{bmatrix} \begin{Bmatrix} -V \\ M \\ \theta \\ y \end{Bmatrix}_i^L \tag{12.12.4}$$

이 행렬을 **점행렬**(point matrix)이라 한다.

식 (12.12.4)를 식 (12.12.2)에 대입하여 곱하면, i 번째 구간에 대하여 다음과 같은 조합 방정식을 얻는다.

$$\begin{Bmatrix} -V \\ M \\ \theta \\ y \end{Bmatrix}_{i+1}^R = \begin{bmatrix} 1 & 0 & 0 & m\omega^2 \\ l & 1 & 0 & m\omega^2 l \\ \dfrac{l^2}{2EI} & \dfrac{l}{EI} & 1 & m\omega^2\dfrac{l^2}{2EI} \\ \dfrac{l^3}{6EI} & \dfrac{l^2}{2EI} & l & \left(1+\dfrac{m\omega^2 l^3}{6EI}\right) \end{bmatrix} \begin{Bmatrix} -V \\ M \\ \theta \\ y \end{Bmatrix}_i^L \tag{12.12.5}$$

이 방정식의 정방행렬을 **전달행렬**(transfer matrix)이라 한다. 왜냐하면 이 행렬을 통하여 i에 있어서의 상태 벡터가 $i+1$에 있어서의 상태 벡터로 변환되기 때문이다. 그렇게 하면 다음과 같은 형태의 방정식으로 시작단에 있어서의 상태 벡터를 끝단에 있어서의 상태 벡터와 연관시켜 구조물을 통하여 진행시킬 수 있다는 것이 확실하게 된다.

$$\begin{Bmatrix} -V \\ M \\ \theta \\ y \end{Bmatrix}_n = \begin{bmatrix} u_{11} & u_{12} & - & u_{14} \\ - & - & - & - \\ - & - & - & - \\ u_{41} & u_{42} & - & u_{44} \end{bmatrix} \begin{Bmatrix} -V \\ M \\ \theta \\ y \end{Bmatrix}_1 \tag{12.12.6}$$

여기서 행렬 $[u]$는 구조물의 모든 전달행렬을 곱한 것이 된다.

전달행렬의 장점은 1에 있어서의 미지의 양, 즉 외팔보에 대한 θ_1을 방정식의 대수집합(set)으로서 각 지점을 통하여 계산할 필요가 없다는 것이다. 디지털 컴퓨터에 의한 4×4 행렬의 곱셈은 일상적인 문제이다. 또한 경계 방정식은 행렬 방정식에 있어서 자명하게 된다. 예를 들면, 외팔보에 대한 조합 방정식은 다음 과 같다.

$$\begin{Bmatrix} -V \\ M \\ 0 \\ 0 \end{Bmatrix}_n = \begin{bmatrix} - & - & - & - \\ - & - & - & - \\ - & - & u_{33} & u_{34} \\ - & - & u_{43} & u_{44} \end{bmatrix} \begin{Bmatrix} 0 \\ 0 \\ \theta \\ 1 \end{Bmatrix}_1 \tag{12.12.7}$$

따라서, 고유 진동수는 다음 식을 만족해야 한다.

$$0 = u_{33}\theta + u_{34}$$
$$0 = u_{43}\theta + u_{44}$$

또는

$$y_n = -\frac{u_{34}}{u_{33}} \cdot u_{43} + u_{44} = 0 \tag{12.12.8}$$

y_n 대 ω를 도시하면, 고유 진동수들은 이 곡선의 0에 해당하게 된다.

연습문제

12.1 그림 P12.1에 보인 계에 대한 운동 에너지와 포텐셜 에너지를 쓰고, 두 에너지가 같다고 하여 ω^2에 대한 방정식을 구하라. $x_2/x_1 = n$이라 하여 ω^2 대 n을 도시하라. ω^2의 최대 및 최소값과 대응하는 n값을 결정하고, 이것들이 계의 두 고유 모드를 나타냄을 보여라.

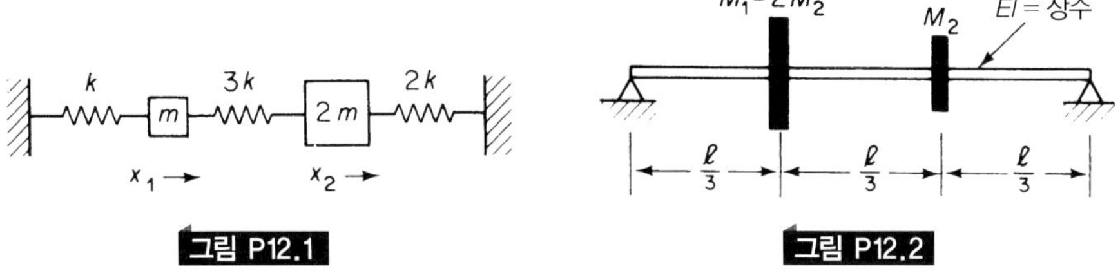

그림 P12.1

그림 P12.2

12.2 레일리 방법을 이용하여 그림 P12.2에 보인 집중 질량계의 1차 고유 진동수를 추정하라.

12.3 그림 P12.3에 보인 집중질량 외팔보의 1차 고유 진동 수를 산출하라.

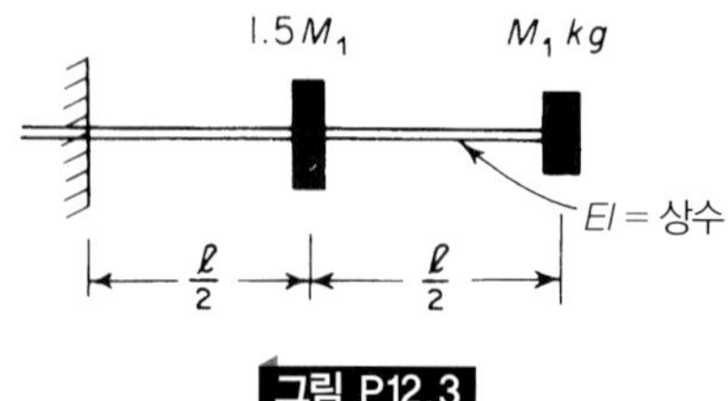

그림 P12.3

12.4 식 (12.1.3)을 이용하여 예제 12.1.4의 결과를 증명하라.

12.5 1차 고유 진동수에 대한 레일리 상수의 다른 형태는 다음과 같이 유연성 영향 계수에 기초를 둔 운동 방정식으로부터 시작하여 구해질 수 있다.

$$\begin{aligned} X &= aM\ddot{X} \\ &= \omega^2 aMX \end{aligned}$$

이 식에 $X^T M$을 곱하면

$$X^T MX = \omega^2 X^T MaMX$$

이 되며, 레일리 상수는 다음과 같다.

$$\omega^2 = \frac{X^T MX}{X^T MaMX}$$

위의 방정식을 이용하여 예제 12.1.4의 ω_1에 대하여 풀고, 문제 12.4의 결과와 비교하라

12.6 다음과 같은 곡선을 이용한 반복법을 써서 문제 12.3을 풀어라.

$$y(x) = \frac{l^3}{3EI}\left(\frac{x}{l}\right)^2$$

힌트: 관성하중에 기초를 둔 전단력과 모멘트 선도를 그려라.

12.7 $y(x) = y_{\max} \sin(\pi x/l)$의 처짐을 이용하여 그림 P12.7에 보인 보에 대하여 (a) $EI_2 = EI_1$인 경우와 (b) $EI_2 = 4EI_1$인 경우 1차 고유 진동수를 구하라.

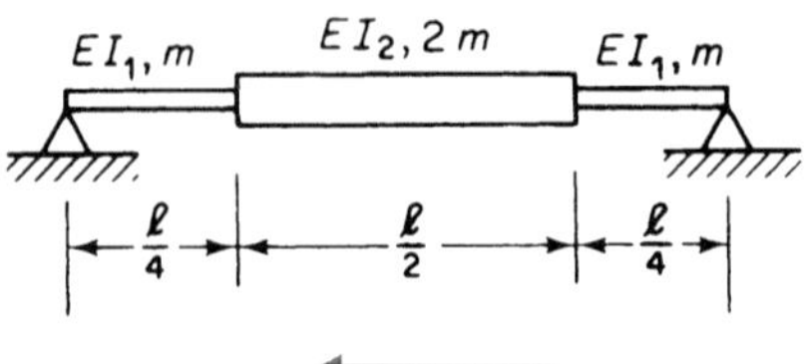

그림 P12.7

12.8 문제12.7을 다음과 같은 곡선을 이용하여 다시 풀어라.

$$y(x) = y_{\max}\frac{4x}{l}\left(1 - \frac{x}{l}\right)$$

12.9 그림 P12.9에 보여준 것처럼 단위길이당 질량이 m인 균일 외팔보의 자유단이 강성 k인 두 개의 스프링과 질량 m_0에 힌지 상태로 연결되어 있다. 레일리 방법을 이용하여 고유 진동수 ω_1을 찾아라.

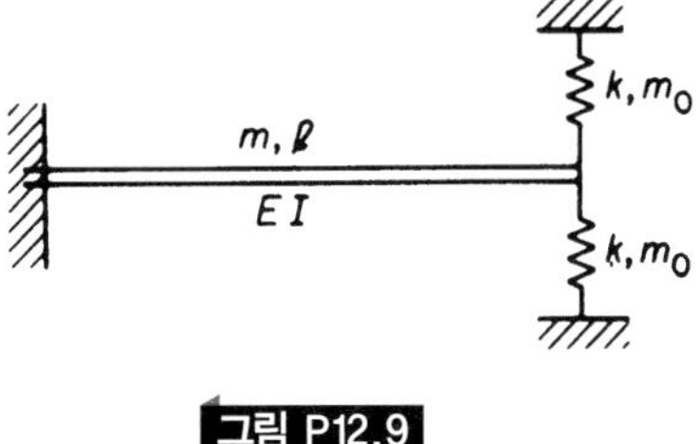

그림 P12.9

12.10 그림 P12.10에 보여준 것과 같이 질량이 M이고 강성이 $K = EI/l^3$인 균일보가 전체 수직강성 k lb/in인 동일한 스프링들로 지지되어 있다. 처짐으로 $y_{\max} = \sin(\pi x/l) + b$를 쓴 레일리 방법을 사용하면 주파수 방정식이 다음과 같이 됨을 보여라.

$$\omega^2 = \frac{2k}{M}\left[\frac{\dfrac{K}{k}\dfrac{\pi^4}{4} + \dfrac{b^2}{2}}{\dfrac{1}{2} + \dfrac{4b}{\pi} + b^2}\right]$$

$\partial\omega^2/\partial b = 0$이라 놓고, 최저차 진동수가 다음과 같을 때 일어남을 증명하라.

$$b = -\frac{\pi}{4}\left(\frac{1}{2} - \frac{K\pi^4}{2k}\right) \pm \sqrt{\left[\frac{\pi}{2}\left(\frac{1}{2} - \frac{K\pi^4}{2k}\right)\right]^2 + \frac{\pi^4 K}{2k}}$$

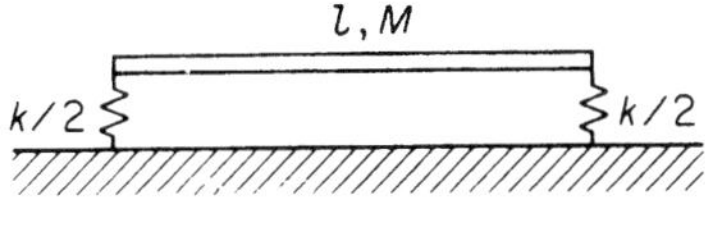

그림 P12.10

12.11 정적 처짐 곡선을 다음과 같이 가정하여 단순지지-단순지지보의 최저차 고유 진동수를 레일리 방법을 써서 구하라.

$$y(x) = y_{\max}\left[3\left(\frac{x}{l}\right) - 4\left(\frac{x}{l}\right)^3\right], \qquad 0 \leqslant x \leqslant \frac{1}{2}$$

보의 굽힘 강성 EI는 일정하고, 질량 분포는 다음과 같다.

$$m(x) = m_0\frac{x}{l}\left(1 - \frac{x}{l}\right)$$

12.12 던커레이 방정식을 이용하여 그림 P12.12에 보인 세(three) 질량 외팔보의 1차 고유 진동수를 구하라.

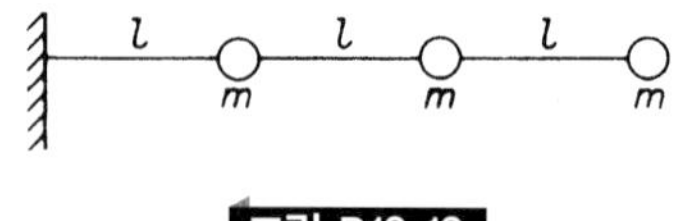

그림 P12.12

12.13 던커레이 방정식을 이용하여 그림 P12.13에 보인 보의 1차 고유 진동수를 구하라.

$$W_1 = W, \qquad W_2 = 4W, \qquad W_3 = 2W$$

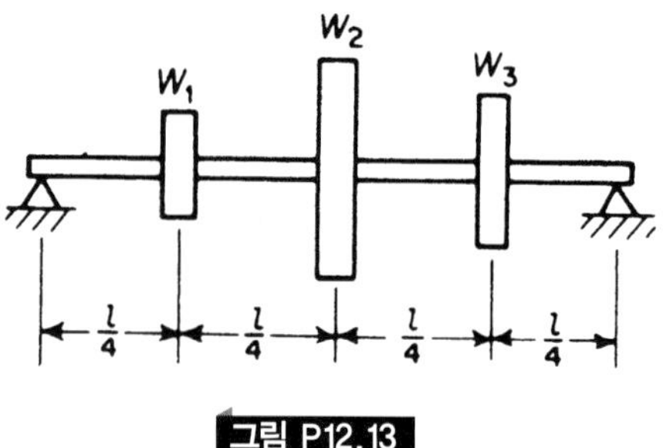

그림 P12.13

12.14 전투기 날개 끝에 100 lb의 하중이 가해지면 0.78 in의 대응 처짐이 생긴다. 만일 동일한 날개의 1차 고유 진동수가 622 cpm이라면, 날개 끝에 320 lb의 연료 탱크(연료 포함)가 부착되었을 때의 굽힘 진동수를 계산하라.

12.15 중간 지점에 놓여진 질량 5.44 kg의 편심질량 가진기로 보가 진동되고 있으며, 435 Hz에서 공진이 발견되었다. 가진기에 질량 4.52 kg을 추가하여 실험을 행하니 공진 진동수가 398 Hz로 낮아졌다. 보의 고유 진동수를 구하라.

12.16 그림 P12.16과 같이 좌측단에 강도 k인 스프링이 부착되어 있고, 우측단은 핀으로 지지된 균일보에 대하여 모드를 x/l과 $\sin(\pi x/l)$로 가정하여 레일리 방법을 이용하여 두 고유 진동수와 모드 형상을 구하라

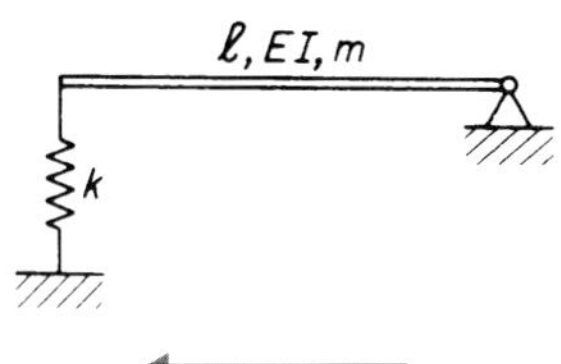

그림 P12.16

12.17 예제 12.3.1의 쐐기형 판에 대하여 Ritz의 처짐함수 $y = C_1x^2 + C_2x^3$을 사용하여 굽힘 진동에 대한 처음 두 고유 진동수와 모드 형상을 구하라.

12.18 레일리-리츠 방법을 이용하여 그림 P12.18에 보인 바와 같이 자유단 쪽에 강도 k_0인 스프링을 가진 균일봉의 축방향 운동에 대한 처음 두 고유 진동수와 모드 형상을 구하라.

그림 P12.18

그림 P12.19

12.19 그림 P12.19에 보인 바와 같이 문제 12.18의 스프링 대신에 질량 m_0가 부착되어 있는 경우에 대하여 풀어라.

12.20 문제 12.11의 질량 분포가 변하는 단순지지보에 대하여 처짐이 균일보의 처음 두 모드까지로 되어 있는 것으로 가정하여, 레일리-리츠 방법으로 처음 두 고유 진동수와 모드 형상을 구하라.

12.21 균일봉의 상부가 힌지로 되어 자유롭게 매달려 있다. $\phi_1 = x/l$, $\phi_2 = \sin(\pi x/l)$, $\phi_3 = \sin(2\pi x/l)$의 세 모드를 사용하여 레일리-리츠 방법으로 특성 방정식을 구하라.

12.22 홀쩌 방법을 이용하여 그림 P12.22와 같은 비틀림계의 고유 진동수와 모드 형상을 구하라. 여기서 $J = 1.0\ \text{kg}\cdot\text{m}^2$이고, $K = 0.20\times10^6$ Nm/rad이다.

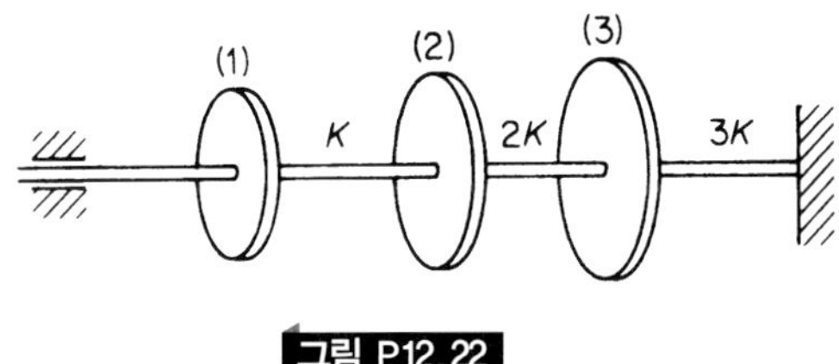

그림 P12.22

12.23 홀쩌 방법을 이용하여 그림 P12.23에 보인 비틀림계의 처음 두 고유 진동수와 모드 형상을 구하라. 여기서 J와 K의 값은 다음과 같다:

$$J_1 = J_2 = J_3 = 1.13 \text{ kg} \cdot \text{m}^2$$
$$J_4 = 2.26 \text{ kg} \cdot \text{m}^2$$
$$K_1 = K_2 = 0.169 \text{ Nm/rad} \times 10^6$$
$$K_3 = 0.226 \text{ Nm/rad} \times 10^6$$

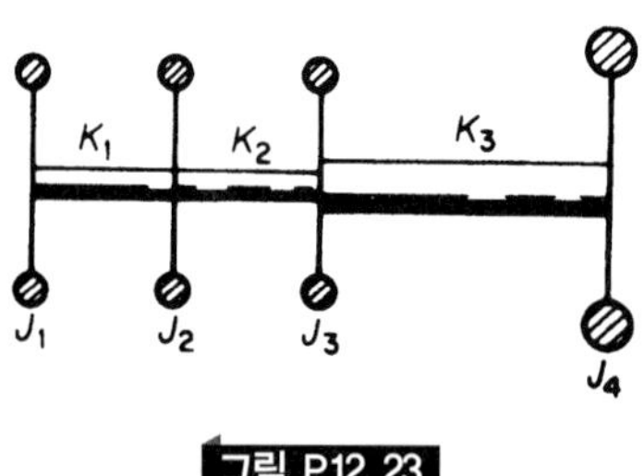

그림 P12.23

12.24 홀쩌 방법을 이용하여 그림 P12.24와 3층 건물에 대한 고유 진동수와 모드 형상을 구하라. $m_s = m$이고, 모든 $k_s = k$이다.

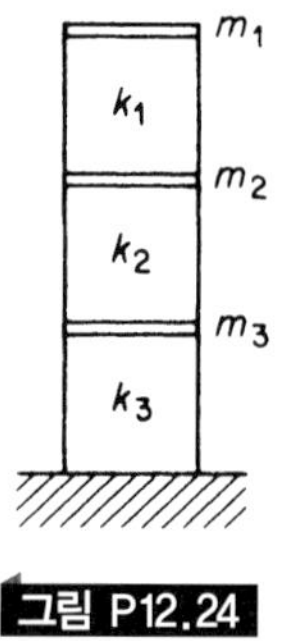

그림 P12.24

12.25 문제 12.24에 대하여 $m_1 = m$, $m_2 = 2m$, $m_3 = 3m$, $k_1 = k$, $k_2 = k$, $k_3 = 2k$로 하여 다시 풀어라.

12.26 선형 스프링-질량계와 같은 질량과 강성 분포를 갖는 비틀림 진동계에 대한 운동 방정식을 비교하라. 이들이 유사함을 보여라.

12.27 모든 질량과 강성이 각각 같을 때, 홀쩌 방법을 이용하여 그림 P12.27의 스프링-질량계의 고유 진동수와 모드 형상을 구하라.

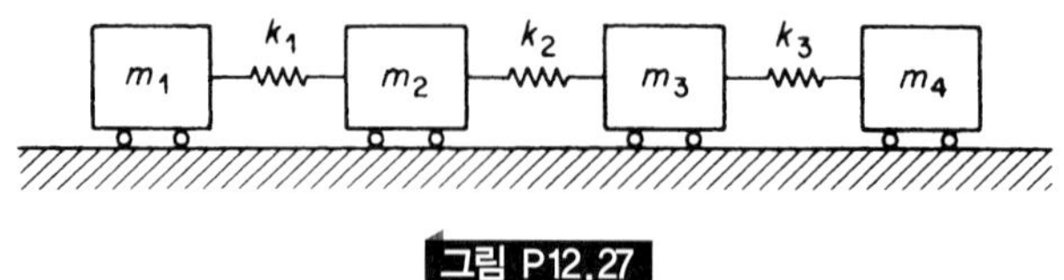

그림 P12.27

12.28 전투기의 날개를 그림 P12.28에 보인 바와 같이 Holzer의 해석을 위하여 여러 개의 판과 축으로 나타내었다. 이 날개의 대칭 및 반대칭 비틀림 진동에 대한 처음의 두 고유 진동수를 구하고, 각각에 해당하는 비틀림 모드 형상을 그려라

n	J lb·in·s^2	K lb·in/rad
1	50	15×10^6
2	138	30
3	145	22
4	181	36
5	260	120
6	$\frac{1}{2} \times 140{,}000$	

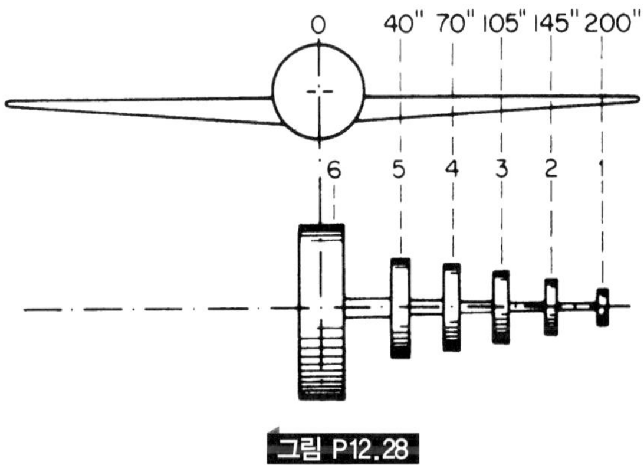

그림 P12.28

12.29 그림 P12.29에 보여준 비행기의 단순화된 모델의 고유 진동수를 구하라. 여기서 $M/m = n$이고, 길이가 l인 보는 균일하다.

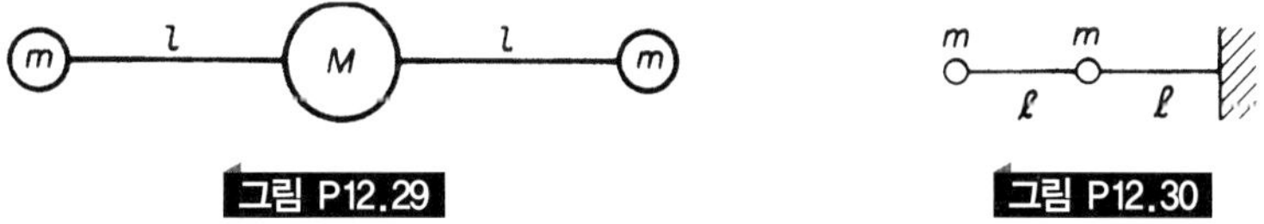

그림 P12.29 그림 P12.30

12.30 마이클스태드 방법을 이용하여 그림 P12.30의 두(two) 집중질량 외팔보의 고유 진동수와 모드 형상을 구하라. 이 결과를 영향계수를 사용하였을 때의 결과와 비교하라.

12.31 그림 P12.31의 세(three) 질량 외팔보의 처음 두 고유 진동수와 모드 형상을 구하라.

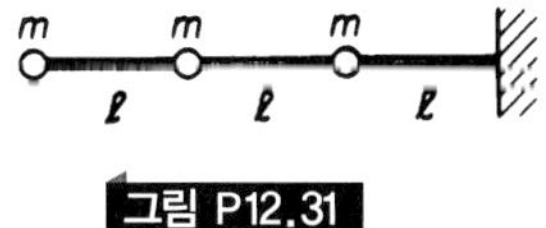

그림 P12.31

12.32 마이클스태드 방법을 사용하여 그림 P12.32의 단순지지보에 대한 경계 방정식을 구하라.

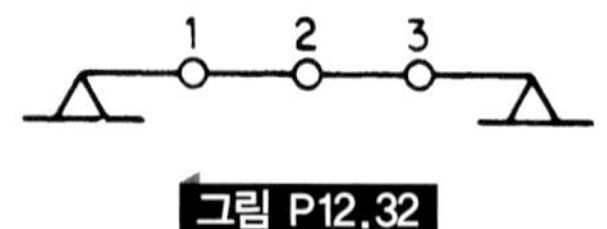

그림 P12.32

12.33 그림 P12.33의 보 문제는 앞에서 행렬 반복 계산법으로 풀었었다. 마이클스태드 방법이 사용될 경우, 이들 고유 진동수들에 대한 좌측단에 있어서의 처짐이 0이라는 경계조건이 만족된다는 것을 확인하라. 즉, 사용된 고유 진동수의 전후에서 처짐의 부호가 바뀌는 것을 조사하라.

12.34 그림 P12.34에 보인 계에 대한 굽힘-비틀림 진동을 구하라.

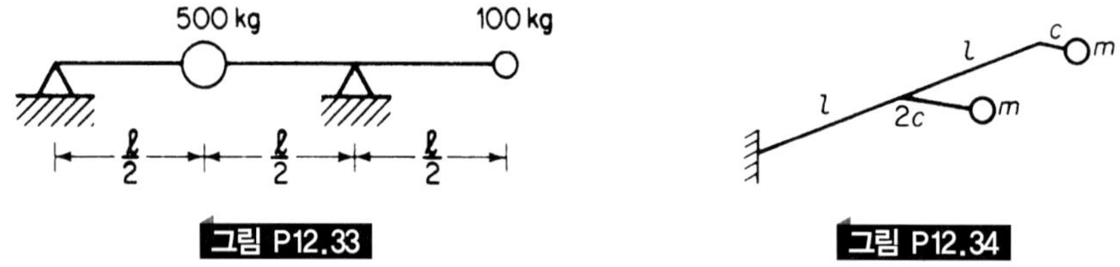

그림 P12.33　　그림 P12.34

12.35 그림 P12.35에 보인 것은 질량 1과 2사이에 감쇠를 가진 선형계이다. 교수가 제공하는 수치값들에 대하여 컴퓨터 해석을 행하고, 주어진 진동수에 있어서 각질량의 진폭과 위상을 구하라.

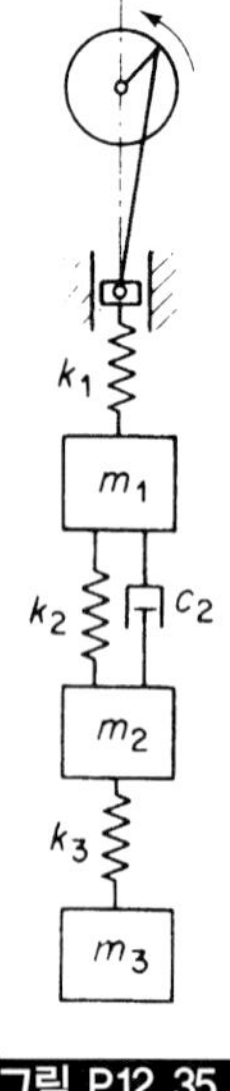

그림 P12.35

12.36 그림 P12.36에 보인 것은 비틀림 감쇠기를 가진 비틀림계이다. 이 계에 대한 토크-진동수 곡선을 구하라.

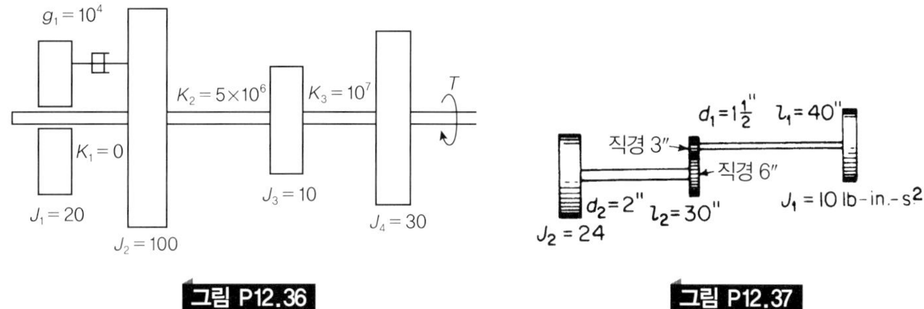

그림 P12.36

그림 P12.37

12.37 그림 P12.37에 보인 치차계에 대한 등가 비틀림 계를 결정하고, 이것의 고유 진동수를 구하라.

12.38 문제 12.37의 작은 기어와 큰 기어가 관성 $J' = 2$, $J'' = 6$일 때, 등가 단일축계와 고유 진동수를 구하라.

12.39 그림 P12.39에 보인 비틀림계에 대한 처음 두 고유 진동수를 구하라. J, K, n에 대한 값들은 다음과 같다.

$$J_1 = 15 \text{ lb} \cdot \text{in.} \cdot \text{s}^2$$
$$K_1 = 2 \times 10^6 \text{ lb} \cdot \text{in./rad}$$
$$J_2 = 10 \text{ lb} \cdot \text{in.} \cdot \text{s}^2$$
$$K_2 = 1.6 \times 10^6 \text{ lb} \cdot \text{in./rad}$$
$$J_3 = 18 \text{ lb} \cdot \text{in.} \cdot \text{s}^2$$
$$K_3 - 1 \times 10^6 \text{ lb in./rad}$$
$$J_4 = 6 \text{ lb} \cdot \text{in.} \cdot \text{s}^2$$
$$K_4 = 4 \times 10^6 \text{ lb} \cdot \text{in./rad}$$

뒷축에 대한 구동축의 속도비 = 4:1

고유 진동수에 있어서 J_1에 대한 J_2의 진폭비는 얼마인가?

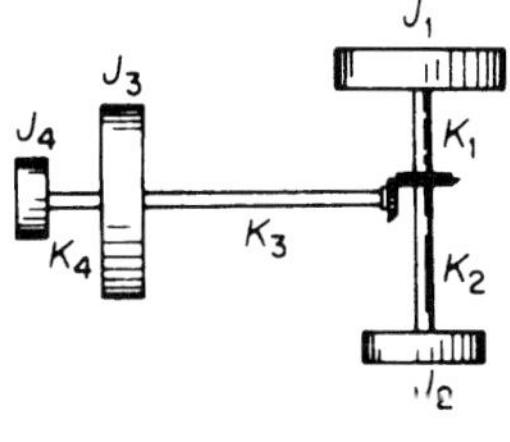

그림 P12.39

12.40 그림 P12.40(a)에 보인 자동차의 비틀림 진동계를 그림 P12.40(b)에 보인 등가 비틀림계로 바꾸어라. 필요한 정보는 다음과 같다.

각 뒷바퀴의 $J = 9.2$ lb · in · s^2
플라이휠의 $J = 12.3$ lb · in · s^2
전달속도비(엔진 속도에 대한 구동축) = 1.0 : 3.0
차동속도비(구동축에 대한 뒷축) = 1.0 : 3.5
뒷축의 치수 = 직경 $1\frac{1}{4}$in, 길이 25 in(각각)
구동축 치수 = 직경 $1\frac{1}{2}$in, 길이 74 in
실험에서 측정한 실린더 사이의 크랭크 축의 강성 = 6.1×10^6 lb · in/rad
실린더 4와 플라이휠 사이의 크랭크 축의 강성 = 4.5×10^6 lb · in/rad

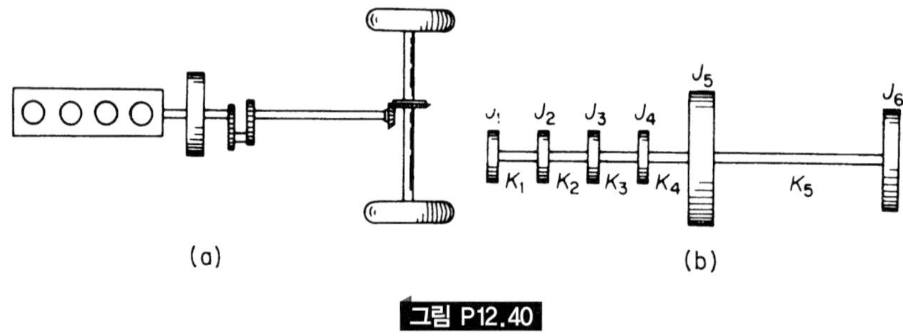

그림 P12.40

12.41 문제 12.40의 각 실린더의 J를 0.20 lb · in · s^{2}으로 가정하여 계의 고유 진동수를 구하라.

12.42 그림 P12.42에 보인 비틀림계에 대한 운동 방정식을 구하고, 이것을 행렬 반복 계산의 형태로 재정리하라. 진동의 주모드를 결정하라.

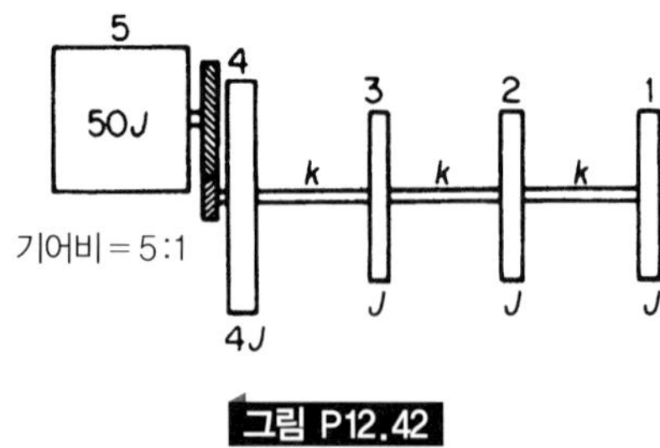

그림 P12.42

12.43 길이가 l이며, 끝단에 질량 m을 가진 외팔보에 대하여 행렬방법을 적용하고, 고유 진동수 방정식이 직접 얻어짐을 보여라.

12.44 두 개의 동일 질량이 길이 l만큼 떨어져서 놓여진 외팔보에 대하여 행렬방법을 적용하라. 기울기와 처짐이 0이라는 경계조건으로부터 다음 방정식을 얻게 되는 것을 보여라.

$$\theta_1 = \frac{\frac{1}{2}m\omega^2 lK(5 + \frac{1}{6}m\omega^2 l^2 K)}{1 + \frac{1}{2}l^2 Km\omega^2} = \frac{1 + \frac{3}{2}m\omega^2 l^2 K + (\frac{1}{6}m\omega^2 l^2 K)^2}{2l + \frac{1}{6}m\omega^2 l^3 K}$$

여기서 $K = l/EI$이다. 위의 관계식으로부터 진동수를 얻고, 두 고유 진동수를 구하라.

12.45 그림 P12.45에 보인 계에 대하여, 행렬 형태를 이용하여 대칭과 반대칭 굽힘 모드에 대한 경계조건을 설명하라. ω에 대한 경계값을 그려서 고유 진동수를 구하고, 처음 두 모드 형상을 그려라.

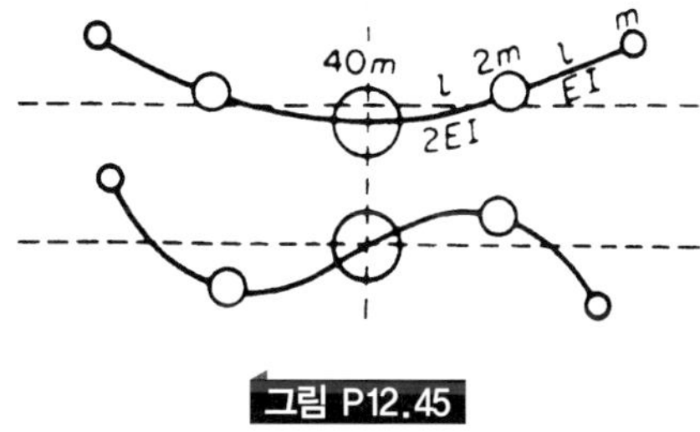

그림 P12.45

12.46 비행기에서 두 개의 제트 엔진이 몸체에서 같은 거리만큼 몸체에서 떨어진 위치에 있는 경우에 대하여 문제 12.30에서와 같은 해석을 하라. 그 결과는 거리 l과 어떻게 관련되어 있는가?

12.47 비행기에서 네 개의 제트 엔진이 몸체에서 임의의 거리 l_1만큼 떨어져서 위치하고, 두 번째 쌍은 첫 번째 엔진에서 $\frac{1}{2}$ 거리에 위치하고 있다. 그 결과는 l_1, l_2와 어떻게 관련되어 있는가?

12.48 레일리 방법을 사용하여 그림 P12.48에 보인 문제의 고유 진동수를 구하라. 고유 진동수의 길이 l에 대한 의존 특성을 그려라.

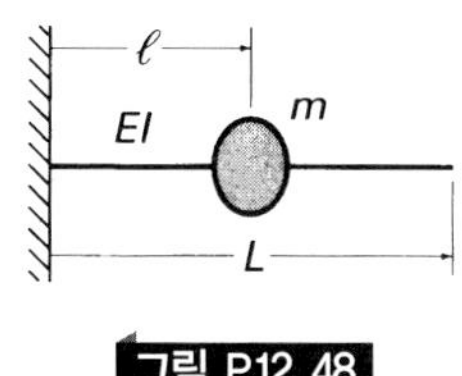

그림 P12.48

12.49 던커레이 방정식을 사용하여 그림 P12.49에 보인 문제의 고유 진동수를 구하라. 고유 진동수의 길이 l_1 및 l_2에 대한 의존 특성을 그려라.

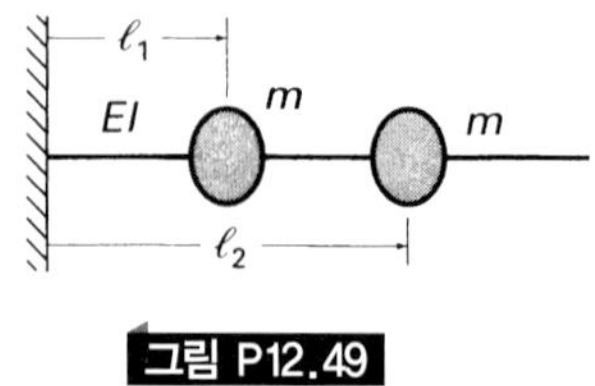

그림 P12.49

12.50 레일리-리츠 방법을 사용하여 앞의 두 문제에 대한 고유 진동수를 구하라.

CHAPTER

13 불규칙 진동

이제까지 고려해 왔던 함수의 형태는 확정적(deterministic)인 것으로 분류할 수 있다. 즉, 임의의 시간 t에 있어서의 순간적인 값을 결정할 수 있는 수학적인 표현을 쓸 수 있었다. 그러나 물리현상의 많은 경우는 확정적 관점으로는 미래의 순간적인 값이 예측될 수 없는 비확정적(nondeterministic)인 데이터로 주어지는 경우가 많다. 예로서 제트 엔진의 소음, 파도치는 바다의 파고, 지진시의 지반운동, 비행중 비행기에 걸리는 압력돌풍 등을 들 수 있다. 이러한 현상들은 모두 하나의 공통점을 가지고 있다. 즉, 임의의 미래 시간에 있어서의 순간적인 값들을 예측할 수 없다는 점이다. 이러한 형태의 비확정적 데이터를 불규칙 시간함수(random time function)라 한다.

13.1 불규칙현상

전형적인 불규칙 시간함수의 예가 그림 13.1.1에 나타나 있다. 이 함수의 불규칙한 특성에도 불구하고 많은 불규칙현상(random phenomena)은 어느정도 통계적인 규칙성(statistical regularity)을 나타내며 공학 설계에 있어서 유용한 통계적 특성을 세우기 위한 평균화 방법(averaging procedure)이 적용될 수 있다.

어떠한 통계방법에 있어서도 신뢰성을 갖기 위해서는 많은 양의 데이터가 필요하다. 예를 들면, 임의의 항로에 있어서 공기 난류에 의한 압력 변동의 통계를 구하기 위해서는 그림 13.1.2에 보인 것과 같은 형태의 수많은 기록을 수집해야 한다.

그림 13.1.1 불규칙 시간함수의 기록

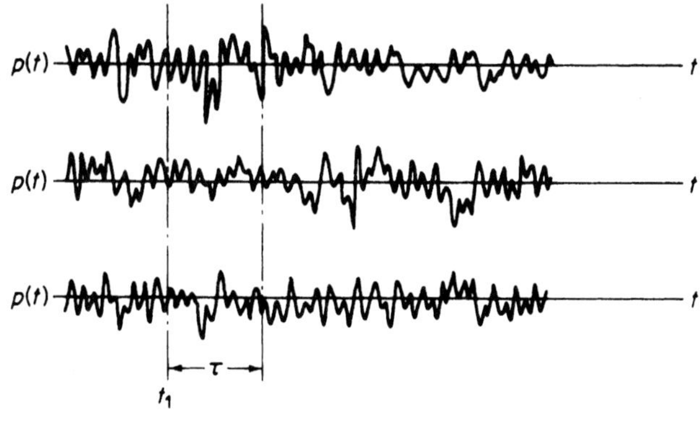

그림 13.1.2 불규칙 시간함수들의 앙상블

각각의 기록을 **표본**(sample)이라 하고, 표본의 전체를 **앙상블**(ensemble)이라 한다. 시간 t_1에 있어서의 순간적인 압력의 앙상블 평균을 계산할 수 있다. 각 표본에 있어서 시간 t_1과 $t_1 + \tau$와 순간적인 압력을 곱하여 앙상블에 대해서 그 결과들을 평균할 수도 있다. 만일 위와 같은 평균이 다른 t_1값들을 선택한 것과 다르지 않을 때, 위와 같은 앙상블에 의하여 나타나는 불규칙(random) 과정을 **정상**(stationary)이라 한다.

만일 앙상블 평균이 다음으로 시간 평균에 의하여 대치되고, 만일 각 표본으로부터 계산된 결과들이 다른 표본들의 결과와 같고, 이것이 또한 앙상블 평균과 같을 때의 불규칙과정을 **에르고딕**(ergodic)이라 한다.

따라서, 정상 에르고딕 불규칙현상에 대해서는 이의 통계적인 성질들을 충분히 긴 시간의 단일 함수로부터 얻을 수 있다. 위와 같은 불규칙변수를 취급하는 일을 크게 단순화시킨다. 본 장에서는 이러한 정상 에르고딕 불규칙함수에 속해 있는 것들만 취급한다.

13.2 시간 평균과 기대값

기대값 불규칙진동에 있어서는 긴 시간에 걸친 시간 평균의 개념이 여러 번 나오게 된다. 이러한 과정에 대한 가장 통상적인 표시법은 다음과 같은 방정식으로 구해진다. 여기서 $x(t)$는 변수이다.

$$\overline{x(t)} = \langle x(t) \rangle = \lim_{T \to \infty} \frac{1}{T} \int_0^T x(t)\, dt \qquad \textbf{(13.2.1)}$$

윗식은 다음과 같이 쓰여지는 $x(t)$의 **기대값**(expected value)과 같다.

$$E[x(t)] = \lim_{T\to\infty} \frac{1}{T}\int_0^T x(t)\,dt \tag{13.2.2}$$

이것은 긴 시간에 걸쳐서 수집된 양의 평균 혹은 평균값이다. 이산변수(discrete variable) x_i의 경우에 있어서의 기대값이 다음 방정식으로 주어진다.

$$E[x] = \lim_{n\to\infty} \frac{1}{n}\sum_{i=1}^{n} x_i \tag{13.2.3}$$

제곱 평균값 이러한 평균 작업은 $x^2(t)$나 $x(t)\cdot y(t)$와 같은 임의의 변수에 대하여 적용될 수 있다. $\overline{x^2}$나 $E[x^2(t)]$로 나타내는 제곱 평균값(mean square value)은 $x^2(t)$를 시간 간격 T 동안 적분하고, 다음과 같은 방정식에 따라 평균값을 취한 것이다.

$$E[x^2(t)] = \overline{x^2} = \lim_{T\to\infty} \frac{1}{T}\int_0^T x^2\,dt \tag{13.2.4}$$

분산과 표준편차 시계열(time series)을 평균과 평균에서부터의 변동의 항으로 생각하는 것이 바람직한 경우가 자주 있다. 중요한 성질의 하나는 **분산**(variance) σ^2이며, 이것은 다음 방정식으로 주어지는 평균값 주변 분포값들의 제곱 평균값이 된다.

$$\sigma^2 = \lim_{T\to\infty} \frac{1}{T}\int_0^T (x-\bar{x})^2\,dt \tag{13.2.5}$$

윗식을 전개하면 다음 식을 쉽게 구할 수 있다.

$$\sigma^2 = \overline{x^2} - (\bar{x})^2 \tag{13.2.6}$$

따라서, 분산은 제곱 평균값으로부터 평균의 제곱을 뺀 값과 같게 된다. 분산의 양(+) 제곱근은 **표준편차**(standard deviation) σ가 된다.

푸리에 급수 일반적으로 불규칙 시간함수는 연속 스펙트럼에 접근하는 많은 주파수의 진동을 포함하고 있다. 불규칙 시간함수가 일반적으로 주기함수는 아닐지라도, 이들을 주기가 무한대에 접근하는 큰 값으로 확장하여 푸리에(Fourier) 급수로 나타내면 논리적으로 접근할 수 있다.

제1장에서 푸리에 급수의 지수형(exponential form)은 다음과 같음을 보였다.

$$x(t) = \sum_{-\infty}^{\infty} c_n e^{in\omega_1 t} = c_0 + \sum_{n=1}^{\infty}(c_n e^{in\omega_1 t} + c_n^* e^{-in\omega_1 t}) \tag{13.2.7}$$

이 급수는 실(real)함수이며, 음과 양의 진동수에 걸친 합산을 포함하고 있고, 또한 정수항 c_0를 포함하고 있다. 정수항 c_0는 $x(t)$의 평균값이며, 이것은 따로 취급할 수 있으므로 앞으로는 고려대상에서 제외한다. 또한 실제 측정은 양의 진동수항으로 이루어지므로 다음 방정식으로 공부하는 것이 보다 바람직하다.

$$x(t) = \text{Re} \sum_{n=1}^{\infty} C_n e^{in\omega_1 t} \tag{13.2.8}$$

윗식의 한 쪽 방향의 합산은 복소수이기 때문에 급수의 실수부는 $x(t)$가 실수로 되도록 해야 한다. 벡터의 실수부는 벡터와 그 공액벡터 합의 1/2이 되므로[식 (1.1.9) 참조] 다음과 같이 쓸 수 있다.

$$x(t) = \text{Re} \sum_{n=1}^{\infty} C_n e^{in\omega_1 t} = \frac{1}{2} \sum_{n=1}^{\infty} (C_n e^{in\omega_1 t} + C_n^* e^{-in\omega_1 t})$$

윗식과 식 (1.2.6)을 비교하면 다음과 같이 됨을 알 수 있다.

$$\begin{aligned} C_n = 2c_n &= \frac{2}{T} \int_{-T/2}^{T/2} x(t) e^{-in\omega_1 t}\, dt \\ &= a_n - ib_n \end{aligned} \tag{13.2.9}$$

예제 13.2.1

많은 이산 진동수를 포함하고 있는 불규칙진동 $x(t)$의 제곱 평균값을 구하라.

풀이 기록이 주기적이므로 이것을 다음과 같이 푸리에 급수의 실수부로 나타낼 수 있다.

$$\begin{aligned} x(t) &= \text{Re} \sum_{n=1}^{\infty} C_n e^{in\omega_0 t} \\ &= \frac{1}{2} \sum_{n=1}^{\infty} (C_n e^{in\omega_0 t} + C_n^* e^{-in\omega_0 t}) \end{aligned}$$

여기서 C_n은 복소수이고 C_n^*는 공액 복소수이다[식 (13.2.9) 참조]. 이것의 제곱 평균값은 다음과 같다.

$$\begin{aligned} \overline{x^2} &= \lim_{T\to\infty} \frac{1}{T} \int_0^T \frac{1}{4} \sum_{n=1}^{\infty} (C_n e^{in\omega_0 t} + C_n^* e^{-in\omega_0 t})^2\, dt \\ &= \lim_{T\to\infty} \sum_{n=1}^{\infty} \frac{1}{4} \left(\frac{C_n^2 e^{i2n\omega_0 t}}{i2n\omega_0 T} + 2C_n C_n^* + \frac{C_n^{*2} e^{-i2n\omega_0 t}}{-i2n\omega_0 T} \right)_0^T \end{aligned}$$

$$= \sum_{n=1}^{\infty} \frac{1}{2} C_n C_n^* = \sum_{n=1}^{\infty} \frac{1}{2} |C_n|^2 = \sum_{n=1}^{\infty} \overline{C_n^2}$$

이 방정식에서 $e^{\pm i2n\omega_0 t}$는 임의의 t에 대해 ±1 사이로 한정되어 있으며, 분모에 있어서 $T \to \infty$로 되므로 첫 번째 항과 마지막 항은 0이 된다. 그러나 중간항은 T와 무관하다. 따라서, 주기함수의 제곱 평균은 존재하는 각 조화 성분의 제곱 평균값의 합이 된다.

13.3 주파수 응답함수

모든 선형계에서 입력과 출력 사이에는 직접적인 선형관계가 있다. 이것은 불규칙함수에도 적용되며, 이것을 블록 선도로 나타내면 그림 13.3.1이 된다.

시간영역에서 계의 거동은 다음과 같이 식 (4.2.1)의 컨벌루션 적분(convolution integral)에서 사용되었던 계의 임펄스 응답 $h(t)$의 항으로 구할 수 있다.

$$y(t) = \int_0^t x(\xi) h(t - \xi)\, d\xi \tag{13.3.1}$$

정상상태(steady-state) 조건하의, 단위진폭의 조화함수인 입력에 대한 출력의 비로서 구할 수 있는 주파수 응답함수 $H(\omega)$의 항으로 주파수 영역에 대하여 아주 간단한 관계를 얻을 수 있다. 따라서, 이러한 경우 과도해는 고려대상에서 제외 된다. 불규칙진동에서는 초기 조건과 위상은 큰 뜻을 갖지 않으므로 생략한다. 주로 제곱 평균값과 관계될 수 있는 평균 에너지에 대하여 생각해 보자.

이러한 정의를 다음과 같은 1자유도계에 적용하자.

$$m\ddot{y} + c\dot{y} + ky = x(t) \tag{13.3.2}$$

이제 입력을 $x(t) = e^{i\omega t}$로 하자. 그렇게 하면 정상상태 출력은 $y = H(\omega)e^{i\omega t}$로 되며, 여기서 $H(\omega)$는 복소수이다. 이것들을 미분 방정식에 대입하고 양변으로부터 $e^{i\omega t}$를 소거하면 다음과 같다.

$$(-m\omega^2 + ic\omega + k)H(\omega) = 1$$

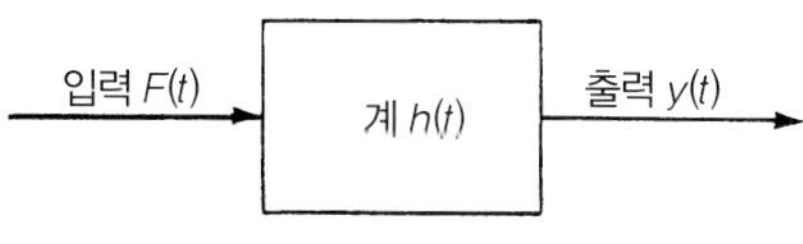

그림 13.3.1 선형계의 입력-출력 관계

따라서, 다음과 같은 주파수 응답함수(frequency response function)를 얻게 된다.

$$H(\omega) = \frac{1}{k - m\omega^2 + ic\omega}$$
$$= \frac{1}{k}\frac{1}{1 - (\omega/\omega_n)^2 + i2\zeta(\omega/\omega_n)} \quad \textbf{(13.3.3)}$$

제3장에서 언급하였듯이 힘의 항에 계수 $1/k$를 넣으면 $H(\omega)$는 ω/ω_n과 감쇠계수 ζ의 무차원 함수로 된다.

입력-출력 관계를 주파수 응답함수의 항으로 다음과 같이 쓸 수 있다.

$$y(t) = H(\omega)F_0 e^{i\omega t} \quad \textbf{(13.3.4)}$$

여기서 $F_0 e^{i\omega t}$는 조화함수이다.

제곱 평균 응답에 대해서는 예제 13.2.1의 과정에 따라 다음과 같이 쓴다.

$$y = \tfrac{1}{2}F_0(He^{i\omega t} + H^* e^{-i\omega t}) \quad \textbf{(13.3.5)}$$

따라서, 이것을 제곱하여 식 (13.2.4)에 대입하면 y의 제곱 평균값은 다음과 같이 구하게 된다.

$$\overline{y^2} = \frac{F_0^2}{4}\lim_{T\to\infty}\frac{1}{T}\int_0^T (H^2 e^{i2\omega t} + 2HH^* + H^* e^{-i2\omega t})\,dt$$
$$= \frac{F_0^2}{2}H(\omega)H^*(\omega) = \overline{F_0^2}|H(\omega)|^2 \quad \textbf{(13.3.6)}$$

위의 방정식은 분모에 있어서 $T\to\infty$이기 때문에 첫 번째와 마지막 항은 0이 되나, 중간 항은 T와 무관하다. 식 (13.3.6)은 응답의 제곱 평균값이 가진의 제곱 평균에 주파수 응답 함수의 절대값의 제곱을 곱한 것과 같음을 나타낸다. 가진이 많은 진동수의 푸리에 급수항으로 표현될 경우, 응답은 식 (13.3.6)과 유사한 항들의 합이 된다.

예제 13.3.1

고유 진동수 $\omega_n = \sqrt{k/m}$이고, 감쇠 $\zeta = 0.20$인 1자유도계가 다음 힘으로 가진된다.

$$F(t) = F\cos\tfrac{1}{2}\omega_n t + F\cos\omega_n t + F\cos\tfrac{3}{2}\omega_n t$$
$$= \sum_{m=1/2,\,1,\,3/2} F\cos m\omega_n t$$

응답의 제곱 평균을 구하고 출력 스펙트럼을 입력 스펙트럼과 비교하라.

풀이 이 계의 응답은 단순히 가진력의 각 조화 성분에 대한 1자유도계의 응답의 합이므로 다음과 같다.

$$x(t) = \sum_{m=1/2,\,1,\,3/2} |H(m\omega)|F\cos(m\omega_n t - \phi_m)$$

여기서

$$|H(\tfrac{1}{2}\omega_n)| = \frac{1/k}{\sqrt{9/16 + (0.20)^2}} = \frac{1.29}{k}$$

$$|H(\omega_n)| = \frac{1/k}{\sqrt{4(0.20)^2}} = \frac{2.50}{k}$$

$$|H(\tfrac{3}{2}\omega_n)| = \frac{1/k}{\sqrt{25/16 + 9(0.20)^2}} = \frac{0.72}{k}$$

$$\phi_{1/2} = \tan^{-1}\frac{4\zeta}{3} = 0.083\pi$$

$$\phi_1 = \tan^{-1}\infty = 0.50\pi$$

$$\phi_{3/2} = \tan^{-1}\frac{-12\zeta}{5} = -0.142\pi$$

이 값들을 x(t)에 대입하면 다음 방정식을 얻는다.

$$x(t) = \frac{F}{k}[1.29\cos(0.5\omega_n t - 0.083\pi) + 2.50\cos(\omega_n t - 0.50\pi) + 0.72\cos(1.5\omega_n t + 0.142\pi)]$$

따라서, 응답의 제곱 평균은 다음과 같다.

$$\overline{x^2} = \frac{F^2}{2k^2}[(1.29)^2 + (2.50)^2 + (0.72)^2]$$

그림 13.3.2는 문제에 대한 입력과 출력 스펙트럼을 보여주고 있다. 입력의 제곱 평균의 성분은 각 주파수에 동일하게, $F^2/2$이다. 출력 스펙트럼은 계의 주파수 응답함수에 의하여 수정된다.

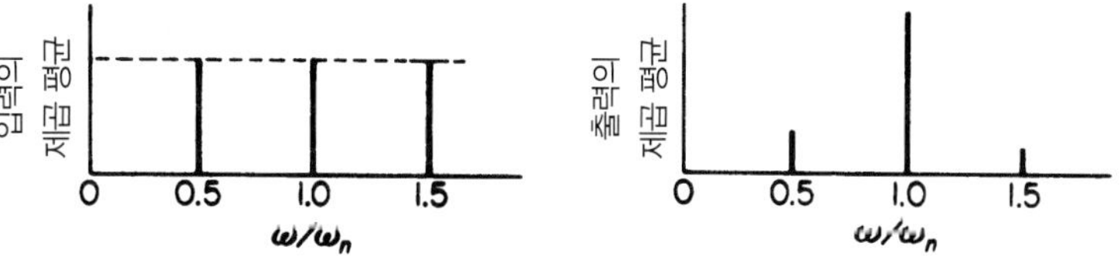

그림 13.3.2 이산 진동수를 가진 입력과 출력 스펙트럼

13.4 확률분포

그림 13.4.1의 불규칙 시간함수에 있어서 순간적인 값이 임의의 구체적인 값 x_1보다 작을 [보다 더 음(−)값인] 확률은 얼마일까? 이 질문에 대답하기 위하여 구체적인 값 x_1에 대해 수평선을 그리고, $x(t)$가 x_1보다 작은 동안의 시간 구간 Δt_i를 합산한다. 이 합을 전체 시간으로 나누면, 이것은 $x(t)$가 x_1보다 작은 시간의 전체 시간에 대한 분할을 나타내며, 이것이 다음과 같이 표현되는 $x(t)$가 x_1보다 작게 되는 확률이 된다.

$$\begin{aligned} P(x_1) &= \text{Prob}[x(t) < x_1] \\ &= \lim_{t\to\infty} \frac{1}{t} \sum \Delta t_i \end{aligned} \tag{13.4.1}$$

만일 x_1으로 아주 큰 음수를 선택하면, 곡선의 어느 것도 x_1을 넘어서 음쪽으로 확장되지 않게 되므로 $P(x_1 \to -\infty) = 0$이다. x_1에 해당하는 수평선을 위로 올리면 더 많은 $x(t)$가 x_1보다 아래로 확장되어 x_1보다 아래가 되는 $x(t)$의 전체 시간에 대한 분할은 그림 13.4.2(a)에 보여준 바와 같이 증가한다. $x \to \infty$로 되면 모든 $x(t)$는 $x = \infty$보다 작은 영역에 놓이게 되므로, $x = \infty$보다 작을 $x(t)$의 확률은 확실하거나 $P(x = \infty) = 1.0$이 된다. 따라서, 양(positive)의 x로 향하는 누적인 그림 13.4.2(a)의 곡선은 $x = -\infty$에서 0으로부터 $x = +\infty$에서 1.0으로 단순하게 증가한다. 이 함수를 누적 확률 분포함수(cumulative probability distribution function) $P(x)$라 한다.

다음으로 만일 $x(t)$가 x_1과 $x_1 + \Delta x$ 값 사이에 놓일 확률을 구하기를 원한다면, $P(x_1 + \Delta x)$로부터 $P(x_1)$을 빼면 된다. 이것은 또한 $x(t)$가 x_1과 $x_1 + \Delta x$ 영역을 차지하는 시간과 비례한다.

확률 밀도함수(probability density function) $p(x)$를 다음과 같이 정의한다.

$$p(x) = \lim_{\Delta x \to 0} \frac{P(x + \Delta x) - P(x)}{\Delta x} = \frac{dP(x)}{dx} \tag{13.4.2}$$

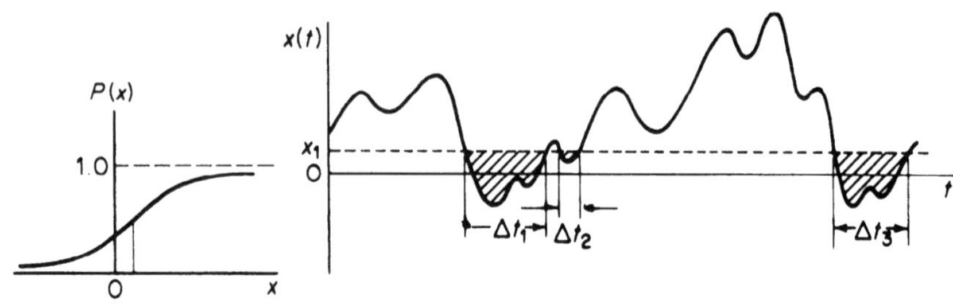

그림 13.4.1 누적확률의 계산

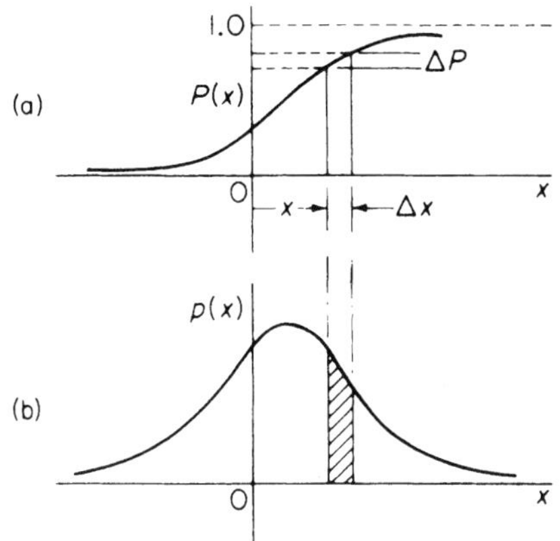

그림 13.4.2 (a) 누적확률, (b) 확률밀도

그림 13.4.2(b)로부터 $p(x)$가 누적확률 분포 $P(x)$의 기울기가 되는 것이 확실하게 된다. 앞의 방정식으로부터 다음과 같이 쓸 수 있다.

$$P(x_1) = \int_{-\infty}^{x_1} p(x)\, dx \qquad \textbf{(13.4.3)}$$

그림 13.4.2(b)의 x의 두 값 사이의 확률밀도 곡선하의 면적은 이 구간에 있을 변수의 확률을 나타낸다. $x = \pm\infty$ 사이에 있을 $x(t)$의 확률은 확실하므로,

$$P(\infty) = \int_{-\infty}^{+\infty} p(x)\, dx = 1.0 \qquad \textbf{(13.4.4)}$$

이 되어 $P(x)$곡선하의 전체 면적은 1이 되어야 한다. 그림 13.4.3에 $x(t)$가 x와 $x + dx$사이에 들어가는 시간의 분할인 확률밀도 $p(x)$를 다시 나타내고 있다.

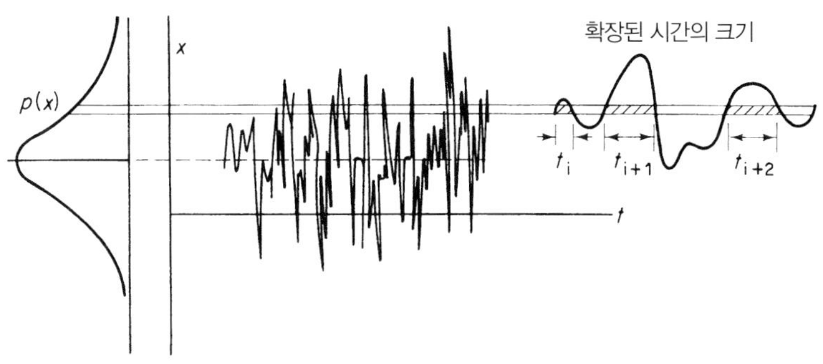

그림 13.4.3

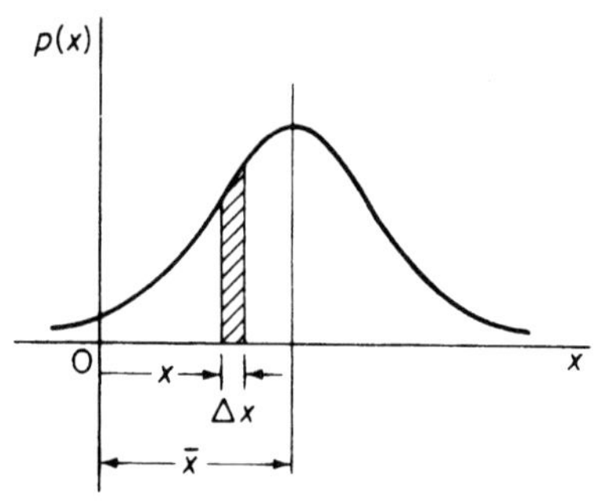

그림 13.4.4 $p(x)$의 1차와 2차 모멘트

시간 평균의 항으로 앞에서 정의한 평균과 제곱 평균값은 확률 밀도함수와 다음과 같은 방식으로 관계가 있다. 평균값 $\bar{x}$는 그림 13.4.4에 보인 바와 같이 확률밀도 곡선 $p(x)$하의 면적의 도심과 일치한다. 따라서, 이것은 다음과 같은 1차 모멘트에 의하여 구할 수 있다:

$$\bar{x} = \int_{-\infty}^{\infty} xp(x)\,dx \tag{13.4.5}$$

같은 방법으로 제곱 평균값은 다음과 같이 2차 모멘트로부터 구해진다.

$$\overline{x^2} = \int_{-\infty}^{\infty} x^2p(x)\,dx \tag{13.4.6}$$

이것은 $x=0$ 주위의 확률밀도 곡선하의 면적의 관성 모멘트와 유사하다.

평균 주위에 대한 제곱 평균으로 앞에서 구해진 **분산**(variance) σ^2은 다음과 같다.

$$\begin{aligned}\sigma^2 &= \int_{-\infty}^{\infty} (x-\bar{x})^2p(x)\,dx \\ &= \int_{-\infty}^{\infty} x^2p(x)dx - 2\bar{x}\int_{-\infty}^{\infty} xp(x)\,dx + (\bar{x})^2\int_{-\infty}^{\infty} p(x)\,dx \\ &= \overline{x^2} \quad - 2(\bar{x})^2 \quad + (\bar{x})^2 \\ &= \overline{x^2} \quad - (\bar{x})^2\end{aligned} \tag{13.4.7}$$

표준편차(standard deviation) σ는 분산의 제곱근이다. 평균이 0이면 $\sigma=\sqrt{\overline{x^2}}$이 되므로 표준편차는 제곱 평균근과 같게 된다.

가우스 분포와 레일리 분포 자연현상에서 자주 일어나는 분포들은 가우스(혹은 정규)분포와 레일리 분포로서 둘 다 수학적으로 표현될 수 있다. 가우스(Gauss)분포는 평균값(0으로 가정) 주위로 대칭이며, 다음 방정식으로 나타낸다.

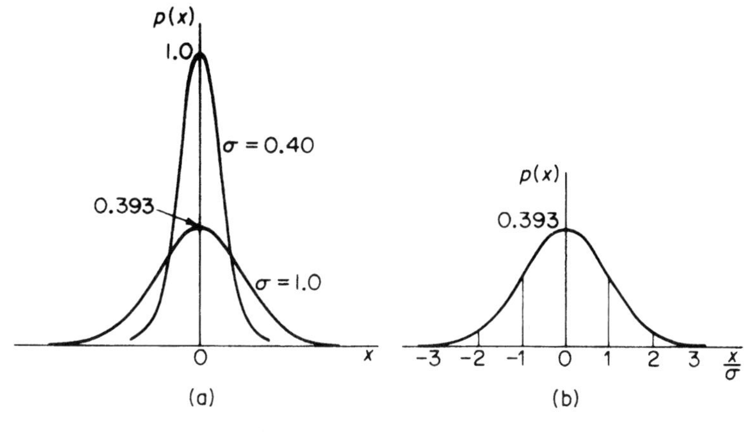

그림 13.4.5 정상분포

$$p(x) = \frac{1}{\sigma\sqrt{2\pi}} e^{-x^2/2\sigma^2} \tag{13.4.8}$$

표준편차 σ는 평균값 주위의 분포척도로서 σ의 값이 작으면 작을수록 $p(x)$ 곡선(전체 면적은 1.0 임을 상기하라)은 그림 13.4.5(a)에 보여준 것처럼 좁아진다.

그림 13.4.5(b) 에 가우스 분포를 x/σ의 항으로 무차원 그림을 그렸다. $x(t)$가 $\pm\lambda\sigma$ 사이에 있을 확률은 다음 식으로부터 구한다. 여기서 λ는 임의의 양수이다.

$$\text{Prob}\left[-\lambda\sigma \le x(t) \le \lambda\sigma\right] = \frac{1}{\sigma\sqrt{2\pi}} \int_{-\lambda\sigma}^{\lambda\sigma} e^{-x^2/2\sigma^2}\, dx \tag{13.4.9}$$

다음 표는 $\lambda = 1, 2, 3$에 대한 수치값을 나타낸다.

λ	$\text{Prob}[-\lambda\sigma \le x(t) \le \lambda\sigma]$	$\text{Prob}[\lvert x\rvert \le \lambda\sigma]$
1	68.3%	31.7%
2	95.4%	4.6%
3	99.7%	0.3%

$x(t)$가 $\pm\lambda\sigma$ 밖에 놓일 확률은 $|x|$의 확률이 $\lambda\sigma$를 넘는 것이 되며, 이것은 1.0에서 앞의 값을 뺀것이 되며, 다음 방정식으로 나타내어진다.

$$\text{Prob}\left[|x| > \lambda\sigma\right] = \frac{2}{\sigma\sqrt{2\pi}} \int_{\lambda\sigma}^{\infty} e^{-x^2/2\sigma^2}\, dx = erfc\left(\frac{\lambda}{\sqrt{2}}\right) \tag{13.4.10}$$

진폭의 절대값 A와 같이 양의 값으로 한정된 불규칙변수는 종종 다음 방정식으로 정의

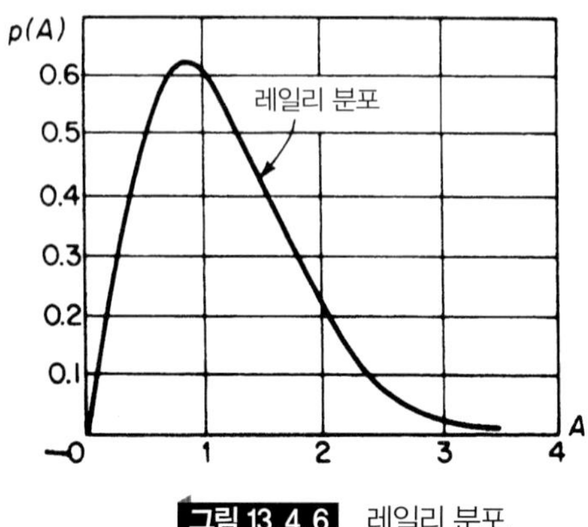

그림 13.4.6 레일리 분포

되는 레일리(Rayleigh)분포에 따르는 경향이 있다.

$$p(A) = \frac{A}{\sigma^2} e^{-A^2/2\sigma^2} \qquad A > 0 \tag{13.4.11}$$

확률밀도 $p(A)$는 $A < 0$에 대하여 0이며, 그림 13.4.6에 보인 형태를 갖는다.

레일리 분포에 대한 평균과 제곱 평균값은 다음과 같이 1차와 2차 모멘트로 부터 구할 수 있다.

$$\begin{aligned} \overline{A} &= \int_0^\infty Ap(A)\,dA = \int_0^\infty \frac{A^2}{\sigma^2} e^{-A^2/2\sigma^2}\,dA = \sqrt{\frac{\pi}{2}}\,\sigma \\ \overline{A^2} &= \int_0^\infty A^2 p(A)\,dA = \int_0^\infty \frac{A^3}{\sigma^2} e^{-A^2/2\sigma^2}\,dA = 2\sigma^2 \end{aligned} \tag{13.4.12}$$

레일리 분포에 관계되는 분산은 다음과 같다.

$$\begin{aligned} \sigma_A^2 &= \overline{A^2} - (\overline{A})^2 = \left(\frac{4-\pi}{2}\right)\sigma^2 \\ \therefore \sigma_A &\cong \frac{2}{3}\sigma \end{aligned} \tag{13.4.13}$$

또한 A가 주어진 값 $\lambda\sigma$를 넘을 확률은 다음과 같다.

$$\text{Prob}\,[A > \lambda\sigma] = \int_{\lambda\sigma}^\infty \frac{A}{\sigma^2} e^{-A^2/2\sigma^2}\,dA \tag{13.4.14}$$

윗식은 다음 수치값을 갖는다.

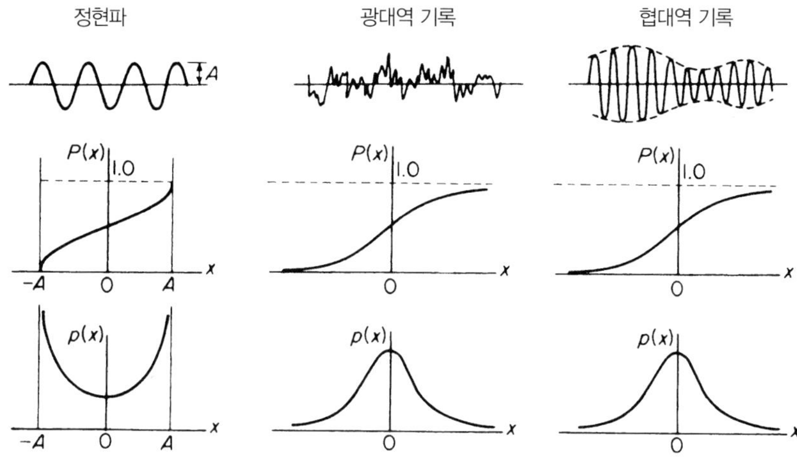

그림 13.4.7 기록의 세 가지 형태에 대한 확률함수

λ	$P[A > \lambda\sigma]$
0	100%
1	60.7%
2	13.5%
3	1.2%

우리가 실제로 자주 마주치게 되는 시간 기록의 세 가지 중요한 예가 그림 13.4.7에 나타나 있으며, 여기서 평균값은 임의로 0으로 잡았다. 정현파에 대한 누적확률 분포는 다음과 같이 됨을 쉽게 알 수 있다.

$$P(x) = \frac{1}{2} + \frac{1}{\pi}\sin^{-1}\frac{x}{A}$$

또한 이것의 확률밀도는 미분을하여 다음과 같이 얻는다.

$$\begin{aligned} p(x) &= \frac{1}{\pi\sqrt{A^2 - x^2}} \qquad |x| < A \\ &= 0 \qquad\qquad\qquad\ |x| > A \end{aligned}$$

광대역 기록에 대해서는 진폭, 위상, 진동의 주파수 모두가 매우 불규칙하게 변하며, 이들의 순간적인 값에 대한 해석적 표현이 불가능하다. 이러한 함수들은 라디오 소음, 제트 엔진의 압력 변동, 대기압의 난류 등에서 나타나며, 그러한 기록에 대한 가장 근사한 확률 분포는 **가우스 분포**이다.

광대역 기록을 협대역 필터나 필터 대역폭이 이것의 중앙 진동수 f_0와 비교해서 작은 공진계로 통과시키면, 진폭과 위상이 서서히 변하나 본질적으로는 일정한 주파수 진동인 세 번째 형태를 얻게 된다. 순간값들의 확률 분포는 광대역 불규칙함수와 동일하다. 그러나 포락선(envelope)에 해당하는 이들의 피크의 절대값은 레일리 분포를 갖게 된다.

관심의 대상이 되는 또 하나의 양은 피크값의 분포이다. Rice[1)]는 피크값의 분포는 $N_0/2M$의 양에 달려 있다는 것을 보였다. 여기서 N_0는 0을 통과하는 숫자이며, $2M$은 양(+)과 음(−) 피크의 수이다. 정현파나 협대역에 있어서는 N_0는 $2M$과 같게 되어 비 $N_0/2M = 1$이 된다. 광대역 불규칙기록에 대해서는 피크의 수가 0을 넘어가는 수를 훨씬 초과하기 때문에 $N_0/2M$은 0으로 접근하게 된다. $N_0/2M = 0$이면, 피크값의 확률밀도 분포는 가우스 분포가 되나, 협대역의 경우에서처럼 $N_0/2M = 1$이면, 피크값의 확률밀도 분포는 **레일리 분포**가 되는 경향이 있다.

13.5 상관

상관(correlation)이란, 두 가지 양(quantitiy) 사이의 유사성에 대한 척도를 말한다. 진동 파형에 응용하면, 상관은 측정소음 안에 묻혀서 밖으로 나타나지 않는 주기신호, 구조물을 통하는 전파시간 등을 찾을 때와 푸리에 변환으로 좀더 잘 나타낼 수 있는 구조의 스펙트럼 특성과 관계되는 다른 정보들을 구할 때 사용되는 유용한 시간–영역의 해석이다.

그림 13.5.1에 보인 바와 같이 $x_1(t)$와 $x_2(t)$의 두 기록이 있다고 하자. 이들 사이의 상관(correlation)은 매시간 t에 있어서 두 기록의 합을 곱하고, 곱의 합을 곱의 수로 나누어서 평균값 $\langle x_1(t)x_2(t)\rangle$를 구함으로써 계산된다. 두 기록이 유사 하거나 같을 때, 위와 같이해서 구한 상관이 가장 크다는 것은 자명하다. 서로 다른 기록에 대해서는 곱의 일부는 양이 되고, 다른 것은 음이 되기 때문에 그들의 합은 작게 된다.

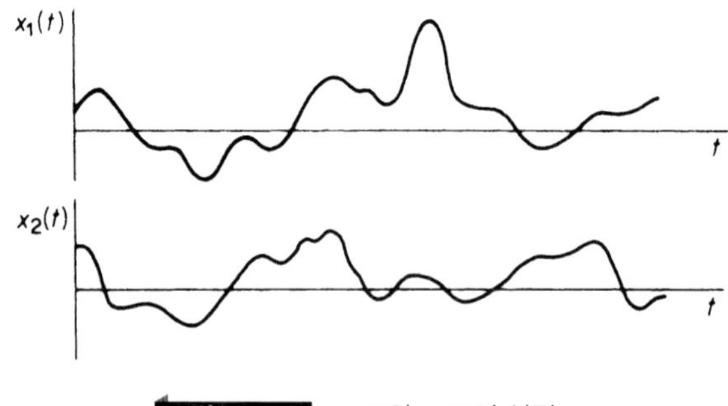

그림 13.5.1 $x_1(t)$와 $x_2(t)$의 상관

1) 참고문헌 [8] 참조

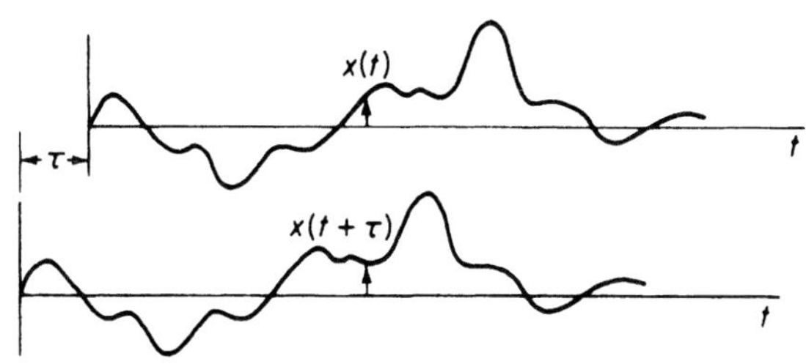

그림 13.5.2 함수 $x(t)$를 T만큼 이동시킨 것

이번에는 $x_2(t)$)가 $x_1(t)$와 같으나, 그림 13.5.2에 보여지는 바와 같이 시간 τ만큼 이동된 경우에 대하여 생각하자. 이런 경우, 시간 t에 있어서 x_1이 $x(t)$이면 x_2의 값은 $x(t+\tau)$이며, 상관은 $\langle x(t)x(t+\tau)\rangle$로 주어지게 된다. 여기서 만일 $\tau=0$이면 완전 상관을 얻게 된다. τ가 증가함에 따라서 상관은 감소한다.

위와 같은 결과는 시간 t와 $t+\tau$에 있어서의 값을 곱하고, 평균을 구함으로써 단일 기록으로부터 계산될 수 있다는 것이 자명하다. 이렇게 하여 구한 결과를 **자기상관** (autocorrelaticm)이라 부르며, $R(\tau)$로 나타낸다. 이것은 또한 다음과 같이 $x(t)x(t+\tau)$곱의 기대값이다.

$$\begin{aligned} R(\tau) &= E[x(t)x(t+\tau)] = \langle x(t)x(t+\tau)\rangle \\ &= \lim_{T\to\infty}\frac{1}{T}\int_{-T/2}^{T/2} x(t)x(t+\tau)\,dt \end{aligned} \tag{13.5.1}$$

$\tau=0$이면, 위의 정의는 다음과 같이 제곱 평균값이 된다.

$$R(0) = \overline{x^2} = \sigma^2 \tag{13.5.2}$$

그림 13.5.2의 두 번째 기록은 첫 번째 기록에 대하여 지연된 것으로 생각될 수 있거나, 혹은 첫 번째 기록이 두 번째 기록에 대하여 앞선 것으로 생각될 수 있으므로 $R(\tau)$는 $R(-\tau)$가 되어 원점 $\tau=0$에 대하여 대칭이 되며, 이것은 항상 $R(0)$보다 작다는 것은 자명하다.

그림 13.5.3에 보인 광대역 잡음과 같이 아주 불규칙한 함수는 작은 시간 이동에 있어서도 유사성을 곧 잃게 된다. 따라서, 이들의 자기상관은 $\tau=0$에서 뾰족하게 되고, 그림에 보여준 바와 같이 $\pm\tau$에서 급격히 떨어지게 된다. 이것은 광대역 불규칙기록이 $\tau=0$ 근방을 제외하고는 상관이 적거나 혹은 없다는 것을 나타낸다.

주기함수의 특성으로 파(wave)를 한 주기만큼 이동시키면 파가 다시 일치하기 때문에 자기상관이 진동수와 동일한 주기를 갖는 주기함수가 된다. 그림 13.5.4는 정현파와 이것의 자기상관을 보여주고 있다.

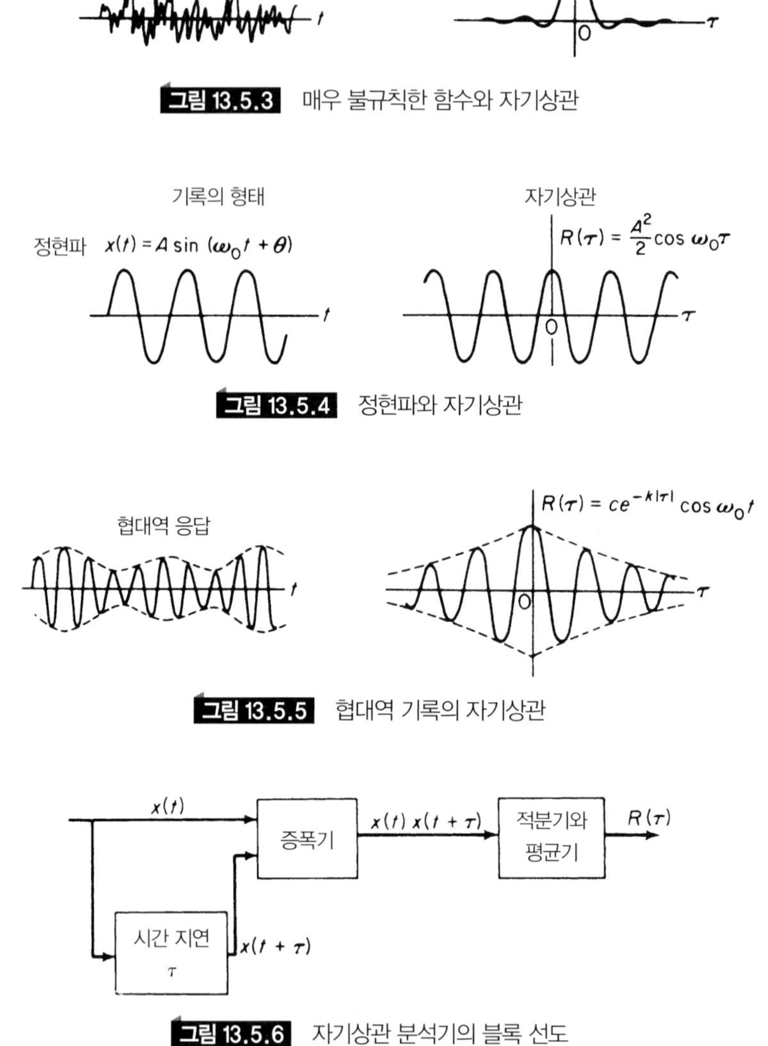

그림 13.5.3 매우 불규칙한 함수와 자기상관

그림 13.5.4 정현파와 자기상관

그림 13.5.5 협대역 기록의 자기상관

그림 13.5.6 자기상관 분석기의 블록 선도

그림 13.5.5에 보여지는 협대역 기록에 대해서는 자기 상관함수가 정현파에 대하여 구하였던 특성을 어느 정도 가지고 있으며, 이것 역시 $\tau = 0$에서 최대값을 갖는 우함수(even function)이며, 주파수 ω_0는 지배 혹은 중심 주파수와 일치 한다. 실제 모양이 다른 것은 협대역 기록에 대한 $R(\tau)$는 큰 τ에 대하여 0으로 접근하는 것이다. 위와 같은 사실로부터 불규칙기록 안에 묻혀 있는 주기성은 이 기록을 정현파와의 상관을 구함으로써 찾아낼 수 있다는 것을 알 수 있다. 그림 13.5.6 은 자기 상관함수의 결정에 관한 블록 선도를 나타낸다.

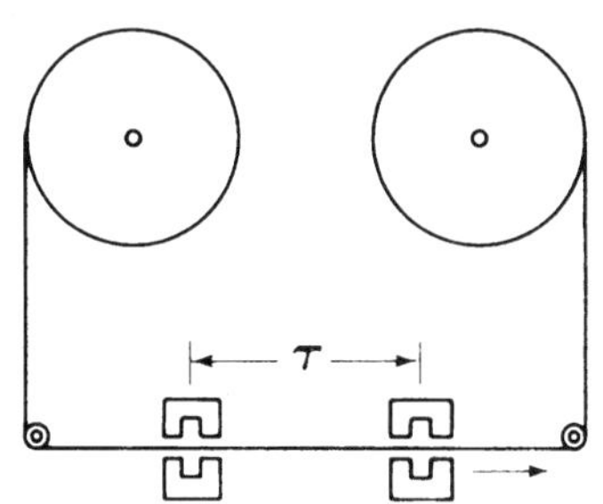

그림 13.5.7 자기상관을 위한 시간지연

신호 $x(t)$는 τ만큼 지연되어 곱해지고, 이후 적분되고 평균화된다. 시간지연 τ는 매번 고정되며, 단계적으로 변화되거나 느린 주사기법 (sweeping technique)에 의하여 연속적으로 변화된다. 만일 기록이 자기 테이프로 된다면, 시간지연 τ는 그림 13.5.7에 보인 바와 같이 두 개의 동일한 픽업 장치에 테이프를 통과시킴으로써 얻어 질 수 있다.

상호상관 두 개의 불규칙한 양(random quantity) $x(t)$와 $y(t)$에 대하여 생각하자. 이 두 양 사이의 상관은 다음의 방정식으로 정의된다.

$$R_{xy}(\tau) = E[x(t)y(t+\tau)] = \langle x(t)y(t+\tau)\rangle$$
$$= \lim_{T\to\infty} \frac{1}{T}\int_{-T/2}^{T/2} x(t)y(t+\tau)\,dt \qquad \textbf{(13.5.3)}$$

이것은 양 x와 y사이의 **상호상관**(cross correlation)이라 불린다.

이와 같은 양들은 동적 문제에서 자주 일어난다. 예를 들면, 그림 13.5.8에 보인 바와 같이 임의의 주어진 점에서의 하중 $F_1(t)$에 의한 보의 끝단에 있어서의 처짐을 $x(t)$라 하고, 처음과는 다른 점에서의 두 번째 하중 $F_2(t)$에 의한 보의 끝단에서의 처짐을 $y(t)$라 하자. 두 하중에 의한 처짐 $z(t) = x(t) + y(t)$가 되며, 두 하중의 결과로써 나오는 $z(t)$의 자기상관은 다음 식으로 구해진다.

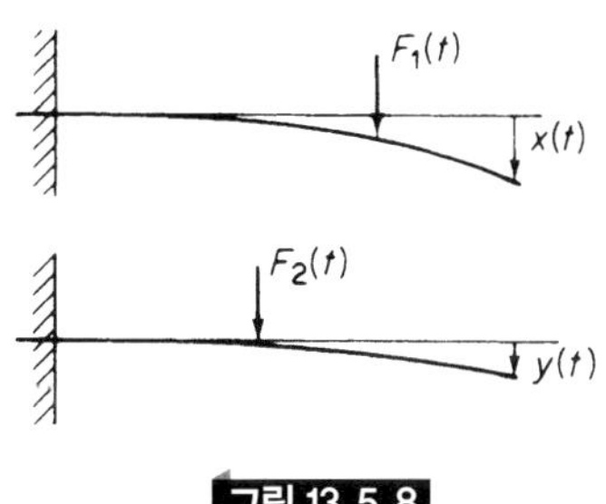

그림 13.5.8

$$
\begin{aligned}
R_z(\tau) &= \langle z(t)z(t+\tau)\rangle \\
&= \langle [x(t)+y(t)][x(t+\tau)+y(t+\tau)]\rangle \\
&= \langle x(t)x(t+\tau)\rangle + \langle x(t)y(t+\tau)\rangle \\
&\quad + \langle y(t)x(t+\tau)\rangle + \langle y(t)y(t+\tau)\rangle \\
&= R_x(\tau) + R_{xy}(\tau) + R_{yx}(\tau) + R_y(\tau)
\end{aligned} \tag{13.5.4}
$$

따라서, 별개의 하중 $F_1(t)$와 $F_2(t)$에 의한 주어진 점에 있어서의 처짐의 자기상관은 각 하중이 따로따로 작용되었을 때 얻어지는 자기상관 $R_x(\tau)$와 $R_y(\tau)$를 단순히 더하는 것만으로서는 결정되지 않는다. $R_{xy}(\tau)$와 $R_{yx}(\tau)$는 **상호상관**이며 일반적으로 이들은 같지 않다.

예제 13.5.1

그림 13.5.9에 보여준 직사각문 함수(rectangular gating function)의 자기상관이 삼각형임을 보여라.

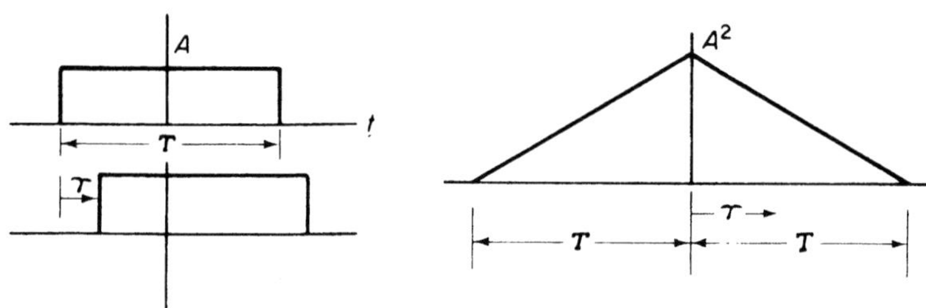

그림 13.5.9 직사각형의 자기상관은 삼각형

풀이 만일 직사각형 펄스가 어느 방향이든 τ만큼 이동되면 이것과 처음 펄스와의 곱은 $A^2(T-\tau)$이다. $\tau = 0$으로부터 시작하면 자기상관 곡선이 직선이 되어 밑변이 $2T$이고 높이가 A^2인 삼각형 형태로 된다는 것을 쉽게 알 수 있다.

13.6 파워 스펙트럼과 파워 스펙트럼 밀도

불규칙함수의 주파수 구성은 제곱 평균값의 스펙트럼 밀도의 항으로 나타낼 수 있다. 예제 13.2.1에서 주기 시간함수의 제곱 평균값은 다음 식과 같이 존재하는 개개의 조화 성분의 제곱 평균값의 합이 되는 것을 알았다.

$$
\overline{x^2} = \sum_{n=1}^{\infty} \tfrac{1}{2} C_n C_n^*
$$

따라서, $\overline{x^2}$는 매주파수 간격 Δf에 있어서의 이산적 기여(discrete contribution)로써 이루어진다.

먼저 주파수 간격 Δf에 있어서 제곱 평균에 대한 기여를 **파워 스펙트럼**(power spectrum) $G(f_n)$으로 다음과 같이 정의한다.

$$G(f_n) = \tfrac{1}{2} C_n C_n^* \tag{13.6.1}$$

이렇게 하면 제곱 평균값은 다음과 같다.

$$\overline{x^2} = \sum_{n=1}^{\infty} G(f_n) \tag{13.6.2}$$

이제 이산(discrete) **파워 스펙트럼 밀도**(power spectral density) $S(f_n)$을 다음과 같이 파워 스펙트럼을 주파수 간격 Δf로 나눈 것으로 정의한다:

$$S(f_n) = \frac{G(f_n)}{\Delta f} = \frac{C_n C_n^*}{2\Delta f} \tag{13.6.3}$$

이렇게 하면 제곱 평균값은 다음과 같이 쓸 수 있다.

$$\overline{x^2} = \sum_{n=1}^{\infty} S(f_n)\Delta f \tag{13.6.4}$$

파워 스펙트럼과 파워 스펙트럼 밀도는 앞으로는 각각 PS와 PSD라는 약어로 나타낸다

이산 PSD의 예를 그림 13.6.1에 나타내었다. $x(t)$가 아주 많은 수의 주파수 성분을 포함하고 있으며, 이산 스펙트럼의 선들은 점점 가까워져서 그림 13.6.2에 보인 바와 같이 연속 스펙트럼에 거의 닮게 된다. 이제 연속 스펙트럼에 대한 PSD인 $S(f)$를 다음과 같이 $\Delta f \to 0$일 때의 $S(f_n)$의 극한 경우로 정의한다.

$$\lim_{\Delta f \to 0} S(f_n) = S(f) \tag{13.6.5}$$

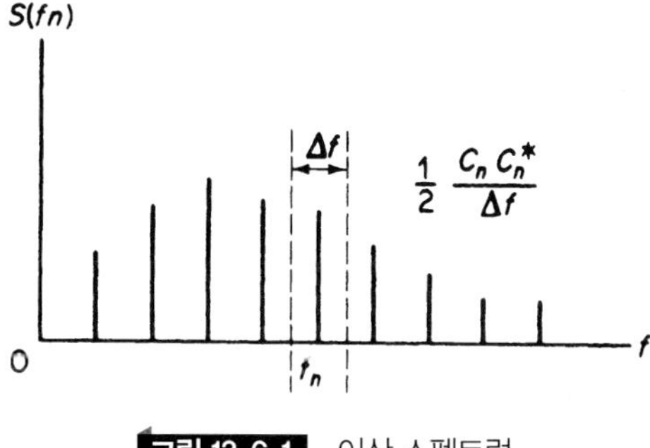

그림 13.6.1 이산 스펙트럼

이 때 제곱 평균값은 다음과 같다.

$$\overline{x^2} = \int_0^{\infty} S(f)\, df \tag{13.6.6}$$

PS와 PSD의 의미를 설명하기 위하여 다음의 실험에 관해 설명한다. 크리스탈 가속도계를 가진기에 부착시키고, 이것의 출력을 그림 13.6.3의 블록 선도에 보여 준 바와 같이 증폭시키고 필터에 통과시켜 rms전압계로 읽는다. rms전압계는 평균 계산에 긴 시간이 필요하므로 긴 시간 상수를 가져야만 한다.

이제 가진기를 주파수 범위 0 Hz로부터 2000 Hz에 걸쳐 일정한 광대역 불규칙입력으로써 가진시킨다. 필터를 지나지 않는 경우에는 rms전압계가 전 주파수 스펙트럼에 있어서의 rms진동을 나타낸다. 통과대역내의 모든 주파수의 진동을 통과시키는 이상적인 필터라고 가정한다면, 필터의 출력은 협대역 진동을 나타낸다.

500 Hz의 중심 주파수에 대해 고려하고, 상부와 하부의 차단 주파수를 580 Hz와 420 Hz가 되도록 정한다. 그렇게 하면 rms측정기는 160 Hz 대역내 진동만을 읽게 된다. 한 예로, 측정값이 8g라 하자. 그러면 제곱 평균값은 $G(f_n) = 64\mathrm{g}^2$이며, 이것의 스펙트럼 밀도는 $S(f_n) = 64\mathrm{g}^2/160 = 0.40\mathrm{g}^2/\mathrm{Hz}$이다.

다음으로 상부와 하부의 필터 진동수를 520 Hz와 480 Hz로 정하고 통과대역을 40 Hz로 축소한다. 필터를 통한 것의 제곱 평균값은 앞에서의 값의 1/4인 $16\mathrm{g}^2$이 되며, rms측정기는 4g를 가리킨다.

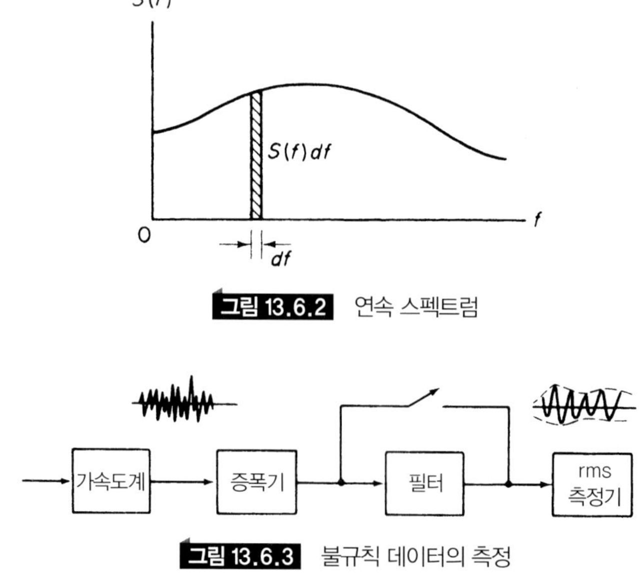

그림 13.6.2 연속 스펙트럼

그림 13.6.3 불규칙 데이터의 측정

다시 통과대역을 505 Hz와 495 Hz사이의 10 Hz로 줄이면 rms측정기의 값은 다음 표에 나타난 바와 같이 2g가 된다.

진동수	진동수 간격	rms 측정기의 값	정류된 제곱 평균값	스펙트럼 밀도
f	Δf	$\delta\sqrt{(\overline{x^2})}$	$G(f_n) = \Delta(\overline{x^2})$	$S(f_n) = \dfrac{\Delta(\overline{x^2})}{\Delta f}$
580–420	160	$8g$	$64g^2$	$0.40g^2/\text{Hz}$
520–480	40	$4g$	$16g^2$	$0.40g^2/\text{Hz}$
505–495	10	$2g$	$4g^2$	$0.40g^2/\text{Hz}$

대역이 감소하면 필터에 통과되는 제곱 평균값, 즉 $G(f_n)$은 비례적으로 감소한다. 그러나 대역폭으로 나눈 제곱 평균의 밀도 $S(f_n)$은 일정한 값으로 유지된다. 이 예가 $S(f_n)$으로 그리는 것이 $G(f_n)$으로 그리는 것보다 장점이 있다는 점을 명확히 말해 준다.

또한 PSD는 델타 함수(delta function)항으로 표시될 수 있다. 그림 13.6.4에 보인 바와 같이 높이가 $1/\Delta f$, 폭이 Δf인 직사각형 펄스의 넓이는 항상 1이고, $\Delta f \to 0$인 극한 경우에는 이것은 델타 함수가 된다. 따라서, $S(f)$는 다음과 같다.

$$S(f) = \lim_{\Delta f \to 0} S(f_{\hat{n}}) = \lim_{\Delta f \to 0} \frac{G(f_{\hat{n}})}{\Delta f} = G(f)\, \delta(f - f_{\hat{n}})$$

불규칙기록의 두 가지 일반적인 형태에 대한 전형적인 스펙트럼 밀도함수가 그림 13.6.5

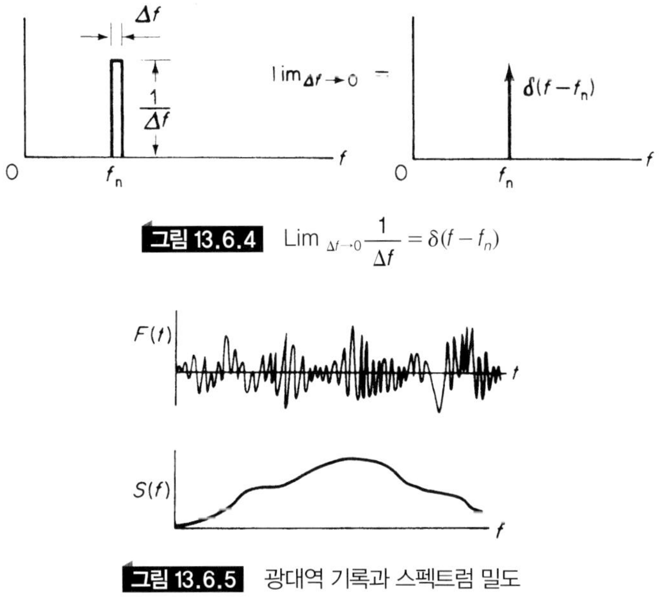

그림 13.6.4 $\text{Lim}_{\Delta f \to 0} \dfrac{1}{\Delta f} = \delta(f - f_n)$

그림 13.6.5 광대역 기록과 스펙트럼 밀도

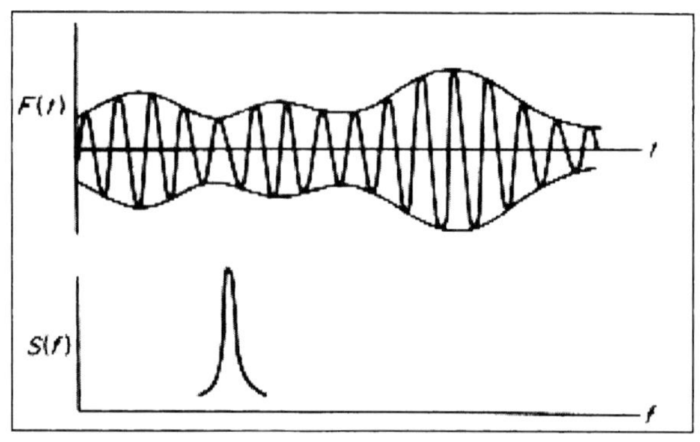

그림 13.6.6 협대역 기록과 스펙트럼 밀도

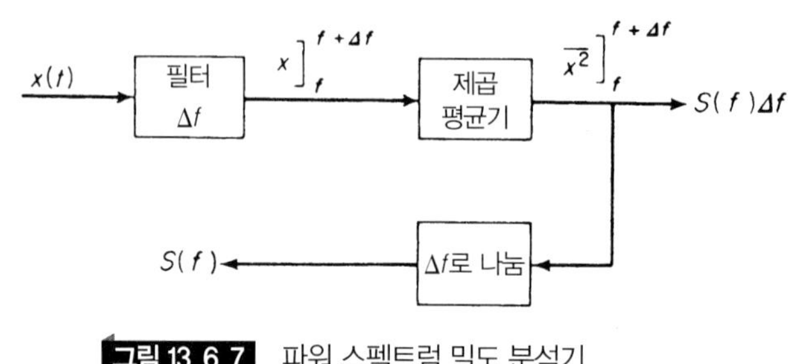

그림 13.6.7 파워 스펙트럼 밀도 분석기

와 13.6.6에 보여지고 있다. 첫 번째 것은 넓은 스펙트럼 밀도함수를 가진 광대역 잡음형의 기록이다. 두 번째 것은 광대역 입력에 대한 첨예한 공진계(sharply resonant system) 응답의 전형적인 것으로 협대역 진동의 기록이다. 이것의 스펙트럼 밀도함수는 포락선 안에서 순간적인 변화의 주파수 주위에 집중 되어 있다.

주어진 기록의 스펙트럼 밀도는 그림 13.6.7의 회로로 전자적으로 측정될 수 있다. 여기서 스펙트럼 밀도는 다음과 같이 주파수 간격 Δf내의 제곱 평균값의 기여를 Δf로 나눈 것이 된다.

$$S(f) = \lim_{\Delta f \to 0} \frac{\Delta(\overline{x}^2)}{\Delta f} \tag{13.6.7}$$

통과대역 $B = \Delta f$의 대역통과 필터(band-pass filter)는 $x(t)$를 주파수 간격 f로부터 $f + \Delta f$사이에서 통과시키며, 출력이 제곱되고 평균된 후 Δf로 나누어진다.

높은 분해도를 위해서는 Δf는 가능한 한 좁도록 만들어 주어야 한다. 그러나 필터의 대역폭은 측정의 신뢰도를 잃지 않고는 무한히 축소될 수는 없다. 또한 제곱 평균값의 정확한 추정을 위해서는 긴 기록시간이 필요하지만, 실제 기록은 유한한 길이로 이루어진다. 중요한 매개변수는 기록의 길이와 대역폭의 곱인 $2BT$로서, 이것이 충분히 커야만 한다는 것은 자명하다.[2)]

예제 13.6.1

1 초당 주파수(Hz)가 20 Hz와 1200 Hz사이에서 일정한

$$S(f) = 0.004\ \text{cm}^2/\text{Hz}$$

의 스펙트럼 밀도를 가지며, 이 주파수 범위외에서의 스펙트럼 밀도가 0인 불규칙신호에 대하여 생각하자. 이 신호와 평균값은 2.0cm이다. rms값과 표준편차를 구하라.

풀이 제곱 평균값은 다음으로부터 구한다.

$$\overline{x^2} = \int_0^\infty S(f)\,df = \int_{20}^{1200} 0.004\,df = 4.72$$

또한 rms값은 다음 식으로부터 구한다.

$$\text{rms} = \sqrt{\overline{x^2}} = \sqrt{4.72} = 2.17\ \text{cm}$$

분산 σ^2은 식 (13.2.6)의 정의로부터 다음과 같이 구한다.

$$\begin{aligned}\sigma^2 &= \overline{x^2} - (\overline{x})^2 \\ &= 4.72 - 2^2 = 0.72\end{aligned}$$

또한 표준편차는 다음과 같다.

$$\sigma = \sqrt{0.72} = 0.85\ \text{cm}$$

이 문제가 그림 13.6.8로 도식적으로 나타나있다. 이 그림은 신호의 시간 변화와 이의 확률 분포를 보여주고 있다.

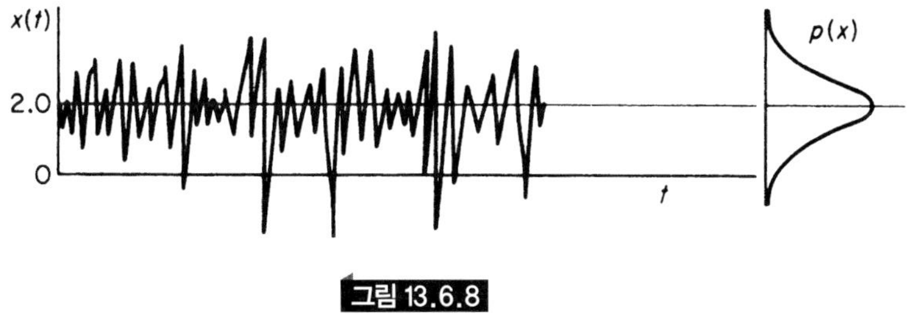

그림 13.6.8

2) J.S. Bendat, and A.G. Piersol, *Random Data* (New York: John Wiley 及 Sons, 1971), p. 96.

예제 13.6.2

그림 13.6.9에 보인 주기함수의 푸리에 계수 C_n과 파워 스펙트럼 밀도(PSD)를 구하라.

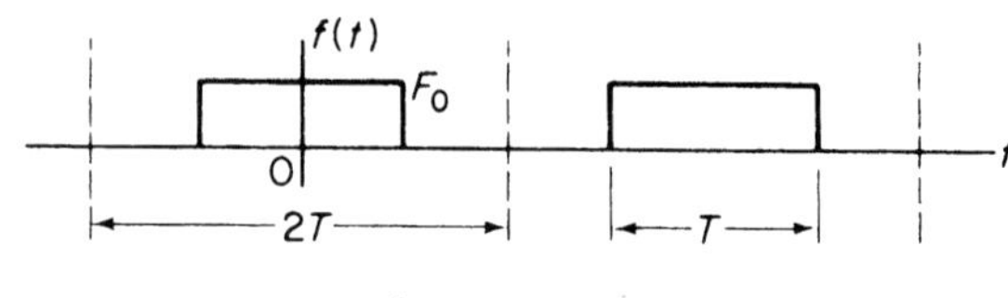

그림 13.6.9

풀이 주기가 $2T$이고, C_n은 다음과 같이 주어진다.

$$C_0 = \frac{2}{2T}\int_{-T/2}^{T/2} F_0 d\xi = F_0$$

$$C_n = \frac{2}{2T}\int_{-T/2}^{T/2} F_0 e^{-in\omega_0\xi}\, d\xi = F_0\left[\frac{\sin(n\pi/2)}{n\pi/2}\right]$$

C_n의 수치값은 다음과 같이 계산되며, 이것을 그리면 그림 13.6.10과 같다.

n	$\frac{n\pi}{2}$	$\sin\frac{n\pi}{2}$	$\frac{1}{2}C_n$
0	0	0	$\frac{F_0}{2} = 1.0\frac{F_0}{2}$
1	$\frac{\pi}{2}$	1	$\left(\frac{2}{\pi}\right)\frac{F_0}{2} = 0.636\frac{F_0}{2}$
2	π	0	0
3	$\frac{3\pi}{2}$	-1	$\left(-\frac{2}{3\pi}\right)\frac{F_0}{2} = 0.212\frac{F_0}{2}$
4	2π	0	
0			
5	$\frac{5\pi}{2}$	1	$\left(\frac{2}{5\pi}\right)\frac{F_0}{2} = 0.127\frac{F_0}{2}$

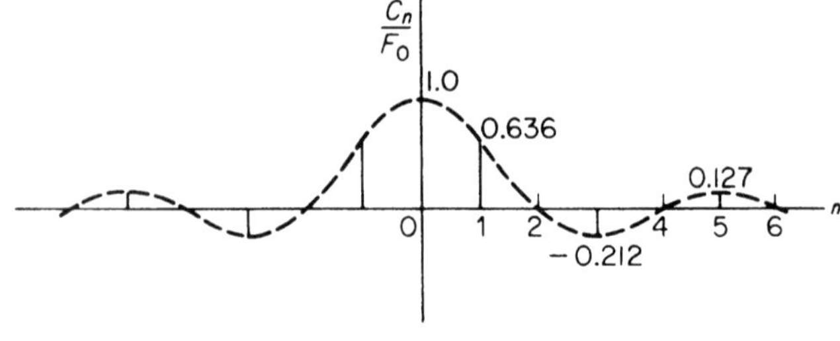

그림 13.6.10 n과 푸리에 계수

제곱 평균값은 다음 방정식으로부터 구해진다.

$$\begin{aligned}\overline{x^2} &= \lim_{T\to\infty} \frac{1}{2T}\int_{-T}^{T} x^2(t)\,dt \\ &= \lim_{T\to\infty} \frac{1}{2T}\int_{T}^{-T} \frac{1}{4}\left[\sum_n (C_n e^{in\omega_0 t} + C_n^* e^{-in\omega_0 t})\right]^2 dt \\ &= \sum_{n=1}^{\infty} \frac{C_n C_n^*}{2}\end{aligned}$$

또한 $\overline{x^2} = \int_{\infty}^{0} S_f(\omega)d\omega$이므로 스펙트럼 밀도함수는 다음과 같이 델타 함수의 급수로 표현될 수 있다.

$$S_f(\omega) = \sum_{n=1}^{\infty} \frac{C_n C_n^*}{2}\,\delta(\omega - n\omega_0)$$

13.7 푸리에 변환

주기함수의 이산 진동수 스펙트럼은 주기 T가 무한대로 되면 연속적인 것이 된다. 불규칙 진동은 일반적으로 주기함수가 아니며, 이것의 연속 진동수 스펙트럼을 결정하기 위해서는 푸리에 급수에 있어서 주기가 무한대가 되는 극한적인 경우로 생각될 수 있는 푸리에 적분을 이용하다.

푸리에 변환은 현대의 시계열 해법(time series analysis)의 가장 기초가 되는 과정이다. 진동수 분석을 위한 현대 장치의 대부분에서는 주어진 기록의 진폭과 위상을 결정하는 계산이 수행된다.

푸리에 적분(Fourier integral)은 다음 방정식으로 정의된다.

$$x(t) = \int_{-\infty}^{\infty} X(f)e^{i2\pi ft}\,df \tag{13.7.1}$$

푸리에 급수에서 정현파의 이산 스펙트럼의 합과는 달리 푸리에 적분은 정현파의 연속 스펙트럼의 합으로 간주될 수 있다. 위 방정식의 $X(f)$량은 $x(t)$의 **푸리에 변환**(Fourier transform)이라 부르며, 다음 방정식으로부터 계산할 수 있다.

$$X(f) = \int_{-\infty}^{\infty} x(t)e^{-i2\pi ft}\,dt \tag{13.7.2}$$

푸리에 계수 C_n과 마찬가지로 $X(f)$는 $-\infty$부터 $+\infty$인 f의 연속함수인 복소량이다. 식

(13.7.2)는 함수 $x(t)$를 조화 성분 $X(f)$로 분해하며, 식 (13.7.1)은 이들 조화 성분을 본래 시간함수 $x(t)$로 합성한다. 위의 두 방정식을 **푸리에 변환쌍**(Fourier transform pair)이라 한다.

기본 함수들의 푸리에 변환(FT) FT의 스펙트럼 특성을 설명하기 위하여 몇 개의 기본 함수들의 FT를 생각하자.

예제 13.7.1

$$x(t) = Ae^{i2\pi f_n t} \quad \textbf{(a)}$$

식 (13.7.1)로부터 다음을 얻게 된다.

$$Ae^{i2\pi f_n t} = \int_{-\infty}^{\infty} X(f)e^{i2\pi f t}\, df$$

델타 함수의 성질을 생각하면, 이 식은 다음일 경우 만족한다.

$$X(f) = A\delta(f - f_n) \quad \textbf{(b)}$$

식 (13.7.2)에 대입하면 다음과 같다.

$$\delta(f - f_n) = \int_{-\infty}^{\infty} e^{-i2\pi(f-f_n)t}\, dt$$

그림 13.7.1에 보인 $x(t)$의 FT는 스펙트럼 특성을 설명하고 있다.

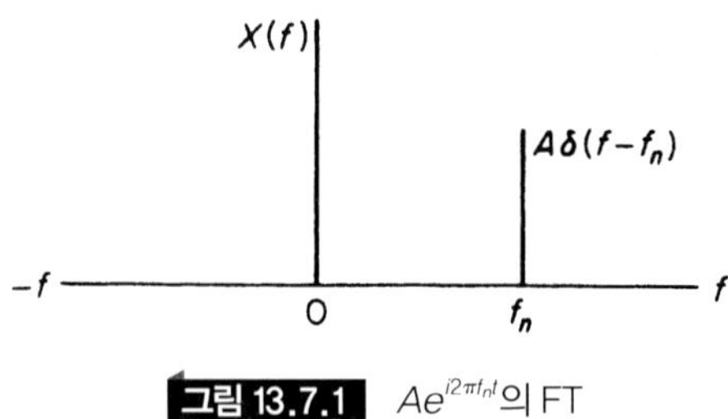

그림 13.7.1 $Ae^{i2\pi f_n t}$의 FT

예제 13.7.2

$$x(t) = a_n \cos(2\pi f_n t) \quad \textbf{(a)}$$

여기서

$$\cos 2\pi f_n t = \tfrac{1}{2}(e^{i2\pi f_n t} + e^{-i2\pi f_n t})$$

이므로 예제 13.7.1의 결과로부터 곧 다음과 같이 됨을 알 수 있다.

$$X(f) = \frac{a_n}{2}[\delta(f - f_n) + \delta(f + f_n)] \qquad \textbf{(b)}$$

그림 13.7.2는 $X(f)$가 f의 양측 함수(two-sided function)임을 보여준다.

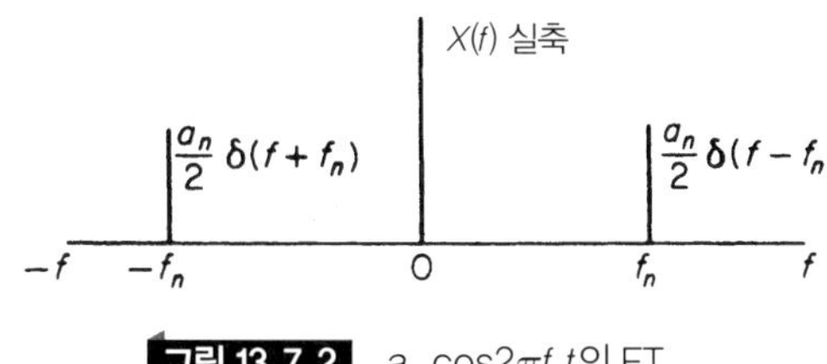

그림 13.7.2 $a_n \cos 2\pi f_n t$의 FT

유사한 방법으로 $b_n \sin 2\pi f_n t$의 FT는

$$X(f) = -i\frac{b_n}{2}[\delta(f - f_n) - \delta(f + f_n)]$$

이며 이것은 그림 13.7.3의 허수평면상에 나타난다.

만일 이 두 FT들을 동시에 그림 13.7.4에 보여준 바와 같이 수직평면상에 놓으면 복소 공액계수 $C_n = a_n - ib_n$과 $C_n^* = a_n + ib_n$을 얻게 된다. 따라서, 다음과 같은 이들의 곱은 푸리에 계수의 진폭의 제곱이 되며, 이것은 일반적으로 $\pm f$에서 도시된다.

$$\frac{C_n C_n^*}{4} = \frac{1}{4}(a_n^2 + b_n^2) = c_n c_n^*$$

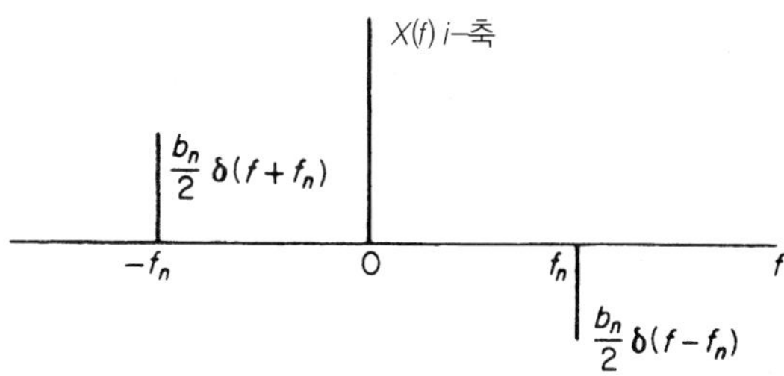

그림 13.7.3 $b_n \sin 2\pi f_n t$의 FT

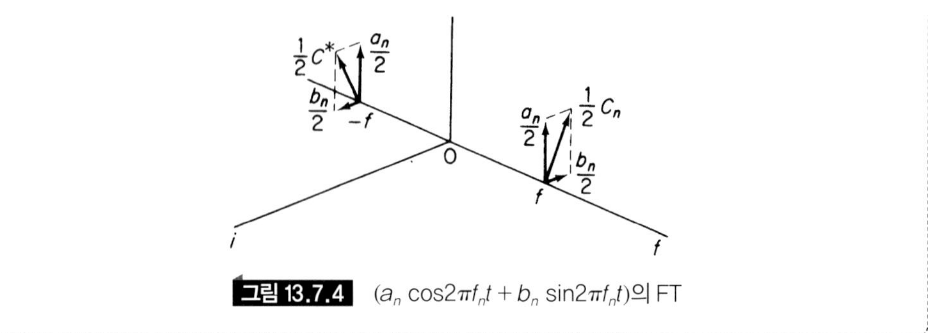

그림 13.7.4 $(a_n \cos 2\pi f_n t + b_n \sin 2\pi f_n t)$의 FT

예제 13.7.3

비주기함수의 한 예인 그림 13.7.5의 직사각형 펄스의 FT를 결정해 보자(그림 13.7.5 참조). 이것의 FT는 다음과 같다.

$$X(f) = \int_{-\infty}^{\infty} x(t)e^{-i2\pi ft}\,dt = \int_{-T/2}^{T/2} Ae^{-i2\pi ft}\,dt = AT\left(\frac{\sin \pi fT}{\pi fT}\right)$$

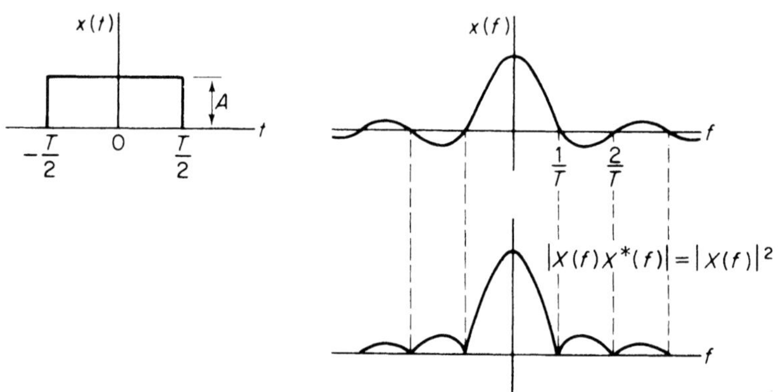

그림 13.7.5 직사각형 펄스와 이의 스펙트럼

이제 FT가 불연속함수 대신에 연속함수라는 것에 유의하자. 실수인 곱 XX^*도 이것에 도시되었다. 나중에 이것이 스펙트럼 밀도함수와 같다는 것을 보여줄 것이다.

미분의 FT FT를 f대신에 ω의 항으로 나타낼 때는 다음과 같이 $x(t)$에 대한 방정식에 계수 $1/2\pi$가 도입된다.

$$x(t) = \frac{1}{2\pi}\int_{-\infty}^{\infty} X(\omega)e^{i\omega t}\,d\omega \tag{13.7.3}$$

$$X(\omega) = \int_{-\infty}^{\infty} x(t)e^{-i\omega t}\,dt \tag{13.7.4}$$

이 형태는 수학적인 관계를 설정할 때에 흔히 사용된다. 예를 들어, 식 (13.7.3)을 t로 미분하면 다음과 같은 FT의 쌍을 얻게 된다.

$$\dot{x}(t) = \frac{1}{2\pi}\int_{-\infty}^{\infty} [i\omega X(\omega)]e^{i\omega t}\,d\omega$$

$$i\omega X(\omega) = \int_{-\infty}^{\infty} \dot{x}(t)e^{-i\omega t}\,dt$$

따라서, 미분의 FT는 단순히 함수의 FT에 $i\omega$를 곱한 것이 된다.

$$FT[\dot{x}(t)] = i\omega FT[x(t)] \tag{13.7.5}$$

다시 미분하면 다음과 같다.

$$FT[\ddot{x}(t)] = -\omega^2 FT[x(t)] \tag{13.7.6}$$

이 방정식을 이용하면 미분 방정식의 FT를 손쉽게 얻을 수 있다. 예를 들어, 미분 방정식

$$m\ddot{y} + c\dot{y} + ky = x(t)$$

의 FT를 취하면 다음을 얻게 된다.

$$(-m\omega^2 + i\omega c + k)Y(\omega) = X(\omega)$$

여기시 $X(\omega)$와 $Y(\omega)$는 각각 $x(t)$와 $y(t)$의 FT이다.

파스발의 성리 파스발(Parseval)의 정리는 시간 적분을 진동수 적분으로 변환시키는 경우에 사용되는 유용한 식이다. 만일 $X_1(f)$와 $X_2(f)$가 실시간 함수 $x_1(t)$와 $x_2(t)$의 푸리에 변환이라 하면, 파스발의 정리는 다음을 의미한다.

$$\begin{aligned}\int_{-\infty}^{\infty} x_1(t)x_2(t)\,dt &= \int_{-\infty}^{\infty} X_1(f)X_2^*(f)\,df \\ &= \int_{-\infty}^{\infty} X_1^*(f)X_2(f)\,df\end{aligned} \tag{13.7.7}$$

이 관계는 다음과 같이 푸리에 변환을 사용하여 증명될 수 있다.

$$x_1(t)x_2(t) = x_2(t)\int_{-\infty}^{\infty} X_1(f)e^{i2\pi ft}\,df$$

$$\int_{-\infty}^{\infty} x_1(t)x_2(t)\,dt = \int_{-\infty}^{\infty} x_2(t)\int_{-\infty}^{\infty} X_1(f)e^{i2\pi ft}\,df\,dt$$
$$= \int_{-\infty}^{\infty} X_1(f)\left[\int_{-\infty}^{\infty} x_2(t)e^{i2\pi ft}\,dt\right]df$$
$$= \int_{-\infty}^{\infty} X_1(f)X_2^*(f)\,df$$

앞에서 취급했던 제곱 평균값, 자기상관, 상호상관에 대한 공식들은 파스발의 정리에 의하여 푸리에 변환의 항으로 나타낼 수 있다.

예제 13.7.4

제곱 평균값을 푸리에 변환의 항으로 나타내라. $x_1(t) = x_2(t) = x(t)$라 하여, T를 ∞까지 하여 평균을 취하면 다음을 얻게 된다.

$$\overline{x^2} = \lim_{T\to\infty}\frac{1}{T}\int_{-T/2}^{T/2} x^2(t)\,dt = \int_{-\infty}^{\infty}\lim_{T\to\infty}\frac{1}{T}X(f)X^*(f)\,df$$

이것을 식 (13.6.6)과 비교하면 다음의 관계식을 얻는다.

$$S(f_\pm) = \lim_{T\to\infty}\frac{1}{T}X(f)X^*(f) \tag{13.7.8}$$

여기서 $S(f_\pm)$는 양과 음의 진동수에 걸친 스펙트럼 밀도함수이다.

예제 13.7.5

자기 상관을 푸리에 변환으로 나타내라. 다음과 같은 $x(t+\tau)$의 푸리에 변환으로부터 시작한다.

$$x(t+\tau) = \int_{-\infty}^{\infty} X(f)e^{i2\pi f(t+\tau)}\,df$$

이것을 자기상관의 식에 대입하면 다음을 얻는다.

$$R(\tau) = \lim_{T\to\infty}\frac{1}{T}\int_{-\infty}^{\infty} x(t)x(t+\tau)\,dt$$
$$= \lim_{T\to\infty}\frac{1}{T}\int_{-\infty}^{\infty} x(t)\int_{-\infty}^{\infty} X(f)e^{i2\pi ft}e^{i2\pi f\tau}\,df\,dt$$

$$= \int_{-\infty}^{\infty} \frac{1}{T}\left[\int_{-\infty}^{\infty} x(t)e^{i2\pi ft}\,dt\right]X(f)e^{i2\pi f\tau}\,df$$

$$= \int_{-\infty}^{\infty}\left[\lim_{T\to\infty}\frac{1}{T}X^*(f)X(f)\right]e^{i2\pi f\tau}\,df$$

식 (13.7.8)로부터 윗식은 다음과 같다.

$$R(\tau) = \int_{-\infty}^{\infty} S(f)e^{i2\pi f\tau}\,df \tag{13.7.9}$$

윗식의 역은 다음과 같이 푸리에 변환으로부터 구할 수 있다.

$$S(f) = \int_{-\infty}^{\infty} R(\tau)e^{-i2\pi f\tau}\,d\tau \tag{13.7.10}$$

$R(\tau)$가 $\tau = 0$에 대칭이므로, 윗식은 다음과 같이 쓸 수도 있다.

$$S(f) = 2\int_{0}^{\infty} R(\tau)\cos 2\pi f\tau\,d\tau \tag{13.7.11}$$

이 식들은 비너-킨친(Wiener-Khintchine) 방정식으로서 스펙트럼 밀도함수가 상관함수의 FT라는 것을 말한다. 비너-킨친 방정식과 같은 방법으로 두 양 $x(t)$와 $y(t)$사이의 상호상관을 다음과 같이 정의할 수 있다.

$$R_{xy}(\tau) = \langle x(t)y(t+\tau)\rangle = \lim_{T\to\infty}\frac{1}{T}\int_{-T/2}^{T/2} x(t)y(t+\tau)\,dt$$

$$= \int_{-\infty}^{\infty}\lim_{T\to\infty}\frac{1}{T}X^*(f)Y(f)e^{i2\pi f\tau}\,df \tag{13.7.12}$$

$$R_{xy}(\tau) = \int_{-\infty}^{\infty} S_{xy}(f)e^{i2\pi f\tau}\,df$$

여기서 상호 스펙트럼 밀도는 다음과 같이 구해진다.

$$S_{xy}(f) = \lim_{T\to\infty}\frac{1}{T}X^*(f)Y(f) \qquad -\infty \leq f \leq \infty$$

$$= \lim_{T\to\infty}\frac{1}{T}X(f)Y^*(f) \tag{13.7.13}$$

$$= S_{xy}^*(f) = S_{xy}(-f)$$

식 (13.7.10)과 같이 푸리에 변환으로부터 이것의 역은 다음과 같다.

$$S_{xy}(f) = \int_{-\infty}^{\infty} R_{xy}(\tau)e^{-i2\pi f\tau}\,d\tau \qquad \textbf{(13.7.14)}$$

자기상관과는 달리 상호상관과 상호 스펙트럼 밀도함수는 일반적으로 우함수가 아니다. 따라서, $-\infty$부터 $+\infty$까지의 한계가 그대로 유지된다.

예제 13.7.6

다음 식

$$S(f) = 2\int_{0}^{\infty} R(\tau)\cos 2\pi f\tau\,d\tau$$

의 관계와 예제 13.5.1의 관계인 $R(\tau) = A^2(T - \tau)$를 이용하여 직사각형 펄스의 $S(f)$를 찾아라.

풀이 τ가 $\pm T$ 밖에 있을 때는 $R(\tau) = 0$이므로 다음을 얻게 된다.

$$\begin{aligned}
S(f) &= 2\int_{0}^{T} A^2(T - \tau)\cos 2\pi f\tau\,d\tau \\
&= 2A^2T\int_{0}^{T}\cos 2\pi f\tau\,d\tau - 2A^2\int_{0}^{T}\tau\cos 2\pi f\tau\,dt \\
&= 2A^2T\frac{\sin 2\pi f\tau}{2\pi f}\bigg|_{0}^{T} - 2A^2\left[\frac{\cos 2\pi f\tau}{(2\pi f)^2} + \frac{\tau}{2\pi f}\sin 2\pi f\tau\right]\bigg|_{0}^{T} \\
&= \frac{2A^2}{(2\pi f)^2}(1 - \cos 2\pi fT) = A^2T^2\left(\frac{\sin \pi fT}{\pi fT}\right)^2
\end{aligned}$$

따라서, 식 (13.7.11)을 사용하면 직사각형 펄스의 파워 스펙트럼 밀도는 다음과 같이 구할 수 있다.

$$S(f) = A^2T^2\left(\frac{\sin \pi fT}{\pi fT}\right)^2$$

예제 13.7.3으로부터 이것이 $X(f)X^*(f) = |X(f)|^2$과도 같다는 것을 주목하라.

예제 13.7.7

주파수 응답함수 $H(\omega)$가 임펄스 응답함수 $h(t)$의 푸리에 변환임을 보여라.

풀이 식 (4.2.1)의 컨벌루션 적분(convolution integral)으로부터 응답 방정식을 임펄스 응답함수의 항으로 나타내면 다음과 같다.

$$x(t) = \int_{-\infty}^{t} f(\xi)h(t - \xi)\, d\xi$$

여기서 적분의 하한은 모든 과거의 가진을 고려하여 $-\infty$까지 확장되었다. $\tau = (t - \zeta)$로 놓으면, 위의 적분은 다음과 같이 된다.

$$x(t) = \int_{0}^{\infty} f(t - \tau)h(\tau)\, d\tau$$

조화 가진 $f(t) = e^{i\omega t}$에 대하여 앞의 방정식은 다음과 같다.

$$\begin{aligned} x(t) &= \int_{0}^{\infty} e^{i\omega(t-\tau)}h(\tau)\, d\tau \\ &= e^{i\omega t}\int_{0}^{\infty} h(\tau)e^{-i\omega\tau}\, d\tau \end{aligned}$$

입력 $y(t) = e^{i\omega t}$에 대한 정상상태 출력은 $x = H(\omega)e^{i\omega t}$이므로 주파수 응답함수는 다음과 같다.

$$H(\omega) = \int_{0}^{\infty} h(\tau)e^{-i\omega\tau}\, d\tau = \int_{-\infty}^{\infty} h(\tau)e^{-i\omega\tau}\, d\tau$$

이것은 임펄스 응답함수 $h(t)$의 FT이다. 위 적분의 하한값은 음(−)의 t에 대하여 $h(t) = 0$이므로 0부터 $-\infty$로 변환되었다.

13.8 푸리에 변환과 응답

공학 설계에서는 계에 있어서의 다른 점 사이의 관계를 알 필요가 자주 있다. 예를 들면, 전형적인 도로 거칠기의 얼마가 현가 계를 통하여 자동차 몸체에 전달되는가 하는 것이다(여기서는 전달함수[3]라는 말이 주파수 응답이라는 말로서 자주 사용되기도 한다). 더욱이 계의 입력점에 조화 가진을 가한다는 것이 불가능할 경우가 자주 생긴다. 이럴 경우에는 주파수 응답함수를 알고자 하는 계에 있어서의 두 다른 점에서의 측정값 $x(t)$와 $y(t)$를 받아들일 필요가 있다. 이들 점에 대한 주파수 응답함수는 입력과 출력의 FT를 구하여 얻어질 수 있다. 이 경우 $H(\omega)$는 다음 식으로부터 얻어진다.

3) 엄격히 말해서 전달함수는 입력의 라플라스 변환에 대한 출력의 라플라스 변환의 비율이다. 진동수 부분에서 결국 $s = \alpha + i\omega$의 실수부는 0이다. 그리고 LT는 FT가 된다.

$$H(\omega) = \frac{Y(\omega)}{X(\omega)} = \frac{\text{출력의 FT}}{\text{입력의 FT}} \tag{13.8.1}$$

여기서 $X(\omega)$와 $Y(\omega)$는 각각 $x(t)$와 $y(t)$의 FT이다.

만일 윗식을 복소 공액 $X^*(\omega)$로 곱하고 나누면 다음 결과를 얻는다.

$$H(\omega) = \frac{Y(\omega)X^*(\omega)}{X(\omega)X^*(\omega)} \tag{13.8.2}$$

분모 $X(\omega)X^*(\omega)$는 이제 실수이다. 분모는 입력과 출력 사이의 상호 스펙트럼 $Y(\omega)X^*(\omega)$이며 복소량이다. $H(\omega)$의 위상은 상호 스펙트럼의 실수부와 허수부로부터 단순하게 다음과 같이 구해진다.

$$|Y(\omega)| \underline{/\phi_y} \cdot |X^*(\omega)| \underline{/\phi_x} = |Y(\omega)X^*(\omega)| \underline{/\phi_y - \phi_x} \tag{13.8.3}$$

다른 유용한 관계는 $H(\omega)$를 공액 $H^*(\omega)$로 곱하면 얻을 수 있다. 이 결과는 다음과 같다.

$$H(\omega)H^*(\omega) = \frac{Y(\omega)Y^*(\omega)}{X(\omega)X^*(\omega)}$$

즉

$$Y(\omega)Y^*(\omega) = |H(\omega)|^2 X(\omega)X^*(\omega) \tag{13.8.4}$$

따라서, 출력의 파워 스펙트럼은 계의 전달함수의 제곱과 입력의 파워 스펙트럼의 곱과 같게 된다. 확실히 이 방정식의 양쪽은 모두 실수이며, 위상은 들어있지 않다.

이제 응답의 제곱 평균값에 대하여 살펴보자. 식 (13.7.8)로부터 입력 $x(t)$의 제곱 평균값은 다음과 같이 구해진다.

$$\overline{x^2} = \int_{-\infty}^{\infty} S_x(f_{\pm})\, df = \int_{-\infty}^{\infty} \lim_{T\to\infty} \frac{1}{T} X(f)X^*(f)\, df$$

출력 $y(t)$의 제곱 평균값은 다음과 같다.

$$\overline{y^2} = \int_{-\infty}^{\infty} S_y(f\pm)\, df = \int_{-\infty}^{\infty} \lim_{T\to\infty} \frac{1}{T} Y(f)Y^*(f)\, df$$

$YY^* = |H(f)|^2 XX^*$를 대입하면 다음을 얻게 된다.

$$\overline{y^2} = \int_{-\infty}^{\infty} |H(f)|^2 \left[\lim_{T\to\infty} \frac{1}{T} X(f) X^*(f) \right] df$$
$$= \int_{-\infty}^{\infty} |H(f)|^2 S_x(f_\pm)\, df \quad \textbf{(13.8.5)}$$

이것은 응답의 제곱 평균값을 계의 응답함수와 입력의 스펙트럼 밀도의 항으로 나타내는 것이 된다.

이들 표현에 있어서 $S(f_\pm)$는 양과 음의 주파수 양쪽에 걸친 양측 스펙트럼 밀도함수가 된다. 또한 $S(f_\pm)$는 우함수이다. 실제로는 스펙트럼 밀도가 양의 주파수에만 걸쳐 있는 경우에 대하여 실행하는 것이 바람직하다. 이를 위해서 식 (13.8.5)는 다음과 같이 쓰여질 수 있다.

$$\overline{y^2} = \int_0^{\infty} |H(f)|^2 S_x(f_+)\, df \quad \textbf{(13.8.6)}$$

두 표현식이 제곱 평균값에 대하여 동일한 값을 가져야 하므로 이들 사이에 관계식은 반드시 다음이 되어야 한다.

$$S(f_+) = S(f) = 2S(f_\pm) \quad \textbf{(13.8.7)}$$

때로는 다음과 같은 표현이 사용되기도 한다.

$$\overline{y^2} = \int_0^{\infty} |H(\omega)|^2 S_x(\omega)\, d\omega \quad \textbf{(13.8.8)}$$

다시 이 방정식들이 동일한 제곱 평균값을 가져야 하므로 다음 관계가 있다.

$$2\pi S(\omega) = S(f) \quad \textbf{(13.8.9)}$$

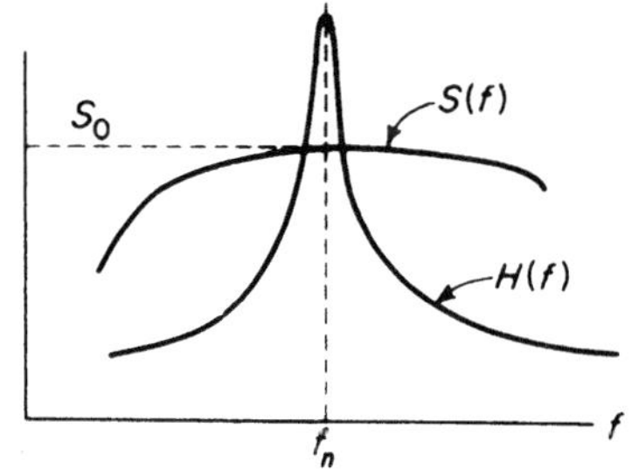

그림 13.8.1 식 (13.7.9)의 $\overline{y^2}$를 구하는 $S(f)$와 $H(f)$

1자유도계에 대해서는 다음 식을 갖게 된다.

$$H(f) = \frac{1/k}{[1 - (f/f_n)^2] + i[2\zeta(f/f_n)]} \tag{13.8.10}$$

만일 계의 감쇠가 작다면 응답함수 $H(f)$는 공진에서 매우 뾰족하게 되고, 이 계는 협대역 필터처럼 행동한다. 만일 가진의 스펙트럼 밀도가 그림 13.8.1에서와 같이 넓은 경우에는 1자유도계에 대한 제곱 평균 응답은 다음 방정식으로 근사화될 수 있다.

$$\overline{y^2} \cong \frac{f_n}{k^2} S_x(f_n) \frac{\pi}{4\zeta} \tag{13.8.11}$$

여기서

$$\frac{\pi}{4\zeta} = \int_0^\infty \frac{d(f/f_n)}{[1 - (f/f_n)^2]^2 + [2\zeta(f/f_n)^2]}$$

이며, $S_x(f_n)$은 진동수 f_n에서의 가진(excitation) 스펙트럼 밀도이다.

예제 13.8.1

가진 스펙트럼 밀도와 구조물의 주파수 응답곡선이 알려져 있다고 하면 단일점 불규칙가진에 대한 임의의 구조물 응답은 간단한 수치계산 과정으로 산출될 수 있다. 예를 들어, 그림 13.8.2(a)의 구조물에 대하여 생각하자. 이 구조물의 기초에 그림 13.8.2(b)에 보인 바와 같은 파워 스펙트럼 밀도를 가진 불규칙 가속도 입력이 작용된다. 점 p의 응답을 계산하고, 임의의 주어진 가속도를 넘는 확률을 계산하려 한다.

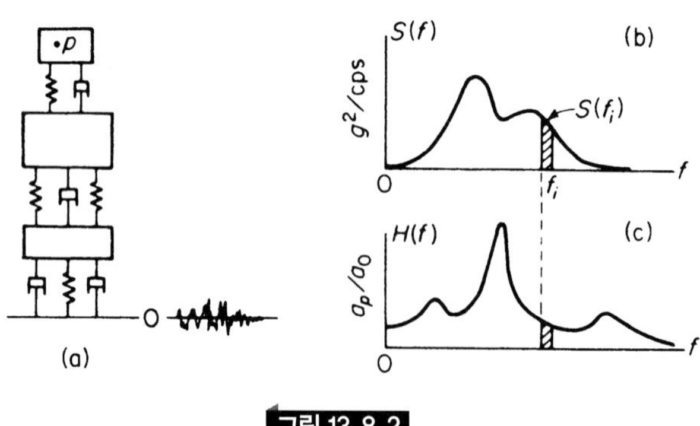

그림 13.8.2

점 p에 대한 주파수 응답함수 $H(f)$는 다음과 같이 실험적으로 얻을 수 있다. 기초를 일정 가속도 입력 a_0의 가변 진동수 정현 가진기(sinusoidal shaker)로 가진하고, 점 p에 있어서의 가속도 응답을 측정한다. 다음으로 측정된 가속도를 a_0로 나누면 $H(f)$는 그림 13.8.2(c)와 같이 나타나게 된다.

점 p에 있어서의 제곱 평균 응답 $\overline{a_p^2}$는 다음 방정식으로부터 수치적으로 계산된다.

$$\overline{a_p^2} = \sum_i S(f_i)|H(f_i)|^2 \Delta f_i$$

표 13.8.1의 수치표는 계산과정을 보여주고 있다.

주어진 가속도를 넘을 확률은 다음과 같다.

$$p[|a| > 26.6g] = 31.7\%$$
$$p[a_{\text{peak}} > 26.6g] = 60.7\%$$
$$p[|a| > 79.8g] = 0.3\%$$
$$p[a_{\text{peak}} > 79.8g = 1.2\%$$

표 13.8.1 수치의 예

f (Hz)	Δf (Hz)	$S(f_i)$ (g^2/Hz)	$\|H(f_i)\|$ (무차원)	$\|H(f_i)\|^2\Delta f$ (Hz)	$S(f_i)\|H(f_i)\|^2\Delta f$ (g^2 단위)
0	10	0	1.0	10.	0
10	10	0	1.0	10.	0
20	10	0.2	1.1	12.1	2.4
30	10	0.6	1.4	19.6	11.8
40	10	1.2	2.0	40.	48.0
50	10	1.8	1.3	16.9	30.5
60	10	1.8	1.3	16.9	30.5
70	10	1.1	2.0	40.	44.0
80	10	0.9	3.7	137.	123.
90	10	1.1	5.4	291.	320.
100	10	1.2	2.2	48.4	57.7
110	10	1.1	1.3	16.9	18.6
120	10	0.8	0.8	6.4	5.1
130	10	0.6	0.6	3.6	2.2
140	10	0.3	0.5	2.5	0.8
150	10	0.2	0.6	3.6	0.7
160	10	0.2	0.7	4.9	0.1
170	10	0.1	1.3	16.9	1.7
180	10	0.1	1.1	12.1	1.2
190	10	0.5	0.7	4.9	2.3
200	10	0	0.5	2.5	0
210	10	0	0.4	1.6	0
					$\overline{a^2} = 700.6g^2$
					$\sigma = \sqrt{700.6g^2} = 26.6g$

참고문헌

[1] BEND AT, J.S., *Principles and Applications of Random Noise Theory*, New York: John Wiley & Sons, 1958.

[2] BENDAT, J.S., AND PIERSOL, A.G., *Measurement and Analysis of Random Data,* New York: John Wiley & Sons, 1966.

[3] BLACKMAN, R.B., AND TUKEY, J.W., *The Measurement of Power Spectra*, New York: Dover Publications, 1958.

[4] CLARKSON, B.L., "The Effect of Jet Noise on Aircraft Structures," *Aeronautical Quarterly*, Vol.10, Part 2, May 1959.

[5] CRAMER, H., *The Elements of Probability Theory*, New York: John Wiley & Sons, 1955.

[6] CRANDALL, S.H., *Random Vibration*, Cambridge, Mass.: The Technology Press of M.I.T., 1948.

[7] CRANDALL, S.H., *Random Vibration*, Vol. 2, Cambridge, Mass.: The Technology Press of M.I.T., 1963.

[8] RICE, S.O., *Mathematical Analysis of Random Noise*, New York: Dover Publications, 1954.

[9] ROBSON, J.D., *Random Vibration*, Edinburgh: Edinburgh University Press, 1964.

[10] THOMSON, W.T., AND BARTON, M.V., "The Response of Mechanical Systems to Random Excitation," *J. Appl Mech.*, June 1957, pp. 248−251.

연습문제

13.1 불규칙 데이터의 예를 들고, 각 예에 대한 분류를 써라.

13.2 비정상, 정상, 에르고딕(ergodic) 데이터의 차이에 대하여 논하라.

13.3 기대값이라는 것이 무엇을 의미하는가에 대하여 논하라. 8개의 동전을 100번, 1000번 던졌을 때, 앞면이 나올 기대값은 얼마인가? 뒷면이 나올 확률은 얼마인가?

13.4 동전을 50번 던져서 앞면이 나오면 1, 뒷면이 나오면 0이라고 기록한다. 누적된

앞면의 수를 던진 수로 나누어 앞면이 나올 확률을 구하고, 값은 던진 수의 함수로 그려서 구하라. 이 곡선은 0.5에 접근하게 된다.

13.5 그림 P13.5에 보인 삼각파 열에 대한 평균과 제곱 평균값을 구하라.

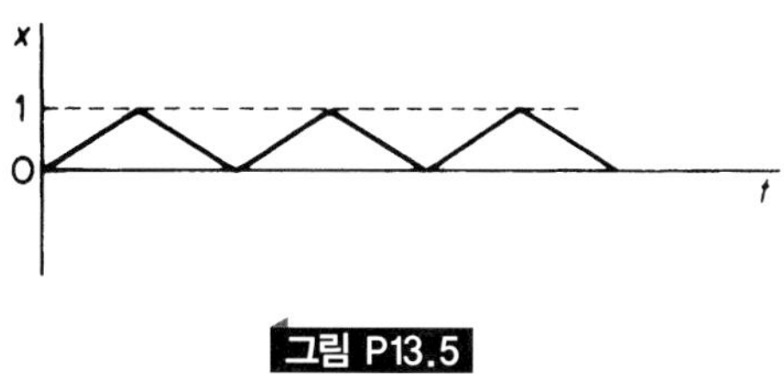

그림 P13.5

13.6 다음과 같은 방정식으로 나타나는 정상 성분을 가진 정현파에 대하여 기대값 $E(x)$와 $E(x^2)$을 구하라.

$$x = A_0 + A_1 \sin \omega t$$

13.7 정류된 정현파에 대한 평균과 제곱 평균값을 구하라.

13.8 불규칙함수의 피크값의 확률 분포가 왜 레일리 분포나 혹은 이와 유사한 형태를 갖게 되는가를 논하라.

13.9 가우스 확률 분포 $p(x)$에 대한 중심 모멘트가 다음과 같이 주어짐을 증명하라.

$$\begin{aligned} E(x^n) &- \int_{-\infty}^{\infty} x^n p(x)\, dx \\ &= \begin{cases} 0 & (n, \text{홀수}) \\ 1 \cdot 3 \cdot 5 \cdots (n-1)\sigma^n & (n, \text{짝수}) \end{cases} \end{aligned}$$

13.10 정현파의 누적확률 밀도함수에 대한 방정식을 유도하고 이 결과를 그려라.

13.11 그림 P13.11에 보인 직사각형 펄스에 대한 누적확률과 확률밀도 곡선은 어떻게 나타나는지를 설명하라.

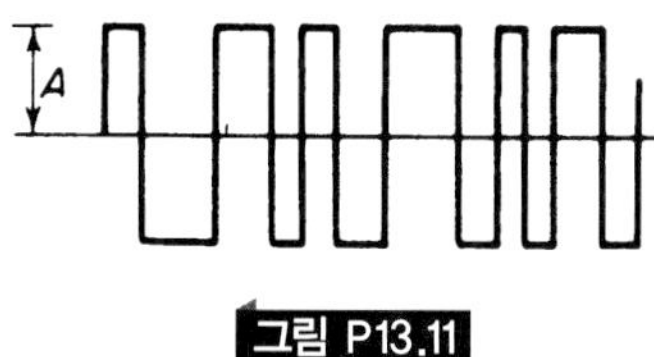

그림 P13.11

13.12 여현파 $x(t) = A \cos t$의 자기상관을 구하고, 이것을 τ에 대하여 그려라.

13.13 그림 P13.13에 보인 직사각형 펄스의 자기상관을 구하라.

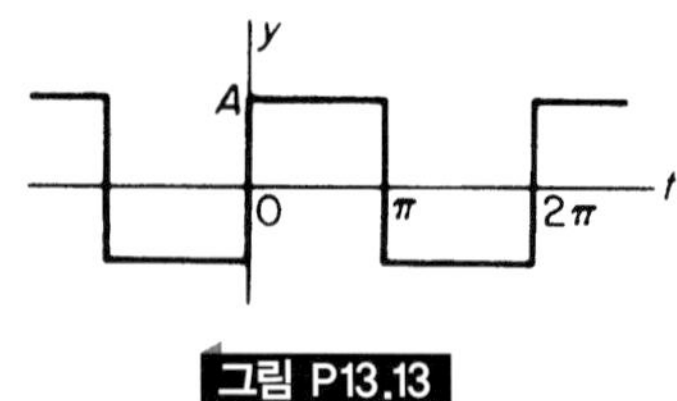

그림 P13.13

13.14 직사각형 펄스의 자기상관을 구하고, 이것을 τ에 대하여 그려라.

13.15 그림 P13.15에 보인 이진수열에 대해서 자기상관을 구하라.

방법제안: 투명 그래프 종이에 위의 파형을 그리고, 이것을 τ만큼 이동시켜라.

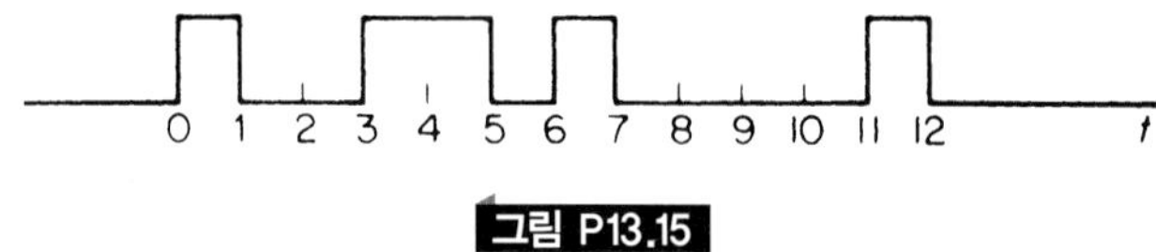

그림 P13.15

13.16 그림 P13.16에 보인 삼각파의 자기상관을 구하라.

그림 P13.16

13.17 그림 P13.17은 불규칙진동의 가속도 스펙트럼 밀도를 보여주고 있다. 면적을 직사각형으로 개략하여 rms값을 m/s^2으로 구하라.

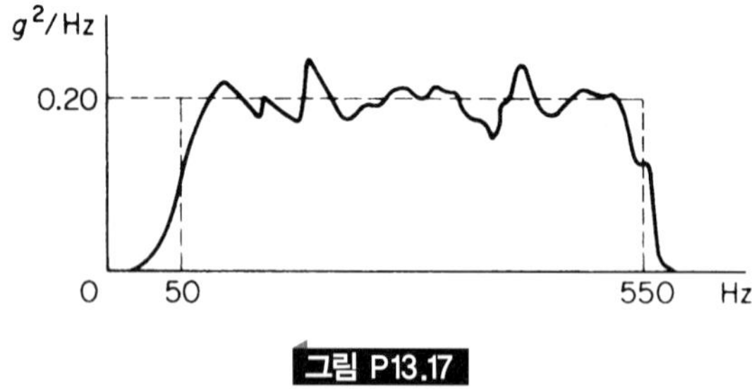

그림 P13.17

13.18 그림 P13.18에 보인 스펙트럼 밀도 선도의 rms 값을 구하라.

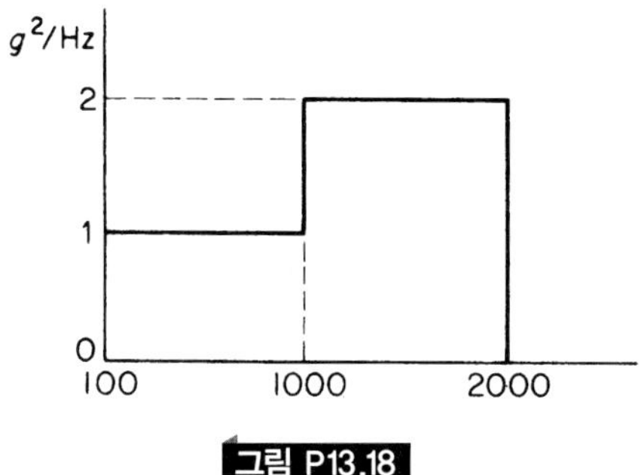

그림 P13.18

13.19 불규칙한 진동의 파워 스펙트럼 밀도를 그림 P13.19에 도시하였다. 기울기는 6 dB/octave를 나타낸다. 선형 척도로 결과를 다시 그리고, rms값을 계산하라.

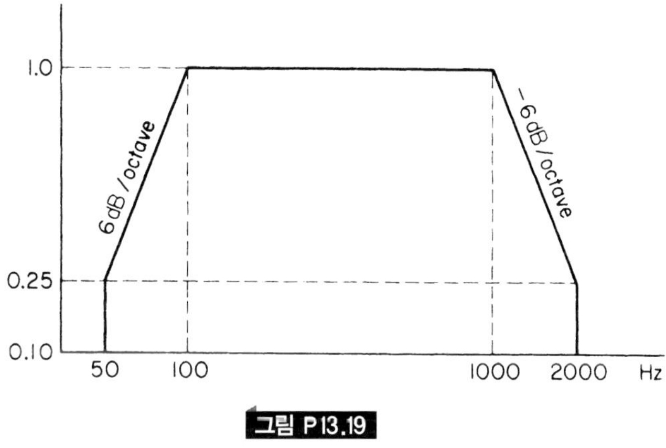

그림 P13.19

13.20 그림 P13.20에 보인 파들에 대한 스펙트럼 밀도함수를 구하라.

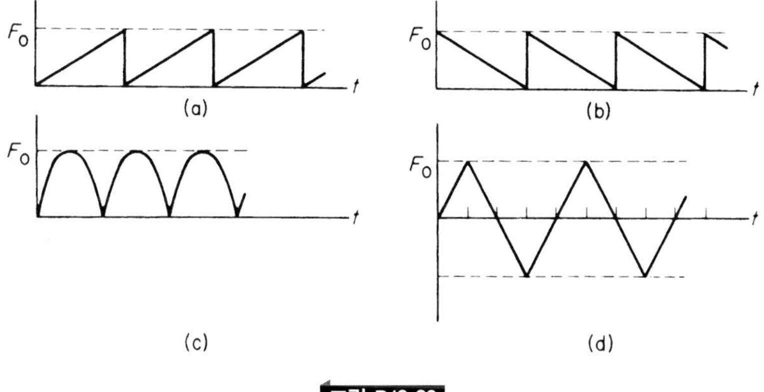

그림 P13.20

13.21 한 진동선호가 20 Hz와 2000 Hz 사이에서 일정한 스펙트럼 밀도 $S(f) = 0.002$ in^2/Hz를 가지고 있음이 알려졌다. 이 영역 밖에 스펙트럼 밀도는 0이다. 만일 평균값이 1.732 in라면 표준편차와 rms값은 얼마인지 구하고, 결과를 그려라.

13.22 주기함수의 계수 C_n에 대한 다음 방정식을 유도하라.

$$f(t) = \text{Re} \sum_{n=0}^{\infty} C_n e^{in\omega_0 t}$$

13.23 문제 13.22에 대하여 $C_{-n} = C_n^*$이며, $f(t)$를 다음과 같이 쓸 수 있다는 것을 증명하라.

$$f(t) = \sum_{n=-\infty}^{\infty} C_n e^{in\omega_0 t}$$

13.24 그림 P13.24에 보인 톱니파에 대한 푸리에 급수를 구하고, 이것의 스펙트럼 밀도를 그려라.

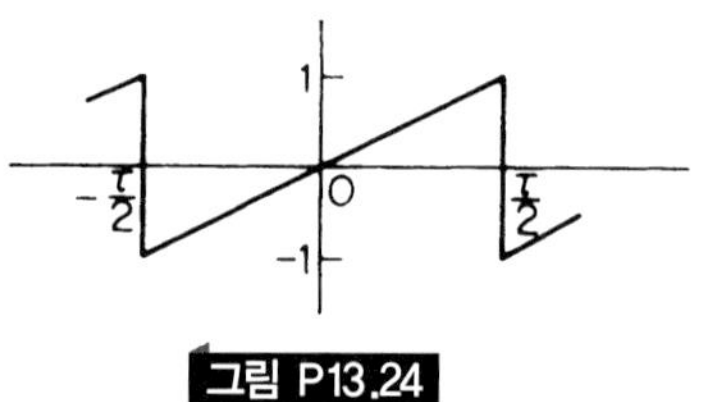

그림 P13.24

13.25 그림 P13.25에 보인 파에 대한 푸리에 급수를 복소 형태로 나타내고, 이것의 스펙트럼 밀도를 그려라.

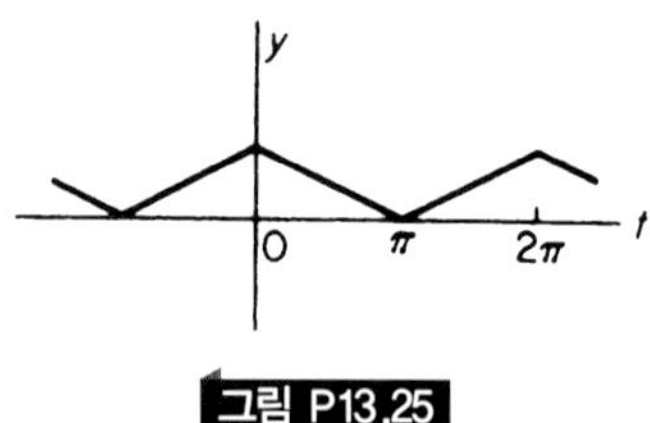

그림 P13.25

13.26 그림 P13.13에 보인 직사각형 펄스에 대한 푸리에 급수를 복소 형태로 나타내고, 이것의 스펙트럼 밀도를 그려라.

13.27 공진 부근의 주파수 응답곡선의 첨예도(sharpness)는 $Q = 1/2\zeta$의 항으로 자주 표시된다. 공진의 양측에 응답이 $1/\sqrt{2}$값으로 떨어지게 되는 두 점을 반동력점(half-power point)이라 한다. 반동력점의 대응 주파수를 ω_n과 Q의 항으로 나타내라.

13.28 다음 식이 성립함을 증명하라.

$$\int_0^\infty \frac{d\eta}{(1-\eta^2)^2+(2\zeta\eta)^2} = \frac{\pi}{4\zeta} \quad (\zeta \ll 1\text{인 경우})$$

13.29 구조 감쇠를 가진 계의 미분 방정식이 다음과 같이 주어질 때 주파수 응답함수를 구하라.

$$m\ddot{x} + k(1+i\gamma)x = F(t)$$

13.30 고유 진동수 ω_n과 감쇠비 $\zeta = 0.10$인 1자유도계가 다음의 힘으로 가진된다.

$$F(t) = F\cos(0.5\omega_n t - \theta_1) + F\cos(\omega_n t - \theta^2) + F\cos(2\omega_n t - \theta_3)$$

응답의 제곱 평균이 다음과 같음을 증명하라.

$$\begin{aligned}\overline{y^2} &= (1.74 + 25.0 + 0.110)\frac{1}{2}\left(\frac{F}{k}\right)^2 \\ &= 13.43\left(\frac{F}{k}\right)^2\end{aligned}$$

13.31 예제 13.7.3에 있어서 순간적인 가속도가 53.2g를 넘는 확률은 얼마인가? 이 값을 넘는 피크값의 확률은 얼마인가?

13.32 금속부품을 찍어내는 유압 프레스는 그림 P13.32에 보인 바와 같은 연속적인 힘을 받으며 작동되고 있다. 기초 위의 프레스의 질량이 40kg이고 이것의 고유 진동수는 2.20 Hz이다. 가진의 푸리에 스펙트럼과 응답의 제곱 평균값을 구하라.

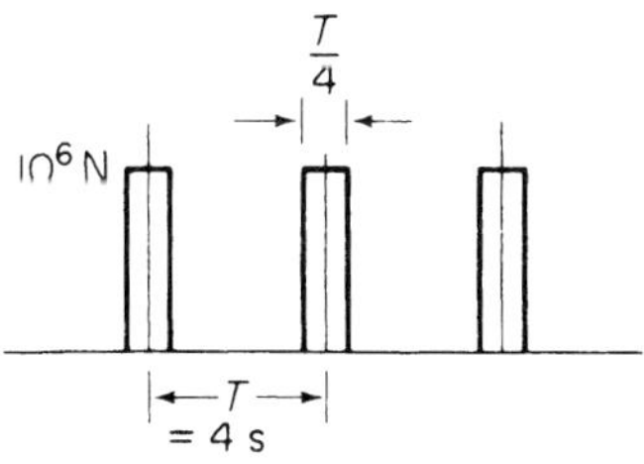

그림 P13.32

13.33 1자유도계에 대하여 식 (13.8.10)을 식 (13.8.6)에 대입하면 다음을 얻는다.

$$\overline{y^2} = \int_0^\infty S_x(f_+)\frac{1}{k^2}\frac{df}{[1-(f/f_n)^2]^2 + [2\zeta(f/f_n)]^2}$$

여기서 $S_x(f_+)$는 가진력의 스펙트럼 밀도이다. 감쇠 ζ가 작고, $S_x(f_+)$의 변화가 점진적이면, 이 식은 다음의 방정식으로 변하게 된다.

$$\overline{y^2} \cong S_x(f_n)\frac{f_n}{k^2}\int_0^\infty \frac{d(f/f_n)}{[1-(f/f_n)^2]^2+[2\zeta(f/f_n)]^2}$$

$$= S_x(f_n)\frac{f_n}{k^2}\frac{\pi}{4\zeta}$$

이 식이 바로 식 (13.8.11)이다. 기초 운동에 의하여 가진되는 1자유도계의 상대운동 z의 제곱 평균값에 대한 유사한 방정식을 기초 가속도의 스펙트럼 밀도 $S_y(f_+)$ 항으로 유도하라(3.5절 참조). 기초 가속도의 스펙트럼 밀도가 주어진 주파수 영역에 걸쳐 일정하다고 하면 $\overline{z^2}$에 대한 표현은 어떻게 해야 하는가?

13.34 3.5절을 참조하면 기초 가진을 받고 있는 질량의 절대 가속도에 대한 방정식을 다음과 같이 쓸 수 있다.

$$\ddot{x} = \frac{k + i\omega c}{k - m\omega^2 + i\omega c}\cdot\ddot{y}$$

제곱 평균 가속도 $\overline{\ddot{x}^2}$에 대한 방정식을 구하라. $\overline{\ddot{x}^2}$의 컴퓨터 계산에 대한 수치적분 기법을 세워라.

13.35 질량 60kg의 레이더 판이 그림 P13.35에 보인 스펙트럼 밀도를 가진 풍하중을 받고 있다. 판지지대계(dish-support system)의 고유 진동수는 4 Hz이다. 응답의 제곱 평균과 판의 진동진폭이 0.132m를 넘을 확률을 구하라. $\zeta = 0.05$로 가정하라.

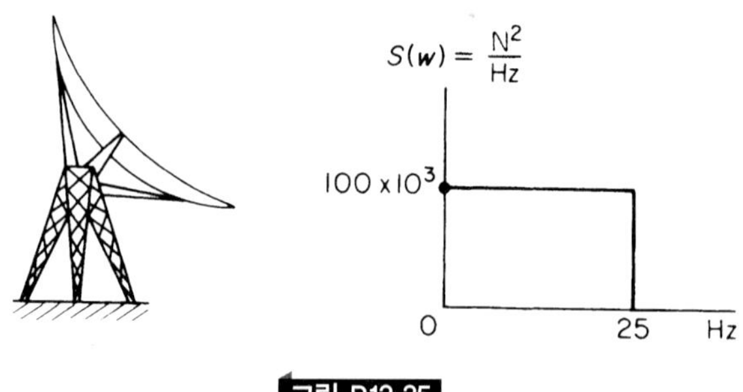

그림 P13.35

13.36 질량 272kg의 제트 엔진을 시험대 위에서 측정한 결과 고유 진동수가 26 Hz이었다. 실험에 있어서의 제트 힘의 스펙트럼 밀도는 그림 P13.36에 보여주는 바와 같다. 제트 추진의 축방향에 있어서의 진동진폭이 0.012m를 넘을 확률을 구하라. $\zeta = 0.10$으로 가정하라.

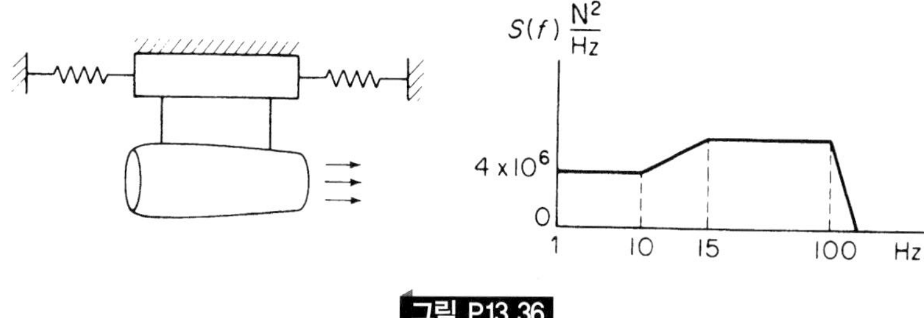

그림 P13.36

13.37 점성 감쇠 $\zeta = 0.03$을 가진 1자유도계가 $5 \times 10^6\ \mathrm{N}^2/\mathrm{Hz}$의 일정 파워 스펙트럼 밀도를 갖는 백색 잡음 $F(t)$로 가진되고 있다. 이 계의 고유 진동수는 $\omega_n = 30$ rad/s이며, 질량은 1500kg이다. σ를 구하라. 피크에 대해서는 레일리 분포로 가정하며, 최대 피크 응답이 0.037m를 넘을 확률을 구하라.

13.38 다음 식

$$x(t) = \int_0^\infty f(t - \xi)h(\xi)\, d\xi$$

의 관계로부터 시작하고 FT기법을 사용하여 다음 식을 유도하라.

$$X(i\omega) = F(i\omega)H(i\omega)$$

그리고

$$\overline{x^2} = \int_0^\infty S_F(\omega)|H(i\omega)|^2\, d\omega$$

여기서

$$S_F(\omega) = \lim_{T\to\infty} \frac{1}{2\pi T} F(i\omega)F^*(i\omega)$$

13.39 $H(i\omega) = |H(i\omega)|e^{i\phi(\omega)}$의 관계로부터 다음 식을 증명하라.

$$\frac{H(i\omega)}{H^*(i\omega)} = e^{i2\phi(\omega)}$$

13.40 그림 P13.40에 보인 직사각형 펄스의 주파수 스펙트럼을 구하라.

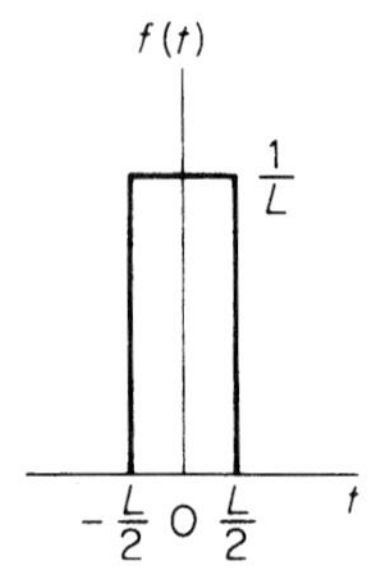

그림 P13.40

13.41 단위 계단함수는 푸리에 변환을 할 수 없음을 보여라.
힌트: $\int_{-\infty}^{\infty}|f(t)|dt$를 참조하라.

13.42 다음 식

$$S_{FX}(\omega) = \lim_{T\to\infty}\frac{1}{2\pi T}F^*(i\omega)X(i\omega)$$

$$= \lim_{T\to\infty}\frac{1}{2\pi T}F(FH) = S_F H$$

그리고

$$S_{XF}(\omega) = \lim_{T\to\infty}\frac{1}{2\pi T}X^*F$$

$$= \lim_{T\to\infty}\frac{1}{2\pi T}(F^*H^*)F = S_F H^*$$

의 방정식으로부터 다음 식들을 증명하라.

$$\frac{S_{FX}(\omega)}{S_{XF}(\omega)} = e^{i2\phi(\omega)}$$

그리고

$$\frac{S_F(\omega)}{S_{XF}(\omega)} = \frac{S_{FX}(\omega)}{S_F(\omega)} = H(i\omega)$$

13.43 균일한 가는 봉의 축방향 운동에 대한 미분 방정식은 다음과 같다.

$$\frac{\partial^2 u}{\partial t^2} = c^2\frac{\partial^2 u}{\partial x^2}$$

끝단 $x = l$에서 자유 상태, $x = 0$에 임의의 축력을 받고 있을 때, 응답의 라플라스 변환이 다음과 같이 됨을 증명하라.

$$\bar{u}(x,s) = \frac{-c\bar{F}(s)e^{-s(l/c)}}{sAE(1 - e^{-2s(l/c)})}[e^{(s/c)(x-l)} + e^{-(s/c)(s-l)}]$$

13.44 문제 13.43의 힘이 $F(f) = F_0e^{i\omega t}$의 조화력이라면, 다음과 같이 됨을 증명하라.

$$u(x,t) = \frac{cF_0e^{i\omega t}\cos[(\omega l/c)(x/l - l)]}{\omega AE\sin(\omega l/c)}$$

그리고

$$\sigma(x,t) = \frac{-\sin[(\omega l/c)(x/l - 1)]}{\sin(\omega l/c)}\frac{F_0}{A}e^{i\omega t}$$

여기서 σ는 응력이다.

13.45 $x = 0$에 있어서 가진 응력의 스펙트럼 밀도가 $S(\omega)$라면 문제 13.43에 있어서의 응력의 제곱 평균이 다음과 같이 구해짐을 증명하라.

$$\overline{\sigma^2} \cong \frac{2\pi}{\gamma}\sum_n \frac{c}{n\pi l}S(\omega_n)\sin^2 n\pi\frac{x}{l}$$

여기서 구조 감쇠로 가정하였다. 이 문제의 정규 모드는 다음과 같다.

$$\varphi_n(x) = \sqrt{2}\cos n\pi\left(\frac{x}{l} - 1\right),$$

$$\omega_n = n\pi\left(\frac{c}{l}\right), \quad c = \sqrt{\frac{AE}{m}}$$

13.46 $x(t - t_0)$의 FT를 구하고, 이것이 $e^{-i2\pi ft_0}X(f)$와 같음을 보여라. 여기서 $X(f) = $ FT$[x(t)]$이다.

13.47 컨벌루션 적분의 FT는 다음과 같이 각각의 FT의 곱임을 증명하라.

$$\text{FT}[x(t)*y(t)] = X(f)Y(f)$$

13.48 미분 정리를 이용하여 직사각형 펄스 미분의 FT는 정현파임을 보여라.

13.49 식 (13.4.4)에 있는 적분이 몇몇 확률변수에 대해서는 수렴하지 않는다. 다음과 같은 함수를 생각하자.

$$p(x) = \frac{a}{b + x^2}$$

어떤 값의 a와 b에 대해 이 변수가 확률 밀도함수가 되는가? 그 결과로 고시(Cauthy) 분포라고 불리는 확률 밀도함수가 얻어진다 그것은 유한한 분산

(variance)을 갖는가?

13.50 지수 분포는 $P(x) = 1 - \exp(-\lambda x)$로 주어진다. 확률 밀도함수, 평균 및 분산을 구하라. 이 분포는 때때로 예측불가능한 사건들 사이의 시간 간격을 기술하는 것으로서 실제로 사용된다.

13.51 문제 5.65의 스키 리프트 시스템은 질량이 바람에 의하여 힘을 받는다. 힘은 백색 잡음의 특성을 갖고 $\sigma = 0.5$이다. 최대 응답이 10°가 넘을 확률을 구하라.

CHAPTER

14 비선형진동

선형계 해석은 진동계의 거동에 대하여 많은 것을 설명해 준다. 그러나 많은 진동현상은 이러한 선형 이론으로는 예측되거나 설명될 수 없다.

이제까지 공부한 선형계에 있어서는 원인과 결과가 선형적으로 관계되어 있다. 즉, 부하를 두 배로 하면 그 응답도 두 배가 된다. 비선형계에 있어서는 원인과 결과 사이와 관계가 더 이상 비례하지 않는다. 예를 들면, 기름통의 중심은 작은 하중에 대해서는 힘에 비례해서 움직일 수 있으나, 어떤 임계 하중에 있어서는 튀게 되어 큰 변위를 일으킨다. 기둥의 좌굴이나 철심을 갖는 인덕턴스를 포함한 회로의 전기진동, 비선형 복원력을 가진 기계계의 진동 등에서도 같은 현상을 만나게 된다.

비선형 진동계를 기술하는 미분 방정식은 일반적으로 다음의 형태를 갖는다.

$$\ddot{x} + f(\dot{x}, x, t) = 0$$

이와 같은 방정식은 이들의 해에 대하여 중첩의 원리가 성립하지 않는다는 것으로서 선형 방정식과 구분된다.

비선형 미분 방정식을 처리하는 해석과정은 어렵고, 광범위한 수학공부를 필요로 한다. 알려져 있는 정밀해는 매우 적으며, 비선형계의 지식에 대한 진전의 많은 부분은 근사해와 도시해이며, 계산기의 사용에 의하여 만들어진 것이다. 그러나 비선형계에 대한 많은 부분은 상태 공간(state space) 방법과 위상 평면(phase plane)에 나타난 운동을 공부함으로써 습득할 수 있다.

14.1 위상 평면

자율계(autonomous system)에 있어서는 시간 t가 운동의 미분 방정식내에 직접 나타나지 않는다. 따라서, 시간의 미분 dt만 이러한 운동 방정식에 나타난다. 먼저 다음과 같은 미분 방정식으로 된 자율계를 공부하자.

$$\ddot{x} + f(x, \dot{x}) = 0 \quad \textbf{(14.1.1)}$$

여기서 $f(x, \dot{x})$는 x와 $\dot{x}$의 비선형함수이다. **상태 공간**(state space) 방법에 있어서는 윗식을 다음과 같이 두 개의 1차 미분 방정식으로 나타낸다.

$$\begin{aligned} \dot{x} &= y \\ \dot{y} &= -f(x, y) \end{aligned} \tag{14.1.2}$$

만일 x와 y가 직교좌표라면, 이 xy평면을 **위상 평면**(phase plane)이라 한다. 계의 상태는 좌표 x와 $y = \dot{x}$로서 정의되며, 이것은 위상 평면상의 한 점을 나타낸다. 계의 상태가 변함에 따라 위상 평면상의 점이 이동하여 **궤적**(trajectory)이라고 불리는 곡선을 만든다.

다른 유용한 개념은 다음 방정식으로 정의되는 **상태 속력**(state speed) V이다.

$$V = \sqrt{\dot{x}^2 + \dot{y}^2} \tag{14.1.3}$$

상태 속력이 0일 때, 속도 $\dot{x}$와 가속도 $\dot{y} = \ddot{x}$가 0이 되는 **평형 상태**(equilibrium state)에 도달하게 된다.

식 (14.1.2)의 두 번째 식을 첫 번째 식으로 나누면 다음과 같은 관계식을 얻게 된다.

$$\frac{dy}{dx} = \frac{-f(x, y)}{y} = \phi(x, y) \tag{14.1.4}$$

따라서 위상 평면상의 모든 점 x, y에 있어서 $\phi(x, y)$가 부정정(indeterminate)이 아니라면 궤적은 고유한 기울기를 갖게 된다.

만일 $y = 0$이고(즉, x축상의 점) $f(x, y) \neq 0$이면, 궤적의 기울기는 무한대가 된다.

만일 $y = 0$이고 $f(x, y) = 0$이면, 기울기는 부정정이 된다. 따라서, 이러한 점에 해당하는 모든 궤적은 x축을 직각으로 지나게 된다. 이러한 점을 **특이점**(singular point)이라 정의한다. 특이점은 속도 $y = \dot{x}$와 힘 $\ddot{x} = \dot{y} = -f(x, y)$가 모두 0이 되는 평형 상태에 해당한다. 특이점으로 나타나는 평형이 안정한가 불안정한가에 대한 논의가 더 필요하다.

예제 14.1.1

다음과 같은 1 자유도 진동의 위상 평면을 구하라.

$$\ddot{x} + \omega^2 x = 0$$

풀이 $y = \dot{x}$로 놓으면 윗식은 다음과 같은 두 개의 1차 미분 방정식으로 나타낼수 있다.

$$\begin{aligned} \dot{y} &= -\omega^2 x \\ \dot{x} &= y \end{aligned}$$

이들을 서로 나누면 다음 식을 얻는다.

$$\frac{dy}{dx} = -\frac{\omega^2 x}{y}$$

변수를 분리하고 적분을 하면 다음과 같다.

$$y^2 + \omega^2 x^2 = C$$

이것은 타원 열을 나타내며, 이들의 크기는 C에 의하여 결정된다. 또한 윗식은 다음과 같은 에너지 보존을 나타내는 것이 된다.

$$\tfrac{1}{2}m\dot{x}^2 + \tfrac{1}{2}kx^2 = C'$$

특이점이 $x = y = 0$에 있으므로 위상 평면도는 그림 14.1.1에 보인 것처럼 된다. 만일 y대신에 y/ω를 그리면 그림 14.1.1의 타원은 원이 된다.

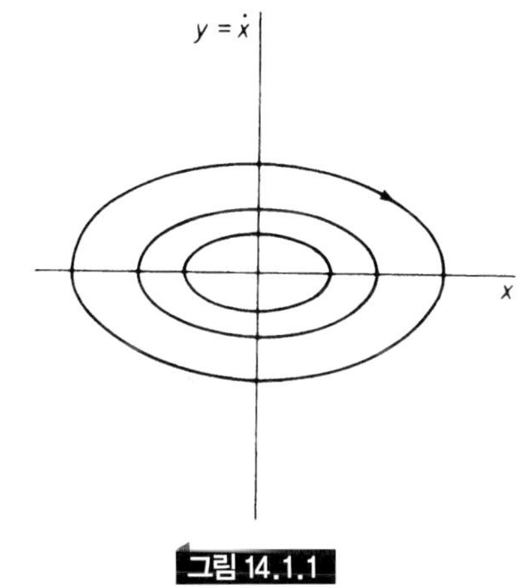

그림 14.1.1

14.2 보존계

보존계(conservative system)에 있어서 에너지합은 일정하게 유지된다. 단위 질량당의 운동 에너지와 포텐셜 에너지를 합하면 다음 식처럼 나타낼 수 있다.

$$\tfrac{1}{2}\dot{x}^2 + U(x) = E = \text{상수} \tag{14.2.1}$$

$y = \dot{x}$에 대하여 풀면 위상 평면의 세로축은 다음 방정식으로 주어 진다.

$$y = \dot{x} = \pm\sqrt{2[E - U(x)]} \tag{14.2.2}$$

이 방정식으로부터 보존계의 궤적이 x축에 대하여 대칭이어야만 한다는 것이 확실하게 된다.

보존계에 대한 운동의 미분 방정식은 다음의 형태를 가짐을 증명할 수 있다.

$$\ddot{x} = f(x) \tag{14.2.3}$$

$\ddot{x} = \dot{x}(d\dot{x}/dx)$이므로, 윗식은 다음과 같이 쓸 수 있다.

$$\dot{x}\, d\dot{x} - f(x)\, dx = 0 \tag{14.2.4}$$

이 식을 적분하면 다음과 같다.

$$\frac{\dot{x}^2}{2} - \int_0^x f(x)\, dx = E \tag{14.2.5}$$

그리고 이것을 식 (14.2.1)과 비교하면 다음을 얻게 된다

$$\begin{aligned} U(x) &= -\int_0^x f(x)\, dx \\ f(x) &= -\frac{dU}{dx} \end{aligned} \tag{14.2.6}$$

따라서 보존계에 있어서, 힘은 포텐셜 에너지의 음의 구배(기울기)와 같게 된다. $y = \dot{x}$로 놓으면 상태 공간에 있어서 식 (14.2.4)는 다음과 같다.

$$\frac{dy}{dx} = \frac{f(x)}{y} \tag{14.2.7}$$

이 식으로부터 특이점은 $f(x) = 0$과 $y = \dot{x} = 0$에 해당하므로 평형점(equilibrium point)이라는 것을 알 수 있다. 이렇게 하면 식 (14.2.6)은 평형점에 있어서 포텐셜 에너지 곡선 $U(x)$의 기울기가 0이 된다는 것을 나타낸다. $U(x)$의 최소는 안정된 평형의 위치이고, 반대로 $U(x)$ 최고값에 해당하는 안장점(saddle point)은 불안정된 평형의 위치라는 것을 알 수 있다.

평형의 안정성 식 (14.2.2)를 살펴보면 E의 값은 $x(0)$와 $y(0) = \dot{x}(0)$의 초기 조건에 의하여 결정된다. 만일 초기 조건이 크면 E 또한 크게 된다. 매위치 x에 대하여 포텐셜 에너지 $U(x)$가 존재하며, 운동이 일어나기 위해서는 E가 $U(x)$보다 커야 한다. 그렇지 않으면 식 (14.2.2)는 속도 $y = \dot{x}$가 허수라는 것을 나타낸다.

그림 14.2.1은 식 (14.2.2)로부터 표 14.2.1에서 계산된 E의 여러 값에 대한 $U(x)$와 x에 대한 y 궤적의 일반적인 그림을 보여주고 있다.

$E = 7$에 대해서는 $U(x)$가 단지 $x = 0$과 1.2 사이, $x = 3.8$과 5.9 사이, $x = 7$과 8.7 사이에

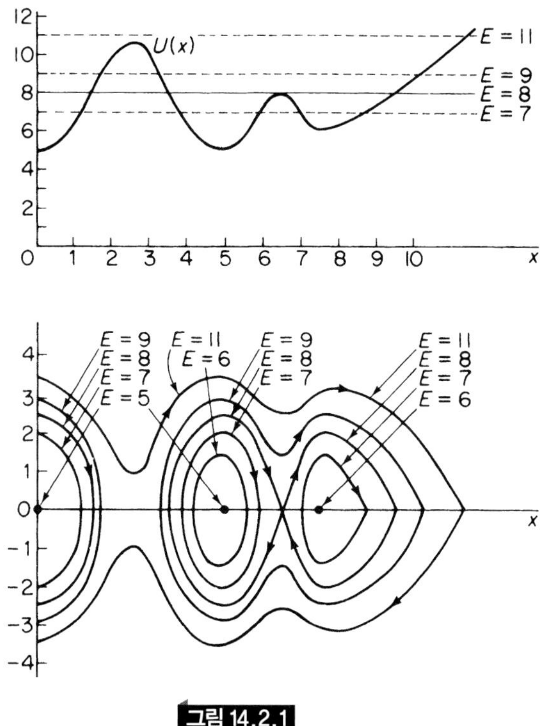

그림 14.2.1

표 14.2.1 그림 14.2.1에서 주어진 $U(x)$에 대한 위상면 계수(= 계산수치)

$y=\sqrt{\pm 2[E-U(x)]}$					
x	U(x)	$E=7$일 때 $\pm y$	$E=8$일 때 $\pm y$	$E=9$일 때 $\pm y$	$E=11$일 때 $\pm y$
0	5.0	2.0	2.45	2.83	3.46
1.0	6.3	1.18	1.84	2.32	
1.5	8.0	imag	0	1.41	2.45
2.0	9.6	imag	imag	imag	
3.0	10.0	imag	imag	imag	1.41
3.5	8.0	imag	0	1.41	2.45
4.0	6.5	1.0	1.73	2.24	
5.0	5.0	2.0	2.45	2.83	3.46
5.5	5.7	1.61	2.24	2.57	
6.0	7.2	imag	1.26	1.90	
6.5	8.0	imag	0	1.41	2.45
7.0	7.0	0	1.41	2.0	
7.5	6.0	1.41	2.0	2.45	3.16
8.0	6.3	1.18	1.84	2.32	
9.0	7.4	imag	1.09	1.79	
9.5	8.0	imag	0	1.41	
10.0	8.8	imag	imag	0.63	
11.5					0

서만 $E=7$ 아래에 놓이게 된다. $E=7$에 해당하는 궤적은 폐곡선이며, 이들과 관계된 주기는 식 (14.2.2)로부터 다음과 같이 적분에 의하여 찾을 수 있다.

$$\tau = 2\int_{x_1}^{x_2} \frac{dx}{\sqrt{2[E - U(x)]}}$$

여기서 x_1과 x_2는 x 축상 궤적의 극한점(extreme point)들이다.

작은 초기 조건에 대해서는 이들 폐궤적이 점점 작아지게 된다. $E=6$에 대해서는 평형점 $x=7.5$ 주위의 궤적은 점으로 줄어들게 되나, 평형점 $x=5$ 주위의 궤적은 $x=4.2$와 5.7 사이에서 폐곡선이 된다.

$E=8$에 대해서는 $x=6.5$에 있어서의 $U(x)$의 최대값 중 하나가 $E=8$에 접하게 되며, 이 점에서 궤적은 네 개의 분지(branch)를 가지게 된다. $x=6.5$ 점은 $E=8$에 대하여 안장점이 되며, 운동은 불안정해진다. 안장점 궤적들을 **분리점**(separatrix)이라한다.

$E>8$에 대해서 궤적은 폐궤적이 될 수도 있고 아닐 수도 있다. $E=9$는 $x=3.3$과 10.2 사이에서 폐곡선이 됨을 보여 준다. $x=6.5$에서는 $E=9$에 대해서 $dU/dx=-f(x)=0$이고, $y=\dot{x}\neq 0$이 된다. 따라서, 평형이 존재하지 않는다는 것을 주목하라.

14.3 평형의 안정성

일반적인 형태로 다음과 같이 나타내자.

$$\frac{dy}{dx} = \frac{P(x, y)}{Q(x, y)} \tag{14.3.1}$$

이 방정식의 특이점 (x_s, y_s)는 다음 식으로 정의된다

$$P(x_s, y_s) = Q(x_s, y_s) = 0 \tag{14.3.2}$$

물론, 식 (14.3.1)은 다음의 두 방정식과 동일하다.

$$\begin{aligned} \frac{dx}{dt} &= Q(x, y) \\ \frac{dy}{dt} &= P(x, y) \end{aligned} \tag{14.3.3}$$

윗식에서 시간 dt를 소거하면, 특이점 부근에서 이 방정식들을 조사할 때 평형의 안정성에 대한 해답을 얻게 된다.

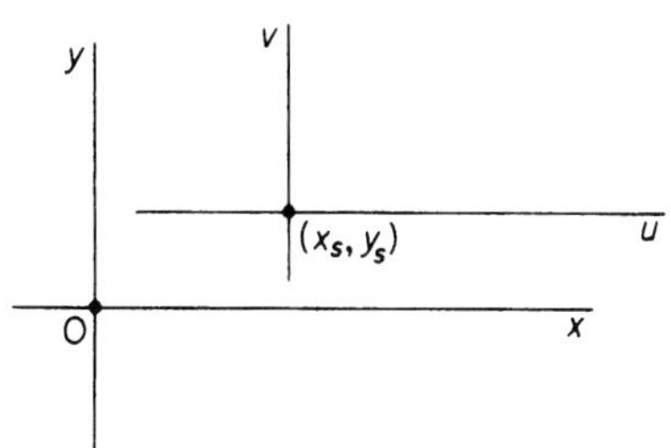

그림 14.3.1

궤적의 기울기 dy/dx는 좌표축을 직선 이송해도 변하지 않으므로 u, v 축을 그림 14.3.1과 같이 조사하려고 하는 특이점 중의 하나로 이동시키면 다음 식을 얻게 된다.

$$\begin{aligned} x &= x_s + u \\ y &= y_x + v \\ \frac{dy}{dx} &= \frac{dv}{du} \end{aligned} \tag{14.3.4}$$

만일 $P(x, y)$와 $Q(x, y)$를 특이점 (x_s, y_s) 부근에서 테일러 급수의 항으로 전개하면 $Q(x, y)$에 대하여 다음 식을 얻는다.

$$Q(x, y) = Q(x_s, y_s) + \left(\frac{\partial Q}{\partial u}\right)_s u + \left(\frac{\partial Q}{\partial v}\right)_s v + \left(\frac{\partial^2 Q}{\partial u^2}\right)_s u^2 + \cdots \tag{14.3.5}$$

또한, $P(x, y)$에 대해서도 유사한 식을 얻게 된다. $Q(x_s, y_s)$가 0이고, $(\partial Q/\partial u)$와 $(\partial Q/\partial v)_s$가 일정하므로 특이점의 영역에 있어서 식 (14.3.1)은 다음과 같다.

$$\frac{dv}{du} = \frac{cu + ev}{au + bv} \tag{14.3.6}$$

윗식에서 P와 Q의 고차 미분은 생략되었다. 따라서, (x_s, y_s)에 있는 특이점에 대한 조사는 작은 u, v에 대하여 식 (14.3.6)을 조사하면 가능하다.

식 (14.3.3)으로 되돌아와서 식 (14.3.4)와 (14.3.5)를 고려하면 식 (14.3.6)은 다음 식과 동일하게 되는 것을 알 수 있다.

$$\begin{aligned} \frac{du}{dt} &= au + bv \\ \frac{dv}{dt} &- cu + ev \end{aligned} \tag{14.3.7}$$

윗식을 행렬 형태로 다시 쓰면 다음과 같다.

$$\begin{Bmatrix} \dot{u} \\ \dot{v} \end{Bmatrix} = \begin{bmatrix} a & b \\ c & e \end{bmatrix} \begin{Bmatrix} u \\ v \end{Bmatrix} \tag{14.3.8}$$

6.7절에서 보여주었던 바와 같이 식 (14.3.8)과 같은 행렬 방정식의 고유값과 고유 벡터를 알면, 좌표 변환

$$\begin{Bmatrix} u \\ v \end{Bmatrix} = [P] \begin{Bmatrix} \xi \\ \eta \end{Bmatrix} = \left[\begin{Bmatrix} u_1 \\ v_1 \end{Bmatrix} \begin{Bmatrix} u_2 \\ v_2 \end{Bmatrix} \right] \begin{Bmatrix} \xi \\ \eta \end{Bmatrix} \tag{14.3.9}$$

은 방정식을 다음과 같은 형태로 연성 해제시킨다. 여기서 $[P]$는 고유 벡터 열로 된 모드 행렬이다.

$$\begin{Bmatrix} \dot{\xi} \\ \dot{\eta} \end{Bmatrix} = [\Lambda] \begin{Bmatrix} \xi \\ \eta \end{Bmatrix} = \begin{bmatrix} \lambda_1 & 0 \\ 0 & \lambda_2 \end{bmatrix} \begin{Bmatrix} \xi \\ \eta \end{Bmatrix} \tag{14.3.10}$$

식 (14.3.10)은 다음과 같은 해를 갖는다.

$$\begin{aligned} \xi &= e^{\lambda_1 t} \\ \eta &= e^{\lambda_2 t} \end{aligned} \tag{14.3.11}$$

u와 v에 대한 해는 다음과 같다.

$$\begin{aligned} u &= u_1 e^{\lambda_1 t} + u_2 e^{\lambda_2 t} \\ v &= v_1 e^{\lambda_1 t} + v_2 e^{\lambda_2 t} \end{aligned} \tag{14.3.12}$$

이 때 특이점의 안정성은 다음과 같은 특성 방정식으로부터 결정되어지는 고유값 λ_1, λ_2에 의존하게 되는 것이 분명하게 된다.

$$\begin{vmatrix} (a-\lambda) & b \\ c & (e-\lambda) \end{vmatrix} = 0$$

또는

$$\lambda_{1,2} = \left(\frac{a+e}{2} \right) \pm \sqrt{\left(\frac{a+e}{2} \right)^2 - (ae - bc)} \tag{14.3.13}$$

따라서, 다음이 된다.

$$(ae - bc) > \left(\frac{a+e}{2} \right)^2 \text{ 일 경우, 진동운동}$$

$$(ae - bc) < \left(\frac{a+e}{2} \right)^2 \text{ 일 경우, 비주기운동}$$

$(a+e)>0$일 경우, 불안정계

$(a+e)>0$일 경우, 안정계

특이점의 주위에 있어서 궤적의 형태는 식 (14.3.10)을 다음 형태로 나타낸 것을 조사하여 결정할 수 있다.

$$\frac{d\xi}{d\eta} = \frac{\lambda_1}{\lambda_2}\frac{\xi}{\eta} \tag{14.3.14}$$

윗식은 다음의 해를 갖는다.

$$\xi = (\eta)^{\lambda_1/\lambda_2}$$

그리고 v대 u를 그리기 위하여 식 (14.3.9)의 좌표 변환을 사용한다.

14.4 등경사 방법

14.1절의 식 (14.1.4)에서와 다음과 같은 방정식으로 된 자율계에 대하여 생각해 보자.

$$\frac{dy}{dx} = -\frac{f(x, y)}{y} = \phi(x, y) \tag{14.4.1}$$

등경사 방법(method of isoclines)에 있어서는 기울기 dy/dx를 정해진 수 α를 주어 고정시키고, 다음 곡선에 대하여 푼다.

$$\phi(x, y) = \alpha \tag{14.4.2}$$

그러한 곡선들을 여러 개 그리면, 그림 14.4.1에 보인 바와 같이 임의의 점 x, y에서부터 시작되는 궤적을 그릴 수 있다.

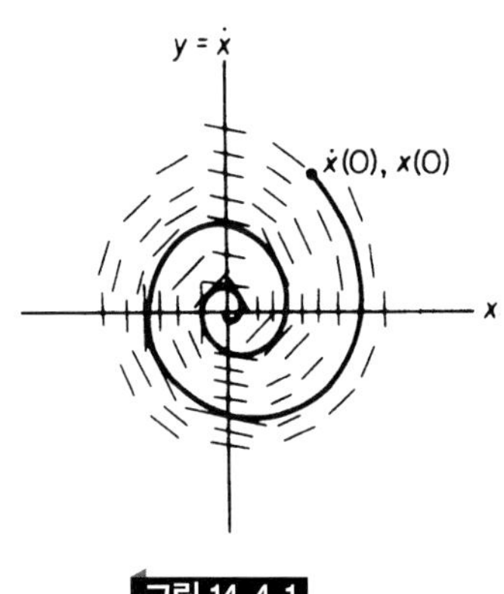

그림 14.4.1

예제 14.4.1

단진자에 대한 등경사를 구하라.

풀이 단진자에 대한 방정식은 다음과 같다.

$$\ddot{\theta} + \frac{g}{l}\sin\theta = 0 \qquad \textbf{(a)}$$

$x = \theta$와 $y = \dot{x} = \dot{\theta}$로 하면 다음 식을 얻게 된다.

$$\frac{dy}{dx} = -\frac{g}{l}\frac{\sin x}{y} \qquad \textbf{(b)}$$

따라서, $dy/dx = \alpha$를 일정한 값으로 놓으면 등경사를 구하는 식 (14.4.2)는 다음의 형태가 된다.

$$y = -\left(\frac{g}{l\alpha}\right)\sin x \qquad \textbf{(c)}$$

식 (b)로부터 특이점은 x축의 $x = 0$, $x = \pm\pi$, $x = \pm 2\pi, \cdots$ 등에 놓이게 된다는 것이 확실해진다. 그림 14.4.2는 α의 음의 값에 해당하는 1 상한에 있어서의 등경사를 보여 주고 있다. 임의의 점 $x(0)$, $y(0)$에서 시작하여 기울기 요소들에 대하여 접선을 그려나가면 궤적을 그릴 수 있다.

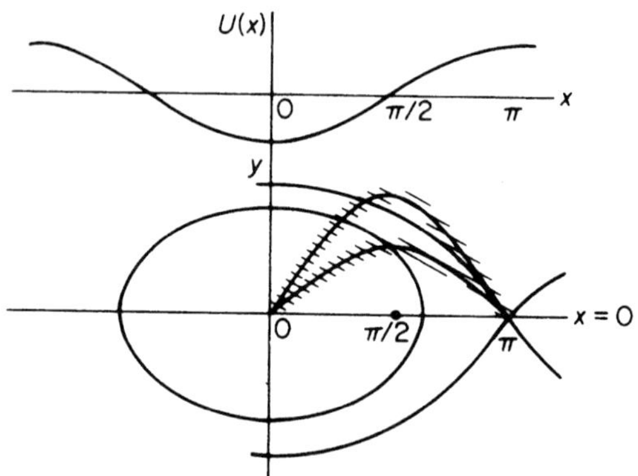

그림 14.4.2 단진자에 대한 등경사 곡선

이러한 경우 식 (a)를 적분하면 다음과 같이 구할 수 있다.

$$\frac{y^2}{2} - \frac{g}{l}\cos x = E$$

여기서 E는 전체 에너지에 해당하는 적분 상수이다[식 (14.2.1) 참조]. 또한 $U(x) = -(g/l)\cos x$가 되므로 14.2절의 내용을 적용한다. 운동이 존재하기 위해서는 E가 $-g/l$보다 커야만 한다. $E = g/l$은 분리점(separatrix)에 해당하고, $E > g/l$인 경우 궤적은 닫히지 않게 된다. 이것은 초기 조건이 상당히 커서 진자의 운동이 $\theta = 2\pi$를 넘어서 계속된다는 것을 의미한다.

예제 14.4.2

광범위하게 연구된 흥미있는 비선형 방정식의 하나는 다음과 같은 **반데어폴**(van der Pol) 방정식이다:

$$\ddot{x} - \mu\dot{x}(1 - x^2) + x = 0$$

이 식은 점성 감쇠를 가진 스프링-질량계의 자유진동과 유사하다. 그러나 이 방정식의 감쇠항은 속도와 변위 양쪽에 의존하여 비선형이 된다. 작은 진동($x < 1$)의 경우 감쇠가 음이 되어 진폭은 시간에 따라서 증가한다. $x > 1$일 때는 감쇠가 양이 되어 진폭은

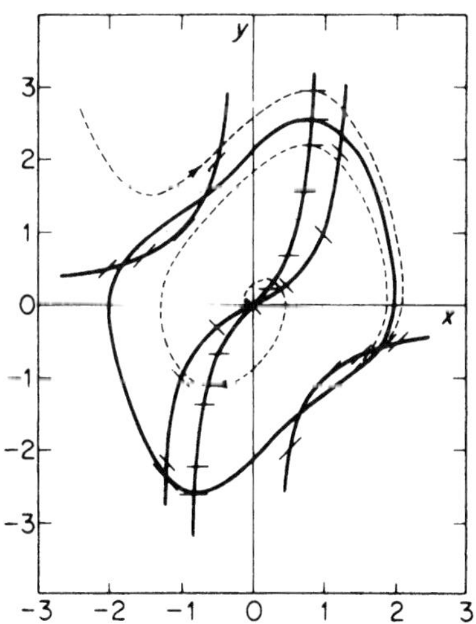

그림 14.4.3 $\mu = 1.0$인 반데어폴 방정식의 등경사 곡선

시간에 따라서 소멸된다. 만일 이 계가 $x(0)$와 $\dot{x}(0)$로 시작되면, x가 작으냐 혹은 크냐에 따라서 진폭은 증가하기도 하고 감소하기도 하여, 결국 그림 14.4.3의 위상 평면도에 의하여 기하학적으로 나타내어진 **리밋 사이클**(limit cycle)이라고 불리는 안정한 상태에 도달하게 된다.

14.5 섭동법

섭동법(perturbation method)은 작은 변수 μ가 미분 방정식의 비선형항에 관계되어 있는 문제에 적용될 수 있다. 해는 선형화된 문제의 해 주위에서의 섭동 변수 μ의 급수의 항으로 이루어진다. 만일 선형화된 문제의 해가 주기적이고 μ가 작은 경우는 섭동해도 역시 주기적이 되리라는 것을 예상할 수 있다. 위상 평면에 있어서 주기해는 반드시 폐궤적으로 표시된다는 것으로부터 설명할 수 있다. 초기 조건에 의존하는 주기는 진동진폭의 함수가 된다.

다음과 같은 방정식으로 정의되는 비선형 스프링에 달린 질량의 자유진동에 대하여 생각해 보자.

$$\ddot{x} + \omega_n^2 x + \mu x^3 = 0 \tag{14.5.1}$$

초기 조건들은 $x(0) = A$와 $\dot{x}(0) = 0$이다. μ가 0일 때는 진동의 주파수는 선형계의 진동수로서 $\omega_n = \sqrt{k/m}$이 된다.

이제 해를 다음과 같이 섭동변수 μ의 무한 급수 형태로 하여 찾는다.

$$x = x_0(t) + \mu x_1(t) + \mu^2 x_2(t) + \cdots \tag{14.5.2}$$

더욱이 비선형진동의 주파수는 μ뿐만 아니라, 진동의 진폭에 의존하는 것을 알고 있다. 이러한 사실을 다음과 같이 μ로 된 급수항으로 표현한다.

$$\omega^2 = \omega_n^2 + \mu\alpha_1 + \mu^2\alpha_2 + \cdots \tag{14.5.3}$$

여기서 α_i는 진폭의 미결정함수(undefined function)이며, ω는 비선형진동의 주파수이다.

이 과정을 적절히 설명하기 위하여 식 (14.5.2)와 (14.5.3)의 두 항에 대해서만 고려한다. 이것들을 식 (14.5.1)에 대입하면 다음 식을 얻게 된다.

$$\ddot{x}_0 + \mu\ddot{x}_1 + (\omega^2 - \mu\alpha_1)(x_0 + \mu x_1) + \mu(x_0^3 + 3\mu x_0^2 x_1 + \cdots) = 0 \tag{14.5.4}$$

섭동변수 μ는 임의로 선택될 수 있으므로 μ의 여러 가지 차수의 상수들은 0이 되어야만 한다. 이것으로부터 연속적으로 풀 수 있는 다음과 같은 식들을 얻게 된다:

$$\begin{aligned} \ddot{x}_0 + \omega^2 x_0 &= 0 \\ \ddot{x}_1 + \omega^2 x_1 &= \alpha_1 x_0 - x_0^3 \end{aligned} \tag{14.5.5}$$

초기 조건 $x(0) = A$, $\dot{x}(0) = 0$에 대한 첫 번째 방정식의 해는 다음과 같다.

$$x_0 = A\cos\omega t \tag{14.5.6}$$

이 식을 **보조해**(generating solution)라 한다. 이 것을 식 (14.5.5)의 두 번째 식의 우측에 대입하면 다음 식을 얻게 된다.

$$\begin{aligned}\ddot{x}_1 + \omega^2 x_1 &= \alpha_1 A \cos \omega t - A^3 \cos^3 \omega t \\ &= \left(\alpha_1 - \frac{3}{4}A^2\right) A \cos \omega t - \frac{A^3}{4} \cos 3\omega t\end{aligned} \tag{14.5.7}$$

여기서는 $\cos^3 \omega t = \frac{3}{4}\cos \omega t + \frac{1}{4}\cos 3\ \omega t$의 공식을 이용하였다. 가진항 $\cos \omega t$는 x_1에 대한 해에 있어서 영년항(secular term) $t \cos \omega t$가 나오도록 한다는 것을 주시 하자(즉, 공진 상태가 된다). 이런 항들은 운동이 주기적이 되어야 한다는 초기 약속(initial stipulation)을 위배하므로 다음과 같은 조건을 부과한다.

$$\alpha_1 - \tfrac{3}{4}A^2 = 0$$

따라서, 앞에서 진폭 A의 어떤 함수라고 했던 α_1은 다음과 같이 구해진다.

$$\alpha_1 = \tfrac{3}{4}A^2 \tag{14.5.8}$$

가진항 $\cos \omega t$를 방정식의 우측으로부터 소거하면 x_1에 대한 일반해는 다음과 같다.

$$\begin{aligned}x_1 &= C_1 \sin \omega t + C_2 \cos \omega t + \frac{A^3}{32\omega^2} \cos 3\omega t \\ \omega^2 &= \omega_n^2 + \frac{3}{4}\mu A^2\end{aligned} \tag{14.5.9}$$

초기 조건 $x_1(0) = \dot{x}_1(0) = 0$을 부과하면 상수 C_1과 C_2는 다음과 같이 계산된다.

$$C_1 - 0 \qquad C_2 = -\frac{A^3}{32\omega^2}$$

따라서

$$x_1 = \frac{A^3}{32\omega^2}(\cos 3\omega t - \cos \omega t) \tag{14.5.10}$$

이 되며, 이 시점에 있어서의 해는 식 (14.5.2)로부터 다음과 같다.

$$\begin{aligned}x &= A \cos \omega t + \mu \frac{A^3}{32\omega^2}(\cos 3\omega t - \cos \omega t) \\ \omega &= \omega_n \sqrt{1 + \frac{3}{4}\frac{\mu A^2}{\omega_0^2}}\end{aligned} \tag{14.5.11}$$

따라서, 구해진 해는 주기적이 되고 기본 진동수 ω는 경화된 스프링(hardening spring)에 대하여 예상되듯이 진폭과 함께 증가됨을 알 수 있다.

매튜 방정식 다음과 같은 비선형 방정식을 생각하자.

$$\ddot{x} + \omega_n^2 x + \mu x^3 = F \cos \omega t \tag{14.5.12}$$

그리고 섭동해를 다음과 같이 가정한다.

$$x = x_1(t) + \xi(t) \tag{14.5.13}$$ [1]

식 (14.5.13)을 식 (14.5.12)에 대입하면 다음의 두 방정식을 얻게 된다.

$$\ddot{x}_1 + \omega_n^2 x_1 + \mu x_1^3 = F \cos \omega t \tag{14.5.14}$$

$$\ddot{\xi} + (\omega_n^2 + \mu 3 x_1^2)\xi = 0 \tag{14.5.15}$$

만일 μ가 작다고 하면 다음과 같이 놓을 수 있다.

$$x_1 \cong A \sin \omega t \tag{14.5.16}$$

이것을 식 (14.5.15)에 대입하면 다음과 같다.

$$\ddot{\xi} + \left[\left(\omega_n^2 + \frac{3\mu}{2}A^2\right) - \frac{3\mu}{2}A^2 \cos 2\omega t\right]\xi = 0 \tag{14.5.17}$$

이 식은 **매튜(Mathieu) 방정식**이라고 알려져 있는 다음의 형태를 갖게 된다.

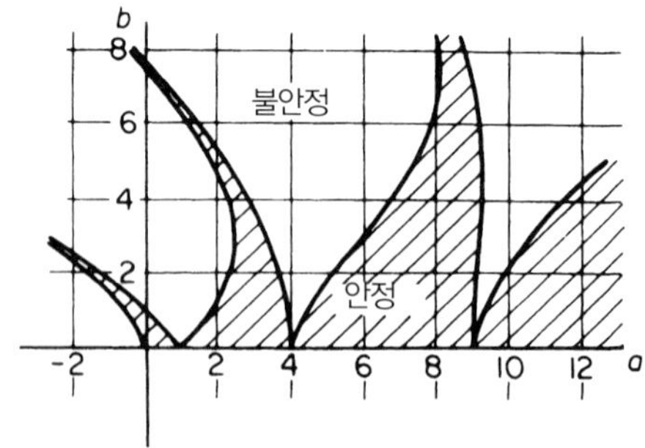

그림 14.5.1 빗금친 부분으로 나타낸 매튜 방정식의 영역(수평축에 대하여 대칭)

1) 참고문헌 [4], pp. 259–273 참조

$$\frac{d^2y}{dz^2} + (a - 2b\cos 2z)y = 0 \qquad \textbf{(14.5.18)}$$

이 매튜 방정식의 안정과 불안정 영역은 그림 14.5.1에 보인 바와 같이 변수 a와 b에 달려 있다.

14.6 반복법

Duffing[2)]은 다음과 같은 방정식에 대해서 많은 연구를 하였다.

$$m\ddot{x} + c\dot{x} + kx \pm \mu x^3 = F\cos\omega t$$

이 식은 3차 스프링에 달려 있는 질량이 조화적으로 가진되는 것을 나타낸다. ±부호는 경화된(hardening) 또는 연화된(softening) 스프링을 나타낸다. 이 방정식은 가진항에 t가 밖으로 나타나 있으므로 비자율(nonautonomous)이 된다.

본 절에서는 감쇠가 0인 다음과 같은 형태의 단순한 방정식에 대하여 생각해 보자.

$$\ddot{x} + \omega_n^2 x \pm \mu x^3 = F\cos\omega t \qquad \textbf{(14.6.1)}$$

본질적으로 **연속 근사**(successive approximation)의 과정인 **반복법**(method of iteration)으로 정상상태의 해 만을 찾아보자. 이 반복법은 미분 방정식에 가정한 해를 대입하고, 정확도가 개선된 해를 얻기 위하여 이것을 적분한다. 원하는 정확도를 얻을 때까지 이 과정을 여러 차례 반복한다.

최초 가정된 해에 대하여 다음과 같이 놓는다.

$$x_0 = A\cos\omega t \qquad \textbf{(14.6.2)}$$

이것을 미분 방정식에 대입하면 다음과 같다.

$$\begin{aligned}\ddot{x} &= -\omega_n^2 A\cos\omega t \mp \mu A^3\left(\tfrac{3}{4}\cos\omega t + \tfrac{1}{4}\cos 3\omega t\right) + F\cos\omega t \\ &= \left(-\omega_n^2 A \mp \tfrac{3}{4}\mu A^3 + F\right)\cos\omega t \mp \tfrac{1}{4}\mu A^3\cos 3\omega t\end{aligned}$$

이 방정식은 적분하는 데 있어서 해가 주기 $\tau = 2\pi/\omega$의 조화로 되기 위해서는 적분 상수를 0으로 놓을 필요가 있다. 따라서, 다음과 같이 개선된 해를 얻을 수 있다.

$$x_1 = \frac{1}{\omega^2}\left(\omega_n^2 A \pm \frac{3}{4}\mu A^3 - F\right)\cos\omega t \mp \cdots \qquad \textbf{(14.6.3)}$$

---

2) 참고문헌 [6] 참조

여기서 고차 조화항은 생략되었다.

이 과정은 반복될 수 있으나, 여기서는 더 이상 하지 않겠다. Duffing은 이 시점에서 만일 첫 번째와 두 번째 근사치들이 문제의 합리적인 해라고 하면, 식 (14.6.2)와 (14.6.3)의 두 방정식에 있어서의 cos ωt와 계수는 크게 다르지 않아야 된다는 점을 들었다. 따라서, 이들 계수들을 같다고 놓으면 다음 방정식을 얻을 수 있다.

$$A = \frac{1}{\omega^2}\left(\omega_n^2 A \pm \frac{3}{4}\mu A^3 - F\right) \tag{14.6.4}$$

이 식을 ω^2에 대해서 풀면 다음과 같다.

$$\omega^2 = \omega_n^2 \pm \frac{3}{4}\mu A^2 - \frac{F}{A} \tag{14.6.5}$$

이 방정식으로부터 비선형변수가 0이면 다음과 같이 선형계에 대한 엄밀한 결과를 얻게 된다.

$$A = \frac{F}{\omega_n^2 - \omega^2}$$

$\mu \neq 0$에 대해서는 주파수 ω가 μ, F, A의 함수이다. $F = 0$일 때는 자유진동에 대한 다음 주파수 방정식을 얻게 되는 것은 자명하다.

$$\frac{\omega^2}{\omega_n^2} = 1 \pm \frac{3}{4}\mu\frac{A^2}{\omega_n^2}$$

이것은 앞절에서 검토하였던 것이다. 여기서 경화된(hardening) 스프링(+)에 대해서는 주파수가 진폭과 함께 증가하고, 연화된(softening) 스프링(−)에 대해서는 주파수가 진폭과 함께 감소하는 것을 알 수 있다.

$\mu \neq 0$와 $F \neq 0$에 대해서는 μ와 F를 상수로 고정하고 $|A|$ 대 ω/ω_n을 그리면 편리하다. 이 곡선을 그리는 데 있어서는 식 (14.6.5)를 다음과 같아 다시 정리하면 도움이 된다.

$$\frac{3}{4}\mu\frac{A^3}{\omega_n^2} = \left(1 - \frac{\omega^2}{\omega_n^2}\right)A - \frac{F}{\omega_n^2} \tag{14.6.6}$$

그림 14.6.1에 보인 바와 같이, 이 식의 양쪽을 A에 대하여 도시할 수 있다.

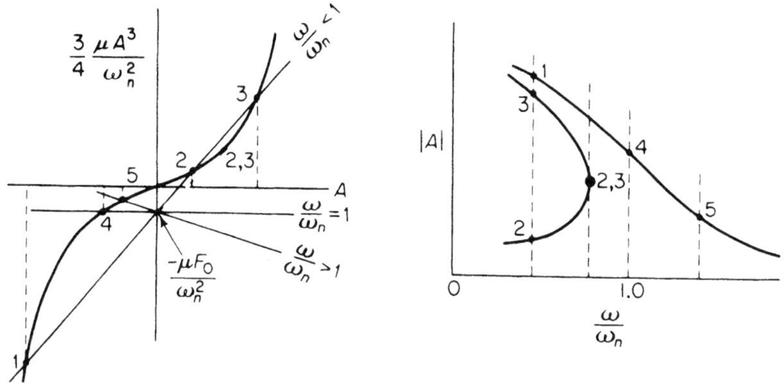

그림 14.6.1 식 (14.6.6)의 해

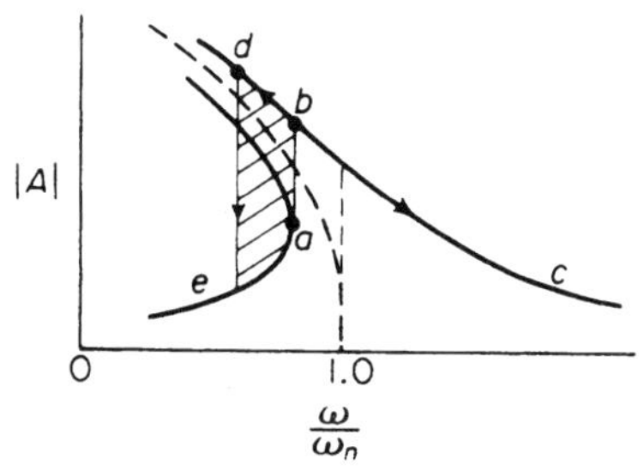

그림 14.6.2 연화된 스프링의 도약현상

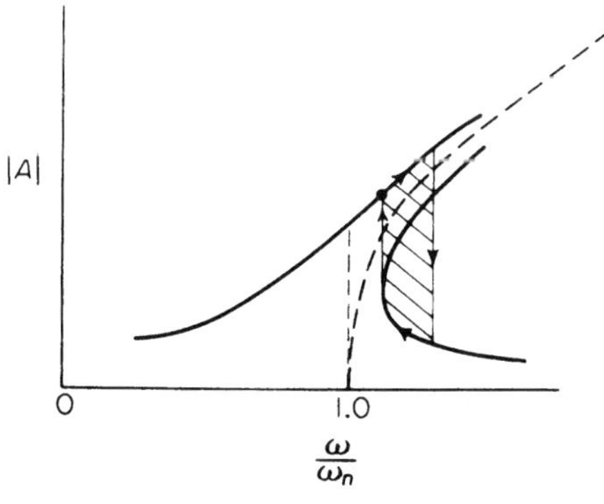

그림 14.6.3 경화된 스프링의 도약현상

이 방정식의 좌측은 3차식이고, 우측은 기울기가$(1-\omega^2/\omega_n^2)$, 절편이 $-F/\omega_n^2$인 직선이 된다. $\omega/\omega_n<1$인 경우에는 진폭-주파수 선도에서 볼 수 있듯이 세 점 1, 2, 3에서 두 곡선이 교차한다. ω/ω_n을 1쪽으로 증가하면 점 2, 3이 서로 접근하게 되고, 이후에는 진폭의 단지

하나의 값만이 식 (14.6.6)을 만족시킨다. $\omega/\omega_n = 1$이나 $\omega/\omega_n > 1$일 때는 이 점들은 4나 5가 된다.

도약현상 이러한 형태의 문제에 있어서는 진폭 A가 공진 근방에서 갑작스러운 불연속 도약을 하게 됨을 알 수 있다. 이 **도약현상**(jump phenomenon)은 다음과 같이 설명될 수 있다. 연화된 스프링에 대해서는 가진 진동수를 증가시키면 진폭은 그림 14.6.2의 점 a에 도달할 때까지 서서히 증가한다. 그리고나서 점 b로 나타내어진 큰 값으로 도약하고, 우측으로 갈수록 곡선을 따라 감소한다. 주파수를 임의의 점 c로부터 감소시킬 때는 진폭은 b를 지나 d점까지 증가하다 갑자기 작은 e값으로 떨어진다. 진폭-주파수 선도에 있어서 빗금친 부분은 불안정하다. 불안정성의 범위는 존재하는 감쇠의 크기, 가진 진동수의 변화율 등의 여러 가지 요인에 관계된다. 만일 연화된 스프링 대신에 경화된 스프링을 선택하였을 경우에는 같은 형태의 해석을 적용할 수 있고, 이 결과는 그림 14.6.3에 나타낸 형태의 곡선이 된다.

감쇠의 효과 비감쇠의 경우의 진폭-주파수 곡선은 점진적으로 중추곡선(backbone curve)에 접근하게 된다(점선으로 나타내었다). 선형계에 있어서는 중추 곡선이 $\omega/\omega_n = 1.0$에서 수직이 된다.

적은 양의 감쇠가 존재할 때는 계의 거동이 비감쇠계의 것과 크게 다를 수는 없다. 곡선의 상단점이 중추곡선에 점진적으로 접근하는 대신 그림 14.6.4에 보인 바와 같이 연속곡선으로 만나게 된다. 도약현상은 여기서도 존재하지만, 감쇠는 일반적으로 불안정 영역의 크기를 감소시키는 경향이 있다.

연속 근사방법을 감쇠 진동의 경우에도 적용할 수 있다. 이와 같은 취급의 주된 차이는 힘과 변위 사이의 위상각이 더 이상 비감쇠물체에 있어서와 같이 0° 혹은 180°가 아니라는 것이다. 변위 대신 위상을 힘항에 도입하면 수식적인 과정이 다소 단순화된다는 것을 알 수 있다. 이것을 고려하면, 미분 방정식을 다음과 같이 쓸 수 있다.

$$\begin{aligned} \ddot{x} + c\dot{x} + \omega_n^2 x + \mu x^3 &= F\cos(\omega t + \phi) \\ &= A_0 \cos \omega t - B_0 \sin \omega t \end{aligned} \quad \textbf{(14.6.7)}$$

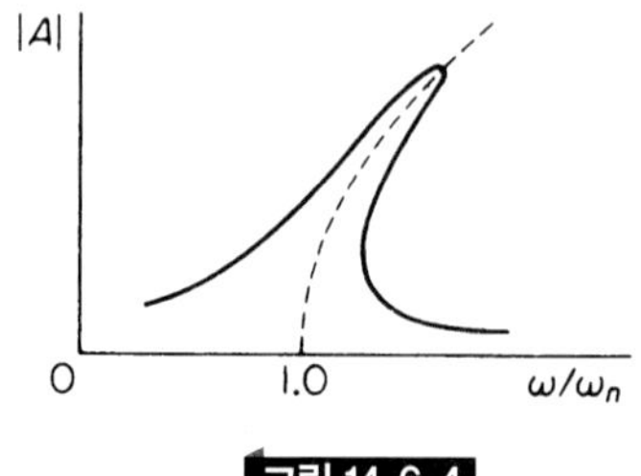

그림 14.6.4

여기서 힘의 크기는 다음과 같다.

$$F = \sqrt{A_0^2 + B_0^2} \tag{14.6.8}$$

또한 위상은 다음 식으로부터 구할 수 있다.

$$\tan \phi = \frac{B_0}{A_0}$$

첫 번째 근사로서 다음과 같이 가정한다.

$$x_0 = A \cos \omega t$$

이것을 미분 방정식에 대입하면 다음의 결과를 얻는다.

$$\begin{aligned}\left[(\omega_n^2 - \omega^2)A + \tfrac{3}{4}\mu A^3\right] \cos \omega t - c\omega A \sin \omega t + \tfrac{1}{4}\mu A^3 \cos 3\omega t \\ = A_0 \cos \omega t - B_0 \sin \omega t\end{aligned} \tag{14.6.9}$$

여기서 다시 $\cos 3\omega t$ 항을 무시하고, $\cos \omega t$와 $\sin \omega t$의 계수를 같다고 하면 다음 식을 얻게 된다.

$$\begin{aligned}(\omega_n^2 - \omega^2)A + \tfrac{3}{4}\mu A^3 &= A_0 \\ c\omega A &= B_0\end{aligned} \tag{14.6.10}$$

이 결과들에 제곱을 하고, 더하면 다음과 같은 주파수, 진폭, 힘의 관계를 얻게 된다.

$$F^2 = \left[(\omega_n^2 - \omega^2)A + \tfrac{3}{4}A^3\right]^2 + \left[c\omega A\right]^2 \tag{14.6.11}$$

μ, c, F를 고정하면 주어진 A의 값에 대한 진동수비 ω/ω_n을 계산할 수 있다.

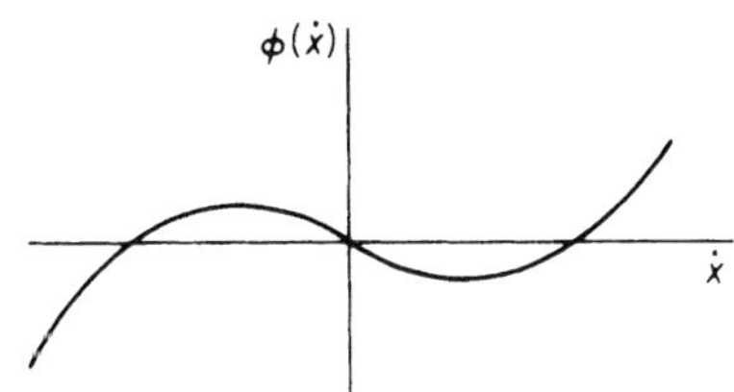

그림 14.7.1 외관 감쇠 $\phi(\dot{x}) = c\dot{x} - F(\dot{x})$를 가진 계

14.7 자려진동

진동이 운동 그 자체에 의존하는 경우를 자려진동(self-excited oscillation)이라 한다. 자동차의 바퀴 떨림(shimmy), 비행기 날개의 플러터(flutter), 반데어폴 방정식 등이 이 진동들의 몇 가지 예가 된다.

자려진동은 선형이나 비선형계에서 일어날 수 있다. 이러한 운동은 가진이 속도나 혹은 속도와 변위의 어떤 함수일 경우에 일어난다. 만일 계의 운동이 계의 에너지를 증가시키는 경향이 있으면 진폭은 증가하게 되고, 이 계는 불안정하게 된다.

예를 들어, 점성 감쇠 1자유도계가 속도와 관련된 함수인 힘에 의하여 가진되는 경우를 생각해 보자. 이것의 운동 방정식은 다음과 같다.

$$m\ddot{x} + c\dot{x} + kx = F(\dot{x}) \tag{14.7.1}$$

이 방정식은 다음의 형태로 다시 쓸 수 있다.

$$m\ddot{x} + [c\dot{x} - F(\dot{x})] + kx = 0 \tag{14.7.2}$$

윗식으로부터 만일 $F(\dot{x})$가 $c\dot{x}$보다 크게 되면, 음의 감쇠가 될 가능성 이 있다는 것을 알 수 있다.

윗식에 있어서의 $\phi(\dot{x}) = c\dot{x} - F(\dot{x})$가 그림 14.7.1과 같이 변한다고 가정하자. 작은 속도에 대해서는 외관 감쇠(apparent damping) $\phi(\dot{x})$가 음이 되어 진동의 진폭은 감소하게 된다. 큰 속도에 대해서는 그 반대가 되어 진동이 리밋 사이클로 접근하게 된다.

예제 14.7.1

동마찰계수 μ_k는 일반적으로 정마찰계수 μ_s보다 작으며, 이 차이는 속도와 함께 약간 증가한다. 따라서, 그림 14.7.2의 벨트가 움직이기 시작하면 질량은 다음 식과 같이 스프링 힘이 정적 마찰과 평형이 될 때까지 움직이게 된다.

$$kx_0 = \mu_s mg \tag{a}$$

이 점에서 질량이 좌측으로 다시 움직이기 시작하며, 힘들은 다음 식과 같은 동적 마찰의 기초에 다시 평형이 된다.

$$k(x_0 - x) = \mu_{kl} mg$$

이 두 방정식으로부터 진동의 진폭은 다음과 같이 구해진다.

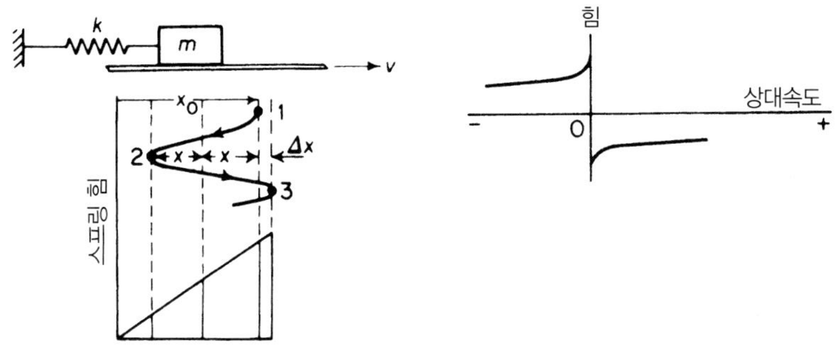

그림 14.7.2 벨트와 질량 사이의 쿨롱 감쇠

$$x = x_0 - \mu_{kl}\frac{mg}{k} = \frac{(\mu_s - \mu_{kl})g}{\omega_n^2} \tag{b}$$

질량이 좌측으로 움직이는 동안 질량과 벨트 사이의 상대속도는 우측으로 움직일 때 보다 크게 되며, 따라서 μ_{kl}이 μ_{kr}보다 작게 된다. 여기서 하첨자 l과 r은 좌측과 우측을 나타낸다. 따라서, 우측으로 움직이는 동안의 마찰력에 의한 일은 좌측으로 움직이는 동안의 그것보다 크게 되는 것이 자명하므로 스프링-질량계에 투입되는 에너지가 방출되는 에너지보다 크다. 이것이 자려진동의 한 형태를 나타내게 되며, 진폭은 계속 증가하게 된다.

2에서 3까지 스프링이 한 일은 다음과 같다.

$$-\tfrac{1}{2}k[(x_0 + \Delta x) + (x_0 - 2x)](2x + \Delta x)$$

2에서 3까지 마찰이 한 일은 다음과 같다.

$$\mu_{kr}mg(2x + \Delta x)$$

2와 3사이의 전체일은 운동 에너지의 변화와 같다고 하여 0으로 놓으면 다음 식을 얻게 된다.

$$-\tfrac{1}{2}k(2x_0 - 2x + \Delta x) + \mu_{kr}mg = 0 \tag{c}$$

식 (a)와 (b)를 식 (c)에 대입하면, 진동의 1사이클당 진폭의 증가는 다음과 같이 구해진다.

$$\Delta x = \frac{2g(\mu_{kr} - \mu_{kl})}{\omega_n^2} \tag{d}$$

14.8 룽에-쿠타 방법

제4장에서 공부하였던 룽에-쿠타(Runge-Kutta) 방법은 비선형 미분 방정식을 푸는 데 사용될 수 있다. 다음과 같은 비선형 방정식을 생각하자.

$$\frac{d^2x}{d\tau^2} + 0.4\frac{dx}{d\tau} + x + 0.5x^3 = 0.5\cos 0.5\tau \tag{14.8.1}$$

윗식을 다음과 같은 1차 형태로 다시 쓸 수 있다.

$$y = dx/d\tau \tag{14.8.2}$$

$$\frac{dy}{d\tau} = 0.5\cos 0.5\tau - x - 0.5x^3 - 0.4y = F(\tau, x, y) \tag{14.8.3}$$

사용될 계산 방정식은 다음의 순서로 디지털 컴퓨터에 대하여 프로그램된다.

τ	x	y	F
$t_1 = \tau_1$	$k_1 = x_1$	$g_1 = y_1$	$f_1 = F(t_1, k_1, g_1)$
$t_2 = \tau_1 + h/2$	$k_2 = x_1 + g_1h/2$	$g_2 = y_1 + f_1h/2$	$f_2 = F(t_2, k_2, g_2)$
$t_3 = \tau_1 + h/2$	$k_3 = x_1 + g_2h/2$	$g_3 = y_1 + f_2h/2$	$f_3 = F(t_3, k_3, g_3)$
$t_4 = \tau + h$	$k_4 = x_1 + g_3h$	$g_4 = y_1 + f_3h$	$f_4 = F(t_4, k_4, g_4)$

이들 결과로부터 $h = \Delta t$인 경우 다음의 반복 방정식(recurrence equation)으로부터 x와 y값이 결정된다.

$$x_{i+1} = x_i + \frac{h}{6}(g_1 + 2g_2 + 2g_3 + g_4) \tag{14.8.4}$$

$$y_{i+1} = y_i + \frac{h}{6}(f_1 + 2f_2 + 2f_3 + f_4) \tag{14.8.5}$$

따라서, $i = 1$로서 x_2와 y_2를 구하고, $\tau_2 = \tau_1 + \Delta\tau$로서 위 표의 t, k, g와 f를 구하고 다시 반복식에 대입하여 x_3와 y_3를 구한다.

4차 룽에-쿠타 방법의 오차는 $h^5 = (\Delta\tau)^5$ 차수이다. 또한 이 방법은 미분 계산의 필요성을 피하게 되어 우수한 정확도를 얻게 된다.

식 (14.8.1)은 MATLAB®에서 내장함수 **ode45**를 사용하여 풀이하였다. 이 함수는 4차와 5차 방법의 조합으로 된 자동 간격 룽에-쿠타-펠버그 적분법으로 구성되어져 있다. 미분 방정식을 풀이하기 위하여 이 함수를 사용하려면, 방정식을 먼저 1차식의 계로 써야만 한다. 식 (14.8.2)와 (14.8.3)은 식 (14.8.1)에서부터 만들어진 수식의 계이다. 이 방정식들은 함수 파일 속에 넣을 필요가 있고, 그리하여 **ode45**에 정보를 줄 수 있다. 이 예에서는 함수

파일이 **nonlin.m**이라 불리고, 그것은 다음과 같은 명령어를 포함하고 있다.

```
function xdot = nonlin(t, x)
        xdot = [0.5 * cos(0.5. * t) - x(2) - 0.5 * x(2) ^ 3 - 0.4 * x(1); x(1)];
```

함수 **ode45** 역시 시작시간 t_0, 끝시간 t_f와 초기 상태 x_0와 열 벡터를 줄 필요가 있다. 그림 14.8.1은 MATLAB®내의 다음 명령어의 결과이다. 리밋 사이클(limit cycle)이 두 사이클보다 적게 도달하였다는 것이 분명 하다.

```
 t0 = 0;
 tf = 40;
 x0 = [0, 0.05]';
[t, x] = ode45('nonlin', t0, tf, x0)
 x1 = x(:, 1);
 x2 = x(:, 2);
plot ( x2, x1)
```

그림 14.8.2는 반데어폴 식으로부터 구해진다:

$$\ddot{x} - \mu\dot{x}(1 - x^2) + x = 0$$

이 식은 다음과 같은 1차식의 계로 쓸 수 있다.

$$\dot{x}_1 = \mu x_1(1 - x_2^2) - x_2$$
$$\dot{x}_2 = x_1$$

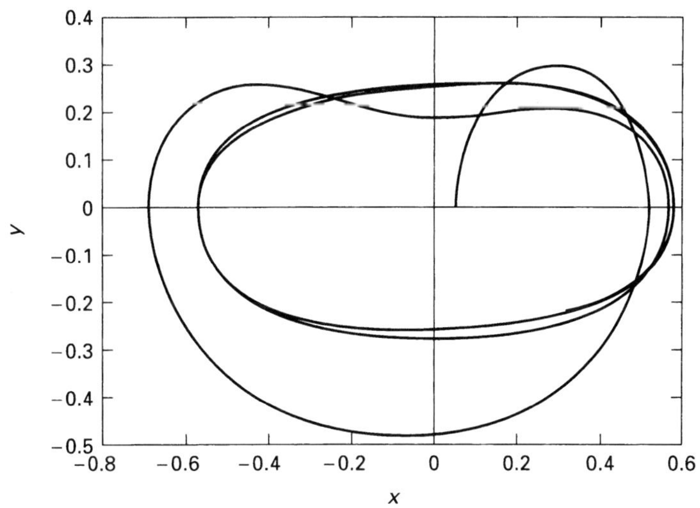

그림 14.8.1

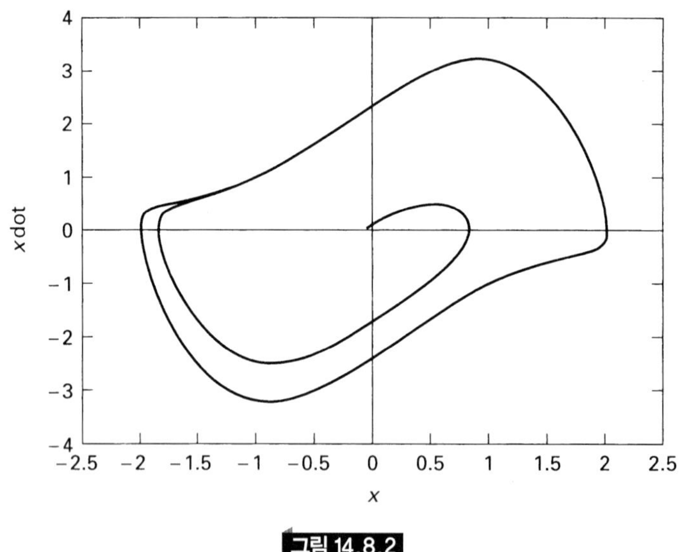

그림 14.8.2

그림 14.8.2는 $\mu = 1.5$, 초기 조건 $x_1 = 0$ 및 $x_2 = 0.05$와 함께 **ode45**를 사용한 결과이다. 비선형성의 효과는 이 그림에서 매우 뚜렷하다.

참고문헌

[1] BELLMAN, R., *Peturbation Techniques in Mathematics, Physics and Engineering*, New York: Holt, Rinehart & Winston, 1964.

[2] BROCK, J.E., "An Iterative Numerical Method for Nonlinear Vibrations," *J. Appl Mech.* (March 1951), pp. 1−11.

[3] BUTENIN, N.V., *Elements of the Theory of Nonlinear Oscillations*, New York: Blaisdell Publishing Co., 1965.

[4] CUNNINGHAM, W.J., *Introduction to Nonlinear Analysis*, New York: McGraw-Hill Book Company, 1958.

[5] DAVIS, H.T., *Introduction to Nonlinear Differential and Integral Equations*. Washington, D.C.: U.S. Government Printing Office, 1956.

[6] DUFFING, G., *Erwugene Schwingungen bei veranderlicher Eigenfrequenz*, Braunschweig: F. Vieweg u. Sohn, 1918.

[7] HAYASHI, C., *Forced Oscillations in Nonlinear Systems*, Osaka, Japan: Nippon

Printing & Publishing Co., 1953.

[8] MALKIN, I.G., *Some Problems in the Theory of Nonlinear Oscillations*, Books I and II, Washington D.C.: Department of Commerce, 1959.

[9] MINORSKY, N., *Nonlinear Oscillations*, Princeton: D. Van Nostrand Co., 1962.

[10] RAUSCHER, M., "Steady Oscillations of Systems with Nonlinear and Unsymmetrical Elasticity," *J. Appl Mech.* (December 1938), pp. A169–A177.

[11] STOKER, J. J., *Nonlinear Vibrations*, New York: Interscience Publishers, 1950.

연습문제

14.1 다음과 같은 비선형 방정식을 이용하여, 만일 x_1과 x_2가 미분 방정식을 만족하는 해일 때 이들의 중첩 $(x_1 + x_2)$는 해가 아님을 증명하라.

$$\ddot{x} + x^3 = 0$$

14.2 그림 P14.2에 보인 바와 같이 길이 $2l$인 줄의 중앙에 질량이 부착되어 있다. 큰 처짐에 대한 운동의 미분 방정식을 구하라. 줄의 장력은 T로 가정한다.

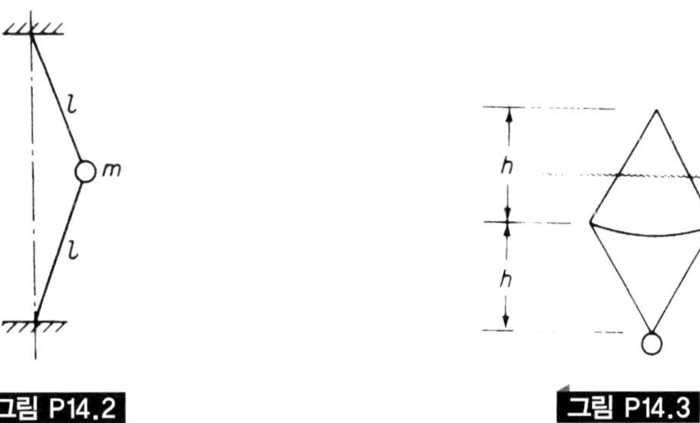

그림 P14.2

그림 P14.3

14.3 부표는 그림 P14.3에 보인 바와 같이 직경이 $2r$이고 높이가 h인 두 개의 원추로 구성되어 있다. 평형위치 x_0로 떠있게 하기 위하여 하단에 추를 부착시켰다. 수직진동에 대한 운동의 미분방정식을 구하라.

14.4 그림 P14.4의 자유간격(free gap)으로 인한 불연속강성을 가신 스프링-질량계에 대한 운동의 미분 방정식을 구하라.

14.5 그림 P14.5에 보인 바와 같이 수직위치에 있을 때, 길이가 l이 되도록 단진자의 줄이 반경 R인 고정 실린더를 감고 있다. 운동의 미분 방정식을 구하라.

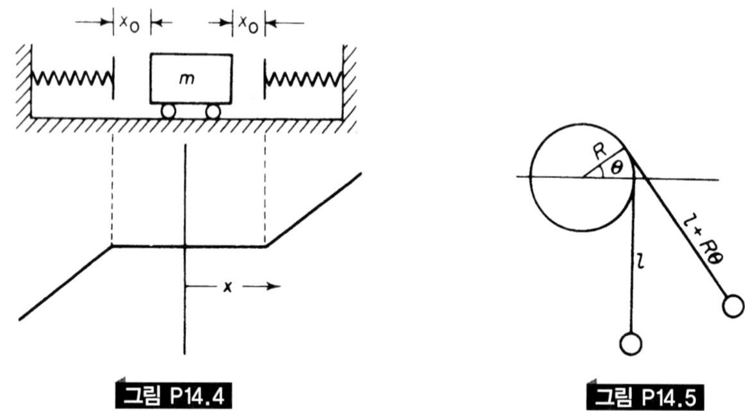

그림 P14.4

그림 P14.5

14.6 포텐셜 에너지 곡선 $U(x)$를 포함하는 비감쇠 스프링-질량계에 대한 위상 평면 궤적을 그려라. 선도와 관계된 초기 조건을 논하라.

14.7 문제 14.6의 $U(x)$ 대 x의 선도로부터 다음 식을 이용하여 주기를 결정하라.

$$\tau = 4\int_0^{x_{\max}} \frac{dx}{\sqrt{2[E - U(x)]}}$$

(E는 단위질량에 대한 것임을 유의하라)

14.8 초기 조건이 $x(0) = A$와 $\dot{x}(0) = 0$인 비선형 스프링-질량계에 대하여 상태 속력 V에 대한 방정식과 어떤 조건하에서 이 계가 평형이 되는가를 결정하라.

14.9 어떤 선형 미분 방정식의 해가 다음과 같이 주어졌다.

$$x = \cos \pi t + \sin 2\pi t$$

$y = \dot{x}$를 결정하고 위상 평면도를 그려라.

14.10 다음과 같은 감쇠 스프링-질량계에 대한 위상 평면 방정식을 구하고, $v = y/\omega_n$과 x를 좌표로 하여 궤적 중에 하나를 그려라.

$$\ddot{x} + 2\zeta\omega_n\dot{x} + \omega_n^2 x = 0$$

14.11 만일 단진자의 포텐셜 에너지가 양(+)의 부호로서 다음과 같이 주어진다고 하면, 어느 특이점이 안정한가 불안정한가를 결정하고, 그들이 포함하고 있는 물리적 의미를 설명하라.

$$U(\theta) = +\frac{g}{l}\cos\theta$$

위상 평면을 그림 14.4.2와 비교하라.

14.12 포텐셜 에너지가 $U(x) = 8 - 2\cos \pi x/4$로 주어졌을 때의 $E = 6, 7, 8, 10, 12$에 대한 위상 평면 궤적을 그리고 곡선에 대해서 논하라.

14.13 다음과 같은 방정식의 고유값과 고유 벡터를 구하라.

$$\dot{x} = 5x - y$$
$$\dot{y} = 2x + 2y$$

14.14 문제 14.13의 방정식을 다음의 형태로 연성 해제시키는 모드 변환을 구하라.

$$\dot{\xi} = \lambda_1 \xi$$
$$\dot{\eta} = \lambda_2 \eta$$

14.15 $\lambda_1/\lambda_2 = 0.5$와 2.0에 대한 문제 14.14의 ξ, η위상 평면 궤적을 그려라.

14.16 문제 14.15에 있어서 $\lambda_1/\lambda_2 = 2.0$에 대하여 y 대 x의 궤적을 그려라.

14.17 만일 문제 14.14의 λ_1과 λ_2가 공액 복소수 $-\alpha \pm i\beta$라면, u, v 평면에서의 방정식이 다음과 같이 됨을 보여라.

$$\frac{dv}{du} = \frac{\beta u + \alpha v}{\alpha u - \beta v}$$

14.18 $u = \rho \cos\theta$와 $v = \rho \sin\theta$의 변환을 이용하여, 문제 14.17에 대한 위상 평면 방정식이 다음과 같이 됨을 보여라.

$$\frac{d\rho}{\rho} = \frac{\alpha}{\beta}\,d\theta$$

또한 궤적은 다음과 같은 대수 나선(logarithmic spiral)으로 됨을 보여라.

$$\rho = e^{(\alpha/\beta)\theta}$$

14.19 xy 평면상의 특이점 근방에서 궤적이 그림 P14.19에 보인 것처럼 된다. 위상 평면 방정식의 형태와 $\xi\eta$평면에 있어서의 대응되는 궤적을 구하라.

14.20 과감쇠계($\zeta > 1$)의 특이점 근저에 있어서의 위상 평면 궤적이 그림 P14.20에 나타나 있다. 위상 평면 방정식을 구하고, 대응되는 궤적을 $\xi\eta$평면에 그려라.

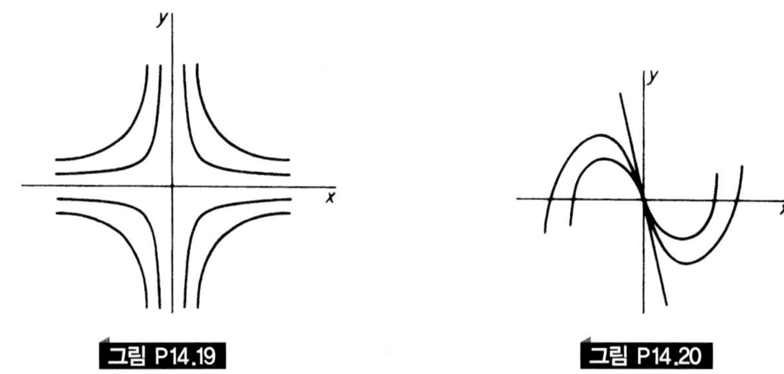

그림 P14.19

그림 P14.20

14.21 아래 방정식의 해가 $x^2+2xy+3y^2=C$로서 x, y 좌표로부터 회전된 축에서 타원군이 됨을 보여라.

$$\frac{dy}{dx}=\frac{-x-y}{x+3y}$$

두 부축(semimajor)의 회전을 구하고, 타원 중의 하나를 그려라.

14.22 2차 선형 미분 방정식의 등경사가 직선이 됨을 보여라.

14.23 다음과 같은 방정식의 등경사를 그려라.

$$\frac{dy}{dx}=xy(y-2)$$

14.24 다음과 같은 비선형 방정식을 생각하자.

$$\ddot{x}+\omega_n^2x+\mu x^3=0$$

$y=\dot{x}$로 하며 $\ddot{x}$를 $y(dy/dx)$로 대치하면 윗식은 다음과 같이 적분된다.

$$y^2+\omega_n^2x^2+\tfrac{1}{2}\mu x^4=2E$$

$x=A$일 때, $y=0$로 하면 주기는 다음의 형태가 됨을 보여라.

$$\tau=4\int_0^A\frac{dx}{\sqrt{2[E-U(x)]}}$$

14.25 문제 14.24의 등경사는 무엇과 같이 되는가?

14.26 다음과 같은 반데어폴 방정식에 대하여 $\mu=2.0$이고 $dy/dx=0,\ -1,\ +1$인 경우의 등경사 곡선을 그려라.

$$\ddot{x} - \mu\dot{x}(1 - x^2) + x = 0$$

14.27 경화된(경성) 스프링을 가진 감쇠계의 자유진동에 대한 방정식은 다음으로 주어진다.

$$m\ddot{x} + c\dot{x} + kx + \mu x^3 = 0$$

이 방정식을 위상 평면 형태로 나타내라.

14.28 다음과 같은 수치값들이 문제 14.27의 방정식에 대하여 주어졌다:

$$\omega_n^2 = \frac{k}{m} = 25 \qquad \frac{c}{m} = 2\zeta\omega_n = 2.0 \qquad \frac{\mu}{m} = 5$$

초기 조건 $x(0) = 4.0$, $\dot{x}(0) = 0$에 대한 위상 궤적을 그려라.

14.29 초기 조건이 $\theta(0) = 60°$, $\dot{\theta}(0) = 0$인 단진자에 대한 위상 평면 궤적을 그려라.

14.30 문제 14.29의 진자의 주기를 구하고, 선형 계의 주기와 비교하라.

14.31 일정한 쿨롱 감쇠를 가진 스프링-질량계의 운동 방정식은 다음과 같이 표현할 수 있다.

$$\ddot{x} + \omega_n^2 x + C\,\mathrm{sgn}\,(\dot{x}) = 0$$

여기서 $sgn(\dot{x})$는 $\dot{x}$의 부호에 따라 양의 부호나 음의 부호를 갖게 된다. 이 방정식을 위상 평면에 적당한 형태로 나타내라.

14.32 쿨롱 감쇠를 가진 계가 다음과 같은 수치값들을 가지고 있다.

$$k = 3.60 \text{ lb/in} \qquad m = 0.10 \text{ lb} \cdot \text{s}^2\text{in}^{-1} \qquad \mu = 0.20$$

위상 평면을 이용하여 $x(0) = 20$ in, $\dot{x}(0) = 0$에 대한 궤적을 그려라.

14.33 점성 감쇠를 갖는 단진자의 운동을 생각하고, 특이점을 결정하라. 그림 14.4.2를 참조하고 궤적이 근원으로 나선형으로 들어간다는 사실을 이용하여 근사 궤적을 유도하라.

14.34 $\sin\theta$를 $\theta - \frac{1}{6}\theta^3$으로 대치하여 단진자에 섭동법을 적용하라. x와 ω에 대한 급수의 처음 두 항만을 사용하라.

14.35 섭동법을 사용하였을 경우, 단진자의 주기에 대한 방정식이 진폭의 함수로 어떻게 나타나는가?

14.36 주어진 계에 대한 식 (14.7.7)의 수치값이 다음과 같이 주어졌다.

$$\ddot{x} + 0.15\dot{x} + 10x + x^3 = 5\cos(\omega t + \phi)$$

먼저 A값을 가정하고, ω^2에 대해 풀어서 식 (14.7.11)로부터 A 대 ω를 그려라.

14.37 문제 14.36에 대하여 위상각 ϕ 대 ω를 구하라.

14.38 단진자의 지지단이 그림 P14.38에 보인 바와 같이 주어진 운동을 한다. 운동 방정식이 다음과 같음을 보여라.

$$\ddot{\theta} + \left(\frac{g}{l} - \frac{\omega^2 y_0}{l}\cos 2\omega t\right)\sin\theta = 0$$

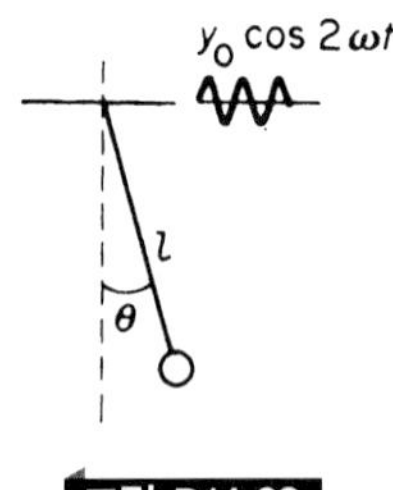

그림 P14.38

14.39 주어진 g/l값에 대하여 견고한 암(arm) l을 가진 문제 14.38의 단진자가 도립위치에 있어서 안정하게 되는 가진 진동수를 구하라.

14.40 매튜 방정식으로 되는 그림 P14.40에 보인 계에 대한 섭동해를 구하라. 초기 조건 $\dot{x}(0) = 0$, $x(0) = A$를 사용하라.

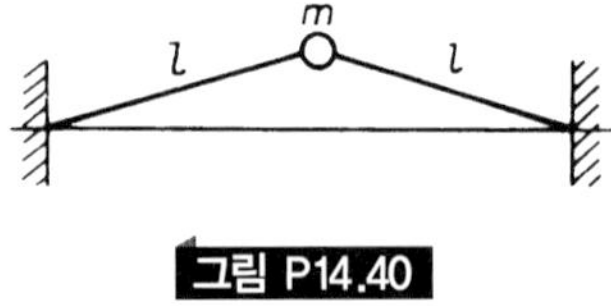

그림 P14.40

14.41 룽에-쿠타 방법과 $g/l = 1.0$을 사용해서 문제 14.29의 단진자에 대한 각 θ를 계산하라.

14.42 문제 14.41에 감쇠를 부과하면 운동 방정식은 다음과 같이 주어진다.

$$\ddot{\theta} + 0.30\dot{\theta} + \sin\theta = 0$$

초기 조건 $\theta(0) = 60°$, $\dot{\theta}(0) = 0$에 대한 해를 룽에-쿠타 방법으로 풀어라.

14.43 문제 14.40의 계에 대하여 (a) 중앙 차분법, (b) 룽에-쿠타 방법을 각각 사용하여 수치해를 구하라.

14.44 질량 m이고 길이 l이며, 조화함수 가진력 주기 Ω이고 진폭 F_0로 가진되는 진자의 큰 진폭운동인 경우를 생각하자. 운동의 포앙카레(Poincare) 선도는 초기 위

치와 속도를 그린 후 시간 T, $2T$, $3T$,⋯ 후의 진자의 위치와 속도를 그림으로써 구해진다. 각도 θ는 초기 각도 $[0, 2\pi]$에서 주어져야만 한다. MATLAB®을 사용하여, 섭동의 진폭이 매우 작은 경우에서 1이 될 때까지와 가진 진동수가 다른 경우 등의 여러 초기 조건에 대한 운동을 시뮬레이션하라. 만일 섭동의 진폭이 0이 아닌 경우, 왕복운동에서 회전운동으로의 전이가 가능한가?

14.45 14.6절에 나타난 가진되는 점성 더핑(Duffing) 진자를 생각하자. MATLAB®을 사용하여 $c = 0.2$, $F = 0.3$, $k = 1$, $\mu = 1$ 및 $\omega = 1$인 경우에 대한 운동 방정식을 시뮬레이션하라. 포앙카레 선도를 그려라. 이 때 어떠한 현상을 관찰할 수 있는가?

A 진동한계의 사양

진동에 대한 사양은 조화운동에 기초를 둔다.

$$x = x_0 \sin \omega t$$

속도와 가속도는 윗식을 미분하면 얻을 수 있고, 피크값에 대한 관계는 다음과 같이 쓸 수 있다.

$$\dot{x} = 2\pi f x_0$$
$$\ddot{x}_0 = -4\pi^2 f^2 x_0 = -2\pi f \dot{x}_0$$

이 방정식들은 다음과 같은 형태로 다시 씀으로써 log-log 종이 위에 나타낼 수 있다.

$$\ln \dot{x}_0 = \ln x_0 + \ln 2\pi f$$
$$\ln \dot{x}_0 = -\ln \ddot{x}_0 - \ln 2\pi f$$

$x_0 =$ 상수라 하면, $\ln 2\pi f$에 대한 $\ln \dot{x}_0$의 선도는 기울기가 $+1$ 인 직선이 된다. $\ddot{x}_0 =$ 상수라 하면, $\ln \dot{x}_0$대 $\ln 2\pi f$를 그리면 다시 기울기가 -1인 직선이 된다. 이들 직선을 그림 A.1에서 도식적으로 보여주고 있다. 이 그래프는 진동에 대한 한계를 나타내는 데 자주 사용된다. 굵은 선은 최소와 최대의 주파수가 5와 500 Hz일 때 최대 가속도가 10g가 되는 한계를 나타내며, 0.30 in의 변위에 대한 상한이 된다.

속도-in/s

주파수-Hz

그림 A.1

APPENDIX

B 라플라스 변환의 개요

정의

$t > 0$값에 대하여 $f(t)$가 t의 함수라 하면, 이것의 라플라스 변환(Laplace transform, LT), $\bar{f}(s)$는 다음 방정식으로 정의된다.

$$\bar{f}(s) = \int_0^\infty e^{-st} f(t)\, dt = \mathscr{L} f(t) \tag{B.1}$$

여기서 s는 복소 변수이다. $f(t)$가 시간 간격 0부터 ∞에 걸쳐서 t의 절대적으로 적분가능한 함수이면, 이 적분은 $s > 0$의 실수부에 대하여 존재한다.

예제 B.1

$t > 0$에 대하여 $f(t)$가 상수 c라 하면, 이것의 LT는

$$\mathscr{L} c = \int_0^\infty c e^{-st}\, dt = -\left.\frac{c e^{-st}}{s}\right|_0^\infty = \frac{c}{s}$$

이고, 이것은 $R(s) > 0$에 대하여 존재한다.

예제 B.2

$f(t) = t$라 하면, 이것의 LT는 다음과 같이 놓아 부분 적분으로 구한다.

$$u = t \qquad du = dt$$

$$dv = e^{-st}\, dt \qquad v = -\frac{e^{-st}}{s}$$

결과는 다음과 같다.

$$\mathscr{L}t = -\frac{te^{-st}}{s}\bigg|_0^\infty + \frac{1}{s}\int_0^\infty e^{-st}\,dt = \frac{1}{s^2} \qquad R(s) > 0$$

미분의 LT $f(t)$가 연속이고, 만일 $\mathscr{L}f(t) = \bar{f}(s)$가 존재하면, $f(t)$는 $t \to 0$이 됨에 따라 $f(0)$이 되며, 또한 이것의 미분 $f'(t) = df(t)/dt$의 LT는 다음과 같다.

$$\mathscr{L}f'(t) = s\bar{f}(s) - f(0) \tag{B.2}$$

위의 관계는 부분 적분에 의하여 다음과 같이 구해진다.

$$\int_0^\infty e^{-st} f'(t)\,dt = e^{-st} f(t)\bigg|_0^\infty + s\int_0^\infty e^{-st} f(t)\,dt$$

비슷한 방법으로 2차 미분의 LT는 다음과 같음을 보일 수 있다.

$$\mathscr{L}f''(t) = s^2\bar{f}(s) - sf(0) - f'(0) \tag{B.3}$$

이동 정리

함수 $e^{at}x(t)$의 LT를 생각하면 다음과 같다.

$$\mathscr{L}e^{at}x(t) = \int_0^\infty e^{-st}[e^{at}x(t)]\,dt = \int_0^\infty e^{-(s-a)t}x(t)\,dt$$

이 표현으로부터 다음 식을 얻게 된다.

$$\mathscr{L}e^{at}x(t) = \bar{x}(s-a) \tag{B.4}$$

여기서 $\mathscr{L}x(t) = \bar{x}(s)$이다. 따라서 $x(t)$를 e^{at}로 곱하는 것은 이 변환을 a만큼 이동시키는 것이 되며, 여기서 a는 실수나 복소수 어느 것이어도 된다.

상미분 방정식의 변환

다음과 같은 미분 방정식을 생각해 보자.

$$m\ddot{x} + c\dot{x} + kx = F(t) \tag{B.5}$$

이것의 LT는 다음과 같다.

$$m[s^2\bar{x}(s) - sx(0) - \dot{x}(0)] + c[s\bar{x}(s) - x(0)] + k\bar{x}(s) = \bar{F}(s)$$

윗식은 다음과 같이 다시 정리될 수 있다.

$$\bar{x}(s) = \frac{\bar{F}(s)}{ms^2 + cs + k} + \frac{(ms + c)x(0) + m\dot{x}(0)}{ms^2 + cs + k} \tag{B.6}$$

앞식은 미분 방정식의 보조 방정식(subsidiary equation)이라 한다. 응답 $x(t)$는 역변환으로부터 찾을 수 있으며, 제1항은 강제응답을 나타내고, 제2항은 초기 조건에 의한 응답을 나타낸다.

좀더 일반적인 경우에 대해서는 보조 방정식을 다음의 형태로 쓸 수 있다.

$$\bar{x}(s) = \frac{A(s)}{B(s)} \tag{B.7}$$

여기서 $A(s)$와 $B(s)$는 다항식이다. 일반적으로 $B(s)$는 $A(s)$보다 차수가 높다.

단순극을 가진 변환

다음과 같은 보조 방정식을 생각해 보자.

$$\bar{x}(s) = \frac{A(s)}{B(s)}$$

$B(s)$가 다음과 같이 서로 독립인 [단순극(simple pole)] n극 a_k의 항으로 인수분해 될 수 있는 경우를 생각해 보자.

$$B(s) = (s - a_1)(s - a_2)\cdots(s - a_n)$$

이런 경우에 있어서는 보조 방정식을 다음과 같은 부분 분수로 전개할 수 있다:

$$\bar{x}(s) = \frac{A(s)}{B(s)} = \frac{C_1}{s - a_1} + \frac{C_2}{s - a_2} + \cdots + \frac{C_n}{s - a_n} \tag{B.8}$$

상수 C_k를 결정하기 위하여 윗식의 양변에 $(s - a_k)$를 곱하고 $s = a_k$로 놓는다. 우측항은 C_k를 제외하고 모두 0이 되어 결국 다음과 같은 결과를 얻게 된다.

$$C_k = \lim_{s \to a_k} (s - a_k) \frac{A(s)}{B(s)} \tag{B.9}$$

$\mathscr{L}^{-1} C_k/(s - a_k) = C_k e^{a_k t}$이므로 $\bar{x}(s)$의 역변환은 다음과 같다.

$$x(t) = \sum_{k=1}^{n} \lim_{s \to a_k} (s - a_k) \frac{A(s)}{B(s)} e^{a_k t} \tag{B.10}$$

윗식의 다른 표현은 다음 식들에 의하여 명확해진다.

$$B(s) = (s - a_k)B_1(s)$$

$$B'(s) = (s - a_k)B_1'(s) + B_1(s)$$

$$\lim_{s \to a_k} B'(s) = B_1(a_k)$$

$(s-a_k)A(s)/B(s) = A(s)/B_1(s)$이므로 다음 식이 명백해진다.

$$x(t) = \sum_{k=1}^{n} \frac{A(a_k)}{B'(a_k)} e^{a_k t} \tag{B.11}$$

고차극을 가진 변환

만일 다음과 같은 보조 방정식에 있어서 $B(s)$에 있어서의 인수가 m번 반복되면 $\bar{x}(s)$가 m차 극을 갖는다고 말한다.

$$\bar{x}(s) = \frac{A(s)}{B(s)}$$

a_1에서 m차 극이 있다면, $B(s)$는 다음 형태를 갖게 된다.

$$B(s) = (s - a_1)^m (s - a_2)(s - a_3)\cdots$$

그러면 $\bar{x}(s)$의 부분 분수 전개는 다음과 같다.

$$\begin{aligned} \bar{x}(s) = {} & \frac{C_{11}}{(s - a_1)^m} + \frac{C_{12}}{(s - a_1)^{m-1}} + \cdots \\ & + \frac{C_{1m}}{(s - a_1)} + \frac{C_2}{(s - a_2)} + \frac{C_3}{(s - a_3)} + \cdots \end{aligned} \tag{B.12}$$

계수 C_{11}은 방정식의 양측을 $(s-a_1)^m$으로 곱하고 $s = a_1$으로 놓아 다음과 같이 구한다.

$$\begin{aligned} (s - a_1)^m \bar{x}(s) = {} & C_{11} + (s - a_1)C_{12} + \cdots \\ & + (s - a_1)^{m-1} C_{1m} + \frac{(s - a_1)^m}{s - a_2} C_2 + \cdots \end{aligned} \tag{B.13}$$

$$\therefore C_{11} = \left[(s - a_1)^m \bar{x}(s)\right]_{s = a_1}$$

계수 C_{12}는 $(s-a_1)^m \bar{x}(s)$ 대한 방정식을 s로 미분하고, $s = a_1$으로 놓아 다음과 같이 구한다.

$$C_1 = \left[\frac{d}{ds}(s - a_1)^m \bar{x}(s) \right]_{s=a_1} \tag{B.14}$$

이렇게 하면 다음 식이 명확하게 된다

$$C_{1n} = \frac{1}{(n-1)!} \left[\frac{d^{n-1}}{ds^{n-1}}(s - a_1)^m \bar{x}(s) \right]_{s=a_1} \tag{B.15}$$

나머지 상수 C_2, C_3,…은 앞절에서의 단순극과 같이 구하게 된다.

이동 정리에 의하여

$$\mathcal{L}^{-1} \frac{1}{(s - a_1)^n} = \frac{t^{n-1}}{(n-1)!} a_1 t$$

이 되어, $\bar{x}(s)$의 역변환은 다음과 같다.

$$x(t) = \left[C_{11} \frac{t^{m-1}}{(m-1)!} + C_{12} \frac{t^{m-2}}{(m-2)!} + \cdots \right] e^{a_1 t} + C_2 e^{a_2 t} + C_3 e^{a_3 t} + \cdots \tag{B.16}$$

대부분의 상미분 방정식은 LT의 기초 이론으로 풀 수 있다. 여기에 주어진 표는 간단한 함수들의 LT를 제공한다. 이 표는 또한 역 LT를 설정하는 데도 이용된다. 왜냐하면 만일

$$\mathcal{L}f(t) = \bar{f}(s)$$

이면

$$f(t) = \mathcal{L}^{-1}\bar{f}(s)$$

이 되기 때문이다

참고문헌

[1] THOMSON, W.T., Laplace Transformation, 2nd Ed., Englewood Cliffs, NJ: Prentice-Hall, 1960.

표 B.1 라플라스 변환표

	$f(s)$	$f(t)$
(1)	1	$\delta(t) =$ ($t = 0$에서 단위 임펄스 함수)
(2)	$\frac{1}{s}$	$\mathcal{U}(t) =$ ($t = 0$에서 단위 계단함수)
(3)	$\frac{1}{s^n}\,(n = 1, 2, \cdots)$	$\frac{t^{n-1}}{(n-1)!}$
(4)	$\frac{1}{s+a}$	e^{-at}
(5)	$\frac{1}{(s+a)^2}$	te^{-at}
(6)	$\frac{1}{(s+a)^n}\,(n = 1, 2, \cdots)$	$\frac{1}{(n-1)!}t^{n-1}e^{-at}$
(7)	$\frac{1}{s(s+a)}$	$\frac{1}{a}(1 - e^{-at})$
(8)	$\frac{1}{s^2(s+a)}$	$\frac{1}{a^2}(e^{-at} + at - 1)$
(9)	$\frac{s}{s^2 + a^2}$	$\cos at$
(10)	$\frac{s}{s^2 - a^2}$	$\cosh at$
(11)	$\frac{1}{s^2 + a^2}$	$\frac{1}{a}\sin at$
(12)	$\frac{1}{s^2 - a^2}$	$\frac{1}{a}\sinh at$
(13)	$\frac{1}{s(s^2 + a^2)}$	$\frac{1}{a^2}(1 - \cos at)$
(14)	$\frac{1}{s^2(s^2 + a^2)}$	$\frac{1}{a^3}(at - \sin at)$
(15)	$\frac{1}{(s^2 + a^2)^2}$	$\frac{1}{2a^3}(\sin at - at\cos at)$
(16)	$\frac{s}{s^2 + a^2)^2}$	$\frac{t}{2a}\sin at$
(17)	$\frac{s^2 - a^2}{(s^2 + a^2)^2}$	$t\cos at$
(18)	$\frac{1}{s^2 + 2\zeta\omega_0 s + \omega_0^2}$	$\frac{1}{\omega_0\sqrt{1-\zeta^2}}e^{-\zeta\omega_0\tau}\sin \omega_0\sqrt{1-\zeta^2}\,t$

APPENDIX

C 행렬식과 행렬

C.1 행렬식

2차 행렬식과 이의 수치 계산은 다음과 같은 기호와 조작으로 정의된다.

$$D = \begin{vmatrix} a & b \\ c & d \end{vmatrix} = ad - bc$$

n차 행렬식은 n개의 행과 n개의 열로 이루어지며, 이의 요소들의 위치를 나타내기 위하여 다음과 같은 기호를 사용한다.

$$\begin{vmatrix} a_{11} & a_{12} & a_{13} & \cdots & a_{1n} \\ a_{21} & a_{22} & a_{23} & \cdots & a_{2n} \\ \vdots & \vdots & \vdots & & \vdots \\ a_{n1} & a_{n2} & a_{n3} & \cdots & a_{nn} \end{vmatrix}$$

소행렬식

요소 a_{ij}의 소행렬식(minor) M_{ij}는 원래의 행렬식으로부터 i행과 j열을 뺀 것으로 이루어지는 행렬식을 말한다.

여인자

요소 a_{ij}의 여인자(cofactor) C_{ij}는 다음 방정식으로 정의된다.

$$C_{ij} = (-1)^{i+j} M_{ij}$$

예제 C.1.1

다음과 같은 3차 행렬식이 주어져 있다.

$$\begin{vmatrix} 2 & 1 & 5 \\ 4 & 2 & 1 \\ 2 & 0 & 3 \end{vmatrix}$$

$a_{21}=4$항의 소행렬식은 다음과 같다.

$$\begin{vmatrix} 2 & 1 & 5 \\ 4 & 2 & 1 \\ 2 & 0 & 3 \end{vmatrix} \text{의 } M_{21} = \begin{vmatrix} 1 & 5 \\ 0 & 3 \end{vmatrix} = 3$$

또한, 이것의 여인자는 다음과 같다.

$$C_{21} = (-1)^{2+1}3 = -3$$

행렬식의 전개

행렬식의 차수는 임의의 행이나 열을 이것의 여인자항으로 전개하여 하나로 축소될 수 있다.

예제 C.1.2

앞의 예제의 행렬식은 다음과 같이 제2열의 항으로 전개된다.

$$D = \begin{vmatrix} 2 & 1 & 5 \\ 4 & 2 & 1 \\ 2 & 0 & 3 \end{vmatrix} = 1(-1)^{1+2}\begin{vmatrix} 4 & 1 \\ 2 & 3 \end{vmatrix} + 2(-1)^{2+2}\begin{vmatrix} 2 & 5 \\ 2 & 3 \end{vmatrix} + 0(-1)^{3+2}\begin{vmatrix} 2 & 5 \\ 4 & 1 \end{vmatrix}$$

$$= -10 - 8 = -18$$

행렬식의 성질

다음과 같은 행렬식의 성질을 증명없이 서술한다.

1. 임의의 두 열이나 행을 서로 바꿔도 행렬식의 부호는 바뀌지 않는다.
2. 만일 두 행이나 두 열이 동일하면 행렬식은 0이 된다.
3. 임의의 행이나 열에 상수를 곱하고, 행렬의 다른 행이나 열에 더해도 행렬식의 값은 변하지 않는다.

C.2 행렬

행렬 m행과 n열로 정렬된 항들의 사각형 배열을 행렬이라 한다. 예를 들면,

$$A = \begin{bmatrix} a_{11} & a_{12} & a_{13} & a_{14} \\ a_{21} & a_{22} & a_{23} & a_{24} \\ a_{31} & a_{32} & a_{33} & a_{34} \end{bmatrix}$$

은 3×4 행렬이다.

정방행렬 정방(square)행렬은 행의 수와 열의 수가 같은 행렬을 말한다. 이것은 $n \times n$ 행렬 또는 n차 행렬이라 한다.

대칭행렬 정방행렬의 우측상부의 요소가 대각에 대하여 행렬을 뒤집어서 구할 수 있을 때, 이러한 정방행렬을 대칭(symmetric)행렬이라 한다.

$$A = \begin{bmatrix} 2 & 1 & 3 \\ 1 & 5 & 0 \\ 3 & 0 & 1 \end{bmatrix} = \text{대칭행렬}$$

대각합 정방행렬의 대각요소의 합을 대각합(trace)이라 한다. 위의 행렬에 대한 대각합은 다음과 같다.

$$\text{대각합}\ A = 2 + 5 + 1 = 8$$

특이행렬 행렬의 행렬식이 0일 때 이 행렬을 특이(singular)행렬이라 한다.

행행렬 $m = 1$인 행렬을 행(row)행렬이라 한다.

$$B = [b_1 \quad b_2 \quad b_3]$$

열행렬 $n = 1$인 행렬을 열(column)행렬이라 한다.

$$C = \begin{Bmatrix} C_1 \\ C_2 \\ C_3 \end{Bmatrix}$$

영행렬 다음과 같이 행렬의 모든 요소가 0인 행렬을 말한다.

$$0 = \begin{bmatrix} 0 & 0 & 0 \\ 0 & 0 & 0 \end{bmatrix}$$

단위행렬 단위(unit)행렬은 정방행렬로서 대각요소가 모두 1이고 다른 요소는 모두 0인 행렬을 말한다.

$$I = \begin{bmatrix} 1 & 0 & 0 \\ 0 & 1 & 0 \\ 0 & 0 & 1 \end{bmatrix}$$

대각행렬 대각선을 따라서 요소 a_{ii}를 갖고 다른 모든 요소는 0인 다음과 같은 정방행렬을 대각(diagonal)행렬이라 한다.

$$[a_{ii}] = \begin{bmatrix} a_{11} & 0 & 0 \\ 0 & a_{22} & 0 \\ 0 & 0 & a_{33} \end{bmatrix}$$

전치 행렬 A의 전치(transpose) A^T는 행과 열을 서로 바꿔준 것을 말한다. 예를 들면 다음과 같다.

$$A = \begin{bmatrix} a_{11} & a_{12} & a_{13} \\ a_{21} & a_{22} & a_{23} \end{bmatrix} \qquad A^T = \begin{bmatrix} a_{11} & a_{21} \\ a_{12} & a_{22} \\ a_{13} & a_{23} \end{bmatrix}$$

열행렬 (column matrix)의 전치는 행행렬(row matiix)이다.

소행렬식 행렬 A의 소행렬식(minor) M_{ij}는 i 번째 행과 j 번째 열을 행렬식으로부터 뺀 것을 말한다.

$$A = \begin{bmatrix} a_{11} & a_{12} & a_{13} \\ a_{21} & a_{22} & a_{23} \\ a_{31} & a_{32} & a_{33} \end{bmatrix}$$

그러면

$$M_{12} \begin{vmatrix} a_{11} & a_{12} & a_{13} \\ a_{21} & a_{22} & a_{23} \\ a_{31} & a_{32} & a_{33} \end{vmatrix} = \begin{vmatrix} a_{21} & a_{23} \\ a_{31} & a_{33} \end{vmatrix}$$

여인자 여인자(cofactor) C_{ij}는 부호가 붙은 소행렬식 $(-1)^{i+j}M_{ij}$와 같다. 앞의 예로부터 다음을 구할 수 있다.

$$C_{12} = (-1)^{1+2}M_{12} = -M_{12}$$

수반행렬 정방행렬 A의 여인자 행렬의 전치를 말한다. 행렬 A의 여인자 행렬이

$$[C_{ij}] = \begin{bmatrix} C_{11} & C_{12} & C_{13} \\ C_{21} & C_{22} & C_{23} \\ C_{31} & C_{32} & C_{33} \end{bmatrix}$$

이라면, 수반(adjoint)행렬은 다음과 같다.

$$\text{adj}\,A = [C_{ij}]^T = [C_{ji}] = \begin{bmatrix} C_{11} & C_{21} & C_{31} \\ C_{12} & C_{22} & C_{32} \\ C_{13} & C_{23} & C_{33} \end{bmatrix}$$

역행렬 행렬 A의 역(inverse)행렬 A^{-1}은 다음의 관계를 만족시킨다.

$$A^{-1}A = AA^{-1} = I$$

직교행렬 직교(orthogonal)행렬 A는 다음의 관계를 만족시킨다.

$$A^TA = AA^T = I$$

역행렬의 정의로부터 직교행렬에 대해서는 $A^T = A^{-1}$임을 알 수 있다.

C.3 행렬 조작의 규칙

더하기 같은 수의 행과 열을 가진 행렬은 대응하는 요소를 합침으로써 더할 수 있다.

예제 C.3.1

$$\begin{bmatrix} 1 & 3 & 2 \\ 4 & 1 & 1 \end{bmatrix} + \begin{bmatrix} 2 & 0 & 4 \\ 1 & -2 & -3 \end{bmatrix} = \begin{bmatrix} 3 & 3 & 6 \\ 5 & -1 & -2 \end{bmatrix}$$

곱하기 두 행렬의 A와 B의 곱셈은 다른 행렬 C가 된다.

$$AB = C$$

C의 요소 C_{ij}는 다음 법칙에 의하여 A의 i 번째 행의 요소를 B의 j 번째 열의 요소로 다음의 규칙에 따라 곱하여 구한다.

$$c_{ij} = \sum_k a_{ik} b_{kj}$$

예제 C.3.2

$$A = \begin{bmatrix} 1 & 1 & 1 \\ 1 & 2 & 2 \\ 1 & 2 & 3 \end{bmatrix} \quad B = \begin{bmatrix} 2 & 0 \\ 0 & 1 \\ 3 & -1 \end{bmatrix}$$

그러면

$$AB = \begin{bmatrix} 1 & 1 & 1 \\ 1 & 2 & 2 \\ 1 & 2 & 3 \end{bmatrix} \begin{bmatrix} 2 & 0 \\ 0 & 1 \\ 3 & -1 \end{bmatrix} = \begin{bmatrix} 5 & 0 \\ 8 & 0 \\ 11 & -1 \end{bmatrix} = C$$

즉

$$c_{21} = 1 \times 2 + 2 \times 0 + 2 \times 3 = 8$$

A의 열의 수는 B의 행의 수와 같아야 한다는 것은 명확하다. 혹은 행렬들이 일치해야(conformable)한다. $AB \neq BA$인 것도 유의하자.

예제 C.3.3

$$\begin{bmatrix} 1 & 1 & 1 \\ 1 & 5 & 2 \\ 2 & 1 & 3 \end{bmatrix} \begin{Bmatrix} 1 \\ 3 \\ 2 \end{Bmatrix} = \begin{Bmatrix} 6 \\ 20 \\ 11 \end{Bmatrix}$$

행렬을 열행렬로 곱하면 열행렬이 된다.

예제 C.3.4

$$[1 \quad 3 \quad 2] \begin{bmatrix} 1 & 1 & 1 \\ 1 & 5 & 2 \\ 2 & 1 & 3 \end{bmatrix} = [8 \quad 18 \quad 13]$$

행렬을 행행렬(혹은 열행렬의 전치)로 곱하면 행행렬이 된다.

예제 C.3.5

$$A = \begin{bmatrix} 1 & 1 \\ 2 & 3 \end{bmatrix} \qquad B = \begin{bmatrix} 2 & 1 \\ 1 & 1 \end{bmatrix}$$

$$C = AB = \begin{bmatrix} 3 & 2 \\ 7 & 5 \end{bmatrix} \qquad C^T = B^T A^T = \begin{bmatrix} 2 & 1 \\ 1 & 1 \end{bmatrix}\begin{bmatrix} 1 & 2 \\ 1 & 3 \end{bmatrix} = \begin{bmatrix} 3 & 7 \\ 2 & 5 \end{bmatrix}$$

곱 $AB = C$의 전치는 $C^T = B^T A^T$이다.

행렬의 역변환 다음과 같은 일련의 방정식을 생각해 보자.

$$\begin{aligned} a_{11}x_1 + a_{12}x_2 + a_{13}x_3 &= y_1 \\ a_{21}x_1 + a_{22}x_2 + a_{23}x_3 &= y_2 \\ a_{31}x_1 + a_{32}x_2 + a_{33}x_3 &= y_3 \end{aligned} \tag{C.3.1}$$

윗식을 다음과 같은 행렬 형태로 나타낼 수 있다.

$$AX = Y \tag{C.3.2}$$

역행렬 A^{-1}로 앞에서 곱하면 다음의 해를 얻는다.

$$X = A^{-1}Y \tag{C.3.3}$$

A^{-1}항은 다음과 같은 크레머(Cramer) 법칙에 의하여 찾을 수 있다. x_1에 대한 해는 다음과 같다.

$$\begin{aligned} x_1 &= \frac{1}{|A|}\begin{vmatrix} y_1 & a_{12} & a_{13} \\ y_2 & a_{22} & a_{23} \\ y_3 & a_{32} & a_{33} \end{vmatrix} \\ &= \frac{1}{|A|}\left\{ y_1\begin{vmatrix} a_{22} & a_{23} \\ a_{32} & a_{33} \end{vmatrix} - y_2\begin{vmatrix} a_{12} & a_{13} \\ a_{32} & a_{33} \end{vmatrix} + y_3\begin{vmatrix} a_{12} & a_{13} \\ a_{22} & a_{23} \end{vmatrix} \right\} \\ &= \frac{1}{|A|}\{y_1C_{11} + y_2C_{21} + y_3C_{31}\} \end{aligned}$$

여기서 $|A|$는 계수행렬 A의 행렬식이며, C_{11}, C_{21}, C_{31}은 요소 11, 12, 13에 대응되는 A의 여인자이다. x_2와 x_3에 대해서도 제2열과 제3열을 y열로 대치시킴으로써 유사하게 구할 수 있다. 따라서, 전체 해는 다음과 같은 행렬 형태로 쓸 수 있다.

$$\begin{Bmatrix} x_1 \\ x_2 \\ x_3 \end{Bmatrix} = \frac{1}{|A|}\begin{bmatrix} C_{11} & C_{21} & C_{31} \\ C_{12} & C_{22} & C_{32} \\ C_{13} & C_{23} & C_{33} \end{bmatrix}\begin{Bmatrix} y_1 \\ y_2 \\ y_3 \end{Bmatrix} \tag{C.3.4}$$

즉

$$\{x\} = \frac{1}{|A|}[C_{ji}]\{y\} = \frac{1}{|A|}[\text{adj } A]\{y\}$$

따라서, 식 (C.3.3)과 비교하면 다음 결과에 도달하게 된다.

$$A^{-1} = \frac{1}{|A|}\text{adj } A \tag{C.3.5}$$

예제 C.3.6

다음 행렬의 역행렬을 구하라.

$$A = \begin{bmatrix} 1 & 1 & 1 \\ 1 & 2 & 2 \\ 1 & 0 & 3 \end{bmatrix}$$

(a) A의 행렬식은 $|A| = 3$이다.

(b) A의 소행렬식들은 다음과 같다.

$$M_{11} = \begin{vmatrix} 2 & 2 \\ 0 & 3 \end{vmatrix} = 6, \qquad M_{12} = \begin{vmatrix} 1 & 2 \\ 1 & 3 \end{vmatrix} = 1, \cdots$$

(c) 여인자의 형태로 만들기 위하여 소행렬식에 부호 $(-1)^{i+j}$를 곱한다.

$$[C_{ij}] = \begin{vmatrix} 6 & -1 & -2 \\ -3 & 2 & 1 \\ 0 & -1 & 1 \end{vmatrix}$$

(d) 수반행렬은 여인자 행렬의 전치이다. 혹은 $[C_{ij}]^T = [C_{ji}]$이다. 따라서, 역행렬 A^{-1}은 다음과 같이 구해진다.

$$A^{-1} = \frac{1}{|A|}\text{adj } A = \frac{1}{3}\begin{bmatrix} 6 & -3 & 0 \\ -1 & 2 & -1 \\ -2 & 1 & 1 \end{bmatrix}$$

(e) 이 결과는 다음과 같이 확인될 수 있다.

$$A^{-1}A = \frac{1}{3}\begin{bmatrix} 6 & -2 & 0 \\ -1 & 2 & -1 \\ -2 & 1 & 1 \end{bmatrix}\begin{bmatrix} 1 & 1 & 1 \\ 1 & 2 & 2 \\ 1 & 0 & 3 \end{bmatrix}$$

$$= \frac{1}{3}\begin{bmatrix} 3 & 0 & 0 \\ 0 & 3 & 0 \\ 0 & 0 & 3 \end{bmatrix} = \begin{bmatrix} 1 & 0 & 0 \\ 0 & 1 & 0 \\ 0 & 0 & 1 \end{bmatrix}$$

역행렬이 존재하기 위해서는 행렬식 $|A|$가 0이 아니어야 한다는 것을 유의하기 바란다.

역행렬에 대한 식 (C.3.5)는 행렬식을 계산하는 다른 방법을 제공한다. 식 (C.3.5)에 A를 앞에서 곱하면 다음과 같다.

$$AA^{-1} = \frac{A}{|A|}\,\text{adj}\,A = I$$

따라서, 다음과 같이 표현된다.

$$|A|I = A\,\text{adj}\,A \qquad \textbf{(C.3.6)}$$

곱의 전치

다음의 조작이 증명없이 주어진다.

$$\begin{aligned} (AB)^T &= B^T A^T \\ (A + B)^T &= A^T + B^T \end{aligned} \qquad \textbf{(C.3.7)}$$

직교 변환 행렬 P가 다음 식을 만족시킬 때 직교행렬이라 한다.

$$P^{-1} = P^T$$

직교행렬의 행렬식은 ± 1이 된다. 만일 A가 대칭행렬이면 다음의 관계가 성립한다.

$$P^{-1}AP = D = P^T AP \text{ 대각행렬} \qquad \textbf{(C.3.8)}$$

A가 대칭행렬일 때는 다음과 같다.

$$\begin{aligned} P^T A &= AP \\ \{x\}^T A &= A\{x\} \end{aligned} \qquad \textbf{(C.3.9)}$$

분할행렬

행렬은 다음 예에서 볼 수 있듯이 수평과 수직선들에 의해 부행렬(submatrix)로 분할될 수 있다.

$$\left[\begin{array}{cc:c} 2 & 4 & -1 \\ 0 & -3 & 4 \\ 1 & 2 & 2 \\ \hdashline 3 & -1 & -5 \end{array}\right] = \left[\begin{array}{c:c} [A] & [B] \\ \hdashline [C] & [D] \end{array}\right]$$

여기서 부행렬은 다음을 말한다.

$$A = \begin{bmatrix} 2 & 4 \\ 0 & -3 \\ 1 & 2 \end{bmatrix} \quad B = \begin{Bmatrix} -1 \\ 4 \\ 2 \end{Bmatrix}$$

$$C = [3 \quad -1] \quad D = [-5]$$

부행렬은 행렬 계산식의 일반적인 규칙을 따르며, 부행렬을 통하여 통상 행렬 요소와 같이 더하고, 빼고, 곱해질 수 있다. 따라서, 다음과 같다.

$$\left[\begin{array}{c:c} A & B \\ \hdashline C & D \end{array}\right]\left\{\begin{array}{c} x \\ \hdashline y \end{array}\right\} = \begin{bmatrix} A\{x\} + B\{y\} \\ C\{x\} + D\{y\} \end{bmatrix}$$

$$\left[\begin{array}{c:c} A & B \\ \hdashline C & D \end{array}\right]\left[\begin{array}{c:c} E & F \\ \hdashline G & H \end{array}\right] = \left[\begin{array}{c:c} AE + BG & AF + BH \\ \hdashline CE + DG & CF + DH \end{array}\right]$$

C.4 고유 벡터의 계산

고유값 λ_i에 해당하는 고유 벡터 X_i는 특성 방정식의 임의 행의 여인자로부터 구할 수 있다.

$[A - \lambda_i I]X_i = 0$을 3차 계에 대하여 다음과 같이 쓴다.

$$\begin{bmatrix} (a_{11} - \lambda_1) & a_{12} & a_{13} \\ a_{21} & (a_{22} - \lambda_i) & a_{23} \\ a_{31} & a_{32} & (a_{33} - \lambda_i) \end{bmatrix} \begin{Bmatrix} x_1 \\ x_2 \\ x_3 \end{Bmatrix}_i = 0 \tag{C.4.1}$$

이것의 특성 방정식 $|A - \lambda_i I| = 0$은 행렬식 형태로 다음과 같이 쓸 수 있다.

$$\begin{vmatrix} (a_{11} - \lambda_i) & a_{12} & a_{13} \\ a_{21} & (a_{22} - \lambda_i) & a_{23} \\ a_{31} & a_{32} & (a_{33} - \lambda_i) \end{vmatrix} = 0 \tag{C.4.2}$$

행렬식은 제1열의 여인자항으로 다음과 같이 전개된다.

$$(a_{11} - \lambda_1)C_{11} + a_{12}C_{12} + a_{13}C_{13} = 0 \quad \textbf{(C.4.3)}$$

다음에 행렬식의 제1행을 제2행으로 대치하고, 다른 두 행을 변화시키지 않는다. 두 개의 동일한 열 때문에 행렬식의 값은 아직 0이다.

$$\begin{vmatrix} a_{21} & (a_{22} - \lambda_i) & a_{23} \\ a_{21} & (a_{22} - \lambda_i) & a_{23} \\ a_{31} & a_{32} & (a_{33} - \lambda_i) \end{vmatrix} = 0 \quad \textbf{(C.4.4)}$$

다시 제1행의 여인자항으로 전개하면, 앞의 행렬식의 여인자와 같게 된다.

$$a_{21}C_{11} + (a_{22} - \lambda_i)C_{12} + a_{23}C_{13} = 0 \quad \textbf{(C.4.5)}$$

마지막으로, 제1행을 제3행으로 대치하고, 새로운 행렬식의 제1행의 항으로 전개한다.

$$\begin{vmatrix} a_{31} & a_{32} & (a_{33} - \lambda_i) \\ a_{21} & (a_{22} - \lambda_i) & a_{23} \\ a_{31} & a_{32} & (a_{33} - \lambda_i) \end{vmatrix} = 0 \quad \textbf{(C.4.6)}$$

$$a_{31}C_{11} + a_{32}C_{12} + (a_{33} - \lambda_i)C_{13} = 0 \quad \textbf{(C.4.7)}$$

식 (C.4.3), (C.4.5), (C.4.7)은 다음과 같은 단일 행렬식으로 조합될 수 있다.

$$\begin{bmatrix} (a_{11} - \lambda_i) & a_{12} & a_{13} \\ a_{21} & (a_{22} - \lambda_i) & a_{23} \\ a_{31} & a_{32} & (a_{33} - \lambda_i) \end{bmatrix} \begin{Bmatrix} C_{11} \\ C_{12} \\ C_{13} \end{Bmatrix} = 0 \quad \textbf{(C.4.8)}$$

식 (C.4.1)과 (C.4.8)을 비교하면 고유 벡터 X_i는 $\lambda = \lambda_i$로 하는 특성 방정식의 여인자로부터 계산되어지게 된다. 고유 벡터들은 정규화된 좌표(normalized coordinate)와 관계가 있으므로 여인자의 열들은 다음과 같이 곱하기 계수에 의하여 달라질 수 있다.

$$\begin{Bmatrix} x_1 \\ x_2 \\ x_3 \end{Bmatrix} = \alpha \begin{Bmatrix} C_{11} \\ C_{12} \\ C_{13} \end{Bmatrix}$$

여인자를 계산하기 위하여 제1행 대신에 다른 어느 행을 사용해도 된다.

APPENDIX

D 균일보의 정규 모드

균일보의 자유진동은 오일러의 미분 방정식에 의하여 지배된다고 가정하자.

$$EI\frac{\partial^4 y}{\partial x^4} + m\frac{\partial^2 y}{\partial t^2} = 0 \tag{D.1}$$

진동의 일반적인 모드를 결정하기 위하여 다음의 식을

$$y(x, t) = \phi_n(x)e^{i\omega_n t} \tag{D.2}$$

식 (D.1)에 대입하면 다음과 같은 식을 얻을 수 있다.

$$\frac{d^4\phi_n(x)}{dx^4} - \beta_n^4\phi_n(x) = 0 \tag{D.3}$$

여기서

$\phi_n(x) = n$차 모드의 변형으로 묘사되는 특성함수

$m =$ 단위길이당 질량밀도

$\beta_n^4 = m\omega_n^2/EI$

$\omega_n = (\beta_n l)^2\sqrt{EI/ml^4} = n$차 모드의 고유 진동수

특성함수 $\phi_n(x)$와 일반적 모드의 진동수 ω_n은 경계조건에 의하여 좌우되고, D. Young과 R. P. Felgar에 의하여 표로 만들어졌다. 이러한 작업[1]을 간략하게 요약해서 나타내면 다음과 같다.

1) D. Young, and R.P. Felgar, Jr., *Tables of Charactcristic Functions Representing Normal Modes of Vibration of a Uniform Beam*, The University of Texas Publication No. 4913, July 1, 1949.

D.1 고정-고정보

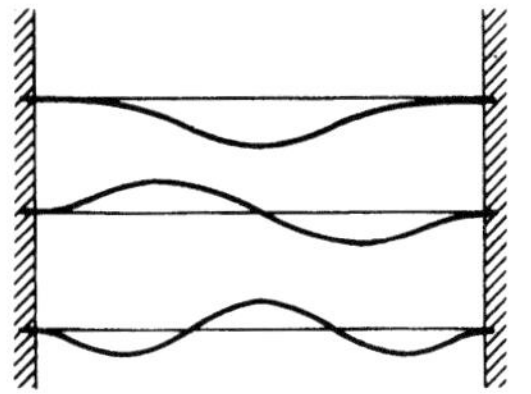

n	$\beta_n l$	$(\beta_n l)^2$	ω_n/ω_1
1	4.7300	22.3733	1.0000
2	7.8532	61.6728	2.7565
3	10.9956	120.9034	5.4039

D.2 자유-자유보

자유-자유보의 고유 진동수는 고정-고정보와 동일하다. 자유-자유보의 특성 함수들은 고정-고정보와 연관이 되며 다음과 같다.

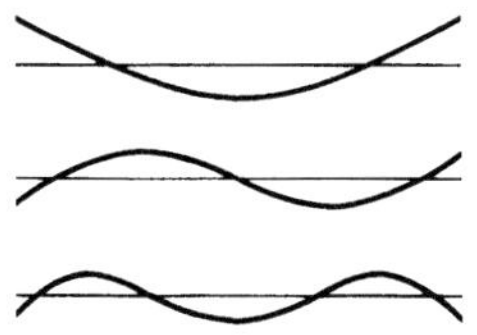

자유-자유보		고정-고정보
ϕ_n	=	ϕ_n''
ϕ_n'	=	ϕ_n'''
ϕ_n''	=	ϕ_n
ϕ_n'''	=	ϕ_n'

D.3 고정-자유보

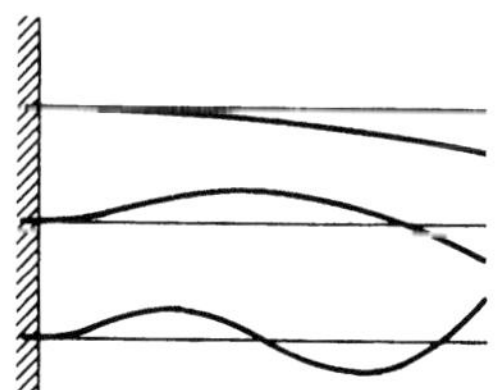

n	$\beta_n l$	$(\beta_n l)^2$	ω_n/ω_1
1	1.8751	3.5160	1.0000
2	4.6941	22.0345	6.2669
3	7.8548	61.6972	17.5475

D.4 고정-핀지지보

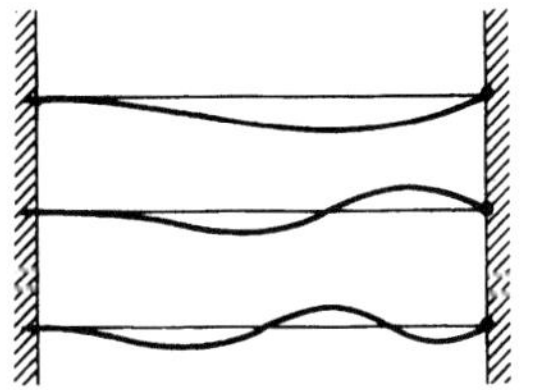

n	$\beta_n l$	$(\beta_n l)^2$	ω_n/ω_1
1	3.9266	15.4182	1.0000
2	7.0686	49.9645	3.2406
3	10.2101	104.2477	6.7613

D.5 자유-핀지지보

자유-핀지지보의 고유 진동수는 고정-핀지지보와 동일하다. 자유-핀지지보의 특성함수들은 고정-핀지지보의 것들과 연관이 되며 다음과 같다.

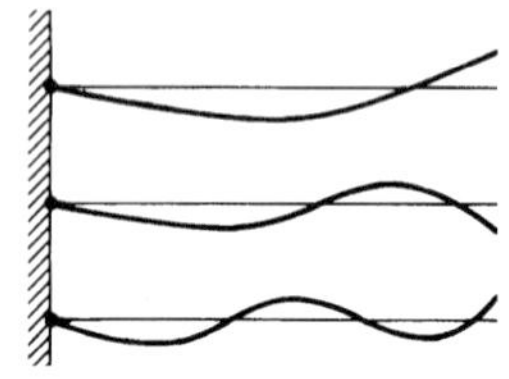

자유-자유보		고정-고정보
ϕ_n	=	ϕ_n''
ϕ_n'	=	ϕ_n'''
ϕ_n''	=	ϕ_n
ϕ_n'''	=	ϕ_n'

표 D.1 고정-고정보의 특성함수와 도함수

1차 모드				
$\frac{x}{l}$	ϕ_1	$\phi_1' = \frac{1}{\beta_1}\frac{d\phi_1}{dx}$	$\phi_1'' = \frac{1}{\beta_1^2}\frac{d^2\phi_1}{dx^2}$	$\phi_1''' = \frac{1}{\beta_1^3}\frac{d^3\phi_1}{dx^3}$
0.00	0.00000	0.00000	2.00000	−1.96500
0.04	0.03358	0.34324	1.62832	−1.96285
0.08	0.12545	0.61624	1.25802	−1.94862
0.12	0.26237	0.81956	0.89234	−1.91254
0.16	0.43126	0.95451	0.53615	−1.84732
0.20	0.61939	1.02342	0.19545	−1.74814
0.24	0.81459	1.02986	−0.12305	−1.61250
0.28	1.00546	0.97870	−0.41240	−1.44017
0.32	1.18168	0.87608	−0.66581	−1.23296
0.36	1.33419	0.72992	−0.87699	−0.99452
0.40	1.45545	0.54723	−1.04050	−0.73007
0.44	1.53962	0.33897	−1.15202	−0.44611
0.48	1.58271	0.11478	−1.20854	−0.15007
0.52	1.58271	−0.11478	−1.20854	0.15007
0.56	1.53962	−0.33897	−1.15202	0.44611
0.60	1.45545	−0.54723	−1.04050	0.73007
0.64	1.33419	−0.72992	−0.87699	0.99452
0.68	1.18168	−0.87608	−0.66581	1.23296
0.72	1.00546	−0.97870	−0.41240	1.44017
0.76	0.81459	−1.02986	−0.12305	1.61250
0.80	0.61939	−1.02342	0.19545	1.74814
0.84	0.43126	−0.95451	0.53615	1.84732
0.88	0.26237	−0.81956	0.89234	1.91254
0.92	0.12545	−0.61624	1.25802	1.94862
0.96	0.03358	−0.34324	1.62832	1.96285
1.00	0.00000	0.00000	2.00000	1.96500

표 D.2 고정-고정보의 특성함수와 도함수

2차 모드				
$\frac{x}{l}$	ϕ_2	$\phi_2' = \frac{1}{\beta_2}\frac{d\phi_2}{dx}$	$\phi_2'' = \frac{1}{\beta_2^2}\frac{d^2\phi_2}{dx^2}$	$\phi_2''' = \frac{1}{\beta_2^3}\frac{d^3\phi_2}{dx^3}$
0.00	0.00000	0.00000	2.00000	−2.00155
0.04	0.08834	0.52955	1.37202	−1.99205
0.08	0.31214	0.86296	0.75386	−1.93186
0.12	0.61058	1.00644	0.16713	−1.78813
0.16	0.92602	0.97427	−0.35923	−1.54652
0.20	1.20674	0.79030	−0.79450	−1.21002
0.24	1.41005	0.48755	−1.11133	−0.79651
0.28	1.50485	0.10660	−1.28991	−0.33555
0.32	1.47357	−0.30736	−1.32106	0.13566
0.36	1.31314	−0.70819	−1.20786	0.57665
0.40	1.03457	−1.05271	−0.96605	0.94823
0.44	0.66150	−1.30448	−0.62296	1.21670
0.48	0.22751	−1.43728	−0.21508	1.35744
0.52	−0.22751	−1.43728	0.21508	1.35744
0.56	−0.66150	−1.30448	0.62296	1.21670
0.60	−1.03457	−1.05271	0.96605	0.94823
0.64	−1.31314	−0.70819	1.20786	0.57665
0.68	−1.47357	−0.30736	1.32106	0.13566
0.72	−1.50485	0.10660	1.28991	−0.33555
0.76	−1.41005	0.48755	1.11133	−0.79651
0.80	−1.20674	0.70930	0.79450	−1.21002
0.84	−0.92602	0.97427	0.35923	−1.54652
0.88	−0.61058	1.00644	−0.16713	−1.78813
0.92	−0.31214	0.86296	−0.75386	−1.93186
0.96	−0.08834	0.52955	−1.37202	−1.99205
1.00	0.00000	0.00000	−2.00000	−2.00155

표 D.3 고정-고정보의 특성함수와 도함수

1차 모드				
$\frac{x}{l}$	ϕ_1	$\phi_1' = \frac{1}{\beta_1}\frac{d\phi_1}{dx}$	$\phi_1'' = \frac{1}{\beta_1^2}\frac{d^2\phi_1}{dx^2}$	$\phi_1''' = \frac{1}{\beta_1^3}\frac{d^3\phi_1}{dx^3}$
0.00	0.00000	0.00000	2.00000	−1.45819
0.04	0.00552	0.14588	1.88988	−1.46805
0.08	0.02168	0.28350	1.77980	−1.46710
0.12	0.04784	0.41286	1.66985	−1.46455
0.16	0.08340	0.53400	1.56016	−1.45968
0.20	0.12774	0.64692	1.45096	−1.45182
0.24	0.18024	0.75167	1.34247	−1.44032
0.28	0.24030	0.84832	1.23500	−1.42459
0.32	0.30730	0.93696	1.23889	−1.40410
0.36	0.38065	1.01771	1.02451	−1.37834
0.40	0.45977	1.09070	0.92227	−1.34685
0.44	0.54408	1.15612	0.82262	−1.30924
0.48	0.63301	1.21418	0.72603	−1.26512
0.52	0.72603	1.26512	0.63301	−1.21418
0.56	0.82262	1.30924	0.54408	−1.15612
0.60	0.92227	1.34685	0.45977	−1.09070
0.64	1.02451	1.37834	0.38065	−1.01771
0.68	1.12889	1.40410	0.30730	−0.93696
0.72	1.23500	1.42459	0.24030	−0.84832
0.76	1.34247	1.44032	0.18024	−0.75167
0.80	1.45096	1.45182	0.12774	−0.64692
0.84	1.56016	1.45968	0.08340	−0.53400
0.88	1.66985	1.46455	0.04784	−0.41286
0.92	1.77980	1.46710	0.02168	−0.28350
0.96	1.88988	1.46805	0.00552	−0.14588
1.00	2.00000	1.46819	0.00000	0.00000

표 D.4 고정-고정보의 특성함수와 도함수

2차 모드				
$\frac{x}{l}$	ϕ_2	$\phi_2' = \frac{1}{\beta_2}\frac{d\phi_2}{dx}$	$\phi_2'' = \frac{1}{\beta_2^2}\frac{d^2\phi_2}{dx^2}$	$\phi_2''' = \frac{1}{\beta_2^3}\frac{d^3\phi_2}{dx^3}$
0.00	0.00000	0.00000	2.00000	−2.03693
0.04	0.03301	0.33962	1.61764	−2.03483
0.08	0.12305	0.60754	1.23660	−2.02097
0.12	0.25670	0.80728	0.86004	−1.98590
0.16	0.42070	0.93108	0.49261	−1.92267
0.20	0.60211	0.99020	0.14007	−1.82682
0.24	0.78852	0.98502	−0.19123	−1.69625
0.28	0.96827	0.92013	−0.49475	−1.53113
0.32	1.13068	0.80136	−0.76419	−1.33373
0.36	1.26626	0.63565	−0.99384	−1.10821
0.40	1.36694	0.43094	−1.17895	−0.86040
0.44	1.42619	0.19593	−1.31600	−0.59748
0.48	1.43920	−0.06012	−1.40289	−0.32772
0.52	1.40289	−0.32772	−1.43920	−0.06012
0.56	1.31600	−0.59748	−1.42619	0.19593
0.60	1.17895	−0.86040	−1.36693	0.43094
0.64	0.99384	−1.10821	−1.26626	0.63565
0.68	0.76419	−1.33373	−1.13068	0.80136
0.72	0.49475	1.53113	−0.96827	0.92013
0.76	0.19123	−1.69625	−0.78852	0.98502
0.80	−0.14007	−1.82682	−0.60211	0.99020
0.84	−0.49261	−1.92267	−0.42070	0.93108
0.88	−0.86004	−1.98590	−0.25670	0.80428
0.92	−1.23660	−2.02097	−0.12305	0.60754
0.96	−1.61764	−2.03483	−0.03301	0.33962
1.00	−2.00000	−2.03693	0.00000	0.00000

표 D.5 고정-고정보의 특성함수와 도함수

1차 모드				
$\frac{x}{l}$	ϕ_1	$\phi_1' = \frac{1}{\beta_1}\frac{d\phi_1}{dx}$	$\phi_1'' = \frac{1}{\beta_1^2}\frac{d^2\phi_1}{dx^2}$	$\phi_1''' = \frac{1}{\beta_1^3}\frac{d^3\phi_1}{dx^3}$
0.00	0.00000	0.00000	2.00000	−2.00155
0.04	0.02338	0.29844	1.68568	−2.00031
0.08	0.08834	0.52955	1.37202	−1.99203
0.12	0.18715	0.72055	1.06060	−1.97079
0.16	0.31214	0.86296	0.75386	−1.93187
0.20	0.45574	0.95776	0.45486	−1.87177
0.24	0.61058	1.00643	0.16712	−1.78812
0.28	0.76958	1.01105	−0.10554	−1.67975
0.32	0.92601	0.97427	−0.35923	−1.54652
0.36	1.07363	0.89940	−0.59009	−1.38932
0.40	1.20675	0.79029	−0.79450	−1.21002
0.44	1.32032	0.65138	−0.96918	−1.01128
0.48	1.41006	0.48755	−1.11133	−0.79652
0.52	1.47245	0.30410	−1.21875	−0.56977
0.56	1.50485	0.10661	−1.28992	−0.33555
0.60	1.50550	−0.09916	−1.32402	−0.09872
0.64	1.47357	−0.30736	−1.32106	0.13566
0.68	1.40913	−0.51224	−1.28180	0.36247
0.72	1.31313	−0.70820	−1.20786	0.57666
0.76	1.18741	−0.88996	−1.10157	0.77340
0.80	1.03457	−1.05270	−0.96606	0.94823
0.84	0.85795	−1.19210	−0.80507	1.09714
0.88	0.66151	−1.30448	−0.62295	1.21670
0.92	0.44974	−1.38692	−0.42455	1.30414
0.96	0.22752	−0.22752	−0.21507	1.35743
1.00	0.00000	−1.45420	0.00000	1.37533

표 D.6 고정-고정보의 특성함수와 도함수

2차 모드				
$\frac{x}{l}$	ϕ_2	$\phi_2' = \frac{1}{\beta_2}\frac{d\phi_2}{dx}$	$\phi_2'' = \frac{1}{\beta_2^2}\frac{d^2\phi_2}{dx^2}$	$\phi_2''' = \frac{1}{\beta_2^3}\frac{d^3\phi_2}{dx^3}$
0.00	0.00000	0.00000	2.00000	−2.00000
0.04	0.07241	0.48557	1.43502	−1.99300
0.08	0.25958	0.81207	0.87658	−1.94824
0.12	0.51697	0.98325	0.33937	−1.83960
0.16	0.80176	1.00789	−0.15633	−1.65333
0.20	1.07449	0.90888	−0.58802	−1.38736
0.24	1.30078	0.68345	−0.93412	−1.05012
0.28	1.45308	0.38242	−1.17673	−0.65879
0.32	1.51208	0.02894	−1.30380	−0.23724
0.36	1.46765	−0.34350	−1.31068	0.18649
0.40	1.31923	−0.70122	−1.20092	0.58286
0.44	1.07550	−1.01270	−0.98634	0.92349
0.48	0.75348	−1.25090	−0.68631	1.18364
0.52	0.37700	−1.39515	−0.32640	1.34442
0.56	−0.02536	−1.43265	0.06348	1.39438
0.60	−0.42268	−1.35944	0.45136	1.33056
0.64	−0.78413	−1.18058	0.80569	1.15876
0.68	−1.08158	−0.90972	1.09776	0.89319
0.72	−1.29186	−0.56793	1.30395	0.55537
0.76	−1.39848	−0.18205	1.40755	0.17245
0.80	−1.39351	0.21752	1.40010	−0.22494
0.84	−1.27727	0.59923	1.28198	−0.60506
0.88	−1.05919	0.93288	1.06244	−0.93759
0.92	−0.75676	1.19208	0.75879	−1.19604
0.96	−0.39406	1.35629	0.39504	−1.35983
1.00	0.00000	1.41251	0.00000	−1.41592

APPENDIX

E MATLAB® 개요

MATLAB®은 진동학에서 많은 문제를 풀기 위해 사용가능한 상업적으로 구할 수 있는 대화식 소프트웨어 패키지이다. 본 개요의 목적을 위하여 우리는 본 서의 전체를 통해 필요한 명령어에 중점을 두고자 한다. MATLAB®의 전체적인 서술에 관해서는, 독자들은「The Student Edition of MATLAB®」서적을 참조해야 한다.

MATLAB®을 시작할 때, >>부호를 보게 된다. 이 부호는 MATLAB®명령어 줄을 구분한다. MATLAB®내에서, 명령어에 관한 정보를 얻기 위해서는 “help” 다음에 명령어 명칭을 타이핑하면 된다. MATLAB®은 경우에 민감하므로 모든 명령어와 변수들은 적절한 경우에 위치해야 한다는 것을 유의하는 것이 중요하다.

MATLAB®은 수의 배열 또는 행렬을 사용하여 작업한다. 수의 배열을 만들기 위해서는 다음 명령어를 사용한다.

```
x : y : z
```

그 결과로 x에서 시작하고 y씩 증가하여 z에 도달하거나 z보다 작거나 같으면서 z에 가장 가까운 값까지의 수의 배열을 만들게 된다. 예를 들면, 명령어

```
0 : 1 : 3
```

은 다음의 배열을 발생시킨다.

```
0 1 2 3
```

그리고 명령어

```
0: – .1: – 1
```

는 다음의 배열을 발생시킨다.

```
0 –.1 –.2 –.3 –.4 –.5 –.6 –.7 –.8 –.9 –1.
```

명령어는 전체 배열에 대하여 적용될 수 있는데, 예를 들면 다음의 두 명령어는

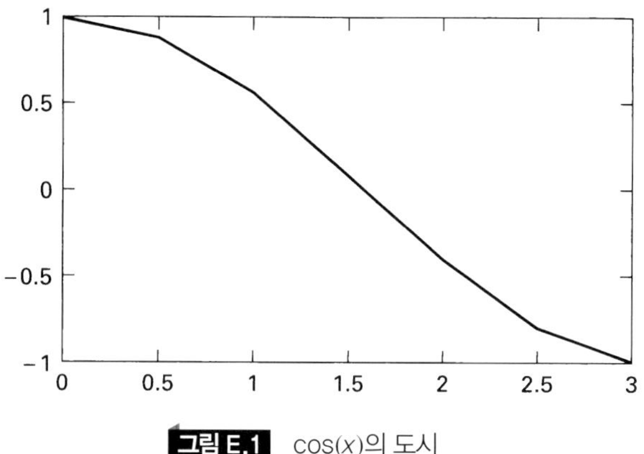

그림 E.1 cos(x)의 도시

$$x = 0 : .5 : \pi$$

$$y = \cos(x)$$

다음의 배열을 발생시킨다.

x = 0.0000 0.5000 1.000 1.500 2.000 2.5000 3.0000

그리고

y = 1.0000 0.8776 0.5403 0.0707 −0.4161 −0.8011 −0.9900.

MATLAB®에서는 명령어 **plot(x, y)**를 사용하여 이들 두 배열을 그릴 수 있다. 이 명령어의 결과는 그림 E.1에 나타나 있다.

MATLAB®에서 사용가능한 몇몇 함수들은 아래의 표에 다음과 같이 주어져 있다 MATLAB®은 삼각함수의 인수는 라디안이라고 가정한다.

함수	역할
sin( )	배열 또는 행렬내의 각 요소에 대한 정현값을 준다.
cos( )	배열 또는 행렬내의 각 요소에 대한 여현값을 준다.
exp( )	배열 또는 행렬내의 각 요소에 대한 지수함수값을 준다.

행렬은 MATLAB®에 쉽게 입력할 수 있다. 예를 들어, 다음의 행렬을 생각하자.

$$A = \begin{bmatrix} 0.5 & 0.5 & 0.5 \\ 0.5 & 1.5 & 1.5 \\ 0.5 & 1.5 & 2.5 \end{bmatrix}$$

MATLAB®명령어 위치에 다음을 타이핑함으로써 이 행렬을 MATLAB®에 입력할 수 있다:

A = [0.5 0.5 0.5; 0.5 1.5 1.5; 0.5 1.5 2.5]

이때 각 요소 사이에는 공백이 있고, 각 열의 끝에는 세미콜론이 있다. 다른 방법으로는 행렬의 요소들을 공백 대신에 콤마로써 구분할 수 있고, 각 열의 끝을 줄바꿈(carriage return)으로 표시할 수 있다. MATLAB®에는 행렬의 많은 함수들을 효율적으로 도입할 수 있다. 몇몇 함수들은 다음과 같다.

함수	역할
eig( )	행렬의 고유값 및 고유 벡터를 계산함
inv( )	행렬의 역행렬을 계산함
det( )	행렬의 행렬값을 계산함

예를 들면, 다음 행렬의 고유값을 계산하는 경우를 생각한다.

$$A = \begin{bmatrix} -2 & 1 \\ .5 & -1 \end{bmatrix}$$

고유값은 다음 식을 만족하는 λ값이다.

$$\begin{vmatrix} (-2-\lambda) & 1 \\ .5 & (-1-\lambda) \end{vmatrix} = 0$$

이 계산은 다음의 특성 다항식으로 된다:

$$\lambda^2 + 3\lambda + 1.5 = 0$$

MATLAB®에서는 이 방정식의 근은 명령어 **roots(c)**를 사용하여 구할 수 있는데, 이 때 c는 내림차순으로 입력된 다항식의 계수를 포함하고 있는 벡터이다. 이 예의 경우

$$c = [1, 3, 1.5]$$

그리고 명령어 λ = **roots(c)**는 다음과 같은 결과를 낳는다:

$$\lambda = \begin{bmatrix} -2.3660 \\ -0.6340 \end{bmatrix}$$

MATLAB®에서는 고유값을 다음의 명령어를 사용함으로써 행렬 A로부터 직접 계산할 수 있다.

y = eig(A)

다음의 결과를 얻는다.

$$y = \begin{bmatrix} -2.3660 \\ -0.6340 \end{bmatrix}$$

고유값과 고유 벡터를 모두 계산하기 위해서는 다음의 명령어를 사용한다.

$$\mathbf{[U,\ \ D] = eig(A)}$$

이 명령어에 의하여 두 개의 행렬이 발생한다. D는 대각선을 따라 고유값을 가진 대각행렬이고, U는 열 벡터(column vector)로서 해당 고유 벡터를 포함하고 있다. 위의 행렬의 경우는 다음과 같다.

$$U = \begin{bmatrix} -0.9392 & -0.5907 \\ 0.3437 & -0.8069 \end{bmatrix}$$

또한

$$D = \begin{bmatrix} -2.3660 & 0 \\ 0 & -0.6340 \end{bmatrix}$$

이 행렬의 역행렬은 다음의 명령을 사용하여 계산할 수 있다.

$$\mathbf{I = inv(A)}$$

여기서 사용한 행렬에 대한 결과는 다음과 같다.

$$I = \begin{bmatrix} -0.6667 & -.6667 \\ -0.3333 & -1.3333 \end{bmatrix}$$

두 개의 행렬 또는 배열에 대한 계산은 다음과 같이 가능하다. 배열의 계산은 항별로 수행된다. 다음 표는 그러한 계산의 예를 나타내고 있다:

행렬 계산	배열 계산
+ 덧셈	+ 덧셈
− 뺄셈	− 뺄셈
* 곱셈	.* 곱셈
/ 나눗셈	./ 나눗셈
^ 지수승	.^ 지수승
′ 공액전치	.′ 공액전치

다음 배열 $x=[1, 1, 2, 4]$와 행렬 A를 생각하자.

$$A = \begin{bmatrix} 1 & 1 & 1 \\ 1 & 3 & 3 \\ 1 & 3 & 5 \end{bmatrix}$$

각 요소가 배열 x 요소의 제곱인 배열 y는 다음 명령에 의하여 발생한다.

y = x.^2

위의 예에서는 명령의 결과는 다음과 같다.

$$y = [1, 1, 4, 16]$$

만일 이 명령이 배열 대신 행렬과 함께 사용되면, 행렬의 각 요소는 제곱되는 결과를 낳는다. 위의 행렬 A에 다음의 명령에 의하여

A2 = A.^2

다음의 행렬이 발생한다.

$$A2 = \begin{bmatrix} 1 & 1 & 1 \\ 1 & 9 & 9 \\ 1 & 9 & 25 \end{bmatrix}$$

벡터 명령에서 마침 부호를 삭제함으로써 얻은 행렬명령은 위의 결과와 대조된다. 행렬명령은 $B=A^{\wedge}2$이고 이것은 행렬곱 A 곱하기 A인 행렬을 발생시키게 된다. 그 결과는 다음과 같이 주어진다:

$$B = \begin{bmatrix} 3 & 7 & 9 \\ 7 & 19 & 25 \\ 9 & 25 & 35 \end{bmatrix}$$

주어진 프로그램과 함께 이와 같은 간단한 명령어만으로도 많은 진동 문제를 풀 수 있다. MATLAB®에 더욱 익숙해지면, 그 다양함과 적용능력이 점점 더 분명해질 것이다.

연습문제

E.1 0과 π 사이에 열 개의 요소를 포함하는 배열을 만들어라. 이 요소들의 여현파(cosine)를 포함하는 두 번째 배열을 발생시켜라.

E.2 정현과(sine) 함수에 대한 선도를 그려라.

E.3 다음의 행렬이 주어져 있다.

$$A = \begin{bmatrix} 1 & 2 & 2 \\ 2 & 4 & 3 \\ 2 & 3 & 5 \end{bmatrix}$$

$$B = \begin{bmatrix} 1 & 1 & 1 \\ 0 & 3 & 3 \\ 0 & 0 & 5 \end{bmatrix}$$

행렬 $C = A + B$를 계산하라. 행렬 C의 고유값을 구하라.

E.4 행렬 C에 대한 특성 방정식을 만들고, 이 특성 방정식의 근을 구하라.

APPENDIX

F 컴퓨터 프로그램

이 부록은 본 서에서 사용되는 프로그램을 실행시키는 방법을 기술하고 있다. 프로그램과 관련된 간단한 설명은 각 프로그램의 시작부분에서 볼 수 있다.

RUNGA

프로그램 RUNGA는 4차 룽에-쿠타 방법을 사용하여 다음의 미분 방정식을 풀이한다.

$$m\ddot{x} + c\dot{x} + kx = f(t)$$

이것은 제4장의 4.8절에 자세히 기술되어 있다. 이 방법의 완벽한 논의를 위해서는 본 서의 이 부분을 참조해야 한다.

RUNGA.m 프로그램은 MATLAB® 스크립트 파일이다. 스크립트 파일은 MATLAB®의 주 프로그램과 같다. 이 프로그램은 프롬프트에서 RUNGA라고 타이핑함으로써 명령화면에서 실행시킬 수 있다. 프로그램은 사용자에게 m, c 및 k, h, 시간 간격 및 초기값 $x(0)$, $\dot{x}(0)$을 입력하도록 사용자에게 요구하게 된다. 또한 이 프로그램에 대한 함수 $f(t)$를 포함하는 함수 파일을 요구한다. 예를 들어, 우리가 다음 식을 풀이하고자 한다면,

$$m\ddot{x} + c\dot{x} + kx = \sin(t)$$

우리는 다음 명령문들을 포함하는 함수 파일을 작성할 필요가 있을 것이다.

```
function [force] = f(t)
force=sin(t)
end
```

이 함수 파일은 **f.m**이라고 이름 붙여야만 한다. 몇 가지의 함수 파일이 가능하다. RUNGA.m 프로그램은 **f.m**으로 이름 붙여진 함수 파일을 요구하기 때문에, 사용자는 그가 **f.m**의 이름으로 사용하기를 원하는 어떤 함수 파일을 복사해야만 한다. RUNGA.m과 함

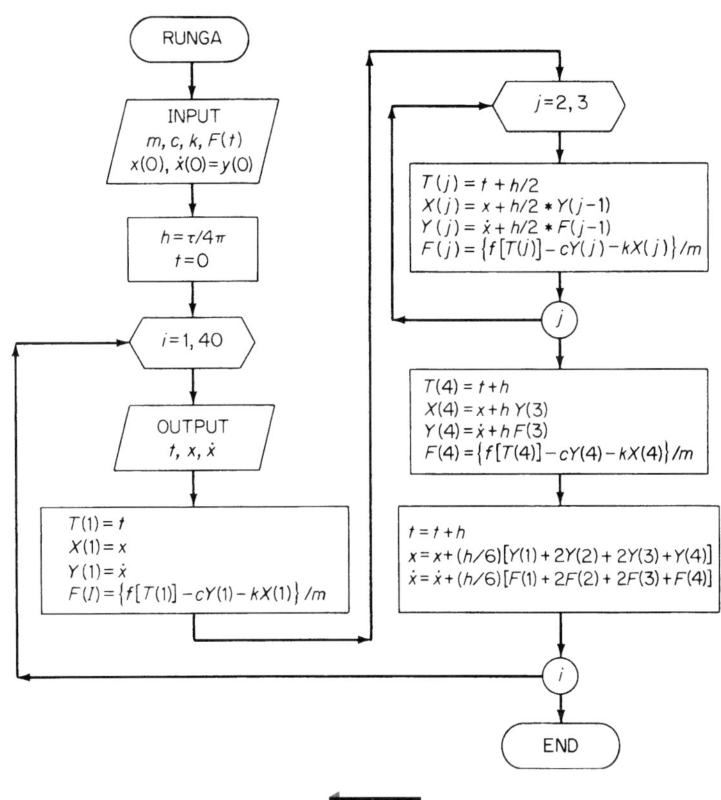

그림 F.1

께 사용하기 위하여 사용자가 만든 모든 함수 파일들도 역시 **f.m**으로 이름지어야만 한다. RUNGA.m 프로그램에서는 수치값과 그림의 두 가지 출력이 나온다.

POLY

프로그램 POLY를 활용할 수 있는 세 가지 설정을 블록 단계의 선택에서 보여준다. 그림 F.2를 보면 설정 ①에서 질량 M과 강성 K는 입력되고, 특성 행렬식 $|M - \lambda K|$은 *Polcof* 블록에 있는 다항식 형태 $c_1\lambda^n + c_2\lambda^{n-1} + \cdots + c_n = 0$으로 축소된다. 다항식의 계수 c_i는 이때 출력된다.

만일 더 많은 정보 없이 풀리면 설정 ①은 완벽하다. 그러나 다항식의 근을 요구하면 결정 블록은, 근들을 찾는 것이 *polroot* 블록에서 밖으로 옮겨지고 고유값 λ로서 출력되는 설정 ②로 계수를 보낸다.

만일 고유 벡터가 필요하면, 고유값은 고유 베터 ϕ를 구할 수 있는 설정 ③에 부낸다.

계수 c_i가 처음부터 이용가능하면, 설정 ②는 고유값 λ를 직접적으로 사용할 수 있다.

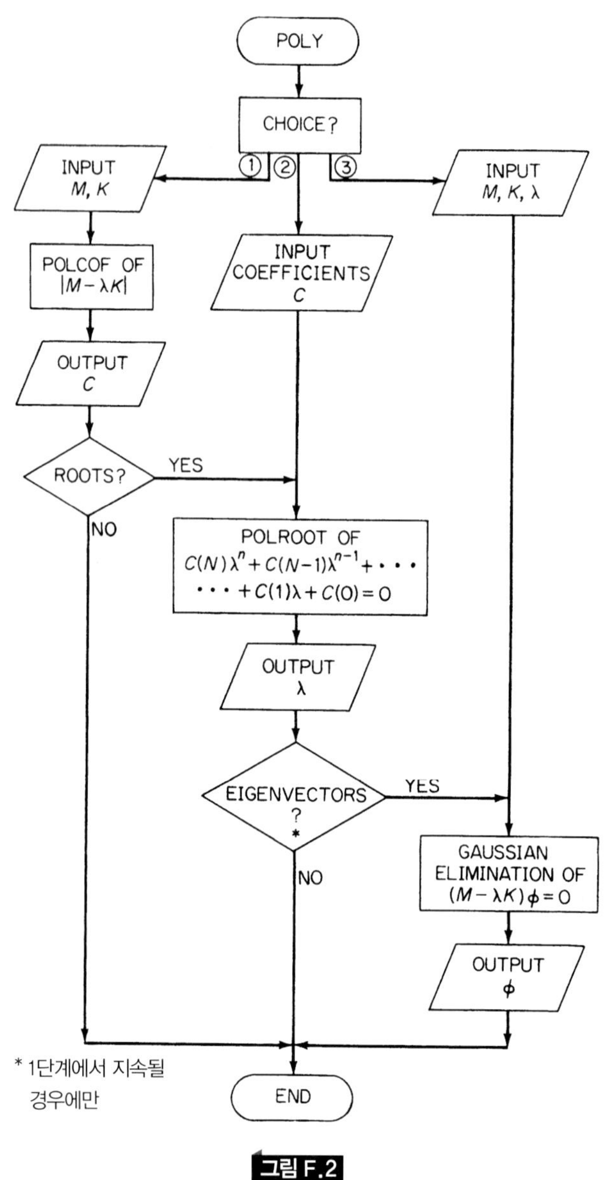

그림 F.2

M, K와 λ가 처음에 유용할 때, 설정 ③은 고유 벡터 ϕ를 직접 계산하는 데 사용할 수 있다.

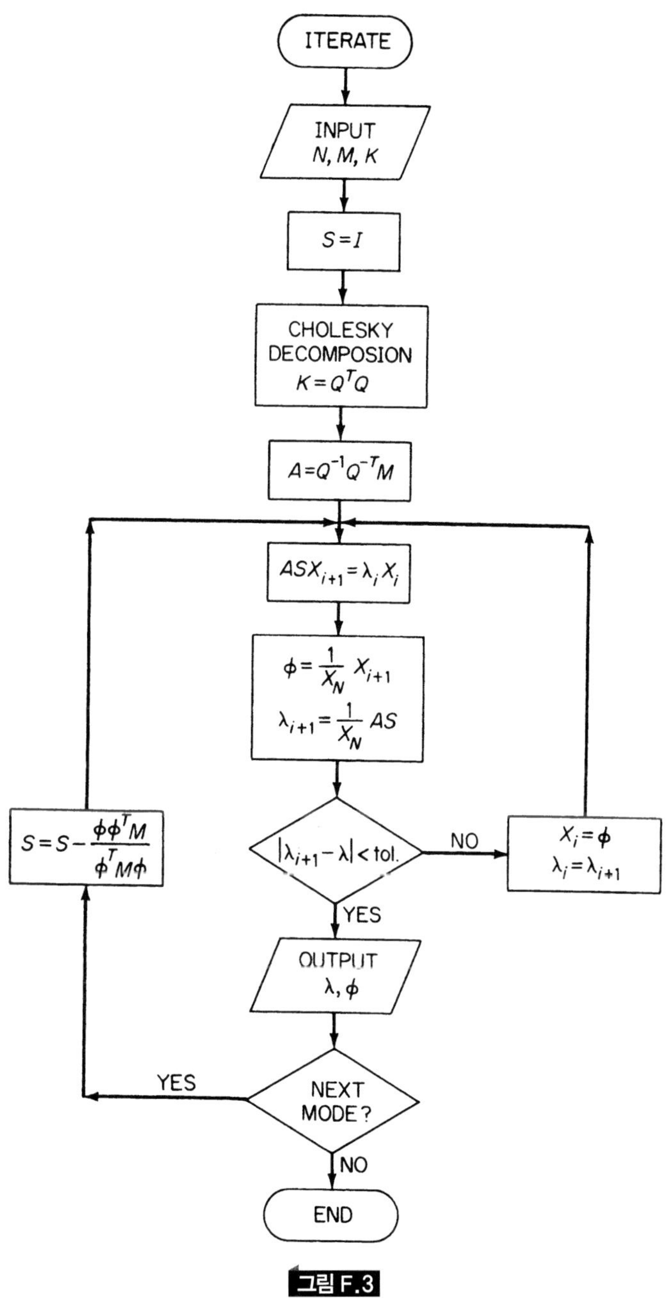

그림 F.3

Iteration

반복법(iteration method, 위 그림 F.3 참조)을 위한 흐름도에서 블록을 입력하는 설정은 행렬계수 N, 질량행렬 M, 강성행렬 K를 보여준다. 운동 방정식은 $K^{-1}MX = \bar{\lambda}X$ 형태로 표현된다. 그리고 이 경우에는 일반적으로 비대칭인 강성행렬 $K=Q^TQ$는 Q, Q^{-1}과 Q^{-T}를 결정하는 촐레스키(Cholesky) 법과 동행렬 $A=K^{-1}M=Q^{-1}Q^{-T}M$으로 처음으로 분리된다. 스위핑 행렬 S는 1차 모드를 위한 단위행렬 I로서 소개되어진다.

반복 진행은 $ASX_{i+1}=\bar{\lambda}_i X_i$에서 수행되며, 다음 블록에서 정규화시키고 결정 블록과 더 많은 반복을 위한 루프의 블록에서 수렴을 검사한다. $|\bar{\lambda}_{i+1}-\bar{\lambda}_i|$의 차가 허용오차보다 작은 값일 때, 1차 모드 $\bar{\lambda}_i$와 그것의 고유 벡터 ϕ는 완벽하며 계산은 스위핑 행렬의 결정과 2차 모드의 반복을 위하여 좌측 루프로 되돌려 보내어진다.

CHOLJAC

이 프로그램은 세 가지 설정을 제시한다. 그림 F.4를 보라. 설정 ①은 두 정방행렬 M과 K의 $M*K$생성을 결정한다. 사용자는 $N\times N$ 행렬과 M과 K를 입력한다.

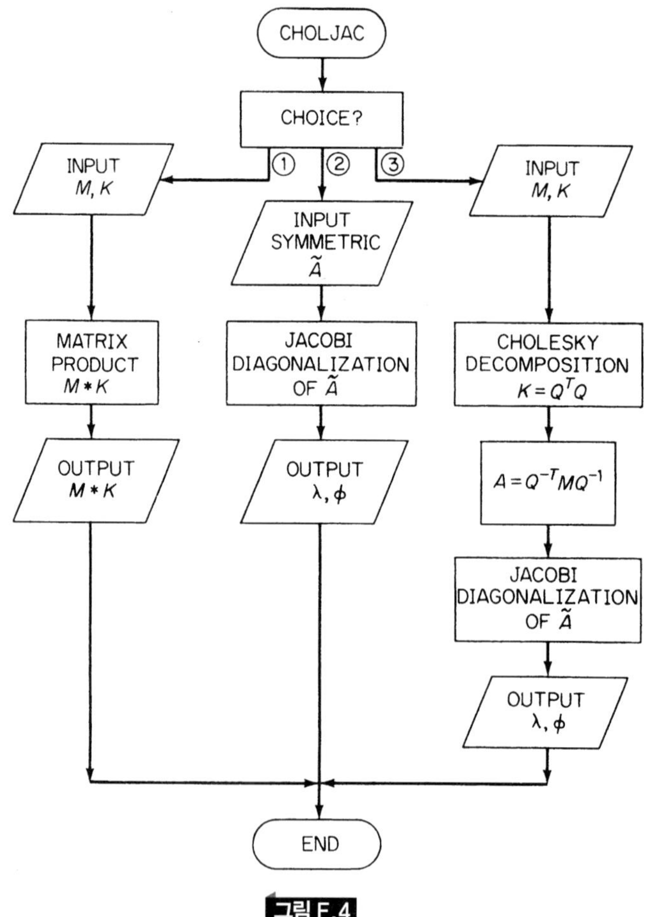

그림 F.4

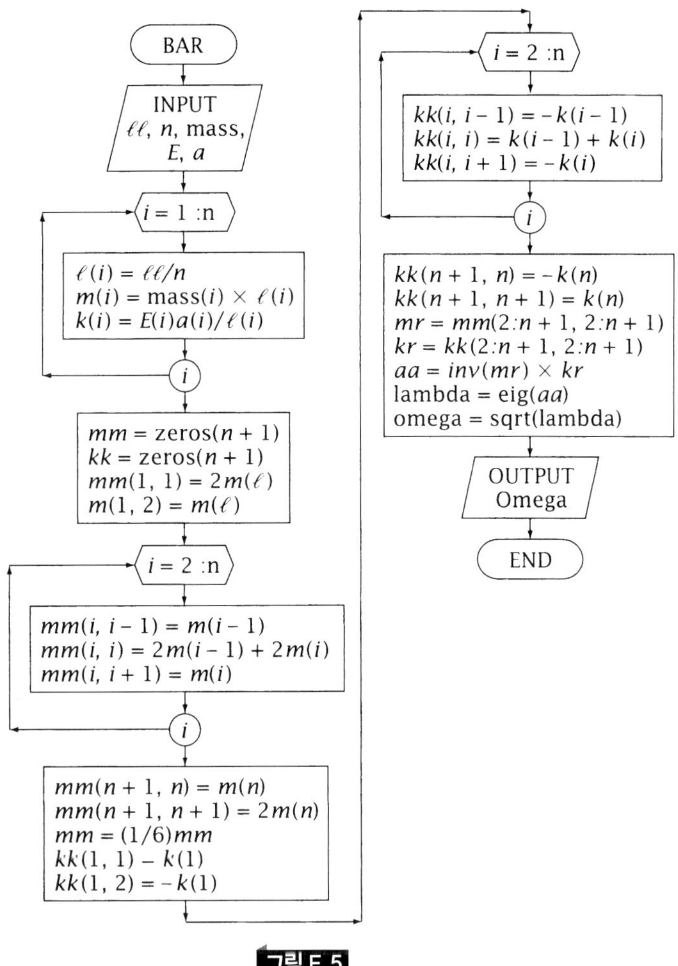

그림 F.5

설정 ②는 고유값과 $\widetilde{A}-\lambda I$의 고유 벡터를 결정한다. 여기서 $\widetilde{A}$는 대칭 동행렬이다. 사용자는 행렬 $\widetilde{A}$를 입력하고 자코비(Jacobi) 반복법은 행렬 $\widetilde{A}$를 대각화시키는 데 적용된다. 고유값 $\bar{\lambda}$와 고유 벡터 ϕ는 출력된다.

설정 ③은 질량과 강성행렬 M, K의 입력으로 시작된다. 촐레스키 분해와 자코비 대각화를 이용함으로써 고유값과 $(M-\lambda K)\phi$의 고유 벡터를 결정할 수 있다. 이 프로그램은 첫번째 입력된 행렬을 분해하며, 나타낸 흐름도는 강성행렬이다. 고유값은 고유 진동수 ω^2의 역수에 비례한다.

BAR와 BEAM

이들 두 프로그램은 외팔봉과 균일보에 대한 고유 진동수를 구하기 위하여 제10장에 나타난 유한 요소법을 사용한다. BAR에 대한 유한 요소법의 상세한 설명은 10.1절을 참조하고, BEAM에 대한 유한 요소법의 설명은 10.5절을 참조하라. 이들 두 프로그램에 대한 흐름도(flow chart)는 각각 그림 F.5와 F.6에 나타나있다.

두 프로그램은 유한 요소의 계산에서 질량행렬과 강성행렬을 구성한다. 이것에서 질량행렬의 역행렬에 강성행렬을 곱한 동행렬(dynamic matrix)이 계산되어 진다. 모델의 고유진동수는 동행렬의 고유 진동수를 제곱근을 취함으로써 구해진다.

BAR 프로그램을 실행시키기 위하여, 사용자는 MATLAB®의 명령어 위치에서 BAR이라

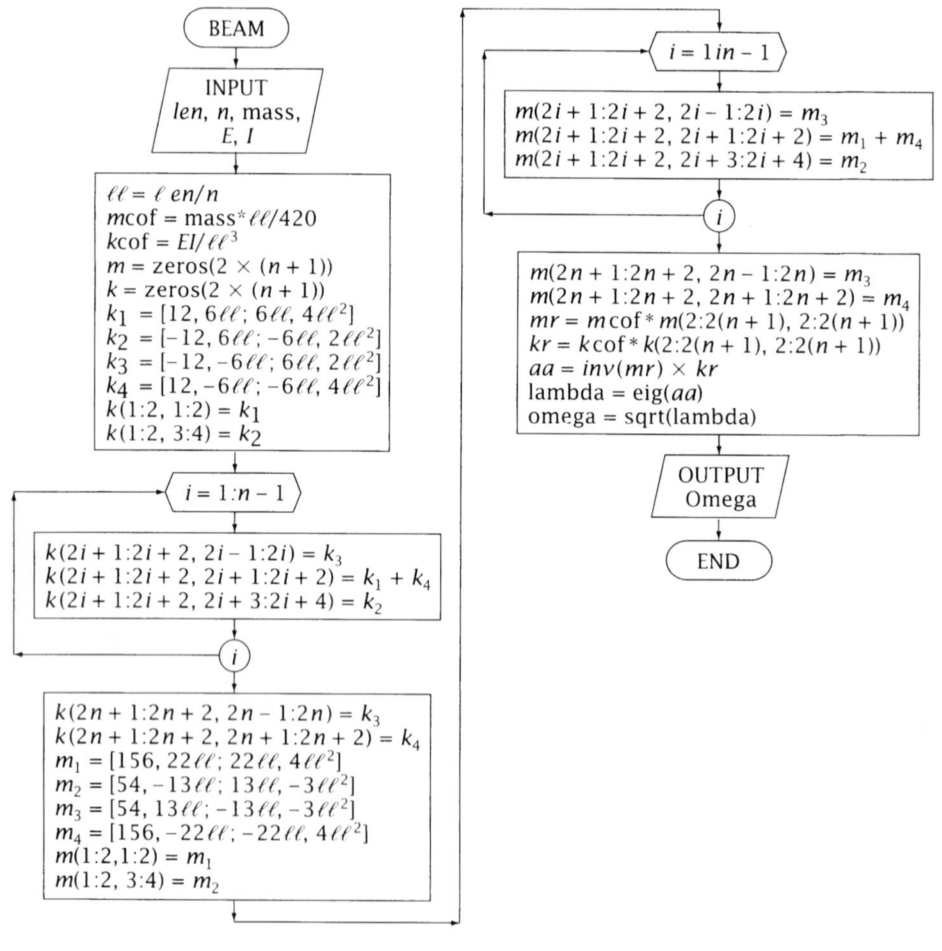

그림 F.6

고 입력한다. 프로그램은 사용자에게 봉의 길이, 원하는 요소의 수, 각 요소의 질량, 각 요소의 탄성계수 및 각 요소의 단면적 등을 입력하도록 요구한다. 이 프로그램은 유한 요소 모델의 고유 진동수를 출력한다.

BEAM.프로그램은 프로그램 BAR와 매우 유사하게 실행된다. BEAM 프로그램은 사용자에게 보의 길이, 원하는 요소의 수, 보의 질량, 보의 탄성계수및 보의 관성 모멘트 등을 입력하도록 요구한다. 이 프로그램은 유한 요소 모델의 고유 진동수를 출력한다.

TOR

이 프로그램은 홀쩌(Holzer) 방법을 사용하여 비틀림계(그림 F.7 참조)의 고유진동수를 계산한다. 이 방법은 12.4절과 12.5절에 논의되어 있다. 이 프로그램은 주파수의 범위내에서 각 원판의 비틀림 변위 θ와 각 축에 의하여 전달되는 토크 T를 계산한다. 그 값들은 다음 식으로부터 구한다.

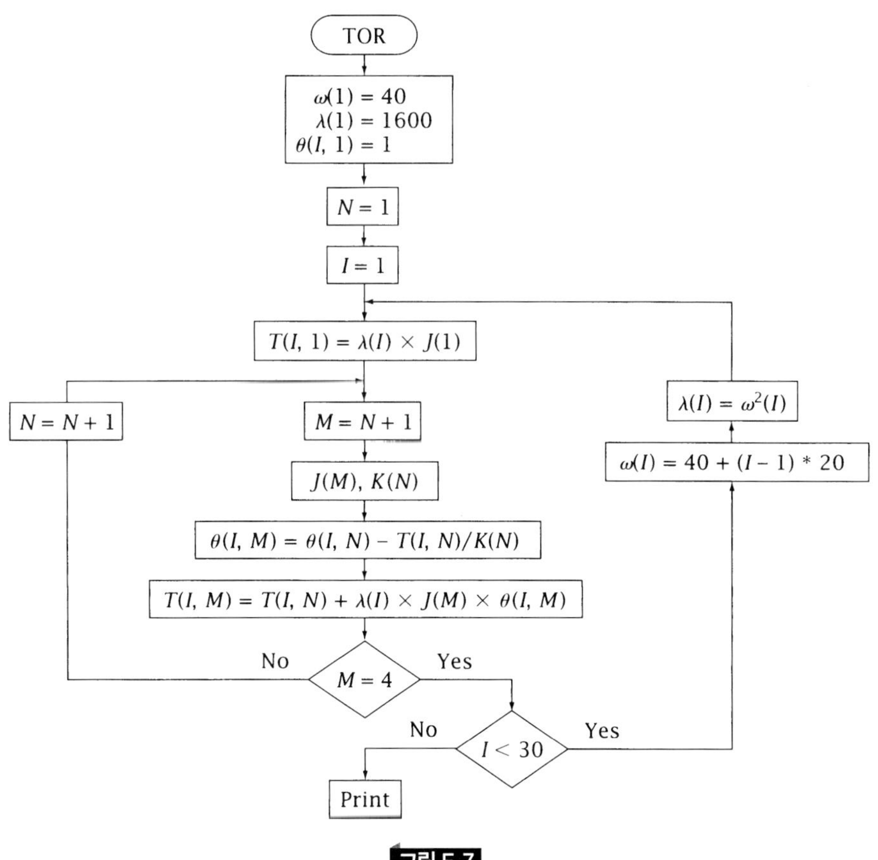

그림 F.7

$$\theta(I, N+1) = \theta(I, N) - T(I, N)/K(N)$$
$$T(I, N+1) = T(I, N) + \lambda(I) * J(N+1) * \theta(I, N+1)$$

고유 진동수는 고정단에서 $\theta = 0$, 또는 자유단에서 $T = 0$이므로 구할 수 있다.

MYKL

이 프로그램은 외팔보의 고유 진동수를 구하기 위하여 집중질량 방법을 사용한다. 이 방법은 마이클스태드(Myklestad) 방법이라고 알려져 있고 12.6절에 상세히 논의한 바 있다. 그림 F.8은 이 프로그램에 대한 흐름도를 나타낸다.

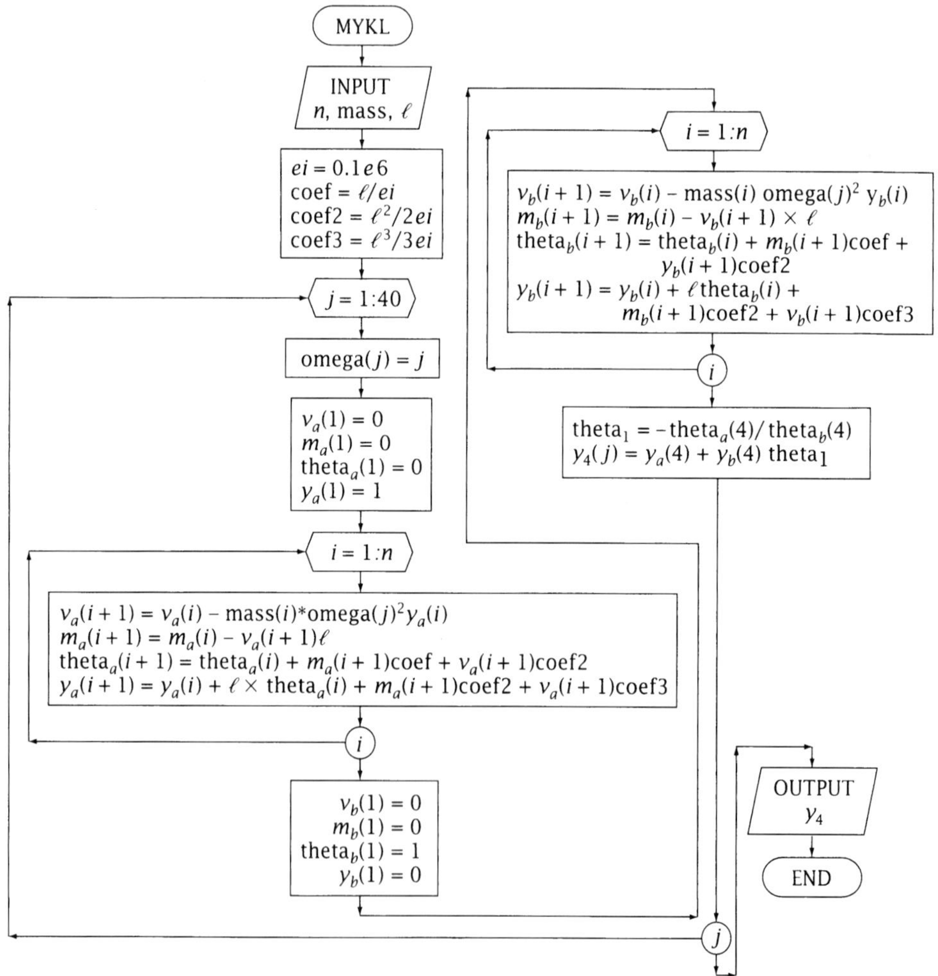

그림 F.8

이 계에 대한 고유 진동수는 처짐 y_4가 0인 경우에 대한 omega의 값으로 주어진다. 이 방법은 일련의 omega값에 대하여 y_4값을 체계적으로 계산함으로써 진행된다.

이 프로그램은 사용자에게 질량의 수, 각 질량의 값, 질량 사이의 간격, omega의 초기값, omega의 최종값 및 omega의 간격 등을 입력하도록 요구한다. 프로그램은 결과로서 y_4에 대한 omega의 표와 관련 선도를 출력한다.

참고문헌

[1] RALSON, A., AND WILF, H.S., *Mathematical Methods for Digital Computers*, Vol.1, New York: John Wiley & Sons, 1960.

[2] *The Student Editions of MATLAB® Version 4 User's Guide*, Englewood Cliffs, NJ: Prentice-Hall, 1995.

APPENDIX G 고차 모드에의 수렴

8.4절에서, 운동 방정식이 유연성의 항으로 유도되었을 때, 반복과정을 통하여 최저차 모드로 수렴함을 확인하였다. 만일 최저차 모드가 가상변위에서 없는 경우에는 반복에 의하여 최저차 다음 또는 2차 모드로 수렴할 것이다. 그러나 각 반복을 통하여 반올림오차는 항상 ϕ_1의 작은 성분을 다시 발생시키기 때문에, ϕ_2에 수렴시키기 위한 반복을 위해서는 각각의 반복된 벡터로부터 이러한 성분을 제거시킬 필요가 있다.

이러한 제거절차를 수행하기 위하여, 우리는 다시 확장이론으로부터 출발하자.

$$X = c_1\phi_1 + c_2\phi_2 + c_3\phi_3 + \cdots + \tag{G.1}$$

다음으로, 이 방정식의 앞에 $\phi_1^T M$을 곱한다. 이 때 ϕ_1은 이미 구한 1차 정규 모드이다.

$$\phi_1^T MX = c_1\phi_1^T M\phi_1 + c_2\phi_1^T M\phi_2 + c_3\phi_1^T M\phi_3 + \cdots + \tag{G.2}$$

직교성에 의하여, 이 방정식의 우측의 모든 항들은 첫 번째 항을 제외하고는 0이 되어 다음 식을 얻는다.

$$\phi_1^T MX = c_1\,\phi_1^T\,M\phi_1 \tag{G.3}$$

식 (G.1)에서 만일 $c_1 = 0$이면, ϕ_1과는 관련없는 변위를 얻는다. 또한 $c_1 = 0$일 때 $\phi_1^T M\phi_1$은 0이 될 수 없으므로, 방정식 (G.3)은 다음 식으로 축소된다.

$$\phi_1^T MX = 0 \tag{G.4}$$

이 식은 **구속조건 방정식**(constraint equation)이다.

이 방정식을 3×3인 문제에 대하여 쓰면 다음과 같다

$$\begin{aligned}\phi_1^T MX &= \left(x_1^{(1)}x_2^{(1)}x_3^{(1)}\right)\begin{bmatrix} m_1 & & \\ & m_2 & \\ & & m_3\end{bmatrix}\begin{Bmatrix} x_1 \\ x_2 \\ x_3\end{Bmatrix} \\ &= m_1x_1^{(1)}x_1 + m_2x_2^{(1)}x_2 + m_3x_3^{(1)}x_3 = 0\end{aligned}$$

이 때 $x_1^{(1)}$, $x_2^{(1)}$, $x_3^{(1)}$은 알려져 있고, 상첨자가 없는 x_i는 X의 i 번째 반복된 벡터이다. 앞의 식에서 다음과 같은 결과를 얻는다. ,

$$x_1 = -\left(\frac{m_2}{m_1}\right)\left(\frac{x_2}{x_1}\right)^{(1)} x_2 - \left(\frac{m_3}{m_1}\right)\left(\frac{x_3}{x_1}\right)^{(1)} x_3$$
$$x_2 = x_2$$
$$x_3 = x_3$$

이 때 뒷편의 두 식은 동일하다는 것을 알 수 있다. 행렬 형태로 표현하면, 다음의 식을 얻는다.

$$\begin{Bmatrix} x_1 \\ x_2 \\ x_3 \end{Bmatrix} = \begin{bmatrix} 0 & -\left(\frac{m_2}{m_1}\right)\left(\frac{x_2}{x_1}\right)^{(1)} & -\left(\frac{m_3}{m_1}\right)\left(\frac{x_3}{x_1}\right)^{(1)} \\ 0 & 1 & 0 \\ 0 & 0 & 1 \end{bmatrix} \begin{Bmatrix} x_1 \\ x_2 \\ x_3 \end{Bmatrix} \tag{G.5}$$
$$= [S]\{X\}$$

이 식은 1차 모드를 제거하기 위한 구속조건 방정식이고, $[S]$는 **스위핑 행렬**(sweeping matrix)이다. 식 (8.3.1)의 좌측에 X를 대신 넣으면 다음과 같다.

$$\bar{A}SX = \bar{\lambda}X \tag{G.6}$$

이제 이 방정식의 반복은 각 반복단계에서 원하지 않는 ϕ_1 성분을 제거하고 2차 모드에 수렴하도록 한다.

3차 및 고차 모드를 위해서는, 이미 구한 정규 모드를 사용하여 스위핑 절차를 반복한다. 이 절차는 매번 행렬 방정식의 차수를 1자씩 낮주어준다. 그러므로, 행렬 $[\bar{A}S]$는 **수축행렬**(deflated matrix)이라고 알려져 있다.

고차 모드에 대한 수렴은 만일 스위핑 행렬에 오차가 개입되면 더욱더 심각해 지는데, 그러므로 스위핑 행렬에 사용되는 저차 모드는 정확히 구해져야만 한다는 것을 언급하는 것이 좋겠다. 고차 모드는 강성행렬의 항으로 구성된 방정식인, 원래 방정식에 대한 역행렬을 구함으로써 점검할 수 있다.

컴퓨터 각주

디지털 컴퓨터를 위한 반복절차를 프로그램하기 위해서는, Gram-Schmidt[1]의 직교회에 기

1) Wilson E. Klus-Jurgen Bathe, *Numerical Methods in Finite Element Analysis* (Eaglewood Cliffs. NJ: Prentice –Hall, 1976), p.440.

초한 스위핑 행렬 S의 또 다른 형태를 개발하는 것이 편리하다.

식 (8.4.2)를 다시 쓰면

$$X_2 = X_1 - \alpha_1\phi_2 = c_2\phi_2 + c_3\phi_3 + \cdots + \quad \textbf{(G.7)}$$

이 때 $\alpha_1\phi_1$은 원하지 않은 ϕ_1 성분이고, 다시 이 식의 앞에 $\phi_1^T M$을 곱함으로써 다음 식을 얻는다.

$$\phi_1^T M(X_1 - \alpha\phi_1) = 0 \quad \textbf{(G.7)}$$

그러면 상수 α_1은 다음과 같다.

$$\alpha_1 = \frac{\phi_1^T M X_1}{\phi_1^T M \phi_1} \quad \textbf{(G.8)}$$

이 결과를 식 (G.7)에 대입하면 다음의 결과를 얻는다.

$$\begin{aligned} X_2 &= X_1 - \alpha\phi_1 = X_1 - \phi_1\alpha \\ &= X_1 - \phi_1 \frac{\phi_1^T M X_1}{\phi_1^T M \phi_1} \\ &= X_1 - \frac{\phi_1\phi_1^T M}{\phi_1^T M \phi_1} X_1 = \left[I - \frac{\phi_1\phi_1^T M}{\phi_1^T M \phi_1} \right] X_1 \end{aligned}$$

따라서

$$S = \left[I - \frac{\phi_1\phi_1^T M}{\phi_1^T M \phi_1} \right]$$

스위핑 행렬에 대한 다른 형태를 얻게 되고, 이것을 사용하여 더욱 쉽게 프로그램할 수 있다.

예제 G.1

예제 8.3.1과 동일한 계를 생각하면, 그 경우의 1차 모드에 대한 고유값과 고유 벡터는 다음과 같다.

$$\bar{\lambda}_1 = 14.32 \qquad \phi_1 = \begin{Bmatrix} x_1 \\ x_2 \\ x_3 \end{Bmatrix}^{(1)} = \begin{Bmatrix} 0.250 \\ 0.790 \\ 1.000 \end{Bmatrix}$$

2차 모드를 정하기 위하여, 식 (G.3)에 의해 스위핑 행렬을 구성한다.

$$S = \begin{bmatrix} 0 & -\frac{1}{2}\left(\frac{0.79}{0.25}\right) & -\frac{1}{4}\left(\frac{1.00}{0.25}\right) \\ 0 & 1 & 0 \\ 0 & 0 & 1 \end{bmatrix} = \begin{bmatrix} 0 & -1.58 & -1 \\ 0 & 1 & 0 \\ 0 & 0 & 1 \end{bmatrix}$$

2차 모드 반복을 위한 새로운 방정식은 식 (G.6)으로부터 구해진다:

$$[\overline{A}S]X = \bar{\lambda}X$$

$$\begin{bmatrix} 4 & 2 & 1 \\ 4 & 8 & 4 \\ 4 & 8 & 7 \end{bmatrix}\begin{bmatrix} 0 & -1.58 & -1 \\ 0 & 1 & 0 \\ 0 & 0 & 1 \end{bmatrix}\begin{Bmatrix} x_1 \\ x_2 \\ x_3 \end{Bmatrix} = \bar{\lambda}\begin{Bmatrix} x_1 \\ x_2 \\ x_3 \end{Bmatrix}$$

또는

$$\begin{bmatrix} 0 & -4.32 & -3.0 \\ 0 & 1.67 & 0 \\ 0 & 1.67 & 3.0 \end{bmatrix}\begin{Bmatrix} x_1 \\ x_2 \\ x_3 \end{Bmatrix} = \bar{\lambda}\begin{Bmatrix} x_1 \\ x_2 \\ x_3 \end{Bmatrix}$$

2차 모드는 절점을 가질 것이라는 것을 알고서, 임의의 시험열 벡터를 사용하여 반복을 시작하자:

$$X = \begin{Bmatrix} 0.5 \\ -0.2 \\ 1.0 \end{Bmatrix}$$

첫 번째 반복으로 다음과 같이 된다.

$$\begin{bmatrix} 0 & 4.32 & -3.0 \\ 0 & 1.67 & 0 \\ 0 & 1.67 & 3.0 \end{bmatrix}\begin{Bmatrix} 0.5 \\ -0.2 \\ 1.0 \end{Bmatrix} = \begin{Bmatrix} -2.136 \\ -0.334 \\ 2.666 \end{Bmatrix} = 2.666\begin{Bmatrix} -0.801 \\ -0.125 \\ 1.00 \end{Bmatrix}$$

이 정규열을 사용하여, 두 번째 반복을 하면 다음과 같다.

$$\begin{bmatrix} 0 & -4.32 & -3.0 \\ 0 & 1.67 & 0 \\ 0 & 1.67 & 3.0 \end{bmatrix}\begin{Bmatrix} -0.801 \\ -0.125 \\ 1.00 \end{Bmatrix} = \begin{Bmatrix} -2.46 \\ -0.21 \\ 2.79 \end{Bmatrix} = 2.79\begin{Bmatrix} -0.881 \\ -0.075 \\ 1.00 \end{Bmatrix}$$

세 번째 반복을 하면

$$\begin{bmatrix} 0 & -4.32 & -3.0 \\ 0 & 1.67 & 0 \\ 0 & 1.67 & 3.0 \end{bmatrix}\begin{Bmatrix} -0.881 \\ -0.075 \\ 1.00 \end{Bmatrix} = \begin{Bmatrix} -2.68 \\ -0.125 \\ 2.87 \end{Bmatrix} = 2.87\begin{Bmatrix} -0.933 \\ -0.044 \\ 1.00 \end{Bmatrix}$$

몇 번에 걸친 반복 결과 수렴값은

$$3.0\begin{Bmatrix} -1.0 \\ 0 \\ 1.0 \end{Bmatrix}$$

그러므로 2차 모드에 대한 고유값과 고유 벡터는 다음과 같다.

$$\bar{\lambda}_2 = \frac{3k}{\omega^2 m} = 3.0 \quad \omega_2 = \sqrt{\frac{k}{m}}$$

$$\phi_2 = \begin{Bmatrix} -1.0 \\ 0 \\ 1.0 \end{Bmatrix}^{(2)}$$

3차 모드를 결정하기 위하여, 직교 방정식에 $c_1 = c_2 = 0$인 조건을 부과한다.

$$c_1 = \sum_{i=1}^{3} m_i (x_i)^{(1)} x_i = 4(0.25)x_1 + 2(0.79)x_2 + 1(1.0)x_3 = 0$$

$$c_2 = \sum_{i=1}^{3} m_i (x_i)^{(2)} x_i = 4(-1.0)x_1 + 2(0)x_2 + 1(1.0)x_3 = 0$$

이들 두 방정식으로부터, 다음 값을 얻는다.

$$x_1 = 0.25x_3 \qquad x_2 = -0.79x_3$$

이것은 행렬 방정식으로 표현될 수 있다.

$$\begin{Bmatrix} x_1 \\ x_2 \\ x_3 \end{Bmatrix} = \begin{bmatrix} 0 & 0 & 0.25 \\ 0 & 0 & -0.79 \\ 0 & 0 & 1.00 \end{bmatrix} \begin{Bmatrix} x_1 \\ x_2 \\ x_3 \end{Bmatrix}$$

이 행렬은 처음 두 모드가 비어 있고, 3차 모드를 위한 스위핑 행렬로서 사용되어질 수 있다. 이것을 원래 식에 적용함으로써 다음 식을 얻는다.

$$\begin{bmatrix} 4 & 2 & 1 \\ 4 & 8 & 4 \\ 4 & 8 & 7 \end{bmatrix} \begin{bmatrix} 0 & 0 & 0.25 \\ 0 & 0 & -0.79 \\ 0 & 0 & 1.00 \end{bmatrix} \begin{Bmatrix} x_1 \\ x_2 \\ x_3 \end{Bmatrix} = \left(\frac{3k}{\omega^2 m} \right) \begin{Bmatrix} x_1 \\ x_2 \\ x_3 \end{Bmatrix}$$

이 방정식은 즉시 3차 모드를 계산하고, 그 결과는 다음과 같다.

$$1.68\begin{Bmatrix} 0.25 \\ -0.79 \\ 1.00 \end{Bmatrix} = \left(\frac{3k}{\omega^2 m} \right) \begin{Bmatrix} x_1 \\ x_2 \\ x_3 \end{Bmatrix}$$

이 때 3차 모드의 고유 진동수는 다음 값으로 구할 수 있다.

$$\omega_3 = \sqrt{\frac{3k}{1.68m}} = 1.34\sqrt{\frac{k}{m}}$$

이 고유 진동수는 강성 방정식을 풀어 검토할 수 있는데 그것은 다음과 같다.

$$m\begin{bmatrix} 4 & 0 & 0 \\ 0 & 2 & 0 \\ 0 & 0 & 1 \end{bmatrix}\begin{Bmatrix} \ddot{x}_1 \\ \ddot{x}_2 \\ \ddot{x}_3 \end{Bmatrix} + k\begin{bmatrix} 4 & -1 & 0 \\ -1 & 2 & -1 \\ 0 & -1 & 1 \end{bmatrix}\begin{Bmatrix} x_1 \\ x_2 \\ x_3 \end{Bmatrix} = 0$$

이 때 $\lambda = m\omega^2/k$이고, 이 방정식의 행렬식을 0으로 두면 다음과 같다.

$$8(1-\lambda)^3 - 5(1-\lambda) = (1-\lambda)\left[8(1-\lambda)^2 - 5\right] = 0$$

그 해는 다음과 같이 구해진다.

$$\lambda_1 = 0.2094 \qquad \omega_1 = 0.4576\sqrt{\frac{k}{m}} \qquad \phi_1 = \begin{Bmatrix} 0.250 \\ 0.791 \\ 1.000 \end{Bmatrix}$$

$$\lambda_2 = 1.0000 \qquad \omega_2 = 1.0000\sqrt{\frac{k}{m}} \qquad \phi_2 = \begin{Bmatrix} -1 \\ 0 \\ 1 \end{Bmatrix}$$

$$\lambda_3 = 1.7906 \qquad \omega_3 = 1.3381\sqrt{\frac{k}{m}} \qquad \phi_3 = \begin{Bmatrix} 0.250 \\ -0.791 \\ 1.000 \end{Bmatrix}$$

연습문제 정답

Chapter 1

1.1 $\dot{x}_{\max} = 8.38\ \text{cm/s}; \quad \ddot{x}_{\max} = 350.9\ \text{cm/s}^2$

1.3 $x_{\max} = 7.27\ \text{cm}, \quad \tau = 0.10\ \text{s}, \quad \ddot{x}_{\max} = 278.1\ \text{m/s}^2$

1.5 $z = 5e^{0.6435i}$

1.8 $R = 8.697,\ \theta = 13.29°$

1.9 $x(t) = \dfrac{4}{\pi}\left(\sin \omega_1 t + \dfrac{1}{3}\sin 3\omega_1 t + \dfrac{1}{5}\sin 5\omega_1 t + \cdots\right)$

1.11 $x(t) = \dfrac{1}{2} + \dfrac{4}{\pi^2}\left(\sin \omega_1 t + \dfrac{1}{3^2}\cos 3\omega_1 t + \dfrac{1}{5^2}\cos 5\omega_1 t + \cdots\right)$

1.13 $\sqrt{\overline{x^2}} = A/2$

1.14 $\overline{x^2} = 1/3$

1.16 $a_0 = 1/3, \quad b_n = \dfrac{1}{n\pi}\left(1 - \cos\dfrac{2\pi n}{3}\right), \quad a_n - \dfrac{1}{n\pi}\sin\dfrac{2\pi n}{3}$

1.18 rms $= 0.3162A$

1.20 Error $= \pm 0.148$ mm

1.22 $x_{\text{peak}}/x_{1000} = 39.8$

Chapter 2

2.1 5.62 Hz

2.3 0.159 s

2.5 $x(t) = \dfrac{m_2 g}{k}(1 - \cos \omega t) + \dfrac{m_2\sqrt{2gh}}{\sqrt{k(m_1 + m_2)}}\sin \omega t$

2.7 $J_0 = 9.30\ \text{lb}\cdot\text{in}\cdot\text{s}^2$

2.9 $\kappa = 0.4507$ m

2.11 $\omega = \sqrt{\dfrac{k}{m + J_0/r^2}}$

2.13 $\tau = 1.97$ s

2.15 $\tau = 2\pi\sqrt{\dfrac{J}{Wh}}$

2.17 $\tau = 2\pi\dfrac{L}{a}\sqrt{\dfrac{h}{3g}}$

2.19 $f = \dfrac{1}{2\pi}\sqrt{\dfrac{gab}{h\kappa^2}}$

2.21 $\tau = 2\pi\sqrt{\dfrac{l}{2g}}$

2.23 $m_{\text{eff}} = \dfrac{3}{8}ml$ for each column, ml = mass of column

2.27 $m_{\text{eff}} = \dfrac{33}{140}ml$

2.29 $K_{\text{eff}} = \dfrac{K_1K_2}{K_1 + K_2} + K_2$

2.31 $J_{\text{eff}} = J_1 + J_2\left(\dfrac{r_1}{r_2}\right)^2$

2.33 $M = 0.0289$ kg

2.35 $\zeta = 1.45$

2.38 $\omega_n = 27.78$, $\delta = 0.0202$, $\zeta = 0.003215$, $c = 0.405$

2.42 $\omega_d = \sqrt{\dfrac{k}{m}\left(\dfrac{b}{a}\right)^2 - \left(\dfrac{c}{2m}\right)^2}$, $c_c = \dfrac{2b}{a}\sqrt{km}$

2.44 $\omega_d = \dfrac{a}{l}\sqrt{\dfrac{3k}{m}}\sqrt{1 - \dfrac{3}{4km}\left(\dfrac{cl}{a}\right)^2}$, $c_c = \dfrac{2}{3}\dfrac{a}{l}\sqrt{3km}$

2.46 $\dot{x}_{\max} = 92.66$ ft/s, $t = 0.214$ s

2.48 $\zeta_1 = 0.59$, $x_{\text{overshoot}} = 0.379$

2.51 Flexibility $= \dfrac{4}{243}\dfrac{l^3}{EI}$

2.56 $(0.854ml + 0.5625M)\ddot{x} + 0.5625kx + \dfrac{2}{3}c\dot{x} = 0$

2.57 $\left(Ml^2 + \dfrac{2}{3}ml^2\right)\ddot{\theta} + (kl^2 + 2K)\theta = 0$

Chapter 3

3.1 $c = 61.3$ Ns/m

3.3 $X = 0.797$ cm, $\phi = 51.43°$

3.5 $\zeta = 0.1847$

3.9 Add 1.38 oz at 121.6° clockwise from trial weight position

3.13 $f_m = 15$ Hz, $\zeta = 0.023505$, $X = 0.231$ cm $\phi = 175.4°$

3.16 $f = 1028$ rpm

3.18 $F = 1273$ N, $F = 241.1$ N for $d = 1905$ cm

3.20 $V = \dfrac{L}{2\pi}\sqrt{\dfrac{k}{m}}$

3.25 $k = 18.8$ lb/in. each spring
3.28 $X = 0.01105$ cm, $F_T = 42.0$ N
3.29 $\omega^2 X = 3.166\ \text{cm/s}^2$
3.38 $c_{\text{eq}} = 4D/\pi\omega x$
3.42 (a) 15.9 cps, (b) 7.45 cps
3.45 (a) 624.5 m.v., (b) 3.123 m.v.
3.48 $E = 25.7$ m.v./g

Chapter 4

4.5 $x = \dfrac{F_0}{k}[\cos\omega_n(t - t_0) - \cos\omega_n t] \qquad t > t_0$

4.10 $z = \dfrac{100}{\omega_n^2}(1 - \cos\omega_n t) - \dfrac{20}{\omega_n}\sin\omega_n t$

$z_{\max} = \dfrac{100}{\omega_n^2}\left[1 - \dfrac{5}{\sqrt{25 + \omega_n^2}}\right] - \dfrac{20}{\omega_n}\dfrac{\omega_n}{\sqrt{25 + \omega_n^2}}$

4.13 $\tan\omega_n t = \dfrac{\sqrt{mgs/k}}{s - mg/4k}$

4.14 $x_{\max} = 12.08$ in., $t = 0.392$ s
4.20 $x_{\max} = 2.34$ in.

4.29 $\dfrac{\ddot{x}}{g} = 1.65$

4.30 $\ddot{y}_{\max} = 10.7g$

4.31 $x(t) = \dfrac{F_0}{c\omega_n}\left\{\dfrac{e^{-\zeta\omega_n t}}{\sqrt{1 - \zeta^2}}\sin\left(\sqrt{1 - \zeta^2}\,\omega_n t + \sin^{-1}\sqrt{1 - \zeta^2}\right) - \cos\omega_n t\right\}$

4.45 $y(t) = y(0)\cos\omega t + \dfrac{\dot{y}(0)}{\omega}\sin\omega t + \dfrac{V}{\omega}(\omega t - \sin\omega t) - \dfrac{g}{\omega^2}(1 - \cos\omega t)$

Chapter 5

5.2 $\omega_1^2 = k/m, \quad (X_1/X_2)_1 = 1$

$\omega_2^2 = 3k/m, \quad (X_1/X_2)_2 = -1$

5.4 $\omega_1^2 = 0.570k/m, \quad (X_1/X_2)_1 = 3.43$

$\omega_2^2 = 4.096k/m, \quad (X_1/X_2)_2 = -0.096$

5.8 $\omega_n = 15.72$ rad/s

5.10 $\ddot{\theta}_1 + 2g/l\theta_1 - g/l\theta_2 = 0$

$\ddot{\theta}_1 + \ddot{\theta}_2 + g/l\theta_2 = 0$

5.13 $\omega_1 = 0.796\sqrt{T/ml}, \quad (Y_1/Y_2)_1 = 1.365$

$\omega_2 = 1.538\sqrt{T/ml}, \quad (Y_1/Y_2)_2 = -0.366$

5.15 $\omega = \sqrt{\dfrac{g}{l} + \dfrac{k}{ml^2}(1 \pm 1)}$, beat period $= 53.02$ s

5.20 $\begin{bmatrix} m & 0 \\ 0 & J \end{bmatrix}\begin{Bmatrix} \ddot{x} \\ \ddot{\theta} \end{Bmatrix} + \begin{bmatrix} 2k & kl/4 \\ kl/4 & 5kl^2/16 \end{bmatrix}\begin{Bmatrix} x \\ \theta \end{Bmatrix} = \{0\}$ x down, θ clockwise

5.22 Both static and dynamic coupling present.

5.24 $f_1 = 0.963$ Hz, node 10.9 ft forward of *cg*
$f_2 = 1.33$ Hz, node 1.48 ft aft of *cg*

5.29 $\omega_1 = 31.6$ rad/s, $(X_1/X_2)_1 = 0.50$
$\omega_2 = 63.4$ rad/s, $(X_1/X_2)_2 = -1.00$

5.32 $x_1 = \dfrac{8}{9}\cos\omega_1 t + \dfrac{1}{9}\cos\omega_2 t;\quad x_2 = \dfrac{4}{9}\cos\omega_1 t - \dfrac{1}{9}\cos\omega_2 t$

5.33 shear ratio 1st/2nd story = 2.0

5.37 $(\omega/\omega_h)_2 = 2.73,\quad (Y_1/Y_0)_2 = -0.74$

5.39 $V_1 = 43.3$ ft/s, $V_2 = 60.3$ ft/s

5.44 $d_2 = 1/2$ in.

5.46 $w = 11.4$ lb, $k = 17.9$ lb/in.

5.48 $\zeta_0 = 0.105,\quad \omega/\omega_n = 0.943$

5.55 $\begin{bmatrix} J_1 & 0 \\ 0 & J_2 \end{bmatrix}\begin{Bmatrix} \ddot{\theta}_1 \\ \ddot{\theta}_2 \end{Bmatrix} + l^2\begin{bmatrix} \dfrac{9}{16}k_1 & -\dfrac{9}{16}k_1 \\ -\dfrac{9}{16}k_1 & \left(\dfrac{9}{16}k_1 + \dfrac{1}{4}k_2\right) \end{bmatrix}\begin{Bmatrix} \theta_1 \\ \theta_2 \end{Bmatrix} = \begin{Bmatrix} 0 \\ 0 \end{Bmatrix}$

$J_1 = m_1\dfrac{l^2}{3},\quad J_2 = \dfrac{7}{48}m_2 l^2$

5.62 $\begin{bmatrix} m_1 & & \\ & m_2 & \\ & & m_3 \end{bmatrix}\begin{Bmatrix} \ddot{x}_1 \\ \ddot{x}_2 \\ \ddot{x}_3 \end{Bmatrix} + \begin{bmatrix} (k_1 + k_2 + k_5) & -k_2 & -k_5 \\ -k_2 & (k_2 + k_3 + k_4) & -k_3 \\ -k_5 & -k_3 & (k_3 + k_5) \end{bmatrix}\begin{Bmatrix} x_1 \\ x_2 \\ x_3 \end{Bmatrix} = \begin{Bmatrix} (\\ (\\ (\end{Bmatrix}$

Chapter 6

6.1 $a_{11} = \dfrac{k_2 + k_3}{\Sigma k_i k_j},\quad a_{21} = a_{12} = \dfrac{k_2}{\Sigma k_i k_j},\quad a_{22} = \dfrac{k_1 + k_2}{\Sigma k_i k_j}$

6.3 $a_{11} = 0.0114l^3/EI,\quad a_{21} = a_{12} = 0.0130l^3/EI,\quad a_{22} = 0.0192l^3/EI$

6.6 $[K] = \begin{bmatrix} (K_1 + K_2) & -K_2 & 0 \\ -K_2 & (K_2 + K_3) & -K_3 \\ 0 & -K_3 & K_3 \end{bmatrix}$

$[a] = \begin{bmatrix} 1/K_1 & 1/K_1 & 1/K_1 \\ 1/K_1 & (1/K_1 + 1/K_2) & (1/K_1 + 1/K_2) \\ 1/K_1 & (1/K_1 + 1/K_2) & (1/K_1 + 1/K_2 + 1/K_3) \end{bmatrix}$

6.7 $[a] = \dfrac{l^3}{EI}\begin{bmatrix} 7/96 & 1/8 \\ 1/8 & 5/6 \end{bmatrix}$

6.8 $[a] = \dfrac{l^3}{12EI}\begin{bmatrix} 1 & 1 & 1 & 1 \\ 1 & 2 & 2 & 2 \\ 1 & 2 & 3 & 3 \\ 1 & 2 & 3 & 4 \end{bmatrix}$

6.11 $\begin{Bmatrix} F_1 \\ M_2 \\ M_3 \end{Bmatrix} = \begin{bmatrix} 24EI_1/l_1^3 & -6EI_1/l_1^2 & -6EI_1/l_1^2 \\ -6EI_1/l_1^2 & (4EI_1/l_1 + 4EI_2/l_2) & 2EI_1/l_2 \\ -6EI_1/l_1^2 & 2EI_2/l_2 & (4EI_1/l_1 + 4EI_2/l_2) \end{bmatrix} \begin{Bmatrix} u_1 \\ \theta_1 \\ \theta_2 \end{Bmatrix}$

6.17 $P = \begin{bmatrix} 1.44/l & -8.40/l \\ 1.00 & 1.00 \end{bmatrix}$

6.20 $\widetilde{P} = \begin{bmatrix} 0.207 & -1.208 \\ 0.293 & 1.707 \end{bmatrix}$

6.22 $\begin{bmatrix} (m_1 + m_2) & 0 & 0 \\ 0 & J_1 & 0 \\ 0 & 0 & J_2 \end{bmatrix} \begin{Bmatrix} \ddot{x} \\ -\ddot{\theta}_1 \\ \ddot{\theta}_2 \end{Bmatrix} + \dfrac{EI}{l} \begin{bmatrix} 6/l^2 & 3/l & -3/l \\ 3/l & 7 & 2 \\ -3/l & 2 & 7 \end{bmatrix} \begin{Bmatrix} x \\ -\theta_1 \\ \theta_2 \end{Bmatrix} = \{0\}$

$F \rightarrow \qquad M_1 \curvearrowleft \qquad M_2 \curvearrowright$

6.24 $[K] = k\begin{bmatrix} 2 & -1 \\ -1 & 2 \end{bmatrix}, \quad [C] = c\begin{bmatrix} 2 & -1 \\ -1 & 1 \end{bmatrix}, \quad \therefore$ not proportional

6.27 $F = \dfrac{k + (k + k_1)\left(\dfrac{\omega c}{k_1}\right)^2}{1 + \left(\dfrac{\omega c}{k_1}\right)^2} \left\{ 1 + i \dfrac{\omega c}{k + (k + k_1)\left(\dfrac{\omega c}{k_1}\right)^2} \right\} x = k^*(1 + i\gamma)x$

6.31 $\ddot{q}_2 + 0.8902\zeta_2\sqrt{\dfrac{k}{m}}\,\dot{q}_2 + 0.1981\dfrac{k}{m}q_2 = 0.4068\ddot{u}_0(t)$

$\ddot{q}_3 + 1.4614\zeta_3\sqrt{\dfrac{k}{m}}\,\dot{q}_3 + 0.5339\dfrac{k}{m}q_3 = -0.3268\ddot{u}_0(t)$

6.32 $\left|\dfrac{kx(10)}{ma_0}\right| = 1.90 + \sqrt{(0.610)^2 + (0.369^2)} = 2.61$

6.37 $\alpha = \dfrac{2\omega_1\omega_2(\zeta_1\omega_2 - \zeta_2\omega_1)}{\omega_2^2 - \omega_1^2}, \quad \beta = \dfrac{2(\zeta_2\omega_2 - \zeta_1\omega_1)}{\omega_2^2 - \omega_1^2}$

$\zeta_i = \dfrac{\alpha + \beta\omega_i^2}{2\omega_i}, \quad \zeta_3 = 0.1867$

6.39 $C_1 = 0.8985, \quad C_2 = -0.1477, \quad C_3 = 0.3886$

6.41 $\bar{a}_{11} = \dfrac{l^3}{3EI} + \dfrac{1}{k} + \dfrac{l^2}{K}$

$\bar{a}_{12} = \bar{a}_{21} = \dfrac{l^2}{2EI} + \dfrac{l}{K}$

$\bar{a}_{22} = \dfrac{l}{EI} + \dfrac{1}{K}$

Chapter 7

7.1 Constraints $u_2 = u_5 = 0$

$u_1 = u_3$

$u_4 = u_6$

System has 2 DOF.

7.2 Let $\begin{matrix} u_3 = q_1 \\ u_6 = q_2 \end{matrix} \begin{Bmatrix} u_3 \\ u_6 \end{Bmatrix} = \begin{bmatrix} 1 & 0 \\ 0 & 1 \end{bmatrix} \begin{Bmatrix} q_1 \\ q_2 \end{Bmatrix}$

7.3 $\tan\theta = \left(\dfrac{l_1}{l_2}\right)^2$

7.5 $\tan\theta = \left(\dfrac{m_2 - m_1}{m_1 + m_2}\right) \dfrac{l}{\sqrt{(2R)^2 + l^2}}$

7.7 $\tan\theta = \dfrac{1}{\mu}$

7.9 $\sin\theta = \dfrac{3}{4}\dfrac{h}{l} - \dfrac{mg}{2kl}$

7.11 $\ddot{\theta}_\sim + \dfrac{3}{2}g\left(\dfrac{l_2^2\cos\theta_0 + l_1^2\sin\theta_0}{l_1^3 + l_2^3}\right)\theta_\sim = 0$ where $\tan\theta_0 = (l_1/l_2)^2$

7.12 $(m_1 + m_2)R^2\ddot{\theta}_\sim$

$$+ g\left[(m_1 + m_2)\sqrt{R^2 + (l/2)^2}\cos\theta_0 + (m_2 - m_1)\frac{l}{2}\sin\theta_0\right]\theta_\sim = 0$$

7.15 $m_0(\ddot{r} - r\dot{\theta}^2) + k(r - r_0) = m_0 g\cos\theta$

$$m_0 r(r\ddot{\theta} + 2\dot{r}\dot{\theta}) + m_{\text{rod}}\frac{l^2}{3}\ddot{\theta} + m_0 g(r - r_0)\sin\theta + m_{\text{rod}}g\frac{l}{2}\sin\theta = 0$$

7.18 $[J_1 + (m_1 + m_2)4l^2]\ddot{q}_1 + [K + l^2(k_1 + 4k_2)]q_1 + 4l^2k_2q_2 = 0$

$J_2\ddot{q}_2 + 4l^2k_2(q_1 + q_2) = 0$

7.20 $[k] = \dfrac{EI}{l^3}\begin{bmatrix} 20.43 & -5.25l \\ -5.25l & 7.0l^2 \end{bmatrix}$

7.22 $R = \dfrac{P(l_1^3/3 + l_1^2 l_2/2) + M(l_1^2/2 + l_1 l_2)}{(l_1^3/3 + 2l_2^3/3 + l_1^2 l_2 + l_1 l_2^2)}$ $\qquad M = R(l_1 + l_2) = Pl_1 - M$

Chapter 8

8.1 $\left|\begin{bmatrix} 0.5 & 0.5 & 0.5 \\ 0.5 & 1.5 & 1.5 \\ 0.5 & 1.5 & 2.5 \end{bmatrix}\begin{bmatrix} 2 & & \\ & 1 & \\ & & 1 \end{bmatrix} - \bar{\lambda}I\right| = 0, \quad \bar{\lambda} = \dfrac{k}{m\omega^2}$

8.2 $\bar{\lambda}_1 = 3.916 \quad \bar{\lambda}_2 = 0.7378 \quad \bar{\lambda}_3 = 0.3461$

$$\omega_1 = 0.5053\sqrt{\frac{k}{m}} \quad \omega_2 = 1.1642\sqrt{\frac{k}{m}} \quad \omega_3 = 1.6998\sqrt{\frac{k}{m}}$$

8.6 $\omega_1 = 0.445\sqrt{\dfrac{k}{m}} \quad \omega_2 = 1.247\sqrt{\dfrac{k}{m}} \quad \omega_3 = 1.802\sqrt{\dfrac{k}{m}}$

8.9

$$\left| -\lambda\begin{bmatrix} m_1 & & & \\ & m_2 & & \\ & & m_3 & \\ & & & m_4 \end{bmatrix} + \begin{bmatrix} (k_1 + k_2 + k_5) & -k_2 & -k_5 & 0 \\ -k_2 & (k_2 + k_3) & -k_3 & 0 \\ -k_5 & -k_3 & (k_3 + k_4 + k_5) & -k_4 \\ 0 & 0 & -k_4 & k_4 \end{bmatrix}\right| = 0$$

8.12 $$\left| -\lambda \left[\begin{array}{cc|cc} 100 & 0 & & 0 \\ 0 & 1600 & & \\ \hline & & 4.969 & 0 \\ 0 & & 0 & 4.969 \end{array}\right] + \left[\begin{array}{cc|cc} 5000 & 3500 & -2400 & -2600 \\ 3500 & 127{,}250 & 10{,}800 & -14{,}300 \\ \hline -2400 & 10{,}800 & 40{,}800 & 0 \\ -2600 & 14{,}300 & 0 & 41{,}000 \end{array}\right] \right| = 0$$

Solution by CHOLJAC with $\lambda = \omega^2$

$\lambda_1 = 50.37$ $\lambda_2 = 78.77$ $\lambda_3 = 8208$ $\lambda_4 = 8256$

$\omega_1 = 7.097$ $\omega_2 = 8.87$ $\omega_3 = 90.59$ $\omega_4 = 90.86$

$f_1 = 1.130$ cps $f_2 = 1.413$ $f_3 = 14.43$ $f_4 = 14.47$

8.13 $\omega_1 = 0.223\sqrt{\dfrac{EI}{l^3}}, \quad \phi_1 = \begin{Bmatrix} -1.00 \\ 2.588 \end{Bmatrix}, \quad \omega_2 = 0.4774\sqrt{\dfrac{EI}{l^3}}, \quad \phi_2 = \begin{Bmatrix} 1.00 \\ +1.932 \end{Bmatrix}$

8.14 $\omega_1 = 0.584\sqrt{\dfrac{k}{m}}, \quad \omega_2 = 1.200\sqrt{\dfrac{k}{m}}, \quad \omega_3 = 1.642\sqrt{\dfrac{k}{m}}$

8.15 $\omega_1 = 0.2925\sqrt{\dfrac{EI}{ml^3}}, \quad \omega_2 = 1.916\sqrt{\dfrac{EI}{ml^3}}, \quad \omega_3 = 5.146\sqrt{\dfrac{EI}{ml^3}}$

$$\phi_1 = \begin{Bmatrix} 1.0000 \\ 0.5318 \\ 0.1565 \end{Bmatrix}, \quad \phi_2 = \begin{Bmatrix} 1.0000 \\ -1.507 \\ -1.2687 \end{Bmatrix}, \quad \phi_3 = \begin{Bmatrix} 1.0000 \\ -3.2481 \\ 4.6471 \end{Bmatrix}$$

8.18 $U^T U = K, \quad U = \begin{bmatrix} 1.414 & -0.707 \\ 0 & 1.875 \end{bmatrix}$

8.20 $\left| \begin{bmatrix} 1.667 & -0.5774 \\ -0.5774 & 2.0 \end{bmatrix} - \lambda I \right| = 0, \quad \lambda = \dfrac{m\omega^2}{k}$

8.22 $\lambda = \dfrac{m\omega^2}{k}, \quad \omega_1 = 0.769\sqrt{\dfrac{k}{m}}, \quad \omega_2 = 1.187\sqrt{\dfrac{k}{m}}$

$$\phi_1 = \begin{Bmatrix} 0.816 \\ 1.00 \end{Bmatrix}, \quad \phi_2 = \begin{Bmatrix} -0.816 \\ 1.00 \end{Bmatrix}$$

8.24 $$\left[\begin{bmatrix} 0.50 & -0.3873 & 0.1519 \\ -0.3873 & 0.7000 & -0.6667 \\ 0.1519 & -0.6667 & 0.9923 \end{bmatrix} - \lambda I \right] \begin{Bmatrix} x_1 \\ x_2 \\ x_3 \end{Bmatrix} = \begin{Bmatrix} 0 \\ 0 \\ 0 \end{Bmatrix}, \quad \lambda = \frac{m\omega^2}{k}$$

8.27 $\omega_1 = 0.613\sqrt{\dfrac{k}{m}}, \quad \omega_2 = 1.543\sqrt{\dfrac{k}{m}}, \quad \omega_3 = 1.618\sqrt{\dfrac{k}{m}}, \quad \omega_4 = 2.149\sqrt{\dfrac{k}{m}}$

$$\phi_1 = \begin{Bmatrix} 0.3717 \\ 0.6015 \\ 0.3717 \\ 0.6015 \end{Bmatrix} \quad \phi_2 = \begin{Bmatrix} -0.3717 \\ -0.6015 \\ 0.3717 \\ 0.6015 \end{Bmatrix} \quad \phi_3 = \begin{Bmatrix} -0.6015 \\ 0.3717 \\ -0.6015 \\ 0.3717 \end{Bmatrix}$$

$$\phi_4 = \begin{Bmatrix} 0.6015 \\ -0.3717 \\ -0.6015 \\ 0.3717 \end{Bmatrix}$$

Chapter 9

9.2 $f = \frac{n}{2l}\sqrt{\frac{T}{l}}, \quad n = 1, 2, 3, \ldots$

9.3 $\tan\frac{\omega l}{c} = -\left(\frac{T}{kl}\right)\frac{\frac{\omega l}{c}}{1-\left(\frac{\omega}{\omega_n}\right)^2}, \quad \omega_n = \sqrt{\frac{k}{m}}$

9.5 4.792×10^3 m/s

9.15 $\omega_n = (2n-1)\frac{\pi}{l}\sqrt{\frac{G}{\rho}}, \quad n = 1, 2, 3, \ldots$

9.16 $\tan\frac{\omega l}{c} = \frac{2\left(\frac{J_0}{J_s}\frac{\omega l}{c}\right)}{\left(\frac{J_0}{J_s}\frac{\omega l}{c}\right)^2 - 1}$

9.19 $T = 29.99 \times 10^6$ lb, $\quad Tb^2 = 107{,}980 \times 10^6$ lb·ft²/rad

$f_1 = 3.59$ cpm, $\quad \tau_2 = 3.06$ sec

9.20 $Tb^2 = 1091.4 \times 10^6$ lb·ft²/rad $\cong$ 10 times that of new Tacoma Bridge

9.24 $E = 3.48 \times 10^6$ lb/in.²

9.27 $\omega = \beta^2\sqrt{EI/\rho}$, where β is determined from

$$(1 + \cosh\beta l \cdot \cos\beta l) = \beta l\frac{W_0}{W_b}(\sinh\beta l \cdot \cos\beta l - \cosh\beta l \cdot \sin\beta l)$$

9.28 $\omega_1 = \sqrt{\frac{3EIq}{w_0 + 0.237W_b}}$

9.33 $\omega_k = 2\sqrt{\frac{K}{J}}\sin\frac{(2k-1)\pi}{2(2N+1)}$

9.35 $\omega_n = 2\sqrt{\frac{k}{m}}\sin\frac{n\pi}{2(N+1)}$

9.38 $-2\cos\beta\left(N + \frac{1}{2}\right)\cdot\sin\frac{\beta}{2} = \frac{K_N}{k}\sin\beta N$

Chapter 10

10.2 $\omega_1 = 1.403\sqrt{\frac{EA_2}{M_2 l}} \quad \begin{Bmatrix} u_1 \\ u_2 \end{Bmatrix}_1 = \begin{Bmatrix} 0.577 \\ 1.000 \end{Bmatrix}$

$\omega_2 = 3.648\sqrt{\frac{EA_2}{M_2 l}} \quad \begin{Bmatrix} u_1 \\ u_2 \end{Bmatrix}_2 = \begin{Bmatrix} -0.526 \\ 1.000 \end{Bmatrix}$

10.3 $\frac{M}{18}\begin{bmatrix} 4 & 1 & 0 \\ 1 & 4 & 1 \\ 0 & 1 & 2 \end{bmatrix}\begin{Bmatrix} \ddot{u}_1 \\ \ddot{u}_2 \\ \ddot{u}_3 \end{Bmatrix} + \frac{3EA}{l}\begin{bmatrix} 2 & -1 & 0 \\ -1 & 2 & -1 \\ 0 & -1 & 1 \end{bmatrix}\begin{Bmatrix} u_1 \\ u_2 \\ u_3 \end{Bmatrix} = \begin{Bmatrix} 0 \\ 0 \\ 0 \end{Bmatrix}$

10.5 $\omega_1 = 1.611\sqrt{\frac{GA}{Ml}}, \quad \omega_2 = 5.629\sqrt{\frac{GA}{Ml}}$

10.8 $\omega_1 = 2.368\sqrt{\dfrac{E}{\rho l^2}}, \quad \omega_2 = 8.664\sqrt{\dfrac{E}{\rho l^2}}, \quad \rho = \text{mass density}$

10.11 $v_1 = 0.1333\dfrac{Pl}{AE}, \quad u_2 = 0.563\dfrac{Pl}{AE}$

10.12
$$\begin{Bmatrix} F_{3x} = 0 \\ F_{3y} = 0 \\ F_{4x} = P \\ F_{4y} = 0 \end{Bmatrix} = \frac{EA}{l}\begin{bmatrix} \left(1 + \frac{0.5}{\sqrt{2}}\right) & \frac{0.5}{\sqrt{2}} & -1 & 0 \\ \frac{0.5}{\sqrt{2}} & \left(1 + \frac{0.5}{\sqrt{2}}\right) & 0 & 0 \\ -1 & 0 & 1 & 0 \\ 0 & 0 & 0 & 1 \end{bmatrix}\begin{Bmatrix} \bar{u}_3 \\ \bar{v}_3 \\ \bar{u}_4 \\ \bar{v}_4 \end{Bmatrix}$$

10.14 $\bar{v}_2 = -\dfrac{Pl^3}{192EI}, \quad \theta_2 = -\dfrac{Ml}{16EI}$

10.15 $\omega_1 = 22.74\sqrt{\dfrac{EI}{ml^4}}, \quad \omega_2 = 81.67\sqrt{\dfrac{EI}{ml^4}}$

10.17 $\omega_1 = 0, \quad \omega_2 = 17.54\sqrt{\dfrac{EI}{ml^4}}, \quad \omega_3 = \sqrt{\dfrac{EI}{ml^4}}$

exact values $\omega_1 = 0, \quad \omega_2 = 15.4\sqrt{\dfrac{EI}{ml^4}}, \quad \omega_3 = 50.0\sqrt{\dfrac{EI}{ml^4}}$

10.20
$$\begin{Bmatrix} -P \\ 0 \\ M \end{Bmatrix} = \frac{EI}{8l^3}\begin{bmatrix} (2.5R + 6) & 0.5(R - 12) & 8.484l \\ 0.5(R - 12) & (0.5R + 30) & 15.521 \\ 8.484l & 15.52l & 40.0l^2 \end{bmatrix}\begin{Bmatrix} \bar{u}_2 \\ \bar{v}_2 \\ \theta_2 \end{Bmatrix}$$

$R = \left(\dfrac{4Al^2}{I}\right)$

10.21 (e)
$$\begin{Bmatrix} 0 \\ -M \\ 0 \\ 0 \end{Bmatrix} = \frac{EI}{l^3}\begin{bmatrix} 12 & -6l & 0 & 0 \\ -6l & 8l^2 & 6l & 2l^2 \\ 0 & 6l & (12 + \frac{kl^3}{EI}) & 6l \\ 0 & 2l^2 & 6l & 4l^2 \end{bmatrix}\begin{Bmatrix} \bar{v}_2 \\ \theta_2 \\ \bar{u}_3 \\ \theta_3 \end{Bmatrix}$$

10.22 $k = 5mgl^2, \quad \dfrac{Kl^3}{EI} = 1.0l^2, \quad \omega_1 = 1.55\sqrt{\dfrac{EI}{ml^4}}, \quad \omega_2 = 19.02\sqrt{\dfrac{EI}{ml^4}},$

$\omega_3 = 71.8\sqrt{\dfrac{EI}{ml^4}}$

10.27 (a)
$$\begin{Bmatrix} \bar{F}_2 \\ \bar{M}_2 \\ \bar{F}_3 \\ \bar{M}_3 \end{Bmatrix} = -p_0 l\begin{Bmatrix} 0.2875 \\ -0.2271l \\ 0.0375 \\ 0.0146l \end{Bmatrix}$$

10.27 (b) $\bar{v}_2 = -\dfrac{0.2031}{192}\dfrac{pl^4}{EI}$

$\theta_2 = -\dfrac{0.0286}{16}\dfrac{pl^3}{EI}$

Chapter 11

11.3 $\Gamma_i = \dfrac{p_0}{l}\displaystyle\int_0^l \phi_i(x)\,dx$

11.8 $y(x,t) = \dfrac{4p_0 l}{\pi M\omega_2^2}\sin\dfrac{2x\pi}{l}(1-\cos\omega_2 t)$

11.10 Modes absent are 2nd, 5th, 8th, etc.

11.11 $\Gamma = \sqrt{2}\cos(2n-1)\pi/6, \quad D_n = (1-\cos\omega_n t)$

$$u = \frac{2F_0 l}{AE}\left\{\frac{\cos(\pi/6)\cos(\pi/2)(x/l)}{(\pi/2)^2}D_1 + \frac{\cos(5\pi/6)\cos(5\pi/2)(x/l)}{(5\pi/2)^2}D_2 + \cdots\right]$$

11.14 $\Gamma_1 = \dfrac{1}{l}\displaystyle\int_0^l \phi_1(x)dx = 0.784$

$$\Gamma_2 = \frac{1}{l}\int_0^l \phi_2(x)dx = 0.434$$

$$\Gamma_3 = \frac{1}{l}\int_0^l \phi_3(x)dx = 0.254$$

11.19 $\left\{1 + \dfrac{K\varphi_2'^2(0)}{M\omega_1^2[1-(\omega/\omega_1)^2]}\right\}\left\{1 + \dfrac{K\varphi_2'^2(0)}{M\omega_2^2[1-(\omega/\omega_2)^2]}\right\}$

$$= \left\{\frac{K\varphi_1'(0)\varphi_2'(0)}{M\omega_1^2[1-(\omega/\omega_1)^2]}\right\}\left\{1 + \frac{K\varphi_1'(0)\varphi_2'(0)}{M\omega_2^2[1-(\omega/\omega_2)^2]}\right\}$$

$\varphi_1 = \sqrt{2}\sin\dfrac{\pi x}{l}, \quad \varphi_1' = \dfrac{\pi}{l}\sqrt{2}\cos\dfrac{\pi x}{l}$, etc.

One-mode approximation gives

$$\left(\frac{\omega}{\omega_1}\right)^2 = 1 + \frac{2K}{M\omega_1^2}\left(\frac{\pi}{l}\right)^2, \quad \omega_1 = \pi^2\sqrt{\frac{EI}{Ml^3}}$$

11.20 One-mode approximation

$$\left(\frac{\omega}{\omega_1}\right)^2 = 1 + \frac{4K}{M\omega_1^2}\left(\frac{\pi}{l}\right)^2$$

11.21 Using one-free mode and translation mode of M_0

$$\left(\frac{\omega}{\omega_1}\right)^2 = \frac{M_1}{M_1 + M_0\varphi_1^2(0) - [M_0^2\varphi_1^2(0)/(M_0 + 2ml)]}$$

where $M_1 = \displaystyle\int \varphi_1^2(x)m\,dx = 2ml, \quad \omega_1 = 22.4\sqrt{\frac{EI}{m(2l)^4}}$

Chapter 12

12.2 $\omega_1 = 4.63\sqrt{\dfrac{EI}{Ml^3}}$

12.3 $\omega_1 = 1.62\sqrt{\dfrac{EI}{Ml^3}}$

12.9 $\omega_1^2 = \dfrac{3EI/l^3 + 2k}{\dfrac{33}{140}ml + \dfrac{2}{3}m_0}$

12.11 $\omega_1 = 9.96\sqrt{\dfrac{EI}{(0.2188m_o l)l^3}}$, where $0.2188m_0 l$ = total mass

12.12 $\omega_1^2 = \left(\dfrac{3EI}{l^3}\right)\dfrac{1}{27m_1 + 8m_2 + m_3}$

12.15 $f_{11} = 495.2$ cps

12.16 $\left(\dfrac{1}{6} - \dfrac{1}{\pi^2}\right)(ml\omega^2)^2 - \left(\dfrac{\pi^4}{6}\dfrac{EI}{l^3} + \dfrac{k}{2}\right)(ml\omega^2) + \dfrac{\pi^4}{2}\dfrac{EI}{l^3}k = 0$

12.18 $\left(\dfrac{ml}{2}\omega^2\right)^2 - \left[5lEA\left(\dfrac{\pi}{2l}\right)^2 + 2k_0\right]\left(\dfrac{ml}{2}\omega^2\right) + \left[\dfrac{lEA}{2}\left(\dfrac{\pi}{2l}\right)^2 + k_0\right]$

$\left[\dfrac{lEA}{2}\left(\dfrac{3\pi}{2l}\right)^2 + k_0\right] - k_0^2 = 0$

12.23 $\omega_1 = 0.629\sqrt{\dfrac{K}{J}}, \quad \begin{Bmatrix}\theta_1\\ \theta_2\\ \theta_3\end{Bmatrix}_1 = \begin{Bmatrix}1.000\\ 0.604\\ 0.287\end{Bmatrix}$

12.25 $\omega_1 = 0.445\sqrt{\dfrac{k}{m}}, \quad \begin{Bmatrix}x_1\\ x_2\\ x_3\end{Bmatrix}_1 = \begin{Bmatrix}1.000\\ 0.802\\ 0.445\end{Bmatrix}$

$\omega_2 = 1.247\sqrt{\dfrac{k}{m}}, \quad \begin{Bmatrix}x_1\\ x_2\\ x_3\end{Bmatrix}_2 = \begin{Bmatrix}-1.000\\ 0.555\\ 1.247\end{Bmatrix}$

$\omega_3 = 1.802\sqrt{\dfrac{k}{m}}, \quad \begin{Bmatrix}x_1\\ x_2\\ x_3\end{Bmatrix}_3 = \begin{Bmatrix}1.000\\ -2.247\\ 1.802\end{Bmatrix}$

12.30 $\omega_1 = \sqrt{\dfrac{6EI}{Ml^3}\left(1 + \dfrac{n}{2}\right)}, \quad y_1/y_2 = -n/2$

12.31 $\omega_1 = 1.651\sqrt{\dfrac{EI}{ml^3}}, \quad \begin{Bmatrix}y_1\\ y_2\end{Bmatrix}_1 = \begin{Bmatrix}0.320\\ 1.000\end{Bmatrix}$

12.33 $u_{43} - \dfrac{u_{41}u_{23}}{u_{21}} = 0$

12.38 $\omega = 22.7$

12.39 $\omega_1 = 22.5, \quad \omega_2 = 52.3$

12.42 $\omega_1 = 101.2, \quad \omega_2 = 1836$

12.43 $\omega_1 = 0.5375\sqrt{\dfrac{K}{J}}, \quad \omega_3 = 1.805\sqrt{\dfrac{K}{J}}$

$\begin{Bmatrix}\theta_1\\ \theta_2\\ \theta_3\\ \theta_4\end{Bmatrix}_1 = \begin{Bmatrix}1.000\\ 0.714\\ 0.239\\ -0.326\end{Bmatrix} \begin{Bmatrix}\theta_1\\ \theta_2\\ \theta_3\\ \theta_4\end{Bmatrix}_3 = \begin{Bmatrix}1.000\\ -2.270\\ 1.870\\ -0.141\end{Bmatrix}$

Chapter 13

13.5 $\bar{x} = 0.50, \quad \overline{x^2} = 0.333$

13.6 $\bar{x} = A_0, \quad \overline{x^2} = A_0^2 + \frac{1}{2}A_1^2$

13.14 A triangle of twice the base, symmetric about $t = 0$.

13.15 $R(\tau) = 5$ at $\tau = 0$ and linearly decrease to $R(1) = 1$.

13.18 rms $= 53.85g = 528.3\ \text{m/s}^2$

13.21 rms $= 1.99$ in., $\quad \sigma = 0.9798$

13.24 $$f(t) = \frac{2}{\pi}\left(\sin\omega_1 t - \frac{1}{2}\sin 2\omega_1 t + \frac{1}{3}\sin 3\omega_1 t - \cdots\right)$$

$$S(\omega) = \sum_n \frac{1}{2}C_n^2 = \frac{2}{\pi^2}\sum_n \frac{1}{n^2}$$

13.26 $$x(t) = \frac{2A}{\pi}\sum_{n=-\infty}^{\infty}\frac{1}{in}e^{in\omega_1 t} \qquad n = \text{odd}$$

$$= \frac{4A}{\pi}\left(\sin\omega_1 t + \frac{1}{3}\sin 3\omega_1 t + \frac{1}{5}\sin 5\omega_1 t + \cdots\right)$$

$$S(\omega_n) = \frac{C_n C_n^*}{2} = \frac{4A^2}{n^2\pi^2}$$

13.27 $f_{1,2} = f_n\left(1 \mp \dfrac{1}{2Q}\right)$

13.31 $53.2g = 2\sigma, \quad P[x > 2\sigma] = 4.6$ percent

$P[X > 2\sigma] = 13.5$ percent

13.32 $$F(t) = 10^6\left(\frac{1}{4} + \sum_{n=1}^{\infty}\frac{2}{n\pi}\sin\frac{n\pi}{4}\cdot\cos n\frac{2\pi}{T}t\right)$$

$$S_F(\omega_n) = \frac{1}{2}\times 10^{12}\left[\left(\frac{1}{16}\right)_{n=0} + \sum_{n=1}^{\infty}\left(\frac{2}{n\pi}\right)^2\sin^2\frac{n\pi}{4}\right]$$

$$\overline{y^2} = \sum\frac{1}{k^2}\frac{S_F(\omega_n)}{\left[1 - \left(\dfrac{n\omega_1}{2\pi}T\right)^2\right]^2}, \quad k = \left(\frac{2\pi}{T}\right)^2 m$$

13.35 $$\overline{y^2} = \sigma^2 \cong \frac{S_0}{k^2}\frac{f_n\pi}{4\zeta} = 0.00438, \qquad \sigma = 0.0662m$$

$P[|y| > 0.132] = 2\sigma = 4.6$ percent

13.36 $\sigma = 0.0039m, \quad P[|y| > 0.012] = 0.3$ percent

Chapter 14

14.2 $$m\ddot{x} + \frac{2T_0}{l_0}x\left[1 + \frac{1}{2}\left(\frac{EA}{T_0} - 1\right)\left(\frac{x}{l}\right)^2\right] = 0$$

14.3 $$m\ddot{x} + \frac{\pi r_0^2\rho}{3(h - x_0)^2}[(h - x)^3 - (h - x_0)^3]$$

r_0 = radius of circle at water line

$\rho = wt/\text{vol}$ of water

14.8 $V = \sqrt{y^2 + \omega_n^4 x^2}, \quad x = y = 0$ for equilibrium

14.11 Shift origin of phase to π in Fig. 14.4.2

14.13 $$\lambda_{1,2} = 3, 4, \quad \begin{Bmatrix} x \\ y \end{Bmatrix}_1 = \begin{Bmatrix} 0.50 \\ 1.00 \end{Bmatrix}_1, \quad \begin{Bmatrix} x \\ y \end{Bmatrix}_2 = \begin{Bmatrix} 1 \\ 1 \end{Bmatrix}$$

14.14 $$\begin{Bmatrix} x \\ y \end{Bmatrix} = \begin{bmatrix} 0.5 & 1 \\ 1 & 1 \end{bmatrix}\begin{Bmatrix} \xi \\ \eta \end{Bmatrix}$$

14.25 $y = \dfrac{-x(\omega_n^2 + \mu x^2)}{c}, \quad \dfrac{dy}{dx} = c$

14.27 $\dfrac{dy}{dx} = \dfrac{-(x + \delta)}{y}, \quad$ where $\quad \delta = \left(\dfrac{c}{m} y + \dfrac{\mu}{\omega_n^2 m} x^3\right)$

$$\omega_n^2 = k/m$$

$$\tau = \omega_n t, \quad y = \frac{dx}{d\tau}$$

14.30 $\tau = 4\sqrt{\dfrac{l}{g}} \displaystyle\int_0^{60^0} \dfrac{d\theta}{\sqrt{2(\cos\theta - \cos\theta_0)}} = 4\sqrt{\dfrac{l}{g}} \displaystyle\int_0^{\pi/2} \dfrac{d\theta}{\sqrt{1 - k^2 \sin^2 \phi}}$

where $k = \sin\dfrac{\theta_0}{2}, \quad \sin\dfrac{\theta}{2} = k \sin\phi$

14.34 $\omega \cong \sqrt{\dfrac{g}{l}}\left(1 + \dfrac{1}{16}\theta_0^2\right)$

14.40 $m\ddot{x}_1 + \left(\dfrac{2T_0}{l_0}\right)x_1 + \left(\dfrac{2K}{l_0^2}\right)x_1^3 = 0, \quad T = T_0 + K\dfrac{x^2}{l_0}$

Second approximation

$$m\ddot{x}_2 + \left(\frac{2T_0}{l_0}\right)x_2 + 3\alpha x_1^2 x_2 = 0, \quad \alpha = \frac{2K}{l_0^2}$$

$$m\ddot{x}_2 + \left[\left(\frac{2T_0}{l_0} + \frac{3}{2}\alpha A^2\right) + \frac{3}{2}\alpha A^2 \cos 2\omega_n t\right]x_2 = 0$$

찾아보기

ㄷ

ㄹ

ㅁ

ㅂ

ㅅ

ㅇ

STIFFNESS AND FUNDAMENTAL VIBRATION FREQUENCY

springs of series $\frac{1}{k} = \frac{1}{k_1} + \frac{1}{k_2} + \frac{1}{k_3} + \cdots$

springs in parallel $k = k_1 + k_2 + k_3 + \cdots$

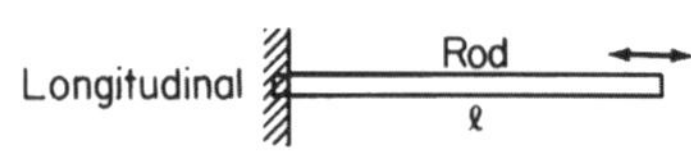

$k = \frac{AE}{l}$ lb/in. $\omega_n = (2n-1)\frac{\pi}{2l}\sqrt{\frac{E}{\rho}}$ ρ = mass density, $n = 1, 2, 3 \ldots$

Torsion Rod ℓ

$K = \frac{I_p G}{l}$ lb·in./rad $\omega_n = (2n-1)\frac{\pi}{2l}\sqrt{\frac{G}{\rho}}$ $n = 1, 2, 3 \ldots$

Beam ℓ

$k = \frac{3EI}{l^3}$ lb/in. $\omega_1 = 3.52\sqrt{\frac{EI}{ml^4}}$ m = mass/length

Beam ℓ

$K = \frac{4EI}{l}$ lb·in./rad $\omega_1 = 15.42\sqrt{\frac{EI}{ml^4}}$

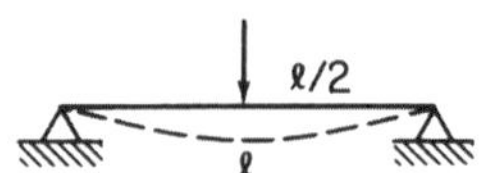

$\omega_1 = 22.37\sqrt{\frac{EI}{ml^4}}$

ℓ/2 ℓ

$k = \frac{48EI}{l^3}$ lb/in. $\omega_1 = \pi^2\sqrt{\frac{EI}{ml^4}}$

QUANTITY	ENGLISH SYSTEM	S.I. SYSTEM
force	1 lb	4.448 Newtons (N)
mass	1 lb $\cdot$ sec^2/ft (slug)	14.59 kg (kilogram)
length	1 ft	0.3048 meters (m)
mass density	1 lb/ft^3	16.02 kg/m^3
torque or moment	1 lb $\cdot$ in.	0.113 N $\cdot$ m
acceleration	1 ft/sec^2	0.3048 m/s^2
accel. of gravity	32.2 ft/s^2 = 386 in./sec^2	9.81 m/s^2
spring constant k	1 lb/in.	175.1 N/m
spring constant K	1 lb $\cdot$ in./rad	0.113 N $\cdot$ m/rad
damping constant c	1 lb $\cdot$ sec/in.	175.1 N $\cdot$ s/m
mass moment of inertia	1 lb. in. sec^2	0.1129 kg m^2
modulus of elasticity	10^6 lb/in.^{2}	6.895×10^9 N/m^2
modulus of elasticity of steel	29×10^6 lb/in.^{2}	200×10^9 N/m^2
angle	1 degree	1/57.3 radian